国家科学技术学术著作出版基金资助出版

自主车辆感知、建图与目标跟踪技术

蔡自兴 李 仪 等 著

科学出版社

北 京

内 容 简 介

本书介绍自主车辆感知、环境建图、运动跟踪、异常诊断等在理论和方法上取得的进展。共分 8 章：第 1 章概述智能车辆的定义、关键技术及其研究现状和产业化前景；第 2 章介绍交通标志和信号灯检测与识别的算法设计及检测技术；第 3 章讨论图像去雾算法及其在交通场景中的应用；第 4 章探讨激光雷达的动态建图及车辆的状态估计与参数测试；第 5 章研究多传感器系统的数据处理、路由策略和自定位及网络协同机制；第 6 章探究 3 种基于视觉的目标跟踪算法及其实验分析；第 7 章分析基于运动物体检测的雷达与相机标定及二维激光雷达和摄像机的标定技术；第 8 章阐述惯性导航组合定位技术和传感器异常检测与诊断技术。

本书可作为车辆智能驾驶和智能移动机器人研究和教学的参考书，也可供从事车辆智能驾驶、智能机器人、人工智能、智能控制和智能系统研究、设计和应用的科技人员和高等学校师生学习。

图书在版编目(CIP)数据

自主车辆感知、建图与目标跟踪技术 / 蔡自兴等著. —北京：科学出版社，2021.6

ISBN 978-7-03-062020-0

Ⅰ. ①自…　Ⅱ. ①蔡…　Ⅲ. ①计算机视觉-目标跟踪-研究　Ⅳ. ①TP302. 7 ②TN953

中国版本图书馆CIP数据核字(2019)第168419号

责任编辑：张艳芬　赵微微 / 责任校对：王　瑞
责任印制：师艳茹 / 封面设计：蓝　正

科 学 出 版 社 出版
北京东黄城根北街 16 号
邮政编码: 100717
http://www.sciencep.com
艺堂印刷(天津)有限公司 印刷
科学出版社发行　各地新华书店经销
*
2021 年 6 月第　一　版　开本：720 × 1000　1/16
2021 年 6 月第一次印刷　印张：26 3/4　插页：6
字数：524 000

定价：248.00 元

(如有印装质量问题，我社负责调换)

前　　言

人工智能经过 60 多年的发展已经取得了巨大进步，目前正进入人工智能新时代。人工智能的快速发展是国际科技发展的大势所趋，将引领一轮新的机器革命，促进世界产业结构调整，为经济复苏与发展注入正能量。

智能交通是一种新型的交通系统或装置，是人工智能技术与现代交通系统融合的产物，也是人工智能一个新的具有蓬勃发展与广泛应用前景的产业领域。随着国民经济的发展和科学技术的进步，人民期望更高质量的生活水平，期盼更为便捷和舒适的交通工具，智能交通能够提供这种保障。

智能车辆在行驶过程中对外部环境的感知、建图及目标跟踪是国际前沿研究课题，也是智能车辆开发研究的一个热点与难点问题。智能车辆借助传感器及其相应技术感知环境和自身状态，通过视觉和多传感器系统实现目标跟踪、车辆智能系统的协同工作、联合标定与自定位，凭借故障诊断技术来估计修正传感器错误，保障与提高系统的可靠性，从而完成预定任务。确定性和结构化环境中的智能车辆驾驶技术与方法已取得大量的研究与应用成果，但在未知环境中智能车辆驾驶技术的环境感知、建图、目标跟踪、姿态估计、故障诊断等方面仍然存在诸多关键问题有待解决与完善。

本书是国家自然科学基金项目重大专项“高速公路车辆智能驾驶中的关键科学问题研究”(批准号：90820302)子项目研究的部分成果，重点介绍智能感知、环境建图、运动跟踪、异常诊断等在理论和方法上取得的进展，意在推动认知科学、模式识别、目标跟踪控制等学科的前沿问题研究。无人驾驶技术，尤其是智能车辆的研究在国内外正在如火如荼地展开，从美国国防高级研究计划局研究计划到国内自然科学基金的重点支持项目，从谷歌公司、斯坦福大学、卡耐基梅隆大学到各大汽车厂商、研究机构对无人驾驶技术的大力研究开发，可以看出无人驾驶技术是未来科技的一个重要发展方向。本书的研究成果不仅可以对交通、军事、航天、海洋等领域无人驾驶系统的开发研究提供新的设计理论和技术，也可以对移动机器人的自主导航提供一些新的研究思路。本成果总体上已达国际先进水平，部分成果已达到国际领先水平。

全书内容主要包括 7 个方面：交通信号检测与识别技术、图像去雾算法及其应用、激光雷达建图与车辆状态估计、多传感器系统的协同机制和自定位、基于视觉的目标跟踪技术、多外传感器联合标定技术、惯性导航传感器异常诊断方法。本书重点研究对外部环境主要是交通信号(交通标志牌、交通信号灯、人行横道与停止线）的检测与识别、雨雾天图像清晰化、车辆状态参数估计、多传感器系统自定位、激光雷达与摄像头的联合标定技术、融合多增量外观模型的目标跟踪方法，以及冗余传感器的故障检测与诊断等。

与国外已经出版的同类书籍相比，本书具有下列特色：

(1) 学术思想新颖，反映国内外智能车辆感知、建图及目标跟踪研究的最新进展。

(2) 内容全面详实，几乎包括了智能车辆感知、建图及目标跟踪的主要研究方面。

(3) 理论联系实际，核心内容体现了作者具有理论创新的科研实践成果。

在撰写本书的过程中得到了国内外许多专家、学者的帮助。在此，特别感谢国家自然科学基金重大专项的支持和国家科学技术学术著作出版基金的资助，感谢国防科技大学贺汉根教授和吉林大学陈虹教授等的合作与帮助。特别要感谢作者研究团队中参加了基金项目研究而没有参加本著作撰写工作的其他教师、博士研究生和硕士研究生，不管是在项目的研究过程中，还是在书稿的整理过程中都得到了他们的支持和帮助。

本书由蔡自兴组织撰写和统稿，李仪协助组织和负责校稿。参加本书撰写的成员包括蔡自兴、李仪、陈白帆、谷明琴、郭璠、刘献如、彭梦、谭平、文莎、谢锦、余伶俐等。另外，介炫惠、冯瑞利、李昭、鲁曼、牟杰、马智、任孝平、闫巧云、周智、邹智荣等也为本书做出了贡献。

限于作者水平，书中可能存在一些不足之处。希望各位专家和读者批评指正。

蔡自兴
2021 年 2 月
于长沙德怡园

目　　录

第1章 绪　论

人工智能经过60多年的发展已经取得了巨大进步，目前正呈现增长之势。近年来，国内外人工智能研究出现前所未有的良好发展环境，各种人工智能新思想和新技术如雨后春笋般破土而出，人工智能的产业和应用领域更加拓展。人工智能的快速发展是国际科技发展的大势所趋，将引领一轮新的机器革命，促进世界产业结构调整，为经济复苏与发展注入正能量。

智能交通是一种新型的交通系统或装置，是人工智能技术与现代交通系统融合的产物，也是人工智能一个新的具有蓬勃发展与广泛应用前景的产业领域。随着国民经济的发展和科学技术的进步，人民群众的生活水平逐渐提高，他们期盼更为便捷和舒适的交通工具，智能交通能够提供这种保障。

1.1 智能车辆的定义及研究意义

智能车辆(intelligent vehicle, IV)是智能交通的核心技术之一，是研究道路上人工智能的一门学问。什么是智能车辆？研究智能车辆具有什么重要意义？

1.1.1 智能车辆的定义

智能交通系统(intelligent transportation systemk, ITS)是一类将智能信息处理技术、传感技术、通信技术和控制技术等融合于整个交通运输体系，实现人脑、路、车的有机结合与密切协调，建立起一种大范围、全方位、实时、准确和高效的交通运输综合管理系统。顾名思义，智能交通系统就是应用人工智能技术的交通系统[1]。

智能车辆是智能交通系统的重要组成部分，有利于降低日趋严重的交通事故发生率，提高现有道路交通的效率，在一定程度上缓解能源消耗和环境污染等问题，是世界车辆工程领域研究的热点和汽车工业增长的新动力，已成为许多发达国家智能交通系统的发展重点。未来的交通系统将是基于车-车、车-路等信息交互的人、车、路一体化的智能交通系统，其组成主要包括地面智能控制中心、地面智能设备和智能车辆三部分[2]。地面智能控制中心负责统筹区域内所有智能车辆的运行，提供车辆全局路径规划与导航的重要信息；地面智能设备提供详细的环境信息，包括十字路口四端和车道线的位置、交通信号灯工作状况等信息，可帮助自主驾驶的智能车辆实现高精度定位；智能车辆感知自身周围环境，保证车辆舒适安全行驶，直至局部路径规划与决策，控制汽车实现快速、安全的自主驾驶。智能交通系统需要具备对驾驶环境和交通状况的全面实时感知和理解的能力，其中具备自主规划与控制及人机协同操作功能的智能车辆是实现未来智能交通系统的关键。

智能车辆是一个集环境感知、规划决策和多等级辅助驾驶等功能于一体的综合系统[3]。它集中运用了计算机、传感器、信息融合、通信、人工智能及自动控制等技术，是典型的高新技术综合体。智能车辆包含自主驾驶车辆的概念，除此之外，智能性还体现在：可感应雨水和雨量的智能雨刷、可根据路况控制悬架行程的智能悬架、以巡航控制为代表的各种辅助驾驶系统、以碰撞预警为代表的各种智能安全系统等。自主驾驶车辆是智能车辆的高级阶段和集大成者，这种车辆能像人一样会“思考”“判断”“行走”，可以自动启动、加速、刹车，可以自动绕过地面障碍物。在复杂的道路环境下，它的“大脑”能随机应变，自动选择最佳方案，指挥汽车正常、安全地行驶。

智能车辆系统(intelligent vehicle system, IVS)感知驾驶环境，提供车辆控制等信息，协助驾驶员进行最佳的车辆操纵。智能车辆系统是超越现有主动安全系统的新一代车辆系统，可能由在线导航系统支持驾驶决策[4]。

汽车业相对发达的美国为智能车辆定义了三个发展阶段的目标。第一个阶段是对汽车的功能扩展，利用互联网技术增加娱乐功能与生活服务功能以提高驾驶的舒适体验；第二个阶段是辅助驾驶阶段，其重点之一是提高汽车的安全性；第三个阶段才是真正的自主驾驶阶段。在过去的几十年，汽车上已经安装了很多智能化系统，如车道偏离警告系统、正面碰撞警告系统、智能雨刷、智能悬架、防打瞌睡系统，以及紧急车道辅助系统等，而自主驾驶汽车所需的各种关键技术近年来已经不断得到确认。

自主驾驶车辆是智能车辆发展的高级阶段，它能综合利用所具有的感知、决策和操控能力，在特定的环境中，代替人类驾驶员独立地执行车辆驾驶任务[2]。基于智能交通系统的新一代自主驾驶的智能车辆将具有以下功能。

(1) 更全面的环境感知与理解：人类驾驶员存在视野范围、精神状态和驾驶经验等多种影响环境感知与理解的因素，而自主驾驶系统将采用多源信息融合技术把相关环境的不完整信息加以综合和互补，实现对环境更加全面稳定的感知。

(2) 复杂交通状况下的驾驶行为决策：自主驾驶车辆能完成出入匝道、高架桥，以及在动态车流条件下的自主超车、汇入车流等复杂操作；将具备复杂车流条件下的多车辆协同驾驶功能。

(3) 复杂天气条件下完成辅助驾驶：在复杂天气条件下，自主驾驶车辆能够将环境感知系统所提取的环境特征与先验环境模型进行整合，以增强现实可视化的方式将环境逼真地显示出来，辅助驾驶员完成感知决策。

(4) 能在面临危险时为驾驶员提供宝贵的应急处理时间，或者代替驾驶员进行自主应急处理：新一代的自主驾驶系统将能够分析驾驶员的操控能力和辅助驾驶系统的适用范围，实现交互式多目标仲裁机制，从而在面临危险时为驾驶员提供宝贵的应急处理时间，或者代替驾驶员进行危险应急处理。

1.1.2 智能车辆研究对国民经济和国防建设的意义

发展智能车辆包括自主驾驶技术对于满足交通、能源和制造业领域的国家重大需求具有重要意义。安全、节能、环保是近年来国际汽车生产业提出的发展目标。对我国而言，最近 20 年交通运输的迅猛发展带来了安全、节能、环保方面的严峻挑战，而智能车辆的研究和发展是解决安全、节能和环保问题的重要途径。

首先，智能车辆提高了汽车驾驶的舒适性和安全性，降低了能源消耗，减轻了对环境的污染。以智能悬架和车联网为例，前者能有效地改善汽车的颠簸，使用户拥有了更好的体验；后者在目前发展阶段也能有效地缓解拥堵压力，有效利用交通资源，同时驾车时间更短，且减少了碳排放和能源消耗。更重要的是，智能车辆能有效提高汽车的安全性，减少交通事故的发生。已经开发的各种辅助驾驶系统，如前方碰撞预警、车道偏离预警、倒车辅助系统、驾驶员打盹警告系统等，都能对行车安全提供有效帮助。研究表明，通过先进的智能驾驶辅助技术有助于减少 50%～80%的道路交通安全事故。在智能车辆的高级阶段，即自主驾驶阶段，甚至可以完全避免交通事故，把人从驾驶过程中解放出来，这也是智能汽车最吸引人的价值魅力所在。汽车交通事故在很大程度上取决于人为因素，自主驾驶汽车由计算机精确控制，可以有效减少酒驾、疲劳驾驶、超速等人为不遵守交通规则导致的交通事故。相对有人驾驶车辆，自主驾驶车辆具有以下优点：①响应时间短，环境测量准确；②可消除盲区；③驾驶行为统一规范；④不存在疲劳、慌张的情况。因此，从技术层面上讲，研究自主驾驶技术将大幅减少交通事故，提高驾驶安全性，甚至可能实现交通零伤亡的目标。

其次，智能车辆将改变当前道路交通基础设施状况，影响汽车运输相关产业的发展。智能车辆的运行需要配套的交通基础设施，以促进整个交通系统向智能化发展。在此过程中，需要进行大量的基础设施改造或升级，例如，为实现自主驾驶，需要在交叉路口、路侧、弯道等布置引导电缆、雷达反射性标识、传感器、通信设施等。智能车辆的运行也必将带动更多的上下游产业发展，包括上游的元器件和芯片生产企业，中游的先进传感器厂商、汽车厂商、能够提供智能驾驶技术研发和集成供应的汽车电子供应商和软件平台开发商，以及下游的系统集成商、通信服务商、平台运营商和内容提供商等。作为国民经济支柱的汽车产业智能化发展，必然对国民经济发展做出更大的贡献。

再次，从创新和竞争角度，智能车辆研究将显著提升我国汽车产业的竞争实力。在汽车自主驾驶领域，我国与发达国家基本上还处于同一发展阶段。自主驾驶是汽车领域的一次重大变革，也是我国提高自主品牌的市场占有率和总利润的一次绝佳机会。也就是说，自主驾驶技术的研究有可能使国内的汽车产业与国外同行处于同一竞争水平。因此，发展包含自主驾驶在内的智能车辆关键技术，将有利于我国汽车产业摆脱长期依赖国外先进技术、自主创新不足、自主产品少的困难局面，对于提高国有自主品牌的市场占有率和总利润、推动我国建设创新型国家具有重要意义[2]。

最后，自主驾驶技术是无人作战系统的核心技术之一。美国陆军已开始执行新一轮无人驾驶军用车辆的采办计划，该计划提出美国陆军三分之一的军用车辆实现无人化，这对我军的无人作战系统提出了严峻的挑战[2]。因此，非结构化道路智能车辆行驶技术和自主驾驶技术的研究，能够有效促进我国无人作战系统的研发部署进程，对进一步增强我军武器装备实力具有重要意义。

1.1.3 自主驾驶车辆与人工智能

智能车辆，就是在普通车辆的基础上增加先进的传感器(雷达、摄像)、控制器、执行器等装置，通过车载传感系统和信息终端实现与人、车、路等的智能信息交换，使车辆具备智能的环境感知能力，能够自动分析车辆行驶的安全状态或危险状态，并使车辆按照人的意愿到达目的地，最终实现替代人来操作的目的。也就是说，自主驾驶汽车必须要能够执行一系列的关键功能，即它必须知道周围发生了什么，必须知道它在哪里和它想去哪里，必须具有推理和决策的能力从而制订安全的行驶线路，而且必须有驱动装置以操纵车辆的转向和控制系统。因此，要让智能车辆走进人们的生活，需要有导航信息资料库、全球定位系统(global positioning system, GPS)、交通管理中心提供的实时前方道路状况的信息系统、车辆防碰系统、紧急报警系统，以及无线通信系统等。可以说，智能车辆不是某个单一的系统，它应该是不同系统的整合，通过传感器和车联网等，同时实现车与外部世界的连接及车与车之间的连接与通信。简而言之，自主驾驶车辆是一类通过传感器感知环境和自身状态，实现未知环境中面向目标的自主运动，并完成一定作业任务的车辆[5]。

综上所述，加上考虑道路环境和天气条件复杂多变等情况，实现车辆全自主驾驶的难度极大。要在所有区域和全天候条件下像人类驾驶员一样对车辆状态和环境变化做出实时的判断，并且相应地改变车辆驾驶方法，保证车辆安全行驶，自主驾驶系统必须具备很高级别的人工智能[6]。可以说，智能车辆技术是各种人工智能方法的综合体现，包括感知技术、规划与决策方法、自动跟踪控制技术、机器学习方法等。智能车辆与机器人一样，都是人工智能技术的最佳应用场景。

1.2　智能车辆关键技术

智能车辆技术按功能层次可以分为智能感知/预警系统、辅助驾驶系统和全自主驾驶系统三层[7]。上一层技术是下一层技术的基础，这三个层次具体如下所述。

1. 智能感知/预警系统

利用各种传感器对车辆自身、车辆行驶的周围环境及驾驶员本身的状态进行感知，必要时发出预警信息。智能感知/预警系统主要包括碰撞预警系统(collision warning system, CWS)和驾驶员状态监测系统。碰撞预警系统主要包括前方碰撞警告、盲点警告、车道偏离警告、换道/并道警告、十字路口警告、步行人检测与警告、后方碰撞警告等。驾驶员状态监测系统主要有驾驶员打盹警告系统、驾驶员位置占有状态监测系统等。

2. 辅助驾驶系统

利用智能感知系统的信息进行决策规划，给驾驶员提出驾驶建议或部分地代替驾驶员进行车辆控制操作。辅助驾驶系统主要包括巡航控制系统、车辆跟踪系统、准确泊车系统及精确机动系统。

3. 全自主驾驶系统

全自主驾驶系统是智能车辆技术的最高层次，它由车载计算机全自动地实现车辆所有感知、判断决策和操作功能。

为支持上述功能，需要以下若干关键技术。

1.2.1　感知技术

智能车辆系统可靠运行的前提是通过各种传感器准确地捕捉环境和车辆自身的状态信息并加工处理，随后发出预警或者自动操控车辆。研究如何将传感器传来的信息加以有效处理、分析，并准确地确定环境和车辆自身的状态是非常重要的。然而到目前为止，没有任何一种传感器能保证在任何情况下提供完全可靠的信息，采用多传感器融合技术，即将多个传感器采集的信息进行合成，形成对环境特征综合描述的方法，能够充分利用多传感器数据间的冗余和互补特性，获得人们需要的、更准确的信息。

目前，在智能车辆领域，获取交通信息主要采用视觉传感器(摄像机)。除此之外，智能车辆感知外部环境的常用传感器还包括激光雷达、毫米波雷达、声呐、红外探测、磁导引、GPS 等。

人类在驾驶汽车时所接收的环境信息几乎全部来自于视觉，交通信号、交通标志、交通图案、道路标志等均可以看成是环境对驾驶员的视觉通信语言。同时，人类在驾驶汽车时，主要通过对周围路面场景的观测来决定采取何种操作。因此，选择摄像机作为感知路面场景的传感器很自然。视觉传感器在智能车辆中的应用如图 1.1 所示。

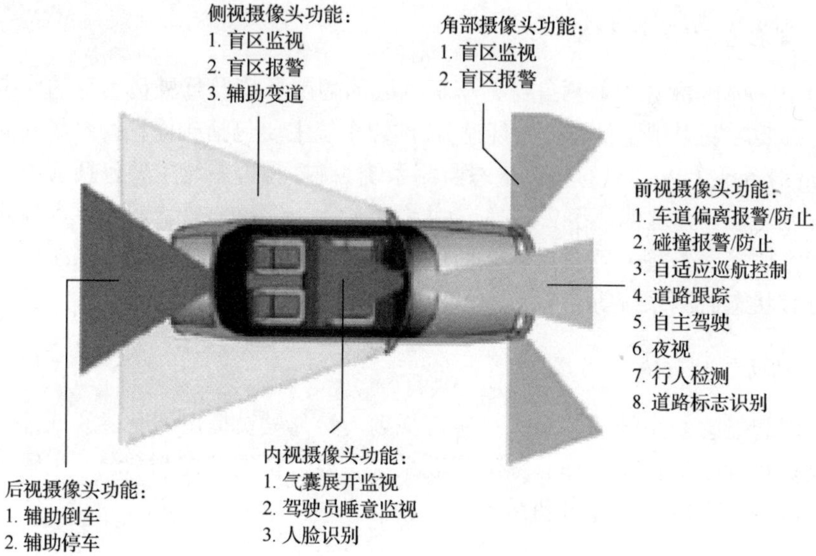

图 1.1　视觉传感器在智能车辆中的应用[3]

视觉传感器在智能车辆中主要用来识别车辆周围的交通环境，如确定车辆在车道中的位置和方位及车道的几何结构、检测车辆周围的障碍物(如车辆和行人、识别交通标志和交通信号)等。实际使用中，视觉传感器应具备实时性、鲁棒性和实用性三方面的技术特点。实时性是指视觉处理系统的数据处理必须与车辆的高速行驶同步进行；鲁棒性是指智能车辆对不同的道路环境如高速公路、市区标准公路、普通公路等，不同的路面环境如路面及车道标线的宽度、颜色、纹理、动态随机障碍与车流等，以及变化的气候条件如日照及景物阴影、黄昏与夜晚、阴晴雨雪雾天气等均具有良好的适应性；实用性是指智能车辆在体积和成本等方面能够为普通汽车用户所接受。

1.2.2　规划与决策技术

在辅助驾驶或者自主驾驶中，需要依据感知系统获取的信息来进行决策判断，进而向驾驶员发出警告或者对车辆进行控制。例如，在车道偏离警告系统和碰撞警告系统中，需要预测车辆自身和其他车辆在未来一定时间内的状态；在路口红灯情况下，需要控制车辆停止等。规划与决策系统可以认为是智能车辆的“大脑”，承担全局与局部路径规划、产生控制策略的任务。规划与决策技术具体内容可分为以下两个方面。

1. 车辆定位与路径规划技术

车辆定位严格地说应属于感知范畴，即通过若干传感器，如惯性导航传感器、GPS 等确定车辆自身的状态(方向和位置)。车辆定位又是实现进一步规划决策功能的前提和基础，而且定位方法多种多样，不仅限于传感器，因此这里将其归入规划决策部分。在智能车辆领域，定位技术大致可分为三类：惯性导航定位、无线电定位和卫星定位。智能车辆应用车辆自动定位技术、数字地图、通信技术等，可以为车辆提供路径引导、无线遥控等功能。

路径规划是智能车辆信息感知和车辆控制的桥梁，是智能车辆自主驾驶的基础，可分为全局路径规划和局部路径规划。全局路径规划是在已知地图的情况下，利用已知局部信息如障碍物位置和道路边界，确定可行和最优的路径，它能把优化和反馈机制很好地结合起来。局部路径规划是在全局路径规划生成的可行驶区域指导下，依据传感器感知到的局部环境信息来决策车辆当前前方路段所要行驶的轨迹。与移动机器人路径规划相比，车辆的行驶环境具有非结构化、动态性、不确定性等特点，因此研究者在借用移动机器人路径规划成果的同时，也着重研究符合智能车辆自身特点的动态局部路径规划问题。

2. 决策技术

智能车辆的决策系统包含路径规划及行为决策，如启停、超车、变道、汇入、加油等。决策系统需要综合环境信息、自身状态、特定的驾驶模式等进行综合判断，可以利用规则库或者学习方法，从而产生适当的控制策略。先进的决策技术包括模糊推理、强化学习、神经网络和贝叶斯网络等。

1.2.3　控制技术

对自主驾驶车辆或者辅助驾驶车辆来说，利用环境感知信息进行规划决策后需要对车辆进行控制，如对路径的自动跟踪，此时性能优良的控制器成为智能车辆必不可少的部分，即智能车辆的关键。智能控制代表着自动控制的最新发展阶段，是应用计算机模拟人类智能、实现人类脑力和体力劳动自动化的一个重要领域。典型的智能控制系统包括递阶控制系统、专家控制系统、模糊控制系统、神经控制系统和学习控制系统等。

1.2.4　其他技术

智能车辆是多种技术的综合体现，也是多学科交叉的典型应用。以下简要列出若干关键技术。然而，实际智能车辆系统还包含机械、电子等诸多学科的关键技术，这里不再一一赘述。

1. 通信技术

智能车辆需要与智能交通系统进行信息交互，将各种传感设备获取的数据传输给数据处理中心或其他车辆及基础设施进行分析和处理。对于需要传递给数据处理中心的情况，通常需要无线或无线与有线结合的传输手段，涉及的技术包括GPRS/3G/4G 等移动通信技术，无线局域网等无线接入技术，以及光纤、以太网等有线传输技术。对于直接传递给车辆或路侧单元进行处理的情况，可将其分为车车(vehicle to vehicle, V2V)通信和车路(vehicle to infrastructure, V2I)通信，主要依靠专用短程通信(dedicated short range communication, DSRC)技术，也可以采用无线局域网技术实现。DSRC 技术可以实现小范围图像、语音和数据实时、准确和可靠的双向传输，将车辆和道路有机连接。目前，美国、日本、欧洲地区采用的 DSRC 技术各不相同，彼此之间并不兼容。美国正在研究使用 DSRC 技术实现 V2V 通信和V2I 通信，欧洲正在研究的中长距离持续无线通信接口(communications, air-interface, long and medium range, CALM)技术，也以 V2V、V2I 为主要的应用场景。

2. 车辆状态随机估计技术

为了对车辆进行有效的控制，必须全面准确地获取车辆的自身状态参数，如车辆横摆角速度估计、汽车轮胎与路面之间的摩擦系数估计，以及车辆侧面碰撞模型的非线性动力学参数的辨识等。

3. 故障诊断技术

现代汽车故障诊断技术由 20 世纪 60 年代的西方发达国家开始研究，随着汽车结构越来越复杂，需要有相应的诊断分析手段来维护。综合来看，汽车诊断技术发展经历了四个阶段：①人工检验阶段；②使用简单的仪器、仪表进行测量阶段；③使用专业设备进行诊断阶段；④人工智能诊断阶段。

智能化故障诊断技术的关键是基于数据预处理方法的故障模式识别理论，其中数据预处理方法主要有小波分析、主成分分析(princial component analysis，PCA)和粗糙集理论等，故障模式识别理论主要有专家系统故障诊断法、模糊故障诊断法、灰色模型故障诊断法、神经网络故障诊断法、信息融合故障诊断法和基于范例推理的故障诊断法等。

1.3　环境感知、目标跟踪等关键技术的研究现状

环境感知和目标跟踪是智能驾驶的两项关键技术，其研究已取得重大进展。

下面介绍环境感知和目标跟踪等关键技术的研究现状。

1.3.1　环境感知

环境感知功能是智能车辆的重要组成部分，是实现自主驾驶的基础，以视觉传感器为主的智能车辆环境感知功能必须能够检测和识别可行驶区域及周边的目标，包括结构化道路和非结构化道路信息、行驶环境中行人和车辆、交通信号灯和交通标志等[8]。

1. 感知内容和挑战

环境感知功能主要由车载摄像机、微波雷达和激光雷达等主、被动视觉传感器完成。通过车载摄像机辨识车道线和交通信号，检测运动目标等；通过激光雷达来建立周边环境的二维/三维模型，检测车辆、行人、树木、路沿等；通过微波雷达检测运动目标，检测车身周围的移动障碍物及其位置等。最后，将上述传感器信息融合形成环境视图，完成场景感知和理解。

智能车辆环境感知内容主要包括结构化道路和非结构化道路检测、行驶环境中行人和车辆的检测、交通信号灯和交通标志的检测等。典型的智能车辆环境感知要素如图 1.2 所示。

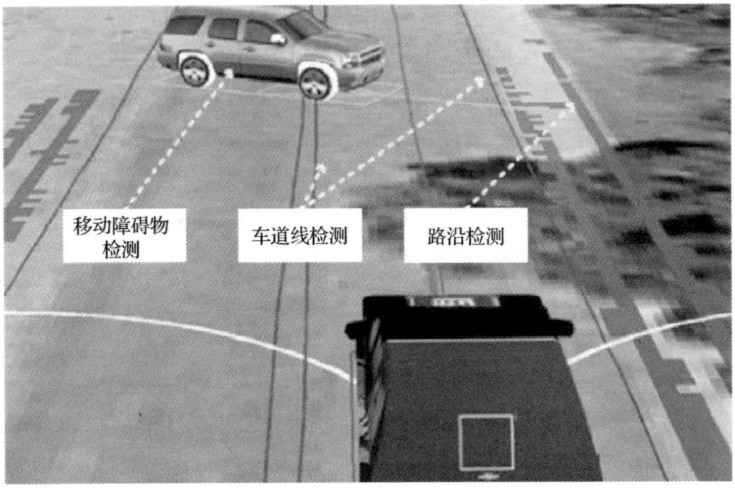

图 1.2　典型的智能车辆环境感知要素[8]

智能车辆环境感知存在的挑战包括：如何在复杂、动态和多样化的交通环境下，克服传感器各自物理限制和车辆运动干扰，提高环境感知精确程度，对动态目标进行识别和估计，完成交通环境信息的多视图数据融合等[9]。

多种因素限制了视觉传感器的感知能力。例如，其受不同车载传感器的工作范围限制，只能检测到一定范围和距离、一定大小、某个相对运动方向、一定速度和加速度的目标，感知能力受所在交通环境的光照、遮挡、雨雪雾沙尘等自然条件的限制[10]。许多突发事件形式不可预知，更是难以检测。受静态和动态环境因素影响，智能车辆在道路环境感知与理解、交通信号检测、动态障碍物检测、车辆姿态估计和定位等方面存在挑战。由于路面和路沿难以区分，其几何特性多变，对非结构化的交通环境感知存在困难，因此需要采用更高性能的传感器和更好的信息处理算法，结合机器学习及通信技术扩展功能，解决自身局限性[11,12]。

2. 基于车载摄像机的结构化和非结构化道路检测

道路检测是智能车辆环境感知的重要内容，通过检测车道信息准确获得车辆相对于车道的位置和方向。城市交通环境中常见的是结构化道路，即有清晰车道标志线和道路边界的标准道路。一般可以对道路宽度和平坦度进行假设，认为道路宽度固定或变化比较缓慢，并且道路平坦、两个边缘平行[13]。此外，还可以对道路特征一致性进行假设，认为图像中的路面区域具有一致的颜色、纹理等特征，而非道路区域没有，故可采用聚类方法来检测道路区域。为了加快道路检测的速度，可以设定感兴趣的区域，进行分析和寻找期望特征，而不需要对整幅图像进行分析[14]。

在直道检测中，可以假设距离车载摄像机不远处曲率变化很小，近似用直线来拟合车道线，利用车道线信息进行道路区域与非道路区域的分割。道路边缘检测主要包括图像预处理、边缘提取和二值化等步骤。其中，图像预处理一般先选定图像感兴趣区域，先利用中值滤波、均值滤波、高斯滤波等消除噪声，再采用膨胀腐蚀等方法进行边缘增强，然后进一步进行边缘提取，根据算法执行时间和边缘检测结果，综合考虑后选用 Sobel、Canny、LOG(Laplacian-of-Gaussian)等算子进行边缘检测。

在弯道检测中，不仅要识别出道路边界线，还需要判断道路弯曲的方向，确定弯道曲率半径。选取适合的曲线模型来描述弯道车道线，并由图像数据拟合出可靠的曲线方程参数。常用的弯道检测方法可分为基于道路特征的方法和基于道路模型的方法[12]。基于道路特征的方法在道路标线明显且标线完整等条件下检测效果较好，基于道路模型的方法则具备更好的适应性。因此，一般多采用基于道路模型的方法进行弯道检测，将弯道检测转化为各种曲线模型中数学参数的求解问题，一般包括建立弯道模型、提取车道线像素点，以及拟合车道线模型等主要步骤。

乡村公路等非结构化道路在结构上符合道路的特征，但一般缺少车道线等标志，无法采用结构化道路所用的车道线检测方法。文献[15]提出一种基于机器学习的检测算法，识别车道及其边界的不同颜色和纹理等特征，进行自监督样本选取、特征选取、在线学习、监督学习等过程，完成道路检测。

受交通标志线新旧磨损、光照条件、多变天气、周边车辆遮挡等交通环境复杂因素的影响，道路检测技术一直是智能车辆视觉感知的难题，还在不断研究以改进其可靠性和鲁棒性[16,17]。此外，在雨雪雾天气、车道线缺失等复杂情况下，还需要进一步结合多传感器融合进行推理判断。在结合传统道路检测技术的基础上，采用深度学习技术将极大改进车道检测精度和效果[18]。

3. 基于激光雷达、微波雷达的环境感知

雷达感知是指通过激光、微波或声波获取车辆周边环境的二维或三维信息，再通过距离或速度分析对环境进行感知。它能以较高精度直接获取物体二维或三维距离信息、对光照环境变化不敏感。常用的传感器有毫米波雷达、激光雷达等。

毫米波雷达可以精确地测量目标的径向距离和速度，可使用多个接收/发送通道获取额外的角度信息。它对环境影响(如极端温度、不良光照或天气条件等)具有鲁棒性。对于许多辅助驾驶应用而言，雷达被视为最有前景的技术。近几十年来，汽车雷达已成为主动安全和先进驾驶辅助系统的核心设备。毫米波雷达的应用范围涵盖了自适应巡航控制系统、倒车车侧警示系统和车道变换辅助系统等。

激光雷达可用来检测路面场景中其他车辆、行人或障碍物，识别道路边界等。与毫米波雷达相比，激光雷达有更好的横向分辨率。原来的激光雷达系统十分昂贵，每套价值在8000～10万美元。高昂的价格制约着车载激光雷达的实用化。现在很多公司潜心于研究低价位、高性能的激光雷达。例如，德尔福汽车系统公司与美国量子能(Quanergy)公司合作，为无人驾驶汽车开发一种新型激光雷达系统，每台单价低于1000美元。2015年，加利福尼亚大学伯克利分校的研究团队透露，他们已经研发出新型激光技术，可以有效地解决激光雷达的笨重设计及成本问题，从而创造出价格更低廉的无人驾驶汽车[19]。

毫米波雷达、激光雷达和图像识别技术的发展提高了智能车辆对环境的自适应能力，促进了自适应巡航、车道保持、主动避撞、全景倒车辅助等系列智能化驾驶辅助技术的诞生，并实现了产业化，已经成为很多豪华车的标准配置[20]。激光雷达的发展直接推动了谷歌、福特等公司自动驾驶智能车辆的出现，日本丰田汽车公司使用毫米波雷达和机器视觉共同探测前方障碍物。奔驰公司成功应用视距感知技术取代了轨道技术用于自动驾驶，并于1999年进一步推出了基于雷达的自适应巡航系统。美国天合汽车集团(TRW Automotive Holdings Corp.)研制的车载防撞微波雷达已经应用到货车和公共汽车上用于探测两侧盲区。三菱集团开始在车上使用基于激光的测距系统，用于感知危险车辆，实现碰撞预警。国内的研究则主要集中在清华大学、吉林大学等高校，如侯德藻等利用毫米波雷达、激光雷达开发了碰撞预警系统及自适应巡航系统，利用电荷耦合器件(charge coupled device, CCD）摄像机实现了车道保持，利用全景相机开发了环视倒车辅助系统等，并提供了具有实用性的控制技术，相关的技术在重庆长安汽车股份有限公司、东风日产乘用车有限公司及郑州宇通集团有限公司、金龙联合汽车工业（苏州）有限公司等企业实现了推广应用[21]。

未来，若能结合已有视觉和雷达算法基础，加强信息融合，有望在复杂环境感知和集成应用方面取得重大进展。

4. 基于车载摄像机的交通信号灯和交通标志检测

交通信号灯和各类交通标识牌检测对于城市结构化道路的自主驾驶来说至关重要。这类信息主要通过车载摄像机获取，因此其检测主要涉及图像处理和计算机视觉分析技术。在背景环境相对简单的情况下，基于色彩特征的交通信号灯识别方法能够有效地检测和识别出交通信号灯；对于背景环境复杂的情况，则容易出现误检现象。基于形状特征的识别方法可有效地减少这类虚警，但需要通过建立形状特征规则来实现。基于模板匹配的识别方法同样需要建立不同样式的交通信号灯模板或者建立多级的交通信号灯模板。因此，需要综合上述算法和特征识别方法才能适应环境的变化，对不同样式交通信号灯进行识别。

交通标志检测与识别系统主要包含色彩分割、形状检测和验证、图形识别等步骤。在良好光照条件时，HSV（hue, saturation, value）色彩空间的色度和饱和度信息能够有效地进行无关颜色过滤，通过室外环境中实际标牌的图像采样可以得到选取阈值。通过 Hough 直线变换能够有效地检测到标志牌的边缘直线，进行色彩空间处理后得到精确分割图像，所检测到的直线可能构成标志牌的三角形或矩形图像的一部分，分割直线若封闭，则可以定位候选区。对于每类交通标志，都需要分别设计分类器，进行图像的形状识别[22]。

5. 行驶环境中的天气、行人检测

基于摄像机视觉的环境感知非常容易受到天气干扰，雨雾雪沙尘等天气会严重影响图像质量，从而造成图像分析错误，因此需要研究极端天气下的图像处理技术以提高视觉感知系统对天气的适应能力。基于视觉的行人检测方法则主要有基于背景建模的方法和基于统计学习的方法。基于背景建模的方法首先分割出前景，提取其中的运动目标，然后进一步提取特征及分类判别。基于统计学习的方法需要根据大量训练样本构建行人检测分类器，提取的特征一般有目标的灰度、边缘、纹理、形状、梯度直方图等信息。受室外场景中的光照变化、遮挡、阴影等影响，视觉检测行人的算法在交通环境中鲁棒性较低。通过激光雷达可以获得行人在二维平面内的位置、形状等状态估计，因此可以有效地实现行人的状态跟踪。通过融合激光雷达与摄像机图像数据，可以对行人进行较为准确的检测[23]。

6. 基于多传感器融合的环境感知

智能车辆需要感知车辆行驶过程中可视、超视距、近距离、远距离的道路环境信息，周围移动车辆、行人和障碍物，宏观交通状态、交通事故信息及车辆自身位置和各种状态信息。单一传感器都有局限性，如激光雷达具有方向性好，波束窄，测角、测距精度高，不受地面杂波干扰等优点，但其受大气的光传输效应影响大，不能全天候工作，遇浓雾、雨、雪天气无法工作。因此，智能车辆应配置多种不同传感手段以获取车辆周边环境不同形式的信息，通过多信息融合对行驶环境进行感知，使智能车辆具有优良的环境适应能力，为安全快速自主导航提供可靠保障。

近些年来，学者们针对多传感器信息融合算法、综合交通环境感知等问题展开了广泛研究。Spinello 等提出一种协同方法来融合激光扫描器和视觉系统的传感器检测系统，通过使用一种跟踪系统将两种传感器进行融合[24]。

现在，随着计算机信息技术、通信技术、控制技术和电子技术的进步，智能车辆多传感器信息融合技术的应用取得了许多令人振奋的成果，如国内的 G-BOS 智慧运营系统、欧洲的车路协同系统(cooperative vehicle infrastructure system, CVIS)、美国的智能车辆公路系统(intelligent vehicle highway system, IVHS)、日本的 SmartWay 系统等[20]。

1.3.2　车辆自动驾驶的目标跟踪技术

车辆自动驾驶中需要检测并跟踪交通标志牌、道路前方及侧方的车辆，这里统一称其为车辆自动驾驶的目标跟踪。

不管是交通标志牌还是车辆的自动跟踪，都主要由两个环节组成：首先通过对目标进行检测来确定图像中目标的位置，然后对检测到的目标进行跟踪。基于单目视觉的车辆检测方法可分为基于外观的方法和基于运动的方法，可以采用更通用并具有鲁棒性的特征[如方向梯度直方图(histogram of oriented gradient, HOG)特征、类 Harr 特征]表征各类车辆。对于交通标志牌的检测，主要是通过颜色及形状特征进行识别定位。在目标跟踪阶段，单目标跟踪系统需在视频序列开始的第一帧中指定待跟踪的目标(采用上述自动检测技术或手动标记)，跟踪系统根据第一帧中标定的目标完成后续视频序列目标中的跟踪过程。一般而言，单目标跟踪都采用在线处理形式，通过自适应的方式更新目标跟踪器，使得跟踪系统能及时地理解目标所处的环境。

目标跟踪算法可以分为生成模型方法和判别模型方法。生成模型方法比较直接，通过建立表示目标的外观模型，在下一帧图像中寻找最接近目标模型的位置。这种方法强调对目标外观模型的建模，没有利用任何背景信息，在背景比较复杂的情形下，很难达到理想的跟踪效果。比较著名的跟踪方法有均值漂移(mean-shift)、卡尔曼滤波(Kalman filter)、粒子滤波(particle filter)等方法。判别模型方法将跟踪问题视为分类问题，即寻找能够区分目标和背景的决策边界，不需要建立复杂的模型来表示物体，通过设计分类器来判断哪些属于目标、哪些属于背景来跟踪目标。判别类跟踪方法由于引入了背景信息，对背景干扰的处理能力有所提高，但是对类别标注比较敏感，不合理的标注可能会导致目标的漂移。典型的跟踪方法包括相关滤波(correlation filter)类方法和深度学习类方法[25]。

视觉目标跟踪系统面临诸多挑战：①复杂背景下的目标跟踪问题。复杂背景通常存在大量的杂波干扰，跟踪器需要正确辨识哪些属于目标，哪些属于背景的干扰。②目标外观变形问题。在目标跟踪过程中经常出现目标变形的情况，如何正确捕捉这些信息，对下一步跟踪至关重要。③光照变换问题。目标的外观特征通常是视觉目标跟踪重要的信息依据，光照变换会极大影响目标外观建模的鲁棒性。④快速运动目标跟踪问题。对于快速运动目标，收集到的目标轨迹数据通常有限，难以建立稳健的运动模型。同时快速运动目标通常对目标跟踪系统的实时性要求较高，需要在短时间内对跟踪目标做出响应。⑤目标遮挡问题。目标在运动过程中经常被其他物体遮挡，短暂遮挡带来的信息丢失会使跟踪器本身变得不稳定，甚至跟丢目标。相对于单目标跟踪系统，开发多目标跟踪系统还面临着如下困难：目标数量的动态变换问题，目标通常是随机进入或离开，这种随机性给多目标跟踪带来很大的不确定性。此外，多目标之间的相互作用使得目标跟踪变得复杂，多目标跟踪不能简单地理解为单目标跟踪在多个目标上的实现，目标之间的冲突和遮挡极易引起不同目标之间的“劫持”现象。

近年来，跟踪领域取得了显著进展。多数生成模型类跟踪方法采用全局特征描述目标。文献[26]提出了一种基于粒子滤波的交通标志牌自动跟踪算法。首先对采集图像进行预处理来提高图像的对比度，接着利用颜色特征对交通标志牌进行检测，并通过形状特征对检测得到的交通标志牌候选区域进行筛选；然后在HSI(hue, saturation, intensity)颜色空间统计第一步得到的交通标志牌的颜色直方图特征信息；最后利用此特征采用粒子滤波算法实现对交通标志牌的跟踪。Chen等基于核概率密度估计建立生成式外观模型完成目标跟踪[27]；朱尧等提出一种稀疏模板，利用很少的先验知识完成跟踪，在稀疏表示目标跟踪框架下根据目标与模板字典的相似度进行模板更新，并利用新模板替换相似度最低的模板。基于稀疏表示的方法在发生局部遮挡时效果比较鲁棒[28]。基于核估计、子空间和稀疏表示的生成式跟踪成为研究热点。但是，上述跟踪方法均是根据目标的特征提取和匹配完成跟踪，忽略了背景信息在场景中的重要作用，因而不能很好地处理背景中的目标干扰[29]。

相比产生式跟踪方法，判别式跟踪方法最大化地分离目标与背景，从分类角度解决跟踪问题。Kalal 等提出通过跟踪-学习-检测(tracking-learning-detection, TLD)算法进行目标跟踪，TLD 算法实现了长时间目标跟踪，但无法解决目标遮挡和高速运动的目标跟踪问题[30]。Xu 等通过支持向量机(support vector machine，SVM)训练正负样本分离目标和背景获得判别式模型解决跟踪问题，这种方法需要较高精度的目标定位以便正确选择正负样本[31]。当目标处于复杂背景或是发生遮挡时，定位精度下降，就会出现不可靠的样本选择以致跟踪失败。鉴于特征表示对跟踪的重要性及深度学习在特征学习上的良好表现，基于卷积神经网络的跟踪算法也逐渐出现并取得了理想的跟踪效果[32]。

1.3.3 其他相关技术

1. 惯性导航系统

惯性导航系统(inertial navigation system, INS)是一种自主式导航系统，它可以提供航速、位置、航向姿态等信息，可用于车辆的定位和自动巡航系统。缺点是导航误差随时间迅速积累增大，长期稳定性差。而且，对一般 INS 而言，加温和初始对准需要的时间也比较长。在这种情况下，远距离、高精度的导航和其他特定条件下的快速反应等性能要求，就成了 INS 比较难解决的问题。因此，纯 INS 对陀螺仪有很高的要求，系统的成本也很高。卫星导航系统能提供的测量参数虽然不够齐全，同时还受到外界条件的影响，但它的显著优点是定位精度高和成本低，且误差不随时间积累，在长距离运行中测量精度较高[33]。

目前，GPS 和 INS 相结合的趋势越来越紧密。组合系统充分利用了 GPS 和 INS 互补的特点，高精度的 GPS 信息作为外部量测输入，在运动过程中修正 INS，以控制其随时间的累积误差；短时间内高精度的 INS 定位结果，又可以解决 GPS 动态环境中的信号失锁和周跳问题。INS 还可以辅助 GPS 接收机增强其抗干扰能力，提高捕获和跟踪卫星信号的能力。这种组合导航系统，不仅结合了 GPS 的定位精度高和误差无积累的特点，还结合了 INS 的自主性和实时性的优点，能够使导航系统的成本下降，可靠性增加，精度提高。

除采用组合导航降低系统误差外，针对惯性传感器本身的误差(积累误差或故障引起的误差)进行检测和诊断，也吸引了很多研究者的注意。文献[34]提出一种粒子滤波器方法用于诊断移动机器人 INS 传感器故障。该方法将基于规则的推理与多粒子滤波器结合，利用规则推理确定机器人运动状态，每一种运动状态用一个粒子滤波器监视。该方法有效地解决了单个粒子滤波器难以表示复杂逻辑的问题，降低了每个粒子滤波器的粒子数，从而提高了诊断效率和精度。多种运动状态和工作模式下的仿真结果表明，该方法可以有效地识别 INS 的 1 个或多个硬故障。

随着北斗卫星导航系统的全面建成和推广应用，可使用北斗导航系统取代 GPS，为自主车辆驾驶提供更加安全、可靠、经济与便捷的导航手段。

2. 图像去雾技术

雨雾天气的干扰给智能交通的管理造成了严重的影响，尤其是在车牌识别、自动驾驶、交通检测等多个环节中。在雨雾干扰下，容易出现拍摄的车辆、车道线、标志牌等图像清晰度较低、识别效果差的问题。雨雾天气干扰下的图像识别技术能够有效解决这一问题，因此引起了很多研究人员的重视，受到了广泛的关注，也出现了很多好的方法。

到目前为止，对图像去雾效果最好的是 He 等提出的暗通道先验算法[35]。该算法能够对单幅图像有效去雾，但是在雾天车道线识别过程中存在以下两个问题：①所得图像偏暗，不利于使用常规算法进行车道线识别，必须对良好光照条件下的车道线识别算法进行修改，降低普通车道线识别算法的鲁棒性；②基于软抠图算法及指导性滤波算法计算速度偏慢，不能满足实际工况的使用要求。利用双边滤波器取代软抠图算法或指导性滤波算法，虽然大幅提高了计算速度，但是去雾之后的图像依然偏暗，即使用良好光照条件下的车道线识别算法仍旧不能准确识别出车道线[36]。文献[36]提出一种基于双边滤波器的暗通道累加算法，该方法能够有效地提高利用常规方法识别车道线的准确率并且大幅提升计算速度，对于提高车道线识别算法的鲁棒性(对雨雾天气光照条件适应性)具有较大意义。文献[37]提出基于改进曲线分割算法的雨雾天气干扰下的车牌图像识别方法。该方法首先构建车辆外轮廓矩形模型，从中提取被雾气遮挡车辆的分割线，并进行空间亮度均衡化处理，同时对被雾气遮挡的车牌进行曲线分割，然后在此基础上利用暗通道先验方法对有雾气干扰的车牌图像进行去雾处理，进一步融合主成分分析方法和 Fisher 线性判别分析方法对分割及去雾处理后的车牌图像进行分类识别。

1.4 智能车辆的产业化及发展前景

智能辅助驾驶系统越来越多地出现在国内外中高端汽车产品中，在不断提高驾驶舒适性、安全性的同时，也标志着汽车的档次和身价。智能车辆的高级阶段就是自主驾驶车辆，或称为无人驾驶车辆，已经受到了各国政府机构、汽车企业、科研机构的广泛关注。

近年来，美国、欧洲、日本等国家和地区的著名汽车厂商都非常重视自主驾驶技术的研究，已经将其作为新一代汽车产业革命的主要突破点。各国的主要科研机构和院校也十分重视自主驾驶技术的研究，如美国国防高级研究计划局、中国国家自然科学基金委员会等。

目前，美国内华达州、佛罗里达州、加利福尼亚州、得克萨斯州、密歇根州及华盛顿已立法准许自动驾驶车辆上路，但仅限于测试目的。德国也是最早开始研究自主驾驶技术的国家。2013 年，采用自主驾驶技术的奔驰 S500 在城市和城际道路完成了长距离自主驾驶试验，重走了 125 年前奔驰夫人贝尔塔女士的旅程。作为以汽车主动安全产品为特色的汽车厂商，沃尔沃自主驾驶车辆已在西班牙的公路和瑞典试车跑道上测试运行了 10000mile（相当于 16093km）。沃尔沃对自主驾驶车辆可能出现的交通事故进行了声明：若车辆处于自主驾驶状态时出现交通事故，则沃尔沃将承担全部责任。

虽然国外对自主驾驶领域的研究起步早、投入大，但在以国防科技大学、清华大学为代表的国内科研机构的不懈努力下，国内外技术差距正在逐步缩小。我国自主驾驶车辆的研究始于 20 世纪 80 年代末，其中国防科技大学于 1987 年研制成功我国第一辆自主驾驶车辆。在“八五”和“九五”期间，南京理工大学、国防科技大学、浙江大学、清华大学等参与研制了“ATB-1”和“ATB-2”两台自主驾驶实验车；2005 年，上述研究单位又完成了第三代自主驾驶车“ATB-3”的研究工作。近年来，在国家自然科学基金“视听觉信息的认知计算”重大研究计划支持下，国防科技大学、南京理工大学、北京理工大学、西安交通大学、军事交通学院、中南大学、清华大学、同济大学、上海交通大学等院校和研究所在自主驾驶领域取得了一系列理论和关键技术的研究进展。

在高速公路自主驾驶技术方面，2000 年，国防科技大学以 BJ2020 汽车为平台的自主驾驶汽车实现了 75.6km/h 的高速公路车道跟踪实验。2006 年 8 月，该校与中国第一汽车集团有限公司合作成功研制红旗 HQ3 自主驾驶轿车，该轿车在硬件系统小型化、控制精度和稳定性等方面都有明显提高。该轿车于当年 9 月参加了在长春举办的东北亚投资贸易博览会。2007 年 3 月，该轿车又被商务部选送到莫斯科参加在俄罗斯举办的“中国年”展览。2011 年 7 月 14 日，国防科技大学、中南大学、吉林大学联合开发的自主车辆在国家自然科学基金“视听觉信息的认知计算”重大研究计划支持下，完成了国内首次长距离（长沙至武汉）高速公路自主驾驶实验：自主驾驶距离 286km，系统设定最高时速 110km，实测全程自主驾驶平均时速为 85km，人工干预距离为总里程的 0.75%，自主超车 67 次，成功超车 116 辆，被其他车辆超越 148 次。该次实验实现了在密集车流中长距离安全驾驶，创造了我国无人车自主驾驶的新纪录，标志着我国无人车在复杂环境识别、智能行为决策和控制等方面实现了新的突破，达到世界先进水平[38]。

2012 年 7 月，军事交通学院研制的 JJUV-3 途胜试验车完成天津—北京城际高速公路的自主驾驶实验，具备跟车行驶和自主超车能力。

不仅传统汽车企业和科研机构关注自主驾驶的智能车辆，随着通信与信息技术的不断发展，全球科技巨头纷纷将注意力聚焦到汽车领域。

在 2015 年初举行的国际消费类电子产品展览会上，美国高通公司展示了两款全新的技术概念车，推出了骁龙汽车解决方案。据报道，高通公司的智能汽车系统平台可以让用户“登录”到汽车上，并根据用户预设的偏好调整车座和方向盘。用户的账户信息会被显示在中控台的屏幕上，当中还会包含来自手机的一些细节信息，如预约和音乐。2015 年 12 月 9 日，韩国三星电子宣布将新设“电装事业组”，将智能汽车视作未来的新开发项目，重新进军汽车领域。这距离 2000 年三星将其旗下的三星汽车出售给法国雷诺汽车公司从而退出汽车市场已有 15 年。三星电子表示，该公司在短期内将以提升电装部门的竞争实力为目标，初期重点为媒体播放器、导航等车用资讯娱乐和自动驾驶，之后再逐步加强与子公司的合作。

谷歌、百度等信息和互联网领域的高新技术企业也加入自主驾驶技术研发的队伍中，并且进展迅速。谷歌一直在致力于研发无人自主驾驶汽车。截至 2019 年，其测试车队拥有约 1000 辆自主驾驶汽车，并已成功地游说内华达州、佛罗里达州和加利福尼亚州改变立法，从而允许它在其公共道路上测试自主驾驶汽车。

2015 年 12 月初，百度无人驾驶车在国内首次实现了城市、环路及高速道路混合路况下的全自动驾驶。这辆以 BMW3 系高通公司为基础研发的自动驾驶汽车从北京中关村软件园的百度大厦附近出发，驶入 G7 高速公路，经五环路，抵达奥林匹克森林公园，并随后按原路线返回。在往返全程中，百度无人驾驶车均自动驾驶，并实现了多次跟车减速、变道、超车、上下匝道、调头等复杂驾驶动作，完成了进入高速(汇入车流)到驶出高速(离开车流)的不同道路场景的切换，测试时最高时速达 100km。此次百度无人驾驶车的路测成功，开创了中国无人驾驶车研发领域路况最复杂、自动驾驶动作最全面和环境理解精度最高的三“最”。尤其值得一提的是，百度无人驾驶车项目是国内唯一通过 ISO26262(汽车安全完整性水平)的全自动驾驶研究项目，它完整地跑通了从定位、高精度地图到感知、控制，甚至决策这一系列的技术配合。

英特尔公司与福特汽车公司合作，推出一款名为 Mobii 的汽车操作系统，而配备该系统的原型车会将汽车内置的摄像机与已有传感器数据、驾驶员习惯相结合，以改善驾驶及乘车体验。除与福特汽车公司合作外，英特尔公司还与印度塔塔汽车公司、丰田汽车公司等合作，共同研发包括车载信息娱乐系统、辅助驾驶和自行泊车等自动驾驶在内的多项新技术。

2015 年 3 月，阿里巴巴集团与上海汽车集团股份有限公司共同宣布，将合资设立 10 亿元互联网汽车基金，用于推进互联网汽车开发和运营平台建设。未来，该平台将是开放式的资本平台，吸纳更多互联网汽车参与者。2015 年 7 月，阿里巴巴集团与上海汽车集团股份有限公司在上海签署“互联网汽车”战略合作协议，双方拟在互联网汽车和相关应用服务领域开展合作，共同打造面向未来的互联网汽车及其生态圈。上海汽车集团股份有限公司与阿里巴巴集团联合研发的互联网汽车将采用 YunOS 操作系统，并会整合阿里巴巴集团旗下阿里云计算、高德导航、阿里通信等应用服务资源。

2015 年 3 月，乐视控股(北京)有限公司(简称乐视控股)与北京汽车股份有限公司(简称北汽)在香港正式签订战略合作协议，旨在将北汽在汽车方面研发制造的经验和能力，与乐视控股在互联网技术与理念、软硬件一体化的能力、用户运营与价值挖掘能力相结合，共同打造互联网智能汽车生态系统。北汽认为，汽车企业未来可能会成为互联网企业的贴牌制造商。

作为全球第二大通信供应商，华为技术有限公司(简称华为)于 2014 年底正式宣布进军车联网领域，并推出全新车载模块 ME909T。据悉，华为每年都将投资上亿元人民币用于车联网领域的研发，并在该产业中长期投资。2015 年 10 月，华为与东风汽车集团有限公司(简称东风公司)在武汉签署战略合作协议，在汽车电子、智能汽车、信息技术/信息交流技术信息化建设等领域展开跨界合作。事实上，华为已成功为东风公司开发了 WindLink 产品和服务。该系统具有强大的智能互联功能，目前已经搭载到东风风神 AX7 车型上。2015 年 11 月，华为又与长安汽车签署战略合作协议，成为车联网和智能汽车领域的战略合作伙伴，将共同在车联网平台、车载通信设备、车机、多屏互动、移动终端、芯片、系统应用及商业模式等领域开展业务合作。

随着各大汽车企业与科技巨头的关注与投入，相关技术势必得到更快更深的发展，而这将使驾驶员更安全、更高效地驶向目的地。以往人与车的交流，将转向车与车、车与路、车与基础设施的交流，人、车、路和基础设施的四维交互则是车联网带来的趋势，而这也将为无人驾驶技术的完善打下坚实的基础。例如，2018 年 7 月京东地图首次亮相，京东智能机器人和智能驾驶技术在实践中的广泛应用受到外界关注[39]。又如，凯迪拉克超级智能驾驶系统在中国首发，是一种可真正实现在高速公路上释放双手驾驶的智能驾驶技术[40]。

尽管发展前景非常喜人，我们还是应该看到自主驾驶车辆正式量产和上路的条件尚未完全成熟。智能车辆的主要特点是以技术弥补人为因素的缺陷，使得即便在很复杂的道路情况下，也能自动地操纵和驾驶车辆绕开障碍物，沿着预定的道路轨迹行驶。无人驾驶汽车由行车计算机精确控制，可以有效减少酒驾、疲劳驾驶、超速等人为不遵守交通规则导致的交通事故。同时，自动驾驶汽车不会去尝试那些每天在路上由人类驾驶员所做出的大胆的危险操作。例如，自动驾驶的重型货运车辆，应该会比现在的大货车安全，因为目前的大货车存在驾驶员不熟悉路况、不严格遵守交通规则、疲劳驾驶的现象。研究表明，在智能汽车的初级阶段，通过先进智能驾驶辅助技术有助于减少 50%～80%的道路交通安全事故。

虽然智能汽车，尤其是自动驾驶技术很有可能会改变人们的生活，但是也有很多潜在的问题。在汽车本身方面，自动汽车驾驶系统的可靠性仍然需要较长时间的验证，如大规模应用时，如何保证软件系统不受病毒感染，从而避免造成重大的交通事故。在外部系统方面，工程师要考虑的不仅只涉及车辆系统的安全，还要考虑外延的基础设施-车辆系统的安全性和可靠性。另外，保护客户数据也相当重要，因为驾驶数据相当私密和敏感。要实现自主驾驶，用以支持自动驾驶和实时交通管理要求的整个智能交通系统通信基础设施也需要明显改善。

在监管和责任方面，在自主驾驶汽车上路之前，有一系列的问题需要解决。从监管的角度来说，合法性和赔偿责任是关键问题所在，其中最主要的可能是责任问题，即当自主驾驶汽车发生交通事故时由谁负责，是车主、汽车制造商、自动驾驶系统生产商，还是让系统运行的软件生产商？因此，在法律方面可能会发生很大变化。虽然智能系统可以大大提高安全性(在道路交通事故中，人为错误造成的事故占 90%以上)，但是立法者仍然需要迅速抓住赔偿责任这一棘手问题，提出明确的指导意见，以确定当事故中涉及无人驾驶汽车时，谁来负责。合法性和赔偿责任的界定各国将会不同，这也将会对自主驾驶技术如何出现在市场造成影响。

为使自主驾驶汽车合法地在公路上行驶，改变道路交通法规也将是必要的。明确禁止自动驾驶的《维也纳公约》(*Vienna Convention*)(于 1985 年 3 月被许多国家承认并遵守的国际条约，其中包括绝大多数欧洲国家，但不包括美国)和一些类似的国家立法，必须适应新的技术可能性。政府必须针对如何监管的问题制定明确的解释条例，例如，汽车如何进行认证和测试，驾驶员如何进行培训，驾驶标准如何进行调整。在相关法律问题得到解决之前，大规模的推广应用将不会很快实现[6]。

参 考 文 献

[1] 蔡自兴, 王勇. 智能系统原理、算法与应用[M]. 北京: 机械工业出版社, 2014.

[2] 贺汉根, 孙振平, 徐昕. 智能交通条件下车辆自主驾驶技术展望[J]. 中国科学基金, 2016, (2): 106-111.

[3] 胡国强, 陈昌生, 熊明洁. 世界智能车辆的关键共性技术研究现状[J]. 轻型汽车技术, 2011, (3): 3-6.

[4] Bishop R. Intelligent Vehicle Technology and Trends [M]. Boston: Artech House Publishers, 2006.

[5] 蔡自兴, 贺汉根, 陈虹. 未知环境中移动机器人导航控制理论与方法[M]. 北京: 科学出版社, 2009.

[6] 辛妍. 自动驾驶汽车离我们有多远[J]. 新经济导刊, 2016, (Z1): 36-40.

[7] 徐友春, 王荣本, 李兵, 等. 世界智能车辆近况综述[J]. 汽车工程, 2001, 23(5): 289-295.

[8] 黄武陵. 智能车辆环境感知技术与平台构建[J]. 单片机与嵌入式应用, 2016, (8): 9-13.

[9] Huang W L, Wen D, Geng J, et al. Task-specific performance evaluation of UGVs: Case studies at the IVFC[J]. IEEE Transactions on Intelligent Transportation Systems, 2014, 15(5): 1969-1979.

[10] 陈龙. 城市环境下无人驾驶智能车感知系统若干关键技术研究[D]. 武汉: 武汉大学, 2013.

[11] 沈峘. 智能车辆视觉环境感知技术的研究[D]. 南京: 南京航空航天大学, 2010.

[12] 王科. 城市交通中智能车辆环境感知方法研究[D]. 长沙: 湖南大学, 2013.

[13] 路顺杰. 综合考虑视觉和雷达的车道线检测研究[D]. 长春: 吉林大学, 2015.

[14] 黄武陵. 智能车辆的道路检测及其应用[J]. 单片机与嵌入式应用, 2016, (9): 3-7.

[15] 周圣砚. 基于学习算法的智能车辆非结构化道路检测技术研究[D]. 北京: 北京理工大学, 2014.

[16] Liu X, Wang G, Liao J S, et al. Detection of geometric shape for traffic lane and mark[C]//International Conference on Information and Automation, Shenyang, 2012.

[17] Yu J J, Zuo M. A video-based method for traffic flow detection of multi-lane road[C]//2015 the Seventh International Conference on Measuring Technology and Mechatronics Automation, Nanchang, 2015.

[18] Li J, Mei X, Prokhorov D. Deep neural network for structural prediction and lane detection in traffic scene[J]. IEEE Transactions on Neural Networks and Learning Systems, 2017, 28(3): 690-703.

[19] 新型雷达无人驾驶汽车时代即将来临！[EB/OL]. http://www.21ic.com/chongdian/news/2015-09-08/640564.html[2018-07-08].

[20] 谢志萍, 雷莉萍. 智能网联汽车环境感知技术的发展和研究现状[J]. 成都工业学院学报, 2016, 19(4): 87-92.

[21] 侯德藻, 李克强, 郑四发, 等. 汽车主动避撞系统中的报警方法及其关键技术[J]. 汽车工程, 2002, (5): 438-441, 444.

[22] Fu M Y, Huang Y S. A survey of traffic sign recognition[C]//International Conference on Wavelet Analysis and Pattern Recognition, Qingdao, 2010.

[23] 谌彤童. 三维激光雷达在自主车环境感知中的应用研究[D]. 长沙: 国防科学技术大学, 2011.

[24] Spinello L, Triebel R, Siegwart R. Multiclass multimodal detection and tracking in urban environments[J]. International Journal of Robotics Research, 2010, 29(12): 1498-1515.

[25] 蓝龙, 张翔, 骆志刚. 视觉目标跟踪现状与发展[J]. 国防科技, 2017, 38(5): 12-18.

[26] 吴磊, 张震, 程伟伟, 等. 基于粒子滤波的交通标志牌自动跟踪方法[J]. 计量与测试技术, 2017, 44(7): 64-67.

[27] Chen K, Fu S Y, Song K K, et al. A meanshift-based imbedded computer vision system design for real-time target tracking[C]//Proceedings of the 7th International Conference on Computer Science & Education, Melbourne, 2012.

[28] 朱尧, 毛晓蛟, 杨育彬. 基于多特征混合模型的视觉目标跟踪[J]. 南京大学学报(自然科学), 2016, 52(4): 762-770.

[29] 刘万军, 董帅含, 曲海成. 时空上下文抗遮挡视觉跟踪[J]. 中国图象图形学报, 2016, 21(8): 1057-1067.

[30] Kalal Z, Mikolajczyk K, Matas J. Tracking-learning-detection[J]. IEEE Transactions on Pattern Analysis and Machine Intelligence, 2012, 34(7): 1409-1422.

[31] Xu Y K, Qin L, Li G R, et al. Online discriminative structured output SVM learning for multi-target tracking[J]. IEEE Signal Processing Letters, 2014, 21(2): 190-194.

[32] Hong S, You T, Kwak S, et al. Online tracking by learning discriminative saliency map with convolutional neural network[C]//Proceedings of the 32th International Conference on Machine Learning, Lille, 2015.

[33] 蒋庆仙. 关于 MEMS 惯性传感器的发展及在组合导航中的应用前景[J]. 测绘通报, 2006, (9): 5-8.

[34] 段琢华, 蔡自兴, 于金霞, 等. 基于粒子滤波器的移动机器人惯导传感器故障诊断[J]. 中南大学学报(自然科学版), 2005, 36(4): 642-647.

[35] He K M, Sun J, Tang X. Guided image filtering[J]. IEEE Transactions on Software Engineering, 2013, 35(6): 1397-1409.

[36] 周劲草, 魏朗, 张在吉. 基于改进暗通道算法的雾天车辆偏离预警研究[J]. 东北师大学报(自然科学版), 2017, 49(1): 62-67.

[37] 张晓娟. 雨天雾气干扰下的车牌图像识别技术仿真[J]. 计算机仿真, 2015, 32(12): 133-136.

[38] 朱华. 无人驾驶车顺利从长沙至武汉自主超车 67 次[EB/OL]. http://news.sohu.com/20110726/n314512981.shtml[2018-06-07].

[39] 孙宏超. 京东地图首次亮相, 专注机器人高精地图和智能驾驶大数据[EB/OL]. http://tech.qq.com/a/20180719/031405.htm[2018-09-18].

[40] 凯迪拉克超级智能驾驶系统中国首发[EB/OL]. http://www.igeek.com.cn/article-17177-1.html[2018-09-18].

第 2 章　交通信号检测与识别技术

2.1　交通标志检测算法设计

2.1.1　常见交通标志说明

《道路交通标志和标线 第 2 部分：道路交通标志》(GB 5768.2—2009) 规定[1]，我国的交通标志主要分为以下类别。

(1) 警告标志：多数以黄色为底，边缘和警告信息为黑色的三角形标志。

(2) 禁令标志：多数以白色为底，边缘为红色，中间禁止内容为黑色的圆形标志。

(3) 指示标志：多数以蓝色为底，指示信息为白色的圆形和矩形标志。

(4) 道路施工：多数以蓝色为底，文字为白色的矩形标志。

(5) 限速标志：多数以白色为底，边缘为红色，限制的速度为黑色的圆形标志。

图 2.1 为道路交通标志一些主要样例。通常交通标志常用颜色的基本含义如下所述。

图 2.1　道路交通标志样例

(1) 红色表示禁止、停止、危险等信息，一般用于禁令标志的边框、底色、斜杠、叉形符号、斜杠符号警告性标志的底色。

(2) 黄色或荧光黄色表示警告，一般作为警告标志底色。

(3) 蓝色表示指令、指示，主要用于指示类标志底色，指示地名、路线或方向等车辆行驶信息。

(4) 绿色表示地名、路线或方向等的车辆行驶信息，主要用于高速公路和城市快速路上指路标志的底色。

(5) 黑色主要用于标志的文字、图形符号和部分标志的边框。

(6) 白色用于标志的底色、文字、图形符号和部分标志的边框。

常用的交通标志形状主要有以下 6 类。

(1) 正等边三角形：警告标志；

(2) 圆形：禁令或指示标志；

(3) 倒等边三角形："减速让行"禁令标志；

(4) 八角形："停车让行"禁令标志；

(5) 叉形："铁路平交道口叉形符号"警告标志；

(6) 方形：指路、警告、禁令和指示标志，或旅游区、辅助等交通标志。

2.1.2 交通标志识别算法设计框架与检测算法

由 2.1.1 节可知，交通标志具有特定的颜色和形状，其色彩醒目，形状和大小标准，与其所处的周围环境差异明显。因此，可以根据交通标志的颜色和形状信息，将其从道路环境中分离出来。但是，因其所处的环境复杂，检测和识别交通标志依然具有以下困难。

(1) 复杂的环境：交通标志一般安装在道路的两边，周围建筑、商家的广告标志、树木等都会遮挡或干扰交通标志；道路地理环境的多变、道路的路桥、上下坡及路上车辆等都会影响交通标志的检测。

(2) 天气条件：天气状况可能是晴天、阴天、雨天、下雪、有雾等，这些都会影响采集图像的质量，造成图像清晰度不足或颜色失真。

(3) 不可控的光照条件：光照会随相机放置的方向和位置变化。在智能车辆上采集的图像很容易曝光过度或曝光不足。拍摄时间不同时，光照的差异明显，如在正午和傍晚拍摄到的图像效果差异很大。

(4) 尺度和大小的变化：图像中的交通标志大小依赖相机与交通标志间的距离。随着车载相机由远及近地靠近交通标志，图像中交通标志区域会按一定轨迹由小到大变化。

(5) 交通标志特征表述：很多标志内部图形的相似性较高，差异不明显的特征无法区分这些相似的交通标志。现有交通标志的类型比较多，若提取的交通标志特征数量大，则识别过程所耗费的时间将剧增，无法满足智能车辆实时处理的要求。

因此，本章提出如图 2.2 所示的交通标志识别系统框架，从车载相机采集的图像中实时检测和识别交通标志。该算法分为 4 个主要部分：①图像采集，即从车载相机中获得图像；②交通标志检测，即根据交通标志的颜色和形状信息，寻找和定位交通标志的感兴趣区域；③交通标志识别，即针对已检测到的交通标志，识别其类型信息及表示含义，并排除一些误检的非交通标志干扰；④交通标志跟踪，即建立多目标跟踪模型，在连续序列中跟踪交通标志的位置、尺度、面积等信息。最后，将获得的准确交通标志类型送入车辆的控制决策系统中，为无人车辆驾驶或者驾驶员提供可靠的行驶环境信息。此框架为以后研究智能交通和无人驾驶车辆技术提供了较好的技术支持。

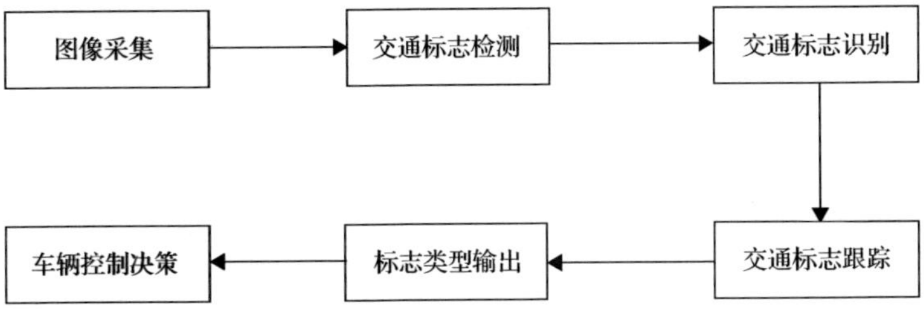

图 2.2　交通标志识别系统框架

交通标志检测算法可根据常见交通标志的颜色和形状差异，从采集的道路环境图像中分割并定位出交通标志。具体过程如图 2.3 所示。

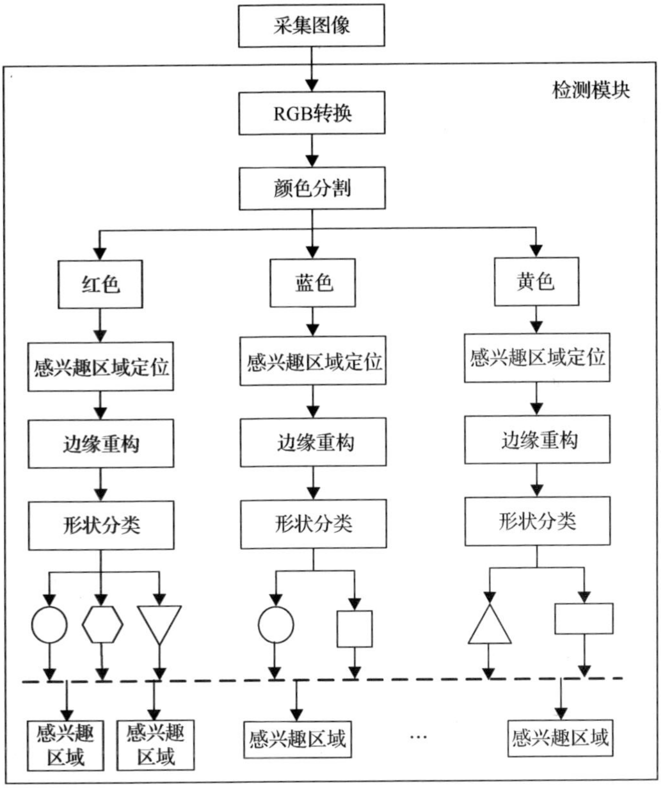

图 2.3　交通标志检测过程

(1) 变换采集图像的 RGB 颜色空间中的颜色值，然后用阈值分割出红色、黄色、蓝色或墨绿色的感兴趣区域，并对其进行腐蚀和膨胀形态学处理，消除较小的干扰区域和噪声像素的影响。

(2) 由交通标志被遮挡、光照不均匀或相似性颜色造成的交通标志区域分割不完整，则需要重构其边缘，使交通标志区域的形状完整。

(3) 将余下的感兴趣区域进行形状分类和干扰排除，保留符合交通标志形状，即圆形、三角形、六边形、正方形、矩形的区域，作为识别过程的输入。

2.1.3　交通标志边缘重构

由于相机的颜色还原性、光照、天气、周围环境等条件的影响，交通标志的区域分割有时会不完整，例如当阳光直射在交通标志上时，因为交通标志表面光滑，会造成镜面反射，使其颜色失真，在图像中呈现白色，所以无法仅用颜色将其从图像中完整分割。在这种情况下，需要从原图像中查找边缘，然后将分割不完整的边缘重构，以获得完整的交通标志区域。为了能够获得完整的交通标志所在区域，记保留下来 $\mathrm{Region}_{i,c}$ 小区域的左上角坐标为 $(x_{il,c}, y_{il,c})$，右下角坐标为 $(x_{ir,c}, y_{ir,c})$，然后将区域 $\mathrm{Region}_{i,c}$ 的高和宽都向外扩展，以期交通标志均能完整地出现在扩展的区域中。设原始图像 F 的高和宽分别为 H、W，向 $\mathrm{Region}_{i,c}$ 上下各扩展其外接矩形高的 1/4，即 $H_{i,c}/4$，向左右各扩展其外接矩形宽的 1/4，即 $W_{i,c}/4$，则扩展的外接矩形的左上角坐标为 $(\mathrm{Ex}_{il,c}, \mathrm{Ey}_{il,c})$，高 $\mathrm{EH}_{i,c}$ 和宽 $\mathrm{EW}_{i,c}$ 分别为

$$\mathrm{Ex}_{il,c} = \begin{cases} x_{il,c} - W_{i,c}/4, & x_{il,c} - W_{i,c}/4 > 0 \\ 1, & \text{其他} \end{cases} \tag{2.1}$$

$$\mathrm{Ey}_{il,c} = \begin{cases} y_{il,c} - H_{i,c}/4, & y_{il,c} - H_{i,c}/4 > 0 \\ 1, & \text{其他} \end{cases} \tag{2.2}$$

$$\mathrm{EW}_{i,c} = \begin{cases} 1.5W_{i,c}, & \mathrm{Ex}_{il,c} + 1.5W_{i,c} < W \\ W - \mathrm{Ex}_{il,c}, & \text{其他} \end{cases} \tag{2.3}$$

$$\mathrm{EH}_{i,c} = \begin{cases} 1.5H_{i,c}, & \mathrm{Ey}_{il,c} + 1.5H_{i,c} < H \\ H - \mathrm{Ey}_{il,c}, & \text{其他} \end{cases} \tag{2.4}$$

新建一幅与原图像大小相同的三通道图像 Seg，复制交通标志扩展的结果彩色图像，即

$$\mathrm{Seg}_{x,y,c}=\begin{cases}F_{x,y,c}, & x=\mathrm{Ex}_{il,c},\cdots,\mathrm{Ex}_{il,c}+\mathrm{EH}_{i,c};\\ & y=\mathrm{Ey}_{il,c},\cdots,\mathrm{Ey}_{il,c}+\mathrm{EW}_{i,c};\\ & c\in\{\mathrm{red},\mathrm{blue},\mathrm{yellow}\}\\ 0, & 其他\end{cases} \tag{2.5}$$

$i\in\{1,2,\cdots,N\}$ 是需要保留区域的编号，使交通标志能够完整地出现在处理后的图像中，获得一幅与原图像大小相同的彩色图像。为了能清楚显示处理后的效果，仅显示包含交通标志的一部分图像中，其分割和预处理后的二值图像[图 2.4(a)]，该图像将三幅二值图像叠加，而图 2.4(b)是区域扩展后的彩色图像，可以看出交通标志区域完全在保留的彩色图像中。

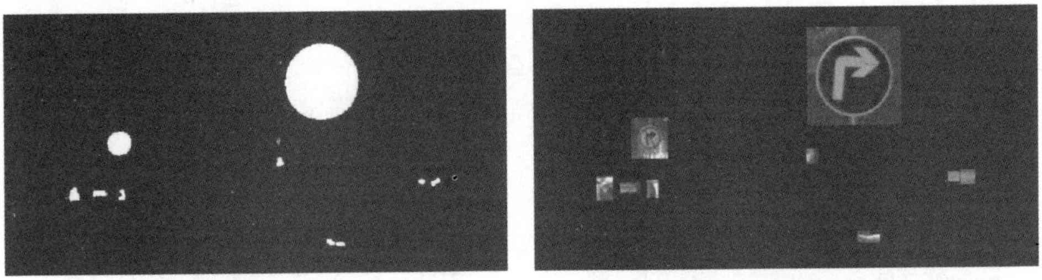

(a) 预处理后的二值图像　(b) 扩展交通标志感兴趣区域图像后的彩色图像

图 2.4　交通标志感兴趣区域扩展

将彩色图像 $\mathrm{Seg}_{x,y,c}$ 灰度化为 Gray，用 Canny 算子[2]检测灰度图像 Gray 的边缘。如果将背景区域全部置为黑色，那么会将扩展的感兴趣区域边界检测为边缘，因此在边缘重构之前，首先将扩展的感兴趣区域 $\mathrm{Region}_{i,c}$ 边界置为 0，即将其变为非边缘，可以消除扩展边界对边缘连接的影响。

假设边缘检测后的图像，其每个边缘点的坐标为 (x,y)，若在该边缘点的 8 邻域中仅有一个像素点 (x_1,y_1) 的值为 1，则将点 (x,y) 标记为端点。令 $a=x-x_1$，$b=y-y_1$，采用以下规则在每个端点处进行一次生长：

$$\begin{cases}(x+a,y+b)=1,(x_1,y+b)=1,(x+a,y_1)=1, & a\neq 0\cap b\neq 0\\ (x+a,y+b)=1,(x+1,y)=1,(x-1,y)=1, & a=0\cap b\neq 0\\ (x+a,y+b)=1,(x,y+1)=1,(x,y-1)=1, & a\neq 0\cap b=0\end{cases} \tag{2.6}$$

将这些生长点加入边缘点集中，用于生长后的边缘点退化。这个过程可以反复进行，即当生长点到达原有小区域的边界处，或生长的次数已经达到了预设的上限，则停止生长。在每次生长之前，需根据端点判断条件来确定边缘点集中的可继续生长的边缘点。

在边缘生长结束后，判断在边缘点集中的像素点是否为边缘端点，若是端点，则是一个错误生长点，将该点置为 0，并还原区域的边缘。交通标志区域与周围环境差异明显，对其边缘检测后，得到的边缘形状规则，一般是闭合区域或仅差几个像素即可闭合，而干扰区域处，检测到的边缘可能较短，或断裂严重。通过边缘的生长和退化处理，交通标志区域一般是闭合的区域，而一些干扰区域则无法得到一个闭合的区域。在边缘重构后，填充边缘二值图像的闭合区域，用结构元素相同的二值图像腐蚀和膨胀形态学操作，消除毛刺及噪声干扰。该填充后的区域即为交通标志的感兴趣区域。

图 2.5 显示了边缘重构的过程。在边缘生长后，首先将一些不闭合区域中的端点进行生长，然后退化误生长的边缘，如图 2.5(c)所示。接下来填充边缘二值图像中的闭合区域，再对其进行一次腐蚀和膨胀操作，结果如图 2.5(d)所示。图像中的非交通标志的区域因没有闭合的边缘而大量减少，基本仅保留了交通标志区域。这个过程有利于降低误检率，提高系统检测的稳定性。

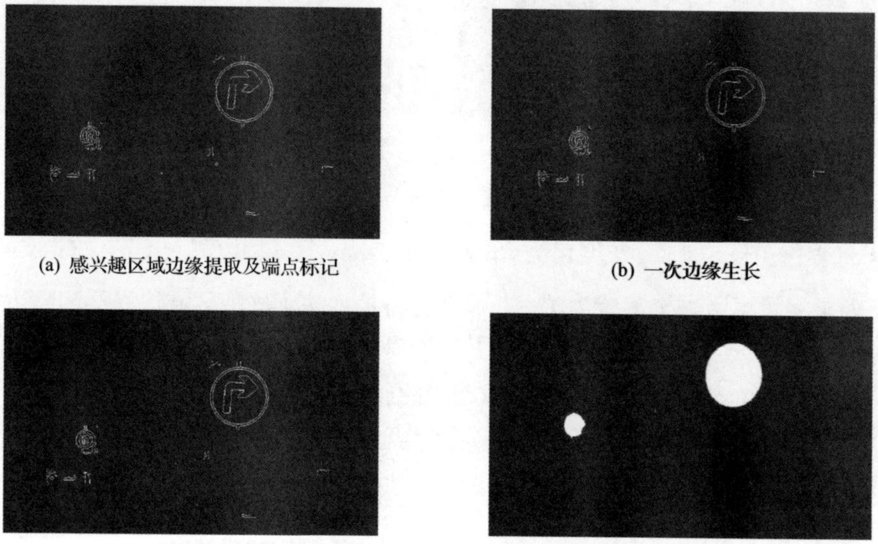

(a) 感兴趣区域边缘提取及端点标记　(b) 一次边缘生长

(c) 边缘退化　(d) 边缘填充及形态学处理后的图像

图 2.5　感兴趣区域边缘重构过程

2.1.4　感兴趣区域形状标记图提取与匹配

为了判断感兴趣区域的形状是否符合交通标志形状的特征，需要将感兴趣区域的边界映射为角度与半径间的函数，即提取区域的形状标记图，从而提取出感兴趣区域的形状特征，以判断这些形状是否符合交通标志的形状：圆形、正方形、八角形、三角形等。

为了进行形状的分类，首先建立一个交通标志形状的模板数据库，包括圆形、倒等边三角形、八角形、矩形、正等边三角形。每个类别有 200 个，均为从车辆行驶环境中检测到的二值图像。这些模板包含不同角度和尺度，或因遮挡而缺损的情况，基本涵盖了车辆行驶环境中交通标志在变形、视角变化和被遮挡等情况下的二值形态，具有很强的代表性。

图 2.6 列举了圆形、正方形和三角形的标记图，标准圆形的标记图基本上为一条直线；正方形在四个顶点处，半径达到最大值，即其标记图有 4 个峰值；正三角形则在三个顶点处，半径最大，在其标记图中有 3 个峰值。在 $[0,2\pi]$ 的周期内，不同形状的标记图特征差异明显，适合用于区分不同形状。

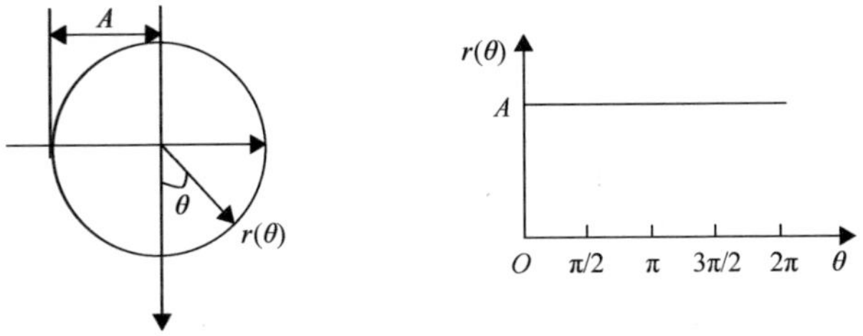

(a) 圆形

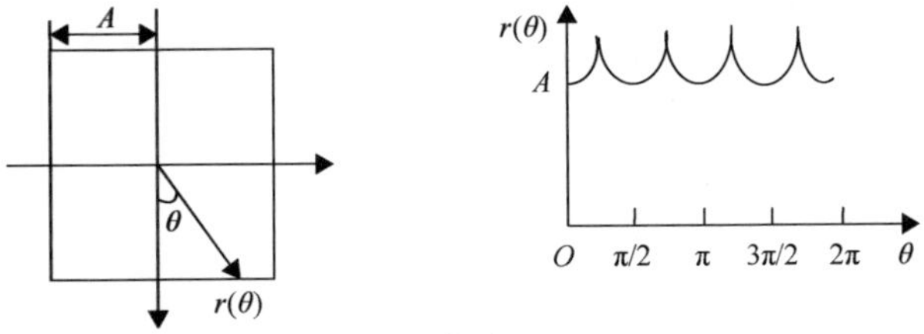

(b) 正方形

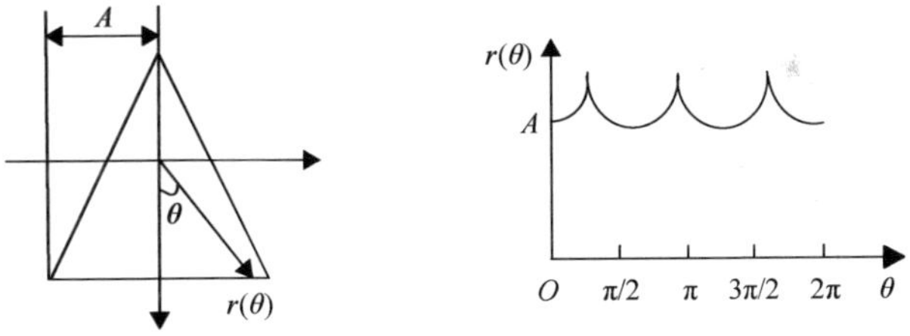

(c) 三角形

图 2.6　形状的标记图

针对边缘重构和填充处理后的二值图像，查找其连通区域，记为 $\mathrm{ConnRegion}_{j,c}$ $(j=1,2,\cdots,\mathrm{RNum})$，其中，$c\in\{\mathrm{red},\mathrm{blue},\mathrm{yellow}\}$，RNum 为连通区域的个数。用双线性插值算法将区域 $\mathrm{ConnRegion}_{j,c}$ 归一化为 50×50 的二值图像。提取感兴趣区域的顺时针边界，记为 $(x_i,y_i)(i=1,2,\cdots,\mathrm{Num})$，Num 为边界点个数。首先计算

区域重心：

$$\begin{cases} X_{\text{gravity}} = \dfrac{1}{\text{Num}} \sum_{i=1}^{\text{Num}} x_i \\ Y_{\text{gravity}} = \dfrac{1}{\text{Num}} \sum_{i=1}^{\text{Num}} y_i \end{cases} \tag{2.7}$$

然后把边界序列(x_i, y_i)转换到以重心为原点的坐标系中，得到新边界序列：

$$\begin{cases} x_i^{\text{new}} = x_i - X_{\text{gravity}} \\ y_i^{\text{new}} = y_i - Y_{\text{gravity}} \end{cases}, \quad i = 1, 2, \cdots, \text{Num} \tag{2.8}$$

将新边界点序列$(x_i^{\text{new}}, y_i^{\text{new}})$到重心原点的半径作为其与正向水平轴夹角的函数，得到一个半径随角度变化的序列$r_i(\theta)(\theta \in [0, 2\pi])$。

将序列$r_i(\theta)(\theta \in [0, 2\pi])$归一化：

$$\overline{r_i}(\theta) = \frac{r_i(\theta)}{\max\left(r_i(\theta)\right)}, \quad i = 1, 2, \cdots, \text{Num} \tag{2.9}$$

$\overline{r_i}(\theta)$的值分布在[0,1]。由于感兴趣区域的边界点个数会有差异，因此$\overline{r_i}(\theta)$的个数也有差异，无法直接作为形状特征来分类感兴趣区域的形状。为了获得个数相等的特征，用三次样条插值算法将$\overline{r_i}(\theta)$归一化为长度均为 360 的列特征向量：$\tilde{r}_i(\theta), i = 1, 2, \cdots, 360$。

表 2.1 是形状标记图的提取过程，首先分割出交通标志图像的二值图像，然后提取形状标记图的特征，将交通标志形状表示为一个特征向量。从原始标记图中特征可以看出，圆形交通标志特征向量图形近似为一条直线，八角形交通标志则有明显的 8 个峰值，三角形则有明显的 3 个峰值和波谷，而正方形则有 4 个明显的峰值和波谷，这与实际情况相符合，且区分度明显，能够作为判断形状类型的特征，以判断交通标志的形状信息，且区分能力非常强。

不同颜色的交通标志形状比较固定，如图 2.7 所示。红色一般仅有圆形、倒三角形和八角形，黄色则是正三角形和矩形，蓝色为圆形和正方形。为了降低检测过程的运算量，并提高分类的准确性，可以仅将不同颜色通道感兴趣的区域送入对应形状数据库中进行匹配。对已建立的形状模板库，对应红色、黄色和蓝色三个库，用上面提到的形状标记图提取方法，提取这些模板库每个样本的标记图特征$\tilde{\boldsymbol{r}}_{is,c}(\theta)(i = 1, 2, \cdots, \text{SNum}_{s,c})$，其中$\text{SNum}_{s,c}$是形状类中模板个数。当$c$为 red 时，$s \in \{$圆形，倒三角形，八角形$\}$；当$c$为 blue 时，$s \in \{$圆形，正方形$\}$；当$c$为 yellow 时，$s \in \{$正三角形，矩形$\}$。

表 2.1　形状标记图提取过程

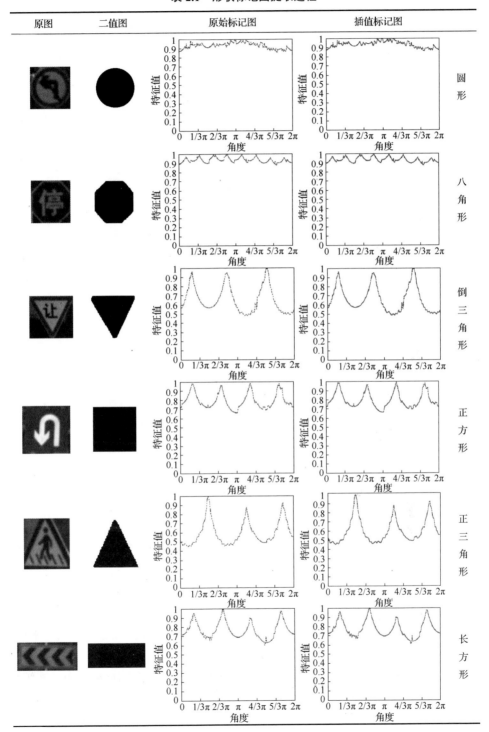

原图	二值图	原始标记图	插值标记图	
		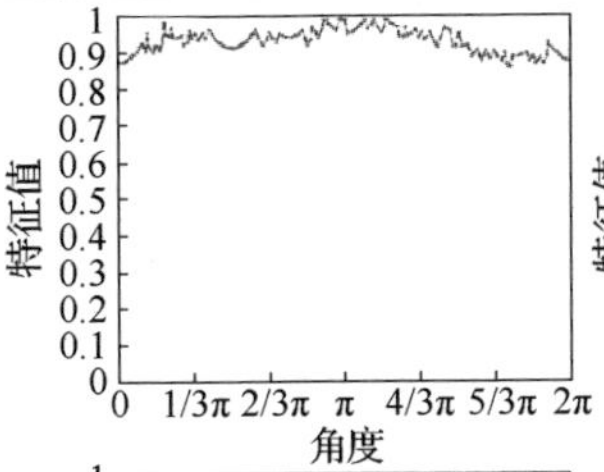	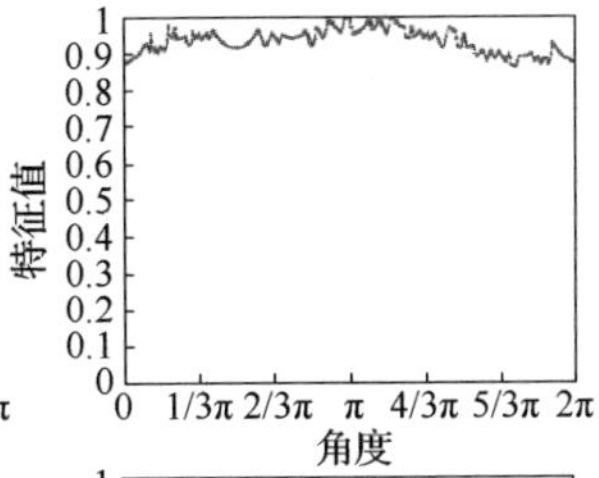	圆形
		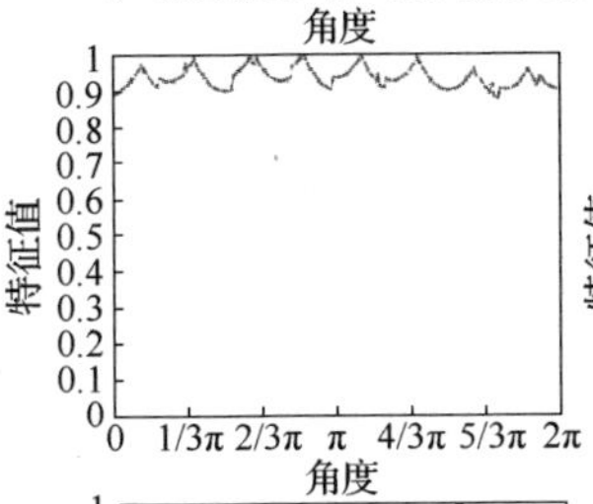	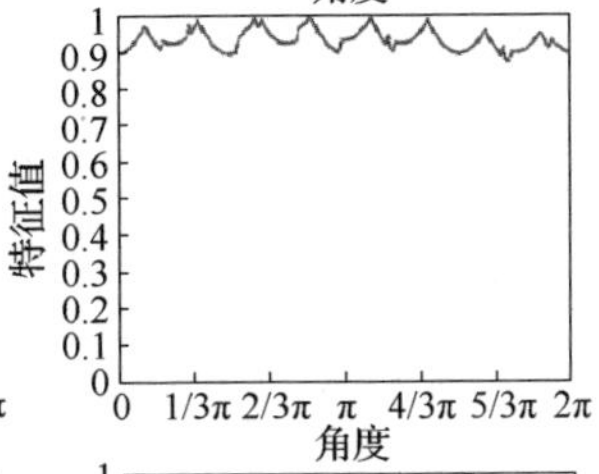	八角形
		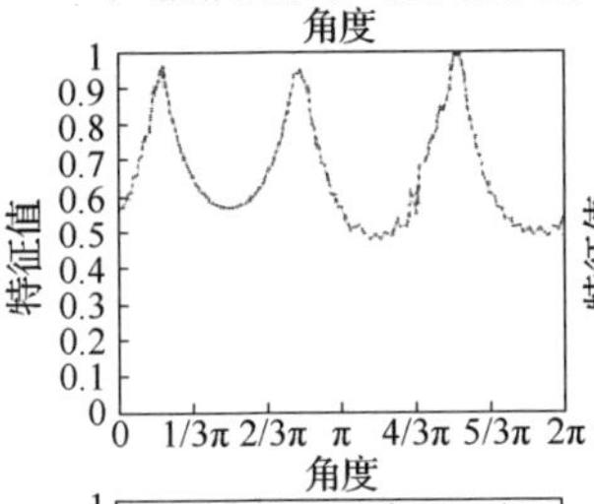	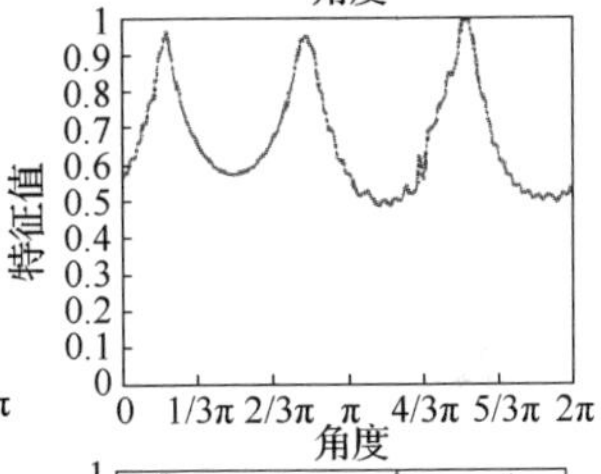	倒三角形
		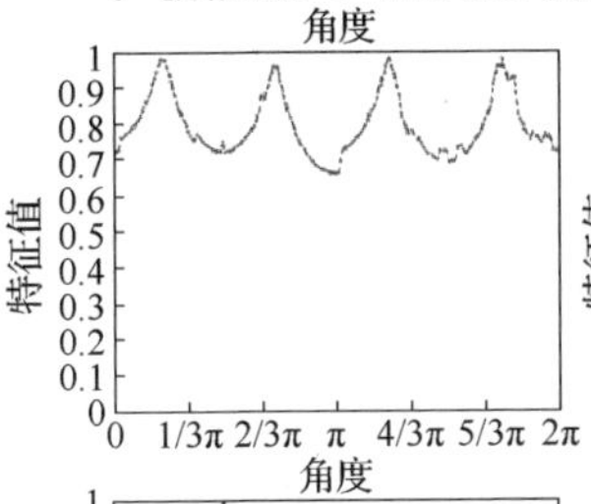	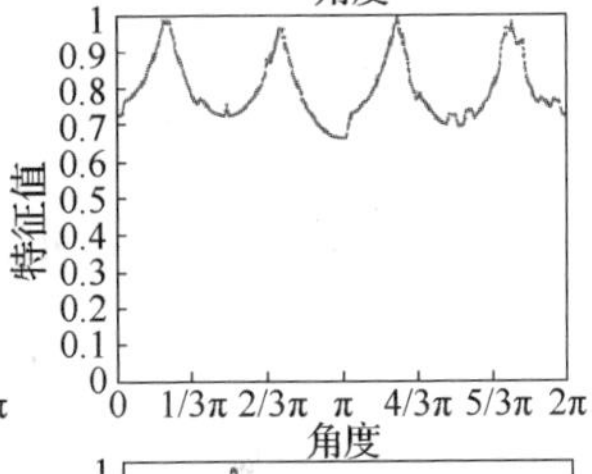	正方形
		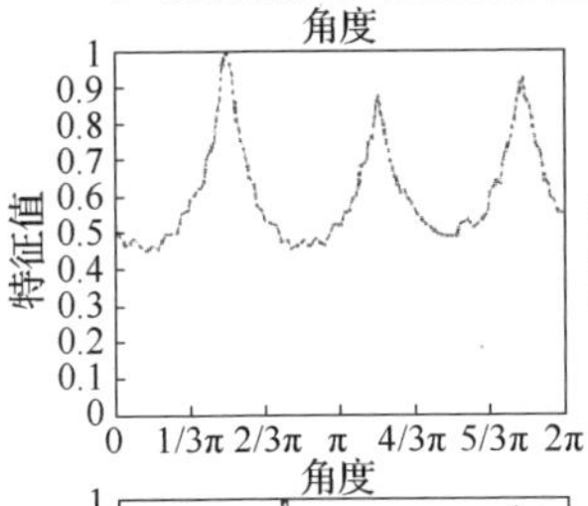	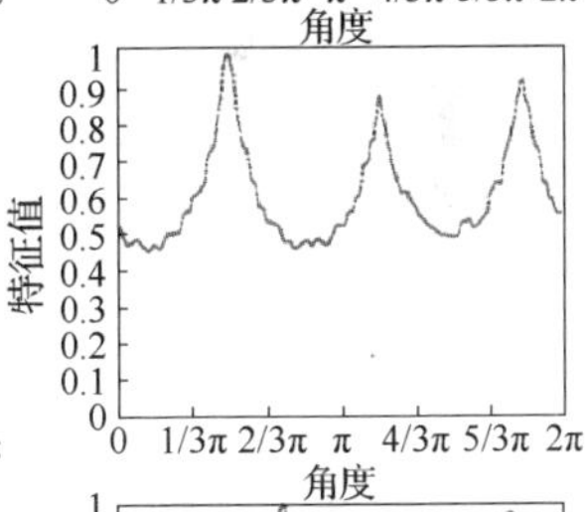	正三角形
		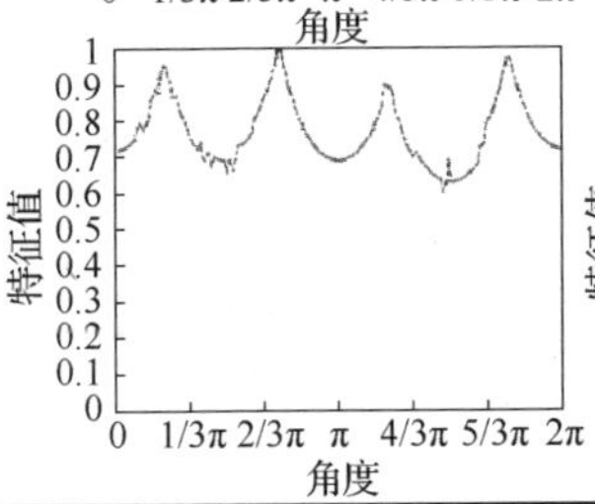	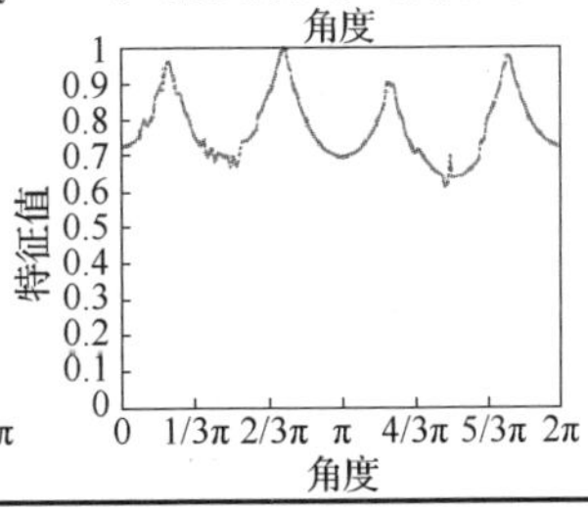	长方形

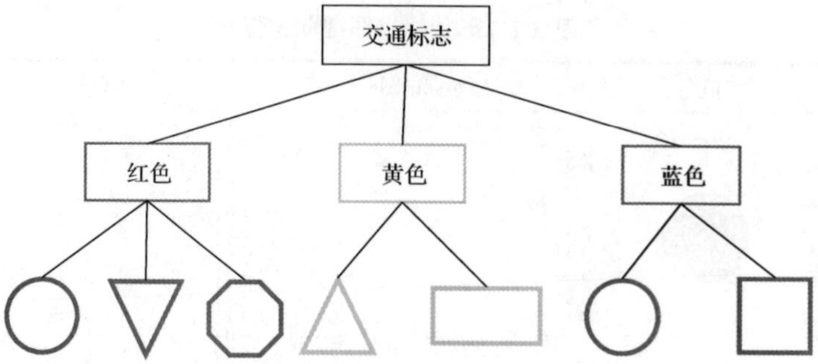

图 2.7 不同颜色交通标志的形状

将感兴趣区域形状特征 $\tilde{\boldsymbol{r}}(\theta)$ 与每一个颜色通道中的预设几何图形的特征，即样本库特征 $\tilde{\boldsymbol{r}}_{is,c}(\theta)$ 进行相似性匹配，查找其差异性最小的样本对应的类别，即求感兴趣区域形状特征 $\tilde{r}(\theta)$ 与对应样本库特征 $\tilde{\boldsymbol{r}}_{is}(\theta)$ 之间的最小 Euclidean 距离：

$$d_j(\tilde{\boldsymbol{r}}) = \min_{i=1,2,\cdots,\mathrm{SNum}_{s,c}} \left(\left\|\tilde{\boldsymbol{r}}(\theta) - \tilde{\boldsymbol{r}}_{is,c}(\theta)\right\|_2\right), \quad j = 1,2,\cdots,s \tag{2.10}$$

式中，s 为不同特征颜色中形状类别的个数。完成上述操作后，由式(2.11)判断形状类别信息：

$$\mathrm{shape} = \begin{cases} m, & d_m(\tilde{\boldsymbol{r}}) \leqslant \mathrm{TDis} \cap d_m(\tilde{r}) = \min\limits_{j=1,2,\cdots,s} d_j(\tilde{\boldsymbol{r}}) \\ 0, & d_m(\tilde{\boldsymbol{r}}) > \mathrm{TDis} \end{cases} \tag{2.11}$$

式中，m 为 $d_m(\tilde{\boldsymbol{r}})$ 值对应颜色的交通标志形状类别，$m \in \{1,2,\cdots,s\}$；TDis=1 为距离阈值。若 $d_m(\tilde{\boldsymbol{r}}) > \mathrm{TDis}$，则判断此区域为非交通标志区域，过滤该区域。反之认为其形状属于 m 类。最终得到属于交通标志形状类别的区域。

2.1.5 交通标志牌检测算法性能

交通标志的检测主要是在图像中定位交通标志的位置，从图像中提取交通标志的候选区域。为了测试交通标志检测算法的性能，建立如表 2.2 和表 2.3 所示的两类测试库。每段视频为 100 帧，采样帧率为 20 帧/s，第一类测试库在中南大学铁道校区内的主干道上，在多个时间段，人工摆放 50 类交通标志，进行采集和构建测试库。第二类测试库在中南大学铁道校区以南、新开铺路、芙蓉南路、韶山南路之间的区域进行大量道路环境的视频采集。所经过的道路为长沙市的主干道，环境复杂，车流量大，行人较多，车道数从双向 2 车道到双向 8 车道不等。道路两旁的建筑较多，商铺云集，与交通标志类似的广告牌、商店标志很多，建筑较高，对光线的遮挡严重，容易造成曝光不足或曝光过度。

表 2.2　交通标志第一类测试库

测试库	视频数	交通标志类别	天气	光照	时间	地点
测试库 1	138	50	晴天	顺光	9:00～12:00	铁道校区
测试库 2	145	50	晴天	逆光	10:00～12:30	铁道校区
测试库 3	143	50	晴天	顺光	14:00～17:00	铁道校区
测试库 4	137	50	晴天	逆光	15:00～17:30	铁道校区
测试库 5	141	50	晴天	树荫遮挡	14:00～16:30	铁道校区
测试库 6	152	50	阴天	正常	9:00～12:00	铁道校区
测试库 7	136	50	阴天	偏暗	15:00～17:00	铁道校区

表 2.3　交通标志第二类测试库

测试库	视频数	交通标志类别	天气	光照	时间	地点
测试库 1	131	25	晴天	较强	9:00～12:00	芙蓉南路周边
测试库 2	145	27	晴天	较弱	10:00～13:00	韶山南路附近
测试库 3	119	19	晴天	较强	14:00～17:00	新开铺路，环境复杂
测试库 4	165	32	晴天	较强太阳斜射	16:00～18:00	铁道校区附近，车流量大，招牌较多
测试库 5	149	29	阴天	正常	14:00～16:30	铁道校区
测试库 6	127	23	阴天	偏暗	9:00～12:00	铁道校区
测试库 7	121	19	小雨	偏暗	13:30～15:00	铁道校区
测试库 8	132	21	轻雾	偏暗	8:30～11:00	铁道校区

两个测试库总视频量为 2081 个视频，视频图像的总数量超过了 20 万幅，测试的样本数量较多，包含多种场景、天气、光照、时间条件下的图像，从这些图像中检测交通标志的感兴趣区域。上述的两个测试库中，交通标志的检测性能如表 2.4 和表 2.5 所示。

表 2.4　交通标志第一类测试库性能

测试库	视频数	检测率/%	漏检率/%	误检率/%	检测失败原因
测试库 1	138	99.14	0.86	0.021	交通标志反光，行人或车辆标志干扰
测试库 2	145	99.02	0.98	0.013	交通标志反光，行人或车辆标志干扰
测试库 3	143	99.37	0.63	0.042	交通标志镜面反射，周围环境干扰
测试库 4	137	98.56	1.44	0.031	交通标志镜面反射，周围环境干扰
测试库 5	141	97.32	2.68	0.024	树荫遮挡，交通标志部分过暗
测试库 6	152	99.78	0.22	0.016	行人、树木和车辆的干扰
测试库 7	136	99.43	0.57	0.023	交通标志颜色偏暗，周围环境干扰

从表 2.4 可以看出，交通标志的检测率高达 97%以上，因为在场景较为简单的环境中人工摆放交通标志，仅有一些行人和车辆的干扰，所以交通标志的检测性能较高。但光照和天气条件，以及环境影响对检测的效果影响较大。

表 2.5　交通标志第二类测试库性能

测试库	视频数	检测率/%	漏检率/%	误检率/%	检测失败问题原因
测试库 1	131	97.23	2.77	3.21	交通标志镜面反射，广告牌较多
测试库 2	145	98.42	1.58	2.93	交通标志被遮挡，道路环境复杂
测试库 3	119	96.51	3.49	4.85	交通标志被遮挡，镜面反射，环境复杂
测试库 4	165	96.17	3.83	5.16	交通标志镜面反射严重，道路环境复杂
测试库 5	149	98.26	1.74	2.13	交通标志粘连，广告牌较多
测试库 6	127	97.61	2.39	3.15	交通标志较暗，颜色失真，广告牌多
测试库 7	121	95.87	4.13	2.58	交通标志较暗，颜色失真，环境复杂
测试库 8	132	95.24	4.76	2.37	交通标志模糊，较暗，环境复杂

从表 2.5 可以看出，交通标志的检测率在 95%以上，因为在实际的道路场景中，车流量大，建筑物和树木过多，光照和天气条件变化差异很大，且对交通标志的遮挡情况过多，对交通标志的检测效果影响很大。如何提高复杂环境中交通标志检测算法的性能是未来研究的主要方向。图 2.8 显示了人工摆放交通标志及市内道路环境中的交通标志检测效果，并在图像中标识出交通标志，可看出交通标志的检测效果较好，适应性强。

(a) 铁道校区内的检测结果1

(b) 铁道校区内的检测结果2

(c) 铁道校区内的检测结果3

(d) 长沙市区内交通标志检测结果1

(e) 长沙市区内交通标志检测结果2

(f) 长沙市区内交通标志检测结果3

图 2.8　交通标志的检测结果

2.2　交通标志识别算法设计

《道路交通标志和标线　第 2 部分：道路交通标志》(GB 5768.2—2009)[1]公布的交通标志类别很多，并且很多交通标志的图形相似度高，区分困难。在检测之后，如何快速高效地辨别和分类交通标志的感兴趣区域，依然是一个具有挑战性的工作。为了能够准确地辨别交通标志，采用如图 2.9 所示的多模型识别方法来分类交通标志，并排除干扰区域。第一种模型是用二元树复小波变换(dual-tree complex wavelet transform，DT-CWT)[3-5]提取感兴趣区域的特征，首先利用二维独立分量分析(two-dimensional independent component analysis，2DICA)法降低特征维数，消除冗余特征，然后送入最近邻分类器中分类交通标志。第二种模型是根据交通标志颜色的差异信息提取其内部图形，然后利用模板匹配分类法进行快速分类。为了获得最终的交通标志类别信息，利用决策规则融合交通标志的分类结果。

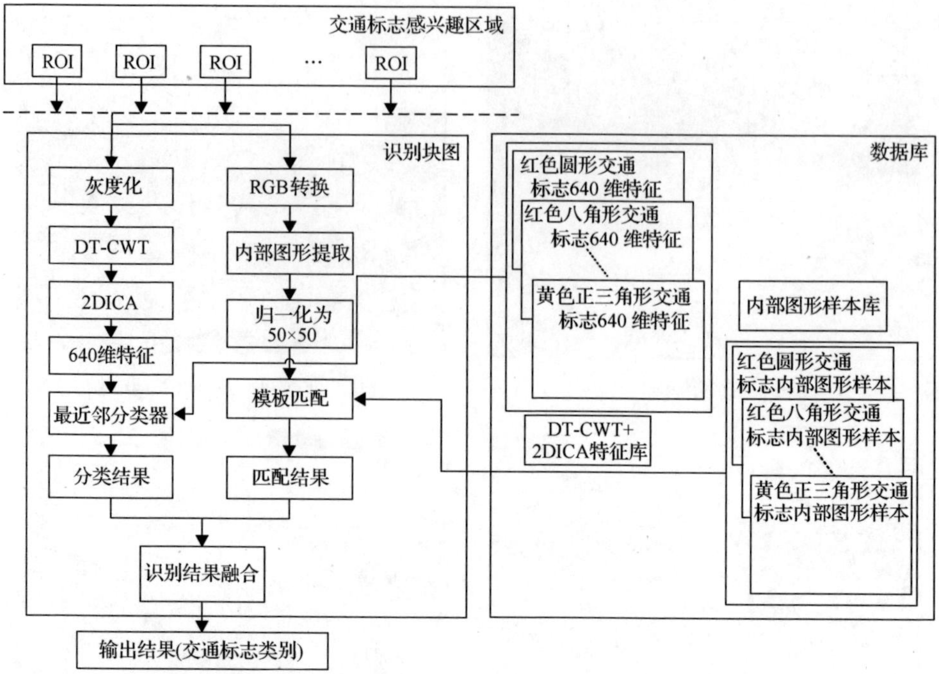

图 2.9　交通标志识别过程

2.2.1　二元树复小波变换特征提取

Kingsbury 提出了二元树复小波变换，通过两个并行的实数滤波器组，与输入信号或图像进行卷积，以得到实部和虚部系数[3]。

1. 一维二元树复小波变换

二元树复小波变换用两个实数离散小波变换[3](discrete wavelet transform, DWT)分别对应小波变换后的实部和虚部。图 2.10 为一维情况下，复小波变换的滤波器分解过程，a 树对应复小波变换的实部，而 b 树对应复小波变换的虚部。

这两个离散小波变换分别使用不同的滤波器组，每个滤波器组都能满足完全重构条件。$h_0(n)$、$h_1(n)$ 为 a 树的滤波器对，与之相对应的实尺度函数 $\phi_h(t)$ 和小波函数 $\psi_h(t)$ 定义为

$$\phi_h(t) = \sqrt{2}\sum_n h_1(n)\phi_h(t) \tag{2.12}$$

$$\psi_h(t) = \sqrt{2}\sum_n h_0(n)\phi_h(t) \tag{2.13}$$

式中，$h_1(n)$ 定义为

$$h_1(n)=(-1)^n h_0(d-n) \tag{2.14}$$

式中，d 为奇整数。根据函数 $g_0(n)$ 、 $g_1(n)$ ，设计相对应的实尺度函数 $\phi_g(t)$ 和小波函数 $\psi_g(t)$ 。

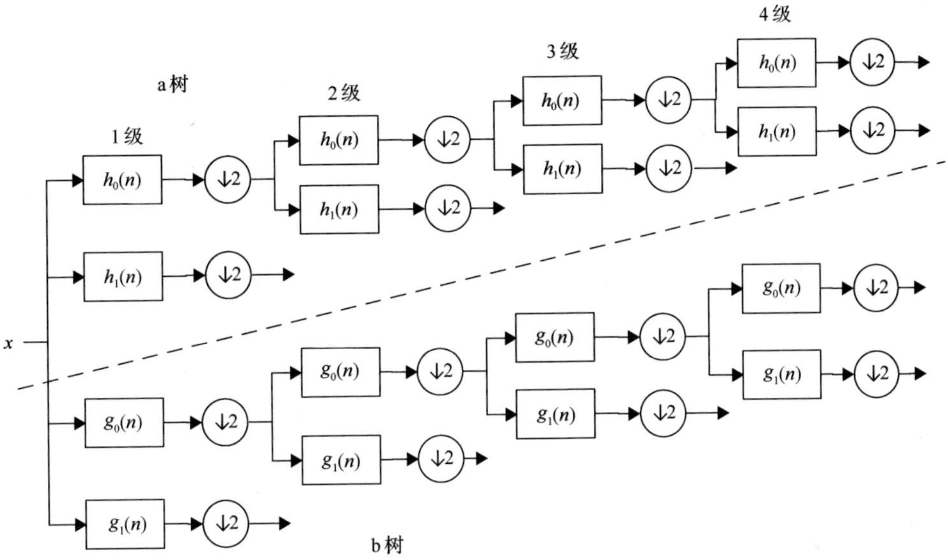

图 2.10　二元树复小波变换分解过程

复小波变换的优点在于，可根据解析小波傅里叶变换的特性——负频率处为 0，分离出信号的幅值和相位信息。为使复小波

$$\psi(t)=\psi_h(t)+\mathrm{j}\psi_g(t) \tag{2.15}$$

近似解析，小波变换 $\psi_b(t)$ 必须是 $\psi_a(t)$ 的近似希尔伯特变换。

假设低通滤波器 $g_0(n)$ 、 $h_0(n)$ 均为共轭正交滤波器，即 $g_0(n)\approx h_0(n-0.5)$ ，且傅里叶变换 $G_0(w)$ 、 $H_0(w)$ 满足

$$G_0(\mathrm{e}^{\mathrm{j}w})=\mathrm{e}^{-\mathrm{j}0.5w}H_0(\mathrm{e}^{\mathrm{j}w}),\quad |w|<\pi \tag{2.16}$$

则这些滤波器对应的小波是一个希尔伯特变换对[4]，即

$$\psi_g(t)\approx H\{\psi_h(t)\} \tag{2.17}$$

由此可知，为了构造出近似解析的二元树复小波，关键在于设计满足希尔伯特变换对特征的小波变换，即合理设计出 a 树低通滤波器 $h_0(n)$ 和 b 树低通滤波器 $g_0(n)$ ，使其满足式(2.16)。这样构造出的复小波具有近似平移不变性，即小波变换的系数随输入信号进行较小的平移，且小波系数变化不大，不同尺度下小波能量分布变化也较小。

2. 二维二元树复小波变换

二维二元树复小波是在一维二元树复小波的基础上扩展而来的，且是可分离的，二元树复小波变换合成过程如图 2.11 所示，即先后对图像的行和列做一维复小波变换。在每一个尺度下，二维二元树复小波变换均可生成 2 个低频子图和 6 个复系数高频子图，分别为 6 个方向(–75°，–45°，–15°，+15°，+45°，+75°)的响应。图 2.12 为二维二元树复小波变换滤子的脉冲响应，可以看出，该小波函数空间频率局部特性很好，适合用于提取感兴趣区域图像各个方向上的空间局部特征。

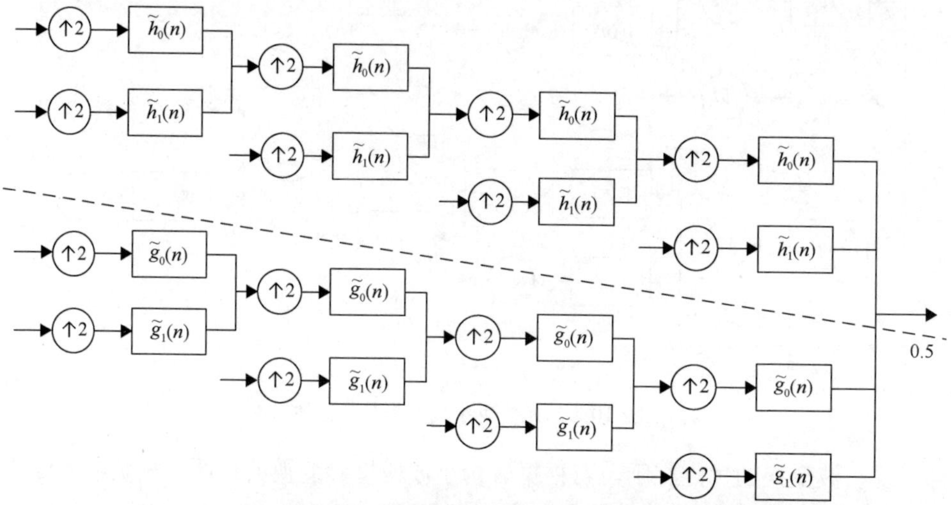

图 2.11　二元树复小波变换合成过程

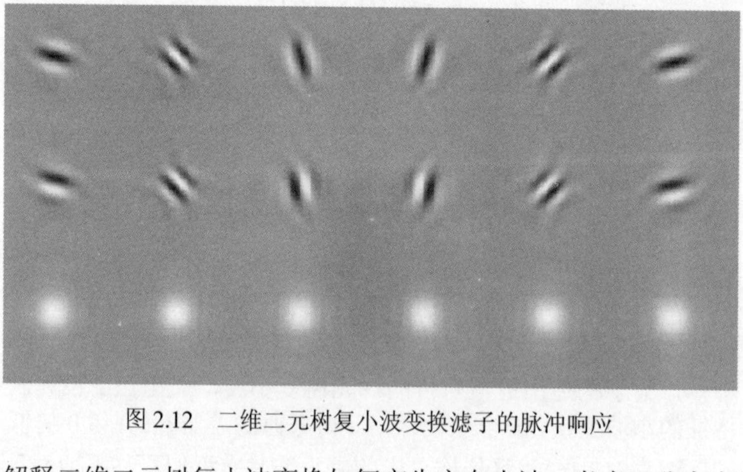

图 2.12　二维二元树复小波变换滤子的脉冲响应

为了解释二维二元树复小波变换如何产生方向小波，考虑可分离实现的二维小波 $\psi(x,y)=\psi(x)\psi(y)$，其中 $\psi(x)$ 是近似解析的复小波，且有 $\psi(x)=\psi_h(x)+$

$j\psi_g(x)$，可以得到如下表达式：

$$
\begin{aligned}
\psi(x,y) &= \left[\psi_h(x)+j\psi_g(x)\right]\left[\psi_h(y)+j\psi_g(y)\right] \\
&= \psi_h(x)\psi_h(y)-\psi_g(x)\psi_g(y)+j\left[\psi_h(x)\psi_g(y)+\psi_g(x)\psi_h(y)\right] \\
&= \psi_r(x,y)+j\psi_i(x,y)
\end{aligned}
$$

该复小波傅里叶谱支集可用下列理想化的方块图描述：

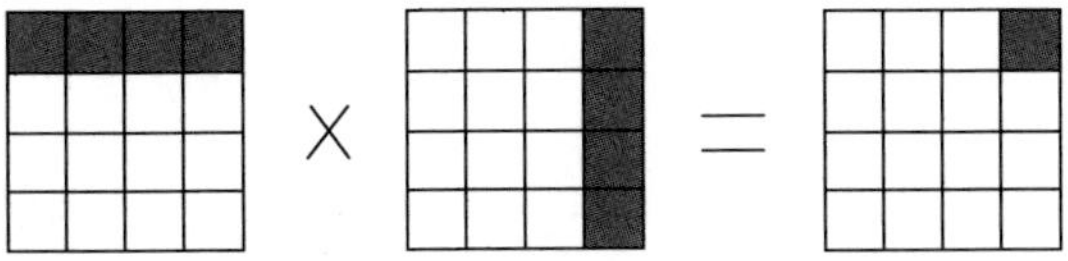

由于一维(近似)解析小波谱支集仅在频率轴的一侧，二维复小波 $\psi(x,y)$ 谱支集仅在二维频率平面的一个象限内，因此二维复小波具有较好的方向性。若选取该复小波的实部，则其可由下面两个分离小波的和表示：

$$
\mathrm{Real}\{\psi(x,y)\}=\psi_h(x)\psi_h(y)-\psi_g(x)\psi_g(y) \tag{2.18}
$$

由于实函数的傅里叶频谱必然关于原点对称，因此实小波的谱支集在二维频谱平面的两个象限内，如下所示：

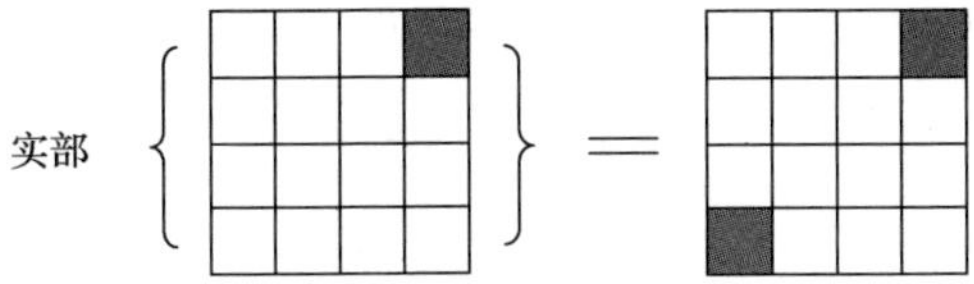

与实分离小波不同，实小波的谱支集不能处理棋盘状的图像，因此这些实小波的方向是–45°。这些方向性结构依赖于复小波 $\psi(x)=\psi_h(x)+j\psi_g(x)$ 是近似解析的，即 $\psi_g(x)$ 是 $\psi_h(x)$ 的近似希尔伯特变换（$\psi_g(t)\approx H\{\psi_h(t)\}$）。$\psi_h(x)\psi_h(y)$ 是经过滤波器 $\{h_0(n),h_1(n)\}$ 处理得到的离散二维实小波变换的高频小波，$\psi_g(x)\psi_g(y)$ 是由滤波器 $\{g_0(n),g_1(n)\}$ 处理得到的实离散小波变换的高频小波。

为得到+45°方向的二维小波，考虑二维复小波 $\psi_2(x,y)=\psi(x)\overline{\psi(y)}$，其中 $\overline{\psi(y)}$ 是 $\psi(y)$ 的复共轭。同上所述，$\psi(x)$ 是一个近似解析的复小波函数 $\psi(x)=\psi_h(x)+j\psi_g(x)$，可得 $\psi_2(x,y)$ 的表达式为

$$
\begin{aligned}
\psi(x,y) &= \left[\psi_h(x)+j\psi_g(x)\right]\overline{\left[\psi_h(y)+j\psi_g(y)\right]} \\
&= \left[\psi_h(x)+j\psi_g(x)\right]\left[\psi_h(y)-j\psi_g(y)\right] \\
&= \psi_h(x)\psi_h(y)+\psi_g(x)\psi_g(y)+j[\psi_g(x)\psi_h(y)-\psi_h(x)\psi_g(y)]
\end{aligned}
$$

该复小波的二维谱支集可由下列理想化的方块图表示：

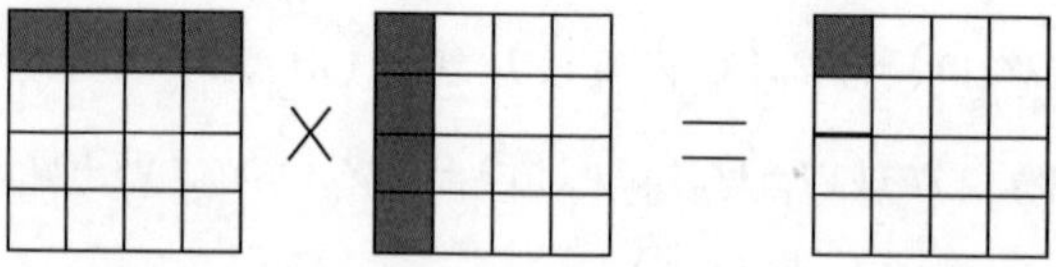

如上所述，二维复小波的谱支集仅在二维频率平面的第一象限中，该小波的实部为

$$\mathrm{Real}\{\psi_2(x,y)\}=\psi_h(x)\psi_h(y)+\psi_g(x)\psi_g(y) \tag{2.19}$$

则该复小波的频谱支集在二维频率平面中的一、四象限中，用如下的理想化方块图描述：

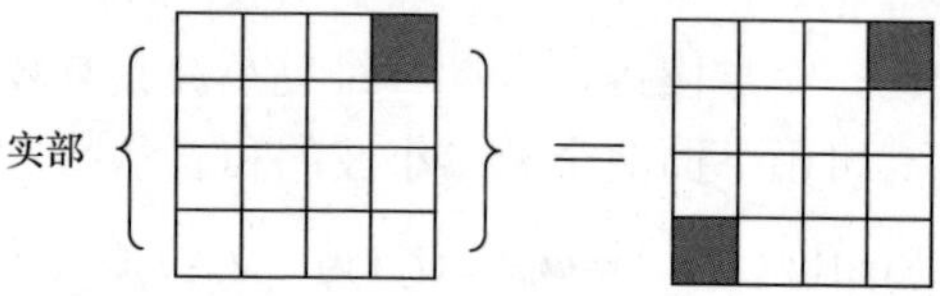

为获得其他 4 个方向的二维实小波，可以对下列二维复小波重复上述计算过程：$\phi(x)\psi(y)$、$\psi(x)\phi(y)$、$\phi(x)\overline{\psi(y)}$、$\psi(x)\overline{\phi(y)}$，其中 $\psi(x)=\psi_h(x)+\mathrm{j}\psi_g(x)$，$\phi(x)=\phi_h(x)+\mathrm{j}\phi_g(x)$。通过计算这 4 个复小波的实部，可得到其他 4 个方向的二维实小波，即可得 6 个方向的小波：

$$\psi_i(x,y)=\frac{1}{\sqrt{2}}\left(\psi_{1,i}(x,y)-\psi_{2,i}(x,y)\right) \tag{2.20}$$

$$\psi_{i+3}(x,y)=\frac{1}{\sqrt{2}}\left(\psi_{1,i}(x,y)+\psi_{2,i}(x,y)\right) \tag{2.21}$$

对 $i=1,2,3$，其中两个分离的二维小波基定义如下：

$$\psi_{1,1}(x,y)=\phi_h(x)\psi_h(y)，\ \psi_{2,1}(x,y)=\phi_g(x)\psi_g(y)$$

$$\psi_{1,2}(x,y)=\psi_h(x)\phi_h(y)，\ \psi_{2,2}(x,y)=\psi_g(x)\phi_g(y)$$

$$\psi_{1,3}(x,y)=\psi_h(x)\psi_h(y)，\ \psi_{2,3}(x,y)=\psi_g(x)\psi_g(y)$$

用 $1/\sqrt{2}$ 进行归一化，以使和/差操作组成一个正交操作对。另外，由于和/差操作是正交的，因此可从整数转译及二进位扩展得到小波簇。

二元树复小波变换的优良特性[4]如下所述。

(1) 近似平移不变性：观测在特定尺度上的信号投影跟随输入信号的变化情况，可仅从子带 j 上的小波系数重构信号来计算尺度 j 上的信号投影。二元树复小波变换重构的信号能够保持自身的形状，表明二元树复小波变换是近似平移不变的。

(2) 较好的方向选择性：二元树复小波变换具有 6 个方向(–75°，–45°，–15°，+15°，+45°，+75°)的响应，且对图像响应的频谱支集仅在特定的象限内出现，方向的选择性好。

(3) 近似尺度不变性：在尺度变化的情况下，二元树复小波变换对边缘变化处的响应近似相似，不会影响特征的选择。

(4) 近似的旋转不变性：边缘方向变化引起的离散小波变换系数的振荡和混叠现象，在复小波变换中不会产生。

(5) 有限冗余度：在二维二元树复小波变换的计算过程中，冗余度为 4∶1，冗余度相对较低。

(6) 低计算复杂度：二元树复小波变换的计算可分离，即可分别计算其实部和虚部；对图像来说，也可以用一维二元树小波分别对行和列进行计算，且计算主要是简单的和/差操作。计算量较小，速度较快。

以上特性表明，给定的复小波系数的幅值平方能够精确地测量特定位置、尺度和方向上的能量谱。在交通标志识别系统中，要求系统能够快速、准确地识别目标，而二元树复小波变换的这些优良特性表明，它适合于交通标志图像特征的表示。

3. 交通标志图像的二维二元树复小波变换

将检测到的属于交通标志形状类别的候选区域图像灰度化，然后将其归一化为 64×64。采用两个实离散小波变换 $\psi_h(t)$ 和 $\psi_g(t)$ 并行处理该图像的行和列，获得复小波变换 $\psi(t)=\psi_h(t)+\mathrm{j}\psi_g(t)$ 的实部和虚部，其滤子组如表 2.6 所示。

表 2.6　二维二元树复小波变换的滤波器滤子组

h_0, g_1	h_1, g_0	h_{00}	h_{10}
0.05113	–0.00618	–0.00176	–0.00007
–0.01398	–0.00169	0	0
–0.10984	–0.10023	0.02227	0.00134
0.26384	0.00087	–0.04688	–0.00188
0.76663	0.56366	–0.04824	–0.00716
0.56366	0.76663	0.29688	0.02386
0.00087	0.26384	0.55547	0.05564
–0.10023	–0.10984	0.29688	–0.05169

续表

h_0, g_1	h_1, g_0	h_{00}	h_{10}
–0.00169	–0.01398	–0.04824	–0.29976
–0.00618	0.05113	–0.04688	0.55943
		0.022266	–0.29976
		0	–0.05169
		–0.00176	0.05564
			0.02386
			–0.00716
			–0.00188
			0.00134
			0
			–0.00007

在每个尺度上，对图像的行和列分别用两个一维二元树复小波进行滤波，其滤波器滤子如表 2.6 所示，得到±15°、±45°、±75°六个方向的二元树复小波变换簇。在每个尺度和方向上，二元树复小波变换产生的复系数为$(R_{d,\mathrm{sc}}(x,y), I_{d,\mathrm{sc}}(x,y))$的子带，其中$R_{d,\mathrm{sc}}(x,y)$为实系数，$I_{d,\mathrm{sc}}(x,y)$为复系数，用子带的幅值

$$M_{d,\mathrm{sc}}(x,y)=\sqrt{R_{d,\mathrm{sc}}^2(x,y)+I_{d,\mathrm{sc}}^2(x,y)} \tag{2.22}$$

作为图像的特征，其中$d\in\{0,1,\cdots,5\}$对应方向±15°、±45°、±75°处的六个子带，$\mathrm{sc}\in\{0,1,2\}$为尺度。$S=\left\{M_{d,\mathrm{sc}}(x,y): d\in\{0,1,\cdots,5\}, \mathrm{sc}\in\{0,1,2\}\right\}$为二元树复小波变换表示的图像集合。将$M_{d,\mathrm{sc}}(x,y)$隔像素点采样，得到一行特征向量$\boldsymbol{v}_{d,\mathrm{sc}}$，归一化为

$$\tilde{\boldsymbol{v}}_{d,\mathrm{sc}}=\frac{\boldsymbol{v}_{d,\mathrm{sc}}}{\max(\boldsymbol{v}_{d,\mathrm{sc}})} \tag{2.23}$$

组成图像的二元树复小波特征$\boldsymbol{x}=(\tilde{\boldsymbol{v}}_{0,0}^{\mathrm{T}},\tilde{\boldsymbol{v}}_{0,1}^{\mathrm{T}},\cdots,\tilde{\boldsymbol{v}}_{5,2}^{\mathrm{T}})$。

表 2.7 显示了 7 种交通标志图像的 4 级二元树复小波变换合成图像，第 1 级小波变换图像的细节丰富，标志的图形区域清晰，边缘明显。到了第 4 级，细节已经丢失，仅留下一些特征明显的区域。这表明了二元树复小波变换能较好地表示交通标志图像的特征，细节处丢失比较少，也能表现出交通标志的主要特征区域，从而为交通标志的准确分类打下良好的基础。

表 2.7　交通标志二维二元树复小波变换

交通标志图像	第1级小波	第2级小波	第3级小波	第4级小波

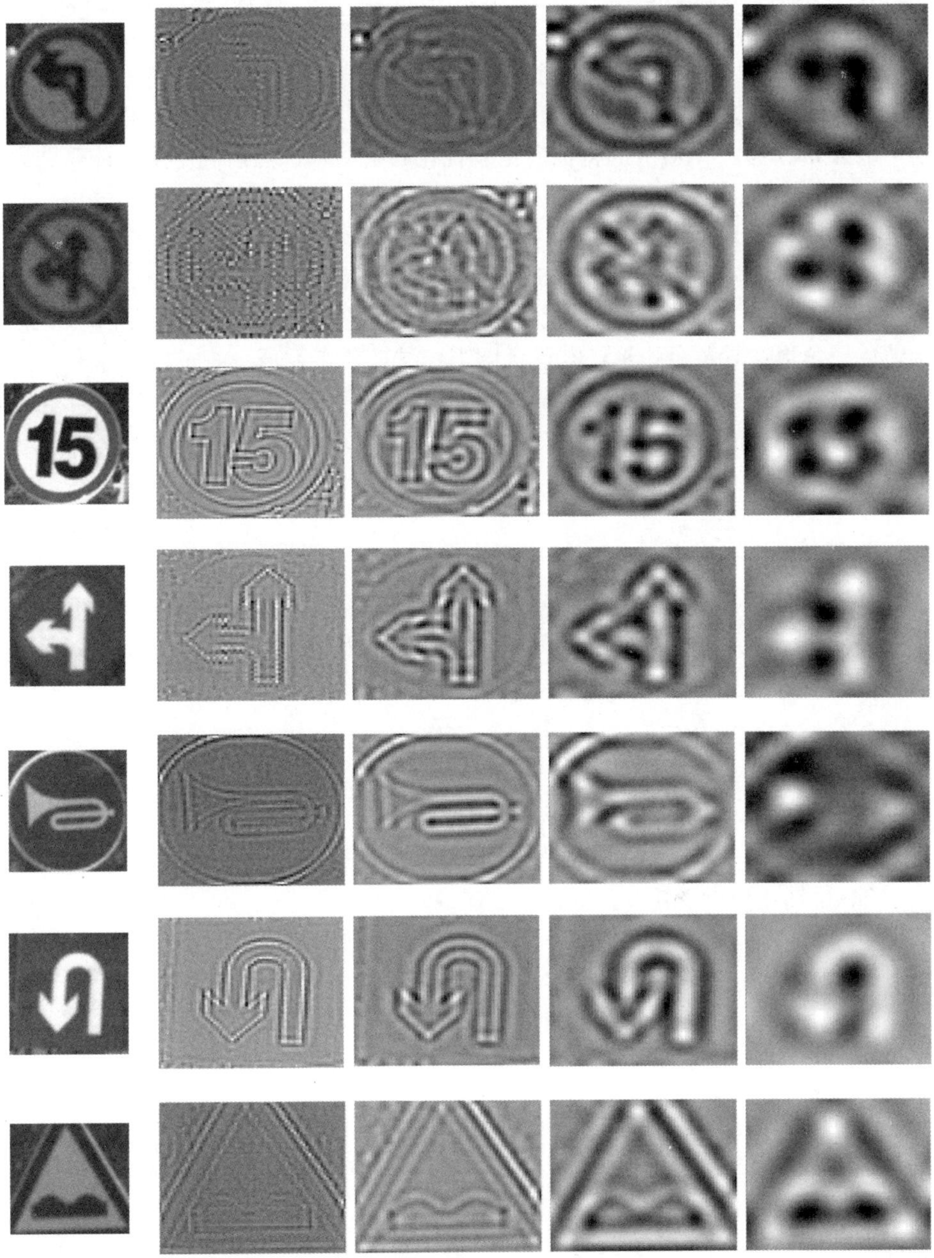

2.2.2 交通标志二元树复小波特征降维

为了降低交通标志的特征维数，消除冗余，选择二维独立分量分析(independent components analysis，ICA)方法[5]来降低交通标志的维数。独立分量分析利用统计原理进行计算，这个变换把数据或信号分离，变为统计独立的非高斯的信号源的线性组合[5]。该方法首先根据样本库特征进行训练，得到协方差矩阵，最大 $\boldsymbol{m}$ 个特征值对应的特征向量及优化映射矩阵，然后利用上述计算结果，降低样本库中特征维数。

在训练之前，首先分别从多种道路场景、多种天气和光照条件下的图像中检测出交通标志，然后建立一个 50 类交通标志的样本库，每类包含 300 个样本。将这些样本划分为 7 个子类：①红色圆形；②红色倒三角形；③红色八角形；④黄色三角形；⑤黄色矩形；⑥蓝色圆形；⑦蓝色正方形。对于每个样本，首先利用二维二元树复小波变换提取特征 $\boldsymbol{x}_{ic}$，$c=1,2,\cdots,6$，$i\in\{1,2,\cdots,L\}$，L 为交通标志模板库中图像的个数；然后利用二维独立分量分析的训练方法来对这 7 类样本库中的特征进行训练。

1. 二维独立分量分析

对于每类交通标志的二元树复小波样本特征 $\boldsymbol{x}_{ic}$，将其转化为 $\boldsymbol{k}\times\boldsymbol{n}$ 的二维矩阵 $\boldsymbol{\chi}_{ic}\in\mathbf{R}^{k\times n}$，$k=84$，$n=96$。设每个分量均是 P 个未知的独立成分的线性组合，$P\leqslant \boldsymbol{n}$。

令 $\boldsymbol{x}=\{\boldsymbol{\chi}_{ic}\}(i\in\{1,2,\cdots,L\})$ 为样本特征矩阵元素之和，则有

$$\boldsymbol{x}=a_{j1}s_1+a_{j2}s_2+\cdots+a_{jk}s_k \tag{2.24}$$

式中，$\boldsymbol{s}=(s_1,s_2,\cdots,s_k)$，$s_j$ 是统计独立的；$\boldsymbol{A}=(a_1,a_2,\cdots,a_k)$ 为混合矩阵。此时式(2.24)可转化为以下矩阵形式：

$$\boldsymbol{x}=\boldsymbol{A}\boldsymbol{s}=\sum_{j=1}^{k}a_j s_j \tag{2.25}$$

为了降低特征矩阵维数，需通过样本特征值矩阵 $\boldsymbol{x}$，估计混合矩阵 $\boldsymbol{A}$ 或者未知独立源 $\boldsymbol{s}$，即求取混合矩阵 $\boldsymbol{A}$ 的逆矩阵 $\boldsymbol{W}$，使得

$$\boldsymbol{y}=\boldsymbol{W}\boldsymbol{x} \tag{2.26}$$

的各个分量尽可能相互独立，并将 $\boldsymbol{y}$ 作为独立源 $\boldsymbol{s}$ 的估计。为了建立以 $\boldsymbol{W}$ 为变元的目标函数 $L(\boldsymbol{W})$，用一种优化方法使 $L(\boldsymbol{W})$ 达到极值，即可得到极值点处 $\boldsymbol{W}$ 为所要的解。

定义随机变量 $\boldsymbol{y}=(y_1,y_2,\cdots,y_k)$ 的负熵为

$$J(\boldsymbol{y}) = H(\boldsymbol{y}_{\text{gauss}}) - H(\boldsymbol{y}) \tag{2.27}$$

式中，熵 $H(\boldsymbol{y}) = -\sum_i P(\boldsymbol{y} = \alpha_i)\log_2 P(\boldsymbol{y} = \alpha_i)$；$H(\boldsymbol{y}_{\text{gauss}})$ 为与 $\boldsymbol{y}$ 协方差矩阵相同的高斯随机变量。仅在 $\boldsymbol{y}$ 是高斯分布时，负熵 $J(\boldsymbol{y}) = 0$。随机变量的互信息可以表示为

$$I(y_1, y_2, \cdots, y_k) = J(\boldsymbol{y}) - \sum_i J(y_i) + \frac{1}{2}\log_2 \frac{\prod \boldsymbol{C}_{ii}^y}{\det \boldsymbol{C}^y} \tag{2.28}$$

式中，$\boldsymbol{C}^y$ 为 $\boldsymbol{y}$ 的协方差矩阵；$\boldsymbol{C}_{ii}^y$ 为 $\boldsymbol{C}^y$ 的对角元素。若 y_k 不相关，则

$$\frac{1}{2}\log_2 \frac{\prod \boldsymbol{C}_{ii}^y}{\det \boldsymbol{C}^y} = 0 \tag{2.29}$$

从而有

$$I(y_1, y_2, \cdots, y_k) = J(\boldsymbol{y}) - \sum_i J(y_i) \tag{2.30}$$

对于线性变换，负熵具有不变性，如果能找到负熵最大化的方向，那么就可以使 $\boldsymbol{y}$ 分量间的互信息最小，但需要估计随机变量的概率密度，因此很难应用到实际中。利用以下公式来近似计算负熵：

$$J(\boldsymbol{y}) = b\left[E\{G(\boldsymbol{y})\} - E\{G(\boldsymbol{v})\}\right]^2 \tag{2.31}$$

式中，$G(\boldsymbol{y})$ 为一个非二次光滑函数；b 为一个不相关常量；$\boldsymbol{v}$ 为高斯变量，具有单位方差和零均值。非二次函数 $G(\cdot)$ 可以取

$$G_1(u) = \frac{1}{\beta}\log_2 \cosh(\beta u), \quad G_2(u) = -\exp\left(-\frac{u^2}{2}\right) \tag{2.32}$$

式中，$1 \leqslant \beta \leqslant 2$，$\beta$ 取一个合适的常数。

2. 二维独立分量分析快速计算过程

令 $\bar{\boldsymbol{\chi}}_c = E\{\boldsymbol{x}\} = \frac{1}{L}\sum_{i=1}^{L} \boldsymbol{\chi}_{ic}$ 为第 c 类训练样本图像的平均特征，第 c 类样本库特征的协方差矩阵定义为

$$\Sigma_c = \frac{1}{L}\sum_{i=1}^{L} (\boldsymbol{\chi}_{ic} - \bar{\boldsymbol{\chi}}_c)^{\text{T}} (\boldsymbol{\chi}_{ic} - \bar{\boldsymbol{\chi}}_c) \tag{2.33}$$

根据以下公式对协方差矩阵 Σ_c 进行奇异值分解[6]（singular value decomposition, SVD）：

$$\Sigma_c = \boldsymbol{U}\begin{bmatrix} \sqrt{\boldsymbol{\Lambda}} & \boldsymbol{O} \\ \boldsymbol{O} & \boldsymbol{0} \end{bmatrix}\boldsymbol{V}^{\mathrm{H}} \tag{2.34}$$

式中，$\sqrt{\boldsymbol{\Lambda}}$ 为对角元素是 $\sqrt{\lambda_i}$ 的对角矩阵；λ_i 为相关矩阵 $\Sigma_c \Sigma_c{}^{\mathrm{H}}$ 的非零特征值，且满足 $\lambda_j \geqslant \lambda_{j+1}$；$\boldsymbol{O}$ 为零元素矩阵，即存在酉矩阵，使得式(2.35)成立。

$$\Sigma_c = (\boldsymbol{u}_0, \boldsymbol{u}_1, \cdots, \boldsymbol{u}_{r-1})\begin{bmatrix} \sqrt{\lambda_0} & & & \\ & \sqrt{\lambda_1} & & \\ & & \ddots & \\ & & & \sqrt{\lambda_{r-1}} \end{bmatrix}\begin{bmatrix} \boldsymbol{v}_0^{\mathrm{H}} \\ \boldsymbol{v}_1^{\mathrm{H}} \\ \vdots \\ \boldsymbol{v}_{r-1}^{\mathrm{H}} \end{bmatrix} \tag{2.35}$$

或

$$\Sigma_c = \sum_{i=0}^{r-1}\sqrt{\lambda_i}\,\boldsymbol{u}_i\boldsymbol{v}_i^{\mathrm{H}} \tag{2.36}$$

式中，r 为非零特征值的个数；$\boldsymbol{U}_i$ 为 $k \times r$ 矩阵；$\boldsymbol{V}_i$ 为 $r \times n$ 矩阵。为了降低特征矩阵的维数，取前 m 个最大特征值

$$\boldsymbol{\Lambda}_m = \begin{bmatrix} \sqrt{\lambda_0} & & & \\ & \sqrt{\lambda_1} & & \\ & & \ddots & \\ & & & \sqrt{\lambda_{m-1}} \end{bmatrix} \tag{2.37}$$

及其对应的特征向量 $\boldsymbol{U}_m = (\boldsymbol{u}_0, \boldsymbol{u}_1, \cdots, \boldsymbol{u}_{m-1})$。构造出白化矩阵：

$$\boldsymbol{E}_w = \boldsymbol{\Lambda}_m \boldsymbol{U}_m^{\mathrm{H}} \tag{2.38}$$

则 $\boldsymbol{x} = \boldsymbol{E}_w \Sigma_c^{\mathrm{H}}$，构造权值矩阵 $\boldsymbol{W} = (\boldsymbol{w}_1, \boldsymbol{w}_2, \cdots, \boldsymbol{w}_n)^{\mathrm{T}}$，利用以下步骤来更新权向量 $\boldsymbol{w}_i$：

(1) 选择随机的初始权向量 $\boldsymbol{w}_i(\text{old})$；

(2) 令 $\boldsymbol{w}_i(\text{new}) = E\left\{\boldsymbol{x}g(\boldsymbol{w}_i^{\mathrm{T}}(\text{old}))\boldsymbol{x}\right\} - E\left\{\boldsymbol{x}g'(\boldsymbol{w}_i^{\mathrm{T}}(\text{old}))\boldsymbol{x}\right\}\boldsymbol{w}_i(\text{old})$；

(3) $\boldsymbol{w}_i(\text{new}) = \boldsymbol{w}_i(\text{new}) - \sum_{j=1}^{i-1}\boldsymbol{w}_i^{\mathrm{T}}(\text{new})\boldsymbol{w}_j\boldsymbol{w}_j$；

(4) $\boldsymbol{w}_i(\text{new}) = \boldsymbol{w}_i(\text{new}) \Big/ \sqrt{\boldsymbol{w}_i^{\mathrm{T}}(\text{new})\boldsymbol{w}_i(\text{new})}$；

(5) 若 $\left\|\boldsymbol{w}_i^{\mathrm{T}}(\text{new})\boldsymbol{w}_i(\text{old}) - 1\right\| > 0.001$，则令 $\boldsymbol{w}_i(\text{old}) = \boldsymbol{w}_i(\text{new})$，返回步骤(2)，否则，权值 $\boldsymbol{w}_i$ 更新结束，令 $\boldsymbol{w}_i = \boldsymbol{w}_i(\text{new})$。

$\boldsymbol{w}_i(t)$ 为第 t 次迭代的权值向量；$g(u)=\tanh(u)$，$g'(u)=1-[\tanh(u)]^2$。权值矩阵构造完成后，即求取优化映射向量为 $\boldsymbol{s}_c=\boldsymbol{W}\times\boldsymbol{\Lambda}_m^{-1/2}\times\boldsymbol{U}_m^{\mathrm{H}}$。

3. 特征维数与识别率关系

为了确定提取特征中最大特征值 λ_j 的个数与交通标志识别率间的相关性，选取 20 个最大特征值。针对不同的交通标志选择测试样本，用二元树复小波变换提取特征，用二维独立分量分析方法进行降维，将其送入最近邻分类器中识别交通标志的类型，如表 2.8～表 2.11 所示。其中，R_λ 是最大特征值个数与识别率之间的关系，每类交通标志的测试样本均超过了 900。

表 2.8　红色圆形交通标志的 R_λ 测试结果

类型	禁止左转 	禁止左转和直行 	限速30 
数目	1124	1149	1018
R_λ	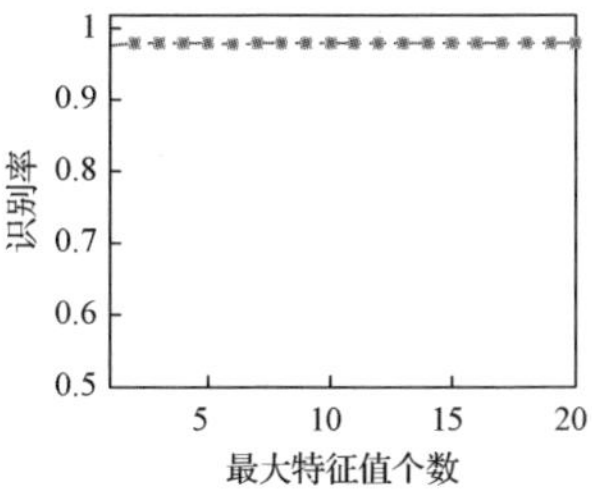	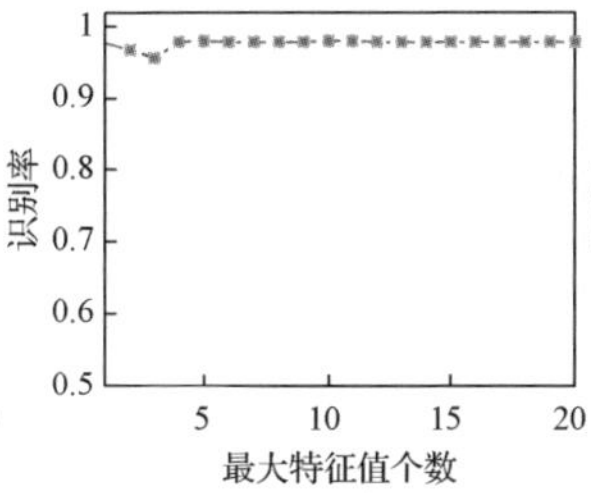	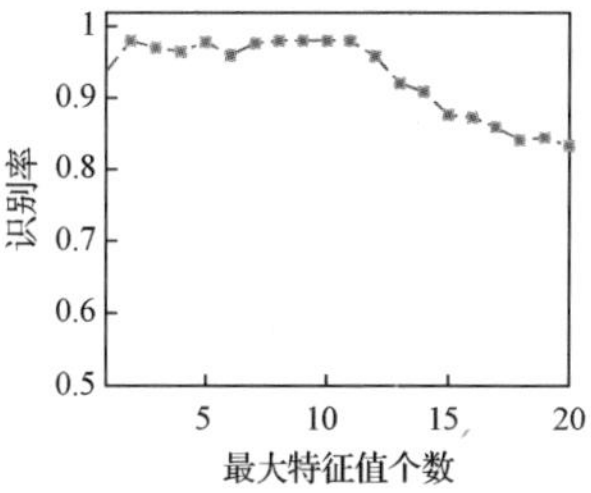

表 2.9　蓝色圆形交通标志的 R_λ 测试结果

类型	直行 	向右转弯 	环岛 
数目	1035	1083	1050
R_λ	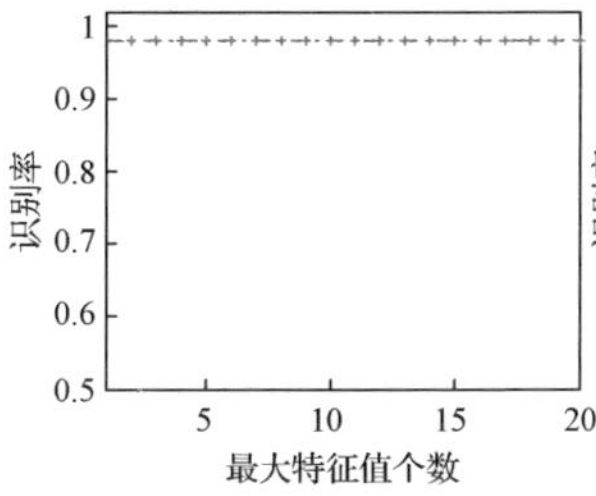	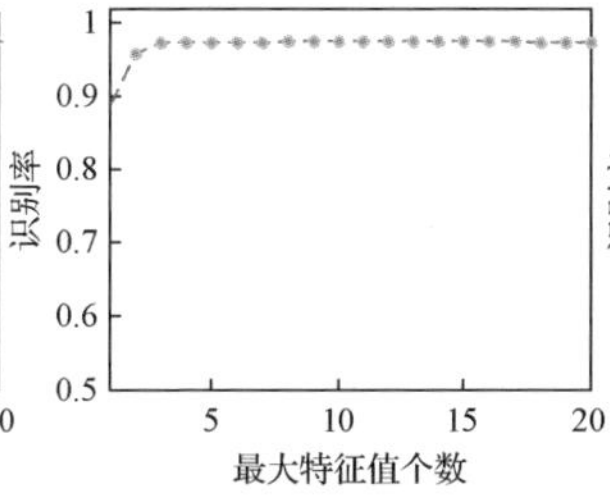	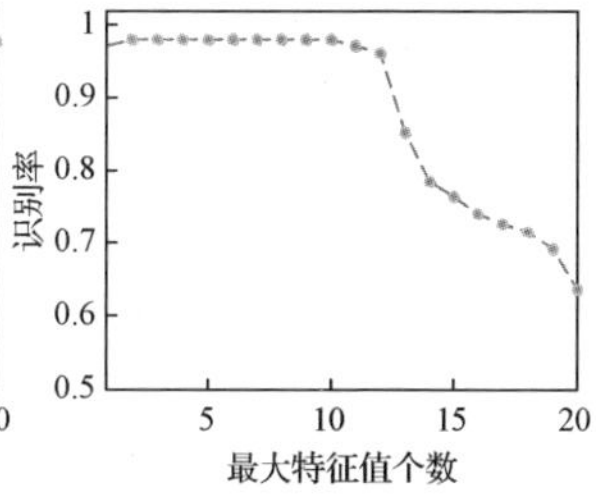

表 2.10　蓝色正方形交通标志的 R_λ 测试结果

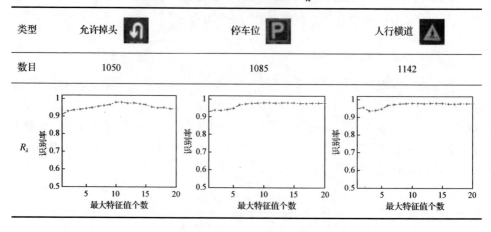

类型	允许掉头 	停车位 	人行横道 
数目	1050	1085	1142
R_λ	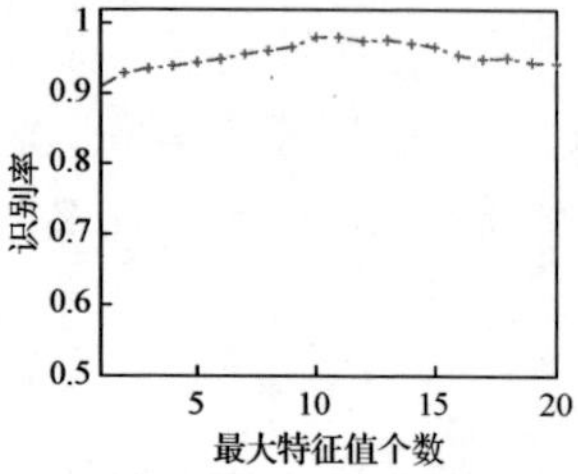	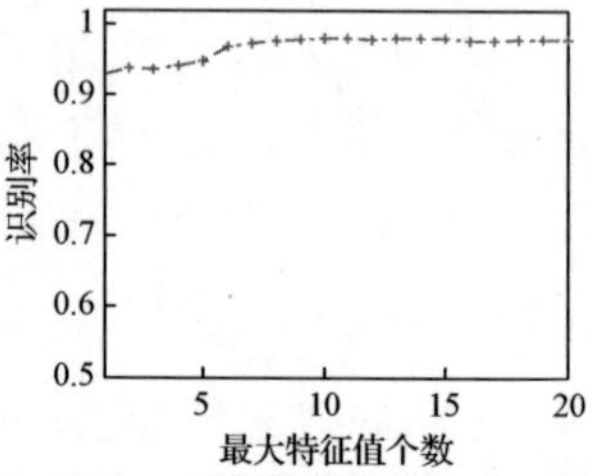	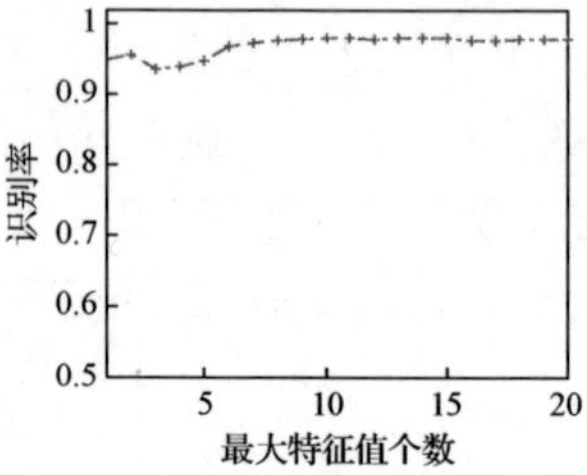

表 2.11　黄色交通标志的 R_λ 测试结果

类型	注意行人 	路面不平 	道路施工 
数目	1081	952	1082
R_λ	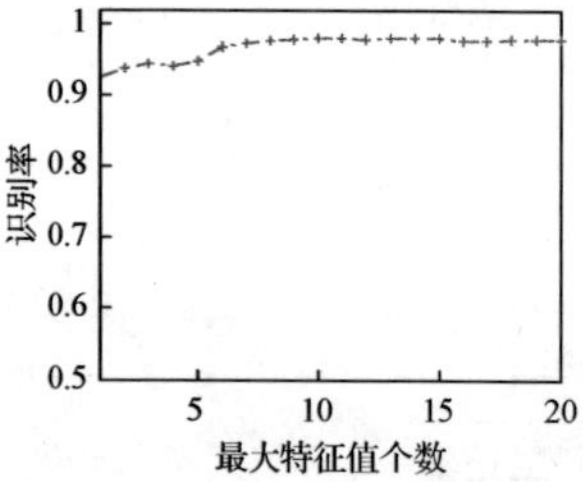	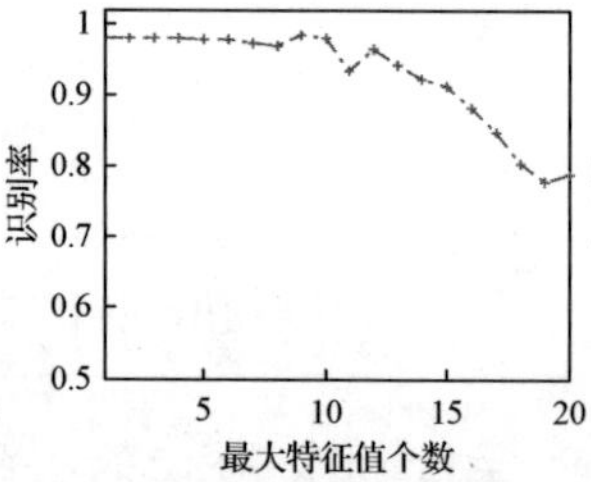	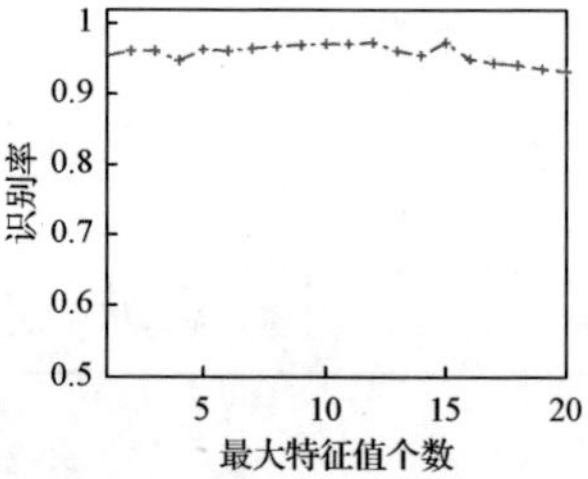

如表 2.9～表 2.11 所示，交通标志的识别率随特征值个数的增加快速增加，而到达一个值后，识别率会达到一个稳定的最高值。一部分交通标志的识别率达到峰值后不再变化，或在一个区域内微小变化，但有一部分类型的交通标志识别率在达到顶峰时，随着维数的增加会快速下降，如限速 30，应尽量避免这种情况发生。通过观察下列表格中的测试结果，发现选取 10 个最大特征值时，各个交通标志的识别率均达到最大值，且在一定范围内，识别率均是一个稳定值。因此，选择 10 个最大特征值，来降低交通标志二元树复小波变换后的特征维数，此时能达到最好的识别效果。

4. 样本库特征降维

用得到的优化映射向量 $s_c=(s_1,s_2,\cdots,s_m)$ 来提取样本库中每个样本的特征。将

第 c 类样本库中的二元树复小波样本特征向量 $\boldsymbol{x}_{ic}$ 转化为 $k \times n$ 的二维矩阵 $\boldsymbol{\chi}_{ic} \in \mathbf{R}^{k\times n}(c=1,2,\cdots,6)$ 为交通标志类别，$i \in \{1,2,\cdots,L\}$，L 为交通标志模板库中图像的个数，则每个样本特征为

$$\boldsymbol{Y} = \left(\boldsymbol{\chi}_{ic} - \overline{\chi}_c\right)\boldsymbol{s}^{\mathrm{T}} \tag{2.39}$$

即

$$\left(\boldsymbol{Y}_1,\boldsymbol{Y}_2,\cdots,\boldsymbol{Y}_m\right) = \left(\boldsymbol{\chi}_{ic} - \overline{\chi}_c\right)\begin{bmatrix} \boldsymbol{s}_1^{\mathrm{T}} \\ \boldsymbol{s}_2^{\mathrm{T}} \\ \vdots \\ \boldsymbol{s}_m^{\mathrm{T}} \end{bmatrix} \tag{2.40}$$

得到样本特征 $\boldsymbol{x}_{ic}$ 的 m 个独立主分量特征 $\boldsymbol{Y}_1,\boldsymbol{Y}_2,\cdots,\boldsymbol{Y}_m$，即将样本的特征降低到合适的大小。将这些独立主分量特征组成一个列向量：

$$\tilde{\boldsymbol{x}}_{ic} = \left(\boldsymbol{Y}_1^{\mathrm{T}},\boldsymbol{Y}_2^{\mathrm{T}},\cdots,\boldsymbol{Y}_m^{\mathrm{T}}\right)^{\mathrm{T}} \tag{2.41}$$

则第 c 类样本库中降维后的特征集可写为

$$\tilde{\boldsymbol{x}}_c = \left\{\tilde{\boldsymbol{x}}_{ic}, i=1,2,\cdots,L\right\} \tag{2.42}$$

5. 待识别交通标志二元树复小波特征降维

将提取的交通标志感兴趣区域的二元树复小波特征向量 $\boldsymbol{x}$ 转换为 $k \times n$ 的二维矩阵 $\boldsymbol{\chi} \in \mathbf{R}^{k\times n}$，令 $\overline{\chi}_c$ 为第 c 类交通标志的均值，则

$$\boldsymbol{Y} = \left(\boldsymbol{\chi} - \overline{\chi}_c\right)\boldsymbol{s} \tag{2.43}$$

$$\left(\boldsymbol{Y}_1,\boldsymbol{Y}_2,\cdots,\boldsymbol{Y}_m\right) = \left(\boldsymbol{\chi}_i - \overline{\chi}_c\right)\begin{bmatrix} \boldsymbol{s}_1^{\mathrm{T}} \\ \boldsymbol{s}_2^{\mathrm{T}} \\ \vdots \\ \boldsymbol{s}_m^{\mathrm{T}} \end{bmatrix} \tag{2.44}$$

得图像特征向量 $\boldsymbol{x}$ 的 m 个独立主分量 $\boldsymbol{Y} = \left(\boldsymbol{Y}_1,\boldsymbol{Y}_2,\cdots,\boldsymbol{Y}_m\right)$，将其连接成一个向量，作为 $\boldsymbol{x}$ 的降维特征 $\tilde{\boldsymbol{x}} = \left\{\tilde{\boldsymbol{x}}_{ic}, i=1,2,\cdots,L\right\}$。交通标志特征的提取过程描述如下(表 2.12)：将交通标志小图像灰度化，用二元树复小波变换提取特征，使其分布在[0,1]，然后用二维独立分量分析方法进行降维。

表 2.12 交通标志特征

原图	灰度图	二元树复小波特征	2DICA特征
	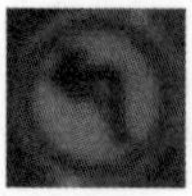	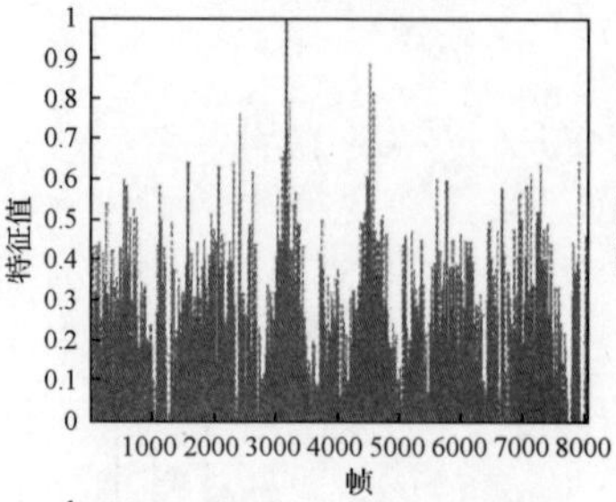	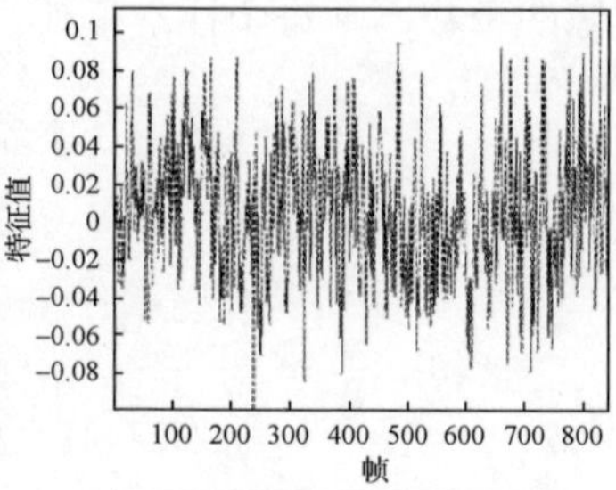
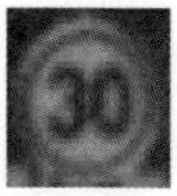		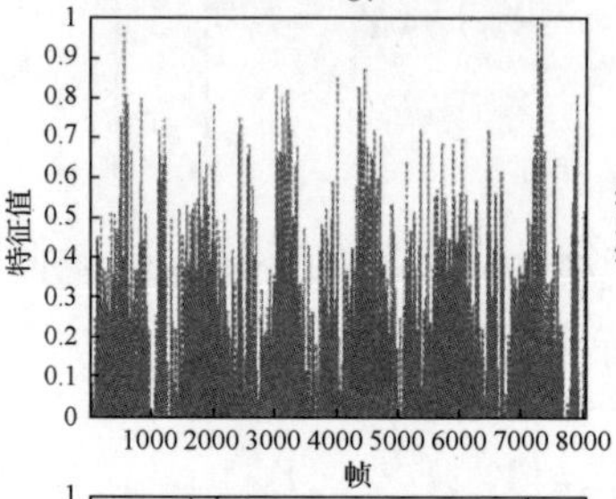	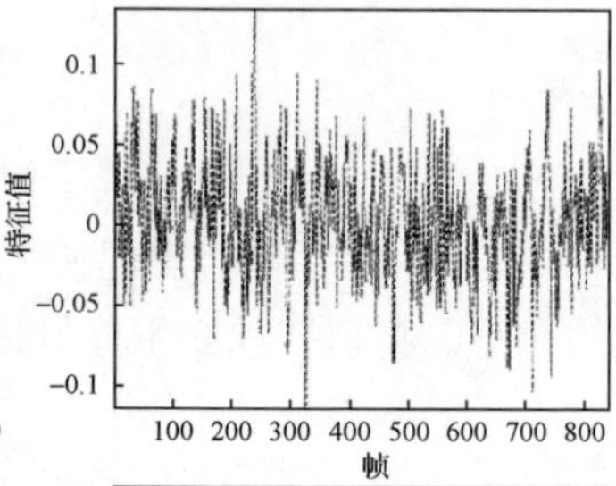
		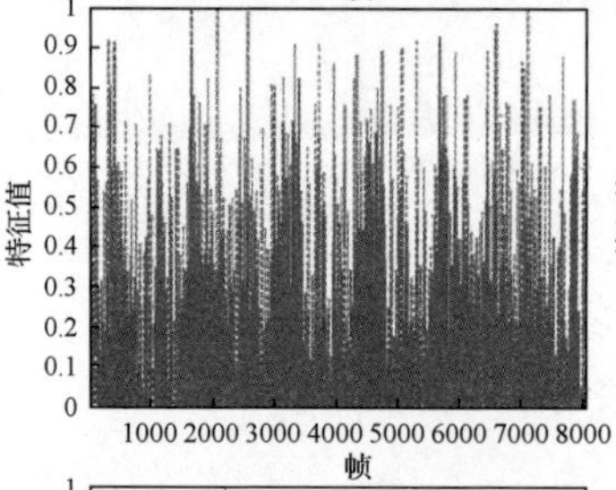	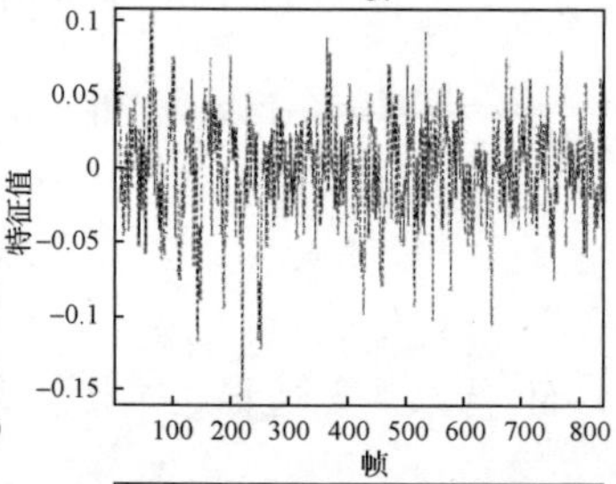
		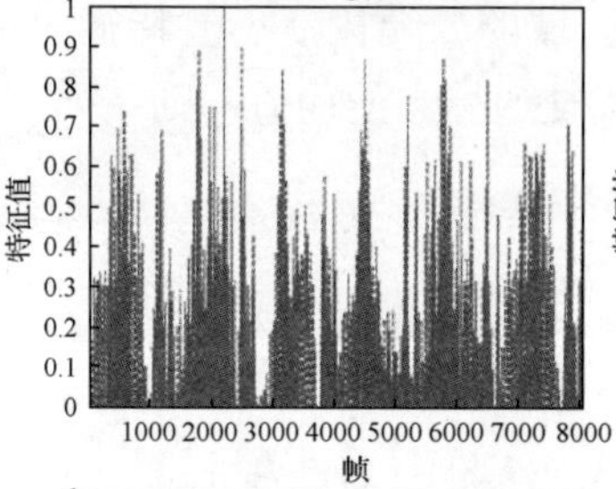	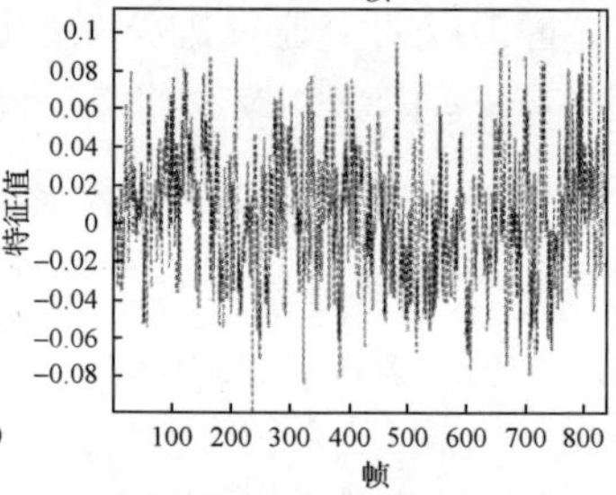
		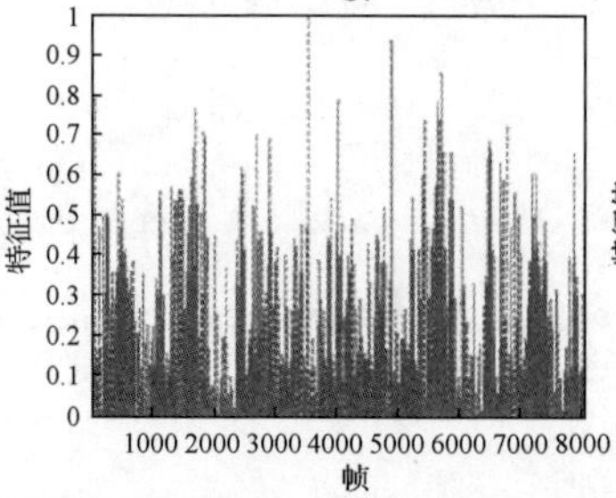	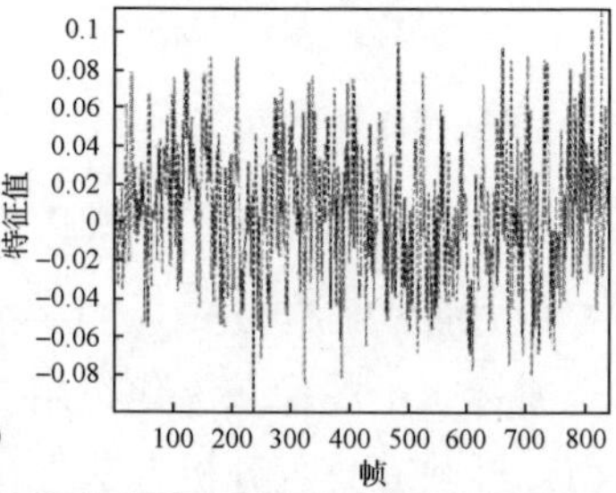

续表

原图	灰度图	二元树复小波特征	2DICA特征
		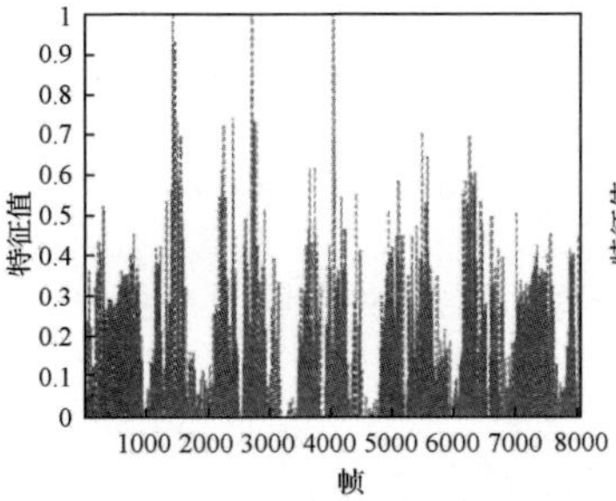	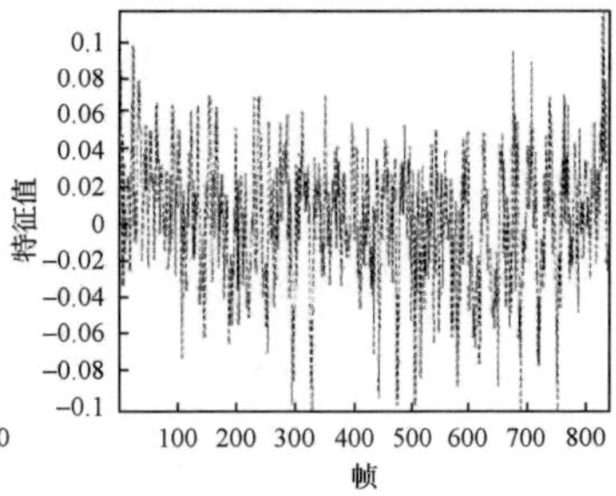
		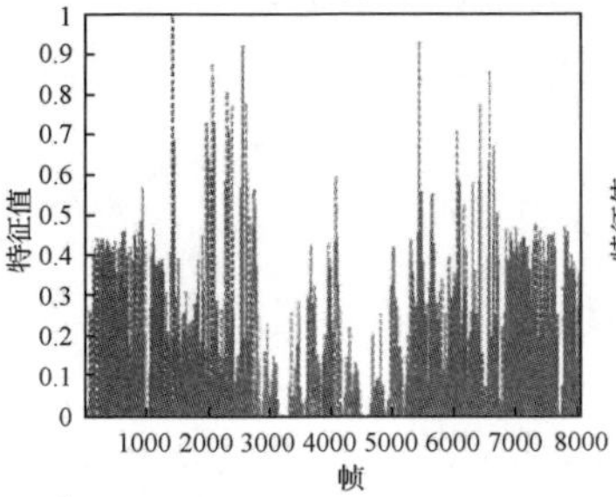	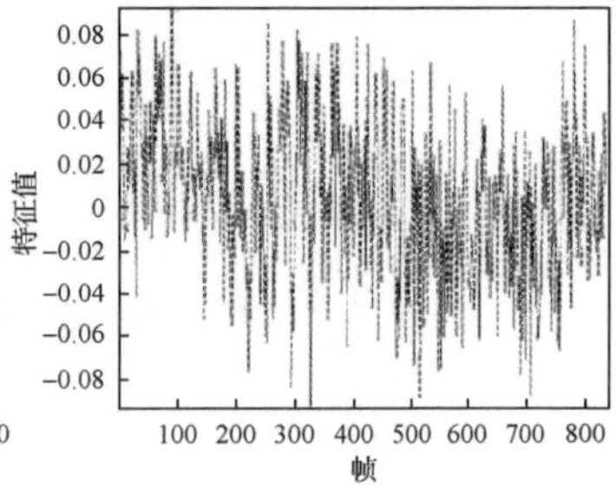
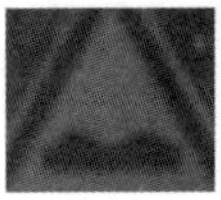	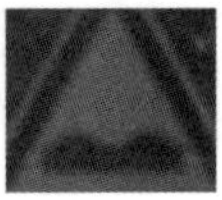	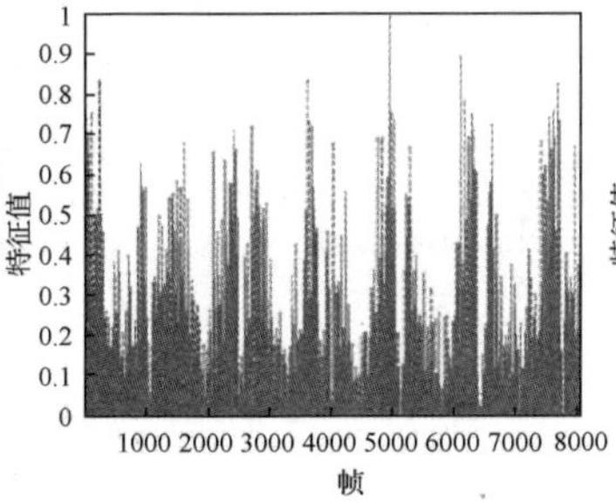	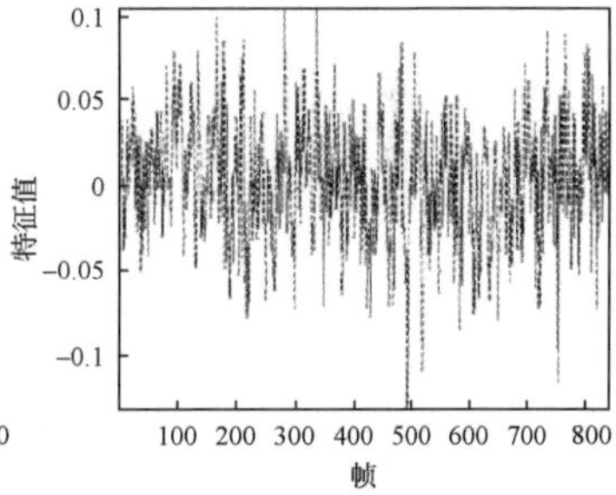
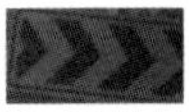	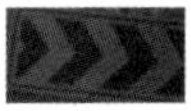	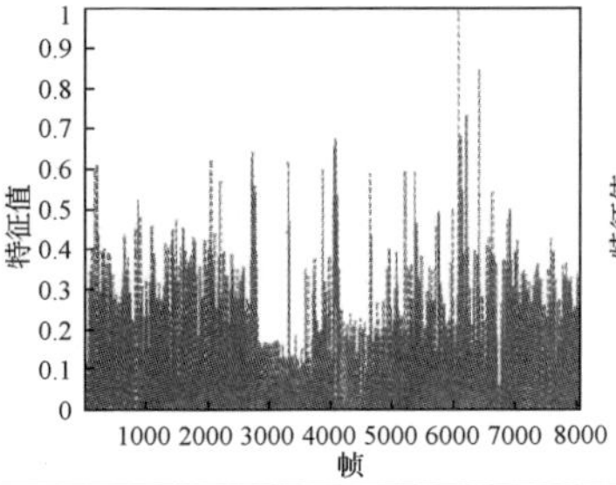	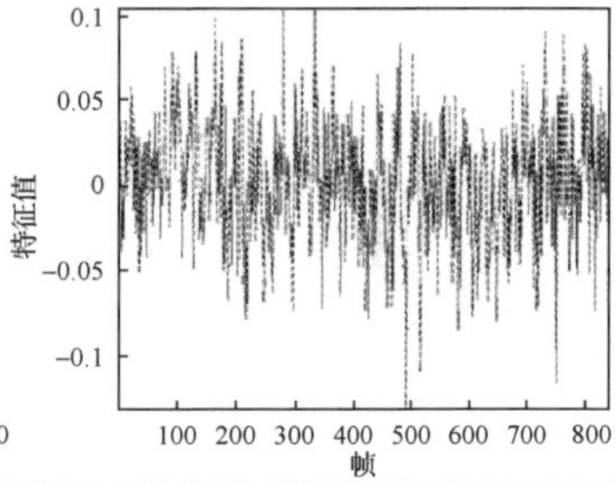

2.2.3　交通标志识别与分类算法

1. 支持向量机

对降维后的特征向量 $\tilde{\boldsymbol{x}}$，选择径向基函数核的支持向量机对交通标志进行分

类。首先对交通标志的特征库进行分离，训练数据集。假设第 c 类交通标志特征库有 m 类，每两类 w_1、w_2 之间的线性判别函数为 $d(\boldsymbol{x}) = \boldsymbol{w}^{\mathrm{T}}\boldsymbol{x} + b$，而 $b/\|\boldsymbol{w}\|$ 是从原点到分类超平面的垂距[7]，$\|\boldsymbol{w}\|$ 是欧氏空间的 2-范数。若可以区分 w_1、w_2 两类样本，则对任意的第 i 个样本 x_i，均满足下列约束条件[7]：

$$y_i\left(\left\langle x_i \cdot \boldsymbol{w} \right\rangle + b\right) - 1 \geqslant 0 \tag{2.45}$$

式中，y_i 为样本 x_i 的类别标记，由式(2.45)求解尺度因子 $\boldsymbol{w}$、b。这些点均分布在两个超平面 H_1 和 H_2 之上：

$$\begin{cases} H_1 : \left\langle x_i \cdot \boldsymbol{w} \right\rangle + b = 1 \\ H_2 : \left\langle x_i \cdot \boldsymbol{w} \right\rangle + b = -1 \end{cases} \tag{2.46}$$

两个数据集之间的间隔定义为 $2/\|\boldsymbol{w}\|$，而它们之间的最大间隔为 $\min\left(\|\boldsymbol{w}\|^2/2\right)$。引入正的拉格朗日乘子 $a_i(i = 1,2,\cdots,l)$，定义目标函数：

$$L(\boldsymbol{w}, b, a) = \frac{1}{2}\boldsymbol{w}^{\mathrm{T}}\boldsymbol{w} - \sum_{i=1}^{l} a_i\left[y_i\left(\left\langle x_i \cdot \boldsymbol{w} \right\rangle + b\right) - 1\right] \tag{2.47}$$

对式(2.47)求 $\boldsymbol{w}$ 和 b 的偏导数，并令其结果为零，即

$$\begin{cases} \dfrac{\partial L(\boldsymbol{w}, b, a)}{\partial \boldsymbol{w}} = 0 \\ \dfrac{\partial L(\boldsymbol{w}, b, a)}{\partial b} = 0 \end{cases} \tag{2.48}$$

根据对偶原理，将原问题转化为约束条件：

$$\sum_{i=1}^{l} y_i a_i = 0, a_i \geqslant 0, \quad i = 1,2,\cdots,l \tag{2.49}$$

利用 a_i 求解下列函数的最大值：

$$H(a) = \sum_{i=1}^{N} a_i - \frac{1}{2}\sum_{i=1}^{l}\sum_{j=1}^{l} a_i a_j y_i y_j \left\langle x_i \cdot x_j \right\rangle \tag{2.50}$$

得最优拉格朗日乘子 $a_i^*(i = 1,2,\cdots,l)$，则

$$\begin{cases} \boldsymbol{w}^* = \sum_{i=1}^{l} y_i a_i^* x_i \\ b^* = y_i - \left\langle x_i \cdot \boldsymbol{w}^* \right\rangle \end{cases} \tag{2.51}$$

对于第 c 类交通标志，可根据特征库中的特征，求取每两类之间的最优分类超平面参数：

$$\{\boldsymbol{w}_{i,j}^*, b_{i,j}^*\}, \quad i = 1,2,\cdots,m; j = 1,2,\cdots,m \tag{2.52}$$

首先将交通标志感兴趣区域特征 $\tilde{\boldsymbol{x}}$ 送入对应颜色和形状的第 c 类支持向量机中，利用判别函数

$$f_{i,j}(\boldsymbol{x}) = \operatorname{sgn}\left\{\left\langle \boldsymbol{x} \cdot \boldsymbol{w}_{i,j}^* \right\rangle + b_{i,j}^*\right\} \tag{2.53}$$

来判断交通标志属于第 i 类还是第 j 类，然后利用长度为 m 的累加器 T_c 将其初始化为 0，最后根据判别函数 $f_{i,j}(\tilde{\boldsymbol{x}})$ 的结果来累加每两类标志之间的分类结果：

$$\begin{cases} T_c(i) = T_c(i) + 1, & f_{i,j}(\tilde{\boldsymbol{x}}) = 1 \\ T_c(j) = T_c(j) + 1, & f_{i,j}(\tilde{\boldsymbol{x}}) = -1 \end{cases} \tag{2.54}$$

式中，$i = 1,2,\cdots,m; j = 1,2,\cdots,m$。累加器中值最大的位置即为交通标志的类别，即

$$P_{\max} = i, \quad T_c(i) = \max(T_c) \tag{2.55}$$

2. 最近邻分类器

有些交通标志，如红色倒三角形、红色八角形仅有 1 种，无法使用支持向量机进行分类，可以选用简单实用的最近邻分类器。设 $\tilde{\boldsymbol{x}}_c = \{\tilde{\boldsymbol{x}}_{ic}, i = 1,2,\cdots,L\}$ 为样本库中样本，L 为样本个数，距离决策函数定义为

$$D_i(\tilde{\boldsymbol{x}}, \tilde{\boldsymbol{x}}_{ic}) = \|\tilde{\boldsymbol{x}} - \tilde{\boldsymbol{x}}_{ic}\|_2 = \sqrt{(\tilde{\boldsymbol{x}} - \tilde{\boldsymbol{x}}_{ic})^{\mathrm{T}} (\tilde{\boldsymbol{x}} - \tilde{\boldsymbol{x}}_{ic})} \tag{2.56}$$

式中，$\|\bullet\|_2$ 为两个向量间的欧氏距离。

令

$$D(\tilde{\boldsymbol{x}}) = \min_{i=1,2,\cdots,l} \{D_i(\tilde{\boldsymbol{x}}, \tilde{\boldsymbol{x}}_{ic})\} \tag{2.57}$$

假设有

$$\begin{cases} D(\tilde{\boldsymbol{x}}) \leqslant T, & \tilde{\boldsymbol{x}} \in c_m \\ D(\tilde{\boldsymbol{x}}) > T, & \tilde{\boldsymbol{x}}\text{是误检} \end{cases} \tag{2.58}$$

式中，T=1.1 为相似性阈值。若 $\tilde{\boldsymbol{x}} \in c_m$，则 $P_{\max}$ =1 输出交通标志类别；否则，该感兴趣区域为一个误检，不输出结果。

2.2.4 内部图形提取和匹配

为了提取交通标志的内部图形，需要同时处理候选区域的彩色图像 $\mathrm{SCI}_{i,c}$ 和二值图像 $\mathrm{SBI}_{i,c}$。警告类标志通常是三角形，具有黄色背景，黑色字符或符号。禁止、限速或让行标志是圆形和三角形等的标准几何形状，背景是白色，边缘为红色，中间是黑色字符或图形。指示或导向标志常是圆形或矩形，具有蓝色背景，白色符号。

对于禁止、限速或让行标志，由于红色与黑色像素的灰度值相差不大，提取内部图形会受到红色边缘的影响，因此要预先将交通标志候选区域的红色边缘置为 0。假设 $\mathrm{SBI}_{i,c}$ 的大小为 $\mathrm{row} \times \mathrm{col}$，IntraI 是与 $\mathrm{SBI}_{i,c}$ 相同的全零图像。查找二值图像 $\mathrm{SBI}_{i,c}$ 中的每行非零元素，其纵坐标记为 $y_k = \{y_{k,1}, y_{k,2}, \cdots, y_{k,N}\}$，$k = 1,2,\cdots,\mathrm{row}$，$N$ 为非零元素的个数。令 $D_{j-1} = y_{k,j} - y_{k,j-1}$，采用以下方式获取候选区域的内部：

$$\mathrm{IntraI}(k, y_{k,j-1} : y_{k,j}) = \begin{cases} 1, & D_{j-1} > 0 \\ 0, & \text{其他} \end{cases} \tag{2.59}$$

首先标记 IntraI 中像素数最多的区域，然后从彩色图像 $\mathrm{SCI}_{i,c}$ 中剪切出来，接着转换灰度图像 $\boldsymbol{G}_{i,c}$。

警示、提示、导引标志一般由 2 种不同的代表性颜色组成，因此在预处理阶段，仅需要将 $\mathrm{SCI}_{i,c}$ 直接从 RGB 空间转换成灰度图像 $\boldsymbol{G}_{i,c}$。

统计内部区域灰度图像的 256 级直方图，使用大津方法，根据直方图的形状自动计算直方图阈值 $\mathrm{Level}_{i,c}$。考虑到交通标志内部文字或图形的差(红色和黄色交通标志一般是黑色，蓝色交通标志是白色)。假设候选区域的内部像素坐标是 (x,y)，对于红色和黄色交通标志，有

$$\mathrm{InB}(x, y) = \begin{cases} 1, & G_{i,c}(x, y) < \mathrm{Level}_{i,c} \\ 0, & \text{其他} \end{cases} \tag{2.60}$$

蓝色交通标志候选区域的阈值分割为

$$\mathrm{InB}(x,y)=\begin{cases}1, & \boldsymbol{G}_{i,c}(x,y)>\mathrm{Level}_{i,c}\\ 0, & 其他\end{cases} \tag{2.61}$$

用结构元素相同的腐蚀和膨胀操作来消除二值图像 $\mathrm{InB}_{i,c}$ 中的噪声和较小区域。

图 2.13 为交通标志内部图形的提取过程。如图 2.13(a)所示的禁止左转交通标志，首先根据红色通道的边缘二值图中的有效区域，获取交通标志内部图像的彩色区域。从中可以看出，交通标志的红色边缘很少，对阈值分割影响较小。接着利用大津方法找到内部彩图中最合适的分割阈值，将其二值化，得到交通标志的内部图形信息。该方法简单，实用性强，且能够完整地分割出交通标志的图形。但是对于检测到的较小或比较模糊的交通标志图像，则较难提取内部图形。因为图像太小或模糊时，交通标志的图形较小，或者与周围杂质有粘连，容易误分割或者断裂，从而无法完整地分割出内部图形。

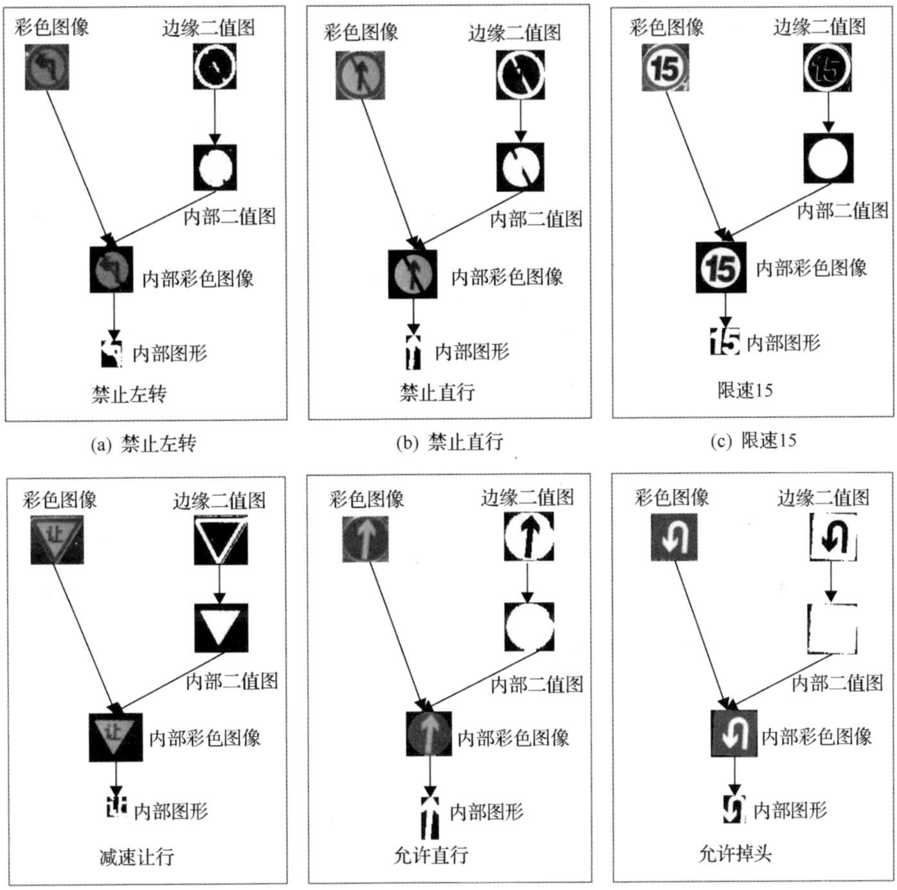

(a) 禁止左转　(b) 禁止直行　(c) 限速15

(d) 减速让行　(e) 允许直行　(f) 允许掉头

图 2.13　交通标志候选区域内部图形提取过程(见彩图)

交通标志内部图形的提取过程如下：

(1) 移除 $\mathrm{InB}_{i,c}$ 中全为 0 的行和列；

(2) 若 $\mathrm{InB}_{i,c}$ 为一个空图像，则将识别输出结果标记为 0，处理下一个候选区域，否则转入步骤(3)；

(3) 在 $\mathrm{InB}_{i,c}$ 模板匹配分类器中，判断该候选区域的交通标志类别，并标记对应的结果。

图 2.14 为交通标志的两种模型表示特征：①二元树复小波变换和二维独立分量分析；②内部图形的特征样例。将交通标志先按颜色和形状分为 6 个子类，每个子类包含的交通标志种类数量有所差异，基本上包含了常见的交通标志类型。

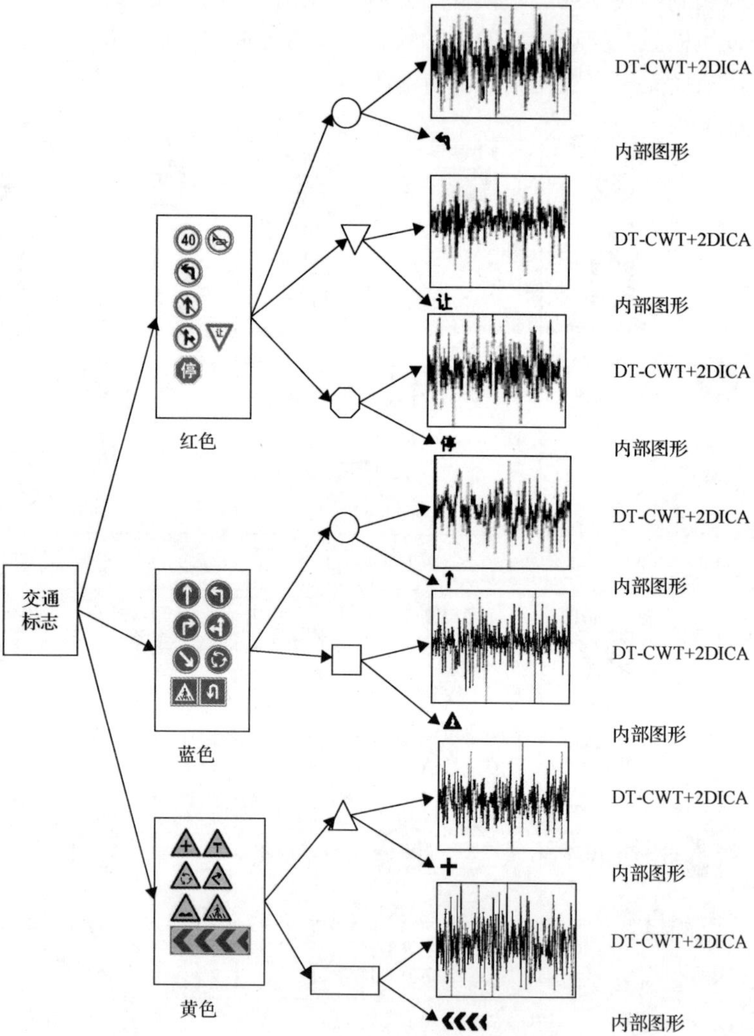

图 2.14　交通标志的两种模型表示特征

2.2.5　交通标志分类结果融合

采用两种模型表示方法识别交通标志之后，则可得到两种识别结果。假设两种模型(DT-CWT+2DICA 和内部图形+模板匹配)连续三帧的识别结果分别为 $\{\mathrm{Dre}_1,\mathrm{Dre}_2,\mathrm{Dre}_3\}$ 和 $\{\mathrm{Ire}_1,\mathrm{Ire}_2,\mathrm{Ire}_3\}$ 。利用下面的决策规则进行决策，输出最终的识别结果：

(1) $\mathrm{OutR}_1=\begin{cases}\mathrm{Dre}, & \{\mathrm{Dre}_1,\mathrm{Dre}_2,\mathrm{Dre}_3\}\text{至少有两个元素相同}\\ 0, & \text{其他}\end{cases}$

(2) $\mathrm{OutR}_2=\begin{cases}\mathrm{Ire}, & \{\mathrm{Ire}_1,\mathrm{Ire}_2,\mathrm{Ire}_3\}\text{至少有两个元素相同}\\ 0, & \text{其他}\end{cases}$

(3) $\mathrm{Out}=\begin{cases}\mathrm{OutR}_1, & \mathrm{OutR}_1=\mathrm{OutR}_2\cap\mathrm{OutR}_1\neq 0\cap\mathrm{OutR}_2\neq 0\\ 0, & \text{其他}\end{cases}$

若 Out 为 0，则该候选区域不是一个交通标志，否则就将交通标志的类别 OutR_1 送到智能车控制中心，根据交通标志类别进行相应的控制决策。

2.2.6　交通标志牌识别算法性能

为了估计出交通标志识别算法性能，定义交通标志识别系统的精确度与识别率，将交通标志识别的结果分为以下四种。

(1) TP(true positive)，在交通标志类中，被正确分类；

(2) FN(false negative)，在交通标志类中，被错误分类；

(3) TN(true negative)，不属于交通标志类，被正确拒绝；

(4) FP(false positive)，不属于交通标志类，被错误识别。

如表 2.13 所示，是交通标志的图像称为正样本，不是交通标志的图像称为负样本。

表 2.13　交通标志正样本和负样本设置

实际	预测		
	1	0	合计
1	TP	FN	P
0	FP	TN	N
合计	P'	N'	TP+FP+FN+TN

为了测试交通标志识别的性能，定义以下交通标志的识别性能指标。

(1) 拒识率(false reject rate, FRR)：属于交通标志但被错误拒绝或者判定为其他类交通标志的概率。

(2) 误识率(false accept rate, FAR)：不属于交通标志被错误地判断为某类交通标志的概率。

表 2.14 描述了其他一些交通标志识别系统的性能指标，包括以下 8 类：①真阳性率(true positive rate, TPR)；②假阳性率(false positive rate, FPR)；③真负类率(true negative rate, TNR)；④精确度(accuracy, ACC)；⑤阳性预测值(positive predictive value, PPV)；⑥阴性预测值(negative predictive value, NPV)；⑦Matthews 相关系数(Matthews correlation coefficient, MCC)；⑧F1 评分。这些指标能很好地反映交通标志识别系统分类交通标志候选区域的能力，以及拒绝错误识别的能力，能够全面地反映交通标志识别算法的性能。

表 2.14　交通标志识别系统性能指标

性能指标	英文缩写	定义
真阳性率	TPR	$\mathrm{TPR}=\dfrac{\mathrm{TP}}{\mathrm{TP}+\mathrm{FN}}$
假阳性率	FPR	$\mathrm{FPR}=\dfrac{\mathrm{FP}}{\mathrm{FP}+\mathrm{TN}}$
真负类率	TNR	$\mathrm{TNR}=\dfrac{\mathrm{TN}}{\mathrm{FP}+\mathrm{TN}}$
精确度	ACC	$\mathrm{ACC}=\dfrac{\mathrm{TP}+\mathrm{TN}}{\mathrm{P}+\mathrm{N}}$
阳性预测值	PPV	$\mathrm{PPV}=\dfrac{\mathrm{TP}}{\mathrm{TP}+\mathrm{FP}}$
阴性预测值	NPV	$\mathrm{NPV}=\dfrac{\mathrm{TN}}{\mathrm{TN}+\mathrm{FN}}$
Matthews 相关系数	MCC	$\mathrm{MCC}=\dfrac{\mathrm{TP}\times\mathrm{TN}-\mathrm{FP}\times\mathrm{FN}}{\sqrt{PNP'N'}}$
F1 评分		$\mathrm{F1}=\dfrac{2\mathrm{TP}}{P+P'}$

为了测试该算法的性能，建立包括 50 类交通标志的测试库，每类交通标志的测试样本均在 5000 以上，包含了多种条件(晴天、阴天、小雨)下的交通标志图像及一些检测为该颜色和形状的非交通标志图像。其交通标志识别算法性能如表 2.15～表 2.21 所示。

表 2.15　红色圆形交通标志的识别性能

类型	样本数	性能指标/%							
		TPR	FPR	TNR	ACC	PPV	NPV	MCC	F1 评分
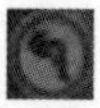	P:5345, N:734	96.57	3.134	96.87	96.61	87.89	79.53	85.97	98.04
	P:5626, N:458	99.41	6.332	93.67	98.98	92.88	92.86	92.71	99.45

续表

类型	样本数	性能指标/%							
		TPR	FPR	TNR	ACC	PPV	NPV	MCC	F1 评分
	*P*:5731, *N*:654	97.68	4.587	95.41	97.48	89.97	82.43	87.32	98.57
	*P*:5018, *N*:497	97.23	5.03	94.97	97.03	91.18	77.25	84.12	98.38
	*P*:5119, *N*:674	97.38	3.709	96.29	97.26	88.48	82.89	87.85	98.43
	*P*:5735, *N*:594	97.58	5.556	94.44	97.28	90.89	80.14	85.56	98.48
	*P*:5873, *N*:569	91.299	4.745	95.25	91.69	90.82	51.47	66.42	95.22
	*P*:5753, *N*:462	97.55	4.113	95.89	97.43	92.68	75.87	84.001	98.59
	*P*:5675, *N*:652	97.18	3.221	96.78	97.09	89.79	79.47	86.18	98.36
	*P*:5224, *N*:585	95.96	5.812	94.19	95.78	90.098	72.31	80.36	97.61
	*P*:5507, *N*:542	98.27	2.95	97.05	98.16	91.14	84.702	89.699	98.985
	*P*:5467, *N*:505	97.15	2.772	97.23	97.15	91.54	75.89	84.48	98.425
	*P*:5736, *N*:650	96.16	4.462	95.54	96.1	89.88	73.84	81.997	97.79
	*P*:5757, *N*:576	96.28	4.167	95.83	96.24	90.94	72.06	81.23	97.898
	*P*:5330, *N*:565	96.079	9.38	90.62	95.56	90.91	71.01	77.87	97.51
	*P*:5543, *N*:676	95.87	4.882	95.12	95.79	89.21	73.74	81.56	97.59
	*P*:5512, *N*:486	95.99	7.202	92.798	95.73	92.146	67.113	76.81	97.64
	*P*:5653, *N*:627	95.29	5.26	94.74	95.24	90.07	69.07	78.51	97.299
	*P*:5697, *N*:626	95.26	4.473	95.53	95.29	90.07	68.89	78.79	97.33
	*P*:5729, *N*:514	95.95	5.642	94.36	95.82	91.89	67.64	77.85	97.68
	*P*:5393, *N*:570	94.604	3.684	96.32	94.768	90.28	65.36	76.84	97.033
	*P*:5676, *N*:422	96.758	5.4502	94.55	96.61	93.23	68.439	78.81	98.15
	*P*:5659, *N*:416	94.84	6.4904	93.51	94.749	93.24	57.12	70.73	97.114
	*P*:5313, *N*:559	96.59	5.903	94.097	96.356	90.703	74.399	81.79	97.958

续表

类型	样本数	性能指标/%							
		TPR	FPR	TNR	ACC	PPV	NPV	MCC	F1 评分
	*P*:5283, *N*:634	94.57	3.628	96.37	94.76	89.103	68.04	78.396	96.99
	*P*:5549, *N*:681	94.54	3.965	96.035	94.703	88.92	68.34	78.38	96.95
	*P*:5872, *N*:439	95.61	5.0113	94.99	95.56	93.086	61.78	74.57	97.57

表 2.16　红色三角形交通标志的识别性能

类型	样本数	性能指标/%							
		TPR	FPR	TNR	ACC	PPV	NPV	MCC	F1 评分
	*P*:5314, *N*:431	99.59	3.016	96.98	99.39	92.68	95	95.658	99.67

表 2.17　红色八角形交通标志的识别性能

类型	样本数	性能指标/%							
		TPR	FPR	TNR	ACC	PPV	NPV	MCC	F1 评分
	*P*:5967, *N*:618	98.73	7.28	92.72	98.16	91.16	88.29	89.47	98.98

表 2.18　黄色矩形交通标志的识别性能

类型	样本数	性能指标/%							
		TPR	FPR	TNR	ACC	PPV	NPV	MCC	F1 评分
	*P*:5726, *N*:501	96.65	7.784	92.22	96.29	92.29	70.64	78.84	97.96
	*P*:5378, *N*:448	95.50	8.036	91.96	95.23	92.57	62.99	73.82	97.36

表 2.19　蓝色圆形交通标志的识别性能

类型	样本数	性能指标/%							
		TPR	FPR	TNR	ACC	PPV	NPV	MCC	F1 评分
	*P*:5554, *N*:639	95.643	4.225	95.77	95.67	89.67	71.66	80.65	97.53
	*P*:5690, *N*:493	95.11	6.288	93.712	95.002	92.135	62.43	74.13	97.224
	*P*:5824, *N*:559	98.128	2.326	97.67	98.089	91.28	83.359	89.243	98.944

续表

类型	样本数	性能指标/%							
		TPR	FPR	TNR	ACC	PPV	NPV	MCC	F1 评分
	*P*:5872, *N*:449	96.969	4.677	95.323	96.852	93.009	70.627	80.526	98.283
	*P*:5583, *N*:581	95.271	3.787	96.213	95.36	90.49	67.922	78.589	97.382
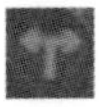	*P*:5297, *N*:479	94.62	6.263	93.737	94.546	91.778	61.172	73.16	96.953
	*P*:5304, *N*:596	96.097	2.0134	97.987	96.288	89.72	73.83	83.21	97.897
	*P*:5380, *N*:607	95.78	3.295	96.71	95.87	89.77	72.113	81.447	97.659
	*P*:5789, *N*:625	95.543	4.64	95.36	95.53	90.273	69.789	79.35	97.471
	*P*:5378, *N*:535	95.203	4.299	95.7	95.25	90.909	66.494	77.48	97.329
	*P*:5770, *N*:425	93.95	5.647	94.353	93.979	93.112	53.467	68.428	96.674
	*P*:5370, *N*:468	94.991	7.692	92.308	94.776	92.192	61.626	72.929	97.097
	*P*:5851, *N*:674	94.326	4.896	95.104	94.406	89.594	65.879	76.409	96.799

表 2.20　蓝色正方形交通标志的识别性能

类型	样本数	性能指标/%							
		TPR	FPR	TNR	ACC	PPV	NPV	MCC	F1 评分
	*P*:5445, *N*:445	95.813	5.393	94.607	95.72	92.53	64.87	76.32	97.64
	*P*:5337, *P*:648	97.789	3.858	96.14	97.61	89.34	84.076	88.61	98.65
	*P*:5376, *P*:562	93.36	4.093	95.907	93.60	90.302	60.156	73.002	96.35

表 2.21　黄色三角形交通标志的识别性能

类型	样本数	性能指标/%							
		TPR	FPR	TNR	ACC	PPV	NPV	MCC	F1 评分
	*P*:5438, *N*:571	95.13	4.904	95.096	95.12	90.5	67.203	77.55	97.246
	*P*:5610, *N*:541	98.592	4.621	95.379	98.31	91.467	86.72	90.04	99.069
	*P*:5356, *N*:403	96.34	8.437	91.56	96.006	93.326	65.31	75.38	97.82

从以上交通标志识别性能表中可以看出，交通标志的正确识别率在 90%以上，且对负样本的拒识率都较高，均在 90%以上，系统的各项性能指标均较高，说明该算法的交通标志识别能力强，适合应用到交通标志智能识别系统中。

为了测试交通标志的正确识别效率，这里建立了仅包括 13 类蓝色圆形交通标志的测试库，每类测试样本数均在 1000 以上，具体交通标志类中样本个数如表 2.22 所示。

表 2.22　蓝色圆形交通标志测试样本数

交通标志							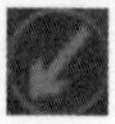						
样本数	1035	1027	1083	1050	1052	1054	1078	1064	1040	1049	1042	1050	1085

在这一类交通标志的测试样本中，其亮度、形变、尺度等均具有明显差异，如图 2.15 所示。

图 2.15　蓝色圆形交通标志的测试库图例(见彩图)

蓝色圆形交通标志的识别结果如表 2.23 所示，主对角线上数据为该交通标志识别正确的个数，每一行上非零元素则为该交通标志被识别为其他类交通标志的个数。相似性高的交通标志被误识别的概率也较高。

为了对比上面提出的交通标志识别算法与已有的算法，这里选择 50 类交通标志的图像，建立一个交通标志识别算法的测试库，每类交通标志均超过 1000 个测试样本，共 55000 幅测试图像。

本书对比了多种特征表示和特征提取方法，特征表示方法有模板匹配、Gabor 小波变换、二元树复小波变换。特征提取方法有 PCA、局部保留投影(locality preserving projections, LPP)、二维 PCA(two directional principal component analysis, 2DPCA)、2DICA。其相应的性能对比如表 2.24 所示，其中 DT-CWT+2DICA 是本书采用的两种方法之一，其识别率高于它与内部图形的模板匹配算法的融合结果，但在实际运行过程中，在排除非交通标志的干扰上，DT-CWT+2DICA 的拒识能力明显弱于本书算法。以上表明，本书算法能够有效识别道路环境内的交通标志，且识别率均在 91%以上，具有较高的识别率。

图 2.16 描述了交通标志识别系统的识别结果，图片左上角显示的小图片为该图像中出现的交通标志类别。图 2.16 分别为铁道校区内及长沙市区内的一些交通

标志识别情况。

表 2.23　蓝色圆形交通标志的识别结果

交通标志													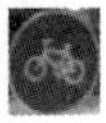
	1029	0	0	0	0	0	0	0	0	0	4	2	0
	0	1024	0	2	0	0	0	0	0	1	0	0	0
	0	0	1078	0	3	0	0	0	0	0	0	2	0
	0	2	0	1047	0	1	0	0	0	0	0	0	0
	0	0	3	0	1048	0	0	0	0	0	0	0	1
	0	0	0	1	1	1050	0	0	0	0	1	0	0
	0	0	0	0	0	0	1072	0	0	0	5	1	0
	1	0	0	0	0	0	0	1057	0	0	3	1	2
	0	0	0	0	0	0	0	0	1034	2	1	1	2
	0	0	0	0	0	0	0	0	2	1041	0	5	1
	1	0	0	0	0	0	1	0	0	0	1037	3	0
	2	0	0	0	0	0	0	0	0	0	3	1042	3
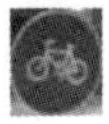	0	0	0	0	0	0	0	0	0	1	5	2	1078

表 2.24　交通标志识别不同方法的性能对比　　（单位：%）

方法	红色圆形	红色三角形	蓝色圆形	蓝色正方形	黄色三角形	黄色矩形
模板匹配+2DICA	84.35	81.24	83.57	85.27	84.31	83.57
Gabor +2DICA	95.38	95.26	96.45	97.53	94.27	95.35
DT-CWT +PCA	79.25	85.21	80.73	82.71	80.42	81.34
DT-CWT +LPP	80.54	82.65	78.25	81.17	79.47	80.07
DT-CWT+2DPCA	93.65	90.62	94.41	92.27	91.61	90.39
DT-CWT+2DICA	97.56	99.59	98.57	97.26	97.59	97.17
本书算法	94.78	99.31	94.991	94.813	95.15	95.65

(a) 铁道校区内交通标志识别结果2　　(b) 铁道校区内交通标志识别结果3

(c) 长沙市区内交通标志识别结果2　　(d) 长沙市区内交通标志识别结果3

图 2.16　交通标志的识别结果

2.3　交通信号灯检测算法设计

交通信号灯是一种交通安全产品，常见于十字、丁字等交叉路口。其能够加强管理道路交通，改善交通状况，提高使用道路效率，减少交通事故发生及指导车辆和行人安全有序地通过路口，因此无人驾驶智能车辆行驶在城市环境中需要获得交通信号灯的信息。在城市环境中常见的交通信号灯有机动车道信号灯与非机动车道信号灯，对于无人驾驶智能车辆来说，检测与识别机动车道信号灯的意义尤为重要。

本节首先介绍交通信号灯的组成结构，其次利用多类类间最大方差法求取阈值，根据多阈值分割方法设计交通信号灯背板检测定位算法，最后根据其种类及组成结构分别对圆形交通灯及箭头形（方向）交通灯进行分析。

2.3.1　基于明暗信息的交通信号灯区域提取

图 2.17(a)是一副典型的含有交通信号灯的城市环境图像，通过使用本章设计的多类类间最大方差法求得多阈值（本例中获得的阈值分别为 62、106、175），根据得到的多阈值对图像二值化，图 2.17(b)是图像 $f(x,y)<62$ 的二值图，图 2.17(c)

是图像 $62 \leqslant f(x,y) < 106$ 的二值图。

(a) 原图像

(b) 含有信号灯背板的分割二值图

(c) 含有路面的分割二值图

图 2.17　含有交通信号灯的图像多阈值分割示意图

为了减少运算，可以利用 2.3.1 小节获得的道路区域做限定条件来提取交通灯的感兴趣区域。为了便于描述，可做如下的设定。

设原图像为 f，其颜色模型为 RGB，通过多阈值分割得到含有交通信号灯背板的分割二值图 g；设获得的道路区域为 R，则 R^c 为其相对于整幅图像 f 的补集，图 2.17(a)的道路区域及其求补结果如图 2.18 所示。图 2.18(a)是二值图，其显示的是获得的道路区域 R 在原图像中的位置；由于 R^c 为 R 的补集，因此图 2.18(b)也为二值图。

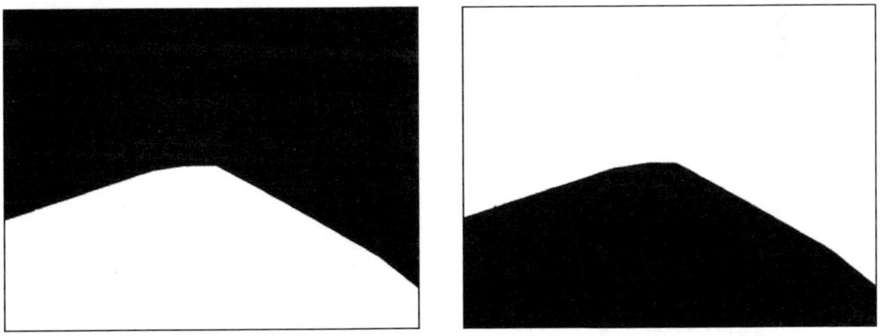

(a) 路面区域 R　　(b) 路面区域的补集 R^c

图 2.18　道路区域求补结果示例

使用 R^c 作为掩码与二值图 g 求交运算得到 g'：

$$g' = g \cap R^c \tag{2.62}$$

使用 R^c 作为掩码与原图 f 求交运算得到 f'：

$$\begin{cases} f_R' = f_R \cap R^c \\ f_G' = f_G \cap R^c \\ f_B' = f_B \cap R^c \\ f' = f_R' \cup f_G' \cup f_B' \end{cases} \tag{2.63}$$

f' 内包含交通信号灯的光源区域，即亮区域[图 2.19(a)]。g' 内包含交通信号灯的背板区域，即暗区域[图 2.19(b)]，对 g' 与 f' 分别进行处理并匹配，从而定位交通信号灯的位置。

(a) 亮区域示意图　　(b) 暗区域示意图

图 2.19　交通灯感兴趣区域提取

下面分别介绍如何从 f' 中获取亮区域及从 g' 中获取暗区域。

Top-hat 算子是图像形态学中一种性能非常好的高通滤波算子，其组合了形态学中的膨胀、腐蚀、开算子或者闭算子。

对一幅图像进行开算子运算，目的是过滤灰度图中个数小于结构元素的“突起”或“山峰”。如果能够选择正确的或合适的结构元素，然后利用开算子对图像进行操作，那么孤立灰度噪声点会被过滤。若希望得到这幅图像中亮度较高的目标或者高梯度边角，则可以使用一幅图像减去对其开算子运算的结果，该操作为形态学开 Top-hat 算子，设开 Top-hat 算子为 OTH，f 为图像，b 为结构元素，运算符号“$\circ$”为形态学开算子，与开 Top-hat 算子相对应的是闭 Top-hat 算子，设其为 CTH，运算符号“$\bullet$”为形态学闭算子。此时有

$$\mathrm{OTH}(f,b) = f - (f \circ b) \tag{2.64}$$

$$\mathrm{CTH}(f,b)=(f\bullet b)-f \tag{2.65}$$

考虑需要检测的是交通信号灯的光源信息，即亮区域，因此选择开 Top-hat 算子对图像进行处理。

选取结构元素非常重要，结构元素有两个因素可以影响形态学滤波的结果：一个是结构的尺寸，另一个是结构的形状。由式(2.64)可以看出，开 Top-hat 算子运算是用原图像减去开算子运算的，开算子的运算过程是先腐蚀后膨胀，其目的是希望通过开算子断开二值图中某些小于结构大小的连通区域的连接处。若结构的尺寸选择过小，则开运算过滤后噪声过滤得不彻底，将会得到较多的连通区域，然后使用原图像减去开运算过滤后的图像则会丢失大部分信息；相反，虽然选择过大的结构尺寸会过滤掉较多的噪声，但是开 Top-hat 算子处理后将会保留更多的亮区域，不便于之后的寻找交通灯光源亮区域的处理。

图 2.20 是使用结构形状为矩形结构，图 2.20(a)是结构尺寸为 5×5 的运算结果，图 2.20(b)是结构尺寸为 30×30 的运算结果。不难看出，图 2.20(a)的结构尺寸选择过小，开算子运算后保留了太多细节，导致使用原图像减去开算子运算的结果后丢失了关键信息；图 2.20(b)的结构尺寸选择过大，虽然交通信号灯的关键信息得到了保留，但是还保留了其他无关的过多信息。依据大量的实验和积累的经验，通常对检测交通信号灯来说，其结构尺寸在 10×10 和 20×20 之间可以满足需求，在实际运用中选择 15×15 即可。

(a) 尺寸结构为5×5

(b) 尺寸结构为30×30

图 2.20　不同结构元素尺寸开 Top-hat 算子运算结果

对于结构形状来说，选择矩形或者圆形对交通信号灯光源区域的提取也有一定的影响，如果选择圆形结构，主要是针对圆形交通灯来说会出现误检，如之前所述图像是通过了先腐蚀后膨胀的形态学滤波，因此可能出现某个噪声点腐蚀没有过滤掉反而通过膨胀后变成了圆形，影响圆形交通灯的识别；对于矩形结构，则会避免该情况的出现。

图 2.21 是针对不同的结构形状，其结构尺寸为 15×15 时做开 Top-hat 算子运

算的结果，图 2.21(a)使用矩形结构，图 2.21(b)使用圆形结构。比较图 2.21(a)与图 2.21(b)可以看出，图像被交通信号灯光源部分影响虽然不大，但是对其噪声来说出现了边缘圆滑的效果，二值化处理后有可能对圆形的交通信号灯区域提取有一定的影响，因此采用矩形结构比较合适。

(a) 矩形结构　　(b) 圆形结构

图 2.21　矩形结构与圆形结构的开 Top-hat 算子运算结果

f' 是根据道路区域的补集进行感兴趣区域提取后的彩色图像，设选取的结构元素为 b，则通过开 Top-hat 算子处理过后的图像为 $f'_{\mathrm{OTH}} = \mathrm{OTH}(f',b)$，对其选取分割阈值并进行二值化处理，得到诸如此类(图 2.22)的二值图，现在需要解决的问题是：如何从二值图中选取出可能是交通信号灯光源区域即发光部分的候选区域。

(a) 圆形交通灯二值图　　(b) 箭头形交通灯二值图

图 2.22　f'_{OTH} 二值化后的二值图像

观察交通信号灯光源部分的形状与特点可以发现以下三点特性：

第一，若是光源区域，则其面积不会过大；无论是圆形交通信号灯还是箭头形交通信号灯，其外接矩形框比较周正，换句话说其长宽比不会过大或过小。

第二，正常情况下，即非近距离拍摄交通信号灯时，其光源区域中不会出现空洞(在此特别注意：近距离拍摄交通信号灯时，由于其光源信号是由多个发光二极管组成的，因此在成像中光源会出现空洞的情况，但是在实际道路环境下该情况出现一般都是无人驾驶智能车辆距交通灯相对较近，或已经越过斑马线时，因此不处理这种情况）。

第三，光源部分形状与其他噪声区域比较是相对规则的，因此其区域面积与其凸包面积应该比较接近。根据这三点特性可以设计约束条件选择满足条件的连通区域。

设 $\text{bin}_{\text{OTH}}(x,y)$ 是 f'_{OTH} 二值化后的二值图像，其中 x、y 分别是图像坐标系下的横纵坐标，设 $\text{region}_i(i=1,2,\cdots,n)$ 是 bin_{OTH} 中的连通区域，之前所述的三点特性可以描述如下：

设 region_i 外接矩形框表示为 $\text{BoundingBox}(\text{regions}_i)=(x_i,y_i,w_i,h_i)$，其中 x_i、y_i 表示外接矩形框在原图像坐标系下的坐标位置，w_i、h_i 分别表示该外接矩形框的宽与高。设 $\text{RWH}_{\text{bright}}$ 为连通区域的宽高比，其可表示为

$$\text{RWH}_{\text{bright}}(\text{region}_i)=\frac{w_i}{h_i} \tag{2.66}$$

设二值函数 $\text{Hole}_{\text{bright}}$ 用来判断连通区域 region_i 是否存在空洞，为了描述方便，设 $\text{pix}_{x,y}$ 是连通区域中的某个像素：

$$\text{Hole}_{\text{bright}}(\text{region}_i)=\begin{cases}0, & \forall p_{x,y}\in\text{region}_i;\ p_{x,y}\neq 0\\ 1, & \exists p_{x,y}\in\text{region}_i;\ p_{x,y}=0\end{cases} \tag{2.67}$$

设 convexhull_i 为 region_i 的凸包区域，则饱和度 $\text{Sat}_{\text{bright}}$ 为 region_i 的面积与 convexhull_i 的面积之比：

$$\text{Sat}_{\text{bright}}(\text{region}_i)=\frac{\sum\limits_{\text{pix}_{x,y}\in\text{region}_i}\text{pix}_{x,y}}{\sum\limits_{\text{pix}_{x,y}\in\text{convexhull}_i}\text{pix}_{x,y}} \tag{2.68}$$

综上所述，可以设计约束条件：

$$\begin{cases}1-\varepsilon_1\leqslant\text{RWH}_{\text{bright}}\leqslant 1+\varepsilon_1\\ \text{Hole}_{\text{bright}}<1\\ \text{Sat}_{\text{bright}}>1-\delta_1\end{cases} \tag{2.69}$$

约束条件中的 ε_1 与 δ_1 都是经验常数，一般取 ε_1 为 0.4、δ_1 为 0.3。

通过约束条件对连通区域 region_i 进行筛选，得到的区域集 $\text{BR}=\{x\mid r_1,r_2,\cdots,r_m\}$［其中 $r_i(i=1,2,\cdots,m)$ 是符合组合约束条件的连通区域，且 $m\leqslant n$］可能为交通信号灯光源的区域。筛选结果如图 2.23 所示。

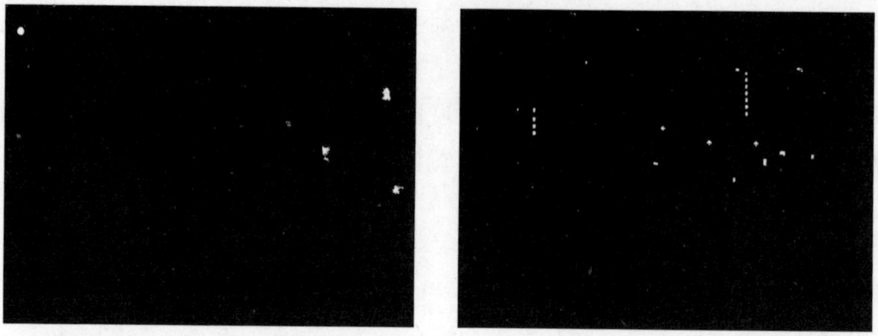

(a) 圆形交通灯光源区域提取　　(b) 箭头形交通灯光源区域提取

图 2.23　光源区域提取效果示意

从结果来看，上述检测算法能够有效地提取交通信号灯的光源区域，但是还有一些不是交通信号灯光源区域的部分被提取出来，因此需要加入背板信息。

交通信号灯的背板是定位交通信号灯位置的一个重要因素，背板有两个典型特征：①其像素的颜色比较暗；②其背板符合一定的几何特性。二值图像 g' 是通过道路区域的补集得到的感兴趣区域，该二值图中包含了如背板这样像素值比较暗的连通区域，下面介绍如何根据交通信号灯背板的几何形状设计约束条件来筛选二值图像 g' 中的连通区域。

城市环境中常见的交通信号灯的背板通常有两种：一种称为横板，即排列的方式与地平线平行；另一种称为竖板，即排列的方式与地平线垂直。这两种背板在车载摄像头中成像后，对于横板来说其区域图像的排列方式近似平行于图像坐标轴的 U 轴，对于竖板来说其区域图像的排列方式近似平行于图像坐标轴的 V 轴，如图 2.24 所示。

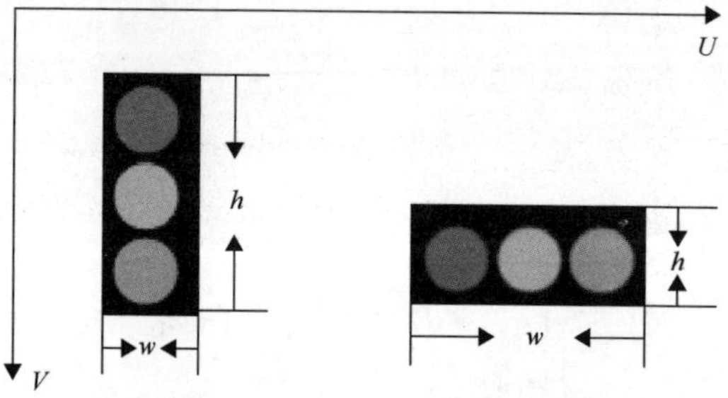

(a) 竖板　　(b) 横板

图 2.24　交通信号灯背板示意图

图 2.24(a) 显示的是竖板的交通信号灯比例，图 2.24(b) 显示的是横板的交通信号灯比例，因此可以依此设定第一个筛选条件，即连通区域的宽高比，对于竖板其宽高比应为 0.3 左右，对于横板其宽高比应为 3 左右；观察二值图 g' 可以看出，由于交通信号灯的光源较亮，其在分割时肯定会与背板分割开，因此当交通

信号灯亮时，其背板区域的内部应该有部分是空洞，此时可以依此设计第二个筛选条件，即判断连通区域内部是否有空洞；由于背板形状接近矩形，因此可以根据连通区域的面积与其外接矩形框的面积之比来设计第三个筛选条件。

为了有别于之前的连通区域，在此设二值图 g' 中的连通区域为 region_j $(j=1,2,\cdots,s)$，设连通区域的高宽比为 RWH_{dark}，设二值函数 $\text{Hole}_{\text{bright}}$ 表示是否有空洞；设 SR_{dark} 为占空比，即连通区域的面积与其外接矩形框的面积之比：

$$\text{SR}_{\text{dark}}(\text{region}_j)=\frac{\sum\limits_{\text{pix}_{x,y}\in\text{region}_j}\text{pix}_{x,y}}{w_j h_j} \tag{2.70}$$

综上所述，可以设定背板区域组合约束条件：

$$\begin{cases}3-\varepsilon_2\leqslant\text{RWH}_{\text{dark}}\leqslant 3+\varepsilon_2\text{或}0.3-\varepsilon_3\leqslant\text{RWH}_{\text{dark}}\leqslant 0.3+\varepsilon_3\\ \text{Hole}_{\text{dark}}>0\\ \text{SR}_{\text{dark}}>1-\delta_2\end{cases} \tag{2.71}$$

根据经验，组合约束条件中的 ε_2 可取 0.2、ε_3 可取 0.1、δ_2 可取 0.3。

设通过组合约束条件过滤后的连通区域集为 $\text{DR}=\{x\mid r_1',r_2',\cdots,r_t'\}$（其中 r_i' 是符合组合约束条件的连通区域，且 $t\leqslant s$），其二值图如图 2.25 所示。

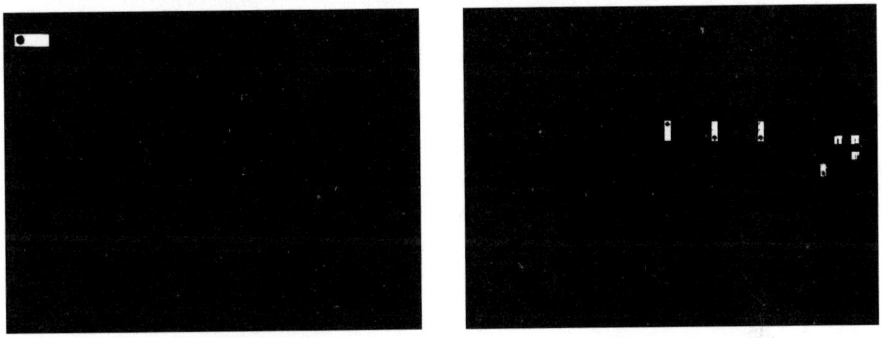

(a) 横板区域提取二值图　(b) 竖板区域提取二值图

图 2.25　背板区域提取效果示意图

在背景简单、光照良好的情况下，无论是设计的交通信号灯光源亮区域提取，还是基于形状特征的背板检测，都能较好地定位交通灯位置。为了确保交通信号灯位置的正确性，下面讨论如何将获得的光源亮区域与背板区域进行匹配，进一步确定交通信号灯的位置。

正常情况下交通信号灯光源亮区域应该出现在背板区域之内，也就是在图像坐标系下两者的位置关系必须满足一定的条件，设 $r\in\text{BR}$，$r'\in\text{DR}$，连通区域 r

与 r' 的外接矩形框分别为 (x_r, y_r, w_r, h_r) 和 $(x_{r'}, y_{r'}, w_{r'}, h_{r'})$，则可以根据两者的外接矩形框来设定匹配条件：

$$\begin{cases} x_r \geqslant x_{r'} \\ y_r \geqslant y_{r'} \\ w_r \leqslant w_{r'} \\ h_r \leqslant h_{r'} \end{cases} \tag{2.72}$$

若 r 与 r' 的外接矩形框满足条件，则可以认为 r' 的外接矩形框是交通信号灯区域在图像中的位置。

2.3.2　圆形交通信号灯检测算法设计

圆形交通信号灯在简单的路口或直行道路上仅有人行横道时比较常见。下面介绍如何使用圆形度检测的方法对光源区域进行初步检测，然后介绍如何使用 Hough 圆变换方法对其进行再次确定。

圆形度检测方法是对圆形检测的一种快速方法，可使用圆形特征来检测与识别圆形交通标志牌。

假设二值图中有区域可以根据圆形特征判断该区域是否为圆形。

由平面几何知识可知，在周长相等的情况下，对所有的平面几何图形来说圆的面积是最大的，因此可以设圆形度为 e：

$$e = \frac{4\pi \cdot s}{c^2} \tag{2.73}$$

式中，c 为图形的周长；s 为图形的面积。理想状态下，若某一区域是圆形，则其圆形度 e 应为 1。如图 2.26 所示，圆点表示图形的周长，圆点与方点的和表示图形的面积。设二值图像中的某一区域为 region_i，则其面积为

$$s_i = \sum_{\text{pix}_{x,y} \in \text{region}_i} \text{pix}_{x,y} \tag{2.74}$$

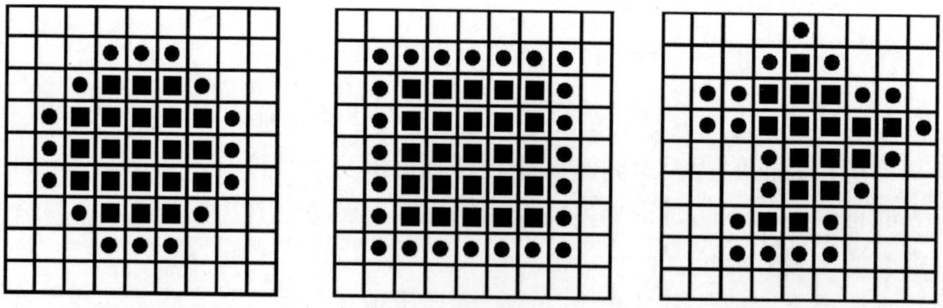

(a) 圆形像素排列　　(b) 正方形像素排列　　(c) 不规则图形像素排列

图 2.26　几何图形像素排列示例

区域 region_i 的周长可通过链码的数据结构进行计算，链码有 4 向连通和 8 向连通两种不同的表述方式，4 向连通主要指某一像素的上、下、左、右四个方向，而 8 向连通是除了上述四个方向外还另加了 4 个夹角为 45°的方向，在本研究中为了更好地描述几何形状，使用 8 向链码来描述几何形状的外部轮廓。设区域 region_i 的 8 向链码为 $L_i = \{\langle l_k, l_{k+1} \rangle | \langle l_1, l_2 \rangle, \langle l_2, l_3 \rangle, \cdots, \langle l_{n-1}, l_n \rangle\}$，并且 $l_k = \{x \mid 0,1,2,3,4,5,6,7\}$，为了更精确地计算区域周长，设距离 d_k 满足

$$d_k = \begin{cases} 1, & \text{mod}(l_k, 2) = 0 \\ \sqrt{2}, & \text{mod}(l_k, 2) = 1 \end{cases} \tag{2.75}$$

则 region_i 的周长 c_i 满足

$$c_i = \sum_{l_k \in \text{region}_i} d_k \tag{2.76}$$

计算得到区域 region_i 的圆形度 e_i，由圆形度的性质得知其最大为 1，一般情况下由于像素栅格化，实际计算得到的 e_i 很难等于 1，因此可以取一个限定值 0.75，当 $e_i \geqslant 0.75$ 时可以认为区域 region_i 可能是圆形。

圆形度检测方法检测圆形在图形所占像素个数较多时比较准确，但是若目标区域过小，甚至只有 1 个或者 4 个像素，则通过上述方法计算得到圆形度 e_i 为 1。因此，目标区域越小，圆形度检测方法越不准确。为了保证圆形检测的准确性，本节加入二次检测方法，即使用 Hough 圆形检测确保区域圆形检测的准确性。

Hough 变换是一种对像素的整体关系检测的一种常用方法，其基本思想是将图像坐标空间上的点转换到参数空间上。若有图像坐标系下的某一点 $p(x,y)$，通过该点的一条直线为 $f(x,y) = ax + b - y$，将参数 a、b 作为变量则可得到参数空间 a-b。这是 Hough 变换对直线的检测，如果将 $f(x_i, y_i)$ 的函数换成圆方程即可对圆形进行检测。

$$f(x,y) = (x-a)^2 + (y-b)^2 - r^2 \tag{2.77}$$

若将其转换至参数空间 a-b-r，则可通过图像点序列对参数 a、b 及 r 进行计算，这种算法即为标准的 Hough 圆形检测方法，其准确性高，抗干扰能力强。但是标准的 Hough 圆形检测方法具有耗时高、占有内存空间大等缺点，本书的主要目的是判断交通信号灯的光源区域是否为圆形交通信号灯。通常分割出来的光源区域有如下特点：①受镜头及摄像头分辨率的制约，光源区域较小；②交通信号灯一般悬挂位置较高及摄像头拍摄角度不同，因此光源区域可能有不同程度的形变，主要是指由较标准圆形变为椭圆；③分割阈值较难固定，因此光源区域可能出现部分缺失。结合这三部分特点来考虑，若使用 Hough 圆形检测方法，则会出

现判断不准确的情况。为了避免上述三种特点造成的影响，可做如下设计。

区域 region_i 的外部边缘的 8 向链码为 L_i（图 2.27），扫描整条链码中的像素点 $p(x,y)\in P_{L_i}$，则可获得图像坐标系下的四个特定点：$\overline{p}_{\text{top}}(\overline{x}_{\text{top}},\overline{y}_{\text{top}})$、$\overline{p}_{\text{bottom}}(\overline{x}_{\text{bottom}},\overline{y}_{\text{bottom}})$、$\overline{p}_{\text{left}}(\overline{x}_{\text{left}},\overline{y}_{\text{left}})$ 及 $\overline{p}_{\text{right}}(\overline{x}_{\text{right}},\overline{y}_{\text{right}})$，如图 2.27 所示。为了便于表述，设四个像素点集：若 $X_{\min}\subset P_{L_i}$，则 $p_{\text{left}}(x_{\text{left}},y_{\text{left}})\in X_{\min}$；若 $X_{\max}\subset P_{L_i}$，则 $p_{\text{right}}(x_{\text{right}},y_{\text{right}})\in X_{\max}$；若 $Y_{\min}\subset P_{L_i}$，则 $p_{\text{top}}(x_{\text{top}},y_{\text{top}})\in Y_{\min}$；若 $Y_{\max}\subset P_{L_i}$，则 $p_{\text{bottom}}(x_{\text{bottom}},y_{\text{bottom}})\in Y_{\max}$。$X_{\min}$ 和 $X_{\max}$ 分别表示集合中的像素点在图像坐标系下 U 分量的值最小和最大的点的集合，$Y_{\min}$ 和 $Y_{\max}$ 分别表示集合中的像素点在图像坐标系下 V 分量的值最小和最大的点的集合。

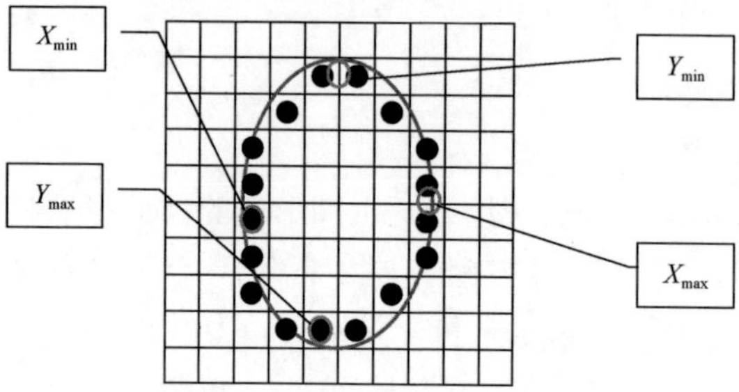

图 2.27　圆区域边缘的特殊点

四个特定点的坐标如式(2.77)～式(2.81)计算所得(符号“‖ ‖”表示集合内元素的个数)。

$$\begin{cases}\overline{x}_{\text{top}}=\dfrac{1}{\|Y_{\min}\|}\sum x_{\text{top}}\\ \overline{y}_{\text{top}}=y_{\text{top}}\end{cases}\tag{2.78}$$

$$\begin{cases}\overline{x}_{\text{bottom}}=\dfrac{1}{\|Y_{\max}\|}\sum x_{\text{bottom}}\\ \overline{y}_{\text{bottom}}=y_{\text{bottom}}\end{cases}\tag{2.79}$$

$$\begin{cases}\overline{x}_{\text{left}}=x_{\text{left}}\\ \overline{y}_{\text{left}}=\dfrac{1}{\|X_{\min}\|}\sum y_{\text{left}}\end{cases}\tag{2.80}$$

$$\begin{cases}\overline{x}_{\text{right}}=x_{\text{right}}\\ \overline{y}_{\text{right}}=\dfrac{1}{\|X_{\max}\|}\sum y_{\text{right}}\end{cases}\tag{2.81}$$

通过上述得到的四个点可以根据椭圆的一般方程，如式(2.82)，当 $f(a,b,m,n)=0$ 时对 a、b、m、n 进行求解：

$$f(a,b,m,n)=\frac{(x-m)^2}{a^2}+\frac{(y-n)^2}{b^2}-1 \tag{2.82}$$

设 P_{L_i} 中的像素点 $p_k(x_k,y_k)\in P_{L_i}$ 的 x 坐标值为 $X=(x_1,x_2,\cdots,x_k)$，y 坐标值为 $Y=(y_1,y_2,\cdots,y_k)$；记 $X'=(x_1+0.5,x_2+0.5,\cdots,x_k+0.5)$ 为 X 修正后的坐标，依据 X' 获得 Y' 为 $(y_1',y_2',\cdots,y_k')$。此处加上 0.5 的意义在于像素的大小为 1，椭圆方程是连续的，取像素的中点进行计算。

设 $\sigma_{YY'}$ 为在 y 轴方向上的目标与椭圆方程上的点的方差：

$$\sigma_{YY'}=\frac{1}{k}\sqrt{\sum_{i=1}^{k}(y_i+0.5-y_i')^2} \tag{2.83}$$

设计如下判断条件：若 $\sigma_{YY'}$ 满足该条件，则认为该形状是圆。其中，δ 是经验阈值，根据实验可取 δ 等于 1.622。

$$\sigma_{YY'}\leqslant\delta \tag{2.84}$$

2.3.3　箭头形交通信号灯检测算法设计

箭头形交通灯所能表达的方向信息共有三类，分别是直行、左转及右转。在图像中其表现形式是箭头分别方向朝上、方向朝左与方向朝右，如图 2.28 所示。

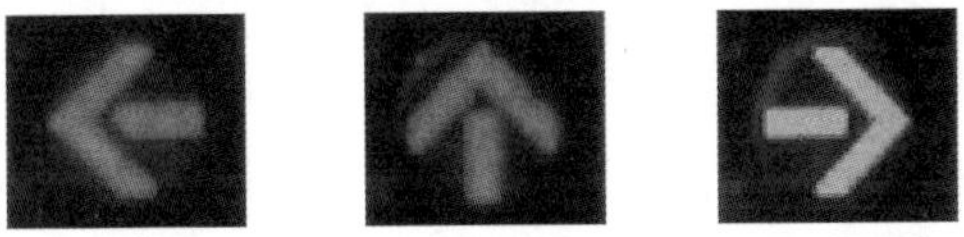

(a) 方向朝左　(b) 方向朝上　(c) 方向朝右

图 2.28　箭头交通灯信号方向示意图

首先考虑这三种类型的箭头信号灯其实是箭头的角度旋转，从图中不难看出其箭头形状是由两个夹角为 90°的平行四边形及在夹角之间的一个矩形组成，并且以其光源区域的中轴为界两边对称，方向朝左和朝右的箭头即上下对称，方向朝上的箭头则左右对称。

为了方便描述，可以称图 2.29(a)中的 A_1 点所在端为箭头前端，A_6 点所在端为箭头尾端。箭头能够指示方向有两个因素：第一个是其箭头前端为一个三角形的顶点，其象形意义非常明显；第二个是从直观上来看其箭头前端的比重远大于箭头尾端，视觉意义明显。

(a) 朝左箭头横向形状几何描述　　　　　(b) 朝左箭头形状横向投影

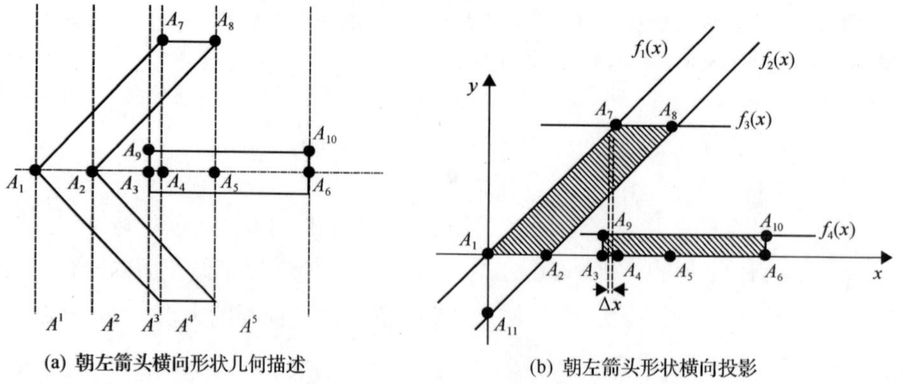

图 2.29　标准朝左箭头的横向几何形状描述及投影

为了更好地描述箭头的这种形象意义，尝试以中轴为 x 轴，建立投影坐标系 [图 2.29(b)]。图 2.29(b) 中的阴影区域为箭头的区域，考虑若将阴影区域在 x 轴上进行投影，则能描述其箭头的指向。

观察图 2.29(b)，图形的阴影区域分别由函数 $f_1(x)$、$f_2(x)$、$f_3(x)$ 和 $f_4(x)$ 包围起来。线段 $\overline{A_1A_7}$ 是直线函数 $f_1(x)$ 上的线段，且其夹角 $\angle A_2A_1A_7=45°$，即斜率为 1，因此 $f_1(x)$ 满足

$$f_1(x)=x \tag{2.85}$$

同理，$f_2(x)$ 也为斜率为 1 的直线，其在 y 轴上的截距长度为 $\overline{A_2A_{11}}$，且 $\angle A_2A_1A_{11}=45°$，因此 $\overline{A_2A_{11}}=\overline{A_1A_2}=36\sqrt{2}$，则 $f_2(x)$ 满足

$$f_2(x)=-36\sqrt{2}+x \tag{2.86}$$

线段 $\overline{A_7A_8}$ 是直线函数 $f_3(x)$ 上的线段，其平行于 $\overline{A_1A_2}$，即 x 轴，因此函数 $f_3(x)$ 的斜率为 0，又可知 $\overline{A_7A_4}=220/2=110$，则 $f_3(x)$ 满足

$$f_3(x)=110 \tag{2.87}$$

线段 $\overline{A_9A_{10}}$ 是直线函数 $f_4(x)$ 上的线段，其平行于 $\overline{A_3A_6}$，即 x 轴，因此函数 $f_4(x)$ 的斜率为 0，又可知 $\overline{A_3A_9}=36/2=18$，则 $f_4(x)$ 满足

$$f_4(x)=18 \tag{2.88}$$

可以将图形分为五个区域即 A^1、A^2、A^3、A^4 和 A^5，可依次求取 $\overline{A_1A_2}$、$\overline{A_2A_3}$、$\overline{A_3A_4}$、$\overline{A_4A_5}$ 和 $\overline{A_5A_6}$ 的值。由勾股定理可得：$\overline{A_1A_2}=36\sqrt{2}$；$\overline{A_2A_3}=\overline{A_1A_3}-\overline{A_1A_2}=$

$100-36\sqrt{2}$；$\overline{A_3A_4}=\overline{A_1A_4}-\overline{A_1A_3}$，由于$\overline{A_1A_4}=\overline{A_7A_4}=220/2$，因此$\overline{A_3A_4}=10$；$\overline{A_4A_5}=\overline{A_7A_8}=36\sqrt{2}$；$\overline{A_5A_6}=\overline{A_3A_6}-\overline{A_3A_4}-\overline{A_4A_5}$，此时可以计算得到$\overline{A_5A_6}=23+118-10-36\sqrt{2}=131-36\sqrt{2}$。

考虑阴影区域在某一点的面积可以用分段函数$\varphi'(x)$表示，且由于其上是针对标准图的一半进行处理的，因此对其乘以 2 可得

$$\varphi'(x)=\begin{cases}2f_1(x)\Delta x, & x\in[0,36\sqrt{2}]\\ 2(f_1(x)-f_2(x))\Delta x, & x\in(36\sqrt{2},100]\\ 2(f_1(x)-f_2(x)+f_4(x))\Delta x, & x\in(100,110]\\ 2(f_3(x)-f_2(x)+f_4(x))\Delta x, & x\in(110,110+36\sqrt{2}]\\ 2f_4(x)\Delta x, & x\in(110+36\sqrt{2},241]\end{cases} \tag{2.89}$$

通过积分理论可得到投影面积函数$\varphi(x)$：

$$\varphi(x)=\begin{cases}x^2, & x\in[0,36\sqrt{2}]\\ 72\sqrt{2}x, & x\in(36\sqrt{2},100]\\ (36+72\sqrt{2})x, & x\in(100,110]\\ 256x+72\sqrt{2}x-x^2, & x\in(110,110+36\sqrt{2}]\\ 36x, & x\in(110+36\sqrt{2},241]\end{cases} \tag{2.90}$$

则标准朝左图像单点区域面积的横向投影为$\varphi'(x)$，函数图形如图 2.30 所示(注：为了符合像素大小，该图像的$\Delta x\to1$)。

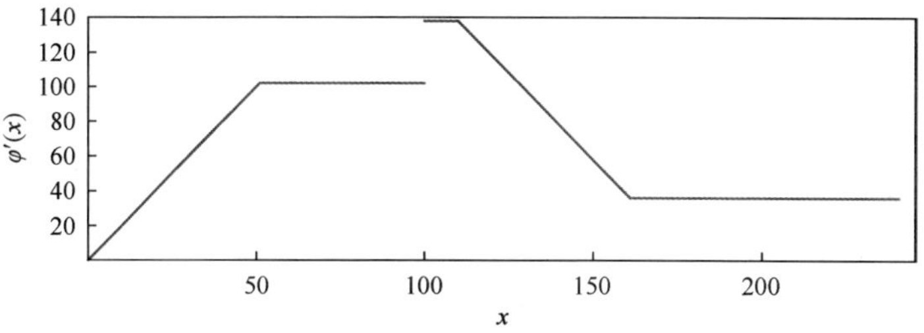

图 2.30　标准朝左图像单点区域面积横向投影函数图形

至此标准箭头形的投影函数已经建立，并且该函数的定义域为[0，241]，其值域为[0，220]。

类似可以做标准箭头形的纵向投影函数。以箭头形的最底端为 x 轴，最左边为 y 轴，如图 2.31 所示。

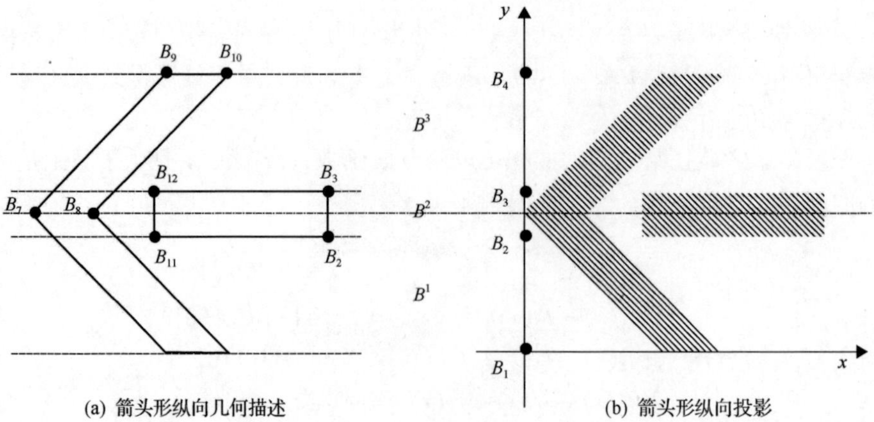

图 2.31　标准箭头纵向几何形状描述及投影

可以将纵向箭头分为 3 个部分，分别是 B^1、B^2 及 B^3。已知 $\overline{B_2B_3}=36$，则可以得到 $\overline{B_1B_2}=\overline{B_3B_4}=220/2-\overline{B_2B_3}/2=92$。又已知区域 $B_5B_6B_7B_8$ 和 $B_9B_{10}B_{11}B_{12}$ 为平行四边形，且其斜边垂直于 y 轴，因此其单点区域面积在 y 轴上投影的值固定为 $36\sqrt{2}$，又已知区域 $B_2B_3B_{11}B_{12}$ 为矩形，且其长边垂直于 y 轴，因此其单点区域面积在 y 轴上的投影固定为其长边的长度 141。设纵向标准图像单点区域面积的投影为 $\rho'(y)$，其函数图形如图 2.32 所示。

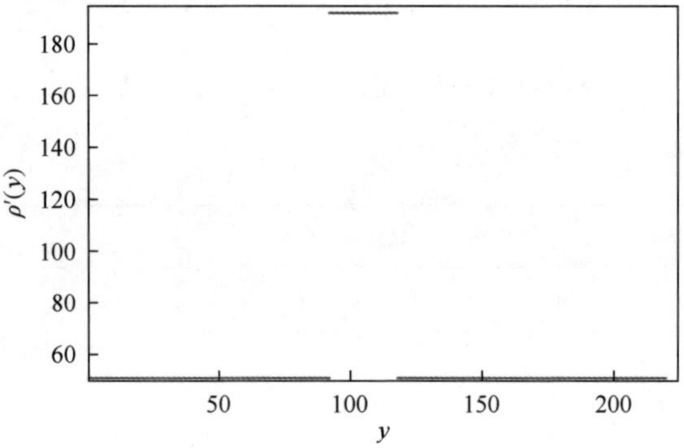

图 2.32　标准朝左图像单点区域面积纵向投影函数图形

$$\rho'(y)=\begin{cases}36\sqrt{2}\Delta y, & y\in[0,92]\text{或}y\in(128,220] \\ (36\sqrt{2}+141)\Delta y, & y\in(92,128]\end{cases} \tag{2.91}$$

则纵向投影面积 $\rho(x)$ 通过对 $\rho'(x)$ 积分得到：

$$\rho(y)=\begin{cases}36\sqrt{2}y, & y\in[0,92]\text{或}y\in(128,220] \\ (36\sqrt{2}+141)y, & y\in(92,128]\end{cases} \tag{2.92}$$

上述根据标准箭头形设计的横向面积投影函数及纵向投影面积函数可以对采集的箭头形交通灯光源区域做判断，下面介绍如何对光源区域进行处理。

采集得到的箭头形交通灯二值化后的示例如图 2.33 所示。

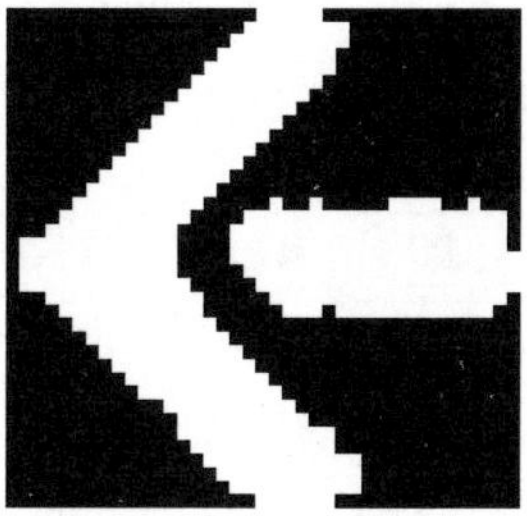

图 2.33　朝左箭头的光源区域二值化示例

将得到的该二值化图像做横坐标方向投影和纵坐标方向投影，图 2.33 的二值图在横方向投影如图 2.34(a)所示，在纵方向上的投影如图 2.34(b)所示。

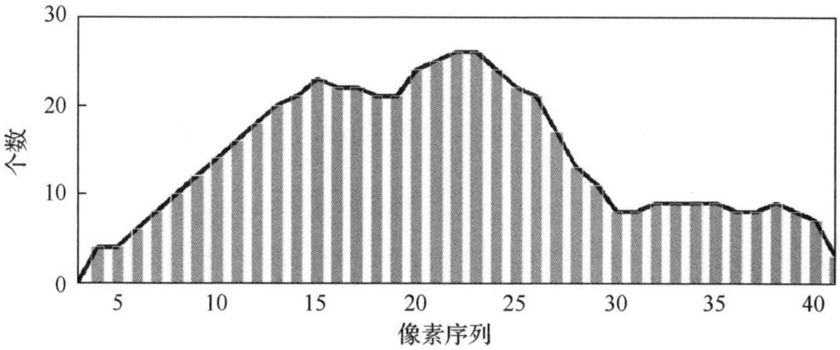

(a) 二值图横坐标投影

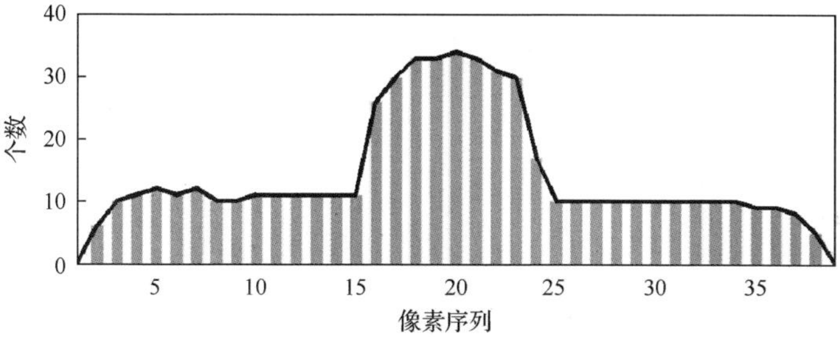

(b) 二值图纵坐标投影

图 2.34　光源区域二值图坐标投影示例

对光源区域的二值图像做横坐标投影实质上是计算光源区域在行方向上的面积，做纵坐标投影是计算光源区域在列方向上的面积。现在需要做的工作是如何判断二值图像投影后的分布函数是否符合标准箭头形的面积函数。

由于无法确定采样得到的光源区域二值图像的尺寸，为了统一标准可以对采样区域进行归一化处理，设得到的采样区域高与宽分别是 m 和 n，对其进行比例变换，已知标准箭头图像的宽与高分别是 220 和 241，因此必须将采样区域归一到标准箭头图像相同的尺寸，这里可以不用直接对采样得到的二值图像做归一化，只需要按照不同方向的投影进行比例换算。由于有三种不同方向的箭头形交通信号灯，因此归一化过程需结合不同的方向投影进行设计。

其次需要考虑的是如何对得到的采样区域面积投影与标准箭头面积投影函数进行匹配。

设采样区域尺寸为 $m\times n$，即有 m 行 n 列，通过横坐标投影后得到向量 $\boldsymbol{C}=(c_1,c_2,\cdots,c_n)$，其中 c_k 表示在第 k 列该二值图像的有效点个数，则其下标序列向量 $\boldsymbol{X}=(1,2,\cdots,n)$；通过对纵坐标投影得到向量 $\boldsymbol{R}=(r_1,r_2,\cdots,r_m)$，其中 r_k 表示在第 k 行该二值图像的有效点个数，则其下标序列向量 $\boldsymbol{Y}=(1,2,\cdots,m)$。那么，需要对投影后的向量与序列向量分别进行比例变换。对横坐标投影得到的向量 $\boldsymbol{C}$ 和其序列向量 $\boldsymbol{X}$ 进行比例变换：

$$\boldsymbol{X}'=\left(x_1',x_2',\cdots,x_n'\right)=\left(1,2,\cdots,n\right)\frac{241}{n} \tag{2.93}$$

$$\boldsymbol{C}'=\left(c_1',c_2',\cdots,c_n'\right)=\left(c_1,c_2,\cdots,c_n\right)\left(\frac{241}{n}\frac{220}{m}\right) \tag{2.94}$$

虽然 $\boldsymbol{C}$ 中的元素表示其在该列的有效点个数，但是其几何意义是该图形在该列的面积，因此必须在长度与宽度两方面进行变换。

设 $\boldsymbol{X}''=\left(0,x_1',x_2',\cdots,x_{n-1}'\right)$，通过横向投影面积函数得到向量 $\hat{\boldsymbol{C}}$，$\boldsymbol{C}''$ 即为每列区域面积的估计值。

$$\hat{\boldsymbol{C}}=\varphi(\boldsymbol{X}')-\varphi(\boldsymbol{X}'') \tag{2.95}$$

设 σ_C 为横向投影的方差：

$$\sigma_C=\frac{1}{n}\sqrt{\sum\left(\boldsymbol{C}'-\hat{\boldsymbol{C}}\right)^2} \tag{2.96}$$

对纵坐标投影及其序列做比例变换：

$$\boldsymbol{Y}'=\left(y_1',y_2',\cdots,y_m'\right)=\left(1,2,\cdots,m\right)\frac{220}{m} \tag{2.97}$$

$$\boldsymbol{R}'=\left(r_1',r_2',\cdots,r_m'\right)=\left(r_1,r_2,\cdots,r_n\right)\left(\frac{241}{n}\frac{220}{m}\right) \tag{2.98}$$

设 $\boldsymbol{Y}''=\left(0,y_1',y_2',\cdots,y_{n-1}'\right)$，可通过纵向投影面积函数得到向量 $\hat{\boldsymbol{R}}$ 其为每行区

域面积的估计值：

$$\hat{\boldsymbol{R}} = \rho(\boldsymbol{Y}'') - \rho(\boldsymbol{Y}'') \tag{2.99}$$

设 σ_R 为纵向投影的方差：

$$\sigma_R = \frac{1}{m}\sqrt{\sum\left(\boldsymbol{R}' - \hat{\boldsymbol{R}}\right)^2} \tag{2.100}$$

则可以通过 σ_C 和 σ_R 来判断其是否为朝左箭头。

对于朝右箭头，可以将横坐标投影后得到的每列面积向量 $\boldsymbol{C} = (c_1, c_2, \cdots, c_n)$ 进行翻转，得到 $\bar{\boldsymbol{C}} = (c_n, c_{n-1}, \cdots, c_1)$，然后依照上述过程求取 σ_C 和 σ_R。

对于朝上箭头，需要注意归一化问题，朝上箭头在横坐标上的投影是类似标准向右箭头图像纵向投影的形状，而在纵坐标上的投影是类似标准向右箭头图像横向投影的形状，因此进行比例变换时横坐标序列向量 $\boldsymbol{X}$、纵坐标序列向量 $\boldsymbol{Y}$ 必须归一化，对投影向量 $\boldsymbol{C}$ 和 $\boldsymbol{R}$ 做同样的归一化，然后求取估计面积进而求取 σ_C 和 σ_R，从而完成朝上箭头的识别。

$$\boldsymbol{X}' = \left(x_1', x_2', \cdots, x_n'\right) = (1, 2, \cdots, n)\frac{220}{n} \tag{2.101}$$

$$\boldsymbol{Y}' = \left(y_1', y_2', \cdots, y_m'\right) = (1, 2, \cdots, m)\frac{241}{m} \tag{2.102}$$

$$\hat{\boldsymbol{C}} = \rho(\boldsymbol{X}') - \rho(\boldsymbol{X}'') \tag{2.103}$$

$$\hat{\boldsymbol{R}} = \varphi(\boldsymbol{Y}'') - \varphi(\boldsymbol{Y}'') \tag{2.104}$$

综合上述过程可以设计如下箭头形状识别算法。

步骤 1：坐标投影。先对采样区域进行横坐标方向的投影得到 $\boldsymbol{C}$ 及 $\boldsymbol{X}$，再对其进行纵坐标方向的投影得到 $\boldsymbol{R}$ 及 $\boldsymbol{Y}$。

步骤 2：归一化。计算得到 $\boldsymbol{C}'$、$\boldsymbol{X}'$，将 $\boldsymbol{X}'$ 右移一个单位得到 $\boldsymbol{X}''$，计算得到 $\boldsymbol{R}'$、$\boldsymbol{Y}'$，将 $\boldsymbol{Y}'$ 右移一个单位得到 $\boldsymbol{Y}''$。

步骤 3：面积估计。将 $\boldsymbol{X}'$ 和 $\boldsymbol{X}''$ 分别代入函数 $\rho(x)$，得到面积估计向量 $\hat{\boldsymbol{C}}$、方差 σ_C；将 $\boldsymbol{Y}'$ 和 $\boldsymbol{Y}''$ 分别代入函数 $\varphi(x)$ 得到面积估计向量 $\hat{\boldsymbol{R}}$、方差 σ_R；若 $\sigma_C \leqslant \delta_C$ 且 $\sigma_R \leqslant \delta_R$，则输出该采样区域为朝上箭头，跳转至步骤 7 结束，否则跳转至步骤 4。

步骤 4：再次归一化。重新计算得到 $\boldsymbol{X}'$ 与 $\boldsymbol{Y}'$，然后将两者分别右移一个单位得到 $\boldsymbol{X}''$ 和 $\boldsymbol{Y}''$。

步骤 5：面积估计。将 $\boldsymbol{X}'$ 和 $\boldsymbol{X}''$ 分别代入函数 $\varphi(x)$，得到面积估计向量 $\hat{\boldsymbol{C}}$、方差 σ_C；将 $\boldsymbol{Y}'$ 和 $\boldsymbol{Y}''$ 分别代入函数 $\rho(x)$，得到面积估计向量 $\hat{\boldsymbol{R}}$、方差 σ_R；若 $\sigma_C \leqslant \delta_C$ 且 $\sigma_R \leqslant \delta_R$，则输出该采样区域为朝左箭头，否则，跳转至步骤 6。

步骤 6：横坐标投影面积翻转。将归一化后得到的每列面积向量 $\boldsymbol{C}' = (c_1', c_2', \cdots, c_n')$ 进行翻转，得到 $\bar{\boldsymbol{C}}' = (c_n', c_{n-1}', \cdots, c_1')$，结合 $\bar{\boldsymbol{C}}'$ 与面积估计向量 $\hat{\boldsymbol{C}}$ 重新计算 σ_C，若 $\sigma_C \leqslant \delta_C$ 且 $\sigma_R \leqslant \delta_R$，则输出该采样区域为朝右箭头，跳至步骤 7 结束，否则，输出该区域不是任何一种箭头形交通灯光源区域，跳至步骤 7 结束。

步骤 7：结束。

通过上述算法即可识别采样区域。

2.4 交通信号灯识别算法设计

为了对交通信号灯候选区域进行分类，用二维 Gabor 小波变换及 2DICA 表示图像，提取候选区域图像特征，降低分类特征的冗余性，送入最近邻分类器来判定交通信号灯的方向。

2.4.1 图像的二维 Gabor 小波表示

Gabor 小波变换能够实现空间和频率信息的同步[8]。定义 Gabor 小波为

$$G_{u,v}(x,y) = G_{\bar{k}}(x,y) = \frac{\left|\bar{\boldsymbol{k}}\right|^2}{\sigma^2}\exp\left\{-\frac{\left|\bar{\boldsymbol{k}}\right|^2\left|(x,y)\right|^2}{\sigma^2}\right\}\left(\exp\left\{\mathrm{i}\bar{\boldsymbol{k}}(x,y)\right\} - \exp\left\{-\frac{\sigma^2}{2}\right\}\right) \tag{2.105}$$

式中，$\mathrm{i} = \sqrt{-1}$；(x,y) 为空间域中点的坐标；σ 为高斯包络的标准差，决定了高斯包络下的振荡数；$|\cdot|$ 为向量模。小波向量 $\bar{\boldsymbol{k}}$ 为

$$\bar{\boldsymbol{k}} = k_u \mathrm{e}^{\mathrm{i}\phi_v} \tag{2.106}$$

式中，$k_u = k_{\max} / f^u$，$k_{\max}$ 为最大频率，取 $k_{\max} = \pi/2$，f^u 为频域中函数核的间距因子；$\phi_v = (v \times \pi)/6$。

参数 u、v 分别是 Gabor 核的尺度和方向。取 $f = \sqrt{2}$，使用的 Gabor 小波包含 6 个方向、6 个尺度，即

$$u = \{0,1,2,3,4,5\}，\quad v = \{0,1,2,3,4,5\}$$

共产生 36 个 Gabor 函数。对于检测到的感兴趣区域彩色图像 $\boldsymbol{C}(x,y)$，首先将图像进行灰度化和归一化处理，得到大小均为 30×30 的灰度图像 $\boldsymbol{I}(x,y)$，利用上

面定义的二维 Gabor 函数与图像 $\boldsymbol{I}(x,y)$ 进行卷积，可得

$$\boldsymbol{O}_{u,v}(x,y)=\boldsymbol{I}(x,y)\times\boldsymbol{G}_{u,v}(x,y) \tag{2.107}$$

式中，“×”表示卷积运算，得到 36 幅 Gabor 小波表示的图像。取每幅 Gabor 小波图像的幅值作为每个感兴趣区域图像的特征：

$$\mathbf{GA}_{u,v}(x,y)=\sqrt{\left(\mathrm{real}\left(\boldsymbol{O}_{u,v}(x,y)\right)\right)^2+\left(\mathrm{imag}\left(\boldsymbol{O}_{u,v}(x,y)\right)\right)^2} \tag{2.108}$$

Gabor 小波特征提取过程如图 2.35 所示。

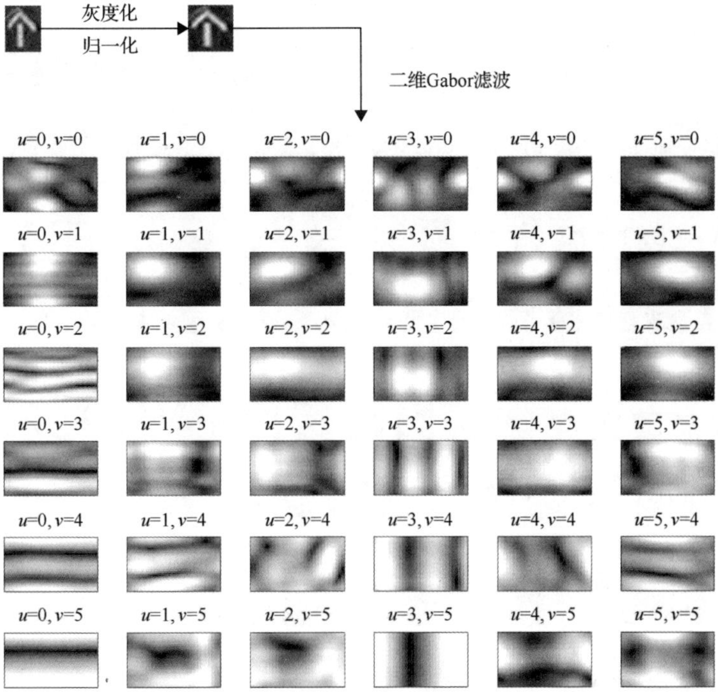

图 2.35　Gabor 小波特征提取过程

对每个幅值图像 $\mathbf{GA}_{u,v}(x,y)$ 间隔 2 行和 2 列取值，即间隔 2 个像素点进行采样，得到幅值图像的数值序列 $\alpha_{u,v}$ 并归一化：

$$\bar{\alpha}_{u,v}=\frac{\alpha_{u,v}}{\max(\alpha_{u,v})} \tag{2.109}$$

得到一个值在[0,1]的特征 $\bar{\alpha}_{u,v}$，将 6 个方向、6 个尺度的 $\bar{\alpha}_{u,v}$ 连接成一个列向量 $\boldsymbol{\chi}$，作为交通信号灯区域图像的特征，送入 2DICA 算法中，以降低交通信号灯候选区域特征冗余度。

2.4.2 交通信号灯 Gabor 特征降维

为了降低交通信号灯候选区域特征的维数、减少特征的冗余度，首先建立左行、直行、右行、圆形四类交通信号灯的模板库。

如表 2.25 所示，每个模板库中包含 300 幅图像。每类交通信号灯模板的大小、清晰度、光照、颜色均有较大差异，具有较强的代表性。

表 2.25 不同类型的交通信号灯模板

类型	交通信号模板
左行	
直行	
右行	
圆形	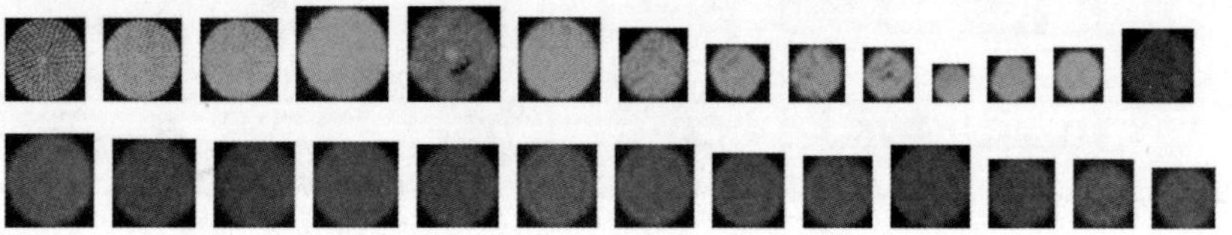

提取每类交通信号灯模板的 Gabor 小波特征，每幅图像可以提取出 3600 维特征，然而特征数量较多，不满足实时处理的要求。为了减小特征数量，用 2DICA 算法降低特征的冗余度，提高特征之间的独立性。

假设每类交通信号灯的模板库特征为 $\boldsymbol{\chi}_j=\left\{\chi_{ij}, i=1,2,\cdots,N_j\right\}$，$\boldsymbol{\chi}_{ij}\in\mathbf{R}^{n\times n}$，其中 N_j 为模板个数。选择 $n=60$、$L=300$，假设模板库样本图像的平均特征为

$$\bar{\boldsymbol{\chi}}=\frac{1}{F\cdot L}\sum_{j=1}^{F}\sum_{i=1}^{N_j}\boldsymbol{\chi}_{ij} \tag{2.110}$$

则模板库样本的协方差矩阵为

$$\Sigma = \frac{1}{F \cdot L}\sum_{j=1}^{F}\sum_{i=1}^{N_j}\left(\boldsymbol{\chi}_{ij} - \overline{\boldsymbol{\chi}}\right)^{\mathrm{T}}\left(\boldsymbol{\chi}_{ij} - \overline{\boldsymbol{\chi}}\right) \tag{2.111}$$

式中，$F = 4$，表示 4 类交通信号灯。

利用奇异值分解法对 Σ 进行分解，满足 $\Sigma = \boldsymbol{U\Lambda U}^{\mathrm{T}}$，$\boldsymbol{\Lambda} = \mathrm{diag}\left(\lambda_1, \lambda_2, \cdots, \lambda_n\right)$，满足 $\lambda_j \geqslant \lambda_{j+1}$，$\boldsymbol{U}$ 为特征向量组成的正交矩阵。取 $r(r = 10)$ 个最大特征值 $\boldsymbol{\Lambda}_r = \mathrm{diag}\left(\lambda_1, \lambda_2, \cdots, \lambda_r\right)$ 及其对应的特征向量 $\boldsymbol{U}_r = (u_1, u_2, \cdots, u_r)$，构造白化矩阵 $\boldsymbol{E} = \boldsymbol{\Lambda}_r^{-1/2} \times \boldsymbol{U}_r^{\mathrm{T}}$。为了降低模板特征 $\boldsymbol{\chi}_{ij}$ 的冗余度，需求取优化映射矩阵 $\boldsymbol{S} = \left(\boldsymbol{s}_1, \boldsymbol{s}_2, \cdots, \boldsymbol{s}_r\right)$，$r$ 为其独立向量的个数，$\boldsymbol{s}_i (i = 1, 2, \cdots, r)$ 必须是均值为 0、方差为 1 的非高斯分布。令 $z = \boldsymbol{E}\Sigma^{\mathrm{T}}$，有

$$\boldsymbol{S} = \boldsymbol{W} \cdot \boldsymbol{\Lambda}_r^{-1/2} \cdot \boldsymbol{U}_r^{\mathrm{T}} \tag{2.112}$$

式中，$\boldsymbol{W}$ 为分离矩阵。

用得到的优化特征向量矩阵 $\boldsymbol{S} = \left(\boldsymbol{s}_1, \boldsymbol{s}_2, \cdots, \boldsymbol{s}_r\right)$ 来提取特征。对于样本库中的每个图像特征 $\boldsymbol{\chi}_{ij} = \left(\boldsymbol{\chi}_{ij}^1, \boldsymbol{\chi}_{ij}^2, \cdots, \boldsymbol{\chi}_{ij}^n\right)$，有

$$\boldsymbol{Y} = \left(\boldsymbol{\chi}_{ij} - \overline{\boldsymbol{\chi}}_j\right)\boldsymbol{S} \tag{2.113}$$

即

$$\left(\boldsymbol{Y}_1, \boldsymbol{Y}_2, \cdots, \boldsymbol{Y}_r\right) = \left(\boldsymbol{\chi}_{ij}^1 - \overline{\boldsymbol{\chi}}^1, \boldsymbol{\chi}_{ij}^2 - \overline{\boldsymbol{\chi}}^2, \cdots, \boldsymbol{\chi}_{ij}^n - \overline{\boldsymbol{\chi}}^n\right)\begin{bmatrix} \boldsymbol{s}_1^{\mathrm{T}} \\ \boldsymbol{s}_2^{\mathrm{T}} \\ \vdots \\ \boldsymbol{s}_r^{\mathrm{T}} \end{bmatrix} \tag{2.114}$$

映射特征向量 $\boldsymbol{Y}_1, \boldsymbol{Y}_2, \cdots, \boldsymbol{Y}_r$ 即为样本特征 $\boldsymbol{\chi}_{ij}$ 的独立主分量。样本 $\boldsymbol{\chi}_i$ 的特征矩阵可以降为 $n \times r$ 的矩阵 $\boldsymbol{B} = \left(\boldsymbol{Y}_1, \boldsymbol{Y}_2, \cdots, \boldsymbol{Y}_r\right)$。采用最近邻分类算法对其进行分类。

2.4.3　交通信号灯分类

从交通信号灯的颜色和形状差异上，可将交通信号灯分为以下 12 类：①红色圆形；②黄色圆形；③绿色圆形；④红色左行箭头；⑤红色直行箭头；⑥红色右行箭头；⑦黄色左行箭头；⑧黄色直行箭头；⑨黄色右行箭头；⑩绿色左行箭头；⑪绿色直行箭头；⑫绿色右行箭头。

在交通信号灯的检测中，已经获得了交通信号灯的颜色信息，在交通信号灯区域图像灰度化后，颜色信息差异已经很小，仅有形状的差异。因此，在对交通信号灯进行时，仅需要分类交通信号灯的形状是圆形还是箭头型。

假设现有的交通信号灯有 $c_i(i=1,2,\cdots,F)$ 类(交通信号灯的类别数 $F=4$，分别为圆形、左行箭头、直行箭头、右行箭头)，每类均有 L_i 个训练样本：

$$\boldsymbol{B}_j^{(i)}=\left(\boldsymbol{Y}_1^{(i)},\boldsymbol{Y}_2^{(i)},\cdots,\boldsymbol{Y}_r^{(i)}\right),\quad j=1,2,\cdots,N_i$$

式中，N_i 为第 i 类训练样本的个数。

假设测试样本的特征为 $\boldsymbol{B}$，c_i 的距离决策函数定义为

$$D_i\left(\boldsymbol{B},\boldsymbol{B}_j^{(i)}\right)=\sqrt{\left(\boldsymbol{B}-\boldsymbol{B}_j^{(i)}\right)^{\mathrm{T}}\left(\boldsymbol{B}-\boldsymbol{B}_j^{(i)}\right)}=\sum_{k=1}^{r}\left\|\boldsymbol{Y}-\boldsymbol{Y}_j^{(i)}\right\|_2 \tag{2.115}$$

式中，$\|\bullet\|_2$ 为两个向量间的欧氏距离。令

$$D_k\left(\boldsymbol{B}\right)=\min_{i=1,2,\cdots,F}\left\{D_i\left(\boldsymbol{B},\boldsymbol{B}_j^{(i)}\right)\right\} \tag{2.116}$$

则可用下列判断规则来判断交通信号灯感兴趣区域的类型信息。

$$\boldsymbol{B}\in\begin{cases}c_k, & D_k\left(\boldsymbol{B}\right)\leqslant T_L\\0, & \text{其他}\end{cases} \tag{2.117}$$

式中，T_L 为相似性阈值，用于区分是否为交通信号灯，可排除一些误检区域的干扰。这种方法可以较好地对交通信号灯的类别信息进行分类，且误识别率均较低，对城市环境中的交通信号灯识别非常有效。

2.5　人行横道和停止线检测技术

对动态场景中人行横道和停止线的实时检测，能使智能车辆获知道路前方警告信息，及时地做出相应操作，预防事故发生。例如，车辆遇到人行横道应减速；在交通路口红灯亮时，车辆应该停在停止线以外。

本节介绍如何对自主车辆车载相机获取的道路图像实施人行横道和停止线的快速检测。路面脏、磨损、光照变化大等因素会造成阈值分割困难，因此采用基于灰度图的方向边缘提取和匹配进行人行横道和停止线的检测。首先对车载相机获取的道路图像实施逆透视变换，然后利用垂直方向边缘提取和匹配实现人行横道检测，利用水平方向边缘提取和匹配实现停止线的检测。该算法具有实时性和

强鲁棒性，能有效应用于图像模糊、路面阴影、路面磨损、亮度变化大等复杂城市的道路环境。

2.5.1 逆透视变换

1. 逆透视变换原理

车载相机获得的城市道路图像包含除路面信息的其他景致，可使用逆透视变换建立感兴趣区域内的路面俯视图。逆透视变换所使用的相机内外参数通过标定技术获取。定义两个坐标系：图像坐标系 $I=\{(u,v)\}\in E^2$ 表示一个二维图像空间，对应着车载相机获取的原图；车体坐标系 $W=\{(x,y,z)\}\in E^3$ 表示一个三维全局空间。

假定相机前方路面平坦，可通过逆透视实施 I 空间至 W 空间的空间映射，从而获取道路的俯视图 S，定义 $S=\{(x,y,0)\}\in W$，其中 $z=0$。通过设定水平分辨率和垂直分辨率，以及感兴趣区域大小，可以确定逆透视后图像 S 的大小。对原图直接进行逆透视，从而得到俯视图的方法，不能精确得到感兴趣区域内的路面。因此，这里采取另一种方法：首先根据式(2.118)、式(2.119)计算得到逆透视图到原图的映射关系；然后遍历逆透视图 S 中的每一个像素点，将对应的原图中像素点赋值给该点，进而实现精确的逆透视变换。若对应的点超出了原图的范围，则将逆透视图 S 中的点赋值为黑。

为了减少转换时间，提高算法实时性，针对逆透视图和原图之间的映射关系建立一个映射表。在实际应用中，只需在确定逆透视参数后，计算一次映射关系，之后的点对点赋值可通过查表迅速完成。此外，逆透视参数改变时，将自动生成匹配的新映射表。

$$u(x,y,0)=\frac{\arctan\left(\dfrac{x-d}{y-l}\right)-(\gamma-\alpha)}{\dfrac{2\alpha}{n-1}} \tag{2.118}$$

$$v(x,y,0)=\frac{\arctan\left(\dfrac{h}{\sqrt{(x-d)^2+(y-d)^2}}\right)-(\theta-\beta)}{\dfrac{2\beta}{m-1}} \tag{2.119}$$

式中，$C=(l,d,h)$ 为相机在车体坐标系中的位置；$m\times n$ 为原图的分辨率；γ 为相机光轴和 y 轴的夹角，如图 2.36(a)所示；θ 为相机光轴和地面的夹角，如图 2.36(b)所示。此外，2α 和 2β 分别为水平视角和垂直视角，计算公式为

$$\alpha = \arctan\left(\frac{L_1}{2f}\right) \tag{2.120}$$

$$\beta = \arctan\left(\frac{L_2}{2f}\right) \tag{2.121}$$

式中，$L_1 \times L_2$ 为相机 CCD 的大小；f 为镜头焦距。

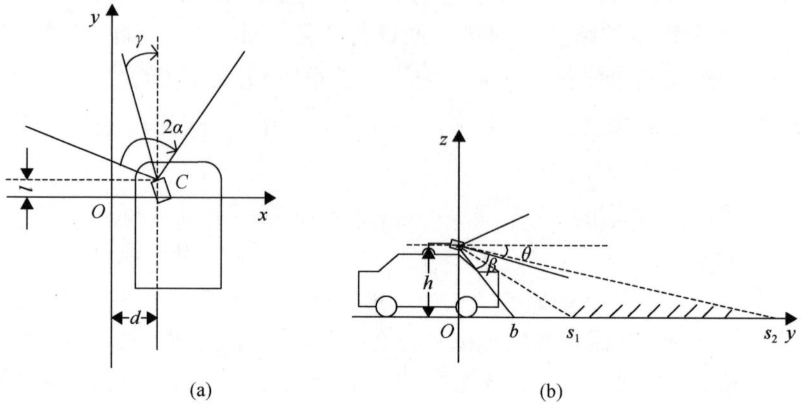

图 2.36　逆透视变换示意图

若不考虑车头的遮挡影响，逆透视后的盲区长度 b 可以根据图 2.36(b) 中的几何关系求解，计算公式为

$$b = \frac{h}{\tan(\beta + \theta)} \tag{2.122}$$

2. *逆透视参数设定*

相机镜头焦距变长，能清楚拍摄更远的对象，但左右视角和上下视角就变小，前方盲区大；若相机镜头焦距变短，左右视角和上下视角就变大，前方盲区小，但拍摄的较远对象会变得模糊。无人驾驶车辆在交通路口遇到红灯必须停在停止线以外，为减少盲区(即尽可能检测到近处的停止线)，同时能清楚拍摄前方 30m 处对象，实验采用相机镜头焦距为 5mm，CCD 尺寸为 8.5mm×6.8mm。设置相机光轴和 y 轴的夹角 $\gamma = 0$，相机距离路面的高度 h=1.82m，相机光轴和地面的夹角 θ=13.4°，逆透视后的盲区长度 b=1.67m，逆透视图片的尺寸为 360×400 像素。实验中设定感兴趣区域为前方 0～38m[图 2.36(b) 中 s_2=38m]，左右视觉宽度为 12m，如图 2.37 所示。对照图 2.37 与图 2.36(b) 发现，由于车头的遮挡，相机实际前方可见最近距离 s_1 大于盲区 b。

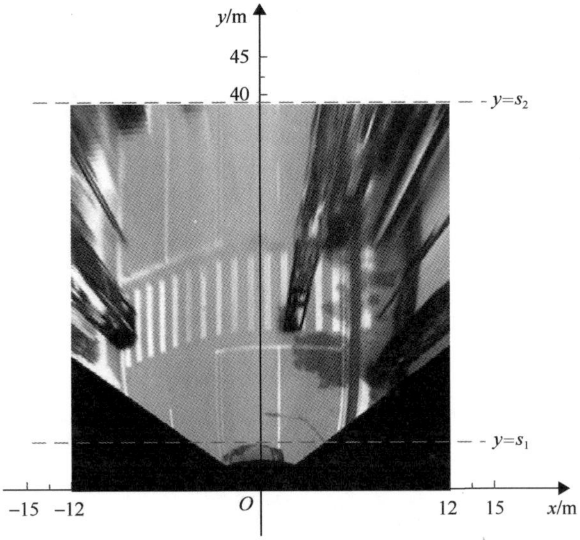

图 2.37　逆透视感兴趣区域

2.5.2　方向边缘检测器

Canny 边缘检测器是非常有效的边缘检测器，在图像使用高斯滤波器平滑后，计算每一点的局部梯度和边缘方向，利用非最大值抑制处理和边缘链接即可生成清晰、完整的边缘。Koenderink 论证了高斯平滑后图像亮度函数的 n 阶导数等于图像亮度函数与高斯核 n 阶导数的卷积。二维高斯核 $g(x,y)$ 定义为

$$g(x,y)=\frac{1}{2\pi\sigma^2}\mathrm{e}^{\frac{x^2+y^2}{2\sigma^2}} \tag{2.123}$$

那么，$g(x,y)$ 的一阶偏导 g_x 与 g_y 定义为

$$g_x=-\frac{x}{2\pi\sigma^4}\mathrm{e}^{\frac{x^2+y^2}{2\sigma^2}},\quad g_y=-\frac{y}{2\pi\sigma^4}\mathrm{e}^{\frac{x^2+y^2}{2\sigma^2}} \tag{2.124}$$

高斯平滑后图像的列向量亮度梯度、行向量亮度梯度计算公式为

$$G_x=I\times g_x,\quad G_y=I\times g_y \tag{2.125}$$

计算每一点的梯度幅度可得到边缘强度 M，计算方法如式(2.126)所示，其归一化方法如式(2.127)所示：

$$M = (|G_x| + |G_y|)^{\frac{1}{2}} \tag{2.126}$$

$$M_{\text{norm}} = \frac{M}{\max(M)} \tag{2.127}$$

边缘方向角计算如式(2.128)所示：

$$\text{thet}a = \arctan\left(\frac{G_y}{G_x}\right) \tag{2.128}$$

可将边缘方向分为 8 类，标记如图 2.38 所示。表 2.26 是边缘方向的判断方法。进行边缘检测时，若根据方向断定条件对边缘的方向进行限定，即可得到特定方向的边缘检测器。

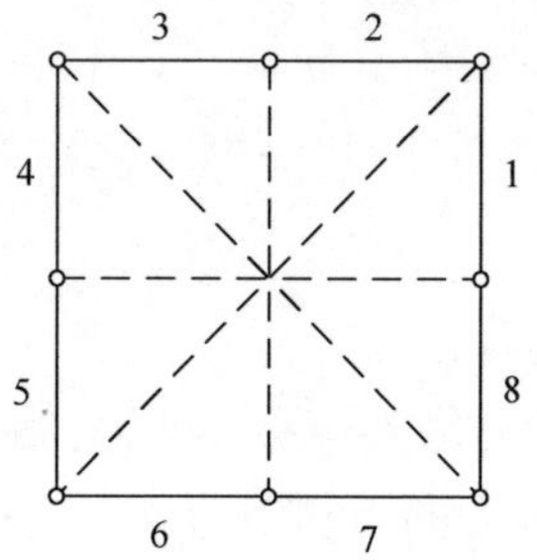

图 2.38　边缘的方向标记

表 2.26　边缘的方向断定条件

方向标记	角度范围	方向断定条件
1	0°～45°	$G_x(i,j)>0$， $G_y(i,j)>0$， $G_x(i,j)\geqslant G_y(i,j)$
2	45°～90°	$G_x(i,j)>0$， $G_y(i,j)>0$， $G_x(i,j)<G_y(i,j)$
3	90°～135°	$G_x(i,j)<0$， $G_y(i,j)>0$， $G_y(i,j)\geqslant -G_x(i,j)$
4	135°～180°	$G_x(i,j)<0$， $G_y(i,j)>0$， $G_y(i,j)<-G_x(i,j)$
5	180°～225°	$G_x(i,j)<0$， $G_y(i,j)<0$， $G_x(i,j)\leqslant G_y(i,j)$
6	225°～270°	$G_x(i,j)<0$， $G_y(i,j)<0$， $G_x(i,j)>G_y(i,j)$
7	270°～315°	$G_x(i,j)>0$， $G_y(i,j)<0$， $G_x(i,j)\leqslant -G_y(i,j)$
8	315°～360°	$G_x(i,j)>0$， $G_y(i,j)<0$， $G_x(i,j)>-G_y(i,j)$

2.5.3　人行横道线检测

人行横道由数条平行的白线构成，其亮度明显高于周边，如图 2.39(b)所示。人行横道的检测包括 3 个环节：垂直上升边缘与下降边缘进行检测；对上升边缘与下降边缘进行匹配，进而得到白线；根据方向、间隔等信息将数条白线组合为人行横道。

1. 垂直上升边缘与下降边缘检测

智能车辆行驶时，只关注正前方的人行横道。对逆透视变换图像自左向右扫描时，对于人行横道的每一条白线，其左边边缘亮度呈由暗到亮的变化，而右边边缘亮度呈由亮到暗的变化。设东西走向为水平线，则人行横道白线的左右边缘均垂直于水平线。

设逆透视变换图像中所有垂直上升边缘构成集合 E_{vup}，所有垂直下降边缘构成集合 E_{vdown}。表 2.26 中方向标记{1,4,5,8}代表了垂直方向。检测垂直上升边缘集 E_{vup} 就是寻找方向标记为 1 和 8 的边缘。综合分析方向标记 1 的判定条件（$G_x(i,j)>0$，$G_y(i,j)>0$，$G_x(i,j)\geqslant G_y(i,j)$）和方向标记 8 的判定条件（$G_x(i,j)>0$，$G_y(i,j)<0$，$G_x(i,j)>-G_y(i,j)$），其包含两层含义：

(1) $G_x(i,j)>0$ 表示图像列向量亮度由暗向亮转换；

(2) 无论 $G_y(i,j)$ 为何值，$|G_x(i,j)|\geqslant|G_y(i,j)|$ 都意味着列向量亮度变化比行向量亮度变化更显著。

类似地，检测垂直下降边缘构成集合 E_{vdown} 等价于寻找方向标记为 4 和 5 的边缘。图 2.39(c)(d)显示了 E_{vup} 和 E_{vdown} 检测结果。一方面为便于表示边缘的长度、角度等特征，另一方面为便于匹配边缘，因此边缘用直线段表示。通过线性拟合将 E_{vup} 和 E_{vdown} 相应拟合为直线段集 L_{vup} 和 L_{vdown}。

2. 垂直上升边缘与垂直下降边缘匹配

下面应用限制条件实施边缘匹配确定白线。从左至右扫描图像，如果某上升边缘 $L_{\text{vup}}(i)$ 右边邻接某下降边缘 $L_{\text{vdown}}(j)$，同时两者满足角度、间隔和长度限制，那么 $L_{\text{vup}}(i)$ 和 $L_{\text{vdown}}(j)$ 确定一条垂直方向白线，所有垂直方向白线组成集合 L_{vmatch}。

3. 白线组合为人行横道

为实现从白线集合中挑选出确定的白线组合成人行横道的目的，可以采用数学模型参数估计法，将分散的白线串接组合为人行横道。白线集合 L_{vmatch} 包含有效数据(属于人行横道的白线)和无效数据(不属于人行横道的白线)两类。当图像中不属于人行横道的白线较多时，即无效数据很多时，常用的最小二乘法就会失效。随机抽样一致性(random sample consensus，RANSAC)是 Fischler 和 Bolles 于 1981 年提出的模型参数估计方法，它根据一组包含异常数据的样本数据集，通过迭代方法估计数学模型的参数。采用 RANSAC 方法从纷繁的白线集中，基于白线中点坐标数据，挑选出有效白线组合为人行横道。

查找逆透视变换快速映射表建立车辆前方感兴趣区域俯视图后，运行人行横道检测算法，该算法包括以下 5 个步骤。

步骤 1：将俯视图与 5×5 像素的高斯 1 阶偏导核 g_x、g_y（$\sigma=1$）卷积得到高斯平滑后图像亮度函数的 x 方向与 y 方向梯度；然后计算并归一化梯度幅度。

步骤 2：限定方向标记{1,4,5,8}，根据局部最大梯度提取垂直边缘。设置阈值 $T_1=0.1$、$T_2=0.01$ 做非最大值抑制处理，去掉脊现象，将边缘细线化，得到垂直上升边缘集 E_{vup} 和垂直下降边缘集 L_{vdown}，见图 2.39(c)和(d)。通过线性拟合可以将 E_{vup} 和 L_{vdown} 相应拟合为直线集 L_{vup}（绿色线段）和 L_{vdown}（黄色线段），见图 2.39(e)。

步骤 3：从左至右扫描图像，如果某上升边缘 $L_{\text{vup}}(i)$ 右边邻接某下降边缘 $L_{\text{vdown}}(j)$，同时两者满足角度、间隔和长度限制，那么 $L_{\text{vup}}(i)$ 和 $L_{\text{vdown}}(j)$ 匹配成功，确定一条垂直方向白线，所有垂直方向白线组成集合 L_{vmatch}，边缘匹配结果见图 2.39(f)紫红色线段。

步骤 4：应用 RANSAC 方法从 L_{vmatch} 中挑选近似角度、长度、间隔等条件的白线组合成人行横道，参数迭代次数 k=60，拟合比率 r=0.39。图 2.39(f)中的黑框绿点标示被选中组成人行横道的白线中点，黄线是绿点集的拟合线段(即人行横道中心水平线)。图 2.39(g)中的红色矩形框标示人行横道检测结果。

步骤 5：根据框示人行横道矩形框的下边框中心点在逆透视图像中的坐标 $(u_{\text{ipm}},v_{\text{ipm}})$，计算人行横道距离相机的实际距离 dist_X 和 dist_Y。因为感兴趣区域的前方距离是 0～38m，左右视野为 12m，逆透视图片尺寸为 360×400 像素，所以逆透视图片水平方向像素的实际物理值 σ_1、垂直方向像素的实际物理值 σ_2 分别为 6.67cm 和 9.5cm。设 $w\times h$ 为逆透视图片的分辨率，通过式(2.129)计算像素点 $(u_{\text{ipm}},v_{\text{ipm}})$ 在水平方向和垂直方向距离相机的实际距离 dist_X 和 dist_Y（dist_X 为负数时表示相机左边的点)。

$$
\begin{cases}
\text{dist}_X=\left(u_{\text{ipm}}-\dfrac{w}{2}\right)\sigma_1 \\
\text{dist}_Y=(h-v_{\text{ipm}})\sigma_2
\end{cases}
\tag{2.129}
$$

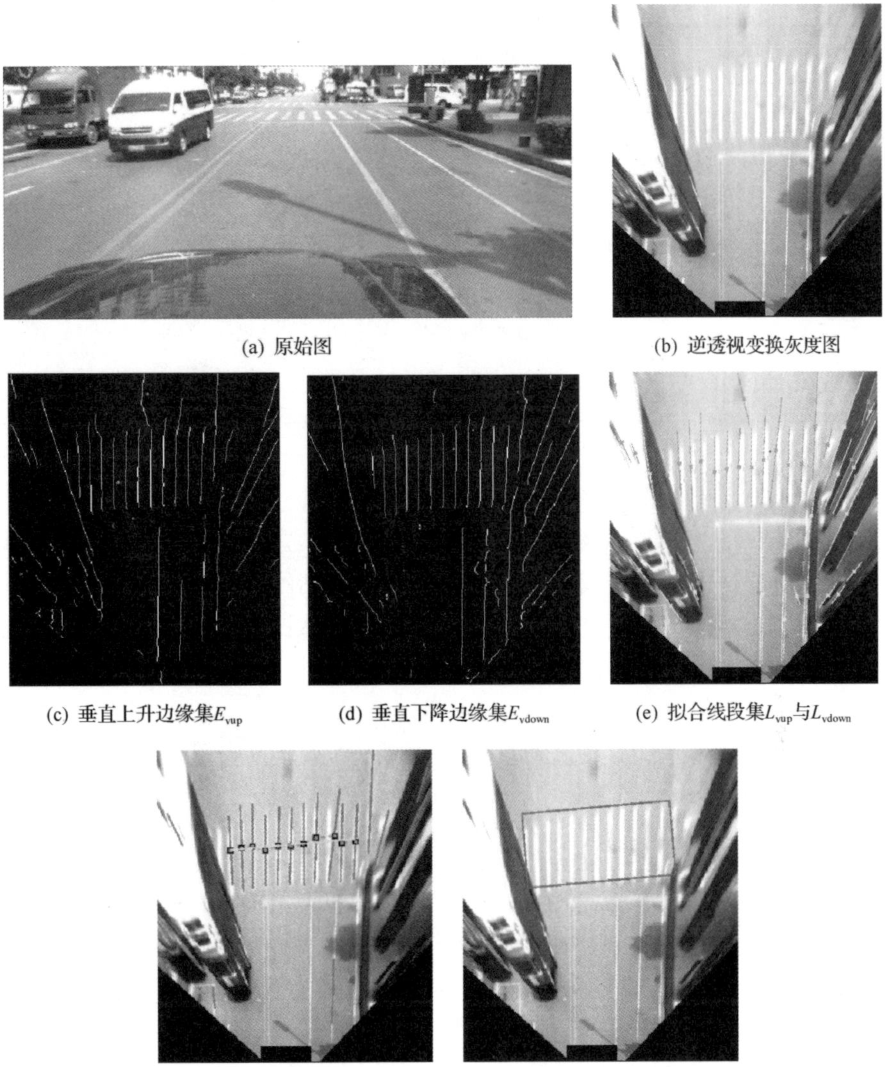

(a) 原始图　(b) 逆透视变换灰度图

(c) 垂直上升边缘集E_{vup}　(d) 垂直下降边缘集E_{vdown}　(e) 拟合线段集L_{vup}与L_{vdown}

(f) 边缘匹配　(g) 检测到人行横道

图 2.39　人行横道检测过程

表 2.27 的第 1～4 行数据是不同环境下人行横道的检测结果，所选样本图片都至少出现一次目标，故检测到的目标出现次数总和大于图片总数。检测正确率为目标检测正确次数与目标出现的总次数之比。由表 2.27 的实验结果可知，该算法具有强鲁棒性，能有效应用于图像模糊、路面阴影、路面磨损、亮度变化大等复杂城市道路环境。

表 2.27 人行横道和停止线检测实验结果

交通标线类别	视频序号	天气	路面状况			感兴趣区域最前方距离/m	有目标的图片数目	目标出现的总次数	检测结果			检测正确率/%
			平坦	斜坡	磨损				正确	漏检	错误	
人行横道	1	阴	√	√	×	25	386	386	383	3	5	99.2
						38	552	570	568	2	12	99.6
	2	晴	√	√	√	25	176	180	173	7	2	96.1
						38	236	251	245	6	1	97.6
停止线	1	阴	√	√	×	25	268	268	266	2	0	99.3
						38	331	331	299	32	0	90.3
	2	晴	√	√	√	25	175	175	168	7	0	96
						38	216	216	184	31	1	85.2

2.5.4 停止线检测

停止线是一条简单的白线，但其检测存在如下困难：由于路面脏，停止线并不一定表现为纯白色；在原始采集图像中，实际距离约 30m 远、宽度约 0.4m 的白线，在图像中其宽度只有 3 个像素点左右，经逆透视变换后，图片变得模糊。

停止线的上下边缘平行于水平线，设图像中所有水平上升边缘构成集合 hE_{up}，水平下降边缘构成集合 hE_{down}，表 2.26 中方向标记{2，3，6，7}代表了水平方向。检测水平上升边缘集 hE_{up} 就是寻找方向标记为 2 和 3 的边缘，检测水平下降边缘构成集合 hE_{down} 等价于寻找方向标记为 6 和 7 的边缘。通过线性拟合，分别将 hE_{up} 和 hE_{down} 拟合为直线集 hL_{up} 和 hL_{down}。

类似于人行横道检测方法，从上至下扫描图像，若某上升边缘 $hL_{up}(i)$ 向下邻接某下降边缘 $hL_{down}(j)$，同时两者满足角度、间隔等限制，那么 $hL_{up}(i)$ 和 $hL_{down}(j)$ 确定一条水平方向白线，所有水平方向白线组成集合 hL_{down}。为了准确判断检测到的水平白线是否为停止线，算法还必须综合考虑其他环境因素，如车道线和交通灯等。

对比人行横道检测步骤，停止线的检测具有相同的步骤 1、步骤 2、步骤 3、步骤 5，差别在于停止线进行水平上升边缘 hE_{up} 和水平下降边缘 hL_{down} 提取。停止线检测过程的相应结果见图 2.40，其原始图、逆透视图同图 2.39(a)和(b)。自上而下扫描图像时，停止线的边缘匹配是基于上升边缘 $hL_{up}(i)$ 向下邻接某下降边缘 $hL_{down}(j)$，该匹配原则可滤除阴影，见图 2.40(c)。

表 2.27 的第 5～8 行数据是停止线的检测结果。当感兴趣区域前方距离为 0～25m 时，无论晴天还是阴天，检测正确率均可达 95%以上；如果停止线距离相机超过 30m，那么逆透视图片中停止线会变得模糊，检测正确率就会下降至 85%～90%。

停止线只是一条白线，需要利用它垂直于人行横道和车道线的特点，对检测结果进行进一步滤除与确认。

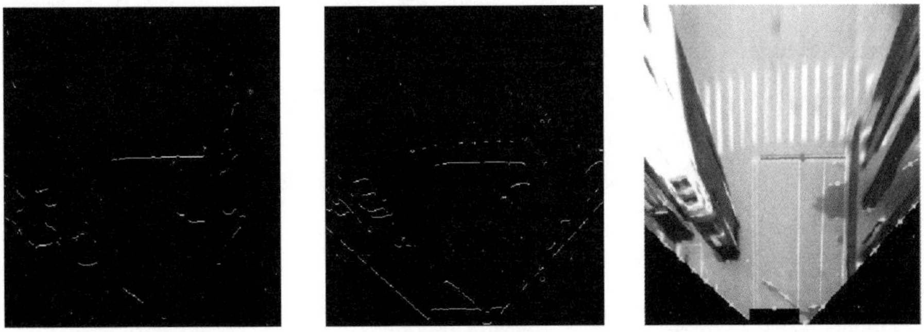

(a) 水平上升边缘集hE_{up}　(b) 水平下降边缘集hE_{down}　(c) 拟合线段集hL_{up}(绿色线段)、hL_{down}(黄色线段)及匹配结果StopL(紫红色线段)

图 2.40　停止线检测过程(见彩图)

2.5.5　人行横道和停止线检测实时性分析

图像预处理阶段，需采用逆透视变换建立感兴趣区域的道路俯视图，那么对逆透视图和原图之间的映射关系建立一个映射表，通过查表迅速完成转换，提高算法实时性；当逆透视参数改变时，将自动生成新映射表。同时，为节省空间、减少时间消耗，在不影响检测率的基础上，设置逆透视图片尺寸为 360×400 像素。因为人行横道检测和停止线检测都需要计算并归一化梯度幅度，所以算法在检测之前预先计算梯度。

本书实验条件如下：Intel(R) Core(TM) 2 Duo CPU E4600 @2.4GHz，2.39GHz，1.99GB 内存，算法采用 C++编程实现。表 2.28 列出了每个处理阶段所耗时间。实验结果表明，该算法实现每帧图像的人行横道和停止线检测共需要 55ms 左右，满足无人驾驶车辆实时数据处理要求。

表 2.28　每个阶段所耗时间

处理阶段	运行时间/ms
逆透视变换	0.5
计算梯度	16
人行横道边缘检测	20
停止线边缘检测	18
运行时间总计	54.5

参考文献

[1] 全国交通工程设施(公路)标准化技术委员会. 道路交通标志和标线 第 2 部分: 道路交通标志: GB 5768.2—2009[S]. 北京: 中国标准出版社, 2009.

[2] 冈萨雷斯, 伍兹. 数字图像处理[M]. 3 版. 阮秋琦, 等译. 北京: 电子工业出版社, 2011.

[3] Kingsbury N G. Image processing with complex wavelets[J]. Philosophical Transactions of the Royal Society of London Series A: Mathematical, Physical and Engineering Sciences, 1999, 357: 2543-2560.

[4] Kingsbury N G. Complex wavelets for shift invariant analysis and filtering of signals[J]. Applied and Computational Harmonic Analysis, 2001, 10: 234-253.

[5] Selesnick I W, Baraniuk R G, Kingsbury N G. The dual-tree complex wavelet transform[J]. IEEE Signal Processing Magazine, 2005, 22(6): 123-151.

[6] 戴华. 矩阵论(工科类)[M]. 北京: 科学出版社, 2007.

[7] Theodoridis S, Koutroumbas K. 模式识别[M]. 4 版. 李晶皎, 王爱侠, 王骄, 等译. 北京: 电子工业出版社, 2010.

[8] Daugman J G. Two dimensional spectral analysis of cortical receptive field profile[J]. Vision Research, 1980, 20(10): 847-856.

第3章　图像去雾算法及其应用

3.1　雨雾天图像清晰化研究

雨雾天图像清晰化旨在针对雨雾图像或视频研究快速、全自动的图像去雨雾方法，这一工作在计算机视觉领域很有意义，具有广阔的应用前景，其相关研究成果可广泛应用于航拍、水下图像分析、户外视频监控、日常照片处理，以及现有车辆、飞机、船只的安全辅助驾驶系统或将来的自主车驾驶等诸多领域。

3.1.1　雨雾天图像清晰化的研究背景及意义

雨雾天气时，空中的雨线/雾气模糊了人们的视线，使景物能见度大幅降低，严重影响了所拍图像的质量。在这种情况下获得的图像常常会出现场景对象模糊不清，对比度较低，若是彩色图像则会出现严重的颜色失真等现象[1]，大大降低了图像的使用价值，对人们的生产生活各方面产生了很大的影响。

雨雾天气不仅给户外的自动导航、监测、监控、目标跟踪等带来困难，对内河运输、海运也会造成影响，轻则降低运输效率，重则容易产生交通事故。此外，雨雾天气对航班也有较大的影响，轻则使航班延误，耽误人们的正常行程安排，重则影响飞机起降，危及人的生命安全。雾天等恶劣天气情况会使光学器材获取的图像模糊不清，从而影响图像中信息的读取。

同时，雨雾天气对高速公路的影响最为严重。近年来，随着经济的快速发展，我国的高速公路交通运输业得到了迅速发展，高速公路里程的增加，人流、物流来往频繁，道路交通量膨胀，高速公路交通运输承受了巨大的压力。在雨雾天气情况下，一方面车流速度会大大降低，从而影响道路的通行率。另一方面雾气笼罩会造成指示标志、指路标志、警告标志、禁令标志、道路施工标志、旅游区标志、安全标志等各种交通标志牌的模糊，而这些标志对驾驶员的行车有着极其重要的作用[2]；雾的浓淡程度分布不均还会造成驾驶员视觉错误，使驾驶员视距变短，对车速和车距的判断与实际情况相差较大，从而造成追尾等交通事故。高速公路上的车辆行驶速度较快，一旦发生事故，通常会引起连锁反应，发生多车连续追尾的严重事故，造成巨大的人员伤亡和经济损失，解决在雨雾天气的行车安全问题迫在眉睫。

因此，有必要对受雨雾天气影响的图像进行增强与复原处理，消除雨线和雾气对图像的影响，增强图像细节，丰富图像信息量，提高图像清晰度，增强图像质量，加强图像判读和识别效果[3]。雨雾天气图像增强的研究成果可辅助现有车辆的驾驶或用于将来的智能车驾驶中，提高雨雾天气条件下车辆获取路面情况、车流状况、交通标志、车道线等信息的鲁棒性，为我国车辆智能驾驶技术的发展和新一代汽车主动安全的产业化提供理论基础和技术平台。

3.1.2　雨雾天图像清晰化的研究现状

雨天情况下，拍摄图像时如果相机曝光时间较长，或者相机距离雨线距离较远，得到的图像均类似于有雾天气获得的图像。这类图像的特征是人眼主观视觉感觉不清晰，在图像数据上的表现是图像中原本较高的灰度值被削弱、较低的灰度值被加强。由于亮度、对比度增强，图像像素灰度值的分布过于集中[4]。因此，雾天图像的清晰化可以视为图像增强问题。图像增强[5]是采用计算机处理或者光学设备改善图像视觉效果，对受天气影响的图像进行处理，以得到适于具体应用的更有价值的图像。现有的图像增强技术可以分为以下两种：

(1) 纯图像处理领域的观点[6]。该观点主要从图像对比度、亮度增强入手，通过提高降质图像的对比度和亮度，满足主观视觉要求。

(2) 物理模型观点[7]。该观点主要是对大气散射作用进行建模，并与图像复原技术相结合解决雨雾天图像清晰化问题。

大雨天气情况下，相机曝光时间较短时拍摄到的雨天图像，以及相机距离雨线较近时获得的图像，其成像中均可以显示出雨线的运动痕迹。此类图像主要是根据雨滴与背景图像亮度的不同进行处理。近年来，上述几个方面的研究都取得了很大的进展。

1. 纯图像处理领域

纯图像处理领域中，直方图均衡化算法、同态滤波算法是常用方法。直方图均衡化算法主要包括全局直方图均衡化算法和局部直方图均衡化算法。全局直方图均衡化算法[8]实现简单、实时性较好，可以有效提高图像的对比度。但是，雾天图像中景物对比度的降低与物体到相机的距离通常呈非线性关系，并且一幅图像中景物的退化程度也不尽相同，景物深度变化多样，所以采用全局直方图均衡化算法处理不能得到很好的处理效果。局部直方图均衡化算法[9]可有效提高图像中每一个子区域的对比度，但图像中灰度变化缓慢的区域，如天空区域、大范围亮度相同的区域会被误增强，使处理后的图像不自然，且该方法计算量比较大。同态滤波算法[10]是在频域中压缩图像的亮度范围，提高图像的对比度。该算法中滤波函数的选择对处理结果有很大影响，但在实际中很难找到一个对各种图像都适宜的滤波函数，因此该方法应用范围有限。

以上方法均没有很好地与人类视觉特性相结合，Land 研究了色彩恒常现象，提出了 Retinex 照射反射模型[11]，随后又提出随机路径算法，该算法主要缺点是运算量很大。在 Land 的基础上，Jobson 等提出了单尺度 Retinex (single size Retinex, SSR) 算法[12]。SSR 算法能有效改善图像质量，但由于尺度选择有限，该算法不能同时实现图像对比度增强和动态范围压缩。

多尺度 Retinex (multi-size-Retinex, MSR) 算法[13]联合多个尺度参数进行滤波，取高、中、低三个不同的尺度参数，处理效果优于 SSR 算法，缺点是有光晕、色彩失真。

带颜色恢复多尺度 Retinex (multi-size-Retinex color Retinex, MSRCR) 算法对 MSR 算法的处理结果进行色彩补偿，可以得到颜色较丰富的、自然的图像，但是该算法计算量较大，且仅适于原图颜色信息未被破坏的图像。

Frankle 等提出了基于路径比较的 Frankle Retinex 算法[14]，该算法可有效提高图像的对比度，得到颜色较自然的图像，但有光晕现象产生。

McCann 提出了基于像素点比较的 McCann99 Retinex 算法[15]，该算法得到的图像颜色较自然，并能有效抑制光晕现象，缺点是算法处理速度较慢[16]，对输入图像大小有限制。

Kimmel 等提出了可变框架模型 Retinex (Kimmel Retinex) 图像增强算法[17]。该算法能有效改善图像质量，且处理速度优于以前所有 Retinex 系列算法，缺点是仍然有光晕现象和噪声存在。在之后的发展中，Kimmel 等对原始可变框架模型进行了一些优化。

Meylan 等采用了全局处理和局部处理相结合的方法[18-20]，使算法适用范围更广，缺点是运算较复杂。

Orsini 等采用简便的全局处理、细节变换函数[21]，大大降低了算法运算时间，但参数的自适应性较差。

在国内，这方面起步较晚，国防科技大学[22]、上海交通大学[23]、南京理工大学[24]、厦门大学[25]对 Retinex 理论的研究正在进行中，并取得了较好的成果。

2. 基于物理模型的观点

1998 年，针对恶劣天气下获得的航拍图像，Oakley 等提出了一种基于多假设多参数的退化模型，即通过对图像中大气光、景深等先验信息进行估计，利用退化模型实现图像场景的复原。然而，图像景深信息的获取需要使用雷达等设备，该方法成本较高，且操作不方便，未能在现实中广泛应用[26, 27]。

从 1999 年起，哥伦比亚大学自动视觉环境研究室的 Narasimhan 等，在此方向持续进行了一些研究工作，以建立新一代的智能身份鉴别系统。采用的方法是根据同一场景下至少 2 幅不同天气情况的图像来获得图像场景的亮度、深度信息，进而恢复出图像的初始状态[28]。文献[29]证明不使用任何精确的大气光亮度和景点深度信息，由用户交互式提供的一些额外信息即可消除一幅退化图像中恶劣天气的影响。该方法降低了对图像采集的要求，但必须通过人工交互式处理，算法自动性较差。文献[30]从信息论的角度，提出了一种有约束的最优化复原方法，从理论上证明了从一幅雾天图像中可以自动获取部分参数。

浙江大学一直致力于该方向的研究，通过对物理模型方法分析雾天图像成像原理，提出了一种基于景点深度检测的物理复原方法[31]。香港中文大学利用暗通道作为先验信息，达到了单幅图像较好的去雾效果[32]，首先求得一幅图像的暗通道图像，进而求出图像的传播图，然后用抠图算法[33]优化传播图，最后得到恢复后的图像，该算法处理效果较好，去雾效果明显，但求取精细化传播图这一步骤具有较大的计算代价，且该算法对场景颜色与大气颜色相近的图像不适用。Tarel等提出的基于大气耗散函数的去雾算法[34]，具有相对较快的处理速度，但去雾结果有可能存在光晕伪影现象。

3.1.3　雨雾天图像清晰化的研究难点及问题

国内外许多学者已围绕雨雾天气图像清晰化做了大量的研究工作，并取得了许多成果，但是相关研究领域仍处于起步状态，目前还存在许多问题没有解决，且雨雾天气图像清晰化理论研究成果与实际应用还有一定差距。存在的问题可归纳如下：

(1) 实际生活中，天气的多变性和复杂性使得对恶劣天气的具体分类比较困难。雾的浓淡程度难以用肉眼界定，并且没有科学有效的评估方法。下雨时天气变化多端，雨滴分布具有易变性、复杂性，很多时候是多种天气情况交叉变化，从而加大了雨雾天气图像清晰化的难度。

(2) 图像质量评价体系尚不完整，目前没有科学的、权威的、客观的图像质量评价指标。大多数情况下仍采用主观的目测法进行图像质量的评价，这种方法虽然直观、快捷，但主观性较强，说服力不够，不利于算法之间的优劣比较。

(3) 现有雨雾天气的图像清晰化算法视觉效果改善有限。例如，Retinex 理论的一系列算法，每种算法均有其特定类型的适用图像，由于天气状况的多变性及路面环境的复杂性，图像中的天空区域、路面车辆、白色建筑物等均会对图像的增强处理造成干扰。

(4) 算法处理的实时性有待提高。雨雾天气图像清晰化一般均针对彩色图像进行处理，需要处理的信息量较大。然而，目前已有的一些算法运算较复杂，算法难以达到实时处理。

总之，随着社会、经济的不断发展，对雨雾天气图像清晰化的实际需求越来越多，如何保证雨雾天气获得的图像、视频能恢复到良好的视觉效果，是急需解决的问题。有许多基础理论问题需要研究，又有许多技术问题等待攻克。此外，对于如何保证算法处理的实时性这一问题，既需要从数学上改善相应的理论模型，又需要结合信息科学，提高运算速度，保证算法的实时性。

3.2 雾天图像、视频的清晰化算法

雾天降质图像的去雾处理是计算机视觉领域中一项很有意义的工作。近些年，该项工作已经渐渐受到研究者的重视。然而，相比于其他图像处理技术，此研究起步较晚，可供参考的文献相对较少。同时，天气条件本身也存在各种各样的不确定性，目前已有的研究技术和研究方法仍有待完善，探索研究具有较好普适性、鲁棒性和可靠性的去雾算法在未来一段时间内都将是一个具有挑战性的课题。因此，本章针对自动去雾技术研究的三个核心问题，即单幅图像去雾处理、视频去雾处理、构建去雾效果的综合评价体系，探索去雾技术的新理论、新方法，并为改善视觉系统在恶劣天气条件下的工作性能奠定一定的理论基础。

3.2.1 基于梯度优先规律的雾天图像清晰化算法

传统的基于图像处理的增强方法往往只能有限地提升降质图像的清晰度，由于忽略了图像雾气分布不均的事实，而以整体统一处理的方式去雾，图像有些部分显得不够清晰，还有些部分却因过度处理而失真。近些年来，众多研究者致力于如何针对单幅降质图像，依据相关先验信息，采用基于大气散射模型的复原方法以达到彻底去雾的效果。在众多的此类方法中，基于暗原色原理的 He 方法[32]和基于大气耗散函数的 Tarel 方法[34]最引人注目。这两种方法优点突出且各具特点，其中 He 方法被公认是当前去雾效果最好的算法，Tarel 方法是目前处理速度最快的算法之一，但这两种算法都存在各自的不足，因而都有继续扩展研究的价值和意义。由此，本节提出基于梯度优先规律的雾天图像清晰化算法，该算法主要依据大气散射模型，求取此模型的相关参数，进而反解得到去雾后的清晰化图像。其关键步骤包括大气光值的计算、传播图的估计和场景辐照度的复原。

1. 基于梯度优先规律的雾天图像清晰化算法简介

1）大气光值的计算

对大气光值 A 的估计是复原有雾图像的第一步，而白色目标对象作为主要的干扰因素常常会导致对 A 值的错误计算。对 He 方法[32]而言，其在求取暗原色图像时采用了最小值滤波操作，但要确定此最小值滤波的窗口大小是很难的。若滤波窗口太小，则有可能将图像中的非大气光源或白色建筑物误认为大气光，从而错误地估计大气光值，最终导致复原图像的颜色失真。为了适应复杂多变的实际环境，这里提出的新算法中采用了文献[35]所提出的大气光值计算方法，此方法

在确定天空区域时具有很好的鲁棒性。

天空区域具有以下显著特征：①在暗原色图像中亮度较高；②灰度平坦；③位置偏上。

天空区域的第一个特征亮度较高，首先采用式(3.1)进行最小值滤波操作以求取此彩色图像的暗原色图像 $I_{\min}(x)$，最小值滤波的窗口尺寸自适应地与图像宽和高中的最小值成比例，此比例因子被设置为 0.025。属于天空区域的像素应满足 $I_{\min}(x) > T_v$，其中 T_v 为 $I_{\min}(x)$ 中最大值的 95%。

$$J^{\text{dark}}(x) = \min_{c\in\{r,g,b\}}\left(\min_{y\in\Omega(x)}(J^c(y))\right) \tag{3.1}$$

对于天空区域的第二个特征而言，平坦意味着天空区域内部应包含极少边缘信息。因此，采用 Canny 算子对灰度化后的图像进行边缘检测，分块统计边缘像素点数目占各图像块像素总数的百分比，记为 $N_{\text{edge}}(x)$。由此，天空区域的第二个限制条件可表示为 $N_{\text{edge}}(x) < T_p$，其中 T_p 为平坦阈值，其值一般设置为 0.001。同时满足 $I_{\min}(x)$ 和 $N_{\text{edge}}(x)$ 条件的像素集合指定为候选天空区域，如图 3.1(b) 中的黑色区域所示。

(a)　　(b)

图 3.1　大气光值估计

天空区域的第三个特性是该区域一般位于图像上方。因此，选取图像上方的第一个连通域作为天空区域。搜寻该区域所对应的原有雾图像 $I(x)$ 相关区域中的最大像素值，此值即为所估计的大气光值 A。

2) 传播图的估计

首先，对粗略传播图 $J^{\text{coarse}'}$ 进行估计，这是计算传播图的第一步。为了调控图像各景深处所应保留的雾气量设置参数 p，求取 $J^{\text{coarse}'}$，其表达式为

$$J^{\text{coarse}'} = 1 - p\left(\frac{J^{\text{dark}}}{\max(A^c)}\right) \tag{3.2}$$

然后，采用 Sobel 算子对粗略传播图 $J^{\text{coarse}'}$ 进行边缘检测以得到其梯度变化明

显的区域。考虑利用最小值滤波求取暗原色图像必然会引起块状效应，因而需要将属于边缘的像素点连同其邻域内的像素进一步优化计算。因此，算法对上述 Sobel 边缘检测图像又采用了膨胀处理以得到二值约束图像 $I_{\text{constrain}}$。在 $I_{\text{constrain}}$ 图像中，黑色区域的像素代表需要进一步优化计算的像素，其他像素可以直接使用粗略传播图的像素以作为最终传播图的数据。新算法将采用大气耗散函数和双边滤波来得到精细化的传播图 $J^{\text{refined}'}$。

根据 Koschmieder 定律[36]，有 $t(x)=\mathrm{e}^{-kd(x)}$。当无图像深度信息可参考时，很难区分消失系数 k 和景深 d 各自在传播函数中所起的作用。为此，引入大气耗散函数 $V(x)$，且 $V(x)=1-t(x)$。由此可知，$V(x)$ 是关于景深 d 的递增函数。借鉴 Tarel 方法的思想，大气耗散函数 $V(x)$ 受两个条件的约束：①$V(x)\geqslant 0$，即 $V(x)$ 为正值；②$V(x)$ 不大于白平衡图像 $I_w(x)$ 的最小颜色分量。这一限制条件可表示为

$$\tilde{V}(x)=\min_{c\in\{r,g,b\}} I_w(x) \tag{3.3}$$

注意到 $V(x)$ 的数值变化只取决于景深 $d(x)$，位于同一景深处的目标物体应具有相同的 $V(x)$。因此，采用双边滤波来消除 $V(x)$中多余的冗余细节。这里采用双边滤波而非 Tarel 方法中的中值滤波是因为中值滤波并非好的边缘保持滤波器，不恰当的参数设置很容易引入 Halo 效应。双边滤波是一种边缘保持的非迭代平滑滤波方法。它的权重由空域 S 和值域 R 平滑函数的乘积给出。随着与中心像素的距离以及灰度差值的增大，邻域像素的权重逐渐减小[37]。在实验中选取高斯型双边滤波，即空域和值域平滑函数均是高斯函数。对于大气耗散函数的粗略估计 $\tilde{V}(x)$，利用高斯型双边滤波进行细化操作，可表示为

$$V(x)=\frac{1}{W^b}\sum_{y\in S} G_{\sigma_s}(\|x-y\|)G_{\sigma_r}(|\tilde{V}(x)-\tilde{V}(y)|)\tilde{V}(y) \tag{3.4}$$

式中，W^b 为归一化系数：

$$W^b=\sum_{y\in S} G_{\sigma_s}(\|x-y\|)G_{\sigma_r}(|\tilde{V}(x)-\tilde{V}(y)|) \tag{3.5}$$

式中，G_{σ_s} 和 G_{σ_r} 为高斯函数；σ_s 为空域高斯模板的尺寸；σ_r 为值域高斯函数的尺度；W^b 对权重之和进行归一化。对于与中心像素距离相近且灰度差值较小的像素，双边滤波赋予较大的权重；对于距离相近但灰度差值较大的像素，双边滤波赋予较小的权重。因此，相对于仅进行空域滤波的操作，双边滤波可以很好地保持图像边缘(图 3.2)。图 3.2(a)为原有雾图像，所要考察的图像块以方框框出，图 3.2(b)为上述图像块的三维网格图，图 3.2(c)为对其仅采用空域滤波的网格图，

图 3.2(d)所示网格图为对其采用双边滤波的网格图。从图中可以看出，双边滤波能在平滑图像纹理的同时较好地保留图像的边缘信息，从而有效地抑制恢复结果中由于景深突变而在边缘处引入的 Halo 效应。

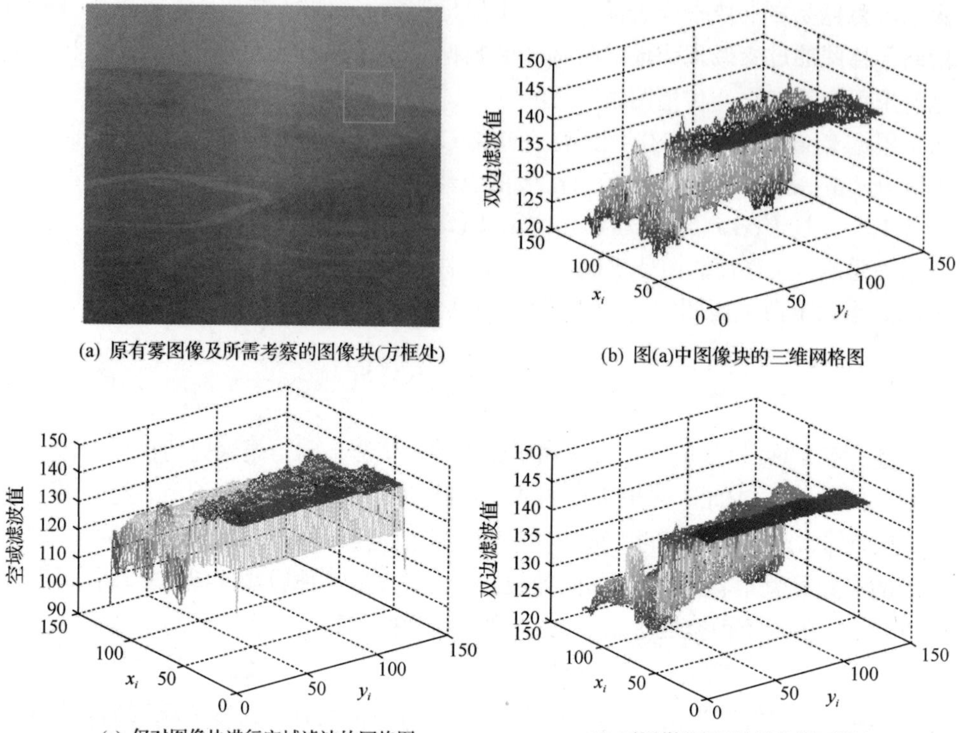

(a) 原有雾图像及所需考察的图像块(方框处)　　(b) 图(a)中图像块的三维网格图

(c) 仅对图像块进行空域滤波的网格图　　(d) 对图像进行双边滤波的网格图

图 3.2　双边滤波示意图

由于双边滤波是一种非线性滤波，空域卷积的快速算法。根据式(3.4)直接计算双边滤波的时间开销很大。因此，有学者提出了快速双边滤波算法[38]，该算法在速度上有很大的提高，而在精度上仅有微小的下降。Paris 等[37]和 Yang 等[38]在信号处理理论的基础上，提出了一种快速近似计算，并分析了数值逼近精度。此算法将双边滤波表示为三维乘积空间 $S\times R$ 中线性移不变卷积，在降采样的高维空间执行低通滤波，最后线性插值到初始分辨率，获得最终的边缘保持的滤波结果，同时极大地提高了算法的运算速度。在式(3.4)和式(3.5)中，σ_s 和 σ_r 被用于控制粗略传播图的模糊化程度。实验中，设定 σ_s 的值为 $\min(\dim_x, \dim_y)/16$，其中 $\dim_x$ 和 $\dim_y$ 分别表示粗略传播图 $\tilde{V}(x)$ 的宽和高，σ_r 则通过式$[\max(\tilde{V}(x))-\min(\tilde{V}(x))]/10$ 计算得到。实验表明，双边滤波的性能对参数 σ_s 和 σ_r 的变化均不敏感。在实际运算中，此快速双边滤波采用空间域和亮度值域的降采样，提高了算法的速度，同时控制了错误的生成。因此，该双边滤波能够在所得到的精细化传播图中保留足够多的细节信息。

基于以上原因，本节提出的算法采用了文献[37]所提出的快速双边滤波方法对大气耗散函数的粗略估计值 $\tilde{V}(x)$ 进行细化操作，最终得到细化的大气耗散函数 $V(x)$。由此通过变换又可得到精细化传播图 $J^{\text{refined}'}=1-V(x)$，如图 3.3(b)所示。实验发现尽管将此 $J^{\text{refined}'}$ 作为传播图代入大气散射模型表达式中计算，一般情况下可以取得较好的去雾效果，但复原图像在颜色上有时与原有雾图像相差太大，图 3.3(e)很好地说明了此问题。为了使复原图像的颜色能尽可能与其无雾条件下的图像相接近，依据传播图梯度优先规律，采用二值约束图像 $I_{\text{constrain}}$[图 3.3(d)]来计算得到最终的传播图 tr(x)，如图 3.3(c)所示。以上过程可由式(3.6)表示：

$$\text{tr}(x)=\begin{cases}J^{\text{coarse}'}(x), & I_{\text{constrain}}(x)\text{为白色像素}\\ J^{\text{refined}'}(x), & I_{\text{constrain}}(x)\text{为黑色像素}\end{cases} \tag{3.6}$$

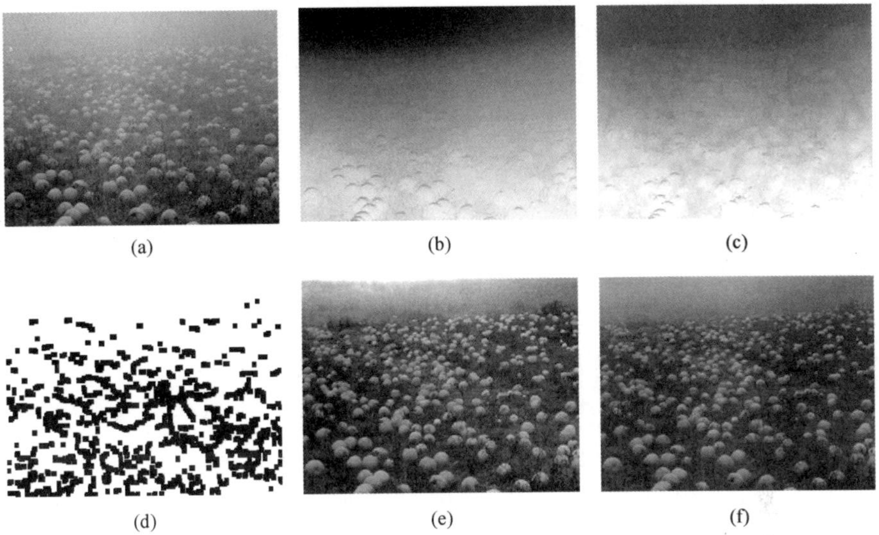

图 3.3　采用不同传播图的去雾效果

3）场景辐照度的复原

根据大气散射模型表达式，可利用上述求取的传播图和大气光来复原场景辐照度。但是，由于散射模型表达式中的衰减光模型项 $J(x)\text{tr}(x)$ 在 $\text{tr}(x)$ 趋近于 0 时其数值也趋近于 0，因此需要将 tr(x) 限制到一个较小的范围 t_0，t_0 一般设置为 0.1，其物理意义为在雾气浓度较深的区域保留少量的雾气影响。因此，利用 He 方法提出的大气散射模型简化表达式 $I(x)=J(x)\text{tr}(x)+A(1-\text{tr}(x))$ 可推导出场景辐照度 $J(x)$ 的表达式：

$$J(x)=\frac{I(x)-A}{\max(\mathrm{tr}(x),t_0)}+A \tag{3.7}$$

在按照前述步骤求取传播图 tr(x) 和大气光值 A 后，可将其连同原有雾图像 $I(x)$ 一起代入表达式(3.7)进而得到最终的复原图像 $J(x)$。图 3.3(c)为对原图像图 3.3(a)采用新方法所求取的传播图，图 3.3(f)为采用本节所提算法得到的最终复原结果。

基于梯度优先规律的雾天图像清晰化算法步骤如算法 3.1 所示。

算法 3.1　基于梯度优先规律的雾天图像清晰化算法

输入：有雾图像 $I(x)$

输出：去雾图像 $J(x)$

1. 依据天空区域所具有的显著特征求取大气光值 $A(x)$；
2. 利用暗原色原理估计粗略传播图；
3. 采用传播图梯度优先规律确定粗略传播图中需要优化的像素，并采用大气耗散函数和双边滤波求取最终的精细化传播图 tr；
4. 将大气光值 $A(x)$、传播图 tr(x) 与原有雾图像 $I(x)$ 一起代入大气散射模型表达式，得到最终的去雾图像 $J(x)$。

2. 实验结果与分析

1）去雾效果的主观对比

为了验证算法的有效性和实用性，采用 MATLAB 在 Pentium(R) D、3.00GHz、2GB 内存的 PC 上对大量雾天图像进行了对比性实验。实验结果表明，本节所提算法用于各种雾天条件下的景物影像清晰化时，效果都比较明显。图 3.4 为 Fattal 方法[39]与本节算法的去雾效果对比。图 3.5 给出了本节算法与 Tan 方法[27]的去雾效果对比，从图中可以看出，Tan 方法由于利用最大化局部对比度来达到去雾的目的，因此去雾效果较为明显。例如，图 3.5 中原本难以察觉的远处房屋在经过该方法处理后得以重现。但其复原后的图像在颜色上往往过于饱和且存在严重的光晕伪影现象。这里还将本节算法与 He 方法[32]及 Yu 方法[35]的去雾效果进行了对比，如图 3.6 和图 3.7 所示。就整体效果来看，本节算法与 He 方法的处理结果较为相近。相对于原有雾图像，去雾后图像的对比度和清晰度都有较大的改善。对 Yu 方法而言，若原图像涵盖大面积的非白色天空区域，则会造成最终复原结果存在颜色失真。图 3.8 和图 3.9 为本节方法与新近提出的 Fattal 方法、Tan 方法、He 方法、Yu 方法去雾效果比较。实验结果表明：本节算法在视觉效果上与 He 方法最为接近，且没有 Tan 方法和 Yu 方法所存在的颜色失真问题。事实上，依据图像的不同，每种去雾算法都是在寻求一个色彩逼真水平和对比度增强效果之间的平衡点。因此，很难从主观上确定何种去雾算法的清晰化效果最好。

(a) 原图像　(b) Fattal方法　(c) 本节算法

图 3.4　本节算法与 Fattal 方法的去雾效果对比

(a) 原图像　(b) Tan方法　(c) 本节算法

图 3.5　本节算法与 Tan 方法的去雾效果对比

(a) 原图像　(b) He方法　(c) 本节算法

图 3.6　本节算法与 He 方法的去雾效果对比

(a) 原图像　(b) Yu方法　(c) 本节算法

图 3.7　本节算法与 Yu 方法的去雾效果对比

(a) 原图像　(b) Fattal方法　(c) Tan方法

(d) He方法　(e) Yu方法　(f) 本节算法

图 3.8　本节算法与其他几种方法去雾效果对比(一)

(a) 原图像　(b) Fattal方法　(c) Tan方法

(d) He方法　(e) Yu方法　(f) 本节算法

图 3.9　本节算法与其他几种方法去雾效果对比(二)

2) 算法的时间复杂度和运算速度

对于一幅大小为 $s_x \times s_y$ 的图像，由于本节所提算法采用的快速双边滤波的时间复杂度为 $O(s_x s_y)$，而该算法中其他步骤均为简单操作，因此整体而言，本节所提算法的时间复杂度也为 $O(s_x s_y)$。下面对各去雾算法在 MATLAB 环境下的运算速度进行衡量。对于 He 方法而言，由于其使用的抠图 Laplacian 矩阵 L 非常巨大，对于大小为 $s_x \times s_y$ 的图像，L 的大小为 $s_x s_y \times s_x s_y$，这就造成 He 方法具有很高的时空复杂度。对于一幅分辨率为 600×400 像素的图像，He 方法的处理时间将近 20s。Fattal 方法和 Tan 方法的处理时间甚至比 He 方法更长，对于分辨率为 600×400 像素的图像，Fattal 方法和 Tan 方法则分别需要 40s 和 5～7min。相比之下，本节所提算法具有相对较快的运算速度，处理同样大小的图像仅需 8s。图 3.10 给出了四种去雾方法在处理不同分辨率大小的图像时的运算时间。

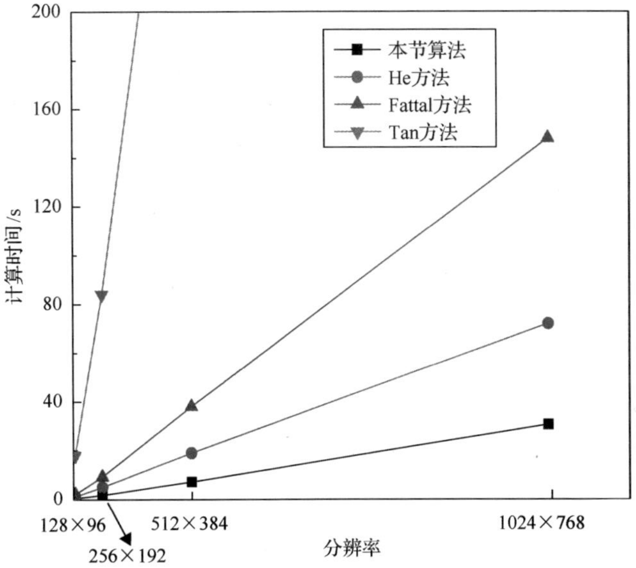

图 3.10　计算速度对比

3.2.2　基于雾气理论的视频去雾方法

目前，国内外学者对去雾算法的研究主要是针对单幅图像，而对视频去雾方面的研究工作开展较少且远没有达到成熟阶段，处理过程中对天气或场景信息的采集具有很强的依赖性。雾天视频的去雾方法主要建立在前背景分离的基础上，可分为两类，即借助传播图的方法和前背景分离处理的方法。目前视频去雾的研究还处于起步阶段，因此现有方法无论是在效率、实用性还是处理的结果质量上都无法令人满意。针对目前已有视频去雾算法存在的问题，本章针对视频监控系统，提出了基于雾气理论的视频去雾方法[40]。这里的雾气在本章算法中既可以看成是覆盖在视频帧上的一层遮罩，又可以视为大气散射模型变形表达式中的光路传播图。相对于前人的工作，本节所提算法具有以下创新点及优势：①从雾气的角度考虑视频的去雾方法。雾气如同覆盖的一层遮罩从原有雾视频帧上消除，或是作为散射模型表达式中的传播图被分离消除，从而拓展了视频去雾问题的解决途径。②有效地提高去雾处理的效率。算法由于采用了“通用”策略，将通过背景图像求取的传播图用于视频的所有帧，大大降低了算法的运算代价，保证了处理后其效果的一致性。在获得较优的去雾效果的同时，提高了算法的处理速度。

1. 雾气理论

1）视雾气为遮罩

将雾气视为遮罩的理论基础是 Retinex 模型。Retinex 模型是关于人类视觉系统如何调节感知到物体的颜色和亮度的模型。其基本原理是将一幅图像 S 分为亮度图像 L 和反射图像 R 两部分，对于图像中的每一像素点 (x, y)，$S(x, y) = R(x, y) \cdot L(x, y)$，通过降低亮度图像对反射图像的影响而达到增强图像的目的。对一幅图像而言，其亮度分量变化往往比较缓和，对应于图像的低频部分。将此变化缓和的亮度分量图像像素值的均值与原有雾图像的信息相结合即可得到包含景深关系的雾气遮罩。

2）视雾气为光路传播图

由 McCartney 提出的大气散射模型表达式为

$$E = I_{\infty}\rho \mathrm{e}^{-\beta d} + I_{\infty}(1-\mathrm{e}^{-\beta d}) \tag{3.8}$$

式中，ρ 为大气密度。

若定义 $A = I_{\infty}$、$t(x) = \mathrm{e}^{-\beta d(x)}$，则将其散射模型表达式进行变形可得如下表达式：

$$1-\frac{I(x)}{A} = t(x)[1-\rho(x)] \tag{3.9}$$

式中，$t(x)$ 为光路传播图；$1-\rho(x)$ 为逆反照率，其随反照率的变化而相应改变。进一步定义 $B(x) = 1 - I(x)/A$，$C(x) = 1-\rho(x)$，则式(3.9)变换为

$$B(x) = t(x)C(x) \tag{3.10}$$

在求取大气光值 A 后，即可从 $I(x)$ 中计算出 $B(x)$。根据式(3.10)，去雾问题转变为从 $B(x)$ 中分离光路传播图 $\mathrm{tr}(x)$ 和逆反照率 $C(x)$ 两分量的问题。其中，$B(x)$ 表示人眼未能捕捉到的光强所占总光强的概率，如图 3.11(a)所示。图 3.11(b)为光路传播图，其表示从场景点到观测者之间没有发生散射的残余光强所占的概率。图 3.11(c)为逆反照率，反照率表示场景点入射光中被反射的概率，因此逆反照率

为入射光中被场景点吸收的比率。因此，式(3.10)中的因子 $B(x)$ 可以看成是光路传播图与逆反照率的乘积。此过程与上面介绍的 Retinex 算法原理类似，若将 $B(x)$ 视为输入图像，则可将传播图看成原图像的亮度分量，将逆反照率视为原图像的反射分量。

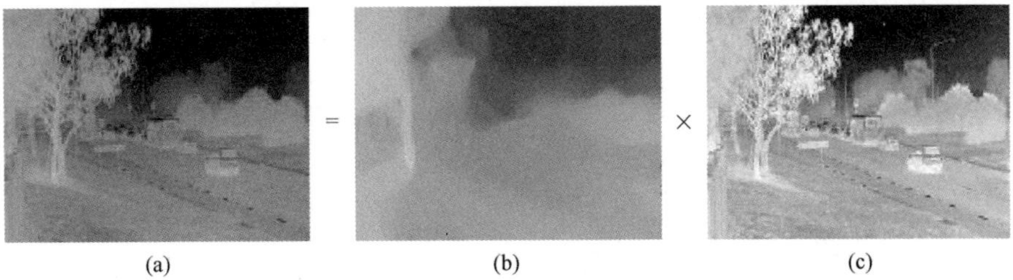

图 3.11　图像分解

传播图是景深的连续函数，尽管深度图存在不连续性，但是大部分情况下深度的变化都是平滑的，因此传播图的变化也是平滑的，即传播图的变化是大规模的。雾气的存在是导致其对应的逆反照率图像亮度发生大规模变化的主要原因，由此可推出如下假设：$B(x)$ 中大规模的亮度变化是由反映雾气浓度变化的光路传播图导致的。

2. 视雾气为遮罩的去雾算法

1) 去雾算法流程

视雾气为遮罩的去雾算法流程主要有两步：①利用 Retinex 算法将有雾视频各帧的亮度图像分离出来，并结合原视频帧自身的深度信息得到该视频各帧的雾气遮罩；②在对数域中将原有雾视频的每一帧图像减去其雾气遮罩以分离出反射图像，其目的在于消除每帧图像中的雾气遮罩影响，从而获得场景目标的本来面貌，并采用自适应对比度拉伸方法以获得进一步增强后的去雾效果。此算法的具体流程如图 3.12 所示，其算法步骤如下所示。

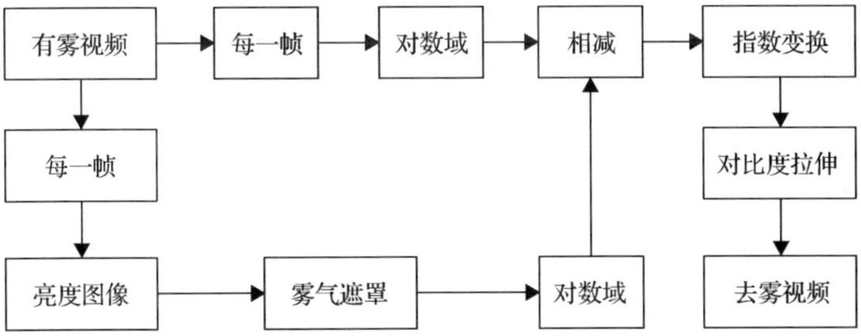

图 3.12　视雾气为遮罩的去雾算法流程

算法 3.2　视雾气为遮罩的去雾算法

输入：有雾图像

输出：去雾图像

1. 利用 Retinex 的亮度分量图像结合自身的深度信息得到视频各帧的雾气遮罩；
2. 将此雾气遮罩从原有雾图像中减除，以分离出反射分量图像；
3. 采用自适应对比度拉伸方法进一步增强反射分量图像的对比度，得到最终的去雾图像。

2) 雾气遮罩估计与去雾图像获取

对雾气遮罩的估计是该算法的核心，视雾气为遮罩的去雾算法将从三个颜色通道分别进行处理。定义 $F(x,y)$ 为标准差是 σ 的高斯低通平滑函数，首先将原有雾视频帧与此平滑函数进行卷积运算，以获得该帧图像的亮度分量图像 $\hat{\boldsymbol{L}}(x,y)$，此操作表示如下：

$$\hat{\boldsymbol{L}}(x,y)=\boldsymbol{I}(x,y)*F(x,y) \tag{3.11}$$

$$F(x,y)=k\mathrm{e}^{-(x^2+y^2)/\sigma^2} \tag{3.12}$$

式中，k 为归一化常数，使得系数之和为 1；σ 为标准差，决定了平滑程度。具体来说，假设平滑函数的窗口大小为 $w\times w$，则 k 的取值应满足使 $F(x,y)$ 的和为 1。对于 $\forall(x,y)$，为了求得该视频帧的雾气遮罩 $\tilde{\boldsymbol{L}}(x,y)$，先计算亮度分量图像 $\hat{\boldsymbol{L}}(x,y)$ 的均值 $\overline{L}(x,y)$：

$$\overline{\boldsymbol{L}}(x,y)=\frac{1}{HW}\sum_{x=1}^{H}\sum_{y=1}^{W}\hat{\boldsymbol{L}}(x,y) \tag{3.13}$$

注意到直接计算 $\hat{\boldsymbol{L}}(x,y)$ 的均值所得到的雾气遮罩只适用于雾气分布均匀的情况，若处理雾气分布不均的视频帧，则会导致最终去雾效果的颜色严重失真，因此该算法考虑从视频帧自身的景深关系入手求取雾气遮罩，其操作过程可表示为

$$\boldsymbol{L}'(x,y)=255-\boldsymbol{I}(x,y)*\overline{L}(x,y) \tag{3.14}$$

最后，将图像 $\boldsymbol{L}'(x,y)$ 转换到 YCbCr 颜色空间，并提取出该空间的亮度分量 $\tilde{\boldsymbol{L}}(x,y)$，此亮度分量为该视频帧的雾气遮罩。在获取雾气遮罩 $\tilde{\boldsymbol{L}}(x,y)$ 后，即可将

其在对数域中从图像 $\boldsymbol{I}(x,y)$ 中分离出去。然后经过指数变换即可得到原图的反射分量图像。

图 3.13 显示了以上去雾过程。图 3.13(a)为原有雾图像，图 3.13(b)和图 3.13(c)分别为雾气遮罩估计和反射分量图像。由图 3.13(c)可以看出，以上求得的反射图像整体偏暗。因此，视雾气为遮罩的去雾算法过程采用自适应对比度拉伸方法提高图像的整体对比度，图 3.13(d)即为此算法最终去雾结果。

(a) 原有雾图像　　(b) 雾气遮罩估计

(c) 反射分量图像　　(d) 最终去雾效果

图 3.13　视雾气为遮罩的去雾算法过程

3. 视雾气为光路传播图的去雾算法

1) 去雾算法流程

视雾气为光路传播图的去雾算法流程主要有两步：①利用 Retinex 算法将有雾视频各帧的亮度图像分离出来，并结合原视频帧自身的深度信息得到该视频各帧的雾气遮罩；②在对数域中将原有雾视频的每一帧图像减去其雾气遮罩以分离出反射图像，其目的在于消除每帧图像中的雾气遮罩影响，从而获得场景目标的本来面貌，并采用自适应对比度拉伸方法获得进一步增强后的去雾效果。此算法的具体流程如图 3.14 所示，其算法步骤如下所示。

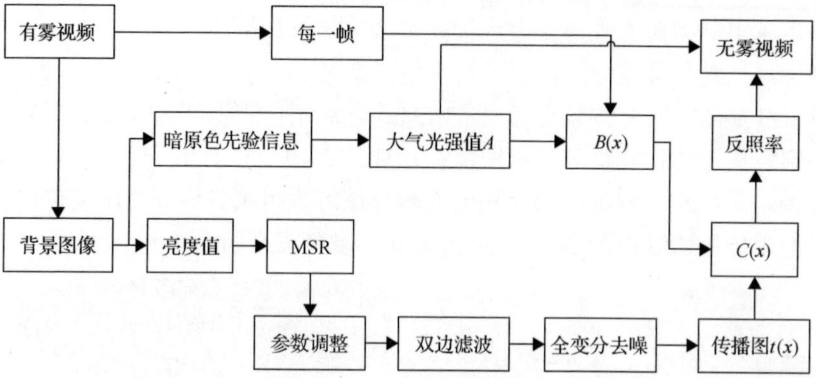

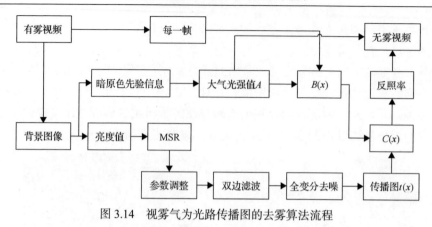

图 3.14 视雾气为光路传播图的去雾算法流程

算法 3.3 视雾气为光路传播图的去雾算法

输入：有雾图像

输出：去雾图像

1. 求取大气光值；
2. 求取有雾视频背景图像的光路传播图；
3. 利用大气散射模型变形表达式求取反照率，将此反照率与大气光相乘得到最终的去雾图像。

---

2) 大气光估计

为了计算 $B(x)$，必须首先估算出大气光值 A。目前已有许多方法解决这一问题。例如，通过对雾天图像的天空区域求均值来估算 A 值，该方法的不足在于场景中必须要有天空存在。John 等[41]通过求取调整对比度的代价函数的最小值或是利用 YIQ 模型的亮度分量值来求取大气光值。但这些估算 A 值的方法都不能在提高能见度的同时保持图像的颜色逼真度。He 等[32]提出的 A 值估计方法建立在暗原色先验统计的规律之上，此方法适用于大多数实际场景。从实际应用的角度出发，该方法即采用暗原色规律估算 A 值。具体做法为：在暗原色图像中，将各像素点的亮度值按照递减的顺序排序，确定数值大小为前 0.1%的点在暗原色图像中所处的位置，则这些位置对应的原有雾图像区域中的最大值即为大气光 A 的值。按这种方法取得的 A 值可能不是整幅图像中的亮度最大值，从而避免了 A 值的错选。

3) 雾气传播图估计

为了方便讨论，定义场景中的静止部分为背景，移动目标为前景。目前已有许多方法用于求取背景图像，如建模的方法或简单的均值方法。该方法主要采用经典的帧间差分法来获取背景图像。得到背景图像后，即可利用此图像求取视作雾气的光路传播图。注意，若两个场景目标表面的辐照度发生大范围的变化，则即使它们位于同一景深区域，反映在传播图上也可能具有不同的值。物体表面的辐照度可以由亮度来衡量，因此可提出如下假设：传播图的变化由亮度引起。本算法是通过图像的亮度分量来获取其传播图，其估计方法的具体步骤如下所述。

首先，选取图像转换的颜色空间。对图像而言，为了使亮度分量和色度分量分离开来，可以将其转换到 HSI 颜色空间、YUV 颜色空间等，从而只针对亮度分量进行处理。目前常用的是 HSI 颜色空间，但由于该空间与 RGB 空间的转换需要对每一个像素点进行三角函数运算，在计算时间和计算量上开销较大，因此选取的颜色空间为 YCbCr 空间，主要原因是其与 RGB 之间的互换只涉及简单的代数运算，计算量小，计算速度快。

其次，在 YCbCr 空间中的亮度分量上进行 MSR 处理。该处理过程的数学形式如下：

$$R_m(x,y)=\sum_{n=1}^{N}W_n(\ln Y(x,y)-\ln[F_n(x,y)*Y(x,y)]) \tag{3.15}$$

式中，$R_m(x,y)$ 是 MSR 在第 i 个颜色空间的输出；N 为尺度个数；W_n 为对应于每一个尺度的权值；$Y(x,y)$ 为亮度图像分布；$F_n(x,y)$ 为对应权值 W_n 的第 n 个环绕函数，选取高斯形式。在对亮度分量进行处理时，环绕函数尺度的选择应尽量包含各个范围的尺度。实验表明，对于大多数图像，选取大、中、小 3 个尺度，并且每个尺度的权重在保证和值为 1 的前提下根据保证色彩均衡的标准来选取。然后采用参数 C 减去图像中每一点的像素值来调整传播图。大量实验证明，C 值取为 1 时满足绝大多数情况。但是，仅仅采用 MSR 算法可能会使所获得的传播图包含多余细节，因此需要对传播图进行平滑，采用双边滤波器使传播图模糊化的同时保留场景目标的边缘。双边滤波器[42]的特点是对图像的每一点用其空间相邻且灰度相近的像素值的平均值代替原来的值，从而达到滤波的效果。该滤波器是对图像的空间邻近度和灰度相似度的一种折中处理。在同一尺度下进行双边滤波时，小的边缘体现出的灰度差异往往被空间邻近度所掩盖，根据滤波结果保留大的边缘。因此，双边滤波可用来去除图像的纹理，同时保留图像的形状特征。

本算法采用双边滤波的目的在于保留传播图中的场景目标边缘的同时，消除其中可能导致图像复原错误的细节信息。例如，在图 3.15 中，图 3.15(a)为原有雾图像，图 3.15(b)为未经滤波的传播图，图 3.15(c)为由(b)所得到的复原图像，图 3.15(d)为经过双边滤波获得的传播图，图 3.15(e)为由(d)得到的复原图像。从图 3.15(a)中可以看出，砖瓦与其间的沟槽具有相同的景深，因此在传播图中不应有所区分，但在图 3.15(b)所示的传播图中仍能很容易地看到瓦间的沟槽。采用双边滤波后这一多余的细节就被很好地消除了，如图 3.15(d)所示，从而使最终的结果不存在光晕伪影的现象，去雾效果图 3.15(e)要优于图 3.15(c)。 在求取传播图中采用的双边滤波过程可定义为

$$\hat{I}(u)=\frac{\sum_{p\in N(u)} W_c(\|p-u\|)W_s(|I(u)-I(p)|)I(p)}{\sum_{p\in N(u)} W_c(\|p-u\|)W_s(|I(u)-I(p)|)} \tag{3.16}$$

式中，$I(u)$为原有雾图像，坐标 $u=(x, y)$；$N(u)$为 u 的邻域。空间邻域相似度函数$W_c(x)$是标准差为σ_c的高斯滤波器，其定义为$W_c(x)=\mathrm{e}^{-x^2/2\sigma_c^2}$。灰度相似度函数$W_s(x)$是标准差为$\sigma_s$的高斯滤波器，其通常定义为$W_s(x)=\mathrm{e}^{-x^2/2\sigma_s^2}$。在实验中$\sigma_c$和$\sigma_s$分别设置为 3 和 0.2，$N(u)$表示的邻域的大小为 5×5 像素。双边滤波能有效地消除所估算传播图中的多余细节，从而使经过该滤波所获取的传播图能够较好地反映场景的景深信息。

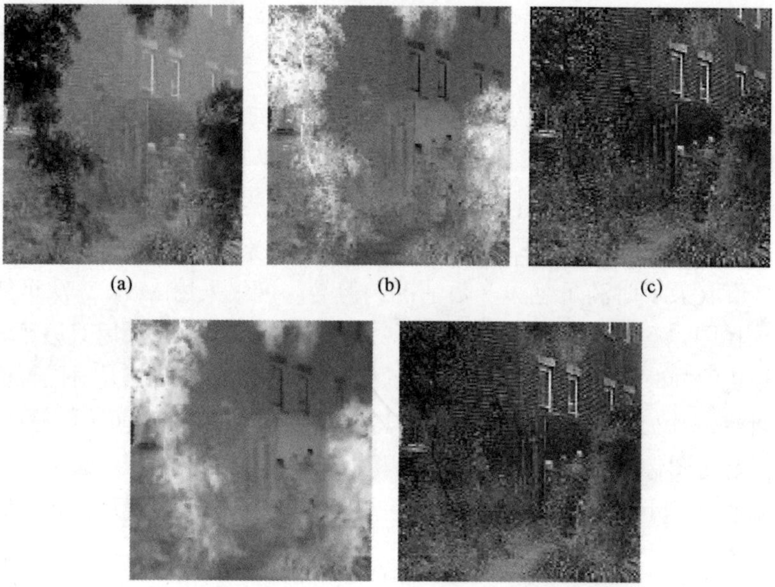

(a) (b) (c) (d) (e)

图 3.15　滤波结果

对于监控视频而言，摄像头一般是固定的且安装位置距离地面较高，因此视频各帧的背景是不变的，并且前景目标与其背景之间在景深上的差异也通常较小。尽管针对单幅图像采用双边滤波求取传播图所获得的最终去雾效果较好，但如果对每帧图像都采用此滤波，计算一次传播图必然需要耗费大量时间，从而无法满足实际应用的实时性要求。为了使一次计算得到的传播图能应用到所有帧，此

传播图应在反映景深信息的同时，只包括场景目标的轮廓。在此情况下，运动的前景目标和图像的细节信息均可视作图像的噪声。由于证明基于 RoF(Rudin-Osher-Fatemi)模型的全变分滤波对图像去噪较为有效，且对场景目标的边缘无平滑影响，因此该算法在利用双边滤波所获取的传播图的基础上，又采用此全变分滤波器得到针对视频帧的通用传播图。图 3.16 表示视频片断 1 的去雾效果。图中，图 3.16(a)和图 3.16(d)是从原有雾视频中任意选取的两帧。图 3.16(b)是背景图像经过双边滤波所得到的初始传播图。图 3.16(e)是对图 3.16(b)进行全变分去噪滤波后得到的通用传播图。该方法将由背景图像得到的传播图应用于视频的所有帧，因此算法速度快是其主要优点之一。同时从视觉感知的角度来看，最终的去雾视频帧也不存在重大失真。

(a)　(b)　(c)

(d)　(e)　(f)

图 3.16　视频片断 1 的去雾效果

4) 场景辐照度复原

在求取大气光值 A 后，即可结合视频每一帧的图像 $I(x)$，由 $B(x)=1-I(x)/A$ 得到其对应的 $B(x)$ 图像。再通过上述介绍的方法得到通用传播图 $t(x)$，代入式(3.10)即可求得 $C(x)$ 图像，此图像相当于从图像 $B(x)$ 中消除雾气 $t(x)$ 后得到的结果。由此，最终的场景辐照度 $J(x)$ 可以表示为

$$J(x)=A[1-C(x)] \tag{3.17}$$

式(3.17)中的大气光值和传播图可分别由视频的背景图像估算出，然后即可应用于该视频的所有帧，从而避免了对每一帧求 A 和 $t(x)$ 的重复运算。图 3.16(c)和图3.16(f)即为对任意选择的两帧图3.16(a)和图3.16(d)的场景辐照度复原效果。

4. 实验结果与分析

视频去雾中有待进一步研究的问题还很多，特别是各帧图像去雾效果的客观、定量评价问题尚未得到很好的解决，原因如下：一是没有一个理想图像可以作为评价参考。对视频去雾效果的评估不同于图像质量评价或图像复原领域，在实际应用中与该视频各帧图像场景完全相同的晴天参考图像无法轻易获得；二是任何合理的评价测度都必须与人眼视觉系统相匹配，然而视觉质量估计不是一个确定性过程。这些因素导致对视频去雾的性能评估问题无法得到直接解决。为了对以上两种基于雾气理论的视频去雾方法进行对比，本节主要考虑主观对比、定量评估、运算速度三种评价标准。

1）去雾效果的主观对比

实验采用 MATLAB6.5 在 Pentium(R) D、3.00Ghz、2GB 内存的 PC 上对传统的视频去雾方法和从雾气角度出发的视频去雾方法进行了大量的对比实验，图 3.17 即为采用文献[41]所代表的传统方法和视雾气为光路传播图的方法在去雾效果上的主观对比。

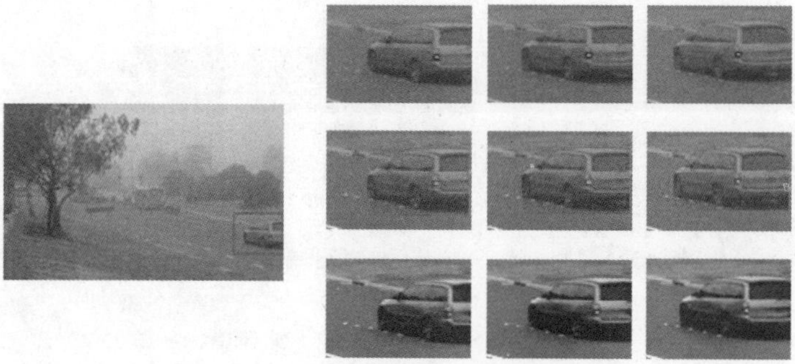

(a) 传统方法的去雾效果存在块状效应

(b) 传统方法的去雾效果存在运动前景目标轮廓检测误差

图 3.17　针对连续视频帧的去雾效果

从图 3.17 中可以看出，传统的视频去雾方法主要存在两个主要问题：一是该方法由于需对各帧的前景子图像进行相关增强处理再与去雾处理后的背景图像相融合，因此不可避免地会给最终的处理结果带来块状噪声，如图 3.17(a)所示；二是相关阈值选取产生了运动前景目标轮廓检测误差，如图 3.17(b)所示。本节所提出的基于雾气理论的视频去雾方法不存在上述这些问题，因此从主观上来看能获得比传统视频去雾方法更优的处理效果。大量实验表明：将雾气视为遮罩或是看成传播图的方法均能使原有雾视频各帧的对比度有较大程度的提高。

2) 去雾效果的定量评估

为了能客观地考察两种方法的去雾性能，考虑从大气能见距离的定义[43]出发进行去雾效果的定量评估。根据能见度的定义，采用 Kohler 提出的基于对数图像处理(logarithm image process, LIP)模型的分割算法[44]，得到去雾前后的视频帧图像中局部对比度大于 5%的边缘集，这些边缘为该帧图像的可见边。图 3.18 给出了传统去雾方法[38]和基于雾气理论的两种算法的可见边结果。由于此性能

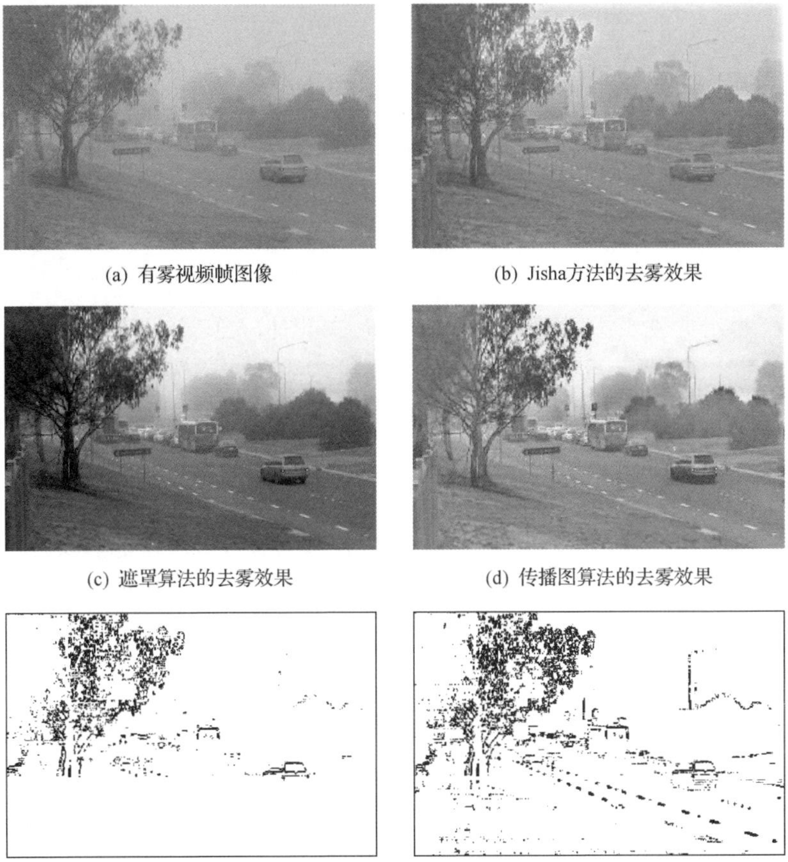

(a) 有雾视频帧图像　(b) Jisha方法的去雾效果

(c) 遮罩算法的去雾效果　(d) 传播图算法的去雾效果

(e) 图(a)的可见边　(f) 图(b)的可见边

(g) 图(c)的可见边

(h) 图(d)的可见边

图 3.18　局部对比度大于 5%的可见边计算结果

评价方法建立在大气能见距离定义的基础上，综合考虑了能见度的因素，因此评估结果与人眼视觉感知的结论相一致。

一旦得到局部对比度大于 5%的对比度图，即可采用以下两个指标从不同角度客观评价帧图像的去雾效果。

新可见边集合数目比 e：

$$e = \frac{n_r}{n_0} \tag{3.18}$$

去雾前后平均梯度比 $\overline{r}$：

$$\overline{r} = \frac{\overline{g}_r}{\overline{g}_0} \tag{3.19}$$

其中，n_0 和 n_r 分别表示原有雾帧图像 I_0 和去雾图像 I_r 中可见边的数目。新可见边集合数目比 e 主要衡量在去雾图像中生成新可见边的能力。$\overline{g}_0$ 和 $\overline{g}_r$ 分别表示图像 I_0 和 I_r 的平均梯度。去雾前后平均梯度比 $\overline{r}$ 主要用来评估算法的平均能见度增强效果。对于每种算法，若 e、$\overline{r}$ 值大于 1，则说明相对于原有雾图像，处理后的图像具有更多的可见边和更高的能见度，且 e 和 $\overline{r}$ 值越大，去雾效果越好。

采用这些评价指标对传统方法[41]和两种视频去雾方法进行定量评估，图 3.19 是对视频片断 1(共 50 帧)的计算结果。此外，还分别对三段视频片断求取了以上两个指标的平均值，实验结果如图 3.20 所示。从图 3.19 中可以看出，传统方法和本节提出的视雾气为遮罩的去雾算法及视雾气为光路传播图的去雾算法的 e、$\overline{r}$ 值都大于 1，说明这些算法均能有效地提高原有雾视频各帧的对比度和清晰度。相比之下，传统方法中 e 和 $\overline{r}$ 均小于视雾气为遮罩的去雾算法。传统方法中，绝大多数 e 和 $\overline{r}$ 小于视雾气为光路传播图的去雾算法，视雾气为遮罩的去雾算法比视雾气为光路传播的去雾算法具有更多的可见边和更大的平均梯度值。

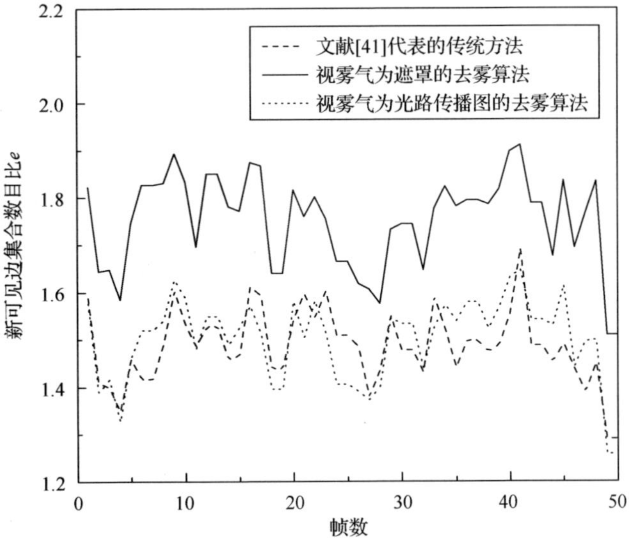

(a) 新可见边集合数目比e

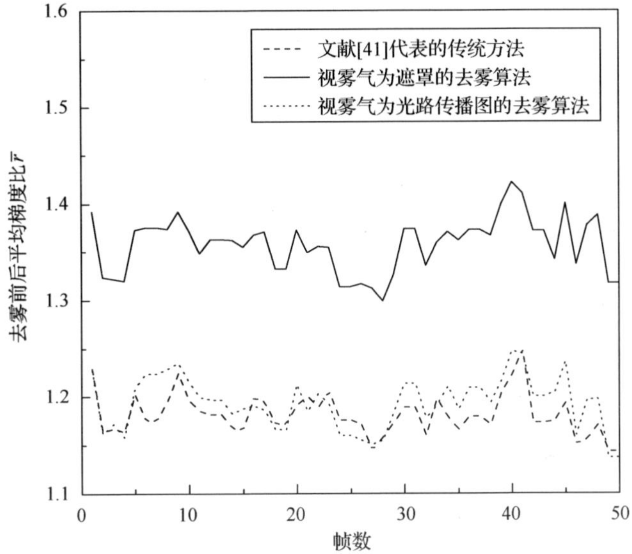

(b) 去雾前后平均梯度比$\bar{r}$

图 3.19　采用传统方法和两种去雾算法对视频片断 1(共 50 帧)的指标评估结果

以上这些结论在图 3.19 和图 3.20 的视觉效果中也得到了证实。究其原因，主要是视雾气为光路传播图的算法出于运算速度的考虑，采用通用策略将同一光路传播图应用于视频的所有帧，但各帧的雾气分布是存在细微差别的，因而最终的去雾结果有待完善。视雾气为遮罩的方法由于对视频的每一帧都求取了雾气遮罩以用于后续的操作，因而此算法能取得相对较优的去雾效果。

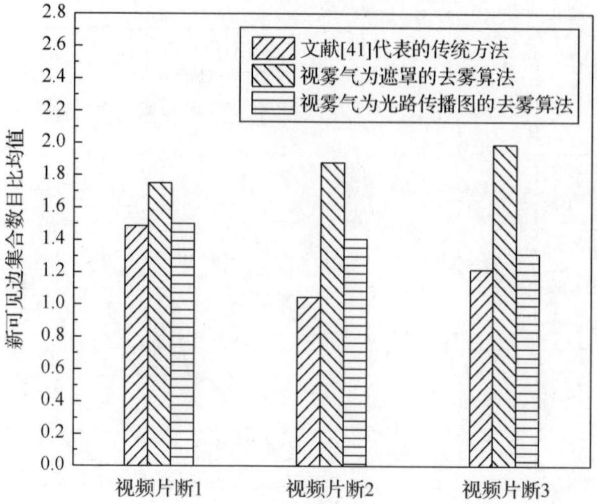

(a) 新可见边集合数目比均值

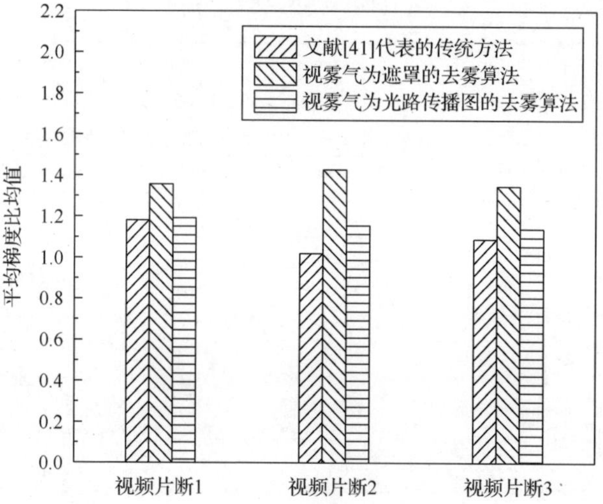

(b) 平均梯度比均值

图 3.20 采用传统方法和两种去雾算法对三段视频片断的指标均值评估结果

3）运算速度

对有雾视频进行去雾处理所需的时间长短取决于该视频帧图像的大小及场景的复杂程度。传统去雾方法由于需要提取视频背景图像和各帧的运动前景子图像，再将两者的增强处理结果相融合，因而所需的运算时间是三种算法中最多的。对于视雾气为遮罩的去雾算法而言，由于需对每帧图像估算雾气遮罩和进行积累直方图运算，因而需要耗费一定的时间。相比之下，视雾气为光路传播图的去雾算法结合大气散射模型，并采用通用的传播图，其复杂度仅是视频帧总像素数目的线性函数，这就使得该方法的运算速度远远快于其他方法。表 3.1 是以上算法的运算速度对比表。

表 3.1　运算速度　(单位：帧/s)

视频序列	大小/像素	文献[41]代表的传统方法	视雾气为遮罩的去雾算法	视雾气为光路传播图的去雾算法
片断 1	480×270×50	0.52	5	12
片断 2	350×197×80	0.49	4	25
片断 3	210×118×100	0.48	4	66

由此可见，两种算法均能有效地提高原有雾视频各帧的对比度和清晰度。同时，视雾气为遮罩的去雾算法能取得相对较优的去雾效果，而视雾气为光路传播图的去雾算法处理速度相对较快。在实际应用中可根据需要选取相应的算法。

3.2.3　雾天图像、视频清晰化效果的评价

鉴于对图像、视频进行去雾处理的重要性，许多学者对此进行了深入研究[27, 32, 39]，同时产生了很多衡量图像质量的评价方法[45-50]。但是，专门针对去雾算法清晰化效果的客观评价方法却鲜有报道[51]。若能对去雾效果进行正确评价，则可针对不同场景的图像选取最为恰当的去雾算法。然而，在评价去雾算法的有效性时，现有方法主要是以主观的视觉评价为主，但主观评价很容易受到观测者个人因素的影响，这就造成评估结果不具备很好的可靠性。由此可见，对去雾效果的客观、定量评价问题一直未得到很好的解决。目前主要采用的方法是前面提到的基于可见边的对比度增强评估方法。在大量实验分析的基础上发现上述评估方法主要存在以下两个问题：①高质量去雾效果的衡量问题。对比度增强评估方法所存在的最大问题是对高质量去雾效果的衡量。通过实验发现，主观感受上效果较好的图像并非总是对应较高的e、$\bar{r}$值及较小的σ值。过增强现象是对这一问题的很好说明。例如，若依据去雾前后平均梯度比$\bar{r}$，可推导出 Tan 方法是最好的方法，但从视觉效果上来看，Tan 方法的结果很明显是过增强导致去雾图像的颜色失真较大，且存在光晕伪影现象。②评价结果的不一致问题。当利用对比度增强评估方法对去雾效果进行定量评价时，应确保采用此方法中的任一指标均能得到相同的评价结果，即较好的去雾算法应同时满足较大的e值、$\bar{r}$值和较小的σ值，但对实际测试图像的评估结果却并非如此。实验表明，较好的算法其实对应的是以上评价指标之间的权衡结果。因此，仍需进一步探索更好的去雾效果评价方法。

由此，从全参考和无参考方法的角度出发，人们提出了两种图像清晰化效果评价方法，即基于合成图像和基于视觉感知的去雾效果评价方法[52]。其中，基于合成图像的去雾效果评价方法为借助参考图像的全参考方法，提出此方法主要是为了解决去雾过程中同一场景的真实参考图像在实际中往往较难获取的问题。因此，在技术实现上，该方法提出借助虚拟现实技术首先创建各种无雾场景图像作为全参考方法的参考图像，再利用环境渲染或光路传播图建立与之相对应的人工合成雾天图像，最后以此为依据利用绝对差值对各方法的去雾效果进行评估，从而避免真实参考图像获取难的问题。基于视觉感知的去雾效果评价方法为无需参考图像的方法，该方法围绕图像的对比度和颜色两方面提出将图像的对比度、色彩的自然度和丰富度作为评价去雾图像质量和视觉效果的重要衡量指标。同时，通过对测试图像的统计分析，总结归纳出上述三个指标的变化趋势，并由此构建出去雾效果的综合评价新函数。上述两种方法尽管在解决问题的思路上存在根本的区别，但是由于各具优缺点，因此在具体应用中，需要根据实际情况选取相关的方法进行评价，即根据评价的目的和对象来处理，若要从整体上衡量算法的去雾性能，则可采用人工合成图像方法；若要对比各去雾算法对某一给定的真实有雾图像的去雾效果优劣，则可依据综合评价函数进行评估。

1. 基于合成图像的去雾效果评价方法

在客观评价方法中，借助无雾参考图像的全参考方法最为可靠。然而在实际应用中，由于该方法要求无雾参考图像与各种雾天图像为同一场景且光照条件相同，因此极难获取其真实参考图像。由此，采用环境渲染或光路传播图等方式建立无雾和各种雾天条件下的人工合成图库。此图库包含 18 幅依据城市道路环境创建的无雾合成图像，每幅图像的大小为 640×480 像素。针对每幅无雾图像，分别采用 3DS MAX 和传播图得到其对应的渲染雾效和模拟雾环境。由此，即可采用各去雾算法对这些合成雾天图像进行清晰化处理，并依据去雾图像与原无雾图像的绝对差值对各算法的去雾性能进行客观、定量的评价。

1）环境渲染方法

利用 3DS MAX、OpenGL 等其他动画渲染和制作软件所提供的环境特效功能可以创建雾、霾等大气特效[53, 54]，在雾效的影响下，场景物体消隐在雾中，如同在原图像上覆盖了一层均匀的雾气遮罩。通过设置雾效渲染功能中的密度参数可以调整雾气的浓度。图 3.21 即为采用 3DS MAX 创建的不同密度参数下的雾效渲染结果。从此图中可以看出，随着密度参数值的增大，均匀雾气遮罩越厚，雾气越浓，直至场景物体完全消失于白色的雾中。

(a) 原无雾图像　(b) 密度参数值为20

(c) 密度参数值为40　(d) 密度参数值为60

图 3.21　采用 3DS MAX 创建的不同密度参数下的雾效渲染结果

2）光路传播图方法

相比于采用 3DS MAX 等软件合成的均匀雾效，利用光路传播图创建雾环境的方法由于充分利用了图像的深度信息，使场景中远处的物体逐步消隐在雾中，因此从视觉效果上看更为真实自然。描述雾天图像降质过程及退化机理的大气散射模型是光路传播图方法的主要理论依据。在实际计算中，利用 He 方法[32]、Yu 方法[35]等可准确求取大气散射模型中的大气光值 A。根据 Rossum 和 Nieuwenhuizn[55]提出的辐射输运方程，令 $t(x)=\mathrm{e}^{-\beta d(x)}$，$t(x)$ 称为光路传播图，$t(x)$ 表征光从场景点传播到观测点过程中所发生的衰减现象。实验中，首先利用建模工具软件 3DS MAX 创建虚拟场景模型，图 3.22(a)即为在 3DS MAX 的透视区中创建的古桥模型，其对应的整体场景渲染效果如图 3.22(b)所示。然后利用该软件渲染器中的

(a) 透视区图像　(b) 场景渲染效果图　(c) 光路传播图

图 3.22　虚拟场景传播图的求取

Z-Depth 组件，设置该组件的 $Z_{\min}$ 和 $Z_{\max}$ 值来获取其反映景深信息的传播图 $t(x)$。本例的 $Z_{\min}$ 设置为 50，$Z_{\max}$ 设置为 600，由此所得到的光路传播图如图 3.22(c) 所示。实验结果表明，模拟雾环境的生成及最终去雾效果的评价受 $Z_{\min}$ 和 $Z_{\max}$ 两个参数的影响较小。

此外，考虑到真实场景的雾气分布大多应随景深变化，因此引入参数 λ 模拟此类雾环境，具体做法是将参数 λ 作为 β 的权重引入，则光路转播图的表达式变换为

$$t'(x) = \mathrm{e}^{-\lambda\beta d(x)} = (\mathrm{e}^{-\beta d(x)})^{\lambda} = t(x)^{\lambda} \tag{3.20}$$

由式 (3.20) 可知，对于此种情况，将变换后的传播图 $t'(x)$ 代入大气散射模型表达式所获得的最终雾效主要取决于 λ 的取值，图 3.23 给出了不同 λ 取值所创建的雾环境效果。

(a) 原图像　(b) 光路传播图　(c) λ=2　(d) λ=3

(e) λ=4　(f) λ=6　(g) λ=8　(h) λ=10

图 3.23　采用光路传播图方法在不同 λ 取值创建的雾环境效果

3) 实验结果与分析

为了验证基于合成图像的去雾效果评价方法的有效性，采用 He 方法[32]和 Tarel 方法[34]对利用环境渲染或光路传播图等方式建立的合成图像进行对比性实验。图 3.24 针对利用传播图创建的雾环境，给出了 3 组图像去雾实验的对比效果示例。从图中可以看出，在模拟雾环境中无法看清的远处场景目标，在经过 He 方法和 Tarel 方法的复原处理后都得到了明显增强。同时，从视觉效果上看，He 方法的处理结果细节分明、轮廓清晰。相比之下，采用 Tarel 方法去雾后的场景目标则存在光晕伪影现象。因此，对图 3.24 中的合成图像而言，He 方法对场景的恢复效果要优于 Tarel 方法。

为了能客观、定量地评估两种去雾方法的性能，采用计算绝对差平均值的方式对合成图库中的 18 类无雾原图像及利用 3DS MAX 和传播图创建的虚拟雾天图

像进行了统计，统计结果如表 3.2 所示。由此表可知，两种方法的绝对差平均值均小于不做任何处理的情况，说明这些算法均能有效地提高虚拟雾天图像的清晰度。相比之下，He 方法的统计数值更小，说明其处理结果的 RGB 三个颜色通道的亮度分布更接近于标准的无雾原图像，因而效果更好。这一结论在图 3.24 的视觉效果中也得到了证实。

(a) 原无雾图像　(b) 光路传播图　(c) 模拟雾环境　(d) Tarel方法结果　(e) He方法结果

图 3.24　基于合成图像的去雾效果对比

表 3.2　18 类合成图像的绝对差平均值统计结果

去雾算法	环境渲染方式	光路传播图方式
无	63.93	47.21
Tarel 方法	51.92	35.07
He 方法	36.53	31.94

利用已有的基于可见边的对比度增强评估方法[51]主要存在评估结果不一致的问题。例如，对于图 3.24 中 Tarel 方法和 He 方法的去雾效果而言，由表 3.3 中的统计数据可知，He 方法的 σ 值整体小于 Tarel 方法说明 He 方法要优于 Tarel 方法，但若从 e、$\bar{r}$ 值衡量，则会得出相反的结论，基于合成图像的方法则不存在这一问题。

表 3.3　图 3.24 中各去雾图像的对比度增强评估方法结果

指标	图 3.24(d) Tarel 方法			图 3.24(e) He 方法		
	第一幅	第二幅	第三幅	第一幅	第二幅	第三幅
e	1.0912	1.1386	1.1965	0.9875	1.0903	1.1790
$\bar{r}$	5.0700	5.0743	4.8396	2.0302	1.6637	1.6236
σ /%	0.7301	0.1729	0.8551	0	0	0

2. 基于视觉感知的去雾效果评价方法

基于合成图库的评价方法通过模拟无雾和有雾状态的图像场景，采用全参考的方式有效评估各算法去雾效果的优劣。针对实际应用中无法轻易获取参考图像的场景，本节试图从人类视觉感知的角度出发，构建一套无需参考图像的去雾效果综合评价体系。由于已有对比度增强评估方法所提出的三个评价指标均是建立在对比度图的基础上，因此能很好地衡量去雾算法的对比度复原能力，然而人类视觉系统在判断算法的去雾效果时，图像对比度的衰减复原程度固然是应该考虑的因素，但去雾图像的颜色质量也是重要的评价依据。因此，有必要构建一个建立在人类视觉感知基础上的图像去雾效果综合评价体系。在衡量图像颜色质量方面，文献[56]和[57]提出的最佳色彩图像再现模型认为，图像色彩质量主要由人类视觉所感知的图像色彩自然度和色彩丰富度决定。因此，本节提出的基于视觉感知的去雾效果评价方法将通过图像对比度、色彩自然度和色彩丰富度等指标从不同角度评价算法的去雾效果，即建立 CNC（contrast-naturalness-colorfulness）综合评价体系。此外，利用 CNC 还可实现对各算法所涉及参数的动态自适应调控。

1）CNC 评价体系的总体框架及评价指标

CNC 评价体系的总体框架如图 3.25 所示，其中 x 表示原有雾图像，y 为各算法的处理结果。此评价体系依据人眼视觉感知特性，从图像对比度和颜色质量入手，首先结合图像 x、y 的可见边计算图像的对比度增强指标 e'；其次计算去雾结果 y 的图像色彩自然度（color nature index，CNI）和色彩丰富度（color colorfulness index，CCI）评价指标；最后利用评价指标 e'、CNI 和 CCI 构建综合评价函数，并据此对各去雾算法的复原效果进行客观、定量评估。

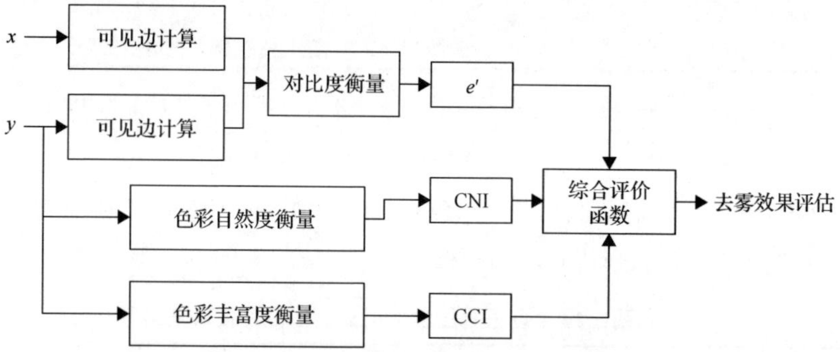

图 3.25　CNC 评价体系总体框架示意图

如前所述，图像去雾算法的评价指标主要涉及图像的对比度和色彩质量两个方面，涵盖图像对比度、色彩自然度和色彩丰富度三个衡量指标。

(1) 图像对比度衡量指标。

依据大气能见度的定义[43]，可见边是局部对比度的反映，因此图像的对比度可通过其可见边的数目来度量。对于基于可见边的对比度增强评估方法[51]，为了保证图像对比度的衡量指标 e' 为非负值，将其定义为

$$e'(x,y)=\frac{n(y)}{n(x)} \tag{3.21}$$

式中，$n(x)$ 和 $n(y)$ 分别表示原有雾图像 x 和去雾图像 y 中的可见边数目。

(2) 图像色彩自然度衡量指标。

图像色彩自然度是人类视觉评判图像场景是否真实自然的度量，CNI 为此评价标准的衡量指标[56-58]。其值 N_{image} 的具体计算步骤如下所述。

步骤 1：将彩色图像从 RGB 颜色空间转换为 CIELUV 颜色空间；

步骤 2：分别计算 CIELUV 颜色空间的三个分量：亮度 L、色调 H 和饱和度 S。

步骤 3：对 L 和 S 分量进行阈值化，L 分量保留 20～80 这一区间段的值，S 分量保留大于 0.1 的值。

步骤 4：依据色调 H 将图像像素分为三类：25～70 称为“skin”像素，95～135 称为“grass”像素，180～260 称为“sky”像素。

步骤 5：分别为“skin”“grass”和“sky”像素计算其饱和度均值：$S_{\text{average\_skin}}$、$S_{\text{average\_grass}}$、$S_{\text{average\_sky}}$。同时，统计“skin”“grass”和“sky”像素的数目：n_{skin}、n_{grass}、n_{sky}。

步骤 6：分别计算属于“skin”“grass”和“sky”像素的 CNI 值：

$$N_{\text{skin}}=\exp\left[-0.5\left(\frac{S_{\text{average\_skin}}-0.76}{0.52}\right)^2\right] \tag{3.22}$$

$$N_{\text{grass}}=\exp\left[-0.5\left(\frac{S_{\text{average\_grass}}-0.81}{0.53}\right)^2\right] \tag{3.23}$$

$$N_{\text{sky}}=\exp\left[-0.5\left(\frac{S_{\text{average\_sky}}-0.43}{0.22}\right)^2\right] \tag{3.24}$$

步骤 7：计算图像色彩自然度 CNI 的值：

$$N_{\text{image}}=\frac{n_{\text{skin}}N_{\text{skin}}+n_{\text{grass}}N_{\text{grass}}+n_{\text{sky}}N_{\text{sky}}}{n_{\text{skin}}+n_{\text{grass}}+n_{\text{sky}}} \tag{3.25}$$

该指标主要用于对去雾图像 y 的评判，其取值范围为 0～1，且 CNI 值越接近 1，表明此图像越自然。同时，由于 CNI 建立在图像分割和分类的基础上，为了保证评价的公平客观性，对所有去雾图像的处理均是采用文献[57]提出的图像分割、分类标准。

(3) 图像色彩丰富度衡量指标。

图像色彩丰富度反映的是色彩的鲜艳生动程度，CCI 为其衡量指标[56, 57]，其值 C_k 由式(3.26)计算确定：

$$C_k = S_k + \sigma_k \tag{3.26}$$

式中，S_k 为图像 k 的饱和度分量 S 的均值；σ_k 为其标准差。该指标同样用于评判去雾图像 y。当 CCI 位于某一特定取值范围内时，人类视觉对图像色彩的感知最为适度。CCI 与图像内容相关，主要用于衡量同一场景、相同景物在不同去雾效果下的色彩丰富程度。

图 3.26 为人眼视觉感知与图像颜色质量评价指标 CNI 和 CCI 的对应结果。图 3.26(a)为原图像，该图像细节模糊且颜色整体偏绿。图 3.26(b)为对原图像进行处理后的结果。相比原图而言，该图的细节更为清晰，且失真颜色也得到纠正。不足之处在于，缺乏色彩丰富度，因而整幅图像显得不够生动。图 3.26(c)的处理结果就在色彩丰富度上优于图 3.26(b)，该图整体感觉颜色自然、生动，视觉效果最佳。

(a) CCI好，CNI差　　(b) CNI好，CCI差　　(c) CNI和CCI均好

图 3.26　人眼视觉感知与评价指标 CNI 和 CCI 的对应结果(见彩图)

为了分析上述三个指标的变化趋势，针对 50 幅无雾测试图像采用光路传播图方法通过逐步调节相关参数创建了其对应的从浓雾、大雾直至薄雾逐步清晰化的模拟雾天图像，同时通过调节 Xu 等提出的图像增强方法[59]中的相关参数，得到各测试图像从无雾、适度增强到过增强逐步变化的仿真图像。对各测试图像从浓雾到过增强这一系列图像统计上述指标的计算值，即可得到如图 3.27 所示的相关

指标的总体变化趋势曲线图。

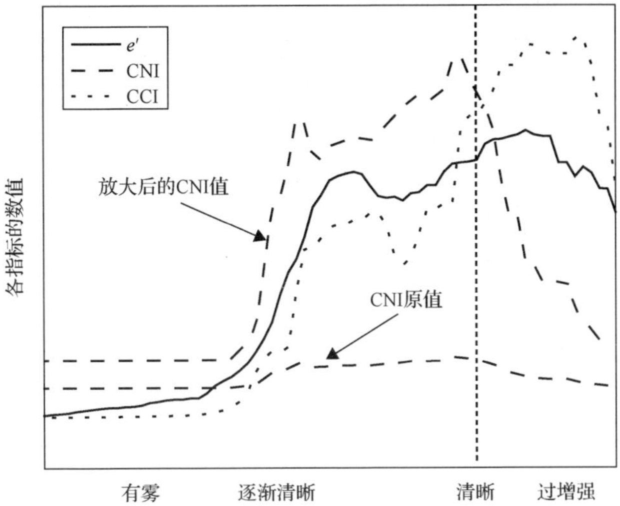

图 3.27　CNC 评价体系中各指标的总体变化趋势曲线

图 3.27 中，黑色竖直虚线位置表示最佳去雾效果处。由于相对于 e' 和 CCI 的数值变化，CNI 的原值变化过小，因此其值被人为扩大，以便更为直观地在同一坐标系中对比分析各指标间的关系。从图 3.27 中可以看出，在图像从有雾、逐渐清晰到清晰的过程中，e' 和 CCI 的值在波动中稳步上升。当图像过增强时，这两个值依然增大，当过增强到一定程度后就开始急剧下降，即 e' 和 CCI 是在其达到峰值前图像达到最佳去雾效果。其中，e' 的波动是因为在去雾过程中构成可见边的可见像素点有可能连成区域，导致去雾图像的可见边数目发生变化，从而造成 e' 值的波动。CCI 的波动是由于图像在逐步增强的过程中有时会出现颜色失真。而 CNI 随着去雾效果的增强其值波动上升，当图像达到最佳去雾效果后，开始急剧下降。CNI 代表图像的色彩自然度。当存在少量雾气时，图像的色彩可能较为自然，因此在图像达到最佳清晰化效果前，该曲线存在几个峰值。由此可见，最为自然的图像不一定清晰化效果最好，但最为清晰的图像必定具有较高的 CNI 值。

2) CNC 综合评价函数的构建

利用上述衡量指标即可构建综合评价函数 CNC(x, y) 以定量评估各算法的复原效果，即

$$\mathrm{CNC}(x,y)=f(e'(x,y),\ \mathrm{CNI}(y),\ \mathrm{CCI}(y)) \tag{3.27}$$

由图 3.27 所示的各指标的变化趋势可知，式(3.27)中 CNI 在其曲线峰值时，图像色彩达到最为自然的效果，但图像去雾效果不一定最佳，不过最佳的去雾效

果必然具有较高的色彩自然度，即 CNI 值，而过增强后，图像色彩失真，CNI 值急剧下降。e' 和 CCI 则是在其曲线峰值前，图像达到最佳去雾效果，而过增强后，其值持续上升越过峰值才开始下降。因此，若能使 e' 和 CCI 曲线的上升趋势(即从最佳去雾效果点到其峰值)尽可能地被 CNI 曲线的下降趋势所抵消，就能使 CNC 综合评价函数的曲线峰值尽可能地与图像实际最佳去雾效果相接近。同时，CNI 的实际数值变化幅度较小，而 e' 和 CCI 的变化幅度则较为显著，因而需对 e' 和 CCI 进行相关运算以减弱其对 CNC 综合评价函数的影响，从而实现上述抵消。对 e' 和 CCI 采用开方运算，由此 CNC 综合评价函数可表示为

$$\mathrm{CNC}(x,y)=e'(x,y)^{\frac{1}{n_1}}\cdot\mathrm{CNI}(y)+\mathrm{CCI}(y)^{\frac{1}{n_2}}\cdot\mathrm{CNI}(y) \tag{3.28}$$

式中，n_1 和 n_2 为调节参数（$n_1\geqslant 1$，$n_2\geqslant 1$），目的是通过减弱 e' 和 CCI 的变化幅度来满足上述抵消要求。图 3.28 给出了 n_1、n_2 的调整对 CNC 曲线变化的影响。其中图 3.28(a)为式(3.28)等号右边第一项 $e'(x,y)^{1/n_1}\cdot\mathrm{CNI}(y)$ 在取不同 n_1 值下时变化趋势曲线，图 3.28(b)为式(3.28)等号右边第二项 $\mathrm{CCI}(y)^{1/n_2}\cdot\mathrm{CNI}(y)$ 在取不同 n_2 值时的变化曲线，图 3.28(c)为不同 n_1 和 n_2 取值下的 CNC 变化曲线。由图 3.28(a)和图 3.28(b)可知，当 n_1 或 n_2 较小时，两项的变化曲线均是在图像过增强时达到最大值。随着 n_1 或 n_2 的增大，两项的变化曲线峰值左移，且逐步趋于稳定，如图中黑色竖直虚线位置处。CNC 为上述两项之和，因此具有相同的变化规律。选取适当的 n_1、n_2 即可在使 CNC 值趋于稳定的同时，确保曲线的峰值尽可能与图像的最佳去雾效果相接近。同时，n_1 和 n_2 的取值是基于应用场景的。在本节的实验中均设置 $n_1=n_2=5$，该取值能够使 $e'(x,y)^{1/n_1}\cdot\mathrm{CNI}(y)$ 和 $\mathrm{CCI}(y)^{1/n_2}\cdot\mathrm{CNI}(y)$ 的值分别趋于稳定。

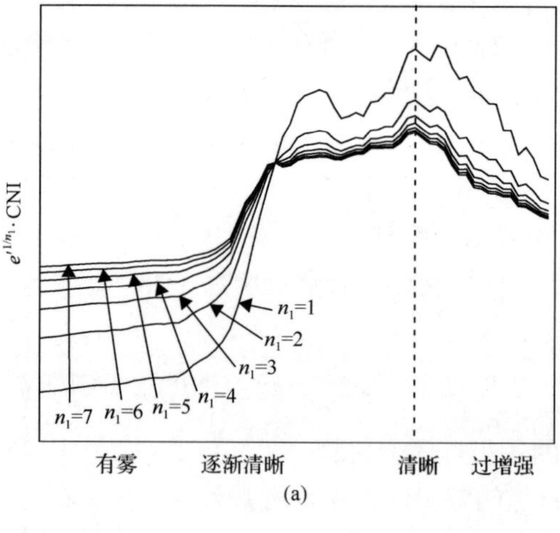

(a)

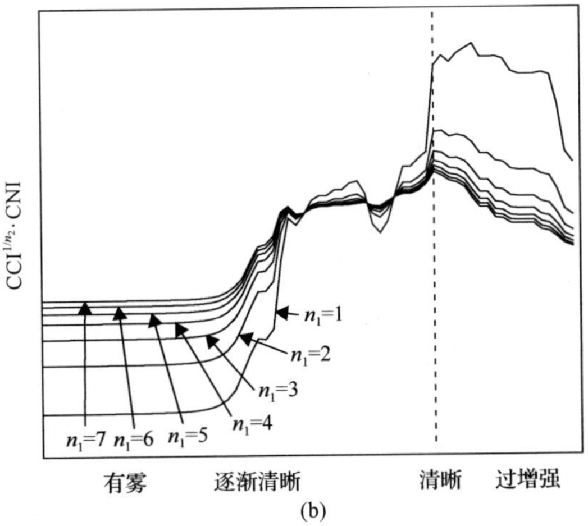

(b)

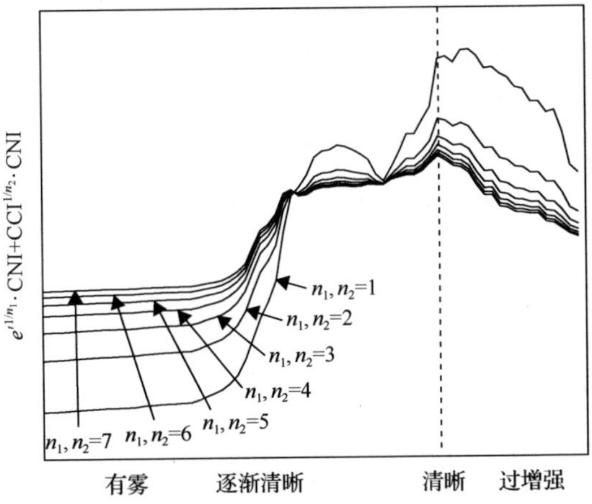

(c)

图 3.28　n_1、n_2 的调整对 CNC 曲线变化的影响

3）实验结果与分析

为了验证基于视觉感知的去雾效果评价方法的有效性，采用具有典型代表性的去雾方法对实际拍摄图像进行对比性实验。这里的代表方法包括 Tan 方法[27]、Tarel 方法[34]和 He 方法[36]。选择 Tan 方法是因为尽管该方法可以极大地提高图像的对比度，但其复原图像常常颜色过于饱和且伴有光晕伪影出现，而人们希望这些因素能够反映在 CNC 综合评价指标中。选择 Tarel 方法和 He 方法的原因为：前者是目前处理速度最快的算法之一，后者则被公认为是当前去雾效果最好的方法之一。

图 3.29～图 3.31 分别为 3 组采用上述去雾方法处理后的复原效果示例。从图中可以看出，Tan 方法由于处理结果颜色失真严重，因而视觉效果不如其他两种方法。对 Tarel 方法和 He 方法而言，依据图像的不同，两者中的任一方法均有可能是最佳的去雾效果。例如，在图 3.29 和图 3.31 中，Tarel 方法的视觉效果好于

He 方法，而在图 3.31 中可以看到 He 方法复原图像的颜色更为自然，因而其去雾效果要优于 Tarel 方法。因此，从人类视觉感知的角度来说，图 3.29(c)、图 3.30(c)和图 3.31(d)这三幅图像的去雾效果最佳。这一结论在表 3.4 所给出的 CNC 综合评价指标数据中得到了证实，其中越大的 CNC 值对应越好的去雾效果。从表 3.4 中可以看出，三幅图像的 CNC 最大值分别为 1.16(Tarel 方法)、1.39(Tarel 方法)和 1.95(He 方法)，以上评价结果与人眼视觉感知的结论相一致。

(a) 有雾图像　(b) Tan方法去雾效果　(c) Tarel方法去雾效果　(d) He方法去雾效果

图 3.29　实际图像去雾效果对比(一)

(a) 有雾图像　(b) Tan方法去雾效果　(c) Tarel方法去雾效果　(d) He方法去雾效果

图 3.30　实际图像去雾效果对比(二)

(a) 有雾图像　(b) Tan方法去雾效果　(c) Tarel方法去雾效果　(d) He方法去雾效果

图 3.31　实际图像去雾效果对比(三)

表 3.4　各去雾方法的 CNC 综合评价指标值

图像编号	Tan 方法	Tarel 方法	He 方法
图 3.29	1.13	1.16	1.06
图 3.30	0.94	1.39	1.26
图 3.31	1.49	1.21	1.95

已有对比度增强评估方法[51]的评估结果与上述结论并不一致。从表 3.5 中可以推断出，Tarel 方法和 Tan 方法的e、$\bar{r}$值整体上要大于 He 方法。由于相比于 He 方法，Tan 方法的去雾结果明显存在过增强和颜色失真等问题，因此该方法未能与人眼视觉感受较好匹配。

表 3.5　图 3.29～图 3.31 中各去雾图像的已有对比度增强评估方法结果

图像编号	Tan 方法			Tarel 方法			He 方法		
	e	$\bar{r}$	σ /%	e	$\bar{r}$	σ /%	e	$\bar{r}$	σ /%
图 3.29	10.2390	2.7029	0	10.2197	3.8801	0	6.5036	1.2876	0.0139
图 3.30	0.6862	2.8696	0.4954	0.7392	3.0083	0.0013	0.3442	1.2023	1.5952
图 3.31	0.5322	3.1269	0.8492	0.7850	2.0673	0	0.6589	1.6112	0.2071

同时，为了能客观地考察本章所提出的两种适用于无法检测能见度场景下的评价方法的有效性，考虑利用实际拍摄图像分别采用这两种方法进行统计分析，图 3.32 即为其去雾效果对比示例。其中，图 3.32(a)为实际拍摄的无雾图像，图 3.32(d)为同一场景的实际雾天图像。在无雾和有雾图像同时具备的条件下，可采用求取传播图的另一种方式，即利用已有去雾算法获取其中有雾图像的传播图。图 3.32(b)即为采用禹晶等提出的去雾算法[35]对雾天图像图 3.32(d)计算得到的传播图，由此可利用式(3.20)得到变换后的传播图，并同无雾图像、求取的大气光值一起代入大气散射模型表达式，从而得到模拟雾环境图像，如图 3.32(c)所示。图 3.32(e)和图 3.32(f)分别为采用 Tarel 方法和 He 方法对模拟雾天图像图 3.32(c)的去雾结果。图 3.32(g)和图 3.32(h)分别为 Tarel 方法和 He 方法对实际雾天图像图 3.32(d)的去雾结果。从图中可以看出，相比于 Tarel 方法，He 方法对此图像的处理结果整体上感觉更为自然，表 3.6 中评价指标绝对差和 CNC 的统计数据也都证实了这一结论。但是，若采用已有对比度增强评估方法，则会得到相互矛盾的结论。由表 3.7 的数据可以推断：对于模拟雾环境，He 方法的去雾效果要

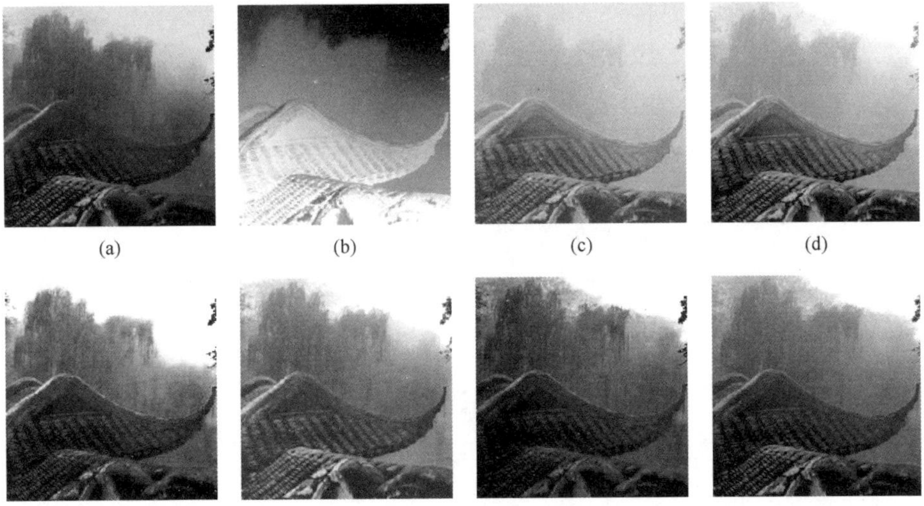

(a)　(b)　(c)　(d)

(e)　(f)　(g)　(h)

图 3.32　模拟雾环境和实际雾天图像的去雾效果对比

表 3.6　两种方法对 Tarel 和 He 方法的评价指标值

评价指标	无去雾方法（模拟雾环境）	Tarel 方法（模拟雾环境）	He 方法（模拟雾环境）	Tarel 方法（实际雾天图像）	He 方法（实际雾天图像）
绝对差	73.01	45.75	22.94	20.08	15.92
CNC	—	2.52	2.74	2.59	2.78

表 3.7　图 3.32 中各去雾图像的已有对比度增强评估方法结果

评价指标	Tarel 方法		He 方法	
	模拟去雾图像	实际去雾图像	模拟去雾图像	实际去雾图像
e	0.9256	1.1460	0.4398	0.5656
$\bar{r}$	1.5789	1.0320	1.8873	0.7885
σ /%	0.9470	1.3990	0	1.6944

优于 Tarel 方法；对于实际雾天图像，则 Tarel 方法更优。究其原因，主要是已有对比度增强评估方法仅从对比度的角度衡量，而忽略了图像颜色质量等其他重要的评测因素。

此外，采用 Tarel 方法和 He 方法对 300 幅来自合成图库、网络数据库及用 Canon S80 数码相机实际拍摄的不同场景、不同天气状况和不同雾化程度的测试样本进行了复原效果评价测试。

图 3.33(a)为其中 150 幅图像的绝对差统计结果，图 3.33(b)为另外 150 幅图像的 CNC 统计结果。在图 3.33(a)中圆“○”代表模拟雾环境，而在图 3.33(b)中其代表实际雾天图像。两图的符号“★”均代表 He 方法的相关指标评估结果，“△”均代表 Tarel 方法的评估结果，横轴表示评价指标值，纵轴为图像编号。

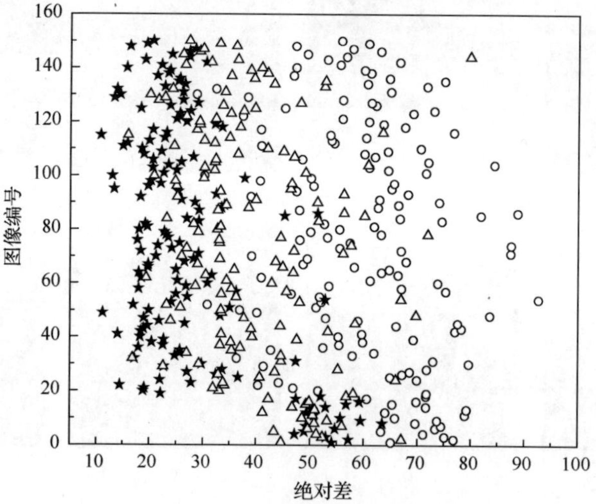

(a) 绝对差统计结果

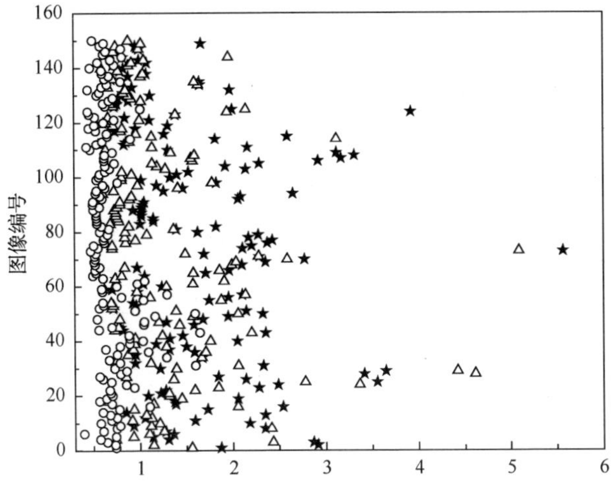

(b) CNC统计结果

图 3.33　对测试图像的指标统计结果

从图 3.33(a)中可以看出，总体而言，He 方法的绝对差要小于 Tarel 方法。由于绝对差越小对应的去雾效果越好，因此可推断 He 方法的图像复原效果更好。由图 3.33(b)可知，原有雾图像的 CNC 值变化范围为 0～2，而 Tarel 方法和 He 方法的 CNC 变化范围则分别为 0.5～5.5 及 0.5～6。较高的 CNC 值对应较好的去雾效果，可以推断两种去雾算法均能有效地增强图像的视觉效果，且 He 方法的 CNC 值稍大于 Tarel 方法，说明 He 方法的整体去雾效果相对稍好，这与前述绝对差评估实验的结果及人眼视觉感知结论是相符的。

总之，图像去雾是图像处理的一个重要环节，尽管目前对去雾算法复原效果评价方法的研究还寥寥无几，但该研究对提高去雾图像的质量具有重要意义。本节提出了两种去雾效果评价方法，即基于合成图像的去雾效果评价方法和基于人类视觉感知的去雾效果评价方法。这两种方法针对已有评价方法的不足，分别从构建模拟雾环境和人类视觉感知的角度研究去雾效果的评价问题，从而拓展了此问题的解决途径。通过对大量测试图像的实验证明了本节方法的有效性和可靠性。本书计划未来利用本评价方法实现对去雾算法相关参数的动态自适应调控，以便将静态开环的参数估计问题转化为闭环的动态参数调节问题。

3.3　去雾算法在交通场景中的应用

车辆视觉导航系统将先进的信息、数据通信传输、电子控制和计算机处理等技术有效集成，广泛应用于智能交通、安全辅助驾驶和车辆的自动或辅助驾驶等领域[60]。道路交通信息，如车道线、交通标志牌、交警手势等基本信息的获取是车辆视觉导航系统发挥作用的前提和基础。交通场景图像中包含了大量的信息，可以便捷地获取有关交通信息。因此，交通场景图像已经为众多研究人员所关注。然而，各种恶劣天气尤其是雾天会造成所摄取交通图像的能见度降低，且图像中目标对比度和颜色等特征被衰减。因此，需要消除雾气对交通场景图像的影响以确保相关交通信息在雾天条件下的准确获取。

在对雾天交通场景图像的清晰化处理中，需要把握住交通场景图像的特征，以实现对所关心对象特征区域的去雾处理。在利用图像复原方法实现视觉效果的增强时，需要利用这些特征调整去雾算法中的相关参数，修正并优化去雾模型。因此，本节首先分析交通场景图像的特点，在此基础上，提出一种专门针对交通场景的去雾算法。该算法采用对图像近处区域弱增强、对驾驶员关心的远处区域重点增强的方式(以区别于已有方法对整幅图像进行统一增强的方式)，实现了对雾天交通场景图像更为有效的去雾处理。同时，围绕交通环境下的相关应用，即雾天环境下的道路车道线特征提取、交通标志牌检测、交警手势识别这三个方面分别展开研究，以探讨此去雾算法在这些应用场景下的有效性和实用性。

3.3.1 交通场景图像的特点

对于车辆视觉导航系统，起关键作用的交通信息包括车道线、交通标志牌及交警手势等，如图 3.34 所示。为了使所提出的去雾算法能更好地处理雾天条件下的车道线提取、交通标志牌检测和交警手势识别等应用，有必要首先分析相关交通场景图像的特点，这些特点可归纳为以下三点：①场景中通常存在道路，且路面占图像底端的绝大部分；②场景中近处的路面通常是平坦的；③雾天条件下接近图像底端的区域通常对应雾气浓度较小的部分。

对于上述前两个特点，可依据路面平坦的假设并结合与道路相关的摄像机标定结果，建立世界坐标系中的实际距离 d 与图像中每一行 v 的转换关系：

$$d = \frac{\lambda}{v - v_h}, \quad v > v_h \tag{3.29}$$

式中，v_h 为地平线在图像中的纵坐标值；λ 取决于相机的内、外参数值。利用式(3.29)求取的距离 d 即为此图像的能见度。

对于特点③，通过对大量雾天视频、图像分析后发现：在能见度小于 50m 的区域范围内雾气浓度较小，而在此区域范围外，尤其是驾驶员所关心的远距离处则存在大量雾气。基于这一发现提出的新算法将结合能见度的相关表达式，采用对图像近处区域弱增强，同时对驾驶员所感兴趣的远处区域重点增强的方式(以区别于已有去雾方法对整幅图像进行统一增强的方式)，实现对雾天交通场景图像更为有效的去雾处理。

(a) 雾天车道线1　(b) 雾天车道线2

(c) 雾天交通标志牌　(d) 雾天交警

图 3.34　雾天交通场景图像

3.3.2　针对交通场景图像的去雾算法

1. 交通场景图像去雾算法

依据 Koschmieder 大气散射模型表达式，对输入雾天图像 $\boldsymbol{L}(u,v)$ 而言，增强此图像能见度的目标在于推断大气耗散函数 $V(u,v)=L_f(1-\mathrm{e}^{-kd(u,v)})$。在大多数情况下，天空亮度 L_f 对应于图像亮度最大处，借助白平衡操作可使 L_f 设置为 1。将上述 $V(u,v)$ 和 $L_f=1$ 代入大气散射模型表达式，则 Koschmieder 公式可变形为

$$\boldsymbol{I}(u,v)=\boldsymbol{I}_0(u,v)(1-V(u,v))+V(u,v) \tag{3.30}$$

通过对式(3.30)移向变形可得到原有雾图像 $I(u,v)$ 的复原图像 $\boldsymbol{L}_0(u,v)$，其表达式为

$$\boldsymbol{L}_0(u,v)=\frac{\boldsymbol{I}(u,v)-V(u,v)}{1-V(u,v)} \tag{3.31}$$

由此可见，要获取复原图像 $\boldsymbol{L}_0(u,v)$ 关键是求取大气耗散函数 $V(u,v)$。依据大气耗散函数的物理性质可知其应满足两个限制条件：一是非负性，即 $V(x,y)\geqslant 0$；二是其值不应大于原图像 $\boldsymbol{I}(x,y)$ 各分量的最小值。由此，定义 $\boldsymbol{W}(x,y)=\min(\boldsymbol{I}(x,y))$ 为 $\boldsymbol{I}(x,y)$ 分量在各像素点处的最小值，则条件二可写为 $V(x,y)\leqslant \boldsymbol{W}(x,y)$。

在 Tarel 方法中，为了求取$V(x,y)$，首先计算$\boldsymbol{W}(x,y)$的局部均值$\mathrm{Av}(x,y)$，$\mathrm{Av}(x,y)=\mathrm{median}_{s_v}(\boldsymbol{W}(x,y))$，其中$s_v$为中值滤波的窗口大小。其次，为了使复原算法对轮廓的处理更具鲁棒性，算法又对$|\boldsymbol{W}(x,y)-\mathrm{Av}(x,y)|$进行中值滤波。最后，算法通过因子$p$（$p\in[0,1]$）可控制最终视觉效果的复原程度。由此，$V(x,y)$的求取过程可由式(3.32)确定：

$$V(x,y)=\max(\min(pB(x,y),\boldsymbol{W}(x,y)),0) \tag{3.32}$$

式中

$$B(x,y)=\mathrm{Av}(x,y)-\mathrm{median}_{s_v}(|\boldsymbol{W}(x,y)-\mathrm{Av}|(x,y))$$

$$\mathrm{Av}(x,y)=\mathrm{median}_{s_v}(\boldsymbol{W}(x,y))$$

以上算法主要适用于灰度图，该算法可以很容易地扩展到对彩色图像的处理，这里$\boldsymbol{W}(x,y)=\min(\boldsymbol{r}(u,v),\boldsymbol{g}(u,v),\boldsymbol{b}(u,v))-\max(\boldsymbol{r}(u,v),\boldsymbol{g}(u,v),\boldsymbol{b}(u,v))$，将其代入式(3.32)即可求取$V(x,y)$。然而通过实验发现，该方法的处理结果在道路部分的对比度过于增强，主要原因是此算法的局部特性导致图像路面部分的大气耗散函数被错误估计。

由于交通场景通常会出现道路，而以上算法很难处理存在大片一致性区域(如路面)的图像，因此有必要对以上算法进行改进以获取更好的路面处理效果。具体做法为引入$V(x,y)$的第三个限制条件以防止图像的底部区域过增强。

依据 Koschmieder 定律，假想从很远处看到的天际线下的目标物的亮度对比度之间的关系如下：

$$C=C_0\mathrm{e}^{-kd} \tag{3.33}$$

式中，C为远处的观测者在天际线下看到的目标物的接收亮度对比度；C_0为固有亮度对比度。式(3.33)中的消光系数k与方位角无关，且沿观测者、目标物和天际线之间的整个路径上的照度均匀。若黑色目标物针对天空可观测到(C_0=1)且亮度对比度为 0.05，则式(3.33)变换为

$$d=-\frac{1}{k}\ln 0.05 \tag{3.34}$$

由交通场景图像的第三个特征可知，在能见度小于 50m 的区域范围内雾气浓度较小，甚至有可能无雾气存在。因此，当$d\geqslant 50$时，可推导出

$$k\leqslant-\frac{\ln 0.05}{50} \tag{3.35}$$

依据路面平坦假设，并结合由摄像机标定所求取的λ和v_h，可定义大气耗散函数的第三个限制条件，即平坦假设约束如下：

$$V(u,v) \leqslant L_f(1-\mathrm{e}^{\frac{\ln(0.05)\lambda}{d_{\min}(v-v_h)}}) \tag{3.36}$$

式中，$d_{\min}$被预先定义为 50m，$V(x,y)$的表达式为

$$V(x,y)=\max(\min(pB(x,y),\boldsymbol{W}(x,y),L_f(1-\mathrm{e}^{\frac{\ln(0.05)\lambda}{d_{\min}(v-v_h)}})),0) \tag{3.37}$$

在得到$V(x,y)$值后，将其代入式(3.31)即可求取复原后的图像$\boldsymbol{L}_0(u,v)$。改进方法所加入的第三个条件限制了图像底端区域的增强能力，即便是$p=100\%$也不会出现路面过增强的现象，而驾驶员所关心的远方区域则会受到适度增强，因此采用此算法处理交通场景图像具有相对较优的去雾效果。

2. 实验结果与分析

为了验证所提去雾算法在交通场景下的有效性和实用性，采用 MATLAB 在 Pentium D 3GHz、2GB 内存的 PC 上对数百幅雾天交通场景图像，采用典型的去雾算法进行清晰化效果的对比性实验。图 3.35 给出了交通场景图像清晰化实验的对比效果示例。其中，图 3.35(a)为原有雾图像，图 3.35(b)为 He 方法的去雾效果，图 3.35(c)为 Tarel 方法的去雾效果，图 3.35(d)为本节算法的去雾效果。从图中可以看出，各去雾方法均能有效地增强道路远方目标对象的对比度，在原有雾图像中几乎看不见的物体，经各去雾算法处理后都能清晰地出现在增强后的图像中。但是，采用 He 方法处理得到的图像，由于在颜色上整体偏暗，图像的很多细节信息因过增强而被“淹没”。Tarel 方法的去雾效果尽管对图像中较远处的目标复原较好，且在颜色上无过饱和问题，但在去雾图像的近处路面部分却存在一些过度增强的噪声。相比之下，本节所提新算法既保留了 Tarel 方法对远距离目标良好的增强能力，又结合了道路平坦假设而未在图像路面部分引入不当的噪声。由此可见，该方法从交通场景的特点出发权衡考虑多种因素，从主观判断的角度具有最佳的去雾效果。表 3.8 中各评价指标的统计数据也都证实了这一结论。从表中可以看出，相比于 He 方法，本节算法与 Tarel 方法具有较大的e、$\bar{r}$值和较小的σ值。同时，若采用所提出的 CNC 综合指标进行评估，则由于越大的 CNC 值对应越好的去雾效果，因此可推断本节算法的去雾效果稍好于 Tarel 方法和 He 方法。

(a) 原有雾图像　　(b) He方法的去雾效果

(c) Tarel方法的去雾效果　　(d) 本节算法的去雾结果

图 3.35　各算法的去雾效果对比

表 3.8　图 3.35 中各算法去雾效果的指标评估结果

评价指标	He 方法	Tarel 方法	本节算法
e	5.90	7.27	6.12
$\bar{r}$	1.27	5.29	3.08
σ /%	7.46	1.56	1.52
CNC	0.94	1.83	2.15

3.3.3　去雾算法在交通场景下的相关应用

1. 去雾算法在雾天车道线检测中的应用

1）车道线特征提取算法

车道线检测是开发安全辅助驾驶系统的基本任务之一，其目的在于避免车辆偏离车道。车道线特征提取是车道线检测的低层次处理。该处理主要利用了车道线的明显特征，即车道线亮度高于路面，因此在图像局部，亮度高的区域更有可能属于车道线。此外，车道和车道线宽度固定，因而车道线与图像宽度之比会在一定比例范围内，故针对图像的每一行，通过行灰度直方图[61]提取一定比例的高亮度像素点作为车道线的候选点集，并对此候选点集中存在的杂点采用形态学的开运算进行去除，所得结果即为所提取的车道线特征。

2) 实验对比与分析

图 3.36(a)为雾天情况下的高速公路图像，图 3.36(c)为采用上述针对交通场景的去雾算法对其进行去雾处理后的结果。图 3.36(b)和图 3.36(d)分别为对图 3.36(a)和图 3.36(c)采用车道线特征提取算法得到的特征提取结果(见蓝色像素点区域)。从图中可以看出，相比于能见度较低的原有雾图像，在采用车道线特征提取算法清晰化处理后的图像中提取到了更多的车道线特征点。

图 3.36　有雾图像与去雾图像的车道线特征提取结果对比(见彩图)

2. 去雾算法在雾天标志牌检测中的应用

1) 交通标志牌检测算法

3.3.2 节算法还能有效地改善雾天条件下标志牌的检测性能。由于交通标志牌的检测算法并非研究重点，因此这里仅针对圆形交通标志牌采用简单的基于圆形度的检测方法[62]。具体做法分为以下步骤。

首先，将灰度图像二值化，将此二值图进行去孤立点、闭运算以消除区域上的小孔，将不连续的区域整合成连通区域。

其次，对各区域进行标记，计算标记区域的特征参数(面积 A、周长 L、质心 (x, y))，通过为区域面积设置阈值来选取候选区域，并利用式(3.38)计算各候选区域的圆形度：

$$C = \frac{4\pi A}{L^2} \tag{3.38}$$

最后，为圆心度 C 设置阈值范围。若候选区域的圆心度满足此阈值要求，则认为检测到圆形交通标志。

2) 实验对比与分析

图 3.37 给出了利用交通标志牌检测算法对雾天图像和复原图像的交通标志牌检测结果。正是采用了本章所提新去雾算法，使在原有雾图像中未能检测出的远方两个标志牌，在经去雾处理后均已被检测到。注意到交通标志牌检测算法在处理有雾和去雾两种情况时的参数设置是相同的，因此，经去雾处理后能够检测到原本检测不到的标志牌，说明本章所提去雾算法能较大地提高原图像感兴趣区域的清晰度。

(a)　(b)　(c)　(d)

图 3.37　有雾图像与去雾图像的交通标志牌检测结果对比

3. 去雾算法在雾天交警手势识别中的应用

1) 交警手势识别算法

交警手势识别对自动驾驶系统和安全辅助系统具有重要意义，但这一工作难度较大且在文献中鲜见报道，主要原因在于要从一个无法预知的环境中准确检测到交警手势是非常困难的。文献[63]采用固定在交警手背上的传感器来提取手势数据信息，这无疑给交警带来了额外负担。文献[64]采用 Radon 变换来识别视频中机场飞机引导人员的手势，该方法要求视频的背景是相对静止的，这对于交通场景很难满足。尽管已有方法均能取得较好的识别率，但需要安装传感器且要求静态背景，因此这些方法的应用受到了限制。

另外，手势识别和人体建模也是紧密相关的，因为获取手臂的运动隐含地解决了手势识别问题，而创建一个好的人体模型实际上也确保了高识别率。尽管目前国内外对交警手势识别的研究鲜见报道，但是在人体建模方面已取得较大的进展。Zou 等[65]提出采用树棍模型来代表人体以重建人体运动姿态，通过关节来连接此模型的各个部分。最新的人体建模方法[66, 67]是将人体表示为由头、躯干、上下肢十部分组成的图像化模型。同时，人体模型也已被用于对身体各部分的检测[68]。

因此，本书将在复杂场景中检测到的交警上半身作为前景区域，利用所构建的五部分(躯干、上臂(左/右)、下臂(左/右))模型来确定手臂的相对位置和方向，最后通过旋转关节角来识别手势。

(1) 算法关键步骤。

交警手势识别算法[69, 70]的基本思想是通过图像中人体的相关部分来识别交警手势。视频中每一帧的交警上、下臂位置均由采用最大覆盖机制的局部搜索来确定。具体来说，交警手势识别算法主要分为检测交警、定位手臂、识别手势三个关键步骤。各步骤的具体工作如下。

检测交警：检测复杂场景下的交警，采用由暗原色通道所得到的交警反光背心作为交警的躯干，将采用核密度估计得到的交警上、下臂作为前景区域。

定位手臂：采用五部分模型定位交警的上、下臂。该步骤主要包括如下两小步：①通过形态学操作求取前景轮廓内的封闭区域；②利用肩关节和肘关节的旋转角，以最大覆盖方式定位上、下臂的位置。

识别手势：通过将视频序列每一帧中交警的肩关节和肘关节的旋转角与交警标准手势的相关旋转角相匹配，来对一些典型的交警手势进行识别。

(2) 交警检测和前景建模。

在复杂环境中检测出交警是分析其手势的基础，对交警的检测主要分为两步：交警特征提取和交警前景建模。

据了解，目前国内外对复杂交通场景下交警检测方面的研究开展得很少，这主要是因为其有可能面临视频序列图像中行人多、车流量大的棘手问题。因此，本节提出了一种具有较好鲁棒性的交警检测算法，该算法主要利用中国交警独有的特征，即使在较为复杂的交通环境场景下仍然能有效地检测。

交警在执勤时必须穿戴反光背心，因此可以借助反光背心来定位交警在图像中的位置。针对反光背心，主要考虑其果绿色和强反光能力两个显著特征。依据果绿色这一特征通过颜色阈值分割粗略提取出反光背心。由于色品坐标系对由阴影引起的亮度细微变化不敏感，因此提取过程采用此坐标系。给定三颜色通道变量 R、G 和 B，色品坐标系中各分量为 $r=R/(R+G+B)$ 、$g=G/(R+G+B)$ 和 $b=B/(R+G+B)$，其中 $r+g+b=1$[71]。利用上述各分量之间的关系给出如下颜色阈值表达式：

$$\begin{cases} r-b>0.01 \\ g-b>0.17 \\ r-b<g-b \end{cases} \tag{3.39}$$

采用上述阈值进行分割的不足之处在于：此算法会同时将反光背心与其他如树干、草丛、自然植物等具有绿颜色的物体一并提取出来。仅依靠颜色阈值分割很容易产生误检测，这主要是因为具有类似颜色的目标对象也会被提取出来。这时要利用反光背心的第二个特征强反光能力来加强限制约束条件。反光背心由于其较强的反光能力而在三个颜色通道 R、G 和 B 上的亮度值均较大，而其他颜色鲜艳的物体或表面(如绿色的草、树和植物)至少在一个颜色通道上有亮度值很小的像素点。因此，采用前述应用于单幅图像去雾的暗原色原理[32]以进一步提取交警的反光背心。一般地，对于一幅图像 J，其暗原色图像各像素点的值按以下表达式确定：

$$J^{\text{dark}}(x)=\min_{c\in\{r,g,b\}}\left(\min_{y\in\Omega(x)}(J^c(y))\right) \tag{3.40}$$

式中，J^c 为原图像 J 的颜色通道；$\Omega(x)$ 为以 x 为中心的局部区域。若被检测的像素点 x 满足条件 $J^{\text{dark}}(x)>T$，则认为此像素点属于反光背心。其中，阈值 T 的取值是基于应用场景的，对于本节中的所有实验均设置 T 值为 85。

根据达尔文提出的人体结构比例，人体应遵循如下特定比例：一个完美的人体身高应为 8 头高，肩膀为 2 头宽，上臂为 1.5 头长，下臂为 1.25 头长。因此，可以推断出整个手臂的长为 3 头。利用此人体比例即可缩小对交警手臂的搜索范围，图 3.38 即为人体上半身比例及定位手臂的搜索区域。

图 3.38　人体上半身比例及定位手臂的搜索区域

为了方便讨论，定义图像场景中交警的躯干和手臂为前景，场景的其他部分为背景，手臂搜索区域涵盖了手臂可能的位置。搜索区域中包含的背景区域并未提供任何手臂位置信息，并且混杂的背景内容很有可能导致构建错误的人体模型。利用前背景分割方法可以从背景区域中将交警的手臂和躯干部分分离出来。实验发现在此应用中采用核密度估计方法[71]估计前景、背景的效果最好。若交警的躯干已用方框框出，则首先提取出满足如下颜色阈值的像素：

$$\begin{cases} b-g>0.05 \\ b-r>0.05 \end{cases} \tag{3.41}$$

由此可提取出蓝色像素。在所确定的搜索区域中，所有蓝色且位于方框以外的像素均为手臂的候选点。为此，将最接近方框中心的 12 个像素点作为估计前景概率密度函数的样本点。令 $x_1, x_2, \cdots, x_{20}$ 为样本像素点的亮度值。给定目标像素的亮度 x_t，可以估计该目标像素的概率密度为

$$\Pr(x_t)=\frac{1}{20}\sum_{i=1}^{20}\prod_{j=1}^{3}\frac{1}{\sqrt{2\pi\sigma_j^2}}\mathrm{e}^{-\frac{1}{2}\frac{(x_{t_j}-x_{i_j})^2}{\sigma_j^2}} \tag{3.42}$$

由此，可以计算属于前景像素的概率密度，并将方框外的所有像素按其概率分布分别分配给前景或背景。

(3) 人体模型和手臂定位。

一旦获取了交警的前景图像，交警的手臂定位问题即可视为一个最大覆盖问题。这里并不要求交警穿着特殊的衣服或标记人工点，而这些要求在一般人体姿态估计方法中是比较常见的。

受广泛采用的人体十部分模型的启发，这里建立了交警手势判断的五部分模型。十部分模型主要包括头、躯干、上臂(左/右)、下臂(左/右)、大腿(左/右)、小腿(左/右)，由于交警的上半身是研究的重点，因此本书研究的五部分模型主要包括躯干、上臂(左/右)、下臂(左/右)，且每一部分用一个图形化的矩形框来表示。五部分模型及其树型结构如图 3.39 所示。该模型中的各人体部位由关节相连接。其中，J_1 为与锁骨相关的根节点。有关各人体关节的信息如表 3.9 所示。在图 3.39 中基本的人体模型结构主要遵循树型结构，人体每一关节部位均可构建一个局部坐标系，此坐标系的方向如图 3.39 所示，坐标系的原点为人体肩关节和肘关节所在的位置。

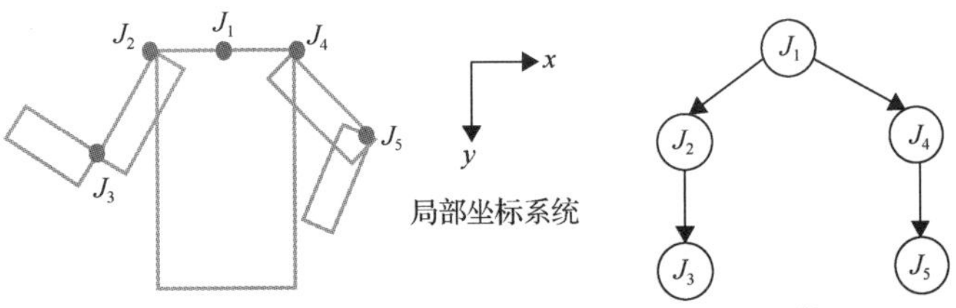

(a)　　(b)

图 3.39　五部分模型及其树型结构

表 3.9 五部分模型中关节的相关信息

ID	J_1	J_2	J_3	J_4	J_5
关节	锁骨	左肩关节	左肘关节	右肩关节	右肘关节

在定位交警手臂的过程中采用了自底向下的搜索方式。对于这一方法，首先检测人体相关部位的可能位置，然后将这些人体部位按模型要求组合起来。在交警检测算法中，首先定位目标图像中交警的躯干，以此为基础采用最大覆盖机制来定位手臂，其次采用简单的盒子探测方法搜寻手臂的可能位置。一旦获得了粗略的交警前景区域，即可对手臂的候选区域进行修正。这里仅保留完全覆盖前景区域的手臂位置。手臂所在位置由一个具有起始边和结束边的矩形方框表示。

每个手臂候选区域均要覆盖前景图像中的一些像素点。直观上来说，手臂应尽可能多地覆盖前景像素。因此，手臂定位主要利用最大覆盖机制在前景图像中进行局部搜索。该定位过程主要分为两步：①采用基于形态学的操作估计前景轮廓中的封闭区域；②通过肩关节和肘关节的旋转角以最大覆盖方式定位交警上、下手臂的位置。

步骤①：获取前景轮廓中的封闭区域。由上述步骤可以获得前景图像，则最大覆盖问题可以转化为如下最优化问题：

$$\phi = f(\theta, s, r) \tag{3.43}$$

式中，ϕ 为覆盖率，其为与图像每个像素都相关的一个 0～1 的浮点数。覆盖率越高，该像素越有可能属于手臂。利用三个参数值 θ、s 和 r 来控制覆盖率，θ 控制关节旋转角，参数 s 和 r 用来确定每个手臂的长和宽，每个手臂由一个矩形的矩形框来表示。依据达尔文的人体结构比例，r 的典型值为交警躯干长的 1/6，通过调节 θ 和 s 的值可以控制覆盖前景区域的像素数目。因此，这一优化问题转变为寻找矩形框位置使 ϕ 达到最大值 1，此时矩形框完全覆盖前景区域。

式(3.43)涉及的最大覆盖问题实际上是一个局部搜索问题。需要确定使 ϕ 等于 1 且满足人体模型的手臂位置，然而，这一问题由于前面核密度估计方法所提取的前景不完全而变得非常棘手。需要确保前景轮廓中的区域是封闭的且无空洞，以便交警的手臂能被具有不同 θ 和 s 值的变形矩形框完全覆盖，因此这里采用形态学中的腐蚀膨胀操作来处理这个问题。

步骤②：定位上、下臂的位置。假设有躯干、手臂和图像三个坐标系。在左上臂坐标系中，像素 P_{L} 的位置由其坐标 (s_1, r_1) 给定。如图 3.40(a) 所示，左上臂和躯干坐标系之间的转换关系为

$$\begin{cases} x = r_1\cos\theta + (s - s_1)\sin\theta \\ y = (s - s_1)\cos\theta - r_1\sin\theta \end{cases} \tag{3.44}$$

令 (u,v) 表示 P_L 在图像坐标系中的坐标位置，则将像素坐标 (x,y) 从躯干坐标系转换为图像坐标系的关系式为

$$\begin{cases} u = x - [r_1\cos\theta + (s - s_1)\sin\theta] \\ v = y - [(s - s_1)\cos\theta - r_1\sin\theta] \end{cases} \tag{3.45}$$

式中，θ 为左肩关节的旋转角；u 为图像坐标系中 P_L 的垂直位置；v 为水平位置。类似地，如图 3.40(b)所示，在图像坐标系中，属于右上手臂的像素点 P_R 的坐标可以表示为

$$\begin{cases} u = x + [r_1\cos\theta + (s - s_1)\sin\theta] \\ v = y + [r_1\sin\theta - (s - s_1)\cos\theta] \end{cases} \tag{3.46}$$

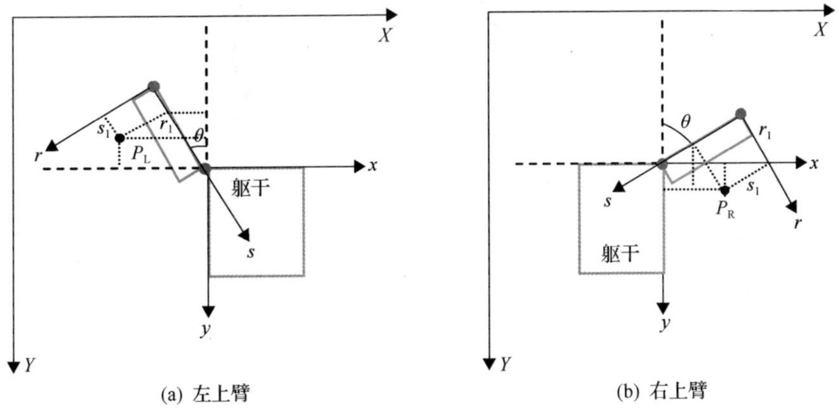

图 3.40　上臂坐标系

因此，代表上臂的矩形框大小是可变的，该可变矩形框可通过调节不同的 θ 和 s 值以达到完全覆盖前景像素的目的。手臂的位置是按照如图 3.39 所示的树型结构以深度优先的搜索方式来估计的，所以上臂的位置可以用来指导对下臂位置的搜索。依据人体肘关节的位置，可借助前景图像使代表下臂的可变矩形框能完全覆盖相关的前景区域像素，即使得覆盖率 ϕ 达到最大值 1，并确定与之相关的旋转关节角。式(3.45)和式(3.46)也被用于获取代表下臂的可变矩形框。

(4) 手势识别。

目前中国交警的手势共分为八类[73]，这八类分别是停止信号、直行信号、左转弯信号、左转弯待转信号、右转弯信号、变道信号、减速慢行信号、示意车辆靠边停车信号。在这些手势中，停止信号和直行信号(向左/向右)对智能车辆而言是最重要的两个手势，因此着重对其展开研究。从该图中可以看出，这两个手势需要通过

肩关节或肘关节使上、下臂与垂直方向保持一定的旋转角，因此可利用这些关节旋转角来识别相关手势。利用关节旋转角识别手势的主要优点是可以很容易地通过改变已有关节角来添加新的手势。同时，由于在实际情况下交警的手势动作有可能不太标准，因此将旋转角设置为一个范围而非固定的数值。令 θ_i $(i=1,2,3,4)$ 表示交警相关手势每个手臂的关节旋转角，这些旋转角 θ_i 的信息如表 3.10 所示。

表 3.10　与各手臂相关的关节角信息

手势	左上臂（θ_1）	左下臂（θ_2）	右上臂（θ_3）	右下臂（θ_4）
停止信号	$[0°, 10°]$	$[\theta_1-10°, \theta_1+10°]$	$[170°, 180°]$	$[\theta_3-10°, \theta_3+10°]$
向左直行	$[80°, 110°]$	$[\theta_1-30°, \theta_1+30°]$	$[100°, 175°]$	$[\theta_3+30°, \theta_3+160°]$
向右直行	$[100°, 175°]$	$[\theta_1+30°, \theta_1+160°]$	$[80°, 110°]$	$[\theta_3-30°, \theta_3+30°]$

2）实验对比与分析

交警手势识别工作由于要处理的交通场景比较复杂，因此在文献中鲜见报道。在雾天等恶劣天气条件下识别交警手势更为困难，通过采用本章所提出的去雾方法即可减轻不利天气对此交通场景的影响，从而在此基础上较好地识别出交警的相关手势。

大量实验表明：在雾天条件下拍摄的交警图像能见度降低、颜色等特征受到衰减，因此很难借助交警反光背心的颜色及反光特性来检测交警。同时，依据雾天条件下雾气浓度的大小，交警的手势识别正确率稍有变动，但整体的识别正确率偏低，有时甚至完全无法识别。但是，在经过本章所提去雾算法的清晰化处理之后，图像的整体对比度得到了提升，颜色等特征也被突显出来。因此，可采用以上介绍的方法在各种复杂交通场景中较好地定位交警的手臂进而识别其相关手势。该雾天测试视频共 634 帧，每帧的分辨率为 320×240 像素。视频包括停止、直行（向左/向右）和其他手势。图 3.41 为人工标记结果和计算机对去雾处理后视频的识别结果。

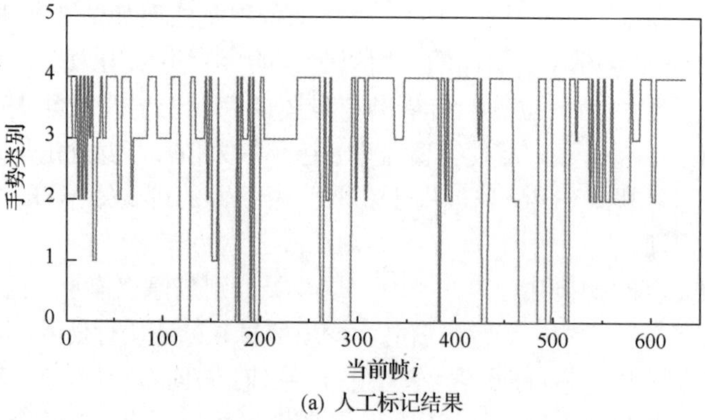

(a) 人工标记结果

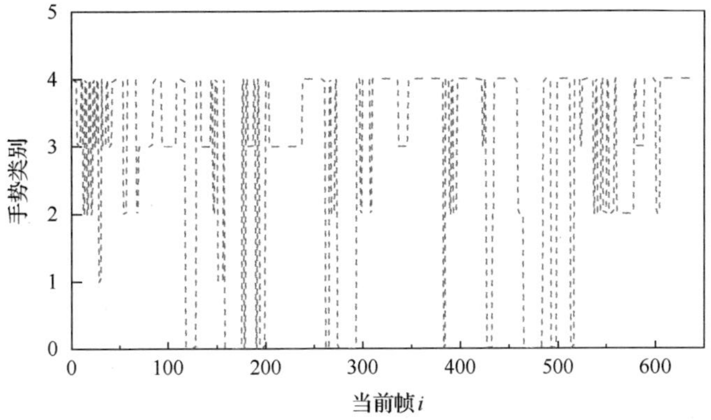

(b) 计算机处理结果

图 3.41　手势识别结果

纵坐标数字含义：0-无手势；1-停止；2-向左直行；3-向右直行；4-其他手势

为了分析错误的识别结果，实验中定义了如下两种误差来分析错误产生的原因。

(1) 遗漏误差：将存在的手势误识别为没有手势。

(2) 替换误差：将此手势误认为彼手势。

表 3.11 给出了雾天视频去雾前/后交警手势识别正确率。从表中可以看出，在去雾处理前，由于很难成功检测到交警，因此该视频的交警手势识别正确率仅为 12%，而经过去雾处理，就可以清晰准确地定位交警手臂，进而借助关节旋转角识别其手势，手势识别正确率达到了 95%。实验结果表明，该识别结果与在晴天或无雾条件下的手势识别正确率是相差不大的。此外，那些错误的识别结果并非由去雾算法引起，而是由识别算法本身的缺陷造成的。由此可见，本节所提出的去雾算法可以极大地改善雾天条件下交警手势识别算法的性能。

表 3.11　去雾处理前/后交警手势识别正确率

操作	总帧数	遗漏误差帧数	替换误差帧数	正确识别帧数	正确率/%
去雾前	634	512	46	76	12
去雾后	634	12	19	603	95

3.4　雨天图像的雨滴检测与去除算法

在图像处理中，外部场景如雨、雪、霾的检测与去除是一个挑战性的问题，雨滴分布的随机性和快速性，使得去除视频中的雨滴难度较大。本节首先研究雨滴检测与去除中的帧序列差分法、K-means 聚类方法，然后引入色度特性约束，提出改进的帧序列差分法。

3.4.1 雨天图像的雨滴特性

雨是不同大小和形状的水滴随机分布的集合，这些水滴以很快的速度运动，形成了下落的雨[74]。雨滴在下落过程中，受到表面张力、静水压强、空气动压的影响。当雨滴较小时(如等效半径小于 0.10cm)，表面张力产生的压强占主导地位，雨滴在表面张力的作用下，形状类似于球形。当雨滴较大时，空气动压强和静水压强的数值逐渐增大，成为影响雨滴的主要因素。此外，空气动压强的增长率快于静水压强的增长率，此时雨滴的形状不再是球形，而是类似于汉堡包的形状，此时的雨滴关于竖轴对称，横轴不对称，底部平整但顶部圆滑。

典型的雨滴半径大小为 0.1～0.35mm，因此绝大多数雨滴为球体。随着雨滴半径的增大，雨滴的分布密度指数级减小。当雨滴下落时，达到的最终速度(单位：m/s)为

$$v = 200\sqrt{a} \tag{3.47}$$

式中，a 为雨滴半径。

1. 雨滴的亮度特性

由于雨滴类似于球体，雨滴以一个很大的角度折射环境光，镜面反射、内部折射进一步增强了光的亮度，因此雨滴的亮度由以下三部分组成：

$$L(n) = \mathrm{RL}(r) + \mathrm{SL}(s) + \mathrm{PL}(p) \tag{3.48}$$

式中，$L(n)$ 为雨滴的亮度；$\mathrm{RL}(r)$ 为经折射到达相机的环境光；$\mathrm{SL}(s)$ 为镜面反射光；$\mathrm{PL}(p)$ 为雨滴内部折射光。

雨滴的亮度主要取决于折射光，折射光占雨滴亮度的 94%，镜面反射光、内部折射光亮度仅在雨滴外围较显著，因此雨滴的亮度有以下特性：

(1) 雨滴以一个很大的角度(约 165°)折射环境光，并且雨滴的内部反射、镜面反射进一步增加雨滴的亮度，因此雨滴本身的亮度高于被雨滴所遮蔽的背景亮度。

(2) 被雨滴遮蔽的背景视角远远小于雨滴本身的视角范围。因此，尽管雨滴是透明的，但雨滴的平均亮度与它的背景亮度无关。

一个雨滴经过一个像素的时间为 τ，而一般相机的曝光时间为 T，$T \approx 30\text{ms}$，满足 $\tau < 1\text{ms} \ll T$。因此，雨滴经过图像的一个像素点时，该像素点会有一个亮度的阶变，如图 3.42 所示。

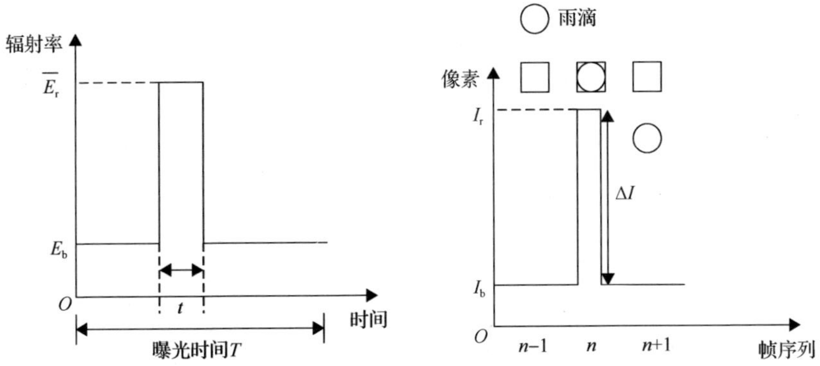

(a) 雨滴经过时辐射率的变化　(b) 雨滴经过时亮度的变化

图 3.42　雨滴下落对背景图像的影响

雨滴经过一个像素点时的亮度阶变为

$$\Delta I = \tau(\overline{E}_{\mathrm{r}} - E_{\mathrm{b}}) > 0 \tag{3.49}$$

式中，$\overline{E}_{\mathrm{r}}$ 为雨滴的光密度；E_{b} 为背景的光密度。

一个雨滴经过一个像素点的亮度阶变为

$$I_{\mathrm{r}} = E_{\mathrm{b}}(T - \tau) + \tau\overline{E}_{\mathrm{r}} \tag{3.50}$$

背景亮度变化为

$$I_{\mathrm{b}} = E_{\mathrm{b}}T \tag{3.51}$$

因此雨滴经过一个像素点时引起的亮度阶变为

$$\Delta I = -\frac{\tau}{T}I_{\mathrm{b}} + \tau\overline{E}_{\mathrm{r}} = -\beta I_{\mathrm{b}} + \alpha \tag{3.52}$$

式中，α 、β 均为常数，因此雨滴经过图像像素点引起的亮度变化与图像背景亮度呈线性相关。

2. 雨滴的运动特性

若仅考虑雨滴在图像上的投影，不考虑雨滴的亮度信息，则动态雨滴可以表示为以下二元区域：

$$b(\bar{r},t) = \begin{cases} 1, & \text{雨滴在时间}t\text{投影到位置}\bar{r} \\ 0, & \text{其他} \end{cases} \tag{3.53}$$

假设在一定体积内雨滴的分布是一致的，不随时间、空间而变化，即相关函数 $R_{\mathrm{b}}(\overline{r}_1,t_1;\overline{r}_2,t_2)$ 仅依赖图像坐标差 $\Delta\overline{r}=\overline{r}_1-\overline{r}_2$ 和时间差 $\Delta t=t_1-t_2$，其表达式为

$$R_{\mathrm{b}}(\overline{r}_1,t_1;\overline{r}_2,t_2)=\frac{1}{L}\int_0^L b(\overline{r}_1,t_1+t)b(\overline{r}_2,t_2+t)\mathrm{d}t=R_{\mathrm{b}}(\Delta\overline{r},\Delta t) \tag{3.54}$$

雨滴是近似直线运动，认为一个雨滴以速度 $\overline{v}_i$ 下落，经过时间 Δt 后，位移是 $\overline{v}_i\Delta t$，因此二元区域在时间 t、$t+\Delta t$ 这一瞬间是相关的，在此情况下，$R_{\mathrm{b}}(\overline{r},t;\overline{r}+\overline{v}_i\Delta t,t+\Delta t)$ 的值较高。在局部范围内，大多数雨滴下落在同一方向，不考虑雨滴速度大小 $|\overline{v}_i|$ 时，在雨滴方向上，相关性 R_{b} 很高，而在其他方向上的相关性较低。

3. 视频中雨滴的亮度变化

相机模型满足小孔成像原理，雨滴的深度与雨线长度呈反比例关系。一条雨线在一幅图像中一般占据十几个像素。雨点下落速度非常快，因此同一条雨线不会在连续两帧中出现。此外，雨滴的随机分布特性决定了一个像素点在整个视频中并非一直被雨滴覆盖。摄取的静态场景视频中，若一个像素点偶尔被雨滴覆盖，则在整个视频中，该点的亮度值会有阶跃性变化，亮度的峰值代表被雨滴覆盖时的亮度，亮度的谷值代表未被雨滴覆盖时的亮度。在整个视频中，如果一个像素点从未被雨滴覆盖，那么该像素点在整个视频中亮度变化不大。

在图 3.43 所示的视频中截取 60 帧序列，选取原图像中位置为(200, 200)的点，该像素点在整个视频中的亮度变化如图 3.44 所示。

图 3.43　视频帧序列

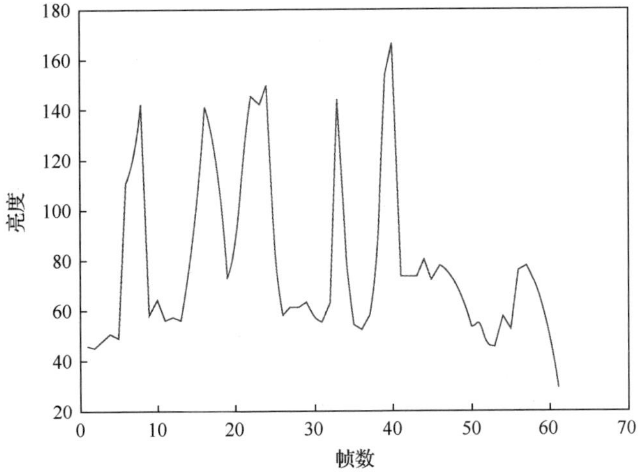

图 3.44　一个像素点在帧序列中的亮度变化

3.4.2　雨天图像的雨滴检测

帧序列差分法、K-means 聚类方法分别利用雨滴的不同特性进行雨滴的检测及去除。检测原理、流程各具特色，适用于不同的范围。

1. *帧序列差分法*

根据雨滴的亮度特性及雨滴下落对图像像素点的影响，受雨滴影响的区域相对背景图像会有亮度阶变。假设图像的一个像素点在相邻视频帧中不受同一个雨滴的影响，根据这一特点，可在整个视频序列中检测出被雨滴影响的候选区域，具体方法如下：

$$\Delta I = I_n - I_{n-1} = I_n - I_{n+1} \geqslant c \tag{3.55}$$

式中，I_{n-1}、I_n、I_{n+1} 为相邻视频序列的图像亮度；c 的取值为 1～3，一般情况下取 $c=2$。由式(3.52)可知，受雨滴影响的像素亮度变化与雨滴的背景满足线性关系。可根据此线性关系对检测到的候选区域进行约束，利用式(3.56)排除掉其中的非雨滴区域：

$$\Delta I = -\beta I_{n-1} + \alpha \tag{3.56}$$

式中，$0 \leqslant \beta \leqslant 0.039$。对于检测到的雨滴区域，利用其前、后帧的亮度平均值替换。如式(3.57)所示，对于第 n 帧中检测到的雨滴区域，采用第 n–1、n+1 帧中相应位置的亮度值进行替代，帧序列差分法去雨处理流程如图 3.45 所示。

$$I'_n = \frac{I_{n-1} + I_{n+1}}{2} \tag{3.57}$$

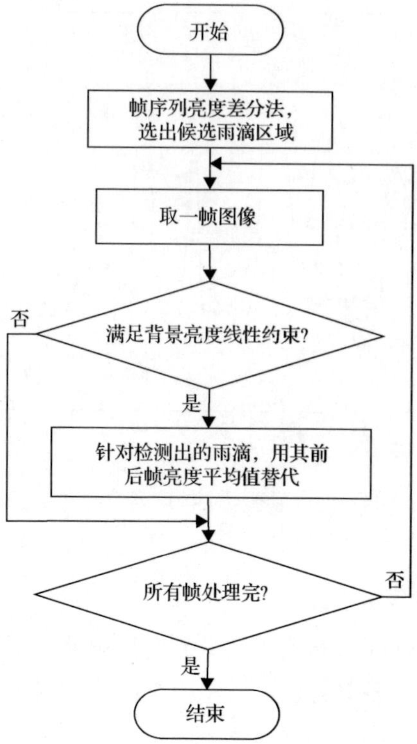

图 3.45　帧序列差分法去雨处理流程

帧序列差分法可以简单有效地检测、去除视频中雨滴的影响，还原得到更清晰的视频。该方法处理速度较快，简单易行，且处理效果较好。但是，算法模型本身存在以下不足：

(1) 要求视频背景完全静止，然而现实拍摄到的视频中难免会存在物体运动的情形，此时还原得到的视频会造成运动物体模糊的现象。

(2) 由于雨滴的下落速度非常快，在连续的相邻视频帧中，经过同一像素点可能是不同的雨滴，因此针对大雨情况，存在雨滴的漏检测现象。

(3) 在浅色背景(如白色墙壁)下，由于前景、背景亮度差很小，雨滴较难被检测到。

2. K-means 聚类方法

根据一个像素点在整个视频中的整体亮度特性可知，如果一个像素点被雨滴覆盖过，那么其亮度变化较大，会出现峰值、谷值。可以采用 K-means 聚类方法[75]，对一个像素点在整个视频中的亮度值进行聚类，最终把该像素点在整个视频中的亮度分为两类，分布表示被雨滴覆盖时的亮度和背景亮度。因此，采用 K-means 聚类方法时，两个初始的聚类中心——背景类中心 w_b 和雨滴类中心 w_r 分

别为亮度曲线的谷值、峰值。光强为 I 的单个像素点 p 与聚类中心 w 的距离为

$$d\left(I_{\mathrm{p}}-w\right)=\left|I_{\mathrm{p}}-w\right| \tag{3.58}$$

在聚类分析的过程中，若满足 $d\left(I_{\mathrm{p}}-w_{\mathrm{b}}\right)<d\left(I_{\mathrm{p}}-w_{\mathrm{r}}\right)$ 条件，则该像素点被归为背景类，否则默认为雨滴类。每进行一次划分，会添加一个像素类的中心 C，聚类中心需要更新为

$$w(t+1)=\frac{1}{C(t)\text{的数量}}\sum_{I_p\in C(t)} I_p \tag{3.59}$$

当所有像素划分完毕或者雨滴和背景的聚类中心达到相等时，K-means 聚类终止。采用 K-means 聚类方法时，聚类后可得到视频帧的每一个像素点背景亮度。接下来对视频进行逐帧扫描，比较每帧中所有像素点亮度与聚类估算得到的背景亮度的大小，对于大于背景亮度的像素点，用相应背景点的亮度值替代。K-means 聚类方法的处理流程如图 3.46 所示。

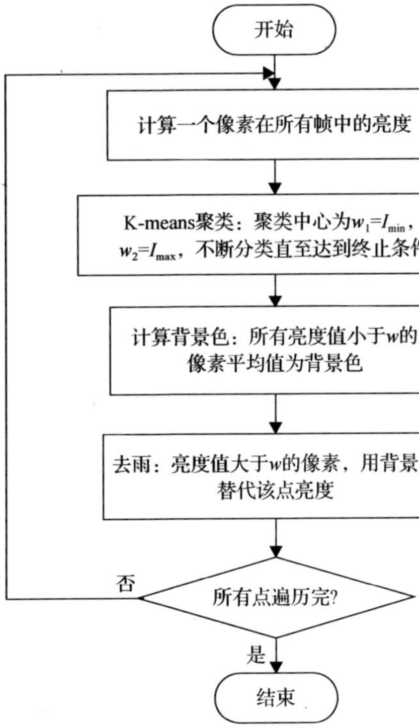

图 3.46　K-means 聚类方法流程图

K-means 聚类方法可以有效去除视频中雨滴的影响，适用范围较帧序列差分法广泛，可适用于大雨、中雨情况，但该方法由于聚类需要，运行时间较长。

3.4.3 雨天图像的雨滴去除

对于雨天图像的雨滴去除，这里主要采用改进的帧序列差分法。原始帧序列差分法是基于理想化的模型，该模型假定视频背景完全静止，且雨滴的速度、方向在整个视频中都是一致的。在实际情况中，这种场景非常难获取，而且对理想化场景视频去雨只具有理论研究意义，实际应用范围较窄。在视频中有物体运动的情形时，原始帧序列差分法会出现误检测情况，在去雨时造成运动物体模糊。

在雨滴运动中，视频不仅会产生亮度变化，同时也会引起颜色变化。经研究发现，在同一段视频中，RGB 颜色通道折射雨滴视角近似，雨滴经过时引起的色度变化是大致相同的，且不同于由物体运动引起的色度变换，根据这一颜色特性，可对原始帧序列差分法检测到的雨滴候选区域进一步约束，排除非雨滴引起的亮度变化，求得更加精准的雨滴候选区域，从而进行雨滴的去除。

1. 雨滴的颜色特性约束

在一段有雨的视频中，RGB 三个颜色通道的亮度变化依赖于背景亮度。文献[76]表明，红色、绿色、蓝色光折射雨滴的视角均为 165°左右，而且折射光在雨滴亮度中占据主导地位，所以被雨滴影响的像素点 RGB 三个颜色通道变化大致相同，如式(3.60)、式(3.61)所示：

$$\Delta R = R_{n+1} - R_n\,,\quad \Delta G = G_{n+1} - G_n\,,\quad \Delta B = B_{n+1} - B_n \tag{3.60}$$

$$\Delta R \approx \Delta G \approx \Delta B \tag{3.61}$$

当视频的连续帧中像素点 RGB 三个颜色通道变化大致相同时，认为此时的亮度变化是由雨滴运动引起的；当视频的连续帧中像素点 RGB 三个颜色通道变化相差较大时，认为此时的亮度变化并非由雨滴运动引起，排除此时的雨滴候选区域。可以根据雨滴的这一颜色特性，采用颜色约束方法对帧序列差分法检测出的雨滴区域进一步优化，得到更精确的雨滴候选区域，进而进行雨滴的去除。本节设定的色差范围为 3，如式(3.62)所示：

$$\left|\Delta R - \Delta G\right| \leqslant 3\,,\quad \left|\Delta R - \Delta B\right| \leqslant 3\,,\quad \left|\Delta B - \Delta G\right| \leqslant 3 \tag{3.62}$$

2. 改进的帧序列差分法处理流程

改进的帧序列差分法处理流程如图 3.47 所示。该方法主要分为以下步骤。

步骤 1：输入图像，用帧序列差分法检测候选雨滴区域；

步骤 2：从候选区域取一帧图像，并判断该图像是否满足亮度线性约束，是则转入步骤 3；否则进入步骤 5；

步骤 3：判断是否满足 RGB 颜色模型约束，是则转入步骤 4，否则进入步骤 5；

步骤 4：视频去雨，对检测出的雨滴区域，用前后帧的亮度平均值代替；

步骤 5：判断所有帧是否处理完成，是则结束，否则转入步骤 2。

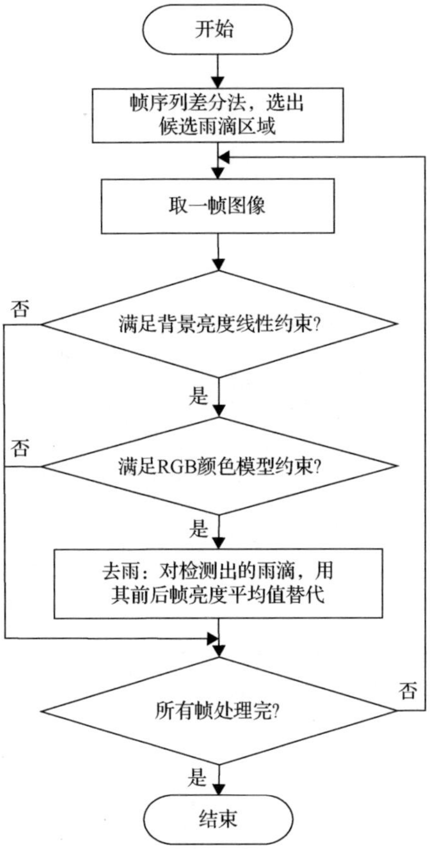

图 3.47　改进的帧序列差分法处理流程

3. 实验结果及分析

实验视频来自哥伦比亚大学的 CAVE 实验室[77]，图 3.48 和图 3.49 列出了原视频序列、原始帧序列差分法、改进的帧序列差分法约束后得到的雨滴候选区域，以及最终得到的去雨视频序列。

图 3.48 中，原视频中人物在接电话时，并不是完全静止的，而与之对应的窗外场景则是静止的。原始帧序列差分法检测到的雨滴区域中，包括人物的轮廓，如图 3.48(b) 中白色椭圆圈中所示，然而此情况属于人物运动引起的亮度变化，属于误检测的雨滴区域。图 3.48(c) 中，改进的帧序列差分法经过 RGB 颜色模型约束后，由人物运动引起的雨滴区域已排除掉。图 3.48(d) 为视频去雨后的效果，窗外背景部分变得清晰，而且较好地保留了人物特征。

图 3.49 中，原视频为人物行走在雨中，视频中可以看到雨线下落痕迹。从图 3.49(b) 白色椭圆中可以发现，伞的形状及人物衣服的边缘均被误检测为雨滴区域。图 3.49(c) 中改进的帧序列差分法可排除误检测的雨滴区域，避免了由误检测引起图像模糊现象。从图 3.49(d) 中可以发现，雨线影响被减轻，且保留了伞、人物的边缘部分。

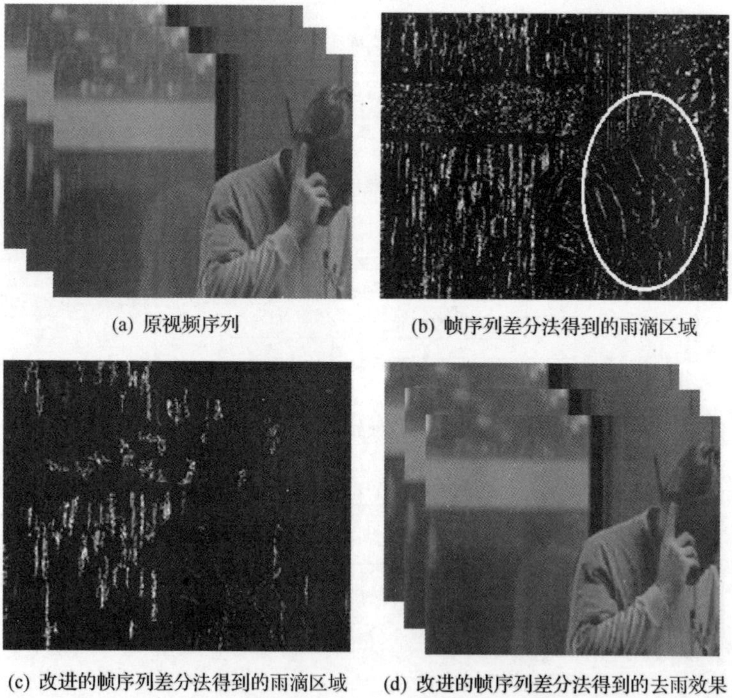

(a) 原视频序列　　(b) 帧序列差分法得到的雨滴区域

(c) 改进的帧序列差分法得到的雨滴区域　　(d) 改进的帧序列差分法得到的去雨效果

图 3.48　改进的帧序列差分法的雨滴检测去除实验 1

(a) 原视频序列　(b) 帧序列差分法得到的雨滴区域

(c) 改进的帧序列差分法得到的雨滴区域　(d) 改进的帧序列差分法得到的去雨效果

图 3.49　改进的帧序列差分法的雨滴检测去除实验 2

本章首先针对已有去雾方法时空复杂度高、算法参数多且需人工调整等问题，提出了一种基于梯度优先规律的雾天图像清晰化算法。该算法依据传播图梯度优先规律，通过对大气耗散函数图像进行快速双边滤波来获取传播图中的少量精细化像素，而最终传播图中的大量像素则直接来自由暗原色原理所得到的粗略传播图。该方法不仅显著减小了计算量，而且避开了复杂矩阵项的求解和多参数的设置。在对大量有雾图像的清晰化实验中，该方法获得了较好的结果。

针对已有视频去雾算法存在块状效应等问题，本章提出了两种基于雾气理论的视频去雾算法：一种视雾气为覆盖在各帧图像上的一层遮罩，被从原视频中减除；另一种视雾气为光路传播图，被分离消除。前者将 Retinex 算法得到的亮度图像与视频帧自身的深度关系相结合求取雾气遮罩，并将此遮罩从原视频帧中分离以去除雾气；后者将由背景图像得到的视频通用传播图应用于视频的所有帧以消除雾气。实验证明，两种算法均能有效地提高原有雾视频各帧的清晰度。所提算法从雾气的角度入手，无须借助参考图像，运算代价低，与一般视频去雾算法相比，在获得较优的去雾效果的同时，具有较好的实用性和较快的处理速度。

在分析指出已有对比度增强评估方法不足的基础上，本章分别提出了两种图像复原效果评价方法：一种借助由环境渲染或光路传播图所模拟的雾环境图像，采用全参考方式评估算法的去雾效果；另一种从人类视觉感知的角度出发，构建综合评价体系以全面衡量算法的去雾性能。实验证明，两种方法均能有效地评价各去雾算法的复原效果，且评估结果与人眼主观感受相一致。所提评价方法分别从构建模拟雾环境和人类视觉感知两方面考虑，与已有评价方法相比，在获得全方面评估结论的同时，具有较好的实用性和可靠性。

在分析总结交通场景图像相关特征的基础上，本章提出了一种专门针对交通场景的去雾算法。该算法引入能见度的思想，采用对图像近处区域弱增强、对驾驶员所感兴趣的远处区域重点增强的方式(以区别于已有去雾方法对整幅图像进行统一增强的方式)，从而实现了对雾天交通场景图像更为有效的清晰化处理。同时，围绕交通环境下的相关典型应用，即雾天环境下的道路车道线特征提取、交通标志牌检测和交警手势识别三个方面，分别对所提去雾算法的性能展开研究，通过实验验证了该算法在这些应用场景下的有效性和实用性。

本章还研究了视频中雨滴检测、去除的帧序列差分法和 K-means 聚类方法，引入雨滴色度特性的约束，提出了一种改进的帧序列差分法。通过大量实验发现，雨滴的亮度特性、颜色特性均遵循一定规律，亮度特性表明雨滴亮度高于被雨滴遮蔽的背景亮度，且图像中的像素点在整个视频中不可能一直被雨滴覆盖。色度特性表明受雨滴影响的 RGB 颜色通道发生变化量是大致相同的。所提算法即在帧序列差分法选出候选雨滴区域的基础上，加入颜色约束的判断，进一步排除误检测的区域，使检测出的雨滴区域更加精准，并能还原出更好的视频效果。

参 考 文 献

[1] Nayar S K, Narasimhan S G. Vision in bad weather[C]//Proceedings of IEEE International Conference on Computer Vision, Kerkyra, 1999: 820-827.

[2] Hautiere N, Tarel J, Aubert D. Toward fog-free in vehicle vision systems through contrast restoration[C]//IEEE Conference on Computer Vision & Pattern Recognition, Minneapolis, 2007: 5-7.

[3] Oakley J P. Enhancement of color images in poor visibility conditions[C]//Proceedings of IEEE International Conference on Image Processing, Vancouver, 2000: 788-791.

[4] Kopf J, Neubert B, Chen B, et al. Deep photo: Model-based photograph enhancement and viewing[J]. ACM Transactions on Graphics, 2008, 27(5): 161-164.

[5] Russo F. An image enhancement technique combining sharpening and noise reduction[J]. IEEE Transactions on Instrumentation and Measurement, 2002, 51(4): 823-825.

[6] Xu D B, Xiao C B. Color-preserving defog method for foggy or hazy scenes[C]//Proceedings of IEEE International Conference on Computer Vision Theory and Applications, Lisboa, 2009: 69-73.

[7] Tan K, Oakley J P. Physics based approach to color image enhancement in poor visibility conditions[J]. Journal of the Optical Society of America, 2001, 18(10): 2460-2466.

[8] Wang C Y Z. Brightness preserving histogram equalization with maximun entropy: A varitional perspective[J]. IEEE Transactions on Consumer Electronics, 2005, 51(4): 1328-1331.

[9] 祝培, 朱虹, 钱学明, 等. 一种有雾天气图像景物影像的清晰化方法[J]. 中国图象图形学报, 2004, 9(1): 124-128.

[10] 周树道, 邵啸, 朱涛, 等. 薄雾影响下的退化彩色图像处理方法[J]. 解放军理工大学学报, 2008, 9(2): 143-145.

[11] Land E H. The Retinex theory of color vision[J]. Scientific American, 1977, 237(1): 105-110.

[12] Jobson D J, Rahman Z. Properties and performance of a center/surround Retinex[J]. IEEE Transactions on Image Processing, 1997, 6(3): 451-454.

[13] Jobson D, Rahman Z, Woodell G. A multiscale Retinex for bridging the gap between color images and the human observation of scenes[J]. IEEE Transactions on Image Processing, 1997, 6(7): 966-972.

[14] Frankle J, McCann J. Method and apparatus for lightness imaging: 4384336[P]. 1983-05-23.

[15] McCann J J. Lessons learned from Mondrians applied to real images and color gamuts[C]//Proceedings of IS&T/SID the 7th Color Image Conference, Scottsdale Arizona, 1999: 2-5.

[16] Funt B, Ciurea F, McCann J. Retinex in Matlab[C]//Proceedings of IS&T/SD the 8th Color Imaging Conefrence, Scottsdale Arizona, 2000: 115-119.

[17] Kimmel R, Eald M. A variatoinal framework for Retinex[J]. International Journal of Computer Vision，2003, 52(1): 11-19.

[18] Meylan L, Süsstrunk S. Bio-inspired image enhancement for natural color images[C]//Proceedings of IS&T/SPIE Electronic Imaging 2004: Human Vision and Electronic Imaging Ⅳ, Atlanta, 2004: 46-56.

[19] Meylan L, Süsstrunk S. High dynamic range image rendering with a Retinex-based adaptive filter[J]. IEEE Transactions on Image Process, 2006, 15(9): 2820-2830.

[20] Meylan L, Alleysson D, Süsstrunk S. Model of retinal local adaptation for the tone mapping of color filter array images[J]. Journal of the Optical Society of America A: Optics, Image, Science & Vision, 2007, 24(9): 2807-2816.

[21] Orsini G, Ramponi G, Carrai P, et al. A modified Retinex for image contrast enhancement and dynamics control[C]//International Conference on Image Processing, Barcelona, 2003, 393(2): 14-17.

[22] 李冠章, 罗武胜, 李沛. 适应彩色空间的图像对比度增强算法[J]. 传感技术学报, 2009, 22(6): 832-834.

[23] 肖燕峰. 基于 Retinex 理论的图像增强恢复算法研究[D]. 上海: 上海交通大学, 2007.

[24] 陈雾. 基于 Retinex 理论的图像增强算法研究[D]. 南京: 南京理工大学, 2006.

[25] 王守觉，丁兴号，廖英豪，等. 一种新的仿生彩色图像增强方法[J]. 电子学报，2008, 36(10): 1972-1975.

[26] Tan K, Oakley J P. Physics based approach to color image enhancement in poor visibility conditions[J]. Journal of the Optical Society of America A: Optics, Image, Science & Vision, 2001, 18(10): 2460-2466.

[27] Tan R. Visibility in bad weather from a single image[C]//Proceedings of IEEE Conference on Computer Vision and Pattern Recognition, Anchorage, 2008: 2347-2354.

[28] Narasimhan S G, Nayar S K. Contrast restoration of weather degraded images[J]. IEEE Transactions on Pattern Analysis and Machine Intelligence, 2003, 25(6): 719-722.

[29] Narasimhan S G, Nayer S K. Interactive deweathering of an image using physical models[C]// Proceedings of IEEE International Conference on Computer Vision Workshop on Color and Photometric Methods in Computer Vision, New York, 2003: 1-8.

[30] Tony F, Osher S, Shen J H. The digital TV filter and nonlinear denoising[J]. IEEE Transactions on Image Processing, 2001, 10(2): 231-241.

[31] 任俊, 李志能, 傅一平. 薄雾天气下图像的复原与边缘检测研究[J]. 计算机辅助设计与图形学报, 2005, 17(4): 695-698.

[32] He K M, Sun J, Tang X O. Single image haze removal using dark channel prior[C]//Proceedings of IEEE Conference on Computer Vision and Pattern, 2009: 1958-1962.

[33] Levin A, Lischinski D, Weiss Y. A closed form solution to natural image matting[C]// Proceedings of IEEE Conference on Computer Vision and Pattern Recognition, 2006: 61-68.

[34] Tarel J P, Hautiere N. Fast visibility restoration from a single color or gray level image[C]// Proceedings of IEEE International Conference on Computer Vision, New York, 2009: 2201-2208.

[35] 禹晶, 李大鹏, 廖庆敏. 基于物理模型的快速单幅图像去雾方法[J]. 自动化学报，2011, 37(2): 143-149.

[36] Middelton W. Vision Through the Atmosphere[M]. Toronto: University of Toronto Press, 1952.

[37] Paris S, Durand F. A fast approximation of the bilateral filter using a signal processing approach[J]. International Journal of Computer Vision, 2009, 81(1): 24-52.

[38] Yang Q X, Tan K H, Ahuja N. Real-time O(1) bilateral filtering[C]//Proceedings of the IEEE Conference on Computer Vision and Pattern Recognition, Miami, 2009: 557-564.

[39] Fattal R. Single image dehazing[J]. ACM Transactions on Graphics, 2008, 27(3): 721-729.

[40] 郭璠, 蔡自兴, 谢斌. 基于雾气理论的视频去雾算法[J]. 电子学报, 2011, 39(9): 2019-2025.

[41] John J, Wilscy M. Enhancement of weather degraded video sequences using wavelet fusion[C]// Proceedings of the 7th IEEE International Conference on Cybernetic Intelligent System, London, 2008: 1-6.

[42] 蔡超, 丁明跃, 周成平, 等. 小波域中的双边滤波[J]. 电子学报, 2004, 32(1): 128-131.

[43] Barbrow L E. International lighting vocabulary[J]. Journal of the Smpte, 2015, 73(4): 331, 332.

[44] Kohler R. A segmentation system based on thresholding[J]. Graph Model Image Processing, 1981, 15(2): 319-338.

[45] Wang Z, Bovik A C, Sheikh H R, et al. Image quality assessment: From error visibility to structural similarity[J]. IEEE Transactions on Image Processing, 2004, 13(4): 600-612.

[46] Wang Z, Bovik A C. A universal image quality index[J]. IEEE Signal Processing Letters, 2002, 9(2): 81-84.

[47] Wang Z, Bovik A C, Lu L. Why is image quality assessment so difficult?//Proceedings of IEEE Conference on Acoustics, Speech and Signal Processing, Orlando, 2002: 3313-3316.

[48] Mei T, Hua X S, Zhu C Z, et al. Home video visual quality assessment with spatiotemporal factors[J]. IEEE Transactions on Circuits and Systems for Video Technology, 2007, 17(6): 699-706.

[49] Carnec M P, Callet L, Barba D. Objective quality assessment of color image based on a generic perceptual reference[J]. Image Communication, 2008, 23(4): 239-256.

[50] Sheikh H R, Bovik A C, Cormack L. No-reference quality assessment using natural scene statistics: JPEG 2000[J]. IEEE Transactions on Image Processing, 2005, 14(11): 1918-1927.

[51] Hautiere N, Tarel J P, Aubert D, et al. Blind contrast enhancement assessment by gradient ratioing at visible edges[J]. Image Analysis & Stereology Journal, 2008, 27(2): 87-95.

[52] 郭璠, 蔡自兴. 图像去雾算法清晰化效果客观评价方法[J]. 自动化学报, 2012, 38(9): 1410-1419.

[53] 周燕艳, 张红莉. 3ds max 从入门到精通[M]. 北京: 中国电力出版社, 2007.

[54] 马鑫. 3ds Max 2010 超级手册[M]. 北京: 清华大学出版社, 2010.

[55] Rossum Z, Nieuwenhuizn T. Multiple scattering of classical waves: Microscopy, mesoscopy and diffusion[J]. Reviews of Modern Physics, 1999, 71(1): 313-371.

[56] Yendrikhovskij S, Blommaert F, de Ridder H. Perceptual optimal color reproduction[C]// Proceedings of SPIE: Human Vision and Electronic Imaging III, San Jose, 1998: 26-29.

[57] Huang K Q, Wang Q, Wu Z Y. Natural color image enhancement and evaluation algorithm based on human visual system[J]. Computer Vision and Image Understanding, 2006, 103: 52-63.

[58] Hasler S, Susstrunk S. Measuring colorfulness in real images[C]//Proceedings of SPIE, 2003: 87-95.

[59] Xu D B, Xiao C B. Color-preserving defog method for foggy or haze scenes[C]//Proceedings of the 4th International Conference on Computer Vision Theory and Applications, Algarve, 2009: 69-73.

[60] 史忠科, 曹力. 交通图像检测与分析[M]. 北京: 科学出版社, 2007.

[61] 单建华. 基于行灰度直方图的直线型车道线识别[C]//视听觉信息的认知计算学术交流会论文集, 北京, 2010: 258-261.

[62] 唐琎, 陈芳艳, 谢斌. 高速公路禁令标志检测与跟踪[J]. 计算机应用研究, 2010, 27(7): 2760-2762.

[63] Tao Y, Ben W. Accelerometer-based Chinese traffic police gesture recognition system[J]. Chinese Journal of Electronics, 2010, 19(2): 270-274.

[64] Singh M, Mandal M, Basu A. Visual gesture recognition for ground air traffic control using the Radon transform//Proceedings of IEEE/RSJ IROS, 2005.

[65] Zou B J, Chen S, Shi C. Automatic reconstruction of 3D human motion poses from uncalibrated monocular video sequences based on markerless human motion tracking[J]. Pattern Recognition, 2009, 42: 1559-1571.

[66] Andriluka M, Roth S. Pictorial structures revisited: People detection and articulated pose estimation[C]//Proceedings of IEEE Conference on Computer Vision and Pattern Recognition, Miami, 2009: 1014-1021.

[67] Johnson S, Everigham M. Learning effective human pose estimation from inaccurate annotation[C]//Proceedings of IEEE Conference on Computer Vision and Pattern Recognition, Springs, 2011: 1465-1472.

[68] Lee M W, Nevatia R. Body part detection for human pose estimation and tracking[C]// Proceedings of IEEE Workshop on Motion and Video Computing, Washington D.C., 2007: 23-28.

[69] Cai Z X, Guo F. Max-covering scheme for gesture recognition of Chinese traffic police[J]. Pattern Analysis and Applications, 2014, 18(2): 403-418.

[70] Guo F, Cai Z X, Xie B, et al. Automatic image haze removal based on luminance component[C]//Proceedings of SIP, Chengdu, 2010: 1-4.

[71] Levin M D. Vision in Man and Machine[M]. New York: McGraw-Hill, 1985.

[72] Elgammal A, Durauswami R, Harwood D, et al. Background and foreground modeling using nonparametric kernel density estimation for visual surveillance[J]. Proceedings of the IEEE, 2002, 90(7): 1151-1163.

[73] 交通管理局.公安部关于印发《中华人民共和国公安部关于发布交通警察手势信号的通告》的通知(公通字[2007]53 号) [EB/OL].https://app.mps.gov.cn/gdnps/pc/content.jsp?id=7428848&mtype=, 2008-10-16.

[74] Garg K, Nayar S K. Photometric model for raindrops[R]. New York: Columbia University Technical Report, 2003.

[75] 武凤霞. 雨雾条件下图像与视频的清晰复原技术研究[D]. 杭州: 浙江大学, 2006.

[76] Zhang X P, Li H, Qi Y Y, et al. Rain removal in video by combining temporal and chromatic properties[C]//IEEE International Conference on Multimedia and Expo, Toronto, 2006: 461-464.

[77] 哥伦比亚大学视频数据库[EB/OL]. http://www1.cs.columbia.edu/CAVE/projects/rain_detection/rain_detection.php[2015-12-07].

第 4 章　激光雷达建图与车辆状态估计

4.1　SLAM 中基于局部地图的混合数据关联方法

数据关联是自主车辆 SLAM 中的一个难点问题。在自主车辆 SLAM 过程中，数据关联是状态估计的前提条件，对 SLAM 的实时性和精确性有着直接的影响，因此数据关联在 SLAM 中起着非常关键的作用。目前已有的算法都存在实时性不高或者精确性不足的问题，本章结合经典的单匹配最近邻(individual compatibility nearest neighbor，ICNN)、分枝限界联合匹配(joint compatibility branch and bound，JCBB)和数据关联 3 种算法，探讨一种可以兼顾实时性和精确性要求的数据关联方法。

4.1.1　SLAM 中的数据关联问题

1. 数据关联问题描述

在 SLAM 过程中，假设 t 时刻自主车辆已构建的地图中含有 M 个环境特征 $\boldsymbol{E}_t=(\boldsymbol{E}_1,\boldsymbol{E}_2,\cdots,\boldsymbol{E}_M)$，传感器观测到 N 个环境特征 $\boldsymbol{F}_t=(\boldsymbol{F}_1,\boldsymbol{F}_2,\cdots,\boldsymbol{F}_N)$。数据关联就是建立 t 时刻传感器观测特征与地图中已有特征之间的匹配关系，即关联假设：

$$k_t=(k_1,k_2,\cdots,k_N) \tag{4.1}$$

若观测到的第 n 个特征 $\boldsymbol{F}_n$ 与地图中的第 m 个特征 $\boldsymbol{E}_m$ 匹配，则 $k_n=m$；若 $\boldsymbol{F}_n$ 与地图中的所有特征都不匹配，则 $k_n=0$，表示 $\boldsymbol{F}_n$ 为新观测到的环境特征或传感器虚警。

t 时刻观测方程可描述为

$$\boldsymbol{z}_{n,t}=\boldsymbol{h}_{m,t}(\boldsymbol{x}_{t|t-1})+\boldsymbol{v}_{n,t} \tag{4.2}$$

式中，$\boldsymbol{v}_{n,t}$ 为观测噪声。

这里可对非线性观测模型 $\boldsymbol{h}_{m,t}$ 进行线性化处理：

$$\boldsymbol{h}_{m,t}(\boldsymbol{x}_{t|t-1})\cong\boldsymbol{h}_{m,t}(\hat{\boldsymbol{x}}_{t|t-1})+\boldsymbol{H}_{m,t}(\boldsymbol{x}_t-\hat{\boldsymbol{x}}_{t|t-1}) \tag{4.3}$$

式中，$\boldsymbol{H}_{m,t}=\left.\dfrac{\partial\boldsymbol{h}_{m,t}}{\partial\boldsymbol{x}_{t|t-1}}\right|_{(\hat{\boldsymbol{x}}_{t|t-1})}$。

$\boldsymbol{F}_n$和$\boldsymbol{E}_m$之间的距离可以用新息$E_{nm,t}$及其协方差$Z_{mn,t}$表示：

$$\boldsymbol{\tau}_{nm,t} = z_{n,t} - \boldsymbol{h}_{m,t}(\hat{\boldsymbol{x}}_{t|t-1}) \tag{4.4}$$

$$\boldsymbol{Z}_{mn,t} = \boldsymbol{H}_{m,t}\boldsymbol{P}_{t|t-1}\boldsymbol{H}_{m,t}^{\mathrm{T}} + \boldsymbol{R}_{n,t} \tag{4.5}$$

根据$\boldsymbol{F}_n$和$\boldsymbol{E}_m$之间的 Mahalanobis 距离是否小于某个阈值来判断$\boldsymbol{F}_n$和$\boldsymbol{E}_m$之间是否具有匹配关系，即

$$D_{nm,t}^2 = \boldsymbol{\tau}_{nm,t}^{\mathrm{T}}\boldsymbol{Z}_{nm,t}^{-1}\boldsymbol{\tau}_{nm,t} < \chi_{d,1-\alpha}^2 \tag{4.6}$$

式中，$d = \dim(\boldsymbol{h}_{m,t})$；$1-\alpha$为期望的置信度，一般设置为 95%。

2. ICNN 算法概述

ICNN 算法根据式(4.6)预先设定一个关联范围，将落在关联范围之内且与地图已有特征之间 Mahalanobis 距离最小的观测特征作为关联对象。ICNN 算法只需做$N \times M$次匹配，计算量和地图中的特征个数呈线性关系，为$O(nm)$。因此，ICNN 算法简单且易于实现，计算量小且实时性高。

但是，ICNN 算法没有从整体上考虑环境中的特征信息，不是对所有环境特征进行联合匹配，ICNN 算法中单独的匹配不能保证关联假设的一致性，因此在实际应用中一般只具有局部的正确性。在每一次数据关联过程中，当一个匹配对匹配成功后，ICNN 算法就不再考察该匹配对，因而关联假设中有可能出现错误的匹配对，随着时间的推移最终导致 SLAM 发散。因此，ICNN 算法没有很好的抗干扰能力，可靠性低，只适用于参与关联的特征数量较少和特征间间隔较大的情况。

3. JCBB 算法概述

为了获得 SLAM 一致性的结果，在数据关联过程中应该将所有观测特征联合起来寻找已有地图中对应的匹配特征。JCBB 算法就是在每次数据关联过程中，同时考虑了所有特征之间的相关性。JCBB 算法根据分枝限界方法来搜索解空间以获得配对数目最多的匹配关系。JCBB 算法中设定观测为

$$\boldsymbol{h}_{\boldsymbol{k}_t}(\boldsymbol{x}_{t|t-1}) = \begin{bmatrix} \boldsymbol{h}_{\boldsymbol{k}_1}(\boldsymbol{x}_{t|t-1}) \\ \boldsymbol{h}_{\boldsymbol{k}_2}(\boldsymbol{x}_{t|t-1}) \\ \vdots \\ \boldsymbol{h}_{\boldsymbol{k}_N}(\boldsymbol{x}_{t|t-1}) \end{bmatrix} \tag{4.7}$$

$$\boldsymbol{h}_{\boldsymbol{k}_t}(\boldsymbol{x}_{t|t-1}) \cong \boldsymbol{h}_{\boldsymbol{k}_t}(\hat{\boldsymbol{x}}_{t|t-1}) + \boldsymbol{H}_{\boldsymbol{k}_t}(\boldsymbol{x}_t - \hat{\boldsymbol{x}}_{t|t-1}) \tag{4.8}$$

式中，$\boldsymbol{H}_{\boldsymbol{k}_t} = (\boldsymbol{H}_{\boldsymbol{k}_1}, \boldsymbol{H}_{\boldsymbol{k}_2}, \cdots, \boldsymbol{H}_{\boldsymbol{k}_N})^{\mathrm{T}}$。其联合新息和协方差为

$$\boldsymbol{\tau}_{\boldsymbol{k}_t} = \boldsymbol{z}_t - \boldsymbol{h}_{\boldsymbol{k}_t}(\hat{\boldsymbol{x}}_{t|t-1}) \tag{4.9}$$

$$\boldsymbol{Z}_{\boldsymbol{k}_t} = \boldsymbol{H}_{\boldsymbol{k}_t}\boldsymbol{P}_{t|t-1}\boldsymbol{H}_{\boldsymbol{k}_t}^{\mathrm{T}} + \boldsymbol{R}_{\boldsymbol{k}_t} \tag{4.10}$$

JCBB 算法根据关联假设中联合关联对间的 Mahalanobis 距离是否小于某个阈值来判断联合关联是否成功，即

$$D_{\boldsymbol{H}_t}^2 = \boldsymbol{\tau}_{\boldsymbol{H}_t}^{\mathrm{T}}\boldsymbol{Z}_{\boldsymbol{H}_t}^{-1}\boldsymbol{\tau}_{\boldsymbol{H}_t} < \chi_{d,1-\alpha}^2 \tag{4.11}$$

JCBB 算法详见文献[1]。与 ICNN 算法相比，JCBB 算法数据关联的结果精确可靠，可以应用于特征数量较多或特征间距离较近的情况。但是，JCBB 算法计算复杂度与特征观测数目呈指数关系，其计算量及运行时间随着环境规模的增大将大大增加，因此 JCBB 算法一般只适用于环境规模较小的情况。

4.1.2　基于局部地图的混合数据关联方法

本节针对 ICNN 算法和 JCBB 算法的优缺点，将两者结合起来，提出一种基于局部地图的混合数据关联方法。为了保证数据关联的时间性能，主要以实时性较强的 ICNN 算法为基础进行数据关联；为了提高数据关联的精确度，对 ICNN 算法的关联结果进行正确性判定，若结果有误，则采用 JCBB 算法给予纠正。因此，在简单的环境下，该混合方法实时性与 ICNN 算法相当，而在复杂环境下出现关联错误时，又能通过 JCBB 算法进行校正，从而保证该算法的鲁棒性。同时，在整个数据关联过程中都只采用局部地图进行关联匹配，因此又保证有较好的时间性能。

1. 混合关联

首先，将传感器 t 时刻测量到的特征 $\boldsymbol{F}_t$ 与地图中已有的特征 $\boldsymbol{E}_t$ 进行 ICNN 数据关联，得关联假设 $\boldsymbol{k}_t=(k_1, k_2,\cdots, k_N)$。SLAM 数据关联的一条通用准则是：不同的观测值对应不同的地图特征，一个已有的地图特征最多只有一个观测值与之匹配[1-3]。ICNN 数据关联出错的例子如图 4.1 所示，$\boldsymbol{E}_1$ 和 $\boldsymbol{E}_2$ 为两个相隔很近的地图特征，其观测值分别为 $\boldsymbol{F}_1$ 和 $\boldsymbol{F}_2$，虚线圆为根据式(4.6)确定的地图特征的有效关联范围，由于观测值 $\boldsymbol{F}_2$ 也在特征 $\boldsymbol{E}_1$ 关联范围之内且距 $\boldsymbol{E}_1$ 更近，因此 ICNN 数据关联会将 $\boldsymbol{F}_1$ 和 $\boldsymbol{F}_2$ 都与 $\boldsymbol{E}_1$ 相关联，出现了多个观测值与一个地图特征同时匹配的情况，从而导致错误的关联结果。由于关联假设 $\boldsymbol{k}_t$ 中不等于零的元素 k_n 为观测特征 $\boldsymbol{F}_n$ 所匹配的地图特征 $\boldsymbol{E}_m$ 对应的编号 m，因此 $\boldsymbol{k}_t$ 中的非零元素应各不相同，由此来判断关联是否有错。

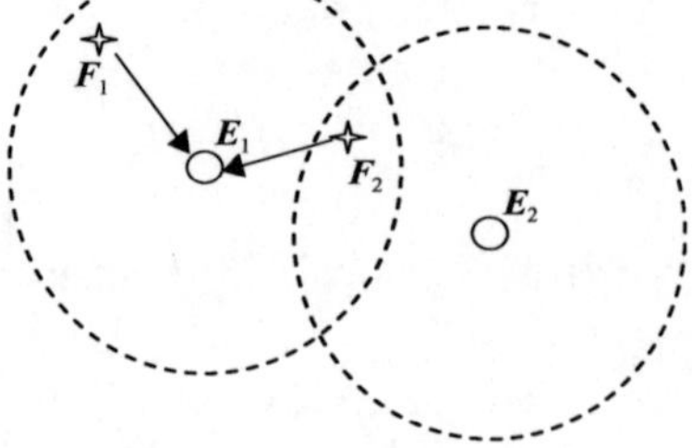

图 4.1　错误关联示意图

ICNN 关联错误的判定条件如下：若检测到 $\boldsymbol{k}_t$ 中有相同的非零元素，则可判定关联结果是错误的。

在特征数较多的复杂环境下，ICNN 会出现关联错误，因此若要得到精确度较高的关联结果，则需要对 ICNN 的错误关联进行纠正。由文献[1]可知，JCBB 算法能够有效避免图 4.1 所示的错误，因此如果判定 t 时刻 ICNN 数据关联结果是错误的，那么采用 JCBB 算法重新进行数据关联。为了降低 JCBB 算法的计算量及混合方法整体的时间复杂度，采用局部地图进行数据关联。

2. 局部关联

经典的 ICNN 算法和 JCBB 算法采用的是全局地图的特征数据进行匹配关联，这两种算法很大程度上制约了自主车 SLAM 的实时性，尤其是采用 JCBB 算法时影响更严重。不采用全局特征数据，只采用局部特征数据和局部观测数据进行匹配关联。

图 4.2 为局部关联示意图，其中三角形表示自主车当前时刻所在位置，点线为自主车运动路径，扇形区域为自主车传感器的扫描范围，圆点为自主车已建立地图中的特征，星点表示当前时刻自主车观测到的特征，其中 $\boldsymbol{F}_5$ 为观测到的新特征或虚警。

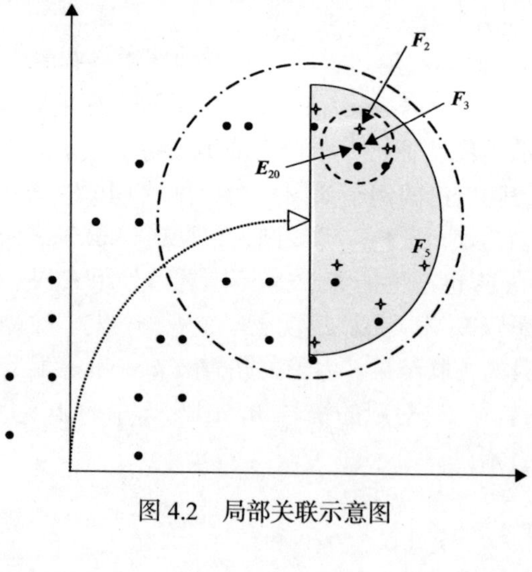

图 4.2　局部关联示意图

首先，只选择局部区域内的特征数据参与 ICNN 数据关联。为了减少计算，取以自主车为圆心、半径为 r 的局部地图内的特征 $\boldsymbol{E}_m$ 与当前观测进行数据关联。为了涵盖所有可能与观测值匹配的特征，半径 r 要略大于传感器的扫描距离(如图 4.2 中点划线圆所示)，可表示为

$$\sqrt{(x_m - x_{\mathrm{V}})^2 + (y_m - y_{\mathrm{V}})^2} < r \tag{4.12}$$

式中，$(x_{\mathrm{V}},\ y_{\mathrm{V}})$和$(x_m,\ y_m)$分别为自主车和特征 $\boldsymbol{E}_m$ 在全局坐标系中的位置。

采用 ICNN 进行数据关联时，观测值只与满足式(4.12)的地图特征进行关联，即在式(4.12)确定的局部地图内进行数据关联。设在局部地图内的特征个数为 M_{p} $(M_{\mathrm{p}} \leqslant M)$，则此时 ICNN 关联计算复杂度为 $O(NM_{\mathrm{p}})$，$O(NM_{\mathrm{p}}) \leqslant O(NM)$。随着时间的推移，自主车构建的全局地图中特征数 M 越来越大，因此 $O(NM)$ 越来越大，而 $O(NM_{\mathrm{p}})$ 的大小限定在固定的局部区域内的特征数上，只随环境复杂度的变化在一定范围内上下波动，所以采用局部地图可以有效提高数据关联的实时性。

判定 ICNN 关联错误时，设关联结果为 $\boldsymbol{k}_t^*$，此时采用 JCBB 数据关联进行纠正。由于 JCBB 数据关联的计算复杂度和特征观测数目呈指数关系，为了降低 JCBB 数据关联的计算量，可以考虑减少用于匹配的观测数目，因此 JCBB 数据关联在错误匹配处周围的局部区域内进行，只采用与被错误关联的地图特征较近的部分观测值参与数据关联。首先在 $\boldsymbol{k}_t^*$ 中找出存在相同值的非零元素 $k_c(c \in [1, N])$，而 k_c 对应的特征 $\boldsymbol{E}_b(b{=}k_c \in [1, M])$ 即为被 ICNN 错误关联的地图特征；然后确定与特征 $\boldsymbol{E}_b$ 之间距离小于某一阈值 d 的观测值 $\boldsymbol{F}_a(a \in [1, N])$，即

$$\sqrt{(x_a - x_b)^2 + (y_a - y_b)^2} < d \tag{4.13}$$

式中，(x_a, y_a)和(x_b, y_b)分别为观测值 $\boldsymbol{F}_a$ 和地图特征 $\boldsymbol{E}_b$ 在全局坐标系中的位置。选择满足式(4.12)的地图特征与式(4.13)确定的局部观测值 $\boldsymbol{F}_a$ 进行 JCBB 数据关联。如图 4.2 所示，ICNN 关联结果是 $\boldsymbol{F}_2$ 和 $\boldsymbol{F}_3$ 都与 $\boldsymbol{E}_{20}$ 匹配，而与 $\boldsymbol{E}_{20}$ 之间距离在阈值 d 内(虚线圆内)的观测值有三个，故只采用这三个观测值与点划线圆内的地图特征进行 JCBB 数据关联，从而可以有效降低 JCBB 算法的计算量。同时可以看出，阈值 d 的大小决定了用于匹配的观测数目，若 d 太大，则对提高实时性无明显效果；若 d 太小则会影响数据关联的精度，这将在后续的实验结果中得到验证。最后，利用 JCBB 关联结果获得的局部新的匹配关系对应替换关联假设 $\boldsymbol{k}_t^*$ 中错误的匹配关系，从而得到纠正后的关联假设 $\boldsymbol{k}_t$。

3. 算法步骤及流程图

步骤 1：建立以自主车为圆心、半径为 r 的局部圆形地图，即根据式(4.12)

确定 t 时刻已构建的全局地图中最可能与观测值 $\boldsymbol{F}_n$ 匹配的特征 $\boldsymbol{E}_m$。

步骤 2：将局部圆形地图中的特征 $\boldsymbol{E}_m$ 与观测值 $\boldsymbol{F}_n$ 进行 ICNN 数据关联，得关联假设 $\boldsymbol{k}_t^*$。

步骤 3：判断 $\boldsymbol{k}_t^*$ 中是否有相同的非零元素 k_c，若有则转步骤 4，否则转步骤 7。

步骤 4：确定与错误关联的地图特征 $\boldsymbol{E}_b(b=k_c)$ 之间距离小于阈值 d 的所有观测值 $\boldsymbol{F}_a$。

步骤 5：将步骤 4 确定的观测值 $\boldsymbol{F}_a$ 与局部圆形地图中的特征 $\boldsymbol{E}_m$ 进行 JCBB 数据关联。

步骤 6：采用步骤 5 的匹配结果纠正步骤 2 错误的关联结果 $\boldsymbol{k}_t^*$。

步骤 7：得到关联结果 $\boldsymbol{k}_t=\boldsymbol{k}_t^*$，$t$ 时刻数据关联结束。

本书简称以上数据关联方法为 LIJ(local ICNN-JCBB)算法，LIJ 算法流程图如图 4.3 所示。

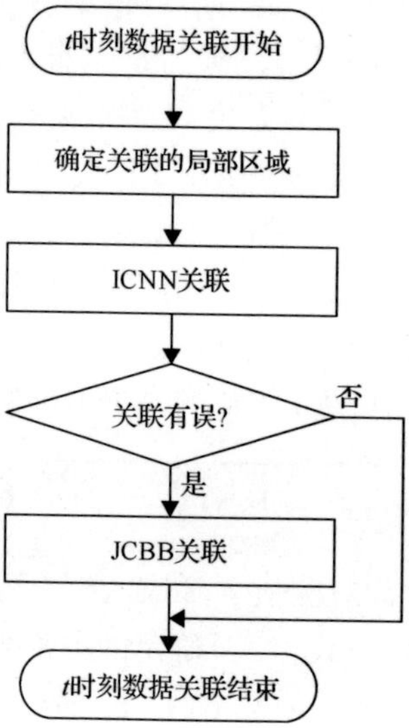

图 4.3　LIJ 算法流程图

4.1.3　实验结果及分析

本节采用 Jose Neira 的仿真实验数据[4]来验证本章提出的基于局部地图的混合数据关联方法的有效性。

图 4.4 为在同一环境下分别采用 ICNN、JCBB 和 LIJ 三种算法进行数据关联得到的运行时间。由图 4.4 可以看出，LIJ 算法运行时间介于 ICNN 算法和 JCBB 算法之间。当环境特征较稀疏时，LIJ 算法与 ICNN 算法运行时间相当。可见，虽

然 LIJ 算法多了一些确定局部地图和判断错误的步骤，但由于只在局部地图内进行数据关联，因此在简单环境下时间性能不亚于 ICNN 算法。当环境较复杂导致 ICNN 算法关联错误时，需要采用 JCBB 算法纠正错误，因此 LIJ 算法运行时间增加。然而，采用局部关联方法降低了 JCBB 算法的计算量，缩减了纠错阶段所用的时间，从而保证了 LIJ 算法仍然有较好的时间性能。

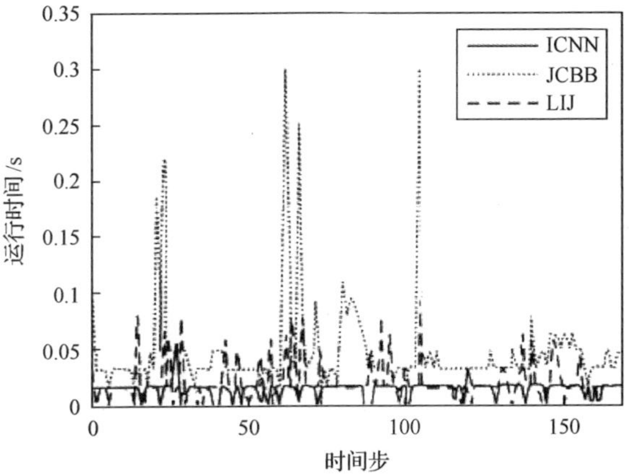

图 4.4　ICNN、JCBB 和 LIJ 算法运行时间对比

图 4.5 为同一环境下不同数据关联方法的关联正确率，其中 ICNN 算法关联正确率最低，而 LIJ 算法与 JCBB 算法相当，都有很高的关联正确率，可见对 ICNN 算法错误结果采用 JCBB 算法进行纠正，能够保证有较高的正确率。

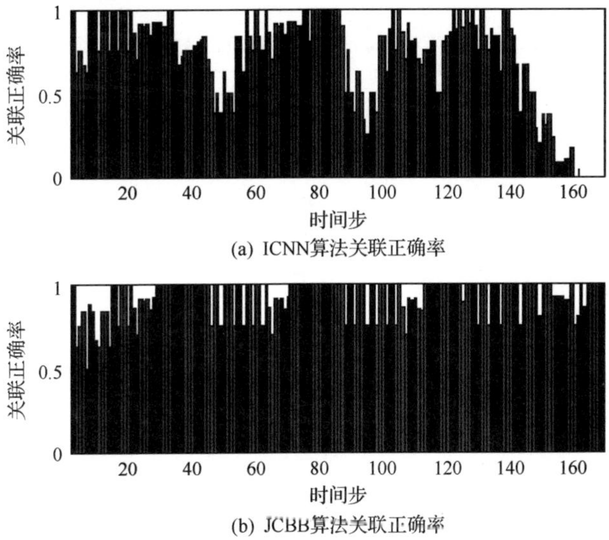

(a) ICNN算法关联正确率

(b) JCBB算法关联正确率

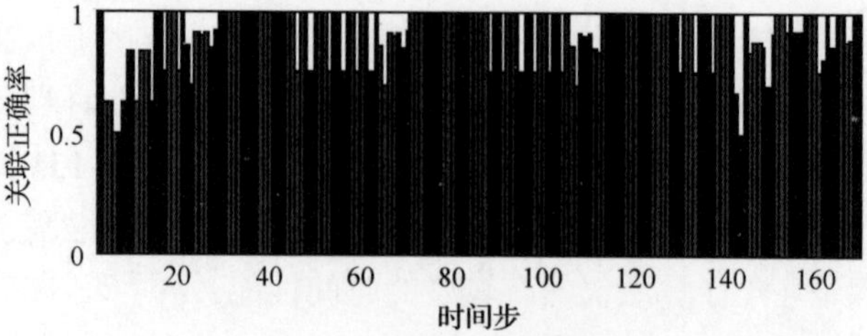

(c) LIJ算法关联正确率

图 4.5　ICNN、JCBB 和 LIJ 算法关联正确率对比

为了比较三种数据关联算法在不同环境下的性能，分别在简单环境(特征数为 88)和复杂环境(特征数为 176)下进行了多次实验，得到三种数据关联算法的平均运行时间和平均正确率，如表 4.1 和表 4.2 所示(此时 LIJ 算法中阈值 d 取不同值)。由表 4.1 和表 4.2 可以看出，ICNN 算法运行时间最短，但是关联正确率较低；JCBB 算法有较高的精确度，但是在复杂环境下其运行时间较长，实时性能较差；LIJ 算法在时间性能上接近 ICNN 算法，而在关联正确率上与 JCBB 算法相当，在不同复杂程度的环境中都具有较好的实时性和精确性。因此，LIJ 算法比 ICNN 算法和 JCBB 算法具有更广的适用范围。同时可以看出，随着阈值 d 的增大，LIJ 算法平均运行时间增加，这是因为 d 的增大使参与 JCBB 算法的观测数目增大，从而增大了 JCBB 算法的计算量；随着阈值 d 的增大，LIJ 算法关联正确率有所提高，可见随着参与 JCBB 算法观测数的增加，JCBB 算法的精确度也随之提高。LIJ 算法中阈值 d 的改变虽然对数据关联的实时性和精确性具有相反的影响，但在一定的范围内可以兼顾实时性和精确性，实际应用时可以根据不同需要进行相应的调整。

表 4.1　简单环境下 ICNN、JCBB 和 LIJ 算法性能对比

数据关联算法	平均运行时间/ms	平均正确率
ICNN	0.0113	0.7029
JCBB	0.0235	0.9232
LIJ (d=0.5m)	0.0138	0.9130
LIJ (d=1.0m)	0.0140	0.9160
LIJ (d=1.5m)	0.0159	0.9245

表 4.2　复杂环境下 ICNN、JCBB 和 LIJ 算法性能对比

数据关联算法	平均运行时间/ms	平均正确率
ICNN	0.0151	0.6915
JCBB	0.0446	0.9316
LIJ (d=0.5m)	0.0210	0.9194
LIJ (d=1.0m)	0.0211	0.9255
LIJ (d=1.5m)	0.0234	0.9271

4.1.4　小结

针对自主车 SLAM 中的数据关联问题，本小节提出了一种基于局部地图的混合数据关联方法。该方法首先采用 ICNN 算法进行数据关联，然后根据判定条件判断其关联结果的正确性，若有误，则采用 JCBB 算法进行纠正，同时数据关联过程仅采用局部数据进行匹配关联。实验结果表明，LIJ 算法结合了 ICNN 算法和 JCBB 算法的优点，具有较好的时间性能，且在精确性上与 JCBB 算法相当，相比于单独使用 ICNN 算法或 JCBB 算法所受的环境限制，LIJ 算法可以在不同复杂程度的环境下得到应用。

4.2　动态障碍处理方法及动态环境下 SLAM 的实现

对于动态环境下的 SLAM，对动态目标的处理显得尤为重要。与视觉传感器比较，采用激光传感器进行目标的检测具有多方面的优势。首先，激光传感器的检测比视频检测速度快；其次，激光传感器对多目标检测和跟踪也占有很大优势。最重要的是，对目标部分遮挡问题，距离传感器获得的目标距离差可以给一个很好的解答。因此，本章就激光传感器进行目标检测的问题进行研究。

声呐和激光同属于距离检测传感器，在动态目标检测和动态环境的地图构建原理上基本一致。虽然声呐传感器比激光传感器探测数据少、噪声多、误差大，但是由于其价格低廉和使用方便，在现实中仍被广泛应用。为了更精确地检测动态目标，建立动态环境地图，本章着重研究了声呐和摄像头的动态环境地图创建方法，并给出了声呐和摄像头信息结合的地图更新模型。

在动态环境下，除地图路标和静态障碍物外，还有动态障碍物和暂不能确定的一些目标，将它们统称为“目标”。

4.2.1　动态目标检测技术

移动机器人自身携带的传感器不同，障碍检测的方法也不相同。移动机器人在未知环境中对静态障碍的检测比较简单，一般的测距传感器如声呐、激光雷达、摄像头等都可以胜任此工作，但对于动态障碍(也称运动目标)的检测相对来说就比较复杂[5]。当移动机器人和障碍都在运动时，光靠测距传感器在每个扫描时刻获得的距离数据无法分辨出当前的障碍是静态障碍还是动态障碍。要想检测出动态障碍和静态障碍，必须对测距传感器多次相邻扫描时刻的观测数据进行分析，利用静态障碍和动态障碍观测数据的不一致，才能够分辨障碍的性质。动态环境中移动机器人的基于激光雷达的动态障碍检测方法大致可以分为[6]基于地图的方法、基于传感器观测量的方法和基于目标跟踪的方法。

1. 基于地图的动态目标检测方法

基于地图的动态目标检测方法的基本思想是地图差分，主要依据不同时刻障碍在地图上的分布特点决定障碍的性质。在不同的扫描时刻，与静态障碍对应的观测数据映射到地图上的位置不会发生变化，而在不同扫描时刻动态障碍的观测数据映射到地图上的位置都会不同，因此可以通过对比不同扫描时刻地图的变化来检测动态障碍。其基本原理是比较测距传感器在连续几个不同的扫描时刻测量数据之间的差异。一般认为，静态障碍的属性(包括形状、位置、方向等)是不随时间与空间变化的，即静态障碍是恒定不变的。而动态障碍由于不断地运动，位置和方向等属性信息是随着时间与空间而不断变化的。因此，认为若在连续几个相邻的采样时刻，激光雷达获取障碍的距离数据(转换到全局坐标系)是相同的，则认为该观测数据是由静态障碍的存在造成的；若距离数据不一致，也就是出现了差异，则认为该部分观测数据是由动态障碍的运动造成的。基于地图差分检测动静态障碍的方法如图 4.6 所示。

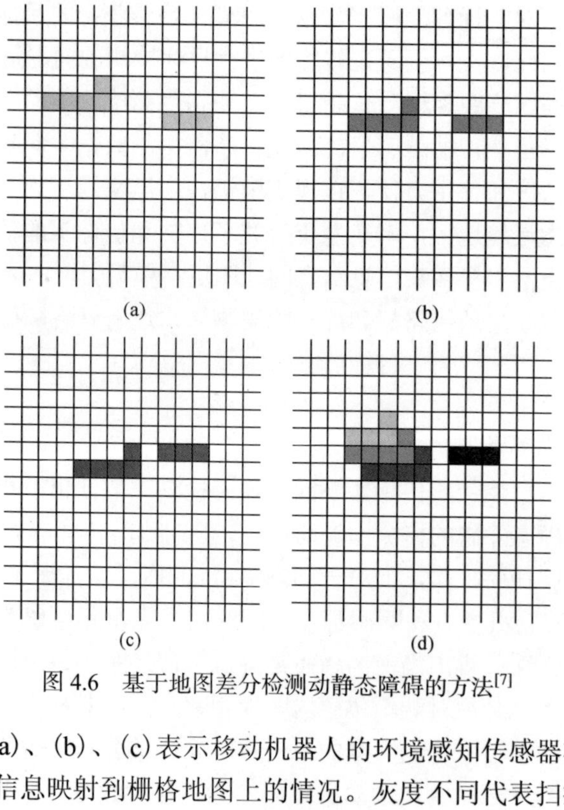

图 4.6　基于地图差分检测动静态障碍的方法[7]

图 4.6 中，(a)、(b)、(c)表示移动机器人的环境感知传感器在三个连续扫描时刻捕获的障碍信息映射到栅格地图上的情况。灰度不同代表扫描时刻不同，灰

度深的区域代表传感器最近扫描到的障碍，(d)表示三次传感器数据的叠加。可以清晰地看出，在移动机器人的可视范围内存在两个障碍：一个是静态障碍，另一个是运动障碍。地图差分检测动静态障碍的方法简单、易懂，但需要较多的存储空间和计算开销，因为需要维持几幅地图。通过搜索匹配几幅相邻时刻的占用栅格地图，可以检测出环境中的静态障碍和动态障碍。

2. 基于传感观测量的动态目标检测方法

还有一种检测动态障碍的方法是基于传感器观测量的实体聚类法。移动机器人工作环境中所有的障碍都可以看成是一个个实体。动态环境中有动态实体和静态实体。移动机器人的环境感知传感器在不同的扫描时刻得到的观测数据均不相同。对每次采集到的障碍进行聚类，提取聚类障碍的参数，如每个聚类原型的坐标、大小、聚类原型的个数等。比较相邻几个观测时刻聚类的变化情况，就可以检测出动态实体和静态实体。原因是动态实体的聚类参数值在不同的扫描时刻是不同的，而静态实体的聚类参数值在不同的扫描时刻基本是不变的。

采用不同的聚类算法，就会得到不同的实体聚类法。最简单的实体聚类法是最近邻聚类法[8]。最近邻聚类法依赖事先选取的阈值，在动态未知环境中该阈值不好确定。还有一种聚类算法是模糊 C 均值聚类算法[9]。其基本原理是将样本数据通过模糊隶属度矩阵划分到 C 个不同的聚类中去。迭代求解模糊聚类目标函数的最小值就能够将样本划分到不同聚类原型的类别中去。模糊 C 均值聚类算法的速度比较快，但仅对呈超球体分布的数据聚类效果最理想。模糊 C 均值聚类算法的目标函数一般为

$$J_f(\boldsymbol{X}:\boldsymbol{U},\boldsymbol{V})=\sum_{i=1}^{c}\sum_{j=1}^{n}(u_{ij})^m\|x_j-v_i\|^2 \tag{4.14}$$

式中，$J_f(\boldsymbol{X}:\boldsymbol{U},\boldsymbol{V})$ 为目标函数，$\boldsymbol{X}=(x_1,x_2,\cdots,x_n)$ 为待分类的样本，$\boldsymbol{U}=[u_{ij}]$ $(i=1,2,\cdots,c;j=1,2,\cdots,n)$ 为模糊隶属度矩阵，$\boldsymbol{V}=(v_1,v_2,\cdots,v_c)$ 为 c 个聚类原型的向量；m 为模糊度控制因子，$1<m<\infty$。通过 $J_f(\boldsymbol{X}:\boldsymbol{U},\boldsymbol{V})$ 对 u_{ij} 和 v_i 求偏微分，并分别令其为零，可得到模糊隶属度矩阵 u_{ij} 和聚类原型 v_i 的更新公式，如下所示：

$$v_i=\frac{\sum_{j=1}^{n}(u_{ij})^m x_j}{\sum_{j=1}^{n}(u_{ij})^m} \tag{4.15}$$

$$u_{ij}=\left[\sum_{k=1}^{c}\left(\frac{\|x_j-v_i\|^2}{\|x_j-v_k\|^2}\right)^{1/(m-1)}\right]^{-1} \tag{4.16}$$

此外，还应对模糊隶属度矩阵做如下约束：

$$\sum_{i=1}^{c}u_{ij}=1，\ 1\leqslant j\leqslant n \tag{4.17}$$

$$\sum_{j=1}^{n}\sum_{i=1}^{c}u_{ij}=1，\ 1\leqslant i\leqslant c;1\leqslant j\leqslant n \tag{4.18}$$

模糊C均值聚类算法需要事先给出聚类原型的个数，但在动态未知环境中，障碍的个数无法事先知道。大部分实体聚类法是在模糊C均值聚类的基础上发展起来的，如自适应的模糊C均值聚类算法。该算法不需要事先给定聚类原型个数，但运算速度不是很理想。

3. 基于目标跟踪的动态目标检测方法

目标跟踪是近年来移动机器人技术领域中比较热门的研究课题，关键是如何进行有效的数据关联。数据关联问题首先产生于传感器观测过程和多目标跟踪环境的不确定性。实际的传感器系统总是不可避免地存在测量误差，缺乏环境的先验知识，往往不能确定目标的个数。目标跟踪法能够得到不同时刻运动目标的位置、速度、加速度和位移。比较流行的目标跟踪方法是联合概率数据关联滤波器[10-12](joint probabilistic data association filter，JPDAF)，其可以用来跟踪多个运动目标。多目标跟踪就是维持对多个目标当前状态的估计而对所接收到的量测进行处理。

考虑T个目标的跟踪问题，$X^k=\{x_1^k,x_2^k,\cdots,x_T^k\}$表示在$k$时刻目标的状态，$Z(k)=\{z_1(k),z_2(k),\cdots,z_{m_k}(k)\}$表示$k$时刻的观测，$Z^k$表示到$k$时刻的所有量测序列的集合。多目标跟踪的关键问题就是如何将已观测的特征分配到每个目标上。在JPDAF框架内，一个联合关联事件θ是一个由$(j,i)\in\{0,1,\cdots,m_k\}\times\{1,2,\cdots,T\}$组成的集合。$\Theta_{ji}$表示所有有效的指定特征$j$到对象$i$的联合关联事件集合。在$k$时刻，JPDAF根据式(4.19)计算目标$i$对应的特征$j$的后验概率。

$$\beta_{ji}=\sum_{\theta\in\Theta_{ji}}P(\theta\mid Z^k) \tag{4.19}$$

假定估计问题服从马尔可夫假设，则通过一系列的推导，可得

$$\beta_{ji}=\sum_{\theta\in\Theta_{ji}}\left[\alpha\gamma^{(m_k-|\theta|)}\prod_{(j,i)\in\theta}\int p(z_j(k)\mid x_i^k)p(x_i^k\mid Z^{k-1})\,\mathrm{d}x_i^k\right] \tag{4.20}$$

在贝叶斯滤波器框架内，可推出估计目标新状态的更新公式为

$$p(x_i^k\mid Z^{k-1})=\int p(x_i^k\mid x_i^{k-1},t)p(x_i^{k-1}\mid Z^{k-1})\mathrm{d}x_i^{k-1} \tag{4.21}$$

当新传感器观测数据来临时，可根据式(4.22)进行更新：

$$p(x_i^k\mid Z^k)=\alpha\sum_{j=0}^{m_k}\beta_{ji}p(z_j(k)\mid x_i^k)p(x_i^k\mid Z^{k-1}) \tag{4.22}$$

式中，各个符号代表的具体意义参见文献[13]。因此，需要知道的就只有两个模式：$p(x_i^k\mid x_i^{k-1},t)$和$p(z_j(k)\mid x_i^k)$，而这两个模式只取决于被跟踪目标的性质和所使用的传感器。JPDAF 的更新周期可总结为：首先在先前估计量和目标模型的基础上预估单个状态x_i^k，利用式(4.21)来计算该预估量，同时产生分布$p(x_i^k\mid Z^{k-1})$；然后利用式(4.20)确定关联概率β_{ji}。最后，根据式(4.22)，这些关联概率用来集成观测到单个的状态估计中。

目标跟踪法比较复杂，但能取得较好的检测效果。此外，联合概率数据关联滤波器有许多改进版本，如 Wolfram[12]利用基于样本的联合概率数据关联滤波器跟踪移动机器人工作环境中的大量行人，取得了不错的效果。

上述各种检测方法都有自己的优点和不足。为了提高移动机器人在动态未知环境中检测动态障碍和静态障碍的准确性和实时性，在地图差分检测法的基础上设计了基于时空关联属性的动静态障碍实时检测方法。

4.2.2　基于激光的时空关联动态目标检测

1. 激光测量特性分析

根据扫描机构的不同，激光雷达通常有二维和三维两种类型。二维激光雷达只在一个平面上扫描，结构简单，测距速度快，系统稳定可靠。三维激光雷达除了提供距离信息外，还提供激光的反射强度信息[14]，但价格昂贵，体积大而笨重，尤其是成像速度慢的弱点在很大程度上制约了其应用领域。激光雷达大部分都是靠一个旋转的反射镜将激光发射出去并通过测量发射光和从物体表面反射回来的反射光之间的时间差来进行测距。

中南移动 1 号(mobile robot Ⅰ made in Central South University, MORCS-1)上配

备的激光雷达是德国 SICK 公司生产的高精度测距传感器 LMS291，安装在移动机器人的一个精密转动云台上，LMS291 的实物图如图 4.7(a)所示。LMS291 只提供线扫描功能，但由于精密云台的转动，还能借助俯仰和旋转运动进行面扫描，从而可以实现对三维环境的感知。LMS291 采用飞行时间法进行测距。测距原理如图 4.7(b)所示，测量发射光束与从障碍物表面反射回来的反射光束之间的时间差 Δt，与光速 c 相乘，取乘积的一半就得到障碍物的距离信息，其中光速 $c=3.0\times10^8$ m/s。假定障碍到激光雷达的距离为 d，则有

$$d=\frac{\Delta t\cdot c}{2} \tag{4.23}$$

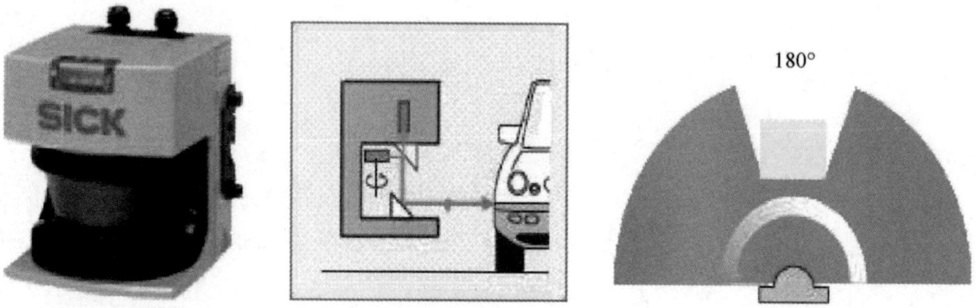

(a) 实物图　　(b) 测距原理　　(c) 扫描角度

图 4.7　环境感知传感器 LMS291

LMS291 的最大扫描角度为 180°，如图 4.7(c)所示。当选择角度解析度为 0.5°时，从右向左扫描能获得前方障碍的 361 个距离数据，激光雷达每次测量的数据都是一些离散的、局部的数据点，最大扫描频率为 25Hz，能快速提供障碍的距离信息。根据传感器的逆时针扫描模式，可以知道每一个点所对应的角度，结合这 361 个点的距离，可以计算出这些点的二维平面坐标。激光雷达 LMS291 的技术数据如表 4.3 所示。

表 4.3　LMS291 的技术数据

性能指标	参数值
最大测量距离	80m
分辨率	1cm
系统误差	–6～6cm
扫描角度	100°/180°
角度分辨率	1°/0.5°/0.25°
响应时间	13ms/26ms/53ms
电源	24VDC
输出	通过串口 RS-422 进行最大 500Kbit 带宽输出
环境温度	0～+50℃
尺寸	155mm×185mm×165mm

为了使测量的障碍距离数据更准确，需要对激光雷达的测量数据进行校正。采用线性最小二乘法对 20～248cm 距离内的激光雷达测量数据进行校正：

$$x_i = 1.000416d_i - 0.45 \tag{4.24}$$

式中，x_i 为对真实距离的估计值；d_i 为激光雷达在第 i 个测量位置上的均值。校正后的激光雷达测距数据误差很小。通过大量实验得出了激光雷达 LMS291 在不同距离范围下的标准差取值，如表 4.4 所示，其中 d 表示探测距离，$\sigma_{\bar{d}}$ 表示静态环境下的测量误差，σ_d 表示动态环境下的测量误差[15]。

表 4.4　激光雷达 LMS291 的测量误差　（单位：cm）

d	$d \leqslant 500$	$500 < d \leqslant 1000$	$1000 < d \leqslant 2000$	$2000 < d \leqslant 4000$	$d > 4000$
$\sigma_{\bar{d}}$	1.0	1.2	1.35	1.7	1.8
σ_d	3.0	3.6	4.05	5.1	5.4

2. 激光的动态目标检测

二维激光雷达作为环境感知传感器，提出一种移动机器人动态目标的实时检测方法。首先将激光雷达获得的传感器观测数据经过滤波映射到世界坐标系，构建相邻采样时刻的三幅栅格地图。之后通过判断相邻时刻三幅栅格地图上对应栅格的占用状态，确定环境中的静态目标，以静态目标作为参考，根据当前的栅格地图检测出环境中的动态目标；为了保证检测的可靠性，基于激光雷达时空关联性分析，采用八邻域滚动窗口的方法处理检测的不确定性因素影响。以自行研制的移动机器人 MORCS-1 为实验平台进行实验。实验结果表明：移动机器人能够有效地检测出未知环境中的动态目标，实时性好，可靠性高。

采用栅格地图表示室内环境，直观简单。栅格地图将环境划分成大小相等的栅格单元 $c_{i,j}$，每个栅格单元表示机器人工作环境中的一小块区域。若某个栅格单元被目标占据，则 $c_{i,j}=1$。若是自由区域，则 $c_{i,j}=0$。将激光雷达实时获取的传感器观测信息映射到栅格地图上，可以清楚地知道目标的分布情况。然而，激光雷达在一个扫描时刻只能检测到前方是否存在障碍物，并不能够判断目标的性质(静态或动态)。要检测辨别出环境中的静态障碍物和动态障碍物，需要考虑环境中目标的历史信息，即考虑若干个相邻时刻激光雷达检测目标的情况。通过不同时刻栅格地图的差异可以检测识别出环境中的静态目标和动态目标。建立三个相邻时刻传感器的三幅栅格地图，设 t 时刻的栅格地图为 M_t，$t-1$ 时刻的栅格地图为 M_{t-1}，$t+1$ 时刻的栅格地图为 M_{t+1}。根据同一个栅格单元 $c_{i,j}$ 在 M_{t-1}、M_t 和 M_{t+1} 上的占用情况，可以判断该栅格单元是否被同一目标占据。如果在相邻三个时刻，三幅栅格地图上同一栅格单元都被目标占据，那么可以确定该处目标为静态目标，否则该处目标为潜在的动态目标。图 4.8 说明了通过维持三幅栅格地图检测识别动态目标和静态目标的原理。

图 4.8 中，灰色表示移动机器人没有访问过环境中的未知区域，白色表示环境中的空闲区域(自由区域)，黑色表示该栅格单元处存在目标。例如，单元栅格 $C3$ 在 M_{t-1}、M_t 和 M_{t+1} 三幅栅格地图上都是黑色，说明在三个不同的扫描时刻，激光雷达检测到的目标在同一个位置，没有移动，因此可以断定该目标为静态目标。栅格单元 $D2$ 在 M_{t-1} 上显示为黑色，但在 M_t 和 M_{t+1} 上显示为白色，可知该处的目标为潜在的动态目标(动态目标或刚检测到的静态目标)。同理，栅格单元 $D4$ 和 $D5$ 处的目标也应为潜在的动态目标。通过三幅栅格地图之间的比较，可以得出前三个扫描周期内环境中的静态目标和动态目标，如图 4.8 中的(d)和(e)所示。比较当前栅格地图中的目标和已检测出的静态目标，可以将潜在的动态目标检测识别出来，再过一个扫描周期，就能将先前的潜在动态目标区分为动态目标和新检测到的静态目标。

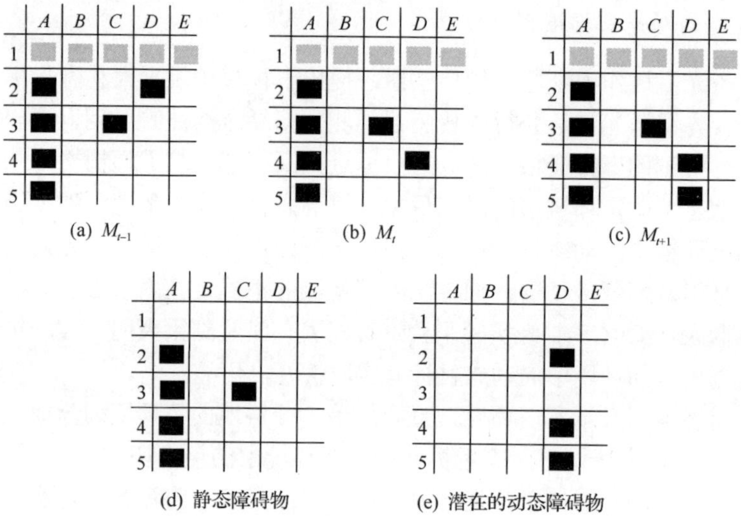

图 4.8　基于维持栅格地图的运动目标实时检测

由于激光雷达的测量误差(见表 4.3)、坐标转换的舍入误差及航迹推算定位误差等不确定性因素的影响，激光雷达在三个相邻扫描时刻观测到的同一静态目标在栅格地图上的位姿(位置和方向)并不完全相同，因此需要处理此类不确定性因素。例如，某个栅格单元在栅格地图 M_{t-1} 和 M_t 上显示为黑色，但在栅格地图 M_{t+1} 上显示为白色，该处目标很可能也是静态的。对移动机器人在动态运行过程中采集到的数据进行分析，结果表明在每个极坐标测量角度方向上相邻时刻的测量值具有相关性。同时，同一组测量中相邻扫描角度上的测量值也存在较大的相关性。因此，为了提高检测动态目标的可靠性和有效性，应充分利用激光雷达测量值在空间和时间上的相关性，在考虑三幅栅格地图中某个栅格单元是否被目标占有时同时兼顾到周围与其相邻的八个栅格单元。判断三幅栅格地图中栅格单元 $c_{i,j}$ 是否为静态目标时，同时考虑到三幅栅格地图中与其相邻的八邻域栅格单元组：

$$\begin{array}{lll} c_{i-1,j-1}, & c_{i-1,j}, & c_{i-1,j+1} \longrightarrow \\ c_{i,j-1}, & c_{i,j}, & c_{i,j+1} \\ c_{i+1,j-1}, & c_{i+1,j}, & c_{i+1,j+1} \end{array} \tag{4.25}$$

若三幅栅格地图上 $c_{i,j}=1$，则同时判断其周围相邻的八个栅格单元是否也存在障碍物。若有 $c_{i+m,j+n}=1(m,n=-1,0,1;\ m,n\text{不同时为}0)$，则将其作为静态目标处理。由于对上述不确定性因素进行了处理，提高了检测静态目标的能力，因此动态目标检测的可靠性也得到了相应提高。

3. 实验分析

为了验证本节所提方法的可行性与有效性，在移动机器人平台 MORCS-1 上进行了实验。激光雷达 LMS291 的采样频率最高可达 25Hz，即 40ms 完成一次 180°的扫描，测量角度间隔为 0.5°，可得到 361 个测量数据。采用厘米测量模式，激光雷达通过 RS422 接口以 500Kbit/s 的传输速率与移动机器人串口端进行通信，实验时设定采样频率为 20Hz，角度分辨率为 0.5°，单个栅格的大小为 5cm×5cm，全局栅格地图的大小为 800×600 像素，实验选定在室内环境进行，动态目标为行人。移动机器人处在完全未知的动态环境中，依据航迹推算法进行定位，短时间内航迹推算法的定位误差很小。

1）机器人静止

机器人在室内静止，作为动态目标的行人速度为 100cm/s，室内环境大小为 10m×12m。激光雷达 LMS291 共采集了 26 组障碍物数据，目标检测的结果如图 4.9 所示。

图 4.9 中，矩形框表示机器人静止时的初始位置，室内有行人 1 和行人 2，还有两个静止的木盒子。黑色标识为静态目标，红色标识为动态目标。实验结果表明，移动机器人能够有效地检测到环境中的静态目标和动态目标，行人 1 和行人 2 的运动轨迹比较连续。墙壁在图上的显示不连续，出现断裂的现象，主要是由木盒子和行人的遮挡造成的。在移动机器人处于静止状态时这种情况是无法避免的。共进行了 24 次实验，平均耗时 30ms，能够满足实时性的要求，正确检测动态目标的概率为 97.6%。

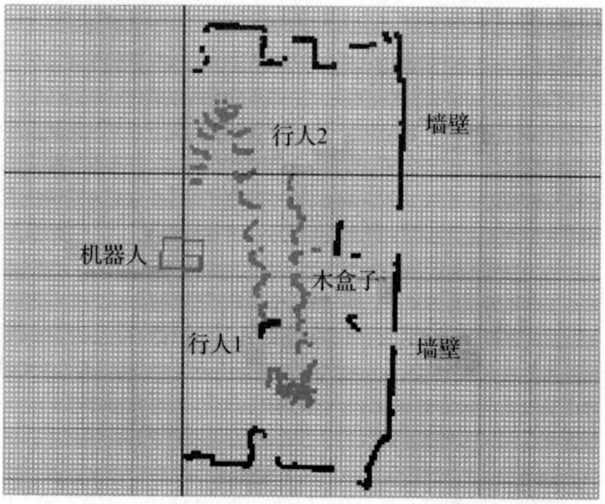

图 4.9　机器人静止时动态目标的实时检测(见彩图)

2) 机器人运动

第一组实验是在实验室的走廊上进行的，走廊的尺寸为 12m×2.4m，机器人的运动速度为 10cm/s，行人的速度为 40cm/s。移动机器人在运行过程中激光雷达 LMS291 采集了 60 组障碍物数据，实验结果如图 4.10(a)所示。蓝色矩形区域为机器人的运动轨迹，上下红色区域分别为行人 1 和行人 2 的行走路线，行人与机器人的运动方向相反。第二组实验是在大小为 7.5m×7.2m 的实验室内进行的。机器人的速度为 15cm/s，行人的速度约为 50cm/s。行人 1 和行人 2 分别从移动机器人的两端交叉向前走动。激光雷达在运动过程中始终处于平视的状态，实验获取了 70 组传感器信息，结果如图 4.10(b)所示。

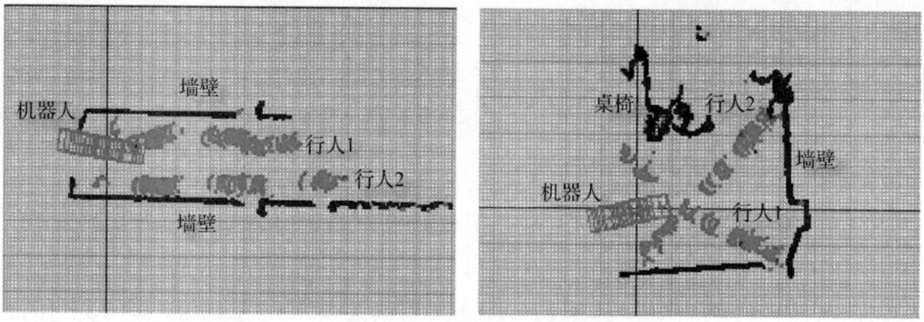

(a) 走廊　　(b) 室内

图 4.10　机器人运动时动态目标的实时检测(见彩图)

通过图 4.10(a)可以清楚地看出，移动机器人能够准确有效地检测到走廊上的行人，同时也可以看出行人的运动轨迹不连续。原因是周边环境的干扰和无线网络通信设备本身的限制，使其偶尔出现了较大的网络延迟。由于不确定性因素始终存在，在检测静态墙壁时出现了零星的红色小斑块(动态目标)。共进行了 30 次实验，平均检测时间为 35ms，能够正确检测到 95.4%的动态目标。

由图 4.10(b)可知，移动机器人能够准确检测交叉走动的行人，而对于桌椅和墙壁，则视其为静态目标。由于通信原因，实验过程中也出现了明显的延迟，这导致动态目标在某个扫描周期出现了漏检。共进行了 20 次实验，平均检测时间为 32ms，动态目标的有效检测率为 94.8%。

4.2.3 基于声呐和摄像头的动态环境地图创建

目前，大多数动态环境下地图创建的研究是基于精度高但价格昂贵的激光传感器，对常用的且价格低廉的声呐传感器并不适用，尤其是 Wolf 提出的方法。Wolf 法能够在线完成，且算法简单、实用，但不能解决声呐传感器噪声引起的动态目标错误检测问题。本章主要研究移动机器人采用声呐传感器和视觉传感器在动态环境下的地图创建方法。该方法建立了静态、动态栅格地图，分别描述环境中的静态部分和动态部分。由于声呐传感器自身的误差，地图差分法不能正确检测出动态目标，本节增加了摄像头传感器来提高运动目标检测的准确性，并将声呐信息和视觉信息融合来建立一个新的地图更新模型。该方法能保持环境信息的完整性，减少环境中动态目标引起的误差，从而提高所创建地图的精度。

1. 地图创建

为了能区分环境中的动静态目标，减少动态目标的影响，同时保持环境信息的完整性，本节继续采用两个栅格地图的方法。一个地图用于描述环境中静态部分被占用的概率，另一个地图描述环境中对应动态部分被占用的概率。在静态地图 S 中，每个栅格的占用概率表示了栅格存在静态目标的概率，若某个栅格被静态目标占用，则该栅格的占用概率应该被描述为 Occupied；若被动态目标占用，则该栅格的占用概率应该被描述为 Empty。相反，在动态地图 D 中，仅动态目标被视为 Occupied，静态目标则被视为 Empty。静态地图 S 和动态地图 D 可以表示为与传感器获取的信息及前一时刻静态栅格地图有关，即

$$f(x)=p(\boldsymbol{S}_t \mid z_{1:t},\boldsymbol{S}_{t-1}) \tag{4.26}$$

$$h(x)=p(\boldsymbol{D}_t \mid z_{1:t},\boldsymbol{S}_{t-1}) \tag{4.27}$$

式中，$z_{1:t}$ 表示 1 到 t 时刻从传感器观测到的数据。

将式(4.26)运用贝叶斯规则进行展开，即

$$p(\boldsymbol{S}_t | z_{1:t}, \boldsymbol{S}_{t-1}) = \frac{p(z_t | z_{1:t-1}, \boldsymbol{S}_{t-1}, \boldsymbol{S}_t) \cdot p(\boldsymbol{S}_t | z_{1:t-1}, \boldsymbol{S}_{t-1})}{p(z_t | z_{1:t-1}, \boldsymbol{S}_{t-1})} \tag{4.28}$$

在建立静态地图时，由于 S_{t-1} 已经包含了 t–1 时刻前的观测信息，因此可将 $p(z_t | z_{1:t-1}, \boldsymbol{S}_{t-1}, \boldsymbol{S}_t)$ 改写为 $p(z_t | \boldsymbol{S}_{t-1}, \boldsymbol{S}_t)$，并对其进行贝叶斯规则展开，得

$$p(\boldsymbol{S}_t | z_{1:t}, \boldsymbol{S}_{t-1}) = \frac{p(\boldsymbol{S}_t | z_t, \boldsymbol{S}_{t-1}) \cdot p(z_t | \boldsymbol{S}_{t-1}) \cdot p(\boldsymbol{S}_t | z_{1:t-1}, \boldsymbol{S}_{t-1})}{p(\boldsymbol{S}_t | \boldsymbol{S}_{t-1}) \cdot p(z_t | z_{1:t-1}, \boldsymbol{S}_{t-1})} \tag{4.29}$$

将式(4.29)转换成 $\boldsymbol{S}_t$ 的概率形式，从而消掉部分项，得

$$\frac{p(\boldsymbol{S}_t | z_{1:t}, \boldsymbol{S}_{t-1})}{1 - p(\boldsymbol{S}_t | z_{1:t}, \boldsymbol{S}_{t-1})} = \frac{p(\boldsymbol{S}_t | z_t, \boldsymbol{S}_{t-1})}{1 - p(\boldsymbol{S}_t | z_t, \boldsymbol{S}_{t-1})} \cdot \frac{1 - p(\boldsymbol{S}_t | \boldsymbol{S}_{t-1})}{p(\boldsymbol{S}_t | \boldsymbol{S}_{t-1})} \cdot \frac{p(\boldsymbol{S}_t | z_{1:t-1}, \boldsymbol{S}_{t-1})}{1 - p(\boldsymbol{S}_t | z_{1:t-1}, \boldsymbol{S}_{t-1})} \tag{4.30}$$

式中，$p(\boldsymbol{S}_t | \boldsymbol{S}_{t-1})$ 是静态栅格地图的先验概率，不同时刻其先验概率是相同的，可用 $p(\boldsymbol{S})$ 代替；$p(\boldsymbol{S}_t | z_{1:t-1}, \boldsymbol{S}_{t-1})$ 是指给定 t–1 时刻及以前的观测值和先验地图信息来估计 t 时刻静态栅格地图的概率，实际上可看成 $p(\boldsymbol{S}_{t-1})$。为了降低其复杂性，避免概率值接近零时产生的数值不稳定性，运用对数形式将式(4.30)中各项概率的乘法运算变成加法运算，即

$$\ln\frac{p(\boldsymbol{S}_t | z_{1:t}, \boldsymbol{S}_{t-1})}{1 - p(\boldsymbol{S}_t | z_{1:t}, \boldsymbol{S}_{t-1})} = \ln\frac{p(\boldsymbol{S}_t | z_t, \boldsymbol{S}_{t-1})}{1 - p(\boldsymbol{S}_t | z_t, \boldsymbol{S}_{t-1})} + \ln\frac{1 - p(\boldsymbol{S})}{p(\boldsymbol{S})} + \ln\frac{p(\boldsymbol{S}_{t-1})}{1 - p(\boldsymbol{S}_{t-1})} \tag{4.31}$$

同理可得

$$\ln\frac{p(\boldsymbol{D}_t | z_{1:t}, \boldsymbol{S}_{t-1})}{1 - p(\boldsymbol{D}_t | z_{1:t}, \boldsymbol{S}_{t-1})} = \ln\frac{p(\boldsymbol{D}_t | z_t, \boldsymbol{S}_{t-1})}{1 - p(\boldsymbol{D}_t | z_t, \boldsymbol{S}_{t-1})} + \ln\frac{1 - p(\boldsymbol{D})}{p(\boldsymbol{D})} + \ln\frac{p(\boldsymbol{D}_{t-1})}{1 - p(\boldsymbol{D}_{t-1})} \tag{4.32}$$

由式(4.31)和式(4.32)可以看出，静态栅格地图和动态栅格地图的构建均为一个递归更新的过程，并与逆向传感器模型 $p(\boldsymbol{S}_t | z_t, \boldsymbol{S}_{t-1})$ 和 $p(\boldsymbol{D}_t | z_t, \boldsymbol{S}_{t-1})$ 有关。

2. 声呐和摄像头的动态目标检测

通常，利用简单的两个连续时刻的地图差分可以判断出动态目标，也就是说通过比较 t 时刻的观测值与 t–1 时刻的静态地图就可以检测出动态目标，即前一时刻为空的栅格此刻若出现被占用则为动态目标。但是，通过声呐传感器获得的观测信息是不准确的，有很多噪声。前面从未观测到的新目标有可能是动态目标也有可能是新的静态目标。因此，这里增加了摄像头传感器来检测运动的目标，能更好地确定栅格地图中的单元栅格到底是被动态目标占据还是静态目标占据。

摄像头传感器对动态目标的检测能更好地帮助机器人在动态环境下建立更精确的地图。这里采用带有运动补偿的三帧差自适应背景剪除技术检测运动目标[16]，并通过已有的摄像头空间模型计算运动目标位置在地图上的二维坐标。假设摄像头已标定，其参数已知，那么可根据连续三帧的图像差分法检测动态目标。背景模型则经过多幅图像帧的统计学习获得。由于没有考虑到机器人和摄像机的运动，单一的差分或背景剪除方法在环境剧烈变化时对目标的检测效果不理想，因此引入运动补偿来解决这个问题。假设摄像头传感器固定在移动机器人上，仅需建立移动机器人的运动模型，并根据该模型参数和标定参数就能将运动目标从图像坐标转换到移动机器人坐标系下，从而获得摄像头传感器检测的动态目标在栅格地图上的位置信息。(注：详细原理说明和推导请参见文献[16]和[17]，这里不再复述。)

设 $t-1$ 时刻的静态栅格地图为 S_{t-1}，t 时刻声呐传感器观测信息为 o_t，t 时刻摄像头传感器检测到的动态目标信息为 c_t。根据同一个栅格单元在 S_{t-1}、o_t 和 c_t 上的占用情况，可以判断该栅格单元是否为动态目标。为了能够简化问题，假设视觉传感器比声呐传感器更能可靠地检测出动态信息。当摄像头传感器在某个单元栅格检测到动态目标时，无论声呐传感器是否检测到，都认为该处有动态目标，而当摄像头传感器在某个单元栅格没有检测到动态目标时，则要考虑前一时刻的静态栅格地图和当前声呐信息来判断该单元栅格的状态。图 4.11 说明了结合声呐传感器和摄像头传感器信息检测识别动态目标和静态目标的原理。

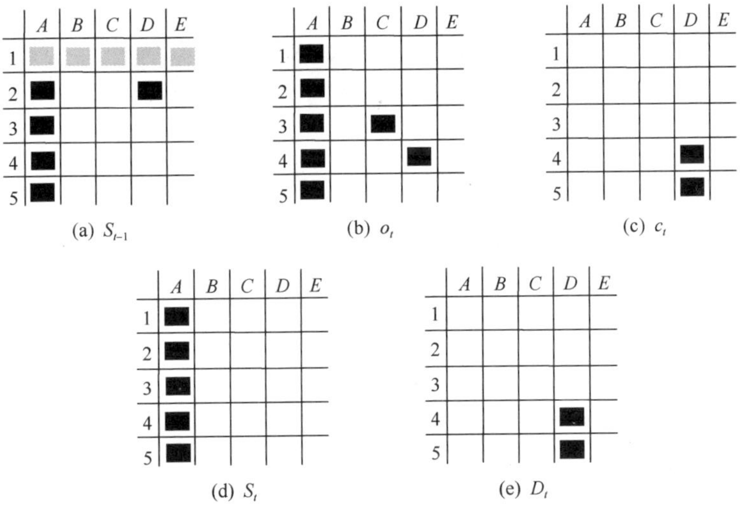

(a) S_{t-1}　(b) o_t　(c) c_t

(d) S_t　(e) D_t

图 4.11　栅格地图更新

图 4.11 中，灰色表示移动机器人没有访问过环境中的未知区域，白色表示环境中的空闲区域(自由区域)，黑色表示该栅格单元处存在目标。例如，单元栅格 $A2$ 在 S_{t-1}、o_t 上都是黑色，而在 c_t 中为白色，说明 t–1 时刻判断该处有静态目标，t 时刻声呐传感器又检测到这个目标且摄像头传感器没在该位置上检测到动态目标，因此可以断定该目标为静态目标。单元栅格 $D2$ 在 S_{t-1} 为黑色，但在 o_t 和 c_t 中为白色，说明 t 时刻声呐传感器和摄像头传感器都没有在该处检测到目标，该处有目标存在的可能性比较低。单元栅格 $D5$ 在 S_{t-1} 和 o_t 为白色，但在 c_t 中为黑色，说明 t–1 时刻判定此处没有静态目标而且当前声呐传感器也没检测到目标，但摄像头传感器在该处检测到动态目标，因此该处有动态目标的可能性很高。单元栅格 $D4$ 在 S_{t-1} 为白色，在 o_t 和 c_t 中为黑色，可以断定该目标为动态目标。栅格单元 $C3$ 在 S_{t-1} 和 c_t 中为白色，但在 o_t 上显示为黑色，说明该处有障碍物的可能性比较低，可能是声呐噪声。

3. 声呐和摄像头信息结合的地图更新模型

表 4.5 为声呐信息和摄像头信息结合后的静、动态栅格地图的更新模型。静态栅格地图中每个栅格的可能状态为 Empty、Occupied 和 Unknown，分别表示栅格被占据的可能性为 Low、High 和 Unknown(占用概率位于 Low 和 High 之间)。o_t 表示 t 时刻从声呐观测到的信息。更新后的栅格在静态地图和动态地图中的概率值可以为 Low 或 High。如果仅用声呐数据，那么静态地图和动态地图共有 6 种状态组合。现在，增加了采用摄像头传感器检测动态目标的信息 c_t 后，状态组合增加为 12 种。若 c_t 为 Occupied，即被占用状态，则 $p(D_t|o_t,c_t,S_{t-1})$ 值为 High，若 c_t 为 Empty，即未被占用状态，则 $p(D_t|o_t,c_t,S_{t-1})$ 值为 Low，而 $p(S_t|o_t,c_t,S_{t-1})$ 的值还要根据 S_{t-1} 和 o_t 做出判定。可见，当前动态地图主要基于视觉动态目标的检测，c_t 能减少由声呐误差引起的将动态目标当成静态目标的错误。

表 4.5　静态栅格地图和动态栅格地图的更新模型

S_{t-1}	o_t	c_t	$p(S_t\|o_t,c_t,S_{t-1})$	$p(D_t\|o_t,c_t,S_{t-1})$
Empty	Empty	Empty	Low	Low
Unknown	Empty	Empty	Low	Low
Occupied	Empty	Empty	Low	Low
Empty	Empty	Occupied	Low	High
Unknown	Empty	Occupied	Low	High
Occupied	Empty	Occupied	Low	High
Empty	Occupied	Empty	Low	Low

续表

S_{t-1}	o_t	c_t	$p(S_t \mid o_t, c_t, S_{t-1})$	$p(D_t \mid o_t, c_t, S_{t-1})$
Unknown	Occupied	Empty	High	Low
Occupied	Occupied	Empty	High	Low
Empty	Occupied	Occupied	Low	High
Unknown	Occupied	Occupied	Low	High
Occupied	Occupied	Occupied	Low	High

4. 实验分析

实验采用移动机器人中南移动 2 号(mobile robot Ⅱ made in Central South University, MORCS-2)在室内完成，如图 4.12 所示。MORCS-2 由 ActiveMedia 公司生产的移动机器人 AmigoBot 改造而来，该移动机器人自身带有 8 个声呐传感器，呈环状配置。改造后，增加了一个摄像头和控制处理硬件模块，提高了视觉处理能力。

实验场景为约 4.5m×4.5m 的真实环境，行人作为动态目标，如图 4.13 所示。设定创建的栅格地图大小为 300×300 像素，即每个栅格单元对应实际环境大小为 15mm×15mm。

图 4.12　移动机器人 MORCS-2

图 4.13　实验场景

图 4.14 为简单动态环境下两种动态目标检测方法的实验结果，其中(a)为仅用声呐传感器创建的包含静态目标和动态目标的完整栅格地图，其中动态目标采用 Wolf 法检测，用“+”号表示，(b)为 Wolf 法获取的静态地图。从图(b)可以看出很多动态目标并未检测出，而被错误地当成了静态目标。图(c)和(d)为采用声呐和摄像头相结合的方法创建的完整地图和静态地图，动态目标几乎能完全被检测出，而且能在静态地图中成功过滤掉。为了证明本节提出方法的可靠性和正

确性，在复杂的动态环境下进行了实验，其结果如图 4.15 所示。30 次重复实验证明，94.7%的动态目标能被检测出。

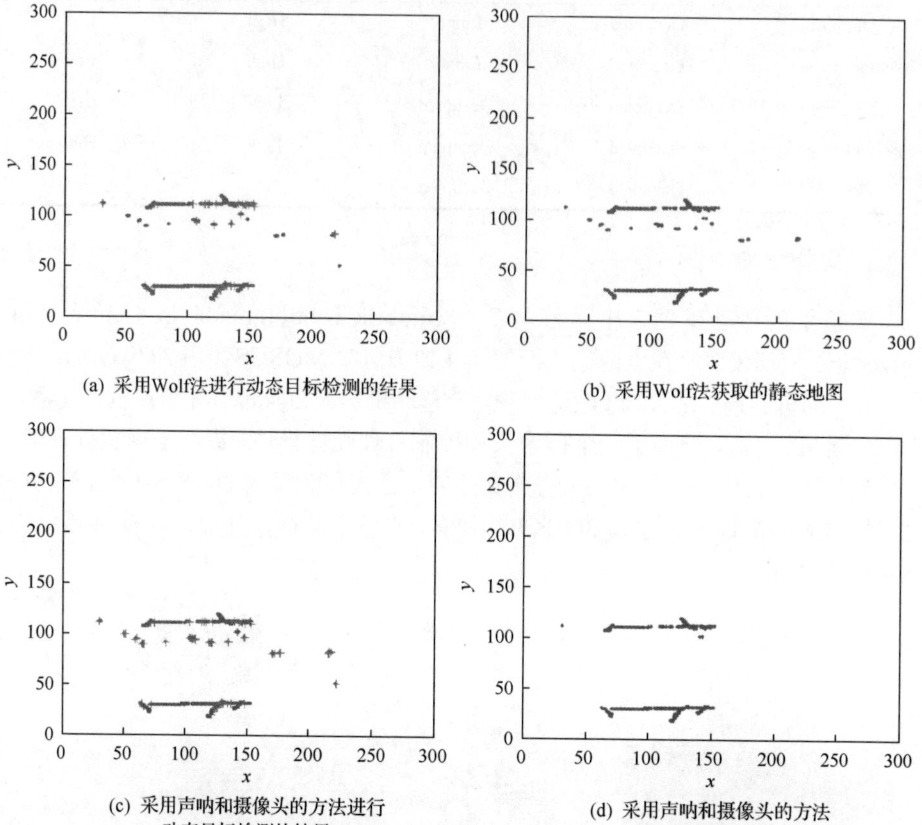

(a) 采用Wolf法进行动态目标检测的结果　　(b) 采用Wolf法获取的静态地图

(c) 采用声呐和摄像头的方法进行动态目标检测的结果　　(d) 采用声呐和摄像头的方法获取的静态地图

图 4.14　简单动态环境的地图创建（“–”表示静态目标；“+”表示动态目标）

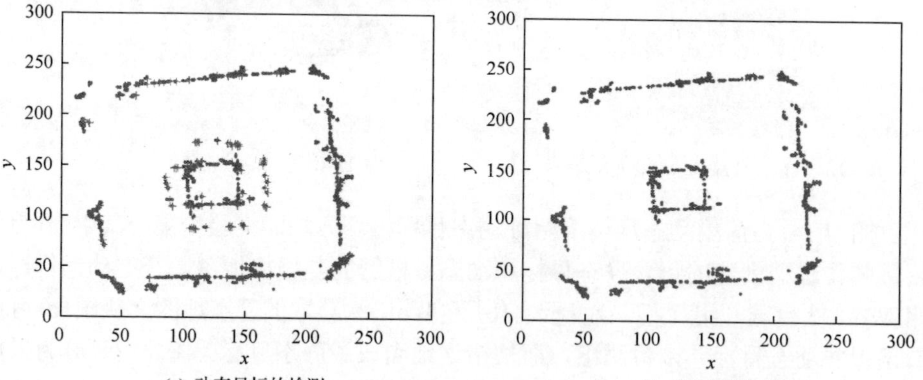

(a) 动态目标的检测　　(b) 静态栅格地图

图 4.15　复杂动态环境的地图创建（“–”表示静态目标；“+”表示动态目标）

环境中动态目标检测是动态环境下移动机器人同时定位与建图的一个重要问题，直接影响到地图构建的正确性和机器人定位的准确性。

本小节基于二维激光雷达作为环境感知传感器，提出一种通过相邻时刻三幅栅格地图判断环境中的静态、动态目标，采用八邻域滚动窗口的方法处理检测的不确定性因素影响的移动机器人实时动态障碍检测方法。以自行研制的移动机器人 MORCS-2 为实验平台进行实验。实验结果表明：移动机器人能够有效地检测出未知环境中的动态目标，实时性好，可靠性高。

针对动态环境下声呐传感器无法正确检测动态目标从而降低地图创建精度的问题，本章提出了一种声呐传感器和视觉传感器相结合的动态环境地图创建方法。为保持地图信息的完整性，该方法分别建立了动态、静态栅格地图，利用前一时刻的静态地图、当前声呐观测信息和摄像头检测的动态目标信息的比较来更新，并给出了地图更新模型。视觉信息能成功地解决地图中某些动态目标被当成静态目标的错误，从而建立正确的地图。实验验证了该方法正确、可行。

4.3　SLAMiDE 系统及实现

目前，大多数动态环境下移动机器人 SLAM 方法的研究主要侧重于该方法中的某些子模块技术，如动态目标的检测或跟踪等，而完整的动态环境下对移动机器人 SLAM 系统的设计及其实现的介绍不多见。

本节在前面 SLAM 解决方法改进、数据关联及动态目标检测三个研究的基础上，设计并实现一个完整的动态环境下移动机器人 SLAM 系统(SLAM in dynamic environment，SLAMiDE)，并在移动机器人平台 MORCS-1 上进行了实践。

4.3.1　问题描述

SLAM 方法描述了动态环境下的移动机器人如何实现 SLAM 的过程。与传统的 SLAM 解决方法相比较，动态环境下 SLAM 方法要增加对环境中动态目标的处理，并将其应用到整个地图的构建和机器人位姿确定的模块中。

目前，大部分 SLAM 方法的研究都是假设在静态环境的前提条件下开展的，已有的动态环境下 SLAM 方法的研究根据对动态目标的处理分两种：一种是检测观测信息中的动态目标信息，将其过滤或剔除；另一种是检测动态目标并对其进行跟踪。如前所述，在真实环境中动态目标无处不在，如室内环境下的人员走动、门的开关、家具的移动等，在室外动态目标则更多。动态目标将直接影响 SLAM 的精度和复杂度，直接过滤动态信息会造成地图信息和移动机器人对环境感知的不完整。此外，还有部分研究者就动态环境下 SLAM 的某个方面或模块的相关理论及方法展开研究，对整体系统框架及其实现的研究则并不多见。为了能更好地考察和估计动态环境下移动机器人同时定位与建图的所有信息，本节设计了 SLAMiDE 系统。

SLAMiDE 系统通过移动机器人的观测信息和自身的控制输入信息来估计整个系统状态，包括机器人位姿、动态目标和静态地图，即

$$f(x)=p\left(\boldsymbol{x}_t,\boldsymbol{S}_t,\boldsymbol{D}_t\middle|z_{0:t},\boldsymbol{u}_{0:t}\right) \tag{4.33}$$

由前面的数据关联和动态目标检测研究可以看出，系统状态还应包含观测信息中当前暂不能确定的信息 E_t，即

$$f(x)=p\left(\boldsymbol{x}_t,\boldsymbol{S}_t,\boldsymbol{D}_t,\boldsymbol{E}_t\middle|z_{0:t},\boldsymbol{u}_{0:t}\right) \tag{4.34}$$

按 Bayesian 规则可将其分解：

$$f(x)=p\left(\boldsymbol{E}_t\middle|\boldsymbol{x}_t,z_{0:t},\boldsymbol{m}_t\right)\cdot p\left(\boldsymbol{D}_t\middle|\boldsymbol{x}_t,z_{0:t}\right)\cdot p\left(\boldsymbol{x}_t,\boldsymbol{S}_t\middle|z_{0:t},\boldsymbol{u}_{0:t}\right) \tag{4.35}$$

式中，$p\left(\boldsymbol{x}_t,\boldsymbol{S}_t\middle|z_{0:t},\boldsymbol{u}_{0:t}\right)$为静态环境下的 SLAM 过程；$p\left(\boldsymbol{D}_t\middle|\boldsymbol{x}_t,z_{0:t}\right)$为动态目标的跟踪过程；$p\left(\boldsymbol{E}_t\middle|\boldsymbol{x}_t,z_{0:t},\boldsymbol{m}_t\right)$为对暂时不能确定是静态目标或动态目标的信息进行估计的过程。

通常情况下，当前观测帧信息中除了有目前已有地图的路标、动态目标和噪声外，还有可能包含新出现的静态目标、潜在的动态目标。通过第 5 章介绍的方法对观测信息进行动态目标检测后，若能在观测信息中检测出静态目标、动态目标和不确定的目标，即可对观测信息进行分类：

$$\boldsymbol{z}_t=\left\{\boldsymbol{z}_t^S,\boldsymbol{z}_t^D,\boldsymbol{z}_t^E\right\} \tag{4.36}$$

此时，式(4.35)中的各项估计为

$$\hat{\boldsymbol{x}}_t^+=\arg\max\left\{p(\boldsymbol{z}_t^S\left|\hat{\boldsymbol{x}}_t^-,\boldsymbol{S}_{t-1})\cdot p(\hat{\boldsymbol{x}}_t^-\right|\boldsymbol{x}_{t-1},\boldsymbol{u}_t)\right\} \tag{4.37}$$

$$\hat{\boldsymbol{S}}_t^+=\arg\max\left\{p(\boldsymbol{z}_t^S\left|\hat{\boldsymbol{x}}_t^+,\hat{\boldsymbol{S}}_t^-)\cdot p(\hat{\boldsymbol{S}}_t^-\right|\hat{\boldsymbol{S}}_{t-1}^+)\right\} \tag{4.38}$$

$$\hat{\boldsymbol{D}}_t^+=\arg\max\left\{p(\boldsymbol{z}_t^D\left|\hat{\boldsymbol{x}}_t^+,\hat{\boldsymbol{D}}_t^-)\cdot p(\hat{\boldsymbol{D}}_t^-\right|\hat{\boldsymbol{D}}_{t-1}^+)\right\} \tag{4.39}$$

$$\hat{\boldsymbol{E}}_t^+=\arg\max\left\{p(\boldsymbol{z}_t^E\left|\hat{\boldsymbol{x}}_t^+,\hat{\boldsymbol{E}}_t^-)\cdot p(\hat{\boldsymbol{E}}_t^-\right|\hat{\boldsymbol{E}}_{t-1}^+)\right\} \tag{4.40}$$

4.3.2　SLAMiDE 系统设计

从问题描述可以看出，SLAMiDE 系统由动态目标检测、机器人定位、静态地图构建、动态地图构建组成。外部环境感知传感器(如视觉、激光或声呐等)通过观测获得观测信息，对观测信息预处理后进行动态目标检测获得观测信息中的动态目标和静态目标，构建动态、静态地图；同时，移动机器人通过内部航迹推测传感器计算当前位姿，利用预测位姿获得预测地图将其与观测信息进行数据关联，更新地图并更新机器人的位姿，最终达到同时定位与建图的目的。实际上，该系统所构建的地图包含静态地图 S 和动态地图 D，并保存了暂不能确定的部分观测信息。图 4.16 为设计的 SLAMiDE 系统结构图。最底层为感知层，机器人通过内部的航迹推测传感器，如里程计、光纤陀螺仪等，获得自身运动的信息；通过环境感知传感器获得外部环境的观测信息。中间层主要利用航迹推测传感器的数据进行航迹推测从而获得机器人当前位姿信息，对环境感知传感器的感知信息进行预处理，如去掉噪声、观测数据聚类等。最上层为动态环境下移动机器人 SLAM 层，包括了机器人定位、动态目标检测、动态地图构建、静态地图构建功能模块。

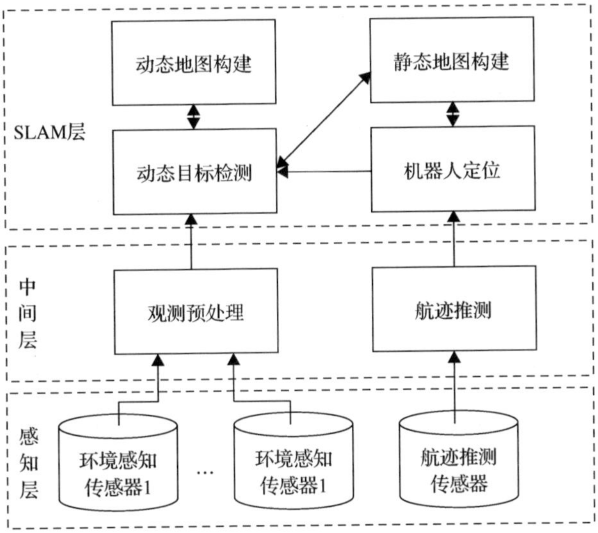

图 4.16　SLAMiDE 系统结构图

SLAMiDE 系统中 SLAM 层各功能模块简要说明如下。

1. 机器人定位

机器人定位实际上是和静态地图构建模块一起构成了静态的 SLAM 过程。这里采用了 3.2 节提出的基于粒子群优化的粒子滤波定位方法。通过前一时刻机器人的位姿和当前控制输入，采用提议分布进行粒子采样，利用粒子群优化方法对预估粒子进行更新，优化了粒子采样，然后计算权重和粒子重采样。其中，原方法中的 z_t 为观测信息中获取的 z_t^S 。

2. 动态目标检测

动态目标检测过程是动态环境下移动机器人 SLAM 方法的关键步骤，主要是要在观测目标中区分动态目标、静态目标和不确定信息，该过程采用 4.2 节中提出的时空关联动态目标检测法。首先将观测数据经过滤波映射到世界坐标系，构建当前采样时刻的栅格地图。由于之前不能确定的目标集合中，有些因为当时信息不足无法确定，因而在动态环境下移动机器人 SLAM 方法中，这些不能确定的目标集合也参与了动态目标检测。动态目标检测中采用连续两帧观测信息构建的栅格地图，其和静态地图与不能确定的目标集合一起构成栅格地图，通过判断三幅地图上对应栅格的占用状态，并采用八邻域滚动窗口的方法确定环境中的静态目标，以静态目标作为参考，根据当前的栅格地图检测出环境中的动态目标。有些之前不能确定的潜在动态目标，此刻有可能就会被确认，而有些则仍不能确定。

3. 动态地图构建

在对机器人当前位姿预测后，根据动态目标的运动参数和机器人位姿来预测动态地图中目标的位置，与动态目标检测后获得观测信息中的动态目标进行数据关联，从而更新动态地图。实际上，该过程除了动态目标跟踪的过程外，还有发现新的动态目标并将其添加到动态地图中的过程。

4. 静态地图构建

在对机器人当前位姿预测后，预测静态地图中目标的位置，与动态目标检测后获得观测信息中的非动态目标进行数据关联，从而更新静态地图并更新机器人位姿。在这个过程中，由于当前时刻机器人的观测仅限于机器人携带传感器的观测范围，因此为了减少数据关联的计算量可引入局部地图的思想，即用全局静态地图中的局部地图与当前观测信息进行数据关联，这里采用 4.2 节中提出的基于粒子滤波的多假设数据关联方法。数据关联的结果是发现观测中存在静态地图中已有的目标和新的静态目标及不能确定的信息。

4.3.3 目标模型的设计

动态环境下的 SLAM 涉及的目标很多，其与静态 SLAM 的最大不同在于要处理动态目标，因此统一的目标模型的建立是非常重要的。在 2.1.3 节中，设立了静态地图中路标的模型。若在静态环境中研究 SLAM，则只需要建立该路标模型。然而，在动态环境下，除地图路标外，还有动态目标和暂不能确定的一些目标，本节将研究动态环境下移动机器人 SLAM 中目标的统一模型的建立。

在对观测数据进行聚类后，无论是静态目标还是动态目标都不再是简单的二维坐标点，因此需要用聚类后的集合属性来描述目标的模型。为了能区分动态和静态目标，需要描述该目标的运动速度和方向；判断是否属于同一目标时，需要描述目标的大致形状或大小。因此，设定 t 时刻的观测值 z_t 有 m 个目标，每个目标 $O_{t,j}$ 包含四个属性，即目标覆盖区域 $[x_{t,j} \quad y_{t,j}]^{\mathrm{T}}$、目标的质心 $[\overline{x}_{t,j} \quad \overline{y}_{t,j}]^{\mathrm{T}}$、目标的运动参数 v_{t,O_j} 和标志位 $\mathrm{flag}_{t,j}$：

$$z_t = \left\{O_{t,1}, O_{t,2}, \cdots, O_{t,m}\right\} \tag{4.41}$$

$$O_{t,j} = \left\{[x_{t,j} \quad y_{t,j}]^{\mathrm{T}}, [\overline{x}_{t,j} \quad \overline{y}_{t,j}]^{\mathrm{T}}, v_{t,O_j}, \mathrm{flag}_{t,j}\right\} \tag{4.42}$$

1. 覆盖区域

设极坐标系下在目标 O_j 内测量最大值与最小值分别为[$\rho_{j,\min}$，$\rho_{j,\max}$]，极角范围为[$\phi_{j,\min}, \phi_{j,\max}$]，则目标 O_j 在全局坐标内的区域为

$$\begin{bmatrix} x_j \\ y_j \end{bmatrix} = \begin{bmatrix} x_{j,\min} & x_{j,\max} \\ y_{j,\min} & y_{j,\max} \end{bmatrix} \tag{4.43}$$

式中

$$\begin{cases} x_{j,\max} = x_{\mathrm{r}} + \rho_{j,\max}\cos(\lambda_{j,\max} + \theta_{\mathrm{r}}) \\ y_{j,\max} = y_{\mathrm{r}} + \rho_{j,\max}\sin(\lambda_{j,\max} + \theta_{\mathrm{r}}) \\ x_{j,\min} = x_{\mathrm{r}} + \rho_{j,\min}\cos(\lambda_{j,\min} + \theta_{\mathrm{r}}) \\ y_{j,\min} = y_{\mathrm{r}} + \rho_{j,\min}\sin(\lambda_{j,\min} + \theta_{\mathrm{r}}) \end{cases} \tag{4.44}$$

2. 质心

目标的质量被定义为目标 O_j 覆盖的栅格数 M_j，由 O_j 的区域范围和地图的栅格精度决定，极坐标下取为邻近角的差值。目标 O_j 的质心由平均测量值与平均角来确定：

$$\begin{bmatrix} \overline{\rho}_j \\ \overline{\phi}_j \end{bmatrix} = \begin{bmatrix} \sum \rho_j / M_j \\ \sum \phi_j / M_j \end{bmatrix} \tag{4.45}$$

将目标 O_j 质心的极坐标转换为全局坐标下的质心坐标，即

$$\begin{bmatrix} \bar{x}_j \\ \bar{y}_j \end{bmatrix} = \begin{bmatrix} x_{\mathrm{r}} + \bar{\rho}_j \cos(\bar{\phi}_j + \theta_{\mathrm{r}}) \\ y_{\mathrm{r}} + \bar{\rho}_j \sin(\bar{\phi}_j + \theta_{\mathrm{r}}) \end{bmatrix} \tag{4.46}$$

3. 运动参数

获得目标 O_j 的质心后，可以对连续采样时刻之间对应目标的运动速度进行评估，即

$$v_{t,O_j} = \frac{O_{t,j} - O_{t-1,j}}{\Delta t} \tag{4.47}$$

式中，Δt 为采样周期。获得目标 O_j 的运动参数，可以为目标的运动状态评估、预测及跟踪提供依据。

进行动态目标预测时，把目标状态空间分为四个参数$(\bar{x},\bar{y},v_x,v_y)$，其中，$v_x$ 和 v_y 表示动态目标在 x 和 y 方向上的速度，T 代表时间，因此目标的动态模型为

$$\begin{bmatrix} \bar{x}_j \\ \bar{y}_j \\ v_{x_{t,j}} \\ v_{y_{t,j}} \end{bmatrix} = \begin{bmatrix} 1 & 0 & T & 0 \\ 0 & 1 & 0 & T \\ 0 & 0 & 1 & 0 \\ 0 & 0 & 0 & 1 \end{bmatrix} \begin{bmatrix} \bar{x}_{t-1,j} \\ \bar{y}_{t-1,j} \\ v_{x_{t-1,j}} \\ v_{y_{t-1,j}} \end{bmatrix} + \sigma_t \tag{4.48}$$

式中，σ_t 为动态噪声和模型的不确定性。该式利用数据关联来保证观测到的动态目标和动态地图中的目标的正确关联。

若外部传感器采用激光雷达，则对动态目标的测量误差是由激光雷达的测量误差和机器人与目标相对运动引起的误差组成的，由式(4.49)可求出误差：

$$\begin{cases} \sigma_{\mathrm{o}} = \sigma_{\mathrm{d}} + \sigma_{\mathrm{m}} \\ \sigma_{\mathrm{m}} = (v_{\mathrm{r}} + v_{\mathrm{o}}) \cdot (t_{\mathrm{sence}} + t_{\mathrm{process}}) \end{cases} \tag{4.49}$$

式中，σ_{o} 表示动态目标的测量误差；σ_{d} 为激光在动态环境下测量误差参数，可由表 4.4 确定；σ_{m} 为由相对运动引起的运动误差；v_{r} 为机器人的运动速度；v_{o} 为目标的运动速度；t_{sence} 为激光雷达传感器的采样周期(实验中取 26.67ms)；t_{process} 为计算机处理周期(实验中取 23ms)。

4. 标志位

标志位 $\mathrm{flag}_{t,j}$ 反映该目标的类型：静态目标、动态目标和未知的目标。初始

化时，所有目标的标志位均为 0，表示未知目标，即暂时不能确定该目标类型。当目标 O_j 的标志位 $\text{flag}_{t,j}=-1$ 时为动态目标，则将该目标 O_j 添加到 $\boldsymbol{z}_t^D$ 中；当目标 O_j 的标志位 $\text{flag}_{t,j}=1$ 时为静态目标，则将该目标 O_j 添加到 $\boldsymbol{z}_t^S$ 中；当目标 O_j 的标志位 $\text{flag}_{t,j}=0$ 时为未知目标，则将该目标 O_j 添加到 $\boldsymbol{z}_t^E$ 中。

4.3.4　SLAMiDE 系统的实现

1. 过程描述

可以看出，SLAMiDE 系统的四个主要功能模块也是动态环境下移动机器人 SLAM 的四个主要实现过程。

通过上述四个主要功能模块的分析，SLAMiDE 系统过程可描述成图 4.17 的形式。该系统 t 时刻输入包含：前一时刻机器人的位姿 $\boldsymbol{x}_{t-1}$、机器人的控制输入 $\boldsymbol{u}_t$、当前时刻观测信息 $\boldsymbol{z}_t$、前一时刻构建的静态地图 $\boldsymbol{S}_{t-1}$ 和动态地图 $\boldsymbol{D}_{t-1}$、前一时刻没确定的其他信息集合 $\boldsymbol{E}_{t-1}$。输出包含：当前时刻机器人的位姿 $\boldsymbol{x}_t$、当前时刻新构建的静态地图 $\boldsymbol{S}_t$ 和动态地图 $\boldsymbol{D}_t$、当前时刻暂不确定的其他信息集合 $\boldsymbol{E}_t$。（注：上述变量均为简化表示的后验估计值。）

从纵向来看，SLAMiDE 系统如同传统 SLAM 方法是一个包含预测、更新的迭代过程。从横向来看，SLAMiDE 系统包含四个主要处理过程：机器人的定位、动态目标检测、动态地图构建、静态地图构建，还有一个隐含的不确定目标集合的处理过程，这几个处理过程几乎是并行完成的。

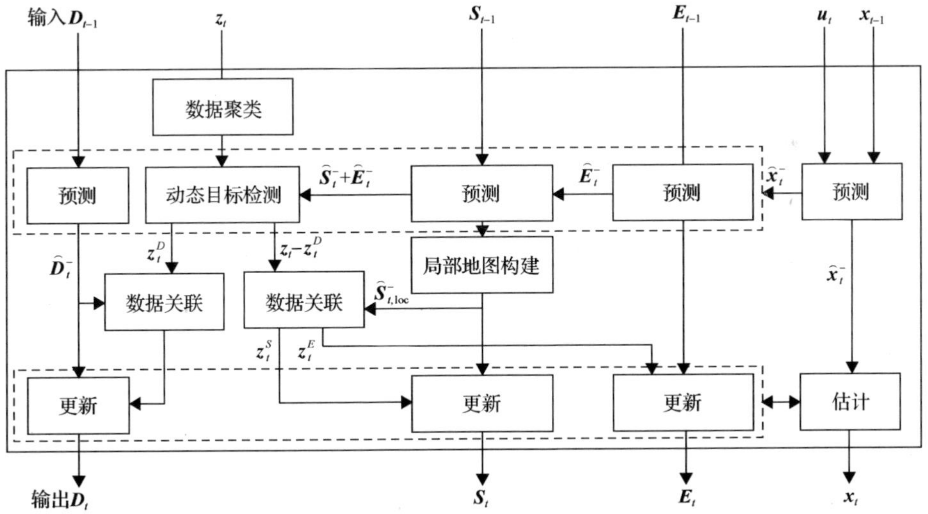

图 4.17　SLAMiDE 系统过程框图

SLAMiDE 系统的实现步骤如下所示。

(1) 根据机器人前一时刻的位姿和控制输入，对机器人当前位姿进行预测，得到 $\hat{\boldsymbol{x}}_t^-$；

(2) 根据机器人位姿预测 $\hat{\boldsymbol{x}}_t^-$、前一时刻静态地图 $\boldsymbol{S}_{t-1}$、不确定目标集合 $\boldsymbol{E}_{t-1}$，预测当前时刻静态地图和不确定目标集合 $\hat{\boldsymbol{S}}_t^- + \hat{\boldsymbol{E}}_t^-$；

(3) 在对观测数据聚类后，建立观测目标的模型 $\boldsymbol{z}_t = \left\{O_{t,1}, O_{t,2}, \cdots, O_{t,m}\right\}$；

(4) 进行动态目标的检测，将观测量中的动态目标 $\boldsymbol{z}_t^D$ 提取出来；

(5) 对动态地图 $\boldsymbol{D}_{t-1}$ 中的动态目标进行预测得到 $\hat{\boldsymbol{D}}_t^-$，根据动态目标的跟踪判断当前观测信息中的动态目标是否有前一时刻动态地图中的目标，若有则继续跟踪并更新，剩下的作为新的动态目标加入动态地图中，获得当前时刻动态地图估计 $\boldsymbol{D}_t$；

(6) 剩下的观测信息 $\boldsymbol{z}_t - \boldsymbol{z}_t^D$ 与前一时刻的静态地图的局部地图 $\hat{\boldsymbol{S}}_{t,\mathrm{loc}}^-$ 进行数据关联，更新静态地图，一旦获得新的静态目标，则添加到静态地图中，获得当前时刻静态地图估计 $\boldsymbol{S}_t$；

(7) 观测信息中仍不能确定的 $\boldsymbol{z}_t^E$，添加到暂不能确定的目标集合中，获得当前时刻不能确定的目标集合估计 $\boldsymbol{E}_t$；

(8) 根据更新后的地图信息更新机器人的位姿预测，获得当前时刻机器人的位姿估计 $\boldsymbol{x}_t$。

由于前面章节中已经详细介绍了 SLAM 方法、动态目标检测和数据关联方法，因此这里仅对 SLAMiDE 系统实现过程中观测数据的聚类、局部地图、数据关联的代价函数修改、动态目标和不确定目标保存周期设定进行说明。

2. 观测数据的聚类

前面第 4 章、第 5 章中并没有对观测数据进行聚类，完全采用了距离传感器的原始数据进行数据关联和动态目标检测。当环境较大或动态目标较多时，大量的原始数据会导致计算量迅速递增、计算速度明显下降，而且数据关联的准确率会降低。因此，在本章的 SLAMiDE 系统中对观测的数据先进行聚类，再将聚类后的目标进行动态目标检测，以获得静态目标、动态目标和未知目标。

在世界坐标中，通过障碍栅格几何位置以欧几里得距离进行聚类分析，是在二维平面上的计算过程，计算量往往比较大。对于距离传感器，其观测值通常为极坐标形式，而针对极坐标形式进行聚类分析是一个一维搜索过程，计算量大为减少。k-近邻差值 $\Delta\rho_k$ 是障碍点 $(\rho_{t,j}, \phi_{t,j})$ 距其第 k 个相邻极角上障碍点 $(\rho_{t,j+k}, \phi_{t,j+k})$ 的距离，即

$$\Delta\rho_k = \sqrt{\rho_{t,j}^2 + \rho_{t,j+k}^2 - 2\rho_{t,j}\rho_{t,j+k}\cos\Delta\phi_k} \tag{4.50}$$

通过式(4.50)比较机器人在采样时刻 t 两个连续障碍的距离 $\Delta\rho_k$，j 从 0 开始，k 从 1 开始，如果 k 达到某个数值且 k 近邻区域内的最小邻近差值 $\Delta\rho_{\min}$ 小于某个预设的阈值 $\Delta\rho_{\text{set}}$（实验中设为 50cm），那么 j 从 0 到 k 个相邻极角内的障碍视为一类目标。再从 $j+k$ 开始，重复前面的步骤，依次聚类观测数据。但是，对于相同的相邻极角区域 k，如果测量值较远，那么相邻点的间距 $\Delta\rho_k$ 也将加大。因此，根据测量距离 $\rho_{t,j}$，确定 k 近邻区域内的最小邻近差值 $\Delta\rho_{\min}$ 存在一个比例因子 η，即

$$\eta = \frac{\Delta\rho_{\text{set}}}{\rho_{t,j}} \tag{4.51}$$

式中，$\Delta\rho_{\text{set}}$ 为设定的邻近差值的阈值。

若应用中采用激光雷达，则将采样时刻 t 的 361 个激光测量值在极坐标内以 k 近邻区域内的最小邻近差值 $\Delta\rho_{\min}$ 进行聚类，将其归纳为 m 个不相连的障碍集合，即目标。设目标是同类障碍所占据的空间位置（占据栅格）几何的集合，每个目标的栅格应满足最小邻近差值 $\Delta\rho_{\min}$ 小于给定的阈值 $\Delta\rho_{\text{set}}$ 的条件。

如图 4.18 所示，对某采样时刻的激光雷达测距数据占据障碍栅格进行聚类，分为 O_1～O_6 共 6 个目标。

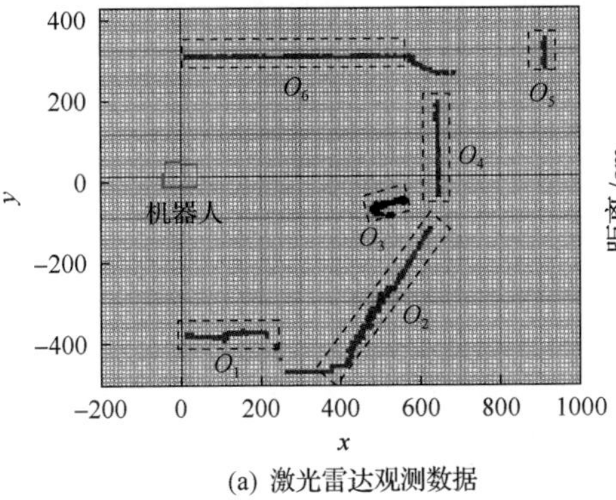

(a) 激光雷达观测数据

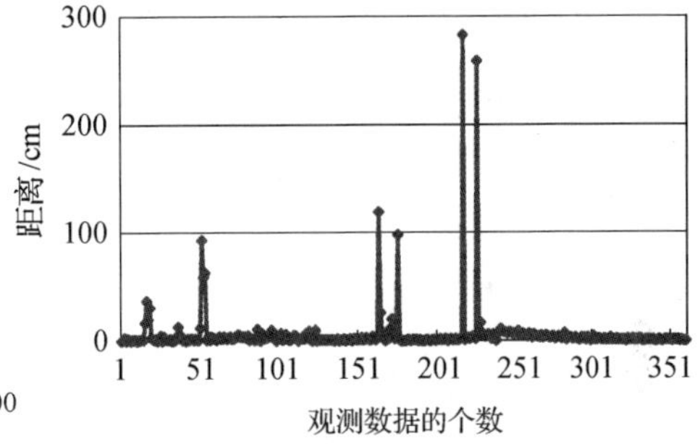

(b) 极坐标系下观测数据聚类

图 4.18　激光雷达观测数据聚类

3. 局部地图

当移动机器人工作环境大或者环境中目标较多时，若每次将所有静态地图与观测信息进行数据关联和更新，则单个周期内的计算量会不断增加。这里引入了 3.1.2 节中的局部地图范围的思想，寻找全局地图中与当前观测帧重叠的部分，利

用局部地图进行数据关联。实际上，观测信息是在以机器人为中心的传感器范围内，对于激光则是一个以激光探测范围为半径的半圆区域，如图 4.19 所示。因此，仅需要考虑已构建的静态地图中该范围内的目标，即局部地图，即可减少计算量，提高处理速度。

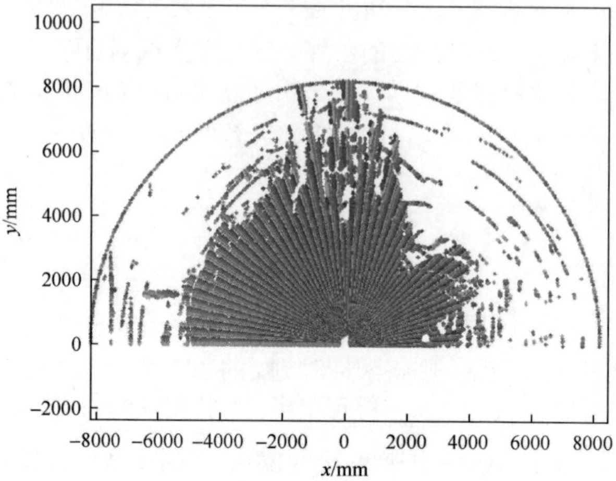

图 4.19　激光雷达观测数据范围

SLAMiDE 系统中采用栅格地图，静态地图的局部地图范围为

$$\begin{bmatrix} x_{\text{gridL}} \\ y_{\text{gridL}} \end{bmatrix} = \begin{bmatrix} \text{int}\left(\dfrac{x_{r,t}}{w}\right) & \text{int}\left(x_{r,t} + \dfrac{\rho_{\max}}{w}\right) \\ \text{int}\left(\dfrac{y_{r,t}}{w}\right) & \text{int}\left(y_{r,t} + \dfrac{\rho_{\max}}{w}\right) \end{bmatrix} \tag{4.52}$$

式中，w 为栅格的宽度；$\rho_{\max}$ 为激光观测的设定范围。

4. 数据关联的代价函数

在对观测数据进行聚类后，对各个目标建立了目标模型。因此，数据关联的代价函数根据目标模型中的参数进行修改。基于粒子滤波的多假设数据关联算法中给出的代价函数，仅考虑了待关联的目标间的位置，SLAMiDE 系统利用目标模型的参数不仅可考察待关联目标位置之间的关系，还可考虑两者覆盖区域的关系。因此，可获得更为准确的数据关联结果。设定目标间关联的代价函数为

$$C\left(R_{t,l}\right) = C(O_{t,j_1}, O_{t-1,j_2}) = \frac{f_1}{F} + \frac{f_2}{G} \tag{4.53}$$

式中，F 为目标质心间的距离；G 为非重合度量，为两者不重合面积所占的总面积的比例；f_1、f_2 为系数，关联代价函数值增大时，表明两者的关联性增加，即为同一障碍的可能性增加。

$$\begin{cases} F = \| (\bar{x}_{t,j_1}, \bar{y}_{t,j_2}), (\bar{x}_{t-1,j_2}, \bar{y}_{t-1,j_2}) \| \\ G = 1 - \dfrac{S_{O_{t,j_1}(i)} \cap S_{O_{t-1,j_2}}}{S_{O_{t,j_1}} \cup S_{O_{t,j_2}}} \end{cases} \tag{4.54}$$

式中，S 表示两个目标的区域面积，具体实现时为目标所占栅格数；交集和并集符号表示目标间重合的面积或栅格数。

5. *动态目标和不确定目标保存周期*

由于动态环境下移动机器人 SLAM 过程中需要维持机器人的路径轨迹、动态地图、静态地图和不确定目标集合，因此 SLAMiDE 系统保存的信息量很大。为了减少信息的处理量，SLAMiDE 系统对动态目标和不确定目标分别设定了保存周期，仅对保存周期内的目标进行处理。两者的保存周期含义不同。

虽然在观测预处理时，对观测信息进行了滤波，但仍有不少噪声会被保留下来。不确定目标中，除了由于当前时刻信息不足不能确定为动态或静态的目标外，还有一些可能是噪声，因此，无须在整个 SLAM 过程中永久保留。前一时刻累积的暂不能确定的目标集合中，有一部分可能会通过动态目标检测而确定为动态目标或静态目标，另一部分则继续待定。设定不确定目标的保存周期为 T_{u}，当某一目标信息在 T_{u} 个周期后仍不能确定时，则会被丢弃。

动态环境下移动机器人 SLAM 过程中需要进行机器人自身的运动、环境中的静态障碍物和动态目标的运动，这会引起动态地图构建时某些动态目标因为遮挡而短暂丢失。因此，设定了动态目标暂存周期 T_{d}。动态目标丢失后在暂存周期 T_{d} 内都会以该动态目标的原模型参数进行预测和保留，暂存周期过后，若目标仍丢失，则动态目标丢弃。在暂存周期后，若原有动态目标重新出现，则会被检测为新的动态目标。

4.3.5　实验分析

1. *移动机器人实验平台 MORCS-1*

为了验证 SLAMiDE 系统的正确性和可行性，本章采用了移动机器人平台 MORCS-1 进行实验测试，其实物如图 4.20 所示。

图 4.20　移动机器人 MORCS-1

MORCS-1 是由中南大学智能所自行设计和开发的面向未知环境下的移动机器人实验平台，该平台装配了里程计、光纤陀螺仪等内部传感器测量机器人的位姿，利用激光雷达、摄像头作为外部传感器实现环境的感知。MORCS-1 配备了自主开发的系统导航软件，具有避障灵活可靠、适应未知环境等特点，并具备建模、规划、故障诊断等多项智能。其硬件总体性能指标如下所示。

(1) 车体尺寸：长为 80cm，高为 90cm，宽为 70cm，质量为 72kg。

(2) 最大直线速度为 0.6m/s，最大旋转速度为 0.5rad/s，绕轴零半径自转。

(3) 越障性能：5～6cm 台阶且小于 25°的斜面。

(4) 车体驱动电机：4 个步进电机，电压为 36V(直流电)。

(5) 外部传感器系统：激光雷达与摄像机视觉系统。

(6) 车载计算机：工控机系统 3 台，处理器为 intel i3, 2.4GHz。

(7) 无线通信系统:室内障碍环境通信距离为 50m,室外开阔环境为 150～200m。

2. 实验结果及分析

1) 简单环境

以室内办公场所的走廊为实验环境，以多个行人为动态目标。在实验中，机器人的运行速度设定为低速(0.5m/s)，行人的速度范围控制在 0.8～1.6m/s。由于系统采样周期很短，因此为了便于聚类和动态目标检测和计算，SLAMiDE 系统的周期取 8 倍系统采样周期，为 0.1s。在计算局部地图时，设定激光传感器的观测范围 ρ_{max} =20m。动态目标保存周期 T_d 设定为 5 帧，不确定目标保存周期 T_u 设定为 10 帧。

实验结果如图 4.21 所示。图(a)为实验环境走廊实景图；图(b)表示在第 131 帧检测到动态目标 1，与机器人相向运动，速度约为 1.2m/s；图(c)表示在第 187

帧检测到动态目标 2，与机器人同向运动，速度约为 1.3m/s；图(d)和图(e)表示在第 225 帧和第 287 帧仍能检测到这两个动态目标，期间两个目标交叉，有遮挡而短暂丢失。图(f)显示了在第 225 帧构建的地图，以及机器人和行人的轨迹评估，由于机器人相对于行人的运行速度较慢，因此机器人轨迹较短，行人轨迹较长；图(g)为仅用航迹推测估算的机器人轨迹和采用 SLAMiDE 系统后的机器人轨迹估计比较。

(a) 实验环境走廊实景

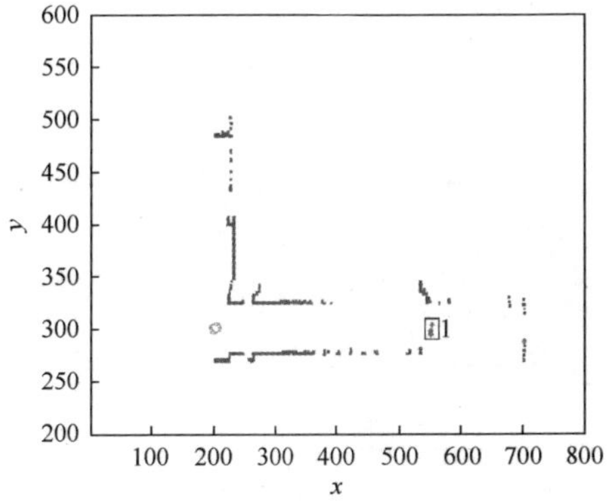

(b) 第131帧

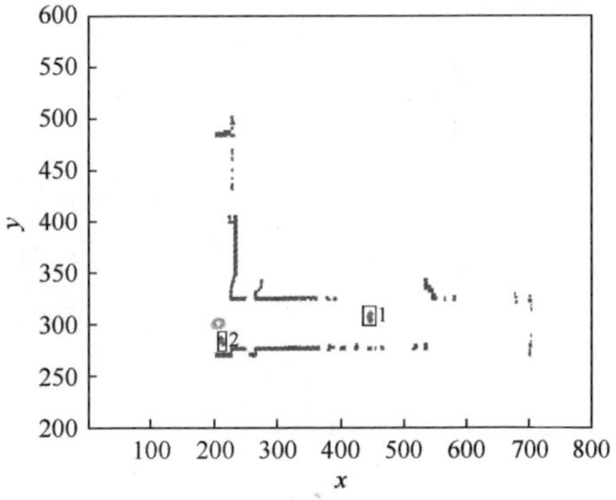

(c) 第187帧

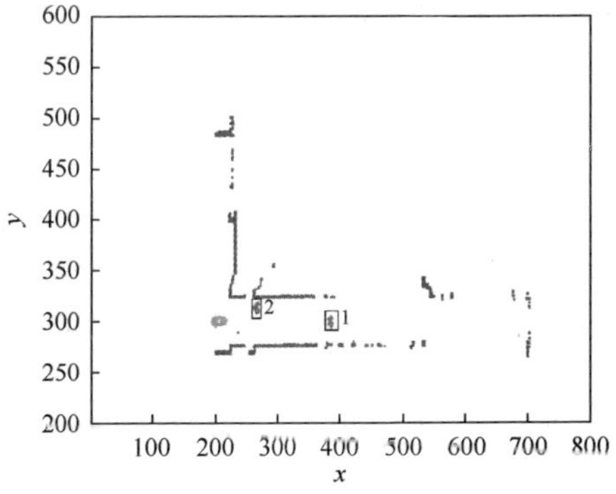

(d) 第225帧

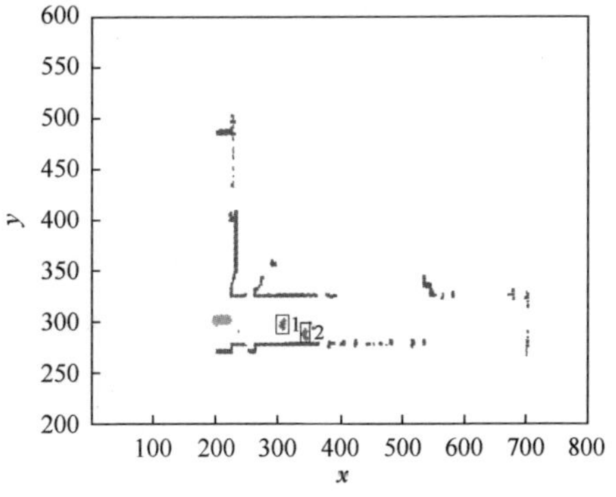

(e) 第287帧

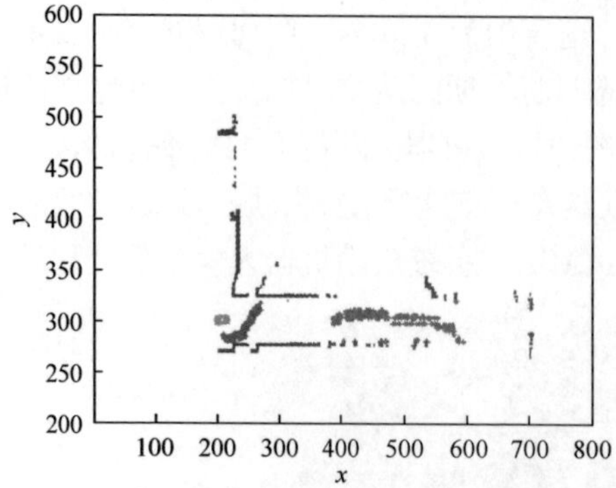

(f) 构建的地图(全局地图第225帧)

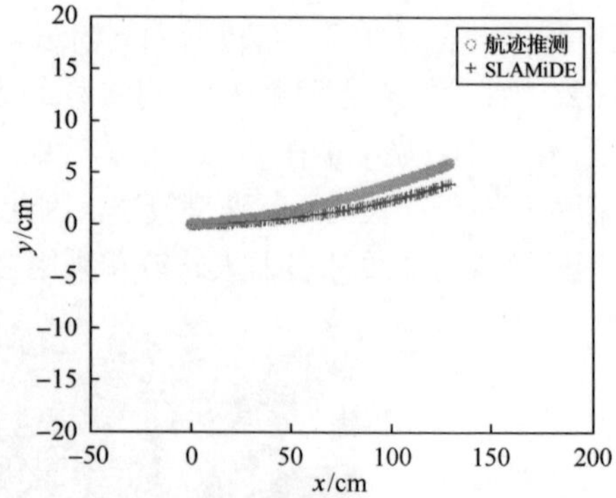

(g) 机器人轨迹估计(机器人定位第400帧)

图 4.21　简单环境实验结果

通过实验可以看出，在简单环境下，SLAMiDE 系统能够很好地检测并处理动态目标，构建静态地图，实现机器人的定位。

2) 复杂环境

为了验证复杂环境下 SLAMiDE 系统的有效性，选择中南大学铁道校区第二综合楼一楼大厅作为移动机器人工作环境进行实验，环境实景如图 4.22 所示。大厅动态障碍物较多且更为复杂，如电梯门开关、来往行人、等电梯而较长时间静止的行人、房门的开关等。

图 4.22　大厅环境实景图

SLAMiDE 系统的实验结果如图 4.23 所示。图 4.24 给出了无定位情况下创建的地图比较。其中，图(a)为无定位也无动态目标情况下构建的地图，图(b)为无定位有动态目标情况下构建的静态地图。可以看出，在检测动态目标后构建的静态地图能很好地消除动态目标的影响。图 4.25(a)和(b)分别给出了 SLAMiDE 系统创建的地图与仅过滤动态目标但是无定位创建的地图比较，以及该系统获得机器人轨迹估计和航迹推测的比较。图 4.25(a)中，灰色线条为无定位创建的地图，黑色线条为 SLAMiDE 系统创建的地图。

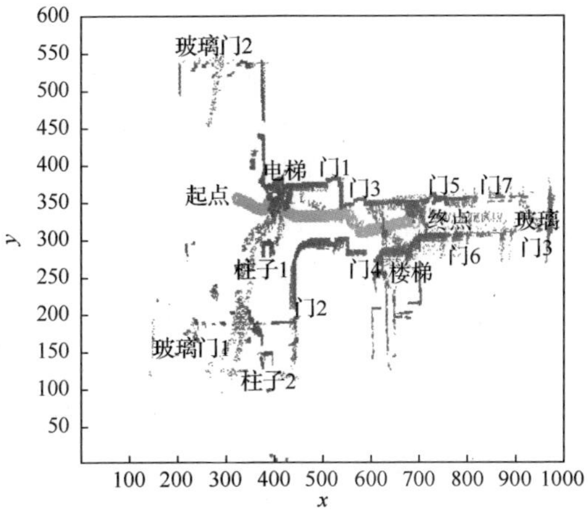

图 4.23　复杂环境实验结果(见彩图)

绿色为移动机器人轨迹估计，蓝色为静态地图，红色为动态地图

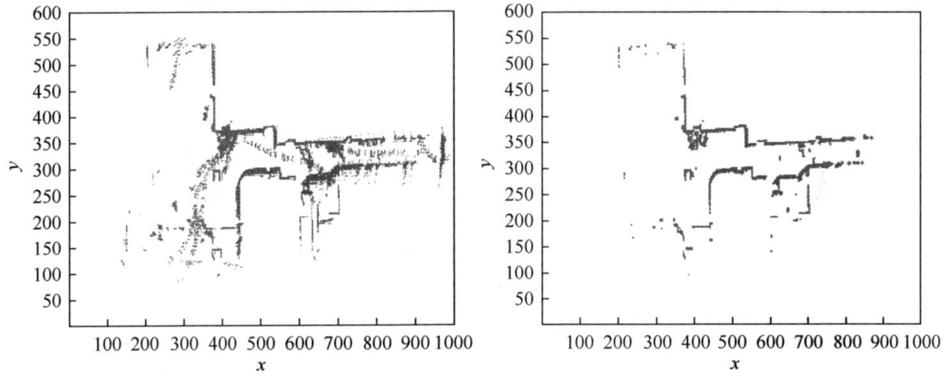

(a) 无动态目标处理创建的地图　(b) 有动态目标处理创建的地图

图 4.24　无定位情况下创建的地图比较

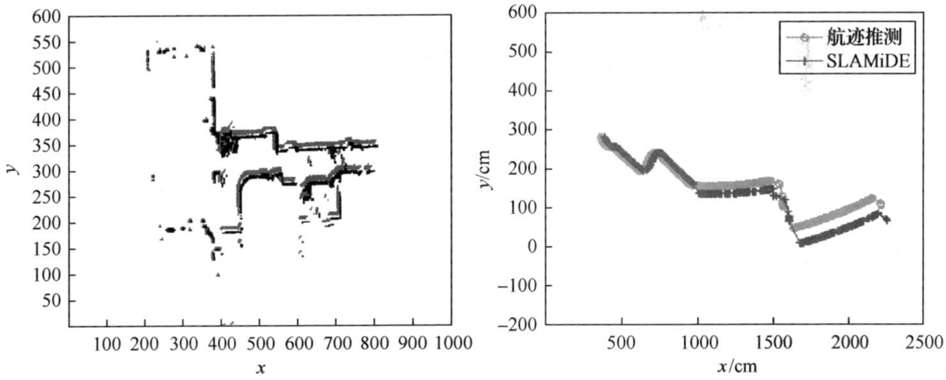

(a) 地图比较　(b) 机器人轨迹估计

图 4.25　有定位、有动态目标处理创建的地图和机器人轨迹估计

上述实验结果表明，SLAMiDE 系统不仅能够在简单室内环境下保证准确建模及精确定位，而且在较为复杂的环境下也能够克服动态目标的干扰，实现稳定的 SLAM。但是，实验中也发现，对于长时间静止的动态目标，如等电梯的行人，很难准确检测出来，这将影响静态地图的正确性，在进一步研究中可通过增加视觉传感器来改进。另外，激光雷达自身的不足造成对某些材质的障碍物判断不稳定，如玻璃门，采用本章方法会将该目标的一部分判断为静态目标，另一部分判断为动态目标。

本节设计并实现了一个 SLAMiDE 系统。该系统将移动机器人运行环境中的动态目标、静态目标和移动机器人位姿全部纳入系统状态估计方程中，同时进行估计，并构建了 SLAMiDE 系统的结构和过程框架，给出了该系统实现的步骤。SLAMiDE 系统将观测数据利用 k-近邻聚类后，构建统一的目标模型，综合前面研究的数据关联、动态目标检测和 SLAM 解决方法及减少计算量的局部地图思想，最终实现了在动态环境下移动机器人的 SLAM。在移动机器人平台 MORCS-1 上成功进行了测试，实验表明该系统正确、可行。目前，该系统主要应用于室内环境，其大规模环境下的应用还需要进一步测试。该系统的局限性是仅考虑了地形平坦和地面不易打滑的情况。

4.4　行驶车辆中的状态估计和软测量

随着对传感器的深入使用和对车辆稳定性理论的深入分析，人们提出了直接保证车辆行驶稳定性的车辆稳定控制理念。该想法突破了防抱死刹车系统(anti-lock brake system，ABS)的限制，采用直接测量车辆运行姿态的侧向加速度传感器和横摆角速度传感器来获得车辆行驶时的姿态，进而对车辆的横摆力矩进行有效的控制，它可以通过将车辆行驶中的状态和理想状态进行比较，来判断车辆行驶是否处在安全范围内。

要确定车辆稳定性控制系统的控制目标，必须准确地获得当前车辆的运行状态，即车辆行驶中的状态参数。通常采用横摆角速度和质心侧偏角来衡量车辆的行驶状态[18]。若能准确地获得车辆质心侧偏角，则可在车辆行驶入非线性区域时进行相应的控制操作[19]。

本节在理论上分析了车辆的动力学特性，针对车辆行驶过程中存在的非线性问题及车辆质心侧偏角估计的准确性与实时性问题，利用传感器测量得到的信息(组合导航系统)，对车辆的纵向速度、侧向速度进行估计，在此基础上得到车辆质心侧偏角估计。

4.4.1　汽车运动学深入建模

设汽车重心为 C 点，建立汽车载体坐标系 $X_R Y_R Z_R$，选择汽车的重心位置 C 作为载体坐标系的原点 O，如图 4.26 所示。选择指向汽车的右手方向为 X_R 轴，沿着汽车纵轴并指向汽车前进的方向为 Y_R 轴，Z_R 轴指向汽车天顶方向。如图 4.27(b) 所示，$M_r C$ 和 $M_f C$ 的距离分别为 l_r 和 l_f，且轴距 $l = l_r + l_f$，d 为轮距，L 为车长，W 为车宽，w 为轮胎宽度。

图 4.26　汽车的 6 个自由度的载体坐标系

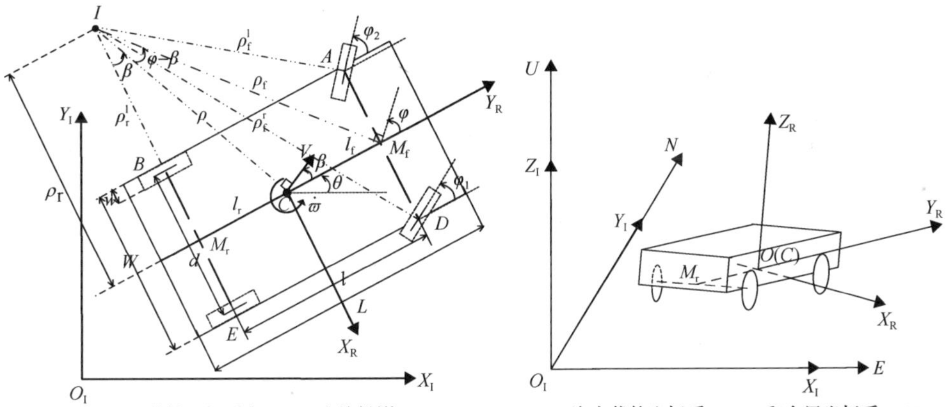

(a) 载体坐标系在 $X_R O Y_R$ 中的投影　(b) 汽车载体坐标系 $X_R Y_R Z_R$ 和全局坐标系 $X_I Y_I Z_I$

图 4.27　汽车载体坐标系和全局坐标系示意图

后轮坐标轴的方向与载体坐标系方向一致，前轮坐标系由于车轮转角(车辆纵向轴 Y_R 和车轮平面的夹角)而与载体坐标系坐标轴方向不一致[20]。前轮转向角为 φ，即车轮 Y_W 与 Y_R 间的夹角(内轮的相对转向角为 φ_2，外轮的相对转向角为 φ_1，φ 为整车的虚拟转向角)。

汽车直线行走时，车速 V 沿汽车纵轴方向(Y_R 轴)；考虑汽车有侧滑的情况，此时重心 C 点的观测速度不是沿着汽车纵轴 Y_R 方向，而是与 Y_R 有一个角度差 β，定义 β 为汽车侧偏角[21]，如图 4.27 和图 4.28 所示。若汽车的航向角为 θ，则汽车的速度方向角 λ 为

$$\lambda = \theta + \beta \tag{4.55}$$

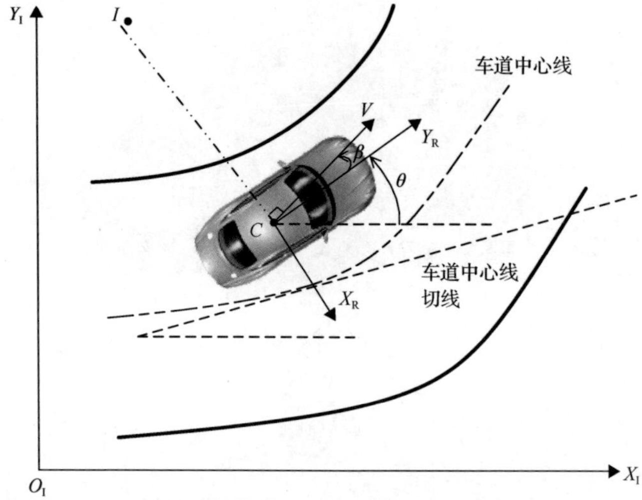

图 4.28　汽车实际过弯示意图

4.4.2　车辆状态参数计算模型

1. 车辆侧偏角计算模型

1) 引入车辆姿态角的车辆侧偏角计算模型

车速 V 在某时刻 t 时，在 OY_R 轴上的分量为 V_{Y_R}，在 OX_R 轴上的分量为 V_{X_R}，则由文献[22]可知，车辆侧偏角 β 计算如下：

$$\beta = \arctan\frac{V_{X_R}}{V_{Y_R}} \tag{4.56}$$

汽车在“东北天”导航坐标系里运动时，可以测得汽车东向、北向和天向速

度 v_e、v_n、v_u，只要建立车辆速度在载体坐标系和导航坐标系中的变化矩阵就可以计算求得车辆的侧偏角[23]。从东北天导航坐标系到载体坐标系的旋转矩阵为 C_n^b，则汽车载体坐标系中速度计算公式为

$$\begin{bmatrix} V_{X_R} \\ V_{Y_R} \\ V_{Z_R} \end{bmatrix} = C_n^b \cdot \begin{bmatrix} v_e \\ v_n \\ v_u \end{bmatrix} \tag{4.57}$$

即

$$\begin{bmatrix} V_{X_R} \\ V_{Y_R} \\ V_{Z_R} \end{bmatrix} = \begin{bmatrix} \cos\varpi\sin\gamma+\sin\varpi\sin\psi\sin\gamma & \cos\varpi\sin\psi\sin\gamma-\sin\varpi\cos\gamma & -\cos\psi\sin\gamma \\ \sin\varpi\cos\psi & \cos\theta\cos\psi & \sin\psi \\ \cos\varpi\sin\gamma-\sin\varpi\sin\psi\cos\gamma & -\cos\varpi\sin\psi\cos\gamma-\sin\varpi\sin\gamma & \cos\psi\cos\gamma \end{bmatrix} \cdot \begin{bmatrix} v_e \\ v_n \\ v_u \end{bmatrix} \tag{4.58}$$

式中，ϖ、ψ、γ 为测得的载体姿态角。

2) 基于汽车运动学模型的车辆侧偏角计算模型

如图 4.27(a)所示，在 ΔICM_f 中，有如下公式成立：

$$\frac{\sin(\varphi-\beta)}{l_f} = \frac{\sin\left(\frac{\pi}{2}-\varphi\right)}{\rho} \tag{4.59}$$

进而可得

$$\frac{\sin\varphi\cos\beta-\cos\varphi\sin\beta}{l_f} = \frac{\cos\varphi}{\rho} \tag{4.60}$$

化简可得

$$\tan\varphi\cos\beta-\sin\beta = \frac{l_f}{\rho} \tag{4.61}$$

同理在 ΔICM_r 中，有如下公式成立：

$$\frac{\sin\beta}{l_r} = \frac{1}{\rho} \tag{4.62}$$

即

$$\sin\beta = \frac{l_{\mathrm{r}}}{\rho} \tag{4.63}$$

由式(4.61)和式(4.63)可得

$$\tan\varphi\cos\beta = \frac{l_{\mathrm{f}}+l_{\mathrm{r}}}{\rho} = \frac{l}{\rho} \tag{4.64}$$

则车辆侧偏角 β 的计算公式如下:

$$\tan\beta = \frac{l_{\mathrm{r}}\tan\varphi}{l} \tag{4.65}$$

即

$$\beta = \arctan\frac{l_{\mathrm{r}}\tan\varphi}{l} \tag{4.66}$$

航向角 θ 和前轮虚拟转向角 φ 之间的关系为

$$\dot{\theta} = \frac{\tan\varphi}{l}\cdot V \tag{4.67}$$

可求得前轮虚拟转向角 φ 为

$$\varphi = \arctan\left[\frac{\theta(t+1)-\theta(t)}{T}\cdot\frac{l}{V}\right] \text{或} \tan\varphi = \frac{\theta(t+1)-\theta(t)}{T}\cdot\frac{l}{V} \tag{4.68}$$

则车辆侧偏角 β 为

$$\beta = \arctan\frac{l_{\mathrm{r}}\cdot[\theta(t+1)-\theta(t)]}{V\cdot T} \tag{4.69}$$

式中，T 为 GPS 的采样间隔时间。

2. 前后车轮侧偏角计算模型

这里详细阐述如何建立复杂环境下的车轮质心侧偏角计算模型，即车轮 Y_{W} 轴与车轮和地面接触点速度 V_{W} 之间的夹角[24]，图 4.29 所示为前轮侧偏角 α_{f} 的定义。这里对于前轮侧偏角计算模型的建立，采用单轨模型来分析，并认为同轴上的侧偏角是相等的。

由于汽车车速垂直于瞬时转弯中心 ICR 与汽车重心 C 的连线，而车轮的速度垂直于 ICR 与车辆地面接触点的连线，若已知车辆侧偏角 β，则可以计算出车轮

侧偏角 α（前轮侧偏角为 α_f，后轮侧偏角为 α_r）[25]。此外，当车辆的滑移量很小时，在车轮和地面的接触点上，底盘和车辆的速度相同。因此，可以寻求在车辆 Y_R 轴和 X_R 轴方向上建立速度平衡方程，即可计算出车轮胎侧偏角。

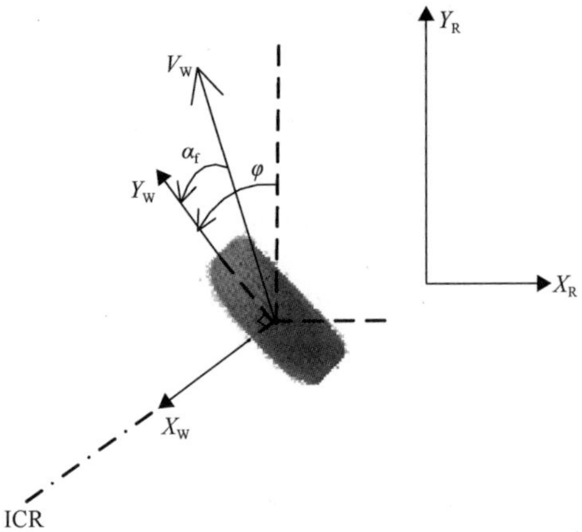

图 4.29　单轨模型前轮侧偏角 α_f 的定义

车轮前进速度 V_W 在 X_R 轴方向上的分量为 $V_W\sin(\varphi-\alpha_f)$，在 Y_R 轴方向上的分量为 $V_W\cos(\varphi-\alpha_f)$；汽车底盘上运动既有平移速度又有横摆角转动速度，其中平移速度（即车速 V）在 X_R 轴方向上分量为 $V\sin\beta$，在 Y_R 轴方向上分量为 $V\cos\beta$；转动速度 $\dot{\varpi}$ 在 X_R 轴方向上的分量为 $\rho_f\dot{\varpi}$，在 Y_R 轴方向上的分量为 0。因此，前轮在横向 X_R 轴方向上时，式(4.70)成立：

$$V_W\sin(\varphi-\alpha_f)=\rho_f\dot{\varpi}+V\sin\beta \tag{4.70}$$

同理，前轮在纵向 Y_R 轴方向上时，式(4.71)成立：

$$V_W\cos(\varphi-\alpha_f)=V\cos\beta \tag{4.71}$$

化简式(4.70)和式(4.71)，得

$$\tan(\varphi-\alpha_f)=\frac{\rho_f\dot{\varpi}+V\sin\beta}{V\cos\beta} \tag{4.72}$$

即

$$\alpha_f=\varphi-\arctan\frac{\rho_f\dot{\varpi}+V\sin\beta}{V\cos\beta} \tag{4.73}$$

式中，ρ_f 可由三角函数求得。式(4.73)适用于发生侧滑的情况。

图 4.30 所示为后轮侧偏角 α_r 的定义。同理可得车轮前进速度 V_W 在 X_R 轴方向上的分量为 $V_W \sin\alpha_r$，在 Y_R 轴方向上的分量为 $V_W \cos\alpha_r$；汽车平移速度在 X_R 轴方向上的分量为 $-V\sin\beta$，在 Y_R 轴方向上的分量为 $V\cos\beta$；转动速度 $\dot{\varpi}$ 在 X_R 轴方向上的分量为 $\rho_r\dot{\varpi}$，在 X_R 轴方向上的分量为 0。因此，后轮在横向 X_R 轴方向上，式(4.74)成立：

$$V_W \sin\alpha_r = \rho_r\dot{\varpi} - V\sin\beta \tag{4.74}$$

同理，后轮在纵向 Y_R 轴方向上，式(4.75)成立：

$$V_W \cos\alpha_r = V\cos\beta \tag{4.75}$$

化简式(4.74)和式(4.75)，得

$$\tan\alpha_r = \frac{\rho_r\dot{\varpi} - V\sin\beta}{V\cos\beta} \tag{4.76}$$

即

$$\alpha_r = \arctan\frac{\rho_r\dot{\varpi} - V\sin\beta}{V\cos\beta} \tag{4.77}$$

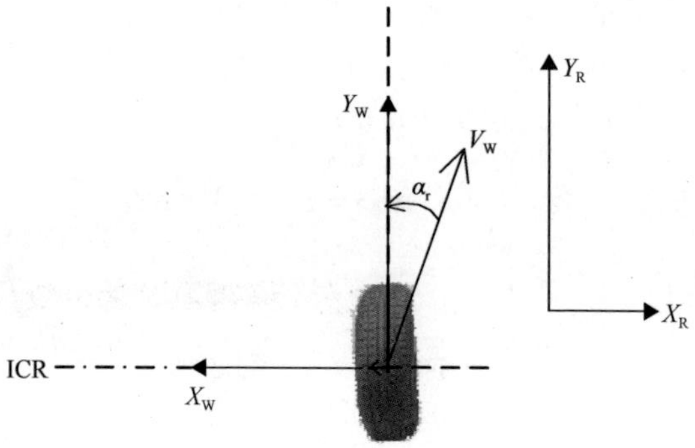

图 4.30　单轨模型后轮侧偏角 α_r 的定义

4.4.3　横向操作稳定性与汽车行驶参数

1. 前后轮侧偏角与侧向加速度间的关系

汽车侧向加速度与汽车侧偏角之间的关系通常采用变侧向加速度法和固定侧向加速度法测定，如文献[26]提出的前后轴中点喷水轨迹法测试汽车稳态的方法。图 4.31 反映了前后轮侧偏角与侧向加速度之间的关系，其中 α_1 即为本节中的前轮侧偏角 α_f，α_2 即为本节中的后轮侧偏角 α_r。分析表明，当车速较低时，整车基本保持中性转向；随着车速的不断增加，前轮侧滑较为严重，略呈现不足转向的趋势；随着车速的进一步增加，后轮也出现侧滑，转向半径开始减小，呈现出过度转向的趋势。

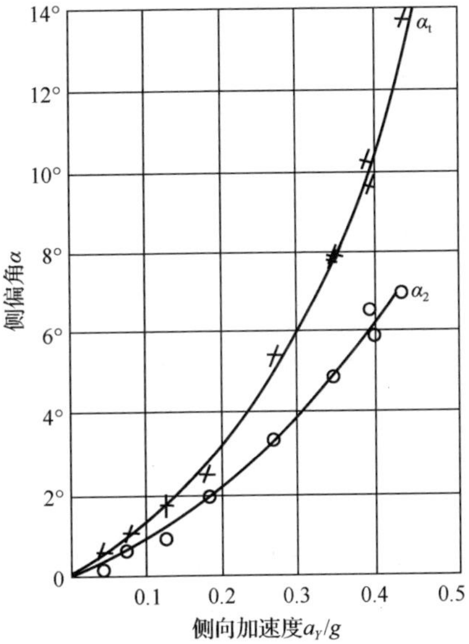

图4.31　前后轮侧偏角与侧向加速度之间的关系[26]

由式(4.58)可以求得任意时刻的V_{X_R}、V_{Y_R}、V_{Z_R}：

$$\begin{cases} V_{X_R} = (\cos\varpi\sin\gamma + \sin\varpi\sin\psi\sin\gamma)v_e + (\cos\varpi\sin\psi\sin\gamma - \sin\psi\cos\gamma)v_n - \cos\psi\sin\gamma v_u \\ V_{Y_R} = \sin\varpi\cos\psi v_e + \cos\varpi\cos\psi v_n + \sin\psi v_u \\ V_{Z_R} = (\cos\varpi\sin\gamma - \sin\varpi\sin\psi\cos\gamma)v_e - (\cos\varpi\sin\psi\cos\gamma + \sin\varpi\sin\gamma)v_n - \cos\psi\cos\gamma v_u \end{cases} \tag{4.78}$$

汽车的X_R轴(横向加速度)、Y_R轴(纵向加速度)、Z_R轴(垂向加速度)分别为

$$\begin{cases} a_{X_R}(t) = \dfrac{V_{X_R}(t+1) - V_{X_R}(t)}{T} \\ a_{Y_R}(t) = \dfrac{V_{Y_R}(t+1) - V_{Y_R}(t)}{T} \\ a_{Z_R}(t) = \dfrac{V_{Z_R}(t+1) - V_{Z_R}(t)}{T} \end{cases} \tag{4.79}$$

式中，T为GPS的采样间隔时间。

这样便可以通过 GPS/INS 组合导航系统计算得到汽车三个方向的加速度信息。

4.4.2 节分析发现，可以由式(4.73)和式(4.77)计算出前轮、后轮侧偏角，可以利用拟合的方法得出前轮、后轮侧偏角 α_f 、 α_r 与车辆侧向加速度 a_{X_R} 的关系，流程图见图 4.32。

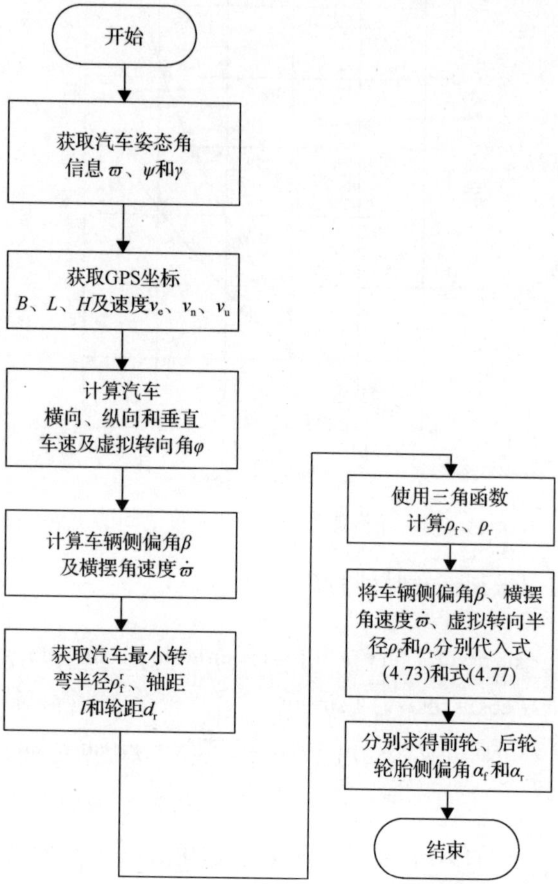

图 4.32 求汽车前轮、后轮侧偏角流程图

2. 汽车质心侧偏角与侧向加速度的关系

汽车横向操作稳定性不仅与前后轮侧偏角有关，而且与汽车的质心侧偏角有关[27]。正常情况下，汽车行驶在线性区域(常规工况)，其质心侧偏角很小($\beta < 4°$)，此时汽车具有良好的运行稳定性；当汽车由线性区进入非线性区(极限工况)时(一般认为 $\beta > 10°$)，其质心侧偏角明显增加，通过方向盘来控制汽车横摆力矩的能

力逐渐减弱，继而失稳[28]。伴随着道路附着系数的降低，这个角度对汽车稳定性的影响更加敏感，稍微变化将会造成极大的危险。

4.4.2 节利用式(4.56)求得了车辆的质心侧偏角，同理可以利用拟合的方法得出车辆质心侧偏角 β 与车辆侧向加速度 a_{X_R} 的关系。

图4.33中描述了利用汽车自身参数及附加传感器GPS信息等来测量轮胎侧偏角等行驶状态。横向操作稳定性软测量方法主要测定“汽车前后轮侧偏角与侧向加速度之间的关系，以及汽车质心侧偏角与侧向加速度之间的关系。这种软测量方法的流程图见图 4.32。该方法结合本书提出的汽车运动学模型及车辆状态软测量技术，不仅可以从理论上更深入地分析汽车稳态特性，还能通过现场试验进行验证，这对研究汽车结构因素对转向特性的影响具有很大的意义。

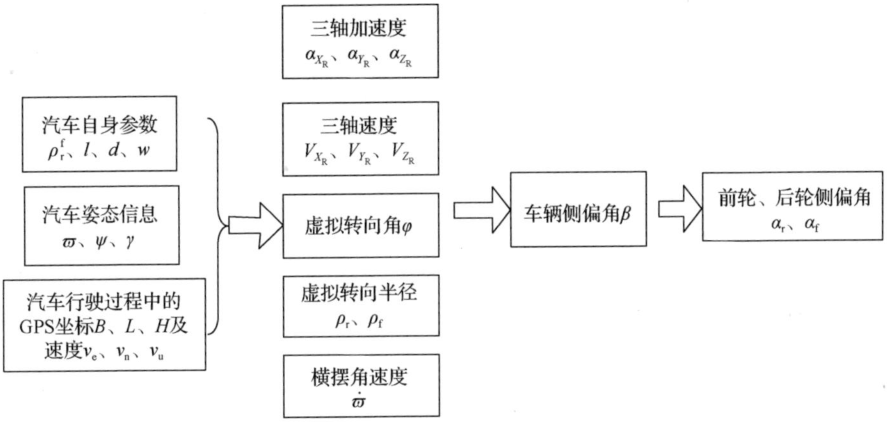

图 4.33　横向操作稳定性软测量分析示意图

4.4.4　非完整性约束下的车辆行驶状态估计

车辆在运动过程中受到两个方向的限制[29]：若不发生侧滑或跳离地面，则车辆对地速度在车体的侧向和与车体轴线垂直并指向车顶的两个方向垂直[30]。这种对车辆运动的约束称为非完整性约束[31]，可以用如下公式来表示[32]：

$$\dot{x}_r \sin\theta - \dot{y}_r \cos\theta = 0 \tag{4.80}$$

对于在道路上正常行驶的车辆，基本上没有侧滑或侧滑很小，车轮始终紧贴地面[33]，实际中存在跳起和打滑，可将其看成噪声[34]。

前述分析中 $[V_{X_R} \quad V_{Y_R} \quad V_{Z_R}]$ 为车辆在车辆载体坐标系 $X_R Y_R Z_R$ 中的速度矢

量，若车辆不会从地面上跳起，不会在地面上打滑，则车辆垂直方向（Z_R 轴）速度 V_{Z_R} 为 0，垂直于前进方向（Y_R 轴）的速度 V_{X_R} 为 0[35]，故车辆的速度矢量可表示为 $\boldsymbol{V}_R = [0 \quad V_{Y_R} \quad 0]^T$（$V_{Y_R}$ 为车辆里程计的瞬时速度）。

然而在实际运动当中，由于汽车的振动或者侧滑，这些约束在某种程度上都被破坏了。考虑非完整性约束被破坏的情况，即有 $V_{X_R} - \eta_x = 0$ 和 $V_{Z_R} - \eta_z = 0$，η_x 和 η_z 均为噪声。可以看出，噪声的强弱表示汽车非完整性约束被破坏的程度。

汽车在导航坐标系（$X_I Y_I Z_I$ 系）中的速度矢量可以表示为 $\boldsymbol{V}_I = [v_e \quad v_n \quad v_u]^T$，其中 v_e、v_n 和 v_u 分别代表载体的东向、北向和天向速度。利用导航坐标系（$X_I Y_I Z_I$ 系）到载体坐标系（$X_R Y_R Z_R$ 系）的姿态转换矩阵 $\boldsymbol{C}_n^b$ 可得 $\boldsymbol{V}_R = \boldsymbol{C}_n^b \boldsymbol{V}_I$。其中，$\varpi$ 为偏航角，ψ 为俯仰角，γ 为横滚角。进而可得

$$\begin{bmatrix} \eta_x \\ v_y \\ \eta_z \end{bmatrix} = \boldsymbol{C}_n^b \begin{bmatrix} v_e \\ v_n \\ v_u \end{bmatrix} \tag{4.81}$$

进一步计算可得

$$\begin{cases} \eta_x = (\cos\varpi \sin\gamma + \sin\varpi \sin\psi \sin\gamma)v_e + (\cos\varpi \sin\psi \sin\gamma - \sin\psi \cos\gamma)v_n - \cos\psi \sin\gamma v_u \\ \eta_z = (\cos\varpi \sin\gamma - \sin\varpi \sin\psi \cos\gamma)v_e - (\cos\varpi \sin\psi \cos\gamma + \sin\varpi \sin\gamma)v_n - \cos\psi \cos\gamma v_u \end{cases} \tag{4.82}$$

$$V_{Y_R} = \sin\varpi \cos\psi v_e + \cos\varpi \cos\psi v_n + \sin\psi v_u \tag{4.83}$$

汽车行驶过程中的状态估计示意图见图 4.34。

利用转向参数测试仪，可以测量方向盘的自由转角，利用汽车的转向系统减速比 k，便可计算出汽车转向角 φ，进而求得其他行驶过程中的动态参数[36]。将这些数据输入计算机中，并利用汽车运动模型在汽车行驶过程中估计出行驶的轨迹 T_3，利用 GPS 传感器实时绘出汽车的运动估计 T_4，比较 T_3 和 T_4 的吻合程度来判断汽车的路线偏离程度。利用式（4.82）可以根据 v_e、v_n、v_u 及姿态角信息计算出噪声 η_x 和 η_z，进而评判非完整性约束被破坏的程度，即行驶状态，从而估计出汽车的运动状态[29]。利用式（4.83），通过估计的 v_y 值与汽车实际速度 v_r 进行比较，可以评判行驶状态估计的精度。

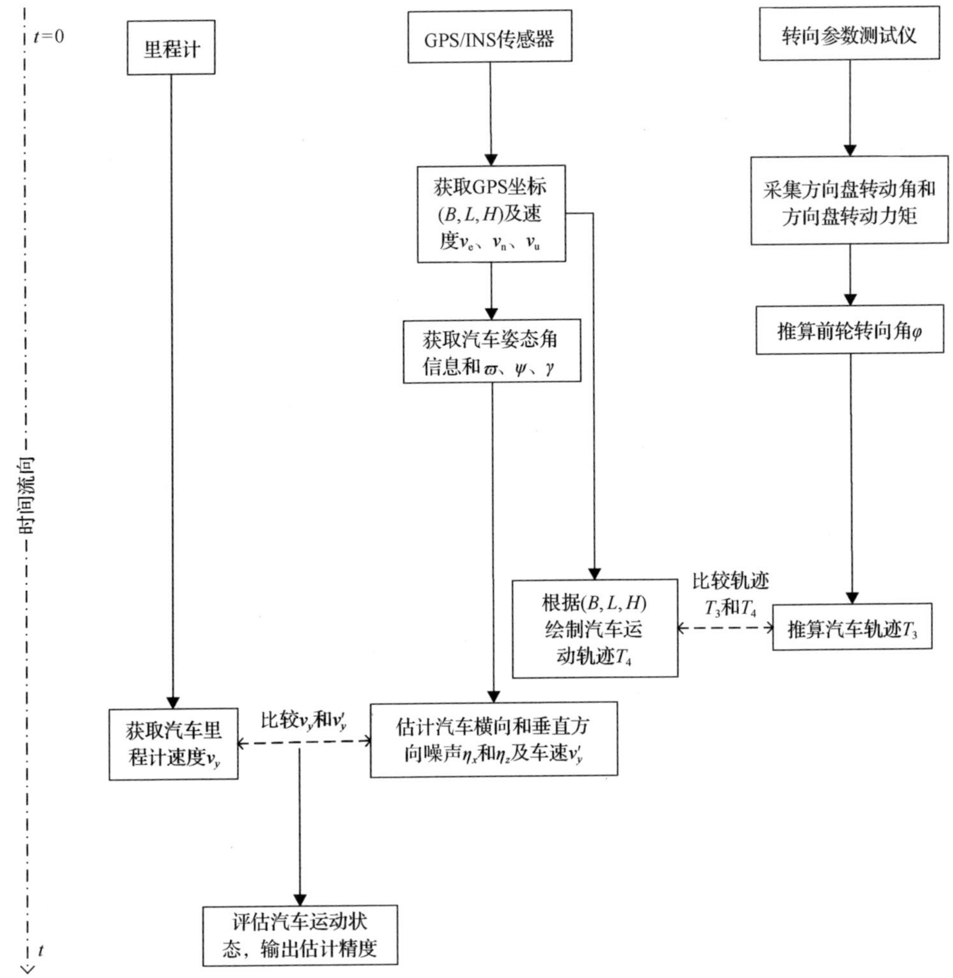

图 4.34　汽车行驶过程中的状态估计示意图

4.5　车辆状态参数测试试验与分析

在实验过程中使用的 GPS/INS 设备为北京星网宇达科技股份有限公司的产品 XW-ADU5630。

4.5.1　路况较好情况下的试验

1. 试验一(图 4.35～图 4.37)

本次试验场地选择在长沙市中南大学铁道校区，试验一时间为 2010 年 8 月 11 日，试验二时间为 2010 年 8 月 25 日，试验三、试验四时间为 2010 年 12 月 9 日。

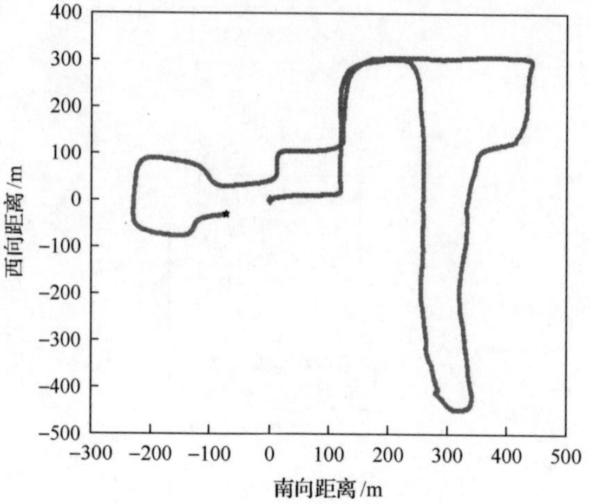

图 4.35　试验一 GPS 数据轨迹图

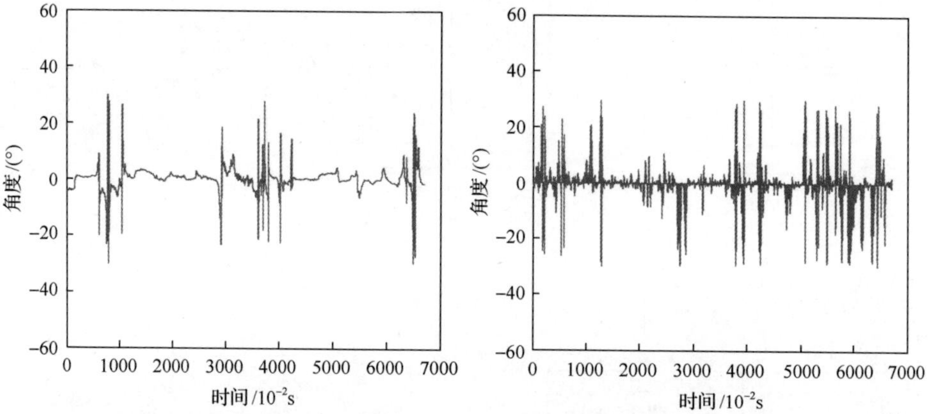

(a) 引入姿态角的车辆侧偏角计算结果

(b) 基于汽车运动学模型的车辆侧偏角计算结果

图 4.36　试验一中两种车辆侧偏角计算方法比较

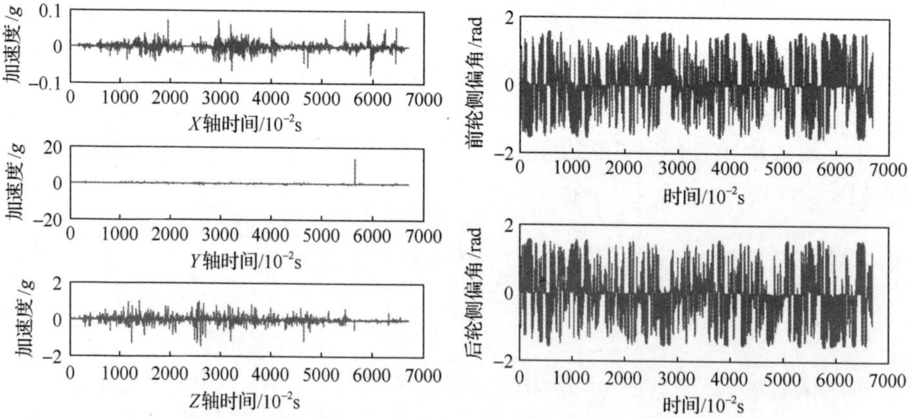

(a) 汽车三轴加速度计算结果

(b) 汽车前后车轮侧偏角计算结果

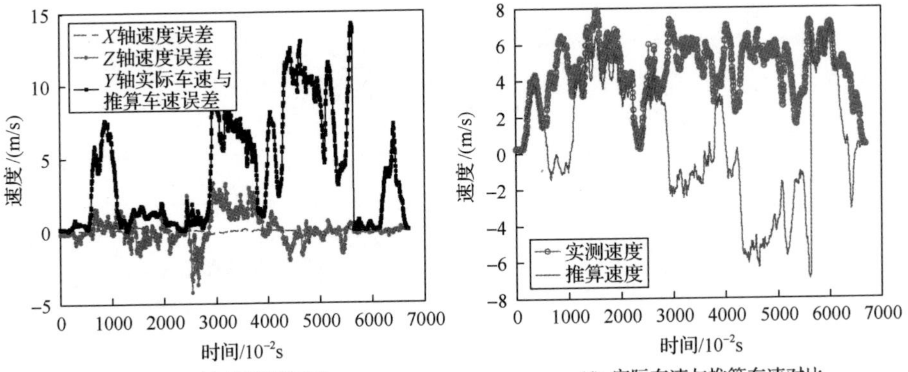

(c) 三轴速度误差对比　　(d) 实际车速与推算车速对比

图 4.37　试验一中车辆加速度及车轮侧偏角(见彩图)

2. 试验二(图 4.38～图 4.40)

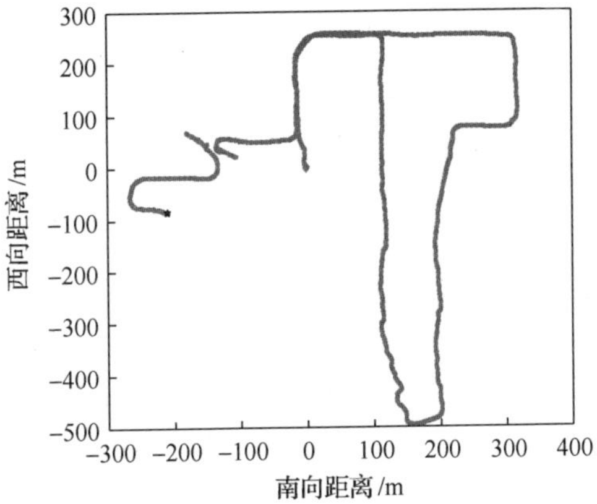

图 4.38　试验二 GPS 数据轨迹图

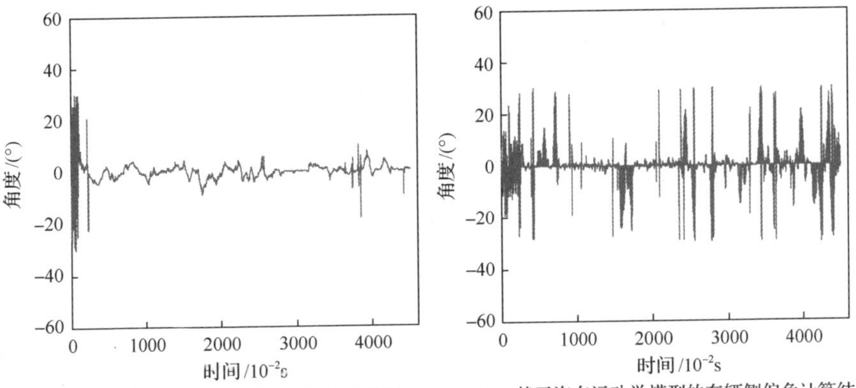

(a) 引入姿态角的车辆侧偏角计算结果　　(b) 基于汽车运动学模型的车辆侧偏角计算结果

图 4.39　试验二中两种车辆侧偏角计算方法比较

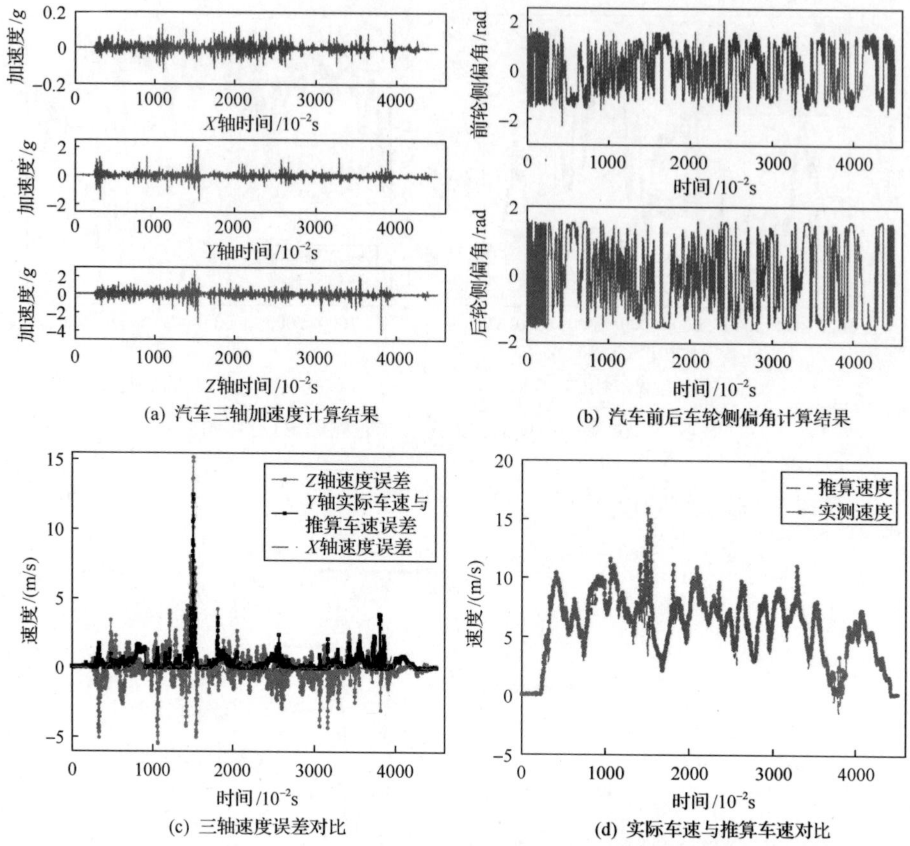

(a) 汽车三轴加速度计算结果　　(b) 汽车前后车轮侧偏角计算结果

(c) 三轴速度误差对比　　(d) 实际车速与推算车速对比

图 4.40　试验二中车辆加速度及车轮侧偏角(见彩图)

3. 试验三(图 4.41～图 4.43)

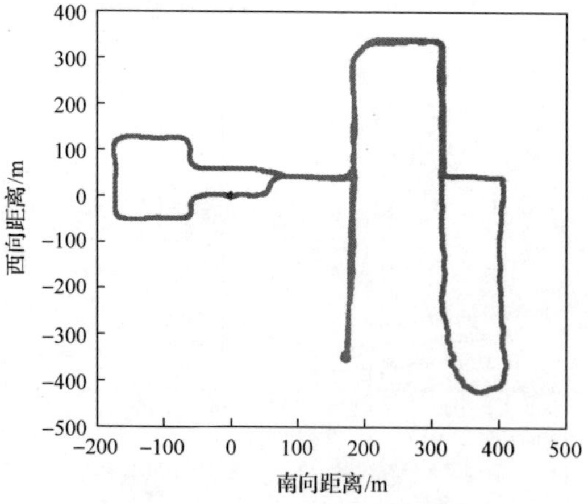

图 4.41　试验三 GPS 数据轨迹图

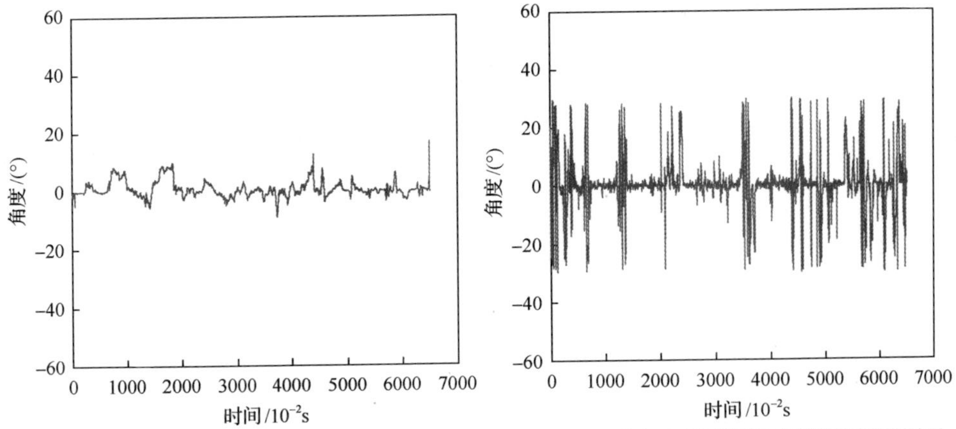

(a) 引入姿态角的车辆侧偏角计算结果　　(b) 基于汽车运动学模型的车辆侧偏角计算结果

图 4.42　试验三中两种车辆侧偏角计算方法比较

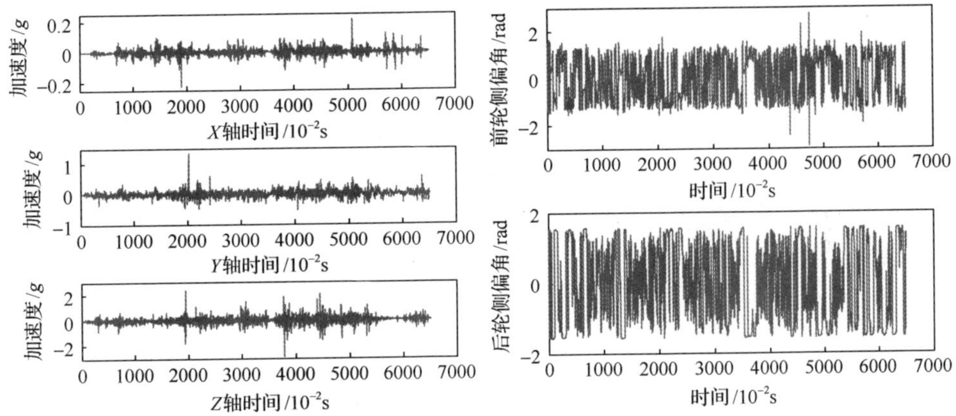

(a) 汽车三轴加速度计算结果　　(b) 汽车前后车轮侧偏角计算结果

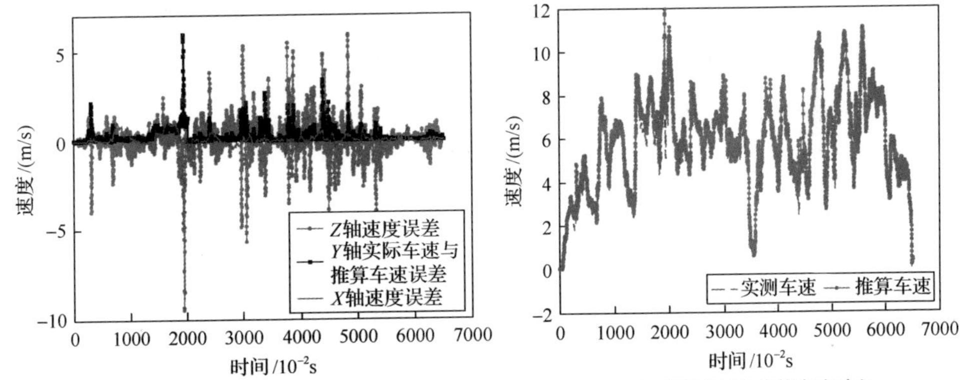

(c) 三轴速度误差对比　　(d) 实际车速与推算车速对比

图 4.43　试验三中车辆加速度及车轮侧偏角(见彩图)

4. 试验四(图 4.44～图 4.46)

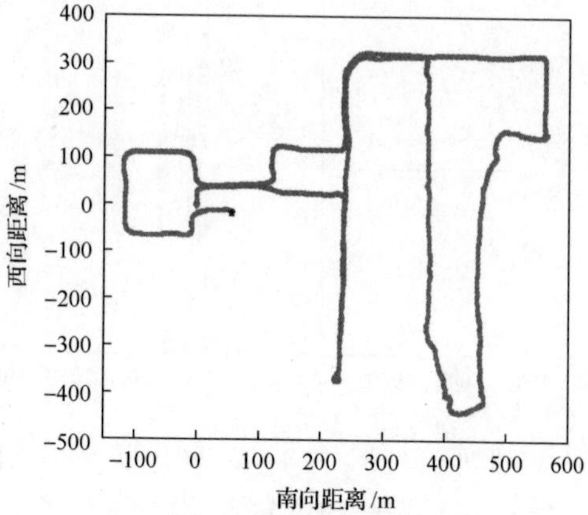

图 4.44　试验四 GPS 数据轨迹图

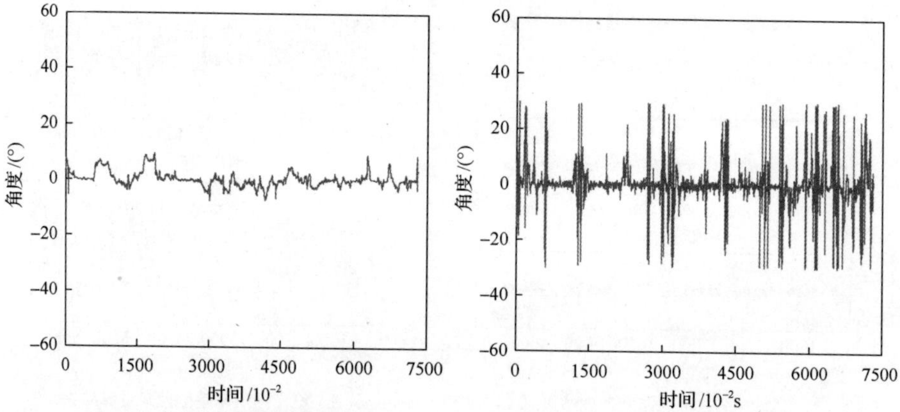

(a) 引入姿态角的车辆侧偏角计算结果　　(b) 基于汽车运动学模型的车辆侧偏角计算结果

图 4.45　试验四中两种车辆侧偏角计算方法比较

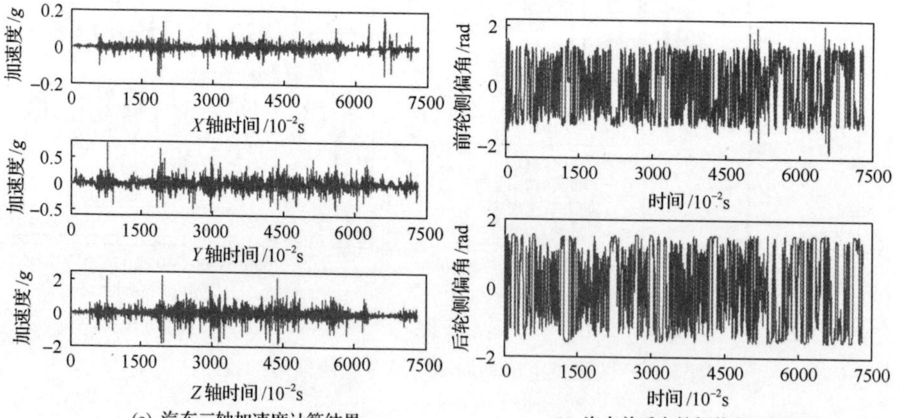

(a) 汽车三轴加速度计算结果　　(b) 汽车前后车轮侧偏角计算结果

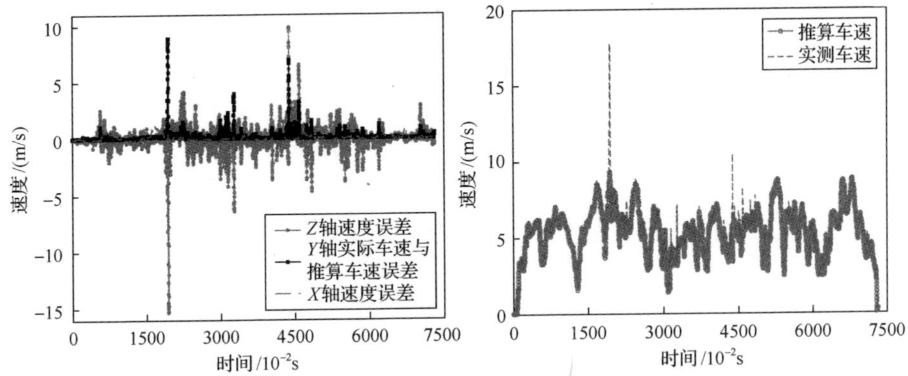

(c) 三轴速度误差对比　　(d) 实际车速与推算车速对比

图 4.46　试验四中车辆加速度及车轮侧偏角(见彩图)

从图 4.35、图 4.38、图 4.41 和图 4.44 中可以看出，这四种试验路线大体上一致，且路况较为简单，没有过多的转弯急停等因素。四次试验的车辆侧偏角统计数据见表 4.6，车辆三轴加速度和前后轮侧偏角统计数据见表 4.7。

表 4.6　车辆侧偏角试验数据

参数		试验一		试验二		试验三		试验四	
		方法一	方法二	方法一	方法二	方法一	方法二	方法一	方法二
车辆侧偏角/(°)	最大值	29.8146	29.8405	29.8890	29.9950	16.6031	29.9580	9.3911	29.8430
	最小值	−29.9672	−29.7127	−29.9017	−29.8511	−8.8542	−29.8453	−7.4367	−29.9962
	平均值	0.1361	−0.1977	0.1255	−0.3362	0.7118	−0.0436	0.2769	0.4832
	标准差	4.3274	4.3865	3.3547	7.7707	2.7709	8.1716	2.5501	7.8135
试验时车速/(km/h)	最大值	28.3416		57.1709		42.9876		63.9927	
	最小值	0.7822		0.2075		0.1192		0.1256	
	平均值	16.2979		21.1774		21.085		19.7343	
	标准差	6.1505		10.2354		7.7230		6.1830	

表 4.7　车辆三轴加速度和车轮侧偏角试验数据

参数		试验一	试验二	试验三	试验四	平均值
车辆 X 轴加速度/g	最大值	0.0759	0.1654	0.2136	0.1671	0.1555
	最小值	−0.0761	−0.1343	−0.2289	−0.1610	−0.1501
	平均值	−0.00000034	0.00000090	−0.00000066	0.0000021	0.0000005
	标准差	0.0060	0.0203	0.0183	0.0167	0.0153
车辆 Y 轴加速度/g	最大值	13.6374	2.1679	1.3516	0.7498	4.4767
	最小值	−0.6635	−1.7439	−0.5259	−0.5528	−0.8715
	平均值	0.000046	0.00002	0.000060	0.000033	0.00003975
	标准差	0.1834	0.1756	0.0855	0.0827	0.1318

续表

参数		试验一	试验二	试验三	试验四	平均值
车辆 Z 轴加速度/g	最大值	0.9956	2.5788	2.3372	2.2580	2.0424
	最小值	−1.4272	−4.3215	−2.8486	−1.8204	−2.6044
	平均值	0.000029	0.000013	0.0000044	−0.000065	−0.00000465
	标准差	0.1012	0.2986	0.2201	0.2570	0.2192
车辆前轮侧偏角/rad	最大值	1.5652	2.0163	2.7310	2.0327	2.0863
	最小值	−1.5702	−2.5227	−2.9062	−2.2540	−2.3133
	平均值	0.0277	0.0487	0.0047	−0.0269	0.027(取绝对平均)
	标准差	0.7019	0.9185	0.9281	0.9391	0.8719
车辆后轮侧偏角/rad	最大值	1.5701	1.5707	1.5706	1.5706	1.5705
	最小值	−1.5644	−1.5705	−1.5706	−1.5706	−1.5690
	平均值	−0.0319	−0.0873	−0.0439	0.0333	0.0491(取绝对平均)
	标准差	0.7706	1.0851	1.1195	1.1165	1.0229

从表 4.6 中可以看出引入车辆姿态角的车辆侧偏角计算模型(方法一)比基于汽车运动学模型的车辆侧偏角计算模型(方法二)要好，正常行驶情况下估计出的侧偏角误差都较大，不符合试验的实际情况。

表 4.8 所示为车辆行驶中，基于非完整性约束的状态估计数据。由图 4.37(c)和(d)可知，试验一中 X 方向速度误差约为 0.0159m/s，Z 方向速度误差约为 0.0786m/s，估计精度可以由实际车速与推算车速间的误差来体现，平均值为 3.9703m/s，实际车速与推算车速间的误差较大，从图 4.36(a)中看出，100s 左右

表 4.8　车辆行驶试验中状态估计数据

参数		试验一	试验二	试验三	试验四	平均值
侧向速度误差(X 轴)/(m/s)	最大值	0.4563	0.6969	1.1705	1.2346	0.8896
	最小值	−0.2603	−0.7669	−0.9659	−0.6522	−0.6613
	平均值	0.0159	−0.0032	0.0710	0.0314	0.0304(取绝对平均)
	标准差	0.0920	0.2132	0.2866	0.2591	0.2127
垂向速度误差(Z 轴)/(m/s)	最大值	3.3128	15.1450	5.8944	9.8359	8.5470
	最小值	−4.2474	−5.4773	−9.4811	−15.3386	−8.6361
	平均值	0.0786	0.0530	0.0257	0.0012	0.0396
	标准差	0.9605	1.3525	1.0510	1.2215	1.1464
实际车速与推算车速误差/(m/s)	最大值	14.1899	12.4954	5.9431	8.8970	10.3814
	最小值	0.0005	0.000013	0.000006	0.000015	0.0001
	平均值	3.9703	0.3968	0.2302	0.1733	1.1927
	标准差	3.7875	0.7206	0.3775	0.5093	1.3487

位置、300～550s 位置的车辆侧偏角波动也较大，该误差与车辆的剧烈颠簸有关，剧烈颠簸造成了姿态角测得的不准确。如图 4.40(c)和(d)所示，试验二中，X方向速度误差约为 0.0032m/s，Z 方向速度误差约为 0.0530m/s，实际车速与推算车速之间误差平均值约为 0.3968m/s，波动也不大，约为 0.7206，估计值较为准确。如图 4.43(c)和(d)所示，试验三中，X 方向速度误差达到了 0.0710m/s，Z 方向速度误差约为 0.0257m/s，实际车速与推算车速误差也较小，平均值为 0.2302m/s，标准差为 0.3775，估计精度也较高。如图 4.46(c)和(d)所示，试验四中，X 方向速度误差为 0.0314m/s，Z 方向速度误差为 0.0012m/s，实际车速与推算车速之间的误差为 0.1733，在四个试验中最小，估计精度最高。

4.5.2　路况较差情况下的试验

上述试验是在路况较好的情况下进行，本节试验则选择汽车转圈行驶的过程进行。试验一、试验二为中南大学铁道校区外语学院附近的一个练车场，场地较为泥泞，时间为 2010 年 4 月 16 日；试验三为校园内一操场，地形较为平整，时间为 2010 年 4 月 23 日；试验四为校园内某处到练车场一段路，时间为 2010 年 4 月 16 日。

1. 试验一(图 4.47～图 4.49)

试验一场地较为泥泞，方向盘向左“打死”，平均车速保持在 6.08km/h。从图 4.47(b)中可以看出，车辆在转弯过程中没有沿圆轨迹运动，而是发生较多的侧滑现象。方法二估计的车辆侧偏角最大为±29°，但在试验过程中没有发生，显然估计误差偏差较大。此外，试验中前车轮侧偏角约为 32.8°(0.5718rad)，后轮侧偏角约为 59.0°(1.0297rad)。

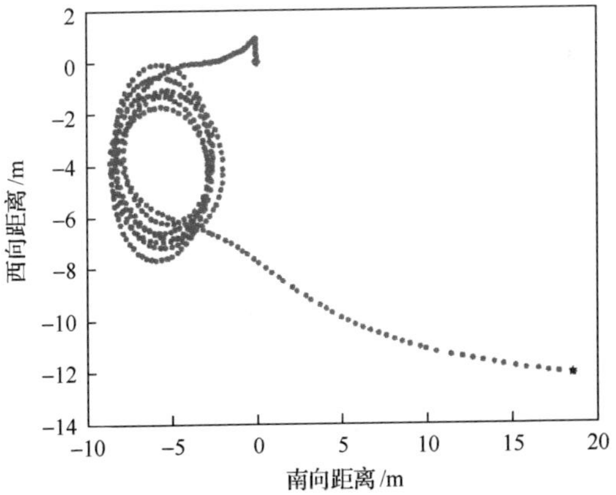

图 4.47　试验一(泥泞场地)GPS 数据轨迹图

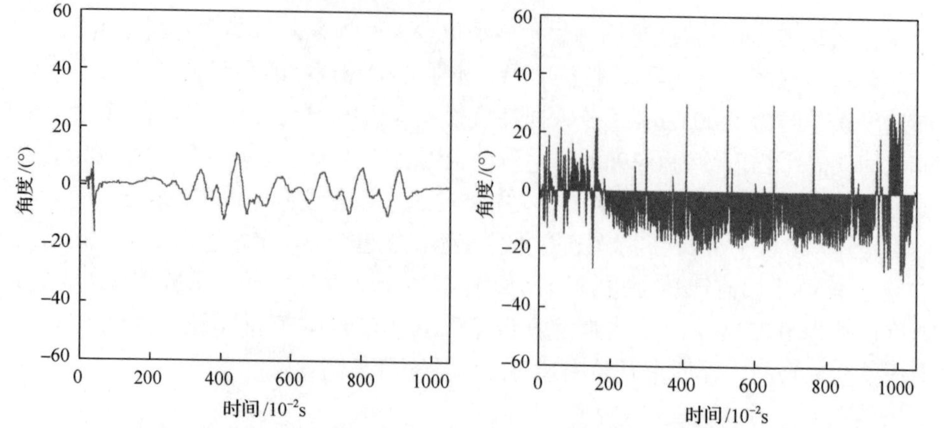

(a) 引入姿态角的车辆侧偏角计算结果　　(b) 基于汽车运动学模型的车辆侧偏角计算结果

图 4.48　试验一中两种车辆侧偏角计算方法比较(泥泞场地)

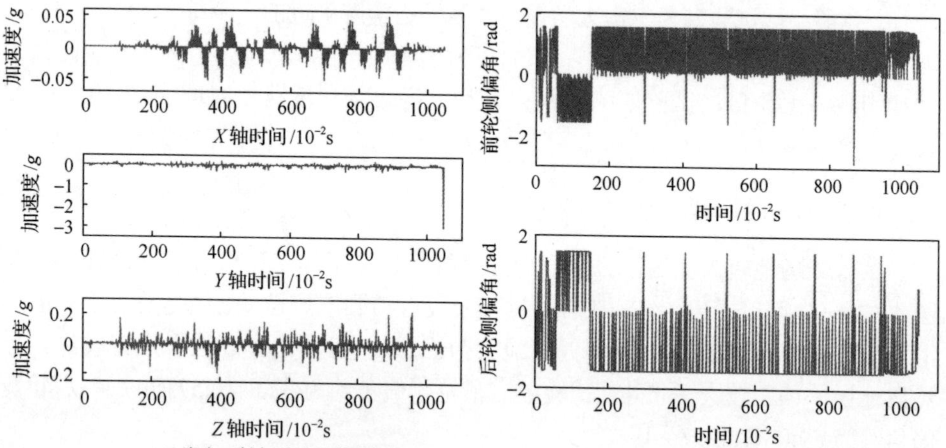

(a) 汽车三轴加速度计算结果　　(b) 汽车前后车轮侧偏角计算结果

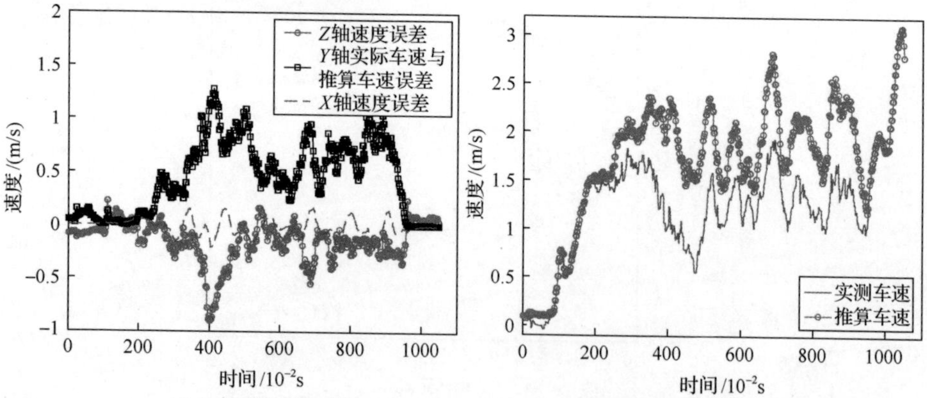

(c) 三轴速度误差对比　　(d) 实际车速与推算车速对比

图 4.49　试验一中车辆加速度及车轮侧偏角(泥泞场地)(见彩图)

试验一的侧向速度误差均值为 0.0210m/s，垂向速度误差为 0.1493 m/s，实际车速与推算车速之间的误差均值为 0.4465m/s，其中垂向速度误差比表 4.8 中垂向速度误差平均值大，说明垂直颠簸等情况较为剧烈。

2. 试验二(图 4.51 和图 4.52)

试验二场地仍为泥泞场地，方向盘向右“打死”，平均车速保持在 5.63km/h。从图 4.50 中可以看出，车辆在转弯过程中也没有沿圆轨迹运动。方法二估计的车辆侧偏角最大为±29°，方法一的估计值也在±25°内变化。然而，方法二比方法一的变化剧烈得多，总体来看方法一估计较为稳定。前轮侧偏角约为 40.2°，后轮侧偏角约为 71.0°。此外，试验二中的侧向速度误差均值约为 0.0130m/s，垂向速度误差约为 0.0855m/s，实际车速与推算车速误差均值为 0.5474m/s，精度较高。

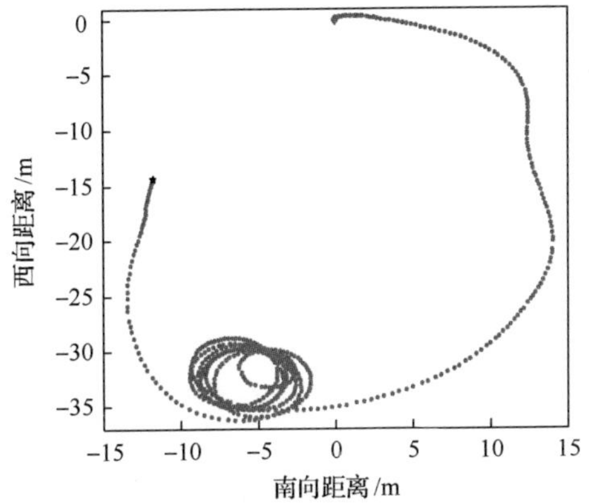

图 4.50　试验二 GPS 数据轨迹图(泥泞场地)

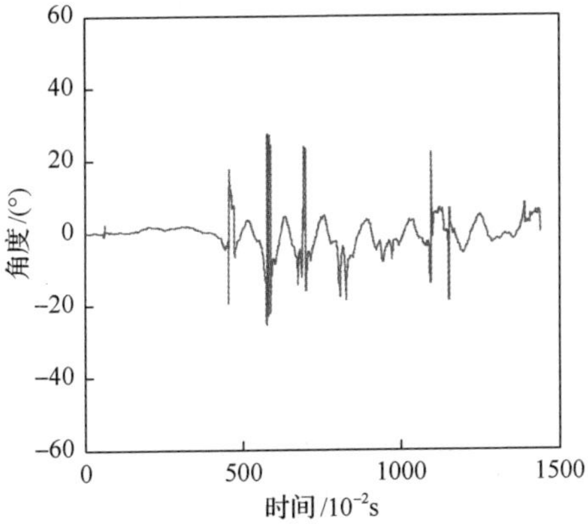

(a) 引入姿态角的车辆侧偏角计算结果

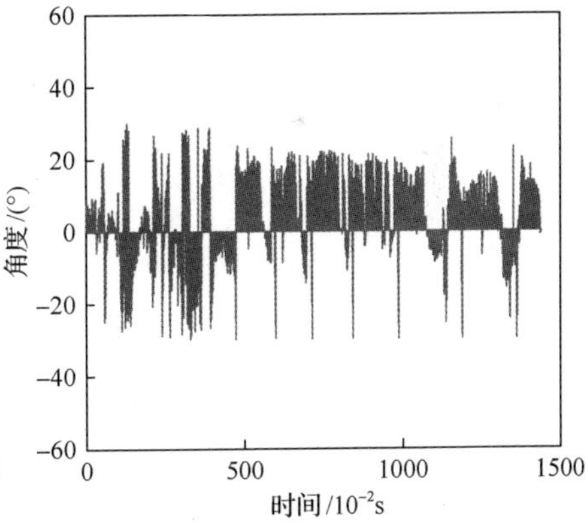

(b) 基于汽车运动学模型的车辆侧偏角计算结果

图 4.51　试验二中两种车辆侧偏角计算方法比较(泥泞场地)

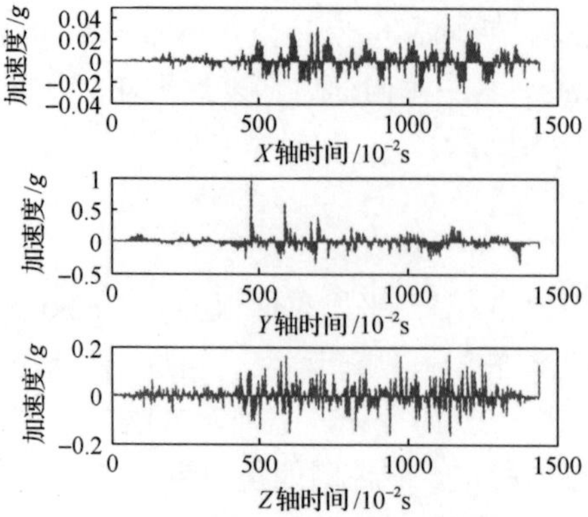

(a) 汽车三轴加速度计算结果

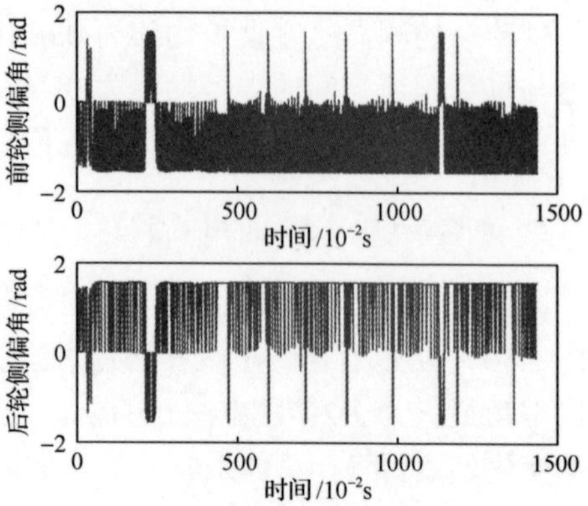

(b) 汽车前后车轮侧偏角计算结果

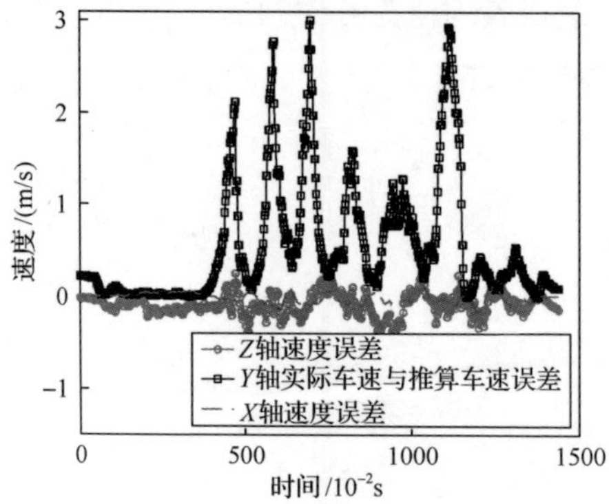

(c) 三轴速度误差对比

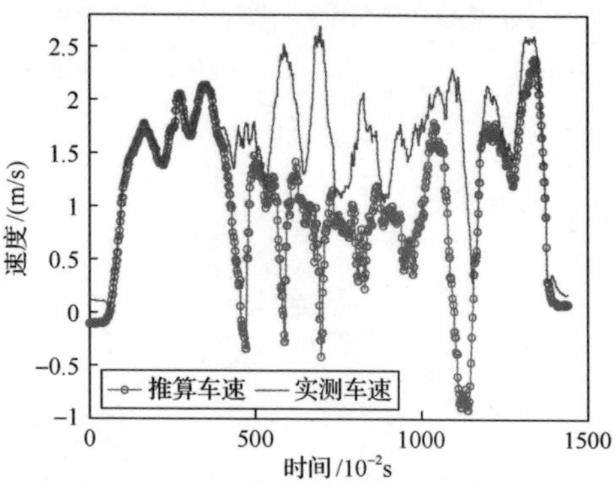

(d) 实际车速与推算车速对比

图 4.52　试验二中车辆加速度及车轮侧偏角(泥泞场地)(见彩图)

3. 试验三(图 4.53～图 4.55)

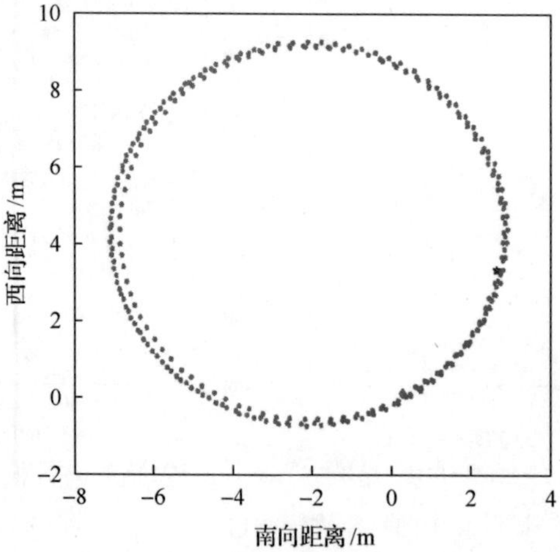

图 4.53　试验三(操场场地)GPS 数据轨迹图

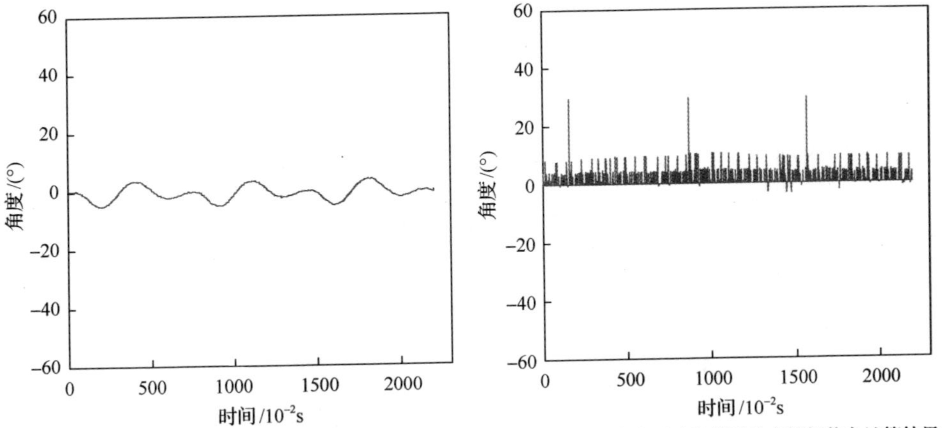

(a) 引入姿态角的车辆侧偏角计算结果　(b) 基于汽车运动学模型的车辆侧偏角计算结果

图 4.54　试验三中两种车辆侧偏角计算方法比较(操场场地)

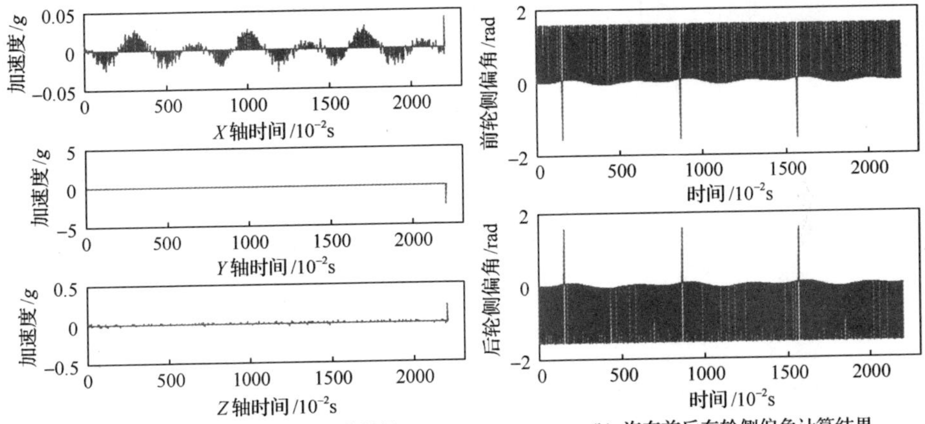

(a) 汽车三轴加速度计算结果　(b) 汽车前后车轮侧偏角计算结果

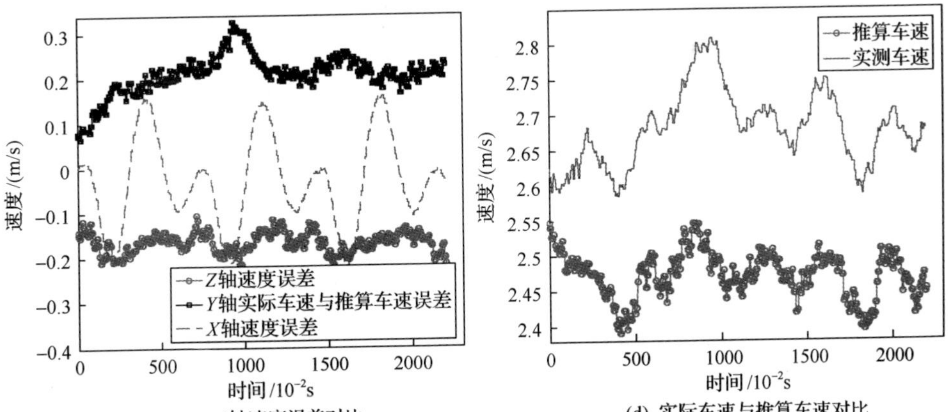

(c) 三轴速度误差对比　(d) 实际车速与推算车速对比

图 4.55　试验三中车辆加速度及车轮侧偏角(操场场地)(见彩图)

试验三选择在地面较为平整的操场场地进行，地面干燥且没有明显的侧偏发生，汽车沿圆轨迹运动，平均车速为 9.65km/h 且变化不大。由表 4.9 可以看出，虽然平均值和标准差差别不大，但是方法一和方法二的估计还是有一定差别，方法二有 29°的估计值出现，这是由于发生了错误的估计而造成。前轮侧偏角约为 13.5°，后轮侧偏角约为 22.0°。表 4.11 中所示，其侧向速度误差达到了 0.0327m/s，垂向速度误差约为 0.674m/s，标准差为 0.0226，可见其垂向速度误差在四次实验中最小，实验路线较为平稳。实际车速与推算车速间误差约为 0.2083m/s，精度也是四次试验中最高的。

4. 试验四（图 4.56～图 4.58）

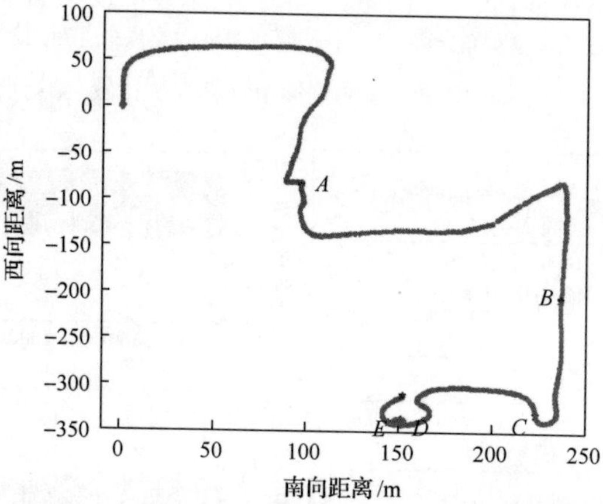

图 4.56　试验四（校园内场地）GPS 数据轨迹图

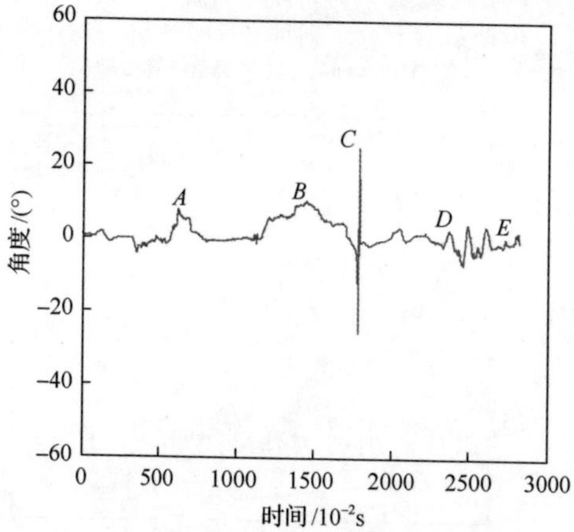

(a) 引入姿态角的车辆侧偏角计算结果

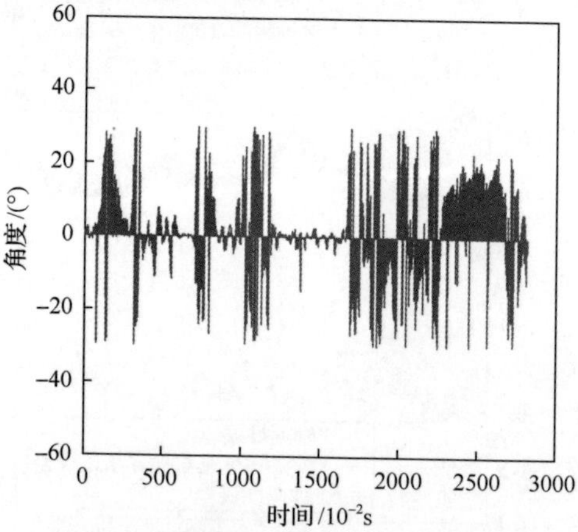

(b) 基于汽车运动学模型的车辆侧偏角计算结果

图 4.57　试验四中两种车辆侧偏角计算方法比较（校园内场地）

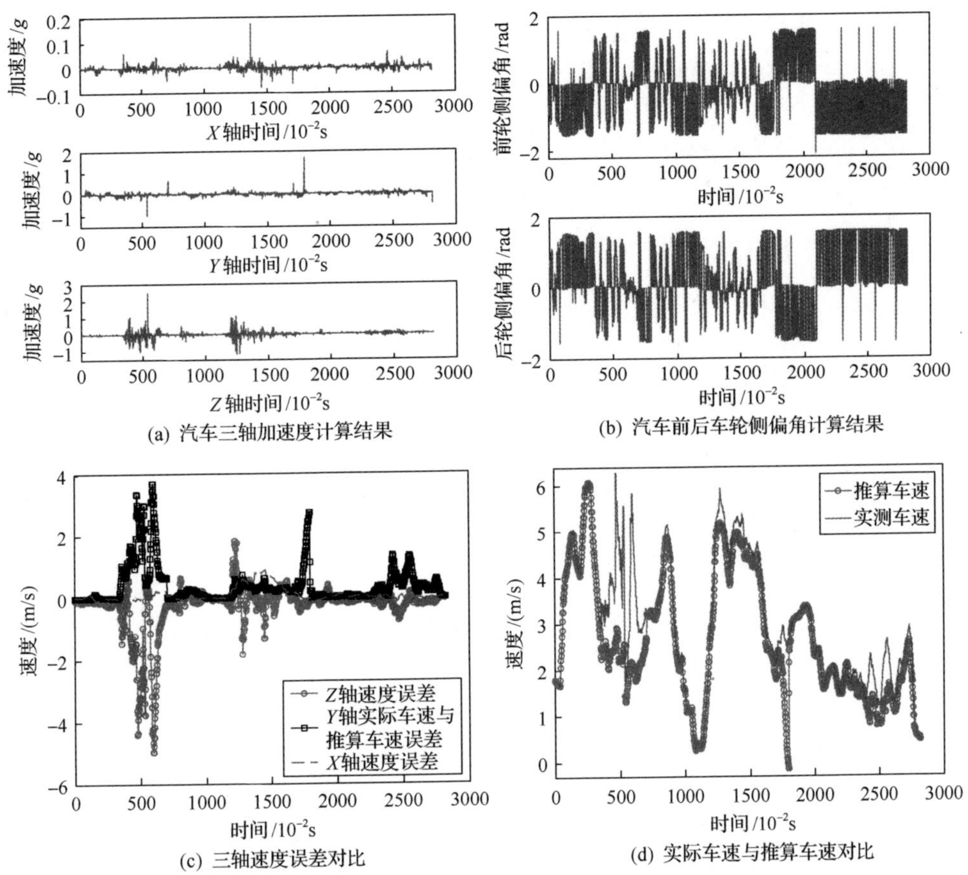

(a) 汽车三轴加速度计算结果　(b) 汽车前后车轮侧偏角计算结果

(c) 三轴速度误差对比　(d) 实际车速与推算车速对比

图 4.58　试验四中车辆加速度及车轮侧偏角(校园内场地)(见彩图)

试验四为校园内某处到练车场，在转弯处做了 *A*、*B*、*C*、*D* 和 *E* 五个典型位置，见图 4.56，对应于图 5.57(a)中车辆侧偏角较高的位置。*A* 处为一大转弯，方法一计算出了车辆侧偏角；*B* 处为一直线道路，但是发生了急停和颠簸，造成了方法一的效果不理想；*C* 处仍为一大转弯，方法一估计的值略偏高；*D* 处和 *E* 处仍为绕圈行驶数据。试验四的侧向速度误差平均为 0.0932m/s，垂向速度误差平均为 0.2739m/s，实际车速与推算车速误差为 0.3812m/s，比平均值 0.3954m/s 小，精度评判也较为准确。

路况较好情况下的四次试验中，方法一测量的车辆侧偏角约为 0.3126°，平均标准差为 3.251，方法二测量的车辆侧偏角约为 0.2652°，平均标准差为 7.036。

路况较差情况下的四次试验中，方法一测量的车辆侧偏角约为 0.8803°，平均标准差为 3.651，方法二测量的车辆侧偏角约为 1.843°，平均标准差为 7.181。

前面讲过，汽车的车辆侧偏角很小($\beta < 4°$)时，其行驶在线性区域(常规工况)，此时汽车具有良好的运行稳定性。可见，不论方法一还是方法二计算的结果，

正常道路条件试验二和非正常道路试验二均行驶在正常的工况下，上述试验条件还不满足汽车非线性行驶的工况条件。

表 4.9　车辆侧偏角试验数据

参数		试验一（泥泞场地）		试验二（泥泞场地）		试验三（操场场地）		试验四（校园内场地）	
		方法一	方法二	方法一	方法二	方法一	方法二	方法一	方法二
车辆侧偏角/(°)	最大值	11.0415	29.7123	25.3537	29.9330	3.7843	29.5769	25.2294	29.9434
	最小值	–16.0781	–29.6910	–25.3861	–29.7759	–5.0394	–3.4466	–25.6519	–29.9954
	平均值	–0.9996	–3.7773	–0.4870	2.1627	–0.7352	0.5905	1.2995	0.8450
	标准差	3.7246	8.7216	5.0637	9.4641	2.3569	2.1096	3.4599	8.4304
试验时车速/(km/h)	最大值	11.1429		9.6916		10.1114		22.5873	
	最小值	0.2965		0.1713		9.3075		0.9737	
	平均值	6.0842		5.6296		9.6459		10.8837	
	标准差	2.4056		2.2004		0.1903		5.0480	

通过上述正常道路条件试验二和非正常道路试验二的试验表明，方法一计算效果略好于方法二，且波动较小，但是这也是有一定限制的。通过分析方法一的计算公式可以发现，在 GPS 信号良好的情况下，其数据精度更加依赖于汽车姿态角度信息，车辆行驶平稳过程中，方法一效果较好。由方法二的计算公式可知，其计算依赖于汽车重心位置的确定，如果汽车重心发生了变化，那么准确性会降低。

此外，试验一表明，正常行驶过程中，前轮侧偏角保持在 1.55°(0.027rad)，后轮侧偏角约为 2.81°(0.0491rad)；试验二表明，非正常道路情况下，汽车发生侧偏、侧滑现象，前轮侧偏角保持在 25.6°(0.4473rad)，后轮侧偏角约为 43.8°(0.7649rad)。

比较表 4.8～表 4.11 发现，试验一中的平均侧向速度误差为 0.0304m/s，而试验二中的平均侧向速度误差为 0.0400m/s，旋转行驶的侧向速度误差还是比平稳行驶时的侧向速度误差大；试验一中垂向速度误差平均值为 0.0396m/s，试验二中垂向速度误差平均值为−0.1690m/s，较试验一颠簸较为剧烈。

表 4.10　车辆三轴加速度和车轮侧偏角试验数据

参数		试验一（泥泞场地）	试验二（泥泞场地）	试验三（操场场地）	试验四（校园内）	平均值
车辆 X 轴加速度/g	最大值	0.0521	0.0445	0.0394	0.1743	0.0776
	最小值	–0.0555	–0.0289	–0.0282	–0.0796	–0.0481
	平均值	–0.0000006	–0.0000008	0.00000064	–0.0000037	–0.0000011
	标准差	0.0112	0.0064	0.0046	0.0078	0.0075

续表

参数		试验一（泥泞场地）	试验二（泥泞场地）	试验三（操场场地）	试验四（校园内）	平均值
车辆 Y 轴加速度/g	最大值	0.2027	0.9547	0.0372	1.6621	0.7142
	最小值	−2.9898	−0.3372	−2.5007	−0.9749	−1.7007
	平均值	−0.00043	0.000076	−0.0012	−0.00065	−0.000551
	标准差	0.1038	0.0629	0.0535	0.0617	0.0705
车辆 Z 轴加速度/g	最大值	0.2248	0.1674	0.2208	2.4721	0.7713
	最小值	−0.1963	−0.1635	−0.0342	−1.1844	−0.3946
	平均值	0.00008	0.000015	0.000066	0.00002	0.000045
	标准差	0.0354	0.0298	0.0063	0.1234	0.0487
车辆前轮侧偏角/rad	最大值	1.5682	1.5707	1.5621	1.5707	1.5679
	最小值	−2.8353	−1.5695	−1.5707	−2.1068	−2.0206
	平均值	0.5718	−0.7006	0.2356	−0.2813	0.4473（取绝对平均）
	标准差	0.8709	0.7765	0.5155	0.9419	0.7762
车辆后轮侧偏角/rad	最大值	1.5707	1.5693	1.5707	1.5695	1.5702
	最小值	−1.5686	−1.5707	−1.5609	−1.5707	−1.5677
	平均值	−1.0294	1.2383	−0.3833	0.4086	0.7649（取绝对平均）
	标准差	1.0156	0.7636	0.6926	1.1479	0.9049

总体来看，试验一的评判精度为 1.1927m/s，平均标准差为 1.3487；试验二的评判精度为 0.3954m/s，平均标准差为 0.4119，比试验一小，因而试验的准确性比试验一高，这是试验二的平均试验时间比试验一短的缘故。

表 4.11　车辆行驶试验中状态估计数据

参数		试验一	试验二	试验三	试验四	平均值
侧向速度误差（X 轴）/(m/s)	最大值	0.1656	0.1235	0.1595	0.8873	0.3340
	最小值	−0.2334	−0.1784	−0.2199	−0.1981	−0.2075
	平均值	−0.0210	−0.0130	−0.0327	0.0932	0.0400（取绝对平均）
	标准差	0.0786	0.0543	0.1016	0.2197	0.1136
垂向速度误差（Y 轴）/(m/s)	最大值	0.2446	0.2479	−0.1058	1.8293	0.5540
	最小值	−0.9035	−0.4336	−0.2188	−4.9648	−1.6302
	平均值	−0.1493	−0.0855	−0.1674	−0.2739	−0.1690
	标准差	0.1891	0.1161	0.0226	0.7474	0.2688
实际车速与推算车速误差/(m/s)	最大值	1.2831	3.0054	0.3249	3.7130	2.0816
	最小值	0.000023	0.00065	0.0652	0.000015	0.0165
	平均值	0.4465	0.5457	0.2083	0.3812	0.3954
	标准差	0.3458	0.6585	0.0437	0.5996	0.4119

本节将导航坐标系等三维坐标系引入汽车运动学建模中，以便利用 GPS 等传感器进行软测量，估计出的汽车参数包括车辆三轴加速度、三轴速度、车辆侧偏角、轮胎侧偏角、侧向速度误差、垂向速度误差、侧向和垂向误差等。

首先提出利用汽车的姿态角信息来计算车辆侧偏角，并与基于汽车运动学模型的车辆侧偏角计算方法进行了试验比较，详细地阐述了如何建立复杂环境下的轮胎侧偏角计算模型，并讨论了汽车稳态控制与车辆侧偏角、轮胎侧偏角及侧向加速度之间的关系。

接着提出了在汽车行驶过程中，行驶状态估计方法，该方法基于汽车的非完整性约束条件，利用汽车姿态角信息和车速信息，估计出汽车在行驶过程中的横向速度偏差和垂向速度偏差，并提出利用前进方向速度和推算速度的偏差作为行驶状态的估计精度。

由于目前还没有体积和价格合适的传感器可直接测量车辆侧偏角，大多数采用估计和软测量的方法，因此软测量方法估计车辆侧偏角和轮胎侧偏角具有非常现实的意义。

参 考 文 献

[1] Neira J, Tardos J D. Data association in stochastic mapping using the joint compatibility test[J]. IEEE Transactions on Robotics and Automation, 2001, 17(6): 890-897.

[2] Dissanayake G, Newman P, Clark S, et al. A solution to the simultaneous localization and map building(SLAM) problem[J]. IEEE Transactions on Robotics and Automation, 2001, 17(3): 229-241.

[3] Zhang S, Xie L H, Adams M. An efficient data association approach to simultaneous localization and map building[C]//Proceedings of the IEEE International Conference on Robotics and Automation, New Orleans, 2004: 854-859.

[4] Neira J. SLAM: Simultaneous localization and mapping[EB/OL]. http://webdiis.unizar.es/~neira/slam.html[2009-03-20].

[5] 王璐, 崔益安, 苏虹, 等. 移动机器人的运动目标实时检测与跟踪[J]. 计算机工程与应用, 2005, 41(15): 30-33.

[6] 蔡自兴, 肖正, 于金霞. 动态环境下移动机器人地图构建的研究进展[J]. 控制工程, 2007, 14(3): 1-5.

[7] Prassler E, Scholz J, Elfes A. Tracking multiple moving objects for real-time robot navigation[J]. Journal of Autonomous Robots, Special Issue on Perception for Mobile Agents, 2000, 8(2): 105-116.

[8] Kwon Y D, Lee J S. A stochastic map building method for mobile robot using 2-D laser range finder[J]. Autonomous Robots, 1999, 7: 187-200.

[9] 肖正，蔡自兴，于金霞．基于核的模糊 C 均值聚类算法[J]．哈尔滨工业大学学报，2006, 38(sup): 1019-1023.

[10] Hähnel D, Schulz D, Burgard W. Map building with mobile robots in populated environments[C]//Proceedings of the IEEE/RSJ International Conference on Intelligent Robots and Systems, Lausanne, 2002: 496-501.

[11] Schulz D, Burgard W, Fox D, et al. Tracking multiple moving targets with a mobile robot using particle filters and statistical data association[C]//Proceedings of the IEEE International Conference on Robotics and Automation, Seoul, 2001: 1665-1670.

[12] Wolfram D S, Dieter B, Armin F, et al. People tracking with a mobile robot using sample-based joint probabilistic data association filters[J]. International Journal of Robotics Research, 2003, 22(2): 99-116.

[13] Reid D. An algorithm for tracking multiple targets[J]. IEEE Transactions on Automatic Control, 1979, 24(6): 843-854.

[14] SICK AG Corporation. Technical Description: LMS200/ LMS211/ LMS220/ LMS221/ LMS291 Laser Measurement Systems[M]. Waldkirch: SICK AG Corporation, 2000.

[15] 邹小兵．移动机器人原型的控制系统设计与环境建模研究[D]．长沙：中南大学, 2004.

[16] 苏虹．未知环境下移动机器人运动目标检测与跟踪系统的研究与设计[D]．长沙：中南大学, 2005.

[17] 陈白帆．移动机器人立体视觉三维重建系统的研究与开发[D]．长沙：中南大学, 2004.

[18] 郭洪艳，陈虹，丁海涛，等．基于 Uni-Tire 轮胎模型的车辆质心侧偏角估计[J]．控制理论与应用, 2010, 27(9): 1131-1139.

[19] Broderick D J, Bevly D M. An adaptive non-linear state estimator for vehicle lateral dynamics[C]//Proceedings of the 35th Annual Conference of IEEE Industrial Electronics, Porto, 2009: 1450-1455.

[20] Giovanni P, Osvaldo B, Stefano S, et al. A preliminary study to integrate LTV-MPC lateral vehicle dynamics control with a slip control[C]//Proceedings of the 48th IEEE Conference on Decision and Control, Shanghai, 2009: 4625-4630.

[21] 付皓．汽车电子稳定性系统质心侧偏角估计与控制策略研究[D]．长春：吉林大学, 2008.

[22] 余志生．汽车理论[M]. 3 版．北京：机械工业出版社, 2000.

[23] Chu L, Zhang Y S, Shi Y R, et al. Vehicle lateral and longitudinal velocity estimation based on unscented kalman filter[C]//Proceedings of 2010 the 2nd International Conference on Education Technology and Computer, Shanghai, 2010: 427-432.

[24] Moustapha D, Alessandro V, Ali C, et al.A method to estimate the lateral tire force and the sideslip angle of a vehicle: Experimental validation[C]//Proceedings of 2010 American Control Conference, Baltimore, 2010: 6936-6942.

[25] 王洪臣, 丁能根, 张宏兵. 大角度路径下的单轨车辆驾驶员模型[C]//全国非线性振动学术会议, 石家庄, 2007: 115-118.

[26] 汽车工程手册编辑委员会.汽车工程手册试验篇[M]. 北京: 人民交通出版社, 2000.

[27] Mohammadi A K. Variable structure model reference adaptive control for vehicle automatic steering system[C]//Proceedings of the Second International Conference on Computer and Electrical Engineering, Dubai, 2009: 661-665.

[28] 周红妮, 陶健民. 质心侧偏角和横摆角速度对车辆稳定性的影响研究[J]. 湖北汽车工业学院学报, 2008, 22(2): 6-10.

[29] 余卓平, 高晓杰. 车辆行驶过程中的状态估计问题综述[J]. 机械工程学报, 2009, 45(5): 20-33.

[30] Seung H Y，Jin O H, Lee H. New adaptive approaches to real-time estimation of vehicle side slip angle[J]. Control Engineering Practice, 2009, 17(12): 1367-1379.

[31] Daniel W, Rolf I. Identification of vehicle parameters using stationary driving maneuvers[J]. Control Engineering Practice, 2009, 17(12): 1426-1431.

[32] 蔡自兴, 任孝平, 李昭. 一种基于 GPS/INS 组合导航系统的车辆状态估计方法[C]// Proceedings of 2010 Chinese Conference on Pattern Recognition, Chongqing, 2010: 54-58.

[33] 徐田来, 崔平远, 崔祜涛. 车载多传感器组合导航系统设计与实现[J]. 系统工程与电子技术, 2008, 30(4): 686-691.

[34] Godha S, Cannon M E. GPS/MEMS INS integrated system for navigation in urban areas[J]. GPS Solutions, 2007, 11(3): 193-203.

[35] 祝建成, 吴美平, 逯亮清. 车载GPS光纤陀螺组合导航定姿技术研究[J]. 微计算机信息(测控自动化), 2009, 25(5): 192-194.

[36] 宋佑川. 机动车侧偏角的估计系统及估计方法: CN 1862232A[P]. 2006-11-15.

第 5 章　多传感器系统的协同机制和自定位

5.1　多传感器系统的数据预处理

在介绍测量信息一致度之前，先介绍野值的概念[1]。正常工作的节点在环境干扰不大的情况下，所获得的测量值在误差容许范围内，而少数节点由于自身设备故障，或由于环境干扰剧烈，其测量值不在误差容许范围内，基于这样的测量值计算得到的目标估计位置也是错误的、很不准确的，这样的测量值称为野值。在传感器节点正常工作的情况下，我们有理由相信大部分节点的测量值是优质的测量数据，这些测量数据之间具有一定的一致度，即基于测量数据的估计结果互位于对方的不确定度范围内，换句话说，具有一致性的两个节点所独立估计的结果彼此不会超出对方估计结果的置信范围，而野值却无法和主体达成一致。基于这一点，引入熵不确定度椭球来表示目标位置不确定区域，即估计结果的置信区域，并以此为标准判别测量数据中的野值点[2-5]。经过这样的数据预处理，将野值点剔除，同时将剩下的优质测量数据进行融合，可保证融合结果的准确性和可靠性。

5.1.1　节点独立位置估计

已知节点 s_i 的坐标为 $(x_i,\ y_i,\ z_i)$，则目标 t 的坐标可表示为

$$\begin{bmatrix} x_t \\ y_t \\ z_t \end{bmatrix} = \begin{bmatrix} x_i + \rho_i \cos\alpha_i \cos\beta_i \\ y_i + \rho_i \cos\alpha_i \sin\beta_i \\ z_i + \rho_i \sin\alpha_i \end{bmatrix} \tag{5.1}$$

式(5.1)的雅可比矩阵为

$$\boldsymbol{H}_{it} = \begin{bmatrix} 1 & 0 & 0 & \cos\alpha_i \cos\beta_i & -\rho_i \sin\alpha_i \cos\beta_i & -\rho_i \cos\alpha_i \sin\beta_i \\ 0 & 1 & 0 & \cos\alpha_i \sin\beta_i & -\rho_i \sin\alpha_i \sin\beta_i & \rho_i \cos\alpha_i \cos\beta_i \\ 0 & 0 & 1 & \sin\alpha_i & \rho_i \cos\alpha_i & 0 \end{bmatrix} \tag{5.2}$$

节点 s_i 的自定位误差 P_i 由自带的定位装置或所采用的自定位算法的精度决定，可设为 $P_i = \mathrm{diag}\left(\sigma_x^2, \sigma_y^2, \sigma_z^2\right)$。如前所述，节点 s_i 的测量噪声的协方差矩阵为 $R_i = \mathrm{diag}\left(\sigma_\rho^2, \sigma_\alpha^2, \sigma_\beta^2\right)$。应用误差传递公式[6]可将测量空间的噪声协方差映射到状态空间的目标位置协方差，从而求得节点 s_i 对目标 t 的独立位置估计的误差协方

差矩阵为

$$\boldsymbol{P}_{it} = \boldsymbol{H}_{it} \begin{bmatrix} \boldsymbol{P}_i & \boldsymbol{0}_{3\times 3} \\ \boldsymbol{0}_{3\times 3} & \boldsymbol{R}_i \end{bmatrix} \boldsymbol{H}_{it}^{\mathrm{T}} \tag{5.3}$$

5.1.2 基于熵的不确定度椭球

由计量学与测绘学的相关研究可知，三维随机点的位置不确定性可用一系列误差椭球指标来度量[7]。

不确定性指标本质上是一种置信区域，需要事先选取一定的置信水平才能确定[8]。置信水平的选取是否得当直接影响置信区域的大小、不确定性范围的界定。熵不确定度指标具有客观唯一性，它不需要选取置信水平，而是根据熵系数确定置信区域的大小，可消除预设置信水平不合理带来的不良影响。采用三维随机变量的熵不确定度椭球[9]来确定传感器节点对目标独立位置估计的不确定度范围。

对于 n 维连续随机变量 $\boldsymbol{X}=(x_1,x_2,\cdots,x_n)^{\mathrm{T}}$，设它的概率密度函数为 $p(x_1,x_2,\cdots,x_n)$，则它的联合熵 $H(\boldsymbol{X})$ 定义为

$$H(\boldsymbol{X}) = -\int\cdots\int p(x_1,x_2,\cdots,x_n)\cdot \ln p(x_1,x_2,\cdots,x_n)\,\mathrm{d}x_1\mathrm{d}x_2\cdots\mathrm{d}x_n \tag{5.4}$$

n 维正态随机变量 $\boldsymbol{X}$ 的概率密度为[9]

$$p(\boldsymbol{X}) = \frac{1}{(2\pi)^{n/2}\,|\,\boldsymbol{\Sigma}\,|^{1/2}}\cdot \exp\left\{-\frac{1}{2}(\boldsymbol{X}-\boldsymbol{\mu})^{\mathrm{T}}\boldsymbol{\Sigma}^{-1}(\boldsymbol{X}-\boldsymbol{\mu})\right\} \tag{5.5}$$

式中，$\boldsymbol{\mu}$ 为 n 维均值向量；$\boldsymbol{\Sigma}$ 为 $n\times n$ 的协方差矩阵；$|\boldsymbol{\Sigma}|$ 为 $\boldsymbol{\Sigma}$ 的行列式；$(\boldsymbol{X}-\boldsymbol{\mu})^{\mathrm{T}}\cdot\boldsymbol{\Sigma}^{-1}(\boldsymbol{X}-\boldsymbol{\mu})$ 为正定二次型。其联合熵为[9]

$$H(\boldsymbol{X}) = \ln\{(2\pi \mathrm{e})^{n/2}\left|\boldsymbol{\Sigma}\right|^{1/2}\} \tag{5.6}$$

令

$$(\boldsymbol{X}-\boldsymbol{\mu})^{\mathrm{T}}\boldsymbol{\Sigma}^{-1}(\boldsymbol{X}-\boldsymbol{\mu}) = k^2 \tag{5.7}$$

则该方程的几何图像是 n 维几何空间中的一族同心超椭球面，中心为 $(\mu_1,\mu_2,\cdots,\mu_n)$，主轴方向由协方差矩阵 $\boldsymbol{\Sigma}$ 的特征向量决定，主轴长度与其特征值成正比。超椭球体的大小表示测量向量 $\boldsymbol{X}$ 相对于均值向量 $\boldsymbol{\mu}$ 的离散程度，k 称为 $\boldsymbol{X}$ 到 $\boldsymbol{\mu}$ 的 Mahalanobis 距离。到 $\boldsymbol{\mu}$ 的 Mahalanobis 距离为常数的 $\boldsymbol{X}$ 的轨迹构成了一个超椭球面，所围成的超椭球体的体积可计算如下[10]：

$$V = V_n \,|\boldsymbol{\Sigma}|^{1/2}\, k^n \tag{5.8a}$$

式中，V_n 为 n 维单位超椭球体的体积，其具体表达式为

$$V_n = \begin{cases} \dfrac{\pi^{n/2}}{\left(\dfrac{n}{2}\right)!}, & n\text{为偶数} \\ \dfrac{2^n \pi^{(n-1)/2}\left(\dfrac{n-1}{2}\right)!}{n!}, & n\text{为奇数} \end{cases} \tag{5.8b}$$

一个超椭球体可用如下方程描述：

$$\frac{y_1^2}{\lambda_1} + \frac{y_2^2}{\lambda_2} + \cdots + \frac{y_n^2}{\lambda_n} \leqslant k^2 \tag{5.8c}$$

式中，$\lambda_1, \lambda_2, \cdots, \lambda_n$ 为协方差矩阵 $\boldsymbol{\Sigma}$ 的特征值。令 $a_i = k\sqrt{\lambda_i}$（$i = 1, 2, \cdots, n$），则可得到超椭球体的标准方程：

$$\frac{y_1^2}{a_1^2} + \frac{y_2^2}{a_2^2} + \cdots + \frac{y_n^2}{a_n^2} \leqslant 1 \tag{5.8d}$$

式中，$a_1, a_2, \cdots, a_n$ 为超椭球体各主轴的长度，它们决定了不确定度椭球的大小。要确定各主轴的长度，关键是要确定熵系数 k。下面对 k 值进行简单的推导。

已知熵是不确定性的度量，因此熵的大小决定了超椭球体的大小。不妨设 n 维连续随机变量在一个有限的超椭球体 E_1：$(\boldsymbol{X} - \boldsymbol{\mu})^{\mathrm{T}} \boldsymbol{\Sigma}^{-1} (\boldsymbol{X} - \boldsymbol{\mu}) \leqslant k_1^2$ 内取值。根据峰值功率受限条件下的最大熵定理[11]，n 维连续随机变量 $\boldsymbol{X}$ 在超椭球体内服从均匀分布时具有最大熵。

设有一 n 维连续随机变量 $\boldsymbol{X} = (X_1, X_2, \cdots, X_n)$ 在椭球体内服从均匀分布，椭球体外无分布，即概率密度函数为

$$p(\boldsymbol{X}) = \begin{cases} 1/V, & (\boldsymbol{X} - \boldsymbol{\mu})^{\mathrm{T}} \boldsymbol{\Sigma}^{-1} (\boldsymbol{X} - \boldsymbol{\mu}) \leqslant k^2 \\ 0, & (\boldsymbol{X} - \boldsymbol{\mu})^{T} \boldsymbol{\Sigma}^{-1} (\boldsymbol{X} - \boldsymbol{\mu}) > k^2 \end{cases} \tag{5.8e}$$

将此概率密度代入式(5.9)，得其熵为

$$H(\boldsymbol{X}) = \ln V = \ln(V_n \,|\boldsymbol{\Sigma}|^{1/2}\, k^n) \tag{5.9}$$

这个熵记为 n 维随机变量 $\boldsymbol{X}$ 的初始熵。对 $\boldsymbol{X}$ 进行观测，获得了相应的信息量，$\boldsymbol{X}$ 的不确定性得到大部分消除，于是随机变量 $\boldsymbol{X}$ 的不确定范围缩小至另一超椭球体 E_2：$(\boldsymbol{X} - \boldsymbol{\mu})^{\mathrm{T}} \boldsymbol{\Sigma}^{-1} (\boldsymbol{X} - \boldsymbol{\mu}) \leqslant k_2^2$，其剩余熵为 $H(\boldsymbol{X}/\boldsymbol{X}_n)$。剩余熵对应的不确定半

径与测量结果获得的信息量紧密相关，针对同一问题，获得的信息量越大，测量后随机变量 $\boldsymbol{X}$ 的不确定半径越小，反之越大，如图 5.1 所示。

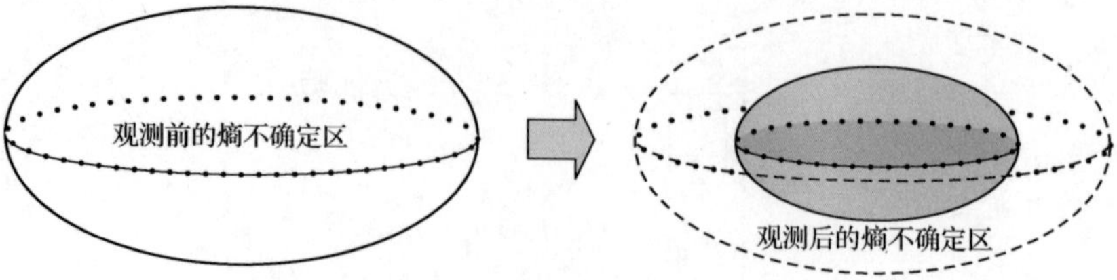

图 5.1 观测前后随机变量不确定区域对比

剩余熵对应的不确定度椭球的体积为

$$\boldsymbol{V} = \mathrm{e}^{H(\boldsymbol{X}/\boldsymbol{X}_n)} \tag{5.10}$$

又由式(5.13)和式(5.11)可得熵系数 k 的计算公式为

$$k = \sqrt[n]{\frac{\mathrm{e}^{H(\boldsymbol{X}/\boldsymbol{X}_n)}}{\boldsymbol{V}_n |\boldsymbol{\Sigma}|^{1/2}}} = \frac{\sqrt{2\pi \mathrm{e}}}{\sqrt[n]{\boldsymbol{V}_n}} \tag{5.11}$$

当 n 取 3 时，可计算出 k=2.564，此时三维随机点以 91.3%的概率落入对应的椭球体内[8]。

5.1.3 测量信息一致度模型

本节提出一个测量信息一致度指标，量化度量某个节点与其他若干节点的测量信息的一致程度。

衡量节点 s_i 与节点 s_j 的测量数据一致度，就看节点 s_j 独立估计的目标位置是否在节点 s_i 估计的不确定度椭球范围内[12]。

不确定度椭球范围可用各主轴的长度来计算：$S = \sqrt{a_1^2 + a_2^2 + a_3^2} = k\sqrt{\lambda_1 + \lambda_2 + \lambda_3}$。因此，节点 s_j 的测量信息相对于节点 s_i 的测量信息一致度定义为

$$c(i,j) = \frac{k\sqrt{\lambda_1 + \lambda_2 + \lambda_3}}{\sqrt{(x_t^{\{i\}} - x_t^{\{j\}})^2 + (y_t^{\{i\}} - y_t^{\{j\}})^2 + (z_t^{\{i\}} - z_t^{\{j\}})^2}} \tag{5.12}$$

式中，$(x_t^{\{i\}}, y_t^{\{i\}}, z_t^{\{i\}})$ 和 $(x_t^{\{j\}}, y_t^{\{j\}}, z_t^{\{j\}})$ 分别为节点 s_i 与节点 s_j 独立估计的目标位置。若节点 s_i 与节点 s_j 的测量信息一致，则 $c(i,j)$ 的值将会大于或等于 1；否则 $c(i,j)$ 将小于 1。

其他若干个节点与节点 s_i 的一致度由各个一致度相乘得到

$$c(i,jkl)=c(i,j)c(i,k)c(i,l),\quad j,k,l\in(1,2,\cdots,i-1,i+1,\cdots,n) \tag{5.13}$$

通过计算一致度，每个节点都可以得到一组和自己测量信息一致度最高的节点组合，然而这个组合并不一定是全局一致度最高的组合，因为其他节点可能没有采用最优策略。从博弈论的角度来看，即未达到策略空间的纳什均衡。因此，可运用极大熵博弈理论，通过各个节点之间的博弈来寻求一组全局一致度最高的节点组合。

5.1.4　基于极大熵博弈的测量数据选择

由于各节点并不知道其他节点的策略选择，因此可以将节点之间的博弈看成一次性的静态博弈。这个博弈可描述为 $G=(S,\{A_i\},\{u_i\})$，其中 $S=\{s_1,s_2,\cdots,s_N\}$ 为参与者的集合；$A_i\ (i=1,2,\cdots,N)$ 为参与者 $s_i\in S$ 的策略空间，s_i 自主决定是否参与数据融合，因此 $A_i=\{$参与，不参与$\}$；$u_i\ (i=1,2,\cdots,N)$ 为参与者 s_i 的收益情况，将 u_i 定义为节点 s_i 从局势中获得的测量信息一致度。

设候选节点有 N 个，则共有 $C_N^1+C_N^2+\cdots+C_N^N=2^N-1$ 种博弈局势，令 $m=2^N-1$，将各博弈局势记为 $f_1(a)$, $f_2(a)$, $\cdots$, $f_m(a)$，其中 $a=\{a_1,a_2,\cdots,a_N\}$ 表示该局势中各节点具体选择的行动策略，有 $a_i\in A_i\ (i=1,2,\cdots,N)$。因此，各种局势中各节点的收益函数可表示如下：

$$\begin{aligned}U(a)&=(u_1(a_1),u_2(a_2),\cdots,u_N(a_N))\\&=\begin{cases}u_{11}(a_1),u_{12}(a_2),\cdots,u_{1N}(a_N) & f_1(a)\\ u_{21}(a_1),u_{22}(a_2),\cdots,u_{2N}(a_N) & f_2(a)\\ \qquad\vdots & \\ u_{m1}(a_1),u_{m2}(a_2),\cdots,u_{mN}(a_N) & f_m(a)\end{cases}\end{aligned} \tag{5.14a}$$

在经典非合作博弈论中，假定各个参与者之间不存在任何形式的信息往来，则每个参与者对于其他参与者要使用什么策略(联合概率分布)的判断不明确性(即 Shannon 信息熵)应该极大，换句话说，极大熵准则是每个参与者的共同准则[13,14]。参照文献[14]，这里给出如下定理。

定理 5.1　在 n 个人非合作博弈中，若每个参与者都将极大熵准则作为附加的共同知识，那么局势 $(a_1^*,a_2^*,\cdots,a_N^*)$ 是期望意义下的纳什均衡的充要条件是：a_i^* 是函数 $G_i(a_i)=\sum\limits_{k\in M}u_{ki}(a_i)m(F_{ki}(a_i))$ 的最大点。式中，$i\in\{1,2,\cdots,N\}$，$M=\{1,2,\cdots,m\}$，$F_{kl}(a_i)=\{(a_1,\cdots,a_{i-1},a_{i+1},\cdots,a_N)\mid f_k(a)\}$，$k\in M$，$m(F_{ki}(a_i))$ 是 $F_{ki}(a_i)$ 的测度，在博弈中，策略空间 A_i 是离散的，故 $m(F_{kl}(a_l))=1$。

假设在某个局势 f_k 中，有节点 s_i、s_j 和 s_k 参与数据融合，那么此局势中各节

点的收益情况为

$$
\begin{aligned}
u_i &= c(i, jk) = c(i, j)c(i, k) \\
u_j &= c(j, ik) = c(j, i)c(j, k) \\
u_k &= c(k, ij) = c(k, i)c(k, j)
\end{aligned} \tag{5.14b}
$$

而此局势中，其他不参与数据融合的节点收益一定为 1。

仍以节点 s_i 为例，在总数为 2^N-1 种局势中，s_i 选择参与的局势有 $C_{N-1}^0 + C_{N-1}^1 + \cdots + C_{N-1}^{N-1} = 2^{N-1}$ 种；由于至少有一个节点参与数据融合，因此 s_i 选择不参与的局势有 $C_{N-1}^1 + C_{N-1}^2 + \cdots + C_{N-1}^{N-1} = 2^{N-1} - 1$ 种。对于 A_i 策略空间中的每一种具体策略，有

$$
\begin{aligned}
& G_i(a_i = \text{参与}) \\
&= \sum_{k=1}^{2^{N-1}} u_{ki}(a_i = \text{参与}) m(F_{ki}(a_i = \text{参与})) \\
&= \sum_{k=1}^{2^{N-1}} u_{ki}(a_i = \text{参与})
\end{aligned} \tag{5.14c}
$$

$$
\begin{aligned}
& G_i(a_i = \text{不参与}) \\
&= \sum_{k=1}^{2^{N-1}-1} u_{ki}(a_i = \text{不参与}) m(F_{ki}(a_i = \text{不参与})) \\
&= 2^{N-1} - 1
\end{aligned} \tag{5.14d}
$$

由定理 5.1 可知：

若 $G_i(a_i = \text{参与}) > G_i(a_i = \text{不参与})$，则 a_i^*=参与；

若 $G_i(a_i = \text{参与}) < G_i(a_i = \text{不参与})$，则 a_i^*=不参与；

若 $G_i(a_i = \text{参与}) = G_i(a_i = \text{不参与})$，则为了减少能量消耗，$a_i^*$=不参与。

5.2　多传感器系统的路由策略

5.2.1　AODV 算法简介

无线自组网按需向量路由协议(adhoc on demand vector routing，AODV)，最初是针对移动计算机网络提出的一种平面型路由算法，后来研究者发现这一算法简单易行且效果理想，于是将其广泛应用于多种不同介质的通信网络中。

AODV 算法依赖于路由发现表和路由表，分别如表 5.1 和表 5.2 所示。

表 5.1　路由发现表字段说明

字段	类型	说明
RouteRequestID	uint8	路由请求 ID
SourceAddress	uint16	发起路由请求的源地址
SenderAddress	uint16	传递路由请求的上一跳节点的地址
ForwardCost	uint8	前向代价
ResidualCost	uint8	后向代价
ExpiredTime	uint16	路由请求超时，以 ms 为单位

表 5.2　路由表字段说明

字段	类型	说明
DestAddress	uint16	路由请求的目的地址
Status	uint8	当前的路由状态
NextHopAddress	uint16	路由的下一跳地址

当传感器节点发起路由请求时，首先由它的网络层产生一个路由请求命令(route request command，RREQ)，然后向整个网络广播该 RREQ。中间节点在收到 RREQ 后记录 RREQ 的信息，并根据一定的转发规则继续广播此 RREQ。路由请求的目的节点收到 RREQ 后，发送路由回复命令(route reply command，RREP)，中间节点在收到 RREP 后按照一定的规则转发此 RREP，直到路由请求的源节点收到此 RREP，此时可获知一条从源节点到目的节点的通路。

与 IEEE 802.15.4 对应，ZigBee 协议的网络层使用网络层协议数据单元(network protocal data unit，NPDU)封装本层消息，NPDU 通用格式如表 5.3 所示。

表 5.3　NPDU 通用格式

域名	字节数	说明
Frame Control	2	帧控制域
Destination Address	2	NPDU 目的节点的地址
Source Address	2	NPDU 源节点的地址
Radius	1	NPDU 的跳数，每一跳减 1，跳数为 0 时 NPDU 作废
Sequence Number	1	NPDU 的帧序号
Destination IEEE Address	0 或 8	NPDU 目的节点的 64 位 IEEE 扩展地址，根据帧控制域决定是否使用
Source IEEE Address	0 或 8	NPDU 源节点的 64 位 IEEE 扩展地址，根据帧控制域决定是否使用
Multicast Control	0 或 1	组播控制域
Source Route Subframe	若干	源路由地址列表，包含源路由的中间节点的地址
Frame Payload	若干	NPDU 的有效载荷

网络层帧控制域格式如表 5.4 所示。

表 5.4　网络层帧控制域格式

域名	位	说明
Frame Type	0，1	帧类型，从高位到低位 00 表示数据，01 表示命令
Protocol Version	2~5	协议版本号，ZigBee 2007 为 0x02
Discover Route	6，7	帧挂起，1 表示源节点暂存了目的节点的消息，0 表示没有
Multicast Flag	8	是否组播，1 表示组播，0 表示广播或单播
Security	9	是否使用网络层安全操作，1 表示使用，0 表示不用
Source Route	10	是否使用源路由，1 表示使用，0 表示不用
Destination IEEE Address	11	帧头地址域是否包括 NPDU 目的节点的 IEEE 地址，1 表示包括，0 表示不包括
Source IEEE Address	12	帧头地址域是否包括 NPDU 源节点的 IEEE 地址，1 表示包括，0 表示不包括
Reserved	13~15	保留域

RREQ 的网络层有效载荷如表 5.5 所示，将 RREQ 封装成 PPDU 发送，耗时 1.312ms。

表 5.5　RREQ 的网络层有效载荷

域名	字节数	说明
Command ID	1	帧类型 ID 号，设为 0x01，表示路由请求命令
Command Options	1	命令选项，置 0 即可
Route Request ID	1	路由请求 ID，这个 ID 将填到路由发现表中
Dest Address	2	路由请求的目的节点的网络层地址
Path Cost	1	路由请求帧从源节点走到当前节点的路径代价
Destination IEEE Address	0 或 8	目的节点的 IEEE 地址，为了节约网络开销，不使用

RREP 的网络层有效载荷如表 5.6 所示，将 RREP 封装成 PPDU 发送，耗时 1.632ms。

表 5.6　RREP 的网络层有效载荷

域名	字节数	说明
Command ID	1	帧类型 ID 号，设为 0x02
Command Options	1	命令选项，设为 0x00，即不包括 RREQ 源节点的 IEEE 地址也不包括 RREP 源节点的 IEEE 地址，且不允许组播
Route Request ID	1	路由请求 ID，设为对应 RREQ 的 Route Request ID
Originator Address	2	路由请求源节点的 16 位地址，设为对应 RREQ 的 Source Address
Responder Address	2	回复此 RREP 的节点的 16 位地址，设为对应 RREQ 的 Dest Address
Path Cost	1	此 RREP 从路由请求目的节点到当前节点的路径代价
Originator IEEE Address	0 或 8	路由请求源节点的 64 位地址
Responder IEEE Address	0 或 8	路由请求目的节点的 64 位地址

在 ZigBee 协议中，路由代价 PathCost 的计算如式(5.15)所示，$C\{l\}$ 表示链路 l 的代价，p_l 表示该链路的消息传递概率，round 表示四舍五入，则路由代价是从源节点到目的节点的所有链路代价之和。在野外大规模部署节点时，假设每条链路都可能传递消息且概率 $p_l=1$，那么每条链路的代价即为 1。

$$C\{l\}=\begin{cases}7\\ \min\left(7,\text{round}\left(\dfrac{1}{p_l^4}\right)\right)\end{cases} \tag{5.15}$$

节点的网络层在收到 RREQ 时的操作流程用如下伪代码表示。

```
步骤 1  if (节点不具备路由能力) 丢弃 RREQ，结束
        if (RREQ.Radius–1 == 0) 丢弃 RREQ，结束
步骤 2  计算并更新 RREQ.PathCost;
        搜索路由发现表;
        if (RREQ.RouteRequestID、RREQ.SourcAddress 与路由发现表记录匹配)
           if (RREQ.PathCost >= 路由发现表中的 ForwardCost)
              丢弃 RREQ，结束
           else
              更新路由发现表中的 ForwardCost、SenderAddress;
           end if
           if (发送队列中等待广播的 RREQ 的路由请求 ID、源节点地址与此 RREQ 匹配)
              更新发送队列中 RREQ 的 PathCost，结束
           else
              将 RREQ 的信息添加到路由发现表中，令发现表记录的 ResidualCost 等于最
              大值;
           end if
        end if
步骤 3  if (RREQ.DestinationAddress==本节点的地址) 给上一跳地址发送路由回复，结束
步骤 4  if (RREQ.DestinationAddress==路由表记录的 DestAddress)
           if (该记录的 status 非 ACTIVE)
             令该记录 status = DISCOVERY_UNDERWAY;
           end if
        else
           将 RREQ 的信息添加到路由表，等待一个随机时间后广播 RREQ
        end if
```

步骤 2 将前向代价较大的 RREQ 丢弃，保证了消息的传递不会形成环路，环路即两个节点 A 与 B 之间重复传递同一个消息造成带宽和能量浪费。当节点不是路由请求的目的节点时，广播 RREQ 必须等待一个随机时间以避免邻居节点同时发送而造成碰撞，随机时间的计算如式(5.16)所示：

$$2\times \text{Random}[\text{nwkcMinRREQJitter}, \text{nwkcMaxRREQJitter}] \tag{5.16}$$

Random 可采用平均分布函数，nwkcMinRREQJitter=0x01，nwkcMaxRREQJitter=0x40，单位为 ms。

节点的网络层收到 RREP 时的操作流程用如下伪代码表示。

```
步骤 1   if (节点不具备路由能力) 丢弃 RREP，结束
         if (RREP.Radius–1 == 0) 丢弃 RREP，结束
         计算并更新 RREP.PathCost;
步骤 2   if (RREP.OriginatorAddress==本节点地址)  跳到步骤 3
         else 跳到步骤 4
         end if
步骤 3   搜索路由发现表;
         if (RREP.RouteRequestID==路由发现表的 RouteRequestID) 跳到步骤 5
         else 丢弃 RREP，结束   /*没有对应的路由发现表记录，这个 RREP 超时*/
         end if
步骤 4   搜索路由发现表;
         if (RREP.RouteRequestID==路由发现表的 RouteRequestID
            && RREP.OriginatorAddress==路由发现表的 SourceAddress)
            跳到步骤 5;
         else 丢弃 RREP，结束   /*RREP 超时*/
         end if
步骤 5   搜索路由表;
         if (RREP.ResponderAddress==路由表的 DestAddress)
            if (路由表的 status==DISCOVERY_UNDERWAY)
                令路由表的 status 为 ACTIVE 并设置 NextHopAddress;
                令路由发现表的 ResidualCost 等于 RREP.PathCost;
            else if(路由表的 status==ACTIVE)/*路由表已激活*/
                if(RREP.PathCost <路由发现表的 ResidualCost)
                    更新路由发现表的 ResidualCost;
                    更新路由表的 NextHopAddress;
```

```
            else
                丢弃 RREP
            end if
        end if
    end if
```

转发 RREQ 的时间差使目的节点可能接到同一个 RREQ 的多份拷贝并回复多个 RREP，中间节点和源节点可能先后收到多个 RREP，步骤 5 将后向代价较大的 RREP 丢弃，保证了从源节点到目的节点的路由代价是最小的。

AODV 发现路径的过程如图 5.2 所示。源节点 S 广播 RREQ，中间节点继续广播此 RREQ，如图 5.2(a)的实线箭头所示，随后目的节点 D 回复 RREP，沿图 5.2(b)的虚线箭头传递给 S，途中 RREP 的每一跳即形成了前向通路的一跳，如图 5.2(b)的实线箭头所示，当 RREP 到达源节点 S 时，即形成 S 到 D 的一条前向通路。

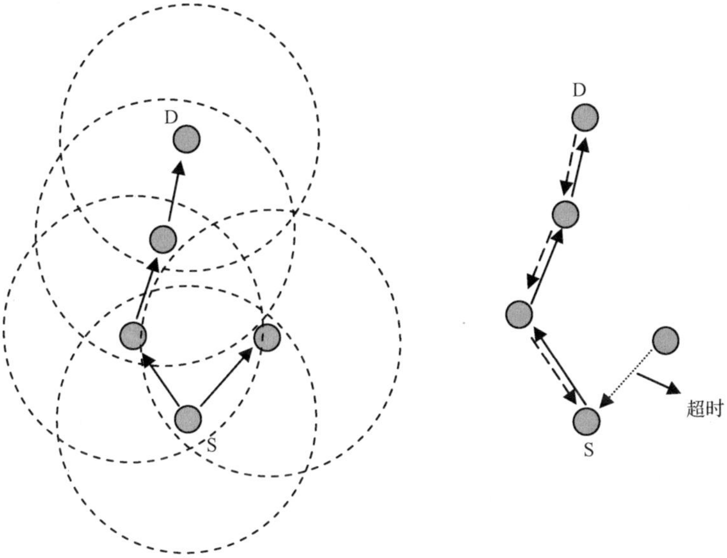

(a) 广播REQ　　(b) 形成前向通路

图 5.2　AODV 路由过程

5.2.2　OMNeT++平台简介

在网络仿真领域存在多款仿真工具，如 MATLAB、OPNET、NS-2、OMNeT++(Objective Modular Network Test-bed)等，其中 OMNeT++在无线传感器网络仿真中具有很好的扩展性能和较高的运行效率，而且开源代码丰富，故使用 OMNeT++

作为无线传感器网络研究的仿真工具。

OMNeT++使用 C++和 NED 作为开发语言。仿真首先用 NED 定义一个模块，模块的功能由用户的 C++代码实现，每个简单模块(simple module)对应一个 C++类，该 C++类通常派生由 OMNeT++提供的 cSimpleModule 类。当一个模块由多个模块组成时称为复合模块(compound module)，如图 5.3 所示，一个传感器节点复合模块由多个提供特定功能的模块共同构成。

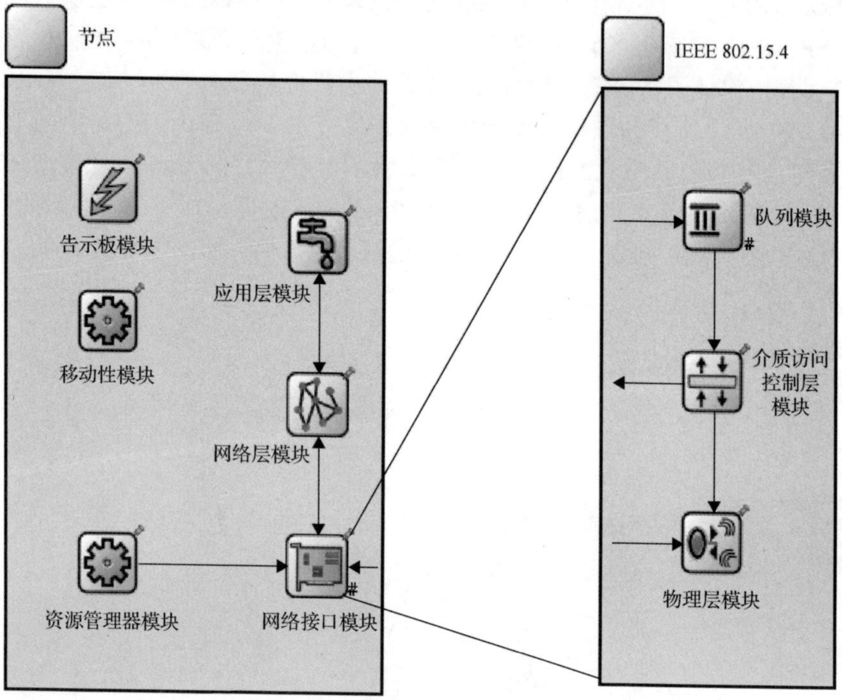

图 5.3　传感器节点仿真模型

仿真网络由传感器节点和信道构成，每个传感器节点包含了网络接口、网络层(网络)、应用层、移动性、资源管理器、告示板共 6 个模块，而网络接口由物理层(physical layer，PHY)、介质访问控制(medium access control，MAC)层、队列(information frame queue，IFQ) 3 个模块构成。

物理层、介质访问控制层这两个模块基本符合 IEEE 802.15.4 协议规范；网络层模块主要参考 ZigBee 协议实现组网和路由，不同的路由算法也由网络层模块实现；应用层模块是为将来开发应用预留的；移动性模块定义传感器节点是否可以移动及移动时遵守的移动模型；资源管理器模块的主要功能是计算节点消耗的能量；告示板模块给订阅了公告信息的模块发送相关消息，方便模块在状态改变时通知相关的其他模块做出反应；所有无线消息都被发送至信道模块，该模块将无线信号传递给信号干涉范围内所有节点的物理层模块。

下面重点说明物理层模块和介质访问控制层模型的主要参数和服务功能，这些参数和服务与网络的通信能力密切相关。

1. 物理层模块设计

1）主要参数

(1) 信道：从 0 号到 26 号共 27 个信道，主要使用世界通用的 ISR 频段 11 号到 26 号信道，11 号信道的频率为 2.405GHz，之后每个频段递增 5MHz。信道能量损耗使用经验公式(5.17)，其中 PL_{d_0} 是距离节点 d_0 处的能量衰减，单位为 dBm，取 d_0=1m。

$$PL_d = PL_{d_0} + 20\lg\left(\frac{d}{d_0}\right) \tag{5.17}$$

(2) 传输速率：250Kbit/s，传输一个二进制位所需时间为 4μs。由于 IEEE 802.15.4 规范中的时间单位常用字符周期(symbol cycle 或 symbol)表示，传输速率可换算为 62.5Ksymbol/s，即一个字符周期为 16μs。这种对应关系是由二进制位-字符-码片(bit-symbol-chip)三者的转换关系得到的，如图 5.4 所示，具体可参考 IEEE 802.15.4 协议规范。

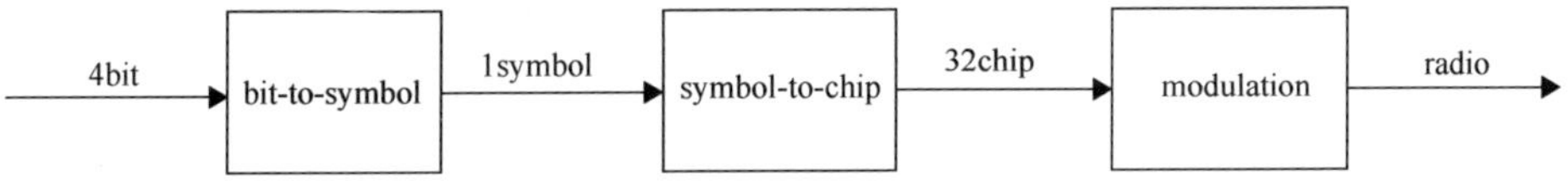

图 5.4 二进制位-字符-码片转换关系

(3) 接收机灵敏度：大于等于–85dBm($10^{-8.5}$mW)。

(4) 发射功率：小于等于 0dBm。

(5) 能量检测时间：8symbol，即 128μs，能量检测的持续时间。

(6) PSDU 最大长度(aMaxPHYPacketSize)：127 字节。

(7) 转换时间：12symbol，即 192μs。此参数指收发机分别由接收转到发送、发送转到接收所需的时间。

2）服务功能

物理层的参考模型如图 5.5 所示，两类服务接入点分别为物理层数据服务接入点(physical data service access point，PD-SAP)和物理层管理实体服务接入点(physical layer management entity service access point，PLME-SAP)，这两者提供的服务介绍如下。

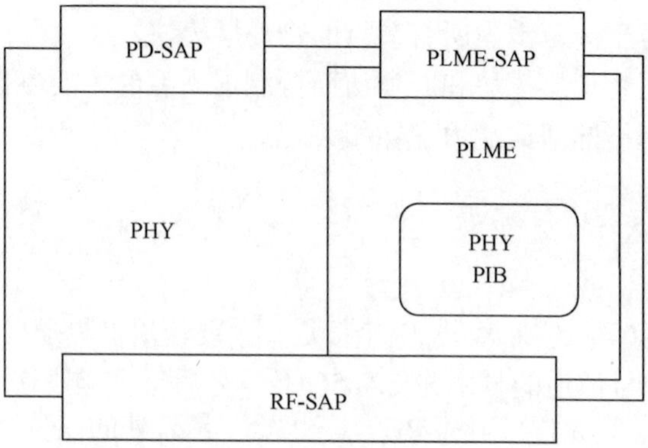

图 5.5　物理层参考模型[15]

PIB：个域网信息库(personal area network information base)

(1) 物理层数据发送请求：PD-DATA.request{psduLength, psdu}。

这一请求由介质访问控制层发起并向物理层请求传输一个介质访问控制层协议数据单元(MAC protocal data unit，MPDU，又称 PSDU(PHY service data unit))，其中 psduLength≤aMaxPHYPacketSize。PSDU 被封装成 PPDU 后发送，PPDU 的格式如表 5.7 所示。

表 5.7　PPDU 格式

域名	说明
Preamble	长度为 4 字节，由 32 个 0 构成的前缀域，用于接收信号同步
SFD	长度为 1 字节，从高位到低位为 0b10100111，表示前缀域到此结束，接下来将是数据包
FrameLength	与 Reserved 域共占 1 字节，长度为 7bit，表示 PSDU 包含的字节数
Reserved	长度为 1bit，保留位
PSDU	长度不允许超过 127 字节，物理层协议数据单元，PSDU 等于 MPDU

(2) 物理层数据发送确认：PD-DATA.confirm{status}。

由物理层实体发起并向介质访问控制层实体说明 PD-DATA.request 的结果。参数 status 是一个枚举变量，若发送成功，则返回 SUCCESS；若发送失败，则返回 RX_ON 或 TRX_OFF。

(3) 物理层数据接收指示：PD-DATA.indication{psduLength, psdu, ppduLink-Quality}。

由物理层发起并告知介质访问控制层取走物理层收到的 PSDU，ppduLink-Quality 表示接收 PPDU 的链路质量，链路质量的计算如式(5.18)所示。当 psduLength 为 0 或 psduLength 大于 aMaxPHYPacketSize 时，物理层不会响应此服务。

$$\mathrm{LQI}=\frac{(\mathrm{RSSI}+85)\times 255}{95} \tag{5.18}$$

接收信号强度(received signal spread intensity，RSSI)的单位为 dBm，LQI 的范围是 0x00~0xff。

(4) 信道能量检测请求：PLME-ED.request{}。

由介质访问控制层管理实体(media layer management entity，MLME)发起并请求 PLME(physical layer management entity)进行信道能量检测。检测期间接收机处于打开状态，检测时间持续 128μs。

(5) 信道能量检测确认：PLME-ED.confirm{status, EnergyLevel}。

由 PLME 发起并向 MLME 说明信道能量检测的结果。status 为 SUCCESS 说明检测完成并在 EnergyLevel 中返回相应值，status 为 TRX_OFF 或 TX_ON 分别表示收发机关闭或正在发送，检测请求被拒绝。EnergyLevel 的范围是 0x00~0xff。

(6) 空闲信道评估请求：PLME-CCA.request{}。

由 MLME 发起并请求 PLME 进行空闲信道评估。CCA 是有以下三种方式：

① 能量超过某个阈值则报告信道忙。

② 只检测载波信号，若检测到 IEEE 802.15.4 的信号，则认为信道忙。

③ 采用①与②结合的方式，当检测到 IEEE 802.15.4 的信号且该信号的能量超过阈值时才认为信道忙。

(7) 空闲信道评估确认：PLME-CCA.confirm{status}。

由 PLME 发起并向 MLME 说明 PLME-CCA.request 的结果。

回复状态 status 说明：BUSY 表示信道忙；IDLE 表示信道空闲；TRX_OFF 表示收发机处于关闭状态无法评估；TX_ON 表示正在发送无法评估。

(8) 收发机状态设置请求：PLME-SET-TRX-STATE.request{status}。

由 MLME 发起并请求 PLME 改变收发机的状态。status 说明：RX_ON 表示开启接收机；TRX_OFF 表示关闭收发机；FORCE_TRX_OFF 表示强制关闭收发机；TX_ON 表示打开发射机。

收发机只有三种状态：收发机关闭(TRX_OFF)、发射机开启(TX_ON)和接收机开启(RX_ON)。

(9) 收发机状态设置确认：PLME-SET-TRX-STATE.confirm{status}。

由 PLME 发起，向 MLME 说明收发机状态设置的结果。

status 说明：SUCCESS 表示原状态与请求设置的状态不同，已转换成功；RX_ON、TRX_OFF、TX_ON 表示原状态与请求设置的状态相同；BUSY_TX、BUSY_RX 表示当前正在发送或者接收信号，若非强制状态转换则推迟设置。

(10) 设置物理层个域网信息库属性：PLME-SET.request{PIBAttribute, PIBAttributeValue}、PLME-SET.confirm{status, PIBAttribute}。

PIBAttribute 即个域网信息库的属性，PIBAttributeValue 为待设置的值。MLME 通过该服务请求 PLME 更改物理层个域网信息库的属性，4 个属性分别为本机支持的信道、当前信道、发送功率和 CCA 方式。若设置成功，则 status 返回 SUCCESS，否则返回 UNSUPPORTED_ATTRIBUTE 或 INVALID_PARAMETER，分别表示待设置的属性不存在和值越界。

（11）查询物理层个域网信息库属性：PLME-GET.request{PIBAttribute}、PLME-GE-T. confirm{status, PIBAttribute, PIBAttributeValue}。

若查询成功则 status 返回 SUCCESS 且 PIBAttributeValue 返回相应的值，否则 status 返回 UNSUPPORTED_ATTRIBUTE，表示查询的属性不存在。

2. 介质访问控制层模型设计

1）主要参数

以 a 开头的参数是常量，以 mac 开头的参数是介质访问控制层个域网信息库的可修改属性。

（1）aMaxBE：用于载波侦听多路检测防碰撞（carrier sense multiple access with collision avoidance，CSMA-CA）算法，与最大退避周期相关，详见本节的 CSMA-CA 算法流程图，此参数值为 5。

（2）aMaxBeaconPayloadLength：信标帧的信标有效载荷最大字节数，52octets，即 52 字节。

（3）aMaxFrameRetries：MPDU 发送失败时重新尝试的最大次数，此参数值为 3，即发送一个 MPDU 可能尝试的最大次数为 4 次。

（4）aMaxSIFSFrameSize：MPDU 被判断为一个短帧的最大字节数，18octets，即 18 字节。

因为介质访问控制层在收到物理层传递的 MPDU 后需要一定的时间进行处理，所以每发送一帧消息需要等待一个帧间隔（interframe spacing，IFS），这个间隔根据之前发送的帧长决定，若之前发送的 MPDU 的长度小于等于 aMaxSIFSFrameSize，则后面跟一个短帧间隔（short inter frame spacing，SIFS）以方便介质访问控制层对接收的 MPDU 进行处理；若 MPDU 的长度大于 aMaxSIFSFrameSize，则等待一个长帧间隔（long inter frame spacing，LIFS）才发送下一帧消息，如图 5.6 所示，aTurnaroundTime$\leqslant t_{\mathrm{ACK}}\leqslant$aTurnaroundTime+aUnitBackoffPeriod。

（5）aMinLIFSPeriod：LIFS 的最小值，640μs。

（6）aMinSIFSPeriod：SIFS 的最小值，192μs。

（7）aUnitBackoffPeriod：单位退避周期，320μs，用于 CSMA-CA 算法。

（8）aBaseSuperframeDuration：超帧周期，15.36ms，用于信号同步，可作为一个参考值。

（9）aExtendedAddress：64 位扩展地址，每个节点唯一的地址标识。

（10）macAckWaitDuration：发送一帧消息完毕后等待应答的时间，864μs。

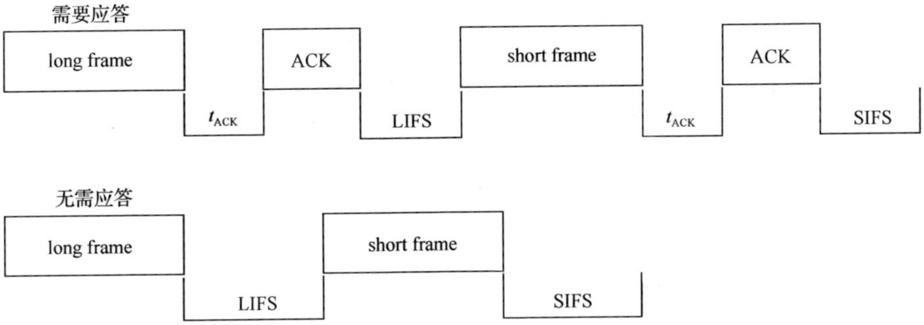

图 5.6　帧间隔示意图

long frame-长帧；short frame-短帧；ACK-反馈

（11）macTransactionPersistenceTime：消息在队列中的等待时间，超过这个时间仍未被处理则介质访问控制层丢弃此消息。默认值为 0x01f4，即 500 个超帧周期，共 7680ms。

（12）macPANId：网络号，每个网络是唯一的。网络号的范围是 0x0001~0xfffe。

（13）macRxOnWhenIdle：一个布尔变量，用于控制收发机空闲时是否打开接收机。

（14）macShortAddress：介质访问控制层 16 位短地址。

（15）macMinBE：与 CSMA-CA 算法的最小退避周期相关，默认值为 3。

（16）macMaxCSMABackoffs：CSMA-CA 算法的最大避让次数，默认值为 4。

（17）macPromiscuousMode：是否工作于混杂模式，TRUE 表示介质访问控制层接收所有来自物理层的帧，FALSE 表示介质访问控制层将过滤不符合特定条件的帧。

2）服务功能

介质访问控制层参考模型如图 5.7 所示，介质访问控制层公共支持子层（MAC common part sublayer，MCPS）主要提供数据服务，MLME 提供管理服务，这些服务建立在物理层所提供服务的基础上，分别通过 MCPS-SAP（MAC common part sublayer-service access point）和 MLME-SAP（MAC layer management entity-service access point）为上层提供服务接入点，两者之间还可以互相调用服务功能。参照 IEEE 802.15.4 协议，介质访问控制层的主要服务功能如下所示。

（1）介质访问控制层数据发送请求：MCPS-DATA.request{SrcAddrMode, SrcPANId, SrcAddr, DstAddrMode, DstPANDId, DstAddr, msduLength, msduHandle, TxOptions}。

此服务在对等的介质访问控制层实体之间传递 MSDU，参数说明如下：

SrcAddrMode 表示发送节点的地址格式，0x00 表示没有地址，0x02 表示 16 位短地址，0x03 表示 64 位扩展地址。

SrcPANId 表示发送节点的网络 ID 号，范围是 0x0000~0xffff。

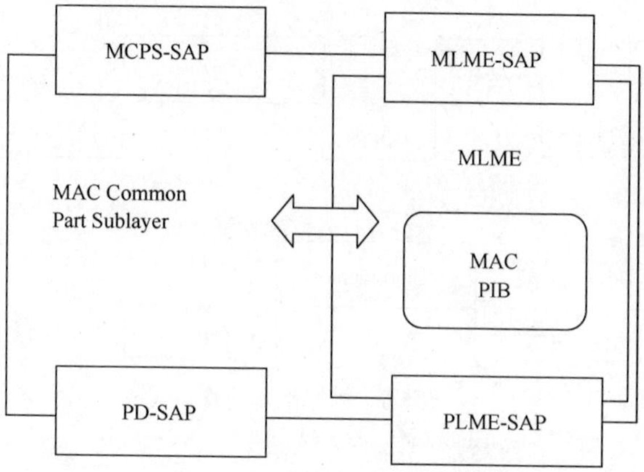

图 5.7　介质访问控制层参考模型

SrcAddr 表示发送节点的地址，根据 SrcAddrMode 而定。

DstAddrMode 表示目的节点的地址格式，意义与 SrcAddrMode 相同。

DstPANDId 表示目的节点的网络 ID 号，范围是 0x0000~0xffff。

DstAddr 表示目的节点的地址，根据 DstAddrMode 而定。

msduLength 表示 MSDU 的长度，必须小于等于 aMaxMACFrameSize。

msduHandle 表示 MSDU 句柄，与待发送的 MSDU 关联。

TxOptions 表示取 0x01，即直接发送。

收到请求后，介质访问控制层将 MSDU 封装成一个 MPDU，然后请求物理层发送。MPDU 通用格式由三大部分组成，即帧头(Medium Access Control Header，MHR)、介质访问控制有效载荷(MAC Payload)和帧尾(Medium Access Control Footer，MFR)。如表 5.8 所示，帧头包括帧控制域(Frame Control)、帧序号(Sequence Number)、寻址域(Addressing Fields)，帧尾是循环冗余校验码(cyclic redundancy check，CRC)，其表达式为

$$G_{16}(x) = x^{16} + x^{12} + x^5 + 1 \tag{5.19}$$

使用的介质访问控制帧有三种，即信标(Beacon)帧、数据(Data)帧和应答(Acknow Ledgment)帧。三种帧的格式均符合 IEEE 802.15.4 的 MPDU 通用格式。

表 5.8　MPDU 通用格式

域名	字节数	说明
Frame Control	2	帧控制域
Sequence Number	1	介质访问控制层的帧序号
Addressing Fields	若干	寻址域，字节数视帧控制域而定，包括 Destination PAN ID、Destination Address、Source PAN ID、Source Address 四个域
Frame Payload	若干	介质访问控制帧的有效载荷
CRC	2	循环冗余校验码，对 CRC 之前的二进制位进行校验

① 信标帧。在 IEEE 802.15.4 协议规范中，信标帧主要用于分簇网络的父子节点组网和数据查询，由于研究的是平面型对等网络。在仿真实验中，信标帧的唯一作用是让具备路由能力的节点告知邻居自己的存在。物理层发送一帧信标所用的时间为 1.12ms。信标帧格式如表 5.9 所示。

表 5.9 信标帧格式

域名	位	说明
Frame Type	0~2	帧类型，从高位到低位为 000 表示信标帧，001 表示数据帧，010 表示应答，011 表示命令
Security Enabled	3	是否使用安全密钥，1 表示使用，0 表示不用
Frame Pending	4	帧挂起，1 表示源节点暂存了目的节点的消息，0 表示没有
Ack. Request	5	是否需要应答，1 表示需要应答，0 表示不需要应答
Intra- PAN	6	是否网内传输，1 表示目的节点网络 ID 与源节点网络 ID 一致，0 表示不一致
Reserved	7~9	保留位
Dest Addressing Mode	10~11	目的地址的寻址方式，从高位到低位为 00 表示没有地址，01 保留，10 表示 16 位短地址，11 表示 64 位扩展地址
Reserved	12~13	保留位
Source Addressing Mode	14~15	源地址寻址方式，数据位的意义与目的节点寻址方式相同

② 数据帧。如表 5.10 所示，数据有效载荷又称为 MSDU，是上层请求介质访问控制层发送的一串字节，通常是一个 NPDU。

表 5.10 MAC 数据帧格式

域名	字节数	说明
MHR	若干	帧头，与介质访问控制通用帧格式一致
Data Payload	若干	数据有效载荷，域的长度根据实际传输的 NPDU 而定
MFR	若干	帧尾，与介质访问控制通用帧格式一致

③ 应答帧。如表 5.11 所示，当两个相邻节点传输介质访问控制层消息时，若消息的帧控制域的 Ack. Request 等于 1，则接收节点必须在收到消息后立刻发送一个应答帧给发送节点，在收到应答帧后，发送节点确认应答帧与发送帧的帧序号相同时才可以确认发送成功，否则重新尝试，重新尝试的次数不超过 aMaxFrameRetries，也就是最多尝试发送 4 次。物理层发送一帧应答所用的时间为 0.352ms。

表 5.11 介质访问控制应答帧格式

域名	字节数	说明
MHR	若干	帧头，与介质访问控制通用帧格式一致
Sequence Number	1	帧序号
MFR	2	帧尾，与介质访问控制通用帧格式一致

(2) 介质访问控制层数据发送确认：MCPS-DATA.confirm{msduHandle, status}。

反馈 MCPS-DATA.request 的结果，由 status 说明数据发送的状态：

SUCCESS 表示发送成功。不需要应答时，在收到 PD-DATA.confirm 的状态为 SUCCESS 后认为 MSDU 发送完成，需要应答时必须收到应答帧才认为 MSDU 发送完成。

NO_ACK 表示没收到应答。

TRANSACTION_OVERFLOW 表示处理队列溢出，此时将丢弃 MSDU。

TRANSACTION_EXPIRED 表示 MSDU 已加入处理队列，但在 macTransaction*PersistenceTime 时间间隔后仍没发送，则该 MSDU 被丢弃。

CHANNEL_ACCESS_FAILURE 表示信道忙无法发送。

FRAME_TOO_LONG 表示若 MSDU 太长，封装后超过了 aMaxPHYPacketSize，则终止发送并返回此状态值。

INVALID_PARAMETER 表示若 MCPS-DATA.request 的任意一个参数不符合规范则终止发送并返回此状态。

无线信道不同于有线信道，其带宽资源非常有限，而且某个节点发送无线电将同时影响其周围的所有节点，所以节点在发送无线信号时需要侦听其附近区域的无线电波，当检测到相同规范的无线信号时必须避让以防止自己发送的无线电波与检测到的信号相互干扰。IEEE 802.15.4 使用 CSMA-CA 机制达到这一目的，根据是否使用信标同步分为时隙 CSMA-CA 和非时隙 CSMA-CA。仿真模型实现了时隙的和非时隙的 CSMA-CA 机制，非时隙 CSMA-CA 算法流程如图 5.8 所示。CSMA-CA 在进行空闲信道评估之前，先随机等待若干个单位退避周期，最短的等待时间是 0ms，最长的等待时间是 9.92ms，最多进行 4 次空闲信道评估，若信道一直忙则禁止发送消息。

(3) 介质访问控制层数据接收指示：MCPS-DATA.indication{SrcAddrMode, SrcPANId, SrcAddr, DstAddrMode, DstPANId, DstAddr, msduLength, msdu, mpduLinkQuality}。

介质访问控制层在收到物理层送来的 MPDU 时将 MPDU 的信息传递给上层，在这之前介质访问控制层要对 MPDU 进行过滤。首先是丢弃循环冗余校验错误的帧，若介质访问控制层工作在混杂模式(macPromiscuousMode=TRUE)，则把循环冗余校验正确的帧传递给上层，若不是工作在混杂模式，则 MPDU 必须符合以下条件：

① 帧类型必须是四种介质访问控制层帧类型之一。

② 如果是信标帧，则帧头的 Source PAN ID 必须与介质访问控制层个域网信息库中的 macPANId 一致，除非 Source PAN ID 的值为 0xffff，该值说明源节点尚

未连接到一个网络。

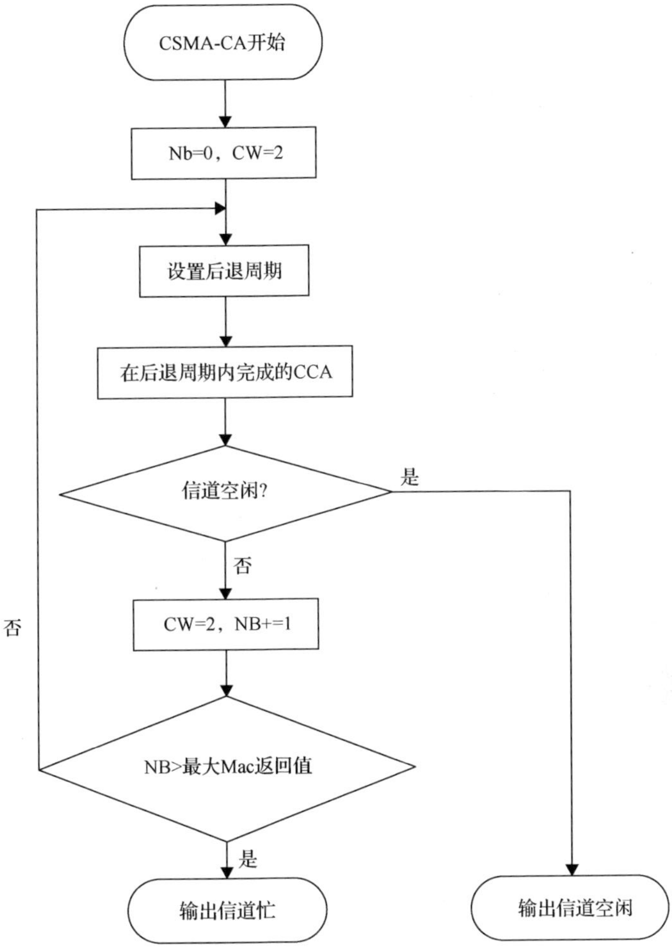

图 5.8　非时隙 CSMA-CA 算法流程

③ 若帧头包含 Destination PAN ID，则必须与介质访问控制层个域网信息库中的 macPANId 一致，除非 Destination PAN ID 的值为 0xffff。

④ 若帧头的 Destination Address 使用 16 位短地址，则必须与接收节点介质访问控制层个域网信息库的 macShortAddress 一致或者为广播地址 0xffff。若不用 16 位短地址，则在帧头要包含 64 位目的节点的扩展地址，且帧头的扩展地址必须与接收节点的 aExtendedAddress 一致。

顺利完成的一次数据传输分别如图 5.9 和图 5.10 所示。在无需应答时，源节点介质访问控制层把 MSDU 封装后传给物理层，当收到物理层发送无线信号结束的通知后，介质访问控制层向上层汇报 MSDU 发送完毕；在需要应答时，只有源节点的介质访问控制层收到目的节点的应答时才确认 MSDU 发送完成。

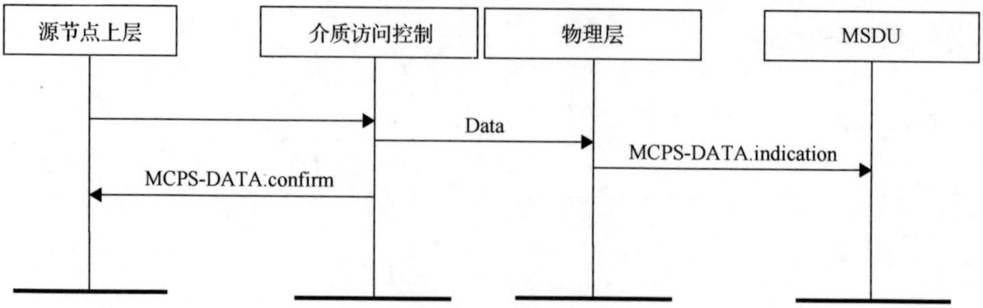

图 5.9　无需应答的数据传输

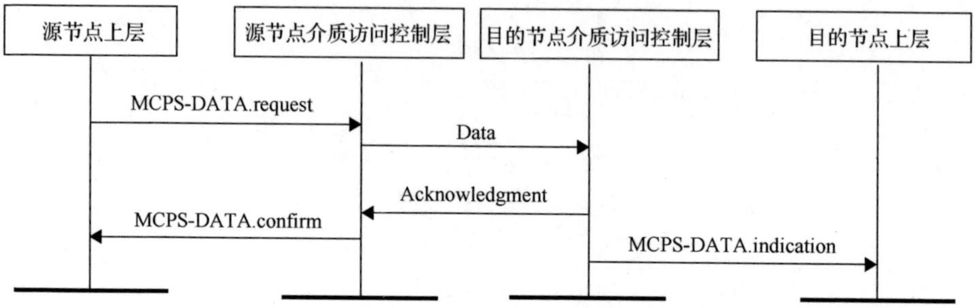

图 5.10　需要应答的数据传输

(4) 介质访问控制层接收信标指示：MLME-BEACON-NOTIFY.indication {BSN, PANDescriptor, PendAddrSpec, AddrList, sduLength, sdu}。

在收到一帧信标之后，此原语由 MLME 发给上层，向上层说明收到的信标帧包含的信息，各参数的意义如下：

BSN 表示信标序号，范围为 0x00～0xff。

PANDescriptor 表示网络描述符，如表 5.12 所示。

表 5.12　PANDescriptor 格式

域名	类型	说明
CoordAddrMode	uint8	发送信标的节点的寻址方式，等于信标的帧控制域寻址方式
CoordPANId	uint16	发送信标的节点的网络 ID 号
CoordAddress	uint16, uint64	发送信标的节点的地址，16 位短地址或 64 位扩展地址
LogicalChannel	uint32	当前使用的逻辑信道
LinkQuality	uint8	链路质量，值越低质量越差

PendAddrSpec 表示挂起的地址列表长度。

AddrList 表示挂起的地址列表，所列地址是子设备的地址，用于子设备向父设备(即信标发送者)查询。

sduLength 表示信标帧的信标有效载荷所含字节数。

sdu 表示信标帧的信标有效载荷。

(5) 介质访问控制层个域网信息库属性设置：MLME-SET.request{PIBAttribute, PIBAttributeValue}、MLME-SET.confirm{status, PIBAttribute}。

PIBAttribute 为属性名，PIBAttributeValue 为指定的属性值，网络层通过此服务请求 MLME 修改介质访问控制层个域网信息库属性，若设置成功，则 status 返回 SUCCESS，否则返回 UNSUPPORTED_ATTRIBUTE 或 INVALID_PARAMETER，分别表示待设置的属性不存在和值越界。

(6) 介质访问控制层个域网信息库属性查询：MLME-GET.request{PIBAttribute}、MLME-GET.confirm{status, PIBAttribute, PIBAttributeValue}。

网络层通过此服务向 MLME 请求查询介质访问控制层个域网信息库的属性，若查询成功，则 status 返回 SUCCESS 且 PIBAttributeValue 返回查询的属性值，否则 status 返回 UNSUPPORTED_ATTRIBUTE 表示查询的属性不存在。

5.3　多传感器系统网络协同机制

5.3.1　能量消耗模型

1. 节点能量消耗

传感器节点的能量消耗主要在通信、感知和接收三个方面，其他方面(如数据处理)的能量可忽略不计。某一时刻，假设传感器节点 s_j 感知 b 位数据，其能量消耗表达式为

$$E_s(s_j,b)=e_s b \tag{5.20}$$

接收 b 位数据的能量消耗为

$$E_r(s_k,b)=e_r b \tag{5.21}$$

参数 e_s、e_r 分别由感知节点 s_j 和接收节点 s_k 的性能决定。传感器节点 s_j 发送 b 位数据至 s_k，所消耗的能量为

$$E_t(s_j,s_k,b)=(e_t+e_d r_{jk}^{\alpha_c})b \tag{5.22}$$

式中，e_t 和 e_d 由发送节点 s_j 的规格决定；r_{jk} 为发送节点 s_j 和接收节点 s_k 之间的距离，参数 α_c 体现了信道特性。

2. 能耗量模型

设传感器节点的感知范围为 r，预测 $k+1$ 时刻目标状态为 $\hat{X}_{k+1}$。当目标来临时，感知范围内的所有节点均被唤醒，由睡眠模式切换至监听模式，构成候选节

点集 $G_{k+1}=\{g_{k+1}^i \mid \mathrm{Dis}(g_{k+1}^i,\hat{X}_{k+1})\leqslant r\}_{i=1}^{N_{k+1}}$，其中 $\mathrm{Dis}(\cdot)$ 为两点之间的距离函数，N_{k+1} 为唤醒节点数。经过任务分配后，将有一个节点被用来作为簇首 CH_{k+1}，若干个节点用来作为簇员集 $\mathrm{CM}_{k+1}=\{\mathrm{cm}_{k+1}^j \mid \mathrm{cm}_{k+1}^j\in G_{k+1}\}_{j=1}^{L_{k+1}-1}$，剩下一些唤醒而未被调度的节点 $W_{k+1}=\{w_{k+1}^l \mid w_{k+1}^l\in G_{k+1}\}_{l=1}^{N_{k+1}-L_{k+1}}$ 不执行感知任务。由于各自的任务不同，所执行的操作也不同，以上三种角色的节点在目标跟踪过程中消耗的能量分别计算如下。

(1) 唤醒而未被调度来工作的节点仅执行接收操作，即接收来自当前 k 时刻簇首 CH_k 的 b_1 位的广播信息，故 W_{k+1} 消耗的能量为

$$E_{W_{k+1}}=\sum_{l=1}^{N_{k+1}-L_{k+1}}E_r(w_{k+1}^l,b_1) \tag{5.23}$$

(2) 每一个簇员需要接收 b_1 位的广播信息，感知关于目标的 b_2 位数据，并将 b_3 位的新息发送给簇首，因此簇员集 CM_{k+1} 的能量消耗为

$$E_{\mathrm{CM}_{k+1}}=\sum_{j=1}^{L_{k+1}-1}[E_r(\mathrm{cm}_{k+1}^j,b_1)+E_s(\mathrm{cm}_{k+1}^j,b_2)+E_t(\mathrm{cm}_{k+1}^j,\mathrm{CH}_{k+1},b_3)] \tag{5.24}$$

(3) 簇首除接收 b_1 位的广播信息和感知关于目标的 b_2 位数据外，还要接收每个簇员发送的 b_3 位的新息，并广播 b_1 位的下一时刻目标位置预测数据，因此簇首的能量消耗为

$$E_{\mathrm{CH}_{k+1}}=E_r(\mathrm{CH}_{k+1},b_1)+E_s(\mathrm{CH}_{k+1},b_2)+\sum_{j=1}^{L_{k+1}-1}E_r(\mathrm{CH}_{k+1},b_3)+E_t(\mathrm{CH}_{k+1},s_f,b_1) \tag{5.25}$$

式中，s_f 为第 $k+2$ 时刻候选节点集 G_{k+2} 中接收到广播的最远节点，即 $s_f=\arg_{s_i}\max_{s_i\in G_{k+2}}(d(s_i,\mathrm{CH}_{k+1}))$。

综合以上三种节点的能量消耗情况，在单目标跟踪过程中，每一时刻网络的总能量消耗量为[16]

$$E_{k+1}=E_{W_{k+1}}+E_{\mathrm{CM}_{k+1}}+E_{\mathrm{CH}_{k+1}} \tag{5.26}$$

5.3.2 剩余能量平衡模型

1. 节点剩余能量

根据候选集 G_{k+1} 中不同分工的传感器节点能量消耗的情况，其剩余能量可计算如下。

(1) 每一个唤醒而未被调度的节点 w_{k+1}^{l} 的预测剩余能量等于其当前时刻的能量减去预测下一时刻的消耗能量：

$$R_{w_{k+1}^{l}}^{k+1} = R_{w_{k+1}^{l}}^{k} - E_r(w_{k+1}^{l}, b_1) \tag{5.27}$$

式中，$R_{w_{k+1}^{l}}^{k}$ 表示节点 w_{k+1}^{l} 第 k 时刻的剩余能量。

(2) 同理，簇员 cm_{k+1}^{j} 的预测剩余能量为

$$R_{\mathrm{cm}_{k+1}^{j}}^{k+1} = R_{\mathrm{cm}_{k+1}^{j}}^{k} - [E_r(\mathrm{cm}_{k+1}^{j}, b_1) + E_s(\mathrm{cm}_{k+1}^{j}, b_2) + E_t(\mathrm{cm}_{k+1}^{j}, \mathrm{CH}_{k+1}, b_2)] \tag{5.28}$$

(3) 簇首 CH_{k+1} 的预测剩余能量为

$$R_{\mathrm{CH}_{k+1}}^{k+1} = R_{\mathrm{CH}_{k+1}}^{k} - \left[E_r(\mathrm{CH}_{k+1}, b_1) + E_s(\mathrm{CH}_{k+1}, b_2) + \sum_{j=1}^{2} E_r(\mathrm{CH}_{k+1}, b_2) + E_t(\mathrm{CH}_{k+1}, s_f, b_1) \right] \tag{5.29}$$

2. 能量平衡模型

有些文献仅考虑执行跟踪任务的工作节点之间的能量平衡，例如文献[17]通过选取能量最多的节点作为簇首而平衡簇内能量。那些唤醒而最后未被调度的节点同样执行了数据接收操作，且它们也是下一时刻工作簇的候选对象，因此也应被包含到剩余能量平衡的范畴中来。

传感器网络的能量平衡程度可用所有涉及任务分配的传感器节点的剩余能量标准差来衡量。能量平衡指标表示如下[16]：

$$\sigma_{k+1} = \mathrm{std}(\{R_W^{k+1}, R_{\mathrm{CM}}^{k+1}, R_{\mathrm{CH}}^{k+1}\}) \tag{5.30}$$

式中，函数 $\mathrm{std}(\cdot)$ 为求标准差函数。

5.3.3　跟踪精度模型

本章考虑单目标跟踪问题。设离散目标运动模型，即系统模型如下：

$$\boldsymbol{X}_{k+1} = \boldsymbol{F}_k \boldsymbol{X}_k + \boldsymbol{G}_k \boldsymbol{W}_k \tag{5.31}$$

式中，$\boldsymbol{X}_k$ 为目标在第 k 时刻的状态矢量，有

$$\boldsymbol{X}_k = (x_k, x_{v,k}, y_k, y_{v,k})^{\mathrm{T}}$$

x_k 和 y_k 分别为第 k 时刻目标的 x 轴和 y 轴坐标；$x_{v,k}$ 和 $y_{v,k}$ 分别为其 x 轴方向和

y 轴方向的速度。$\boldsymbol{W}_k$ 为白色高斯过程噪声，协方差矩阵为 $\boldsymbol{Q}_k$。过程噪声导致了目标运动的变化，一般由 x 轴方向和 y 轴方向的加速度构成。$\boldsymbol{F}_k$ 和 $\boldsymbol{G}_k$ 分别为目标状态转移矩阵和过程噪声转移矩阵，其表达式如下：

$$\boldsymbol{F}_{k-1}=\begin{bmatrix}1 & \Delta t & 0 & 0\\ 0 & 1 & 0 & 0\\ 0 & 0 & 1 & \Delta t\\ 0 & 0 & 0 & 1\end{bmatrix},\quad \boldsymbol{G}_k=\begin{bmatrix}\Delta t^2/2 & 0\\ \Delta t & 0\\ 0 & \Delta t^2/2\\ 0 & \Delta t\end{bmatrix}$$

式中，Δt 为采样间隔。

传感器节点 s_i 在第 k 时刻的测量值表示为

$$z_k^i = h^i(\boldsymbol{X}_k)+v_k^i \tag{5.32}$$

式中，$h^i(\cdot)$ 为节点 s_i 的测量函数，形式为

$$h^i(\boldsymbol{X}_k)=\sqrt{(x_k^i-x_k)^2+(y_k^i-y_k)^2} \tag{5.33}$$

（x_k^i, y_k^i）为第 k 时刻节点 s_i 的坐标。v_k^i 为测量噪声，是一个与过程噪声 $\boldsymbol{W}_k$ 相互独立的零均值高斯白噪声，方差设为 σ_i^2，是一个由传感器本身精度和环境影响决定的参数。设一个任务簇共有 L_k 个簇节点(包括簇首和簇员)，于是网络的测量模型可表示如下：

$$\boldsymbol{Z}_k = H(\boldsymbol{X}_k)+\boldsymbol{V}_k=\begin{bmatrix}h^1(\boldsymbol{X}_k)\\ h^2(\boldsymbol{X}_k)\\ \vdots\\ h^{L_k}(\boldsymbol{X}_k)\end{bmatrix}+\begin{bmatrix}v_k^1\\ v_k^2\\ \vdots\\ v_k^{L_k}\end{bmatrix} \tag{5.34}$$

式中，$\boldsymbol{Z}_k$ 为 L_k 个任务节点的测量值构成的测量矢量，即

$$\boldsymbol{Z}_k=(z_k^1, z_k^2, \cdots, z_k^{L_k})^{\mathrm{T}}$$

而 $\boldsymbol{H}(\cdot)$ 和 $\boldsymbol{V}_k$ 分别为 $\{h^i(\cdot)\}_{i=1}^{L_k}$ 和 $\{v^i\}_{i=1}^{L_k}$ 的矢量形式。测量噪声 $\boldsymbol{V}_k$ 的协方差矩阵 $\boldsymbol{R}_k$ 可表示为

$$\boldsymbol{R}_k=\mathrm{diag}(\sigma_1^2, \sigma_2^2, \cdots, \sigma_{L_k}^2) \tag{5.35a}$$

基于以上目标运动模型和测量模型，无损卡尔曼滤波算法可描述如下[18]：

1. 初始化

如果在目标跟踪初始时刻的状态向量 $\boldsymbol{X}_0$ 的统计特性 $E[\boldsymbol{X}_0]$ 和 $\boldsymbol{P}_0$ 都已知，那么为了得到状态的无偏估计，取初值：

$$\hat{X}_{0|0}=E[\boldsymbol{X}_0] \tag{5.35b}$$

$$P_{0|0}=E\{[\boldsymbol{X}_0-\hat{X}_{0|0}][\boldsymbol{X}_0-\hat{X}_{0|0}]^{\mathrm{T}}\} \tag{5.35c}$$

在目标跟踪应用中，目标的初始状态向量 $\boldsymbol{X}_0$ 由第一个探测到目标的传感器节点对其进行初始化，使用其自身的位置作为目标的初始位置，而初始的误差协方差矩阵 $\boldsymbol{P}_0$ 则由该节点根据其测量精度和周围环境影响进行初始设置。

2. Sigma 点选取

采用对称的方式进行 Sigma 点选取。以当前时刻的状态估计 $\hat{\boldsymbol{X}}_{k|k}$ 为中心，共选取 $2n$+1 个 Sigma 点。

$$\boldsymbol{\chi}_{0,k|k}=\hat{\boldsymbol{X}}_{k|k}\,,\quad l=0 \tag{5.35d}$$

$$\boldsymbol{\chi}_{l,k+1|k}=\hat{\boldsymbol{X}}_{k|k}+\alpha\left(\sqrt{n\boldsymbol{P}_{xx,k|k}}\right)_l,\quad l=1,2,\cdots,n \tag{5.35e}$$

$$\boldsymbol{\chi}_{l,k+1|k}=\hat{\boldsymbol{X}}_{k|k}-\alpha\left(\sqrt{n\boldsymbol{P}_{xx,k|k}}\right)_l,\quad l=n+1,\cdots,2n \tag{5.35f}$$

式中，α 为控制误差密度分布的标量因子；$\left(\sqrt{n\boldsymbol{P}_{xx,k|k}}\right)_l$ 表示矩阵平方根的第 l 列。

3. 状态值预测

对每个 Sigma 点计算状态矢量的一步预测值及预测误差协方差矩阵：

$$\hat{\boldsymbol{X}}_{k+1|k}=\sum_{l=0}^{2n}\eta_l\boldsymbol{\chi}_{l,k+1|k}=\sum_{l=0}^{2n}\eta_l\boldsymbol{F}_k\boldsymbol{\chi}_{l,k|k} \tag{5.35g}$$

$$\boldsymbol{P}_{xx,k+1|k}=\sum_{l=0}^{2n}\eta_l(\boldsymbol{\chi}_{l,k+1|k}-\hat{\boldsymbol{X}}_{k+1|k})(\boldsymbol{\chi}_{l,k+1|k}-\hat{\boldsymbol{X}}_{k+1|k})^{\mathrm{T}}+\boldsymbol{G}_k\boldsymbol{Q}_k\boldsymbol{G}_k^{\mathrm{T}} \tag{5.35h}$$

式中，$\eta_l=1-1/\alpha^2$（l=0）；$\eta_l=1/2n\alpha^2$（$l=1,2,\cdots,2n$）。

4. 测量值预测

同样，对每个 Sigma 点计算测量矢量的一步预测值及预测误差协方差矩阵：

$$\hat{\boldsymbol{Z}}_{k+1|k}=\sum_{l=0}^{2n}\eta_l\boldsymbol{Z}_{l,k+1|k}=\sum_{l=0}^{2n}\eta_l H(\boldsymbol{\chi}_{l,k+1|k}) \tag{5.35i}$$

$$\boldsymbol{P}_{zz,k+1|k}=\sum_{l=0}^{2n}\eta_l(\boldsymbol{Z}_{l,k+1|k}-\hat{\boldsymbol{Z}}_{k+1|k})(\boldsymbol{Z}_{l,k+1|k}-\hat{\boldsymbol{Z}}_{k+1|k})^{\mathrm{T}}+\boldsymbol{R}_{k+1} \tag{5.35j}$$

$$\boldsymbol{P}_{xz,k+1|k}=\sum_{l=0}^{2n}\eta_l(\boldsymbol{\chi}_{l,k+1|k}-\hat{\boldsymbol{X}}_{k+1|k})(\boldsymbol{Z}_{l,k+1|k}-\hat{\boldsymbol{Z}}_{k+1|k})^{\mathrm{T}} \tag{5.35k}$$

5. 状态值更新

当第 k+1 时间步获得真实的测量矢量 $\boldsymbol{Z}_{k+1}$ 以后，状态矢量将被更新：

$$\hat{\boldsymbol{X}}_{k+1|k+1}=\hat{\boldsymbol{X}}_{k+1|k}+\boldsymbol{K}_{k+1}(\boldsymbol{Z}_{k+1}-\hat{\boldsymbol{Z}}_{k+1|k}) \tag{5.36a}$$

$$\boldsymbol{P}_{xx,k+1|k+1}=\boldsymbol{P}_{xx,k+1|k}-\boldsymbol{K}_{k+1}\boldsymbol{P}_{xz,k+1|k} \tag{5.36b}$$

$$\boldsymbol{K}_{k+1}=\boldsymbol{P}_{xz,k+1|k}(\boldsymbol{P}_{zz,k+1|k})^{-1} \tag{5.36c}$$

由前面的 UKF 算法介绍可以看出，本章的状态矢量 $\boldsymbol{X}_k$ 包含了四个分量，即目标在 x 轴方向和 y 轴方向上的坐标，以及目标在 x 轴方向和 y 轴方向上的速度，有了这四个信息，目标状态基本明了。

在 k+1 时刻获得了最新的测量值 $\boldsymbol{Z}_{k+1}$ 后，更新的状态矢量 $\hat{\boldsymbol{X}}_{k+1|k+1}$ 就是传感器网络跟踪系统对目标的实时跟踪结果，其中包括目标的实时位置和速度，而状态误差协方差 $\boldsymbol{P}_{xx,k+1|k+1}$ 反映了跟踪结果的准确度，因此可以取 $\boldsymbol{P}_{xx,k+1|k+1}$ 的迹，即 $\boldsymbol{P}_{xx,k+1|k+1}$ 矩阵的对角元素之和作为跟踪精度模型[16]：

$$\Phi_1=\mathrm{trace}(\boldsymbol{P}_{xx,k+1|k+1}) \tag{5.36d}$$

式中，trace(·) 为矩阵求迹函数。

5.4　多传感器系统的自定位

5.4.1　三边测量法

常用的未知节点定位算法有三边测量法、极大似然估计法和最小最大法[19]等。其中，三边测量法是原理最简单、计算最简便的一种方法。它的主要原理是：若锚节点 A 测得待定位节点 M 到它的距离为 d_1，则 M 必位于以锚节点 A 为圆心、

以距离 d_1 为半径的圆上；若另有一锚节点 B 测得待定位节点 M 到它的距离为 d_2，以锚节点 B 为圆心、以距离 d_2 为半径的圆与上一个圆交于两点，则 M 的位置必为两点之一；若此时还有一个锚节点 C 测得待定位节点 M 到它的距离为 d_3，则在测距精确的情况下，以锚节点 C 为圆心、以距离 d_3 为半径的圆与上两个圆将交于一点，这点是前两个交点之一，即 M 的坐标点。

如图 5.11 所示，锚节点 A、B、C 的位置坐标分别为 (x_1,y_1)、(x_2,y_2)、(x_3,y_3)，到未知节点 M 的距离分别为 d_1、d_2、d_3。假设 M 的坐标为 (x,y)，用公式表示为

$$\begin{cases}\sqrt{(x-x_1)^2+(y-y_1)^2}=d_1\\ \sqrt{(x-x_2)^2+(y-y_2)^2}=d_2\\ \sqrt{(x-x_3)^2+(y-y_3)^2}=d_3\end{cases} \tag{5.37}$$

由式(5.37)可解出 M 的坐标 (x,y) 为

$$\begin{bmatrix}x\\ y\end{bmatrix}=\begin{bmatrix}2(x_1-x_3) & 2(y_1-y_3)\\ 2(x_2-x_3) & 2(y_2-y_3)\end{bmatrix}^{-1}\begin{bmatrix}x_1^2-x_3^2+y_1^2-y_3^2+d_3^2-d_1^2\\ x_2^2-x_3^2+y_2^2-y_3^2+d_3^2-d_2^2\end{bmatrix} \tag{5.38}$$

由三边测量法的原理可知：若距离测量值 d_1、d_2、d_3 含有误差，则以上各圆将不能相交于一点，此时应用式(5.38)虽然也可得到一个数值解，但该解很不准确。

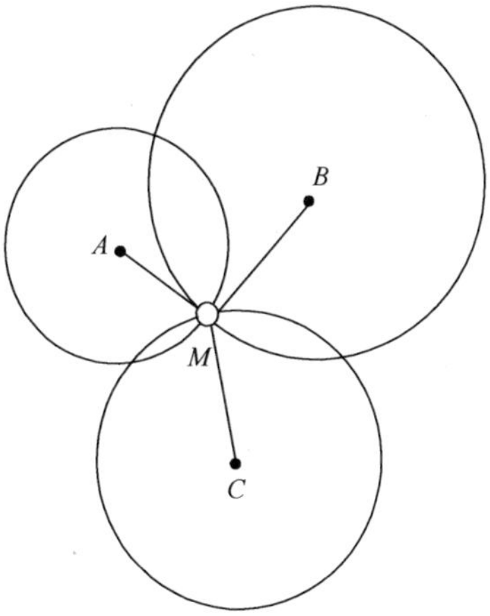

图 5.11　三边测量法

5.4.2　多边测量法

多边测量法是一种极大似然估计。为了减小测距误差带来的影响，研究者将三边测量法加以延伸，设计了多边测量法，即有 $n\,(n>3)$ 个锚节点 $P_1(x_1,y_1)$，

$P_2(x_2,y_2),\cdots,P_n(x_n,y_n)$ 到待定位节点 M 的距离分别为 $d_1,d_2,\cdots,d_n$，如图 5.12 所示，仍设待定位节点 M 的坐标为 (x,y)，则有

$$\begin{cases}(x-x_1)^2+(y-y_1)^2=d_1^2\\(x-x_2)^2+(y-y_2)^2=d_2^2\\\qquad\vdots\\(x-x_n)^2+(y-y_n)^2=d_3^2\end{cases}\tag{5.39}$$

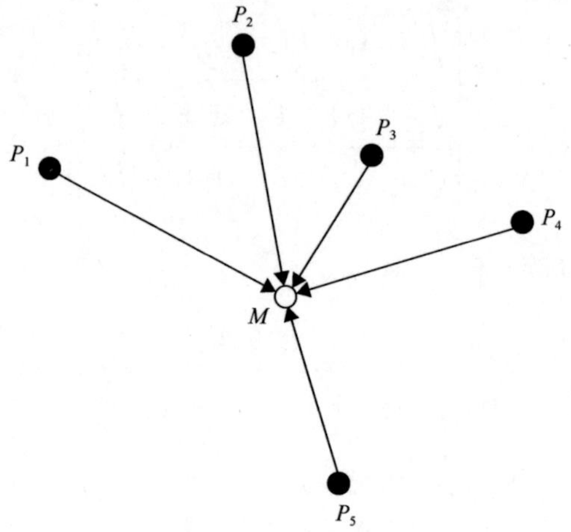

图 5.12　多边测量法

上述方程组可采用极大似然估计法求解，将前 n–1 个方程分别减去第 n 个方程，可得如下方程组：

$$\begin{cases}x_1^2-x_n^2-2(x_1-x_n)x+y_1^2-y_n^2-2(y_1-y_n)y=d_1^2-d_n^2\\x_2^2-x_n^2-2(x_2-x_n)x+y_2^2-y_n^2-2(y_2-y_n)y=d_2^2-d_n^2\\\qquad\vdots\\x_{n-1}^2-x_n^2-2(x_{n-1}-x_n)x+y_{n-1}^2-y_n^2-2(y_{n-1}-y_n)y=d_{n-1}^2-d_n^2\end{cases}\tag{5.40}$$

式(5.40)用线性方程组表示为 $\boldsymbol{AX}=\boldsymbol{b}$，其中

$$\boldsymbol{A}=\begin{bmatrix}2(x_1-x_n) & 2(y_1-y_n)\\2(x_2-x_n) & 2(y_2-y_n)\\\vdots & \vdots\\2(x_{n-1}-x_n) & 2(y_1-y_n)\end{bmatrix},\ \boldsymbol{b}=\begin{bmatrix}x_1^2-x_n^2+y_1^2-y_n^2+d_n^2-d_1^2\\x_2^2-x_n^2+y_2^2-y_n^2+d_n^2-d_2^2\\\vdots\\x_{n-1}^2-x_n^2+y_{n-1}^2-y_n^2+d_n^2-d_{n-1}^2\end{bmatrix},\ \boldsymbol{X}=\begin{bmatrix}x\\y\end{bmatrix}$$

使用标准的最小均方差估计法可以得到节点 M 的坐标为

$$\hat{\boldsymbol{X}} = (\boldsymbol{A}^{\mathrm{T}}\boldsymbol{A})^{-1}\boldsymbol{A}^{\mathrm{T}}\boldsymbol{b} \tag{5.41}$$

由于采用了多个节点的测量数据，测量误差对定位结果的影响得以减小。此方法定位精度高，但是计算量较大，对于能量有限、计算能力有限的无线传感器节点而言，无疑造成了能耗和计算的负担，因而需要寻求更为简单的替代算法。

5.4.3　最小最大法

除三边测量法和多边测量法外，最小最大法也是一种常用的节点定位法，其原理简单，计算简便，对距离误差不是很敏感，且对参与定位的锚节点数目没有一定要求，但使用较多的锚节点能获得更高的定位精度。

最小最大法试图构建待定位节点所在位置的限制区域。其具体做法是：以各锚节点为圆心，以其到待定位节点的距离测量值为半径，可得若干个圆，构造这些圆的外接矩形，且矩形的边分别平行于 x 坐标轴和 y 坐标轴。这些矩形重叠区域的中心即为待定位节点的估计位置，如图 5.13 所示。

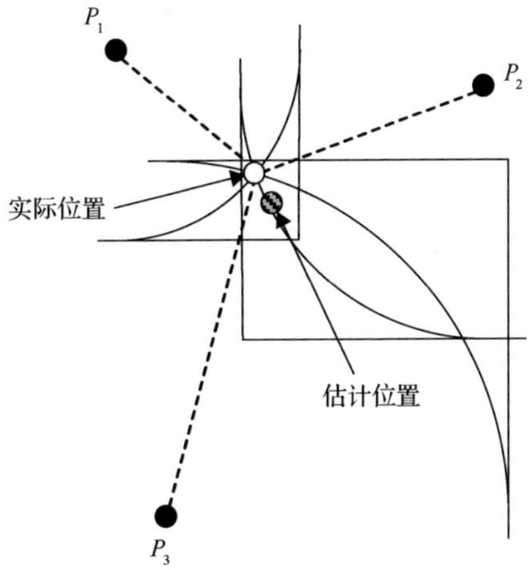

图 5.13　最小最大法

设各个外接正方形的边界分别为：左 $(x_i - d_i)$，右 $(x_i + d_i)$，上 $(y_i + d_i)$，下 $(y_i - d_i)$。此时，待定位节点 M 的位置估计为

$$x = \frac{\max(x_i - d_i) + \min(x_i + d_i)}{2} \tag{5.42}$$

$$y = \frac{\max(y_i - d_i) + \min(y_i + d_i)}{2} \tag{5.43}$$

最小最大法不同于三边测量法和多边测量法，它对测距误差不太敏感。此外，

其计算简便的特点也使得该方法在许多场景中得到应用。

5.4.4 三点几何法

1. 基本原理

三点几何法的提出基于以下经验论断：

通过大量的实验发现，当锚节点到待定位节点的距离一定时，三个锚节点包围待定位节点，或增大锚节点间距，可减小定位误差。

下面通过统计实验证明以上论断。为了屏蔽测距误差的影响，设各锚节点到待定位节点的距离恒定，由此构成三个位置圆。固定其中两个锚节点 A、B，使锚节点 C 在其对应的圆上移动，则这三个锚节点与待定位节点的相对位置关系不断变化。

首先固定锚节点 A（见图 5.14），那么锚节点 B 的位置无外乎两种情况，即在第一象限或第四象限，第二象限和第三象限可由第一象限、第四象限映射得到（见图 5.15）。

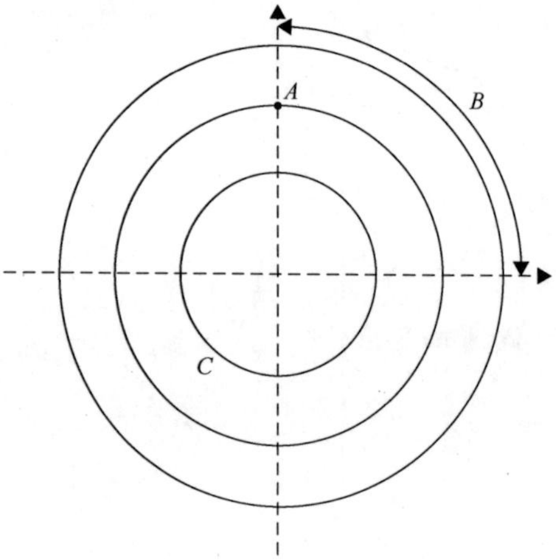

(a) 锚节点 B 在第一象限

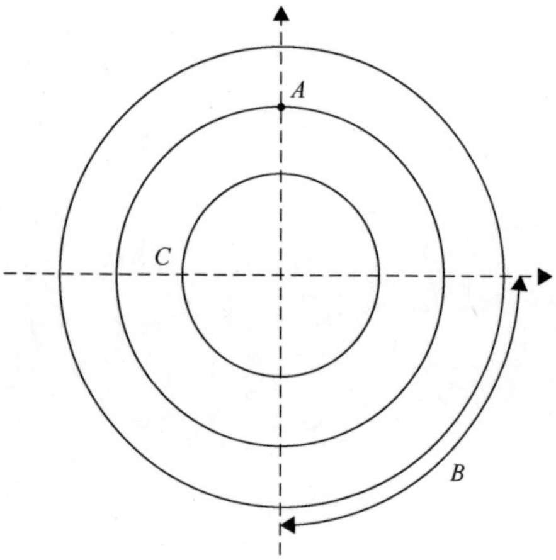

(b) 锚节点 B 在第四象限

图 5.14　锚节点与待定位点的位置关系图

使锚节点 C 在其对应的圆上从 1°变化到 360°，那么对应以上两个位置图的定位误差曲线如图 5.15 所示。

由图 5.15 可见，对于图 5.14(a)，锚节点 C 在第三象限时定位误差最小；对于图 5.14(b)，锚节点 C 在第二象限、第四象限时定位误差最小。锚节点 C 在这些象限内取值时，有一个共同的特点，即能使锚三角形将待定位节点包围。由此说明，当锚节点三角形包围待定位节点时，可减小定位误差。

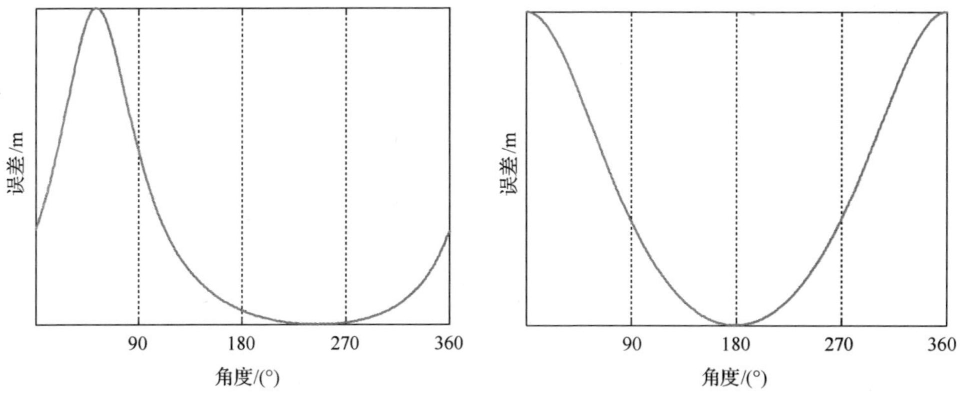

(a) 锚节点 B 在第一象限　　(b) 锚节点 B 在第四象限

图 5.15　锚节点 C 不同取值下的定位误差

以图 5.14(a)的情况为例，锚节点 C 在第三象限内取值能使锚三角形包围待定位节点，而此时的节点间距(指三个锚节点间距之和)也比 C 在其他象限时的节点间距要大。

对图 5.14(a)中的锚节点取一组具体的参数值：$r_A=5$，θ_A=90°，$r_B=7$，$\theta_B=0$，$r_C=3$，并以此为例进行实验。

由图 5.16 可以看出，误差最小点和最大点与间距的最大值和最小值基本对应。将锚节点参数取多组不同的值进行多次实验，均有类似结果。

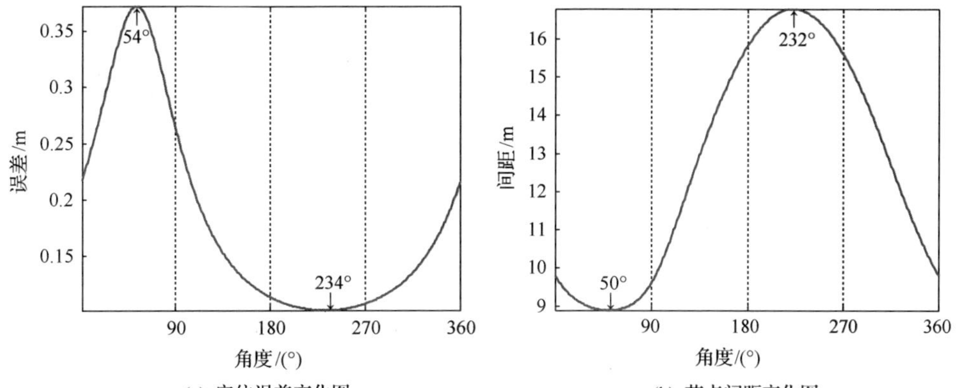

(a) 定位误差变化图　　(b) 节点间距变化图

图 5.16　锚节点 B 在第一象限时定位误差与节点间距的关系

对图 5.14(b)中的锚节点取一组具体的参数值：$r_A=5$，θ_A=90°，$r_B=7$，θ_B=275°，$r_C=0.2$，见图 5.17(a)和(b)。

图 5.17 中，误差最小点和最大点与间距的最大值和最小值也基本对应。将锚节点参数取多组不同的值进行多次实验，也均有类似结果。

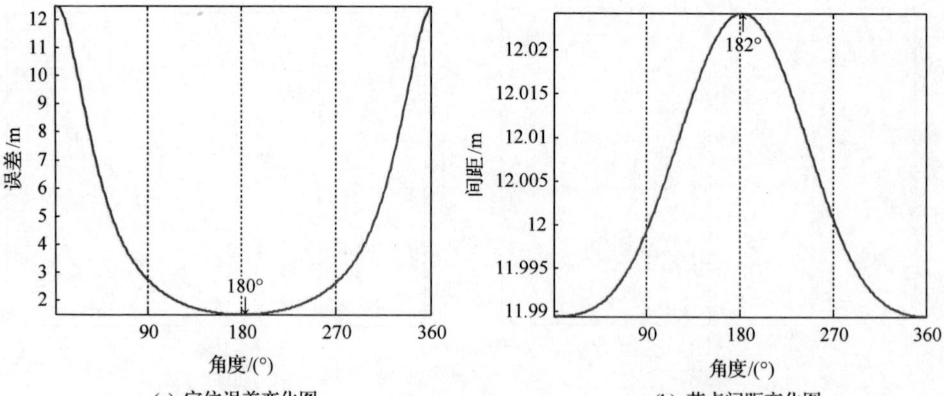

(a) 定位误差变化图　　(b) 节点间距变化图

图 5.17　锚节点 B 在第四象限时定位误差与节点间距的关系

以上统计实验及分析，验证了在锚节点到待定位点距离恒定的情况下，锚节点三角形将待定位点包围，或增大锚节点间距可减小定位误差。

2. 基于面积和原理节点选择

由三点几何法阐述可知，每次定位仅需三个锚节点。如何选择这三个锚节点，使其围成的几何三角形能将待定位节点包围在内，可根据面积和原理来判定三个锚节点与待定位节点的位置关系[20]。

如图 5.18 所示，如果 $\triangle PAB$、$\triangle PAC$ 和 $\triangle PBC$ 的面积之和与 $\triangle ABC$ 的面积相等，那么可判定点 P 在 $\triangle ABC$ 内(包括在三条边上)。

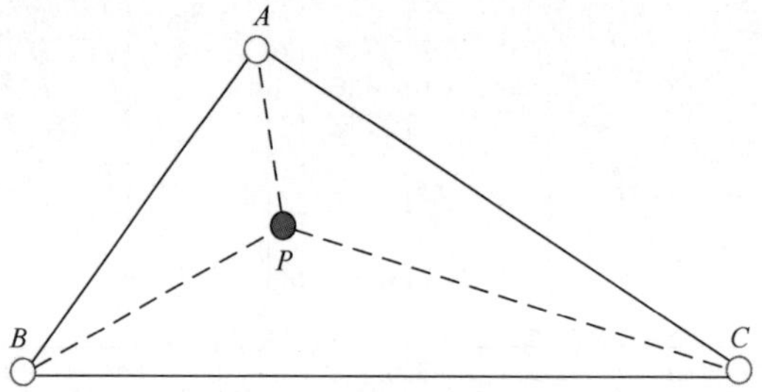

图 5.18　面积和原理示意图

$\triangle ABC$ 的面积可用下式计算，其中 (x_A,y_A)、(x_B,y_B) 和 (x_C,y_C) 分别为三顶点 A、B 和 C 的坐标：

$$S_{\triangle ABC}=\frac{x_Ay_B+x_By_C+x_Cy_A-y_Ax_B-y_Bx_C-y_Cx_A}{2} \tag{5.44}$$

因此，面积和原理可用公式表示为

$$
\begin{aligned}
&\frac{x_A y_B + x_B y_P + x_P y_A - y_A x_B - y_B x_P - y_P x_A}{2} \\
&+\frac{x_A y_P + x_P y_C + x_C y_A - y_A x_P - y_P x_C - y_C x_A}{2} \\
&+\frac{x_P y_B + x_B y_C + x_C y_P - y_P x_B - y_B x_C - y_C x_P}{2} \\
&=\frac{x_A y_B + x_B y_C + x_C y_A - y_A x_B - y_B x_C - y_C x_A}{2}
\end{aligned}
\tag{5.45}
$$

设锚节点-待定位节点的位置关系指标δ为

$$
\begin{aligned}
\delta = &\frac{x_A y_B + x_B y_P + x_P y_A - y_A x_B - y_B x_P - y_P x_A}{2} \\
&+\frac{x_A y_P + x_P y_C + x_C y_A - y_A x_P - y_P x_C - y_C x_A}{2} \\
&+\frac{x_P y_B + x_B y_C + x_C y_P - y_P x_B - y_B x_C - y_C x_P}{2} \\
&-\frac{x_A y_B + x_B y_C + x_C y_A - y_A x_B - y_B x_C - y_C x_A}{2}
\end{aligned}
\tag{5.46}
$$

当$\delta=0$时，点P在$\triangle ABC$内；当$\delta>0$时，点P不在$\triangle ABC$内，且δ的值越大，点P离$\triangle ABC$越远。因此，在选择定位锚节点时，应令δ尽可能小，趋近于零。

不难知道，距离越远，测距过程中所受影响越大，测量值越不准确，最终导致定位结果不准确。前面讲到，当距离一定时，三个锚节点将待定位节点围在它们形成的几何三角形内，增大锚节点间距，也能减小定位误差，提高定位精度。因此，基于定位误差与锚节点-待定位点距离、锚节点间距及对待定位点的包围关系，建立如下节点选择的数学模型：

$$
c^* = \arg_c \min_{\substack{c\subset G \\ \text{且}|c|=3}} \left(\frac{(\delta+1)\left(\sum_c d\right)^2}{\mathrm{Itv}} \right) \tag{5.47}
$$

式中，c^*为选出的定位锚节点组合；G为可感知到待定位节点的锚节点集合，$c\subset G$且$|c|=3$表示c是集合G中任一包含三个元素的子集；$\sum_c d$为组合c中三个锚节点到待定位节点的距离之和；Itv 为这三个锚节点之间的间距和。

因此，基于面积和原理的三点几何定位法的节点选择准则直观上可描述为图 5.19 所示的形式。其中，A、B、H是可选锚节点中离待定位节点T最近的三个锚节点，通常情况下，为了节约能耗，选择 A、B、H 作为定位锚节点组合(由最近邻法所得)。然而，A、B、H 在目标的同一侧，没有包围目标，由前所述，此时定位精度较低。再来考察锚节点 C、D，虽然节点 C、D 距目标稍远，但 H、C、D 构成的几何三角形将目标围在其中，定位精度更高。综合考虑精度与能耗的情况，应选择锚节点 C、D，而不选择 A、B。

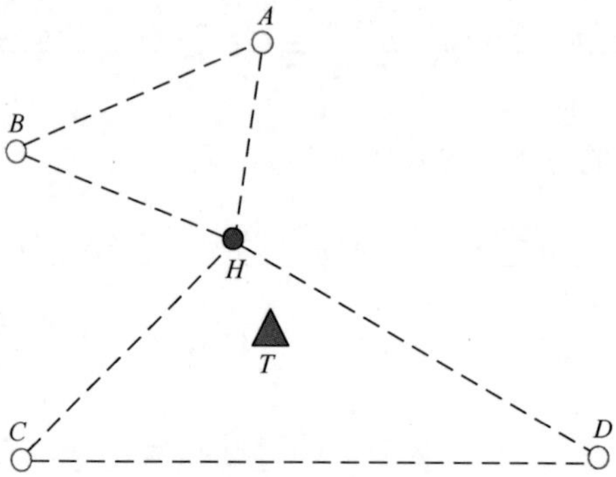

图 5.19　定位锚节点选择示意图

在选定了定位锚节点、获取了距离测量值以后，三点几何法采用与三边测量法相同的式(5.47)点的位置。

参 考 文 献

[1] 田雪怡. 多传感器数据关联与航迹融合技术研究[D]. 哈尔滨: 哈尔滨工程大学, 2012.

[2] 陈玉坤. 多模复合制导信息融合理论与技术研究[D]. 哈尔滨: 哈尔滨工程大学, 2007.

[3] 张国栋. 基于滑窗式置信度检测和改进 SVM 的量测数据预处理方法[J]. 系统工程与电子技术, 2013, 35(5): 930-934.

[4] Akojwar S G, Patrikar R M. Real time classifier for industrial wireless sensor network using neural networks with wavelet preprocessors[C]// IEEE International Conference on Industrial Technology, Mumbai, 2006: 512-517.

[5] Miele A, Street R E. Flight Mechanics, Volume 1: Theory of Flight Paths[M]. New York: Addison-Wesley, 1962.

[6] 赵志刚, 赵伟, 黄松岭. 多维测量结果不确定度评价方法初探[J]. 清华大学学报(自然科学版), 2007, 47(10): 1557-1561.

[7] 刘文宝. GIS 空间数据的不确定性理论[D]. 武汉: 武汉测绘科技大学, 1995.

[8] 诺维茨基, 佐格拉夫. 测量结果误差估计[M]. 康广庸等译. 北京: 中国计量出版社, 1990.

[9] 李大军, 程朋根, 龚健雅, 等. 多维随机变量的熵不确定度[J]. 计量学报, 2006, 27(3): 290-293.

[10] 边肇祺, 张学工. 模式识别[M]. 北京: 清华大学出版社, 2005.

[11] 傅祖芸. 信息论: 基础理论与应用[M]. 北京: 电子工业出版社, 2011.

[12] 华承昊, 窦丽华, 方浩. 多机器人最大熵博弈协同定位算法[J]. 国防科技大学学报, 2014, 36(2): 192-198.

[13] 张盛开, 张亚东. 现代对策(博弈)论与工程决策方法[M]. 大连: 东北财经大学出版社, 2005.

[14] 姜殿玉, 张盛开, 丁德文. 极大熵准则下 n 人非合作条件博弈的期望 Nash 均衡[J]. 系统工程, 2005, 23(11): 108-111.

[15] LAN/MAN Standards Committee of the IEEE Computer Society. SS95127 Part 15.4: Wireless Medium Access Control (MAC) and Physical Layer (PHY) Specifications for Low-Rate Wireless Personal Area Networks (LR-WPANS) [S]. New York: The Institute of Electrical and Electronics Engineers Inc., 2003.

[16] Wen S, Cai Z X, Hu X Q. Multi-objective optimization sensor node scheduling for target tracking in wireless sensor network[J]. High Technology Letters, 2014, 20(3): 267-273.

[17] Liu Y G, Xu B G, Feng L. Energy-balanced multiple-sensor collaborative scheduling for maneuvering target tracking in wireless sensor networks[J]. Journal of Control Theory and Applications, 2011, 9(1): 58-65.

[18] Hu X Q, Xu X G, Hu Y H. Generalized Kalman filter tracking with multiplicative measurement noise in a wireless sensor network[J]. IET Signal Processing, 2014, 8(5): 467-474.

[19] 杨旸. 传感器网络节点定位技术研究[D]. 杭州: 浙江大学, 2006.

[20] 文莎, 蔡自兴, 刘丽珏, 等. 无线传感器网络多目标跟踪中协同任务分配[J]. 中南大学学报(自然科学版), 2012, 43(8): 3031-3038.

第 6 章　基于视觉的目标跟踪技术

视觉跟踪作为一门基础研究为无人系统、行为识别、智能监控等高层次的应用研究提供数据来源，具有巨大的潜在市场和应用价值，受到国内外科研院所、高校等各行各业的广泛关注[1,2]。由于立体视觉的算法复杂而且可靠性低，因此当前视觉跟踪的研究主要集中在单目视觉跟踪。

视觉跟踪可以看成在连续的图像序列中根据目标运动模型和目标外观模型，寻找置信度最大的候选图像区域，视觉跟踪过程最终是通过外观模型来确定目标图像区域，因此建立一个具有自适应能力、准确的、区分性强的外观模型对视觉跟踪至关重要。在现实环境中目标物的外观通常受到光照变化、目标姿态变化、目标大小变化及部分遮挡等因素的影响，因此一个好的外观模型必须具有增量学习能力。

目前基于外观模型学习的目标跟踪算法主要分为三大类：基于生成模型的跟踪算法、基于判决模型的跟踪算法，以及基于生成模型和判决模型相结合的联合模型跟踪算法。基于生成模型的跟踪算法首先根据目标样本的分布来学习一个描述目标的生成模型，然后通过生成模型寻找与目标相似度最大的区域，生成模型的优点是能够反映同类样本的分布，具有较好的跟踪精度和跟踪鲁棒性，缺点是对目标和背景的区分能力不足，容易受到与目标相似背景的干扰。基于判决模型的跟踪算法把跟踪看成一个如何区分目标和背景的二分类问题，根据目标和背景的最优分类面进行跟踪，判决模型的优点是反映了不同类别数据之间的差异，缺点是不能反映训练数据本身的特性。在复杂的背景环境下，由于背景样本的不完备、不准确和相对复杂，基于判决模型的跟踪算法很难准确建立目标和背景的决策边界。

本章选用三种增量外观模型的目标跟踪算法进行研究，包括基于增量 PCA、基于稀疏表达和基于增量度量学习的外观模型，这三种模型都属于生成模型。本章首先针对基于增量 PCA 和基于稀疏表达这两种外观模型各自的不足进行改进，分别提出基于时序特性的增量 PCA 目标跟踪算法和基于多级字典稀疏表达的目标跟踪算法；然后提出一种融合多增量外观模型的目标跟踪算法，该算法融合基于时序特性增量 PCA、基于多级字典稀疏表达和基于增量度量学习三种外观模型进行目标跟踪。融合后的算法能够弥补单个增量外观模型的不足，提高跟踪的稳定性和精确度。

6.1　基于时序特性的增量 PCA 目标跟踪算法

本节改进基于增量 PCA 的目标跟踪算法，提出一种基于时序特性的增量 PCA 目标跟踪算法。本节的内容结构如下：6.1.1 节介绍增量 PCA 的基本概念和原理；6.1.2 节介绍基于增量 PCA 的目标跟踪算法的基本概念和原理；6.1.3 节介绍改进的观测模型；6.1.4 节介绍改进的特征子空间模型的更新算法；综合 6.1.3 节和 6.1.4 节的内容，6.1.5 节介绍基于时序特性的增量 PCA 的目标跟踪算法具体步骤。

6.1.1　增量 PCA 简介

图像区域通常是高维向量数据，包含大量冗余信息及噪声信息。PCA 通过一组正交向量基，将高维图像数据线性映射到低维子空间，从而获取目标模板内部的本质结构特征和分布特征。因此，PCA 反映了目标样本在低维流行中的分布特性，减少了冗余信息的噪声所造成的误差，简化问题的复杂度。

PCA 可以从多元事物中解析出主要影响因素，揭示事物的本质。在信号处理中认为信号具有较大的方差，噪声有较小的方差，方差大的特征往往能够保留数据最重要的方面，可以在很大程度上反映原来变量的影响[3]。PCA 本质是通过某种线性投影，将高维数据映射到低维空间中进行表示，期望在所投影的维度上数据的方差最大，并且这些新变量是正交的。协方差矩阵表示向量之间的相互关系信息，进行 PCA 处理就是求协方差的特征值和特征向量。

$$\boldsymbol{A}=\frac{1}{m-1}\sum_{i}^{m}\left(\boldsymbol{x}_i-\overline{\boldsymbol{x}}\right)\left(\boldsymbol{x}_i-\overline{\boldsymbol{x}}\right)^{\mathrm{T}} \tag{6.1}$$

式中，$\boldsymbol{x}_i$ 为第 i 个高维样本数据；$\overline{\boldsymbol{x}}$ 为数据的样本均值；$\boldsymbol{A}$ 为样本数据的协方差矩阵。

每当有新的样本数据被获取时，PCA 算法都将重新计算主成分，使得算法的运算速度随着样本数据的增加而降低，因此增量 PCA 作为一种加快 PCA 算法运算速度的有效改进算法被提出。首先，假设有一个 $n\times d$ 的数据矩阵 $\boldsymbol{A}=(\boldsymbol{I}_1,\boldsymbol{I}_2,\cdots,\boldsymbol{I}_n)$，其中每一个列元素 $\boldsymbol{I}_i$ 是一个观测值，在本书中指的是一个 d 维的图像向量，对 $\boldsymbol{A}$ 进行奇异值分解 $\boldsymbol{A}=\boldsymbol{U}\boldsymbol{\Sigma}\boldsymbol{V}^{\mathrm{T}}$。

当给出包含 m 个新的观测值的 $m\times d$ 的矩阵 $\boldsymbol{B}$ 时，增量 PCA 的目的就是对连接矩阵 $(\boldsymbol{A},\boldsymbol{B})$ 进行奇异值分解，即 $(\boldsymbol{A},\boldsymbol{B})=\boldsymbol{U}'\boldsymbol{\Sigma}'\boldsymbol{V}'^{\mathrm{T}}$。令 $\widetilde{\boldsymbol{B}}$ 为矩阵 $\boldsymbol{B}$ 的一部分，并且 $\widetilde{\boldsymbol{B}}$ 和 $\boldsymbol{U}$ 正交，那么可以用分块矩阵的形式表示连接矩阵 $(\boldsymbol{A},\boldsymbol{B})$，如式(6.2)所示：

$$\begin{bmatrix} \boldsymbol{A} & \boldsymbol{B} \end{bmatrix} = \begin{bmatrix} \boldsymbol{U} & \widetilde{\boldsymbol{B}} \end{bmatrix} \begin{bmatrix} \boldsymbol{\Sigma} & \boldsymbol{U}^{\mathrm{T}}\boldsymbol{B} \\ \boldsymbol{0} & \widetilde{\boldsymbol{B}}^{\mathrm{T}}\boldsymbol{B} \end{bmatrix} \begin{bmatrix} \boldsymbol{V}^{\mathrm{T}} & \boldsymbol{0} \\ \boldsymbol{0} & \boldsymbol{I} \end{bmatrix} \tag{6.2}$$

令 $\boldsymbol{R} = \begin{bmatrix} \boldsymbol{\Sigma} & \boldsymbol{U}^{\mathrm{T}}\boldsymbol{B} \\ \boldsymbol{0} & \widetilde{\boldsymbol{B}}^{\mathrm{T}}\boldsymbol{B} \end{bmatrix}$，那么 $\boldsymbol{R}$ 是一个 $k+m$ 的方阵，k 是矩阵 $\boldsymbol{\Sigma}$ 的奇异值个数，对 $\boldsymbol{R}$ 进行奇异值分解 $\boldsymbol{R} = \widetilde{\boldsymbol{U}}\widetilde{\boldsymbol{\Sigma}}\widetilde{\boldsymbol{V}}^{\mathrm{T}}$。因此，连接矩阵 $(\boldsymbol{A},\boldsymbol{B})$ 的奇异值分解如式(6.3)所示：

$$\begin{bmatrix} \boldsymbol{A} & \boldsymbol{B} \end{bmatrix} = \left(\begin{bmatrix} \boldsymbol{U} & \widetilde{\boldsymbol{B}} \end{bmatrix} \widetilde{\boldsymbol{U}} \right) \widetilde{\boldsymbol{\Sigma}} \left(\widetilde{\boldsymbol{V}}^{\mathrm{T}} \begin{bmatrix} \boldsymbol{V}^{\mathrm{T}} & \boldsymbol{0} \\ \boldsymbol{0} & \boldsymbol{I} \end{bmatrix} \right) \tag{6.3}$$

由于增量 PCA 着重于使用新的观测数据计算和更新矩阵 $\boldsymbol{U}'$、$\boldsymbol{\Sigma}'$、$\boldsymbol{V}'$，因此可以使用序列卡-洛变换算法对上述矩阵进行计算，序列卡-洛变换算法的具体过程如算法 6.1 所示[4]。

算法 6.1　序列卡-洛变换算法

对 $\boldsymbol{A}$ 进行奇异值分解得到 $\boldsymbol{U}$ 和 $\boldsymbol{\Sigma}$，对 $(\boldsymbol{A},\boldsymbol{B})$ 进行奇异值分解得到 $\boldsymbol{U}'$ 和 $\boldsymbol{\Sigma}'$。

1.对 $\boldsymbol{U\Sigma B}$ 运行 QR 分解得到 $\widetilde{\boldsymbol{B}}$ 和 $\boldsymbol{R}$，$\begin{bmatrix} \boldsymbol{U} & \widetilde{\boldsymbol{B}} \end{bmatrix}\boldsymbol{R} \overset{\mathrm{QR}}{=} \boldsymbol{U\Sigma B}$；

2.对 $\boldsymbol{R}$ 进行奇异值分解：$\boldsymbol{R} \overset{\mathrm{SVD}}{=} \widetilde{\boldsymbol{U}}\widetilde{\boldsymbol{\Sigma}}\widetilde{\boldsymbol{V}}^{\mathrm{T}}$；

3.$\boldsymbol{U}' = \begin{bmatrix} \boldsymbol{U} & \widetilde{\boldsymbol{B}} \end{bmatrix}\widetilde{\boldsymbol{U}}$ 且 $\boldsymbol{\Sigma}' = \widetilde{\boldsymbol{\Sigma}}$。如果 $\boldsymbol{U}'$ 中所需的特征向量的个数少于奇异值的个数，那么将多余的特征向量和奇异值舍弃。

为了提高算法 6.1 的运算速度，可以不用计算 $\boldsymbol{U\Sigma B}$ 的 QR 分解，而是直接计算 $\widetilde{\boldsymbol{B}}$ 和 $\boldsymbol{R}$，如下所示：

$$\widetilde{\boldsymbol{B}} = \mathrm{orth}(\boldsymbol{B} - \boldsymbol{U}\boldsymbol{U}^{\mathrm{T}}\boldsymbol{B}) \tag{6.4}$$

$$\boldsymbol{R} = \begin{bmatrix} \boldsymbol{\Sigma} & \boldsymbol{U}^{\mathrm{T}}\boldsymbol{B} \\ \boldsymbol{0} & \widetilde{\boldsymbol{B}}(\boldsymbol{B} - \boldsymbol{U}\boldsymbol{U}^{\mathrm{T}}\boldsymbol{B}) \end{bmatrix} \tag{6.5}$$

式中，orth() 函数执行正交化运算，一般通过 QR 分解实现。这样避免了在整个矩阵 $\boldsymbol{U\Sigma B}$ 上做复杂的 QR 分解，提高了运算速度。相比使用所有观测数据的协方差矩阵进行奇异值分解，序列卡-洛变换算法的运算优点很明显，它的空间复杂度和时间复杂度为常数，与全部的观测数据的个数没有关系。

然而，序列卡-洛变换算法没有考虑的样本均值更新问题，在下面的增量 PCA 算法中得到了改进。改进的原理是，在每次更新特征向量时，用新的训练样本的一定比例来更新样本均值。设数据矩阵 $\boldsymbol{A}=(\boldsymbol{I}_1,\boldsymbol{I}_2,\cdots,\boldsymbol{I}_n)$，$\boldsymbol{B}=(\boldsymbol{I}_{n+1},\boldsymbol{I}_{n+2},\cdots,\boldsymbol{I}_{n+m})$，$\boldsymbol{C}=(\boldsymbol{A},\boldsymbol{B})$。$\boldsymbol{A}$、$\boldsymbol{B}$、$\boldsymbol{C}$ 的均值和散射矩阵分别为 $\overline{\boldsymbol{I}_A}$、$\overline{\boldsymbol{I}_B}$、$\overline{\boldsymbol{I}_C}$ 和 $\boldsymbol{S}_A$、$\boldsymbol{S}_B$、$\boldsymbol{S}_C$。容易证明

$$\boldsymbol{S}_C=\boldsymbol{S}_A+\boldsymbol{S}_B+\frac{nm}{n+m}\left(\overline{\boldsymbol{I}_B}-\overline{\boldsymbol{I}_A}\right)\left(\overline{\boldsymbol{I}_B}-\overline{\boldsymbol{I}_A}\right)^{\mathrm{T}} \tag{6.6}$$

散射矩阵的定义为数据矩阵的外积输出，如 $\boldsymbol{S}_B=\sum_{i=n+1}^{n+m}\left(\boldsymbol{I}_i-\overline{\boldsymbol{I}_B}\right)\left(\boldsymbol{I}_i-\overline{\boldsymbol{I}_B}\right)^{\mathrm{T}}$。因此，样本的散射矩阵与其协方差矩阵只有一个倍数的不同，$\boldsymbol{S}_B=m\operatorname{cov}(\boldsymbol{B})$。从中可以看到 $\left[\left(\overline{\boldsymbol{I}_1}-\overline{\boldsymbol{I}_C}\right)\left(\overline{\boldsymbol{I}_2}-\overline{\boldsymbol{I}_C}\right)\cdots\left(\overline{\boldsymbol{I}_n}-\overline{\boldsymbol{I}_C}\right)\right]$ 的奇异值分解与水平连结的 $\left[\left(\overline{\boldsymbol{I}_1}-\overline{\boldsymbol{I}_A}\right)\left(\overline{\boldsymbol{I}_2}-\overline{\boldsymbol{I}_A}\right)\cdots\left(\overline{\boldsymbol{I}_n}-\overline{\boldsymbol{I}_A}\right)\right]\left[\left(\overline{\boldsymbol{I}_1}-\overline{\boldsymbol{I}_B}\right)\left(\overline{\boldsymbol{I}_2}-\overline{\boldsymbol{I}_B}\right)\cdots\left(\overline{\boldsymbol{I}_n}-\overline{\boldsymbol{I}_B}\right)\right]$ 的奇异值分解再加上增加的矢量 $\sqrt{\frac{nm}{n+m}}\left(\overline{\boldsymbol{I}_B}-\overline{\boldsymbol{I}_A}\right)$ 相等。

基于上述原理和算法 6.1 的框架，可以得出一种带有均值更新的增量 PCA 算法，如算法 6.2 所示[5]。

算法 6.2　增量 PCA 算法

输入：奇异值分解 $\left[\left(\overline{\boldsymbol{I}_1}-\overline{\boldsymbol{I}_A}\right)\left(\overline{\boldsymbol{I}_2}-\overline{\boldsymbol{I}_A}\right)\cdots\left(\overline{\boldsymbol{I}_n}-\overline{\boldsymbol{I}_A}\right)\right]$ 得到的 $\boldsymbol{U}$ 和 $\boldsymbol{\Sigma}$ 及 $\overline{\boldsymbol{I}_A}$、$n$、$\boldsymbol{B}$。

输出：计算 $\overline{\boldsymbol{I}_C}$ 及奇异值分解 $\left[\left(\overline{\boldsymbol{I}_1}-\overline{\boldsymbol{I}_C}\right)\left(\overline{\boldsymbol{I}_2}-\overline{\boldsymbol{I}_C}\right)\cdots\left(\overline{\boldsymbol{I}_n}-\overline{\boldsymbol{I}_C}\right)\right]$ 得到的 $\boldsymbol{U}'$ 和 $\boldsymbol{\Sigma}'$。

1.计算均值向量 $\overline{\boldsymbol{I}_B}=\frac{1}{m}\sum_{i=n+1}^{n+m}\boldsymbol{I}_i$ 和 $\overline{\boldsymbol{I}_C}=\frac{n}{n+m}\overline{\boldsymbol{I}_A}+\frac{m}{n+m}\overline{\boldsymbol{I}_B}$；

2.组合矩阵 $\widehat{\boldsymbol{B}}=\left[\left(\boldsymbol{I}_{m+1}-\overline{\boldsymbol{I}_B}\right)\cdots\left(\boldsymbol{I}_{n+m}-\overline{\boldsymbol{I}_B}\right)\sqrt{\frac{nm}{n+m}}\left(\overline{\boldsymbol{I}_B}-\overline{\boldsymbol{I}_A}\right)\right]$；

3.计算 $\widetilde{\boldsymbol{B}}=\operatorname{orth}(\widehat{\boldsymbol{B}}-\boldsymbol{U}\boldsymbol{U}^{\mathrm{T}}\widehat{\boldsymbol{B}})$ 和 $\boldsymbol{R}=\begin{bmatrix}\boldsymbol{\Sigma} & \boldsymbol{U}^{\mathrm{T}}\widehat{\boldsymbol{B}}\\ \boldsymbol{0} & \widetilde{\boldsymbol{B}}(\widehat{\boldsymbol{B}}-\boldsymbol{U}\boldsymbol{U}^{\mathrm{T}}\widehat{\boldsymbol{B}})\end{bmatrix}$；

4.对 $\boldsymbol{R}$ 进行奇异值分解，$\boldsymbol{R}=\widetilde{\boldsymbol{U}}\widetilde{\boldsymbol{\Sigma}}\widetilde{\boldsymbol{V}}^{\mathrm{T}}$；

5.$\boldsymbol{U}'=\left[\boldsymbol{U}\quad\widetilde{\boldsymbol{B}}\right]\widetilde{\boldsymbol{U}}$，$\boldsymbol{\Sigma}'=\widetilde{\boldsymbol{\Sigma}}$。

6.1.2 基于增量 PCA 目标跟踪算法简介

在进行 PCA 处理的基础上，Ross 等提出了一种基于增量 PCA 的增量视觉跟踪(incremental visual tracker，IVT)算法[5]，该算法利用一组正交的子空间特征向量表示目标模型，并实时增量地更新子空间模型以适应目标外观的变化。IVT 算法在跟踪过程中在线学习跟踪结果，更新表示目标的低维特征子空间，在目标外观缓慢变化情况下能取得较好的跟踪性能。

IVT 算法由三个模型组成，包括运动模型、观测模型和特征子空间更新模型。首先根据运动模型在当前图像中采集一组图像区域作为候选目标，然后根据观测模型计算候选目标的相似度，最后特征子空间更新模型利用算法 6.2 在线学习当前若干帧的跟踪结果，更新特征子空间模型，以保持对目标的描述能力。

IVT 算法是基于增量子空间的粒子滤波跟踪算法，将视觉跟踪问题看成一个隐马尔可夫模型。设状态变量 $\boldsymbol{x}_t$ 描述了视频图像中时刻 t 的目标位置和运动参数，给定一组目标图像的观测值 $\boldsymbol{I}_t=\{\boldsymbol{I}_1,\boldsymbol{I}_2,\cdots,\boldsymbol{I}_t\}$，$\boldsymbol{I}_i\in\mathbf{R}^d$ 是一个 d 维图像向量。视觉跟踪的本质是基于隐马尔可夫模型由观测样本序列 $\boldsymbol{I}_t$ 估计出目标的当前状态 $\boldsymbol{x}_t$ 的后验概率分布，如下所示：

$$p(\boldsymbol{x}_t\mid\boldsymbol{I}_t)\propto p(\boldsymbol{I}_t\mid\boldsymbol{x}_t)\int p(\boldsymbol{x}_t\mid\boldsymbol{x}_{t-1})p(\boldsymbol{x}_{t-1}\mid\boldsymbol{I}_{t-1})\mathrm{d}\boldsymbol{x}_{t-1} \tag{6.7}$$

式中，$p(\boldsymbol{x}_t\mid\boldsymbol{I}_t)$ 为根据图像观测值序列 $\boldsymbol{I}_t$ 推算出目标状态 $\boldsymbol{x}_t$ 的概率密度；$p(\boldsymbol{I}_t\mid\boldsymbol{x}_t)$ 为观测模型；$p(\boldsymbol{x}_t\mid\boldsymbol{x}_{t-1})$ 为相邻时刻目标状态间的运动模型。在图像中可以用 6 个仿射参数表示目标状态 $\boldsymbol{x}_t$，即 $\boldsymbol{x}_t=(u_t,v_t,\theta_t,s_t,\alpha_t,\phi_t)$，这 6 个仿射参数分别表示在时间 t 目标中心位置的 x 坐标和 y 坐标、旋转角度、比例、纵横比和倾斜方向。

目标状态 $\boldsymbol{x}_t$ 中的各个参数均服从高斯分布且相互独立，因此运动模型服从高斯分布的概率转移函数，如下所示：

$$p(\boldsymbol{x}_t\mid\boldsymbol{x}_{t-1})=N(\boldsymbol{x}_t;\boldsymbol{x}_{t-1},\boldsymbol{\varPsi}) \tag{6.8}$$

式中，$\boldsymbol{\varPsi}$ 为一协方差对角矩阵，对角线上的元素为各个仿射参数的方差。

观测样本属于目标的概率与观测样本到特征子空间中心 $\boldsymbol{\mu}$ 的距离 d 成反比。距离 d 分为两部分：观测样本到特征子空间的距离 d_t，以及在特征空间内估计观测样本到特征子空间中心的距离 d_w。因此，可以推出观测模型的表达式，如下所示：

$$p(\boldsymbol{I}_t\mid\boldsymbol{x}_t)=p_{d_t}(\boldsymbol{I}_t\mid\boldsymbol{x}_t)p_{d_w}(\boldsymbol{I}_t\mid\boldsymbol{x}_t)=N\left(\boldsymbol{I}_t;\boldsymbol{m},\boldsymbol{U}\boldsymbol{U}^{\mathrm{T}}+\varepsilon\boldsymbol{I}\right)N\left(\boldsymbol{I}_t;\boldsymbol{m},\boldsymbol{U}\boldsymbol{\varSigma}^{-2}\boldsymbol{U}^{\mathrm{T}}\right) \tag{6.9}$$

式中，$\boldsymbol{I}$ 为一个单位矩阵；$\varepsilon\boldsymbol{I}$ 为观测过程中的加性高斯噪声；$\boldsymbol{U}$ 为构成子空间

的基向量集；$\boldsymbol{\Sigma}$ 为 $\boldsymbol{U}$ 对应的奇异值矩阵。

为了提高子空间模型对目标物外观变化的适应性，IVT 算法采用可增量 PCA 算法更新特征子空间作为目标物的外观模型。随着跟踪过程的推进，在增量学习中早期观测数据的比重会不断增加而新观测数据的比重会降低，导致子空间模型不能适应目标外观的低维流行分布特性的变化。为了平衡新旧观测数据，IVT 算法在更新子空间模型时引入了遗忘比例因子 $f \in [0,1]$，在每次更新子空间模型时通过 f 对先前的奇异值和特征子空间均值进行修正，以减小先前样本在协方差矩阵和特征子空间均值的影响比重。

$$\boldsymbol{R} = \begin{bmatrix} f\boldsymbol{\Sigma} & \boldsymbol{U}^{\mathrm{T}}\widehat{\boldsymbol{B}} \\ 0 & \widetilde{\boldsymbol{B}}\left(\widehat{\boldsymbol{B}} - \boldsymbol{U}\boldsymbol{U}^{\mathrm{T}}\widehat{\boldsymbol{B}}\right) \end{bmatrix} \tag{6.10}$$

$$\overline{\boldsymbol{I}}_C = \frac{fn}{fn+m}\overline{\boldsymbol{I}}_A + \frac{m}{fn+m}\overline{\boldsymbol{I}}_B \tag{6.11}$$

目前基于 IVT 算法的扩展研究非常多[6-13]，主要集中在以下方面进行改进。文献[6]和[7]在 IVT 算法基础上赋予目标图像样本不同的权值，强调不同时刻获取的目标图像样本对子空间构造的不同影响程度，以及不同相似度的目标图像样本对子空间构造的不同影响程度。文献[8]中，首先在粒子滤波框架中分别根据 IVT 算法和基于稀疏表达跟踪算法计算候选目标的相似度，然后采用加权平均方式融合两种算法的跟踪结果，但是权重系数是固定常系数，不能适应复杂的环境。文献[9]使用增量 PCA 算法构建子空间的基向量作为稀疏字典中的目标模板，然后结合稀疏表达的分类原理进行目标跟踪。文献[10]基于尺度不变特征转换算法将图像分成若干区域，然后在所有局部特征区域通过 IVT 算法进行目标跟踪。文献[11]和[12]首先通过色彩、纹理、灰度、梯度方向直方图等特征分别使用 IVT 算法进行跟踪，然后通过加权平均方式融合多特征的跟踪结果并分别更新各自的子空间模型。

6.1.3　时序特性的观测模型

IVT 算法及其所有改进算法的观测模型只关注候选目标的相似性[5,6-13]，而忽略了子空间模型内目标外观变化的时间连续特性，一旦目标外观发生突变或者环境中存在相似背景，跟踪失败。针对 IVT 算法观测模型的不足，本节基于子空间模型中目标外观变化的时序性，把时序特性引入观测模型中，使得目标外观在子空间模型内的先验概率分布假设更为合理。

改进的观测模型建立在以下两个合理假设之上：①假设上一时刻，即 $t-1$ 时刻，目标跟踪的结果是可信的；②假设时间序列上相邻两帧跟踪结果在子空间模型上投影的变化不大。该算法通过改进目标外观的先验概率分布假设，使得目标外观发生突变或者环境中存在相似背景时，仍能进行鲁棒的目标跟踪，不出现发散现象。

式(6.7)中，将 $p(\boldsymbol{I}_t \mid \boldsymbol{x}_t)$ 作为观测模型需要满足某种假设条件，也就是说当给定 $\boldsymbol{x}_t$，在观测值 $\boldsymbol{I}_t$ 与 t 时刻以前的观测值 $\boldsymbol{I}_{t-1}$ 相互独立的条件下，观测模型 $p(\boldsymbol{I}_t \mid \boldsymbol{x}_t, \boldsymbol{I}_{t-1}) = p(\boldsymbol{I}_t \mid \boldsymbol{x}_t)$ 才成立。然而，对于 IVT 算法的子空间模型，严格来说这种假设条件并不成立，因此本书对原有的观测模型进行了改进，去除观测模型对这种假设条件的依赖。

设定 n 为候选目标的个数，$\boldsymbol{h}$ 表示图像向量 $\boldsymbol{I}$ 在子空间模型 $\boldsymbol{U}$ 上投影的系数向量，$\boldsymbol{h}_t$ 表示时刻 t 图像向量 $\boldsymbol{I}_t$ 在子空间模型 $\boldsymbol{U}$ 上投影的系数向量，$\boldsymbol{h}_t^i$ 表示图像向量 $\boldsymbol{I}_t^i$ 在子空间模型 $\boldsymbol{U}$ 上投影的系数向量。

对于时刻 t 的图像，首先根据运动模型式(6.8)随机产生一组候选目标的状态集合 $\left\{\boldsymbol{x}_t^1, \boldsymbol{x}_t^2, \cdots, \boldsymbol{x}_t^n\right\}$，与之对应 $\left\{\boldsymbol{I}_t^1, \boldsymbol{I}_t^2, \cdots, \boldsymbol{I}_t^n\right\}$ 为一组图像观测样本集合。根据上述假设①，针对任一个候选目标 $\boldsymbol{x}_t^i$ 可以得出改进后的观测模型为 $p\left(\boldsymbol{I}_t^i \mid \boldsymbol{x}_t^i, \boldsymbol{h}_{t-1}\right)$，因为本书认为在 $t-1$ 时刻目标跟踪的结果是正确的，所以基于隐马尔可夫模型的原理在观测模型中引入变量 $\boldsymbol{h}_{t-1}$ 替换观测模型 $p(\boldsymbol{I}_t \mid \boldsymbol{x}_t, \boldsymbol{I}_{t-1})$ 中的 $\boldsymbol{I}_{t-1}$ 来简化观测模型是比较合理的，如式(6.12)所示。

本书提出的基于时序特性的观测模型的推导过程如式(6.12)所示。首先，引入变量 $\boldsymbol{h}$，根据全概率公式可以得出式(6.12)中的第一步推导；然后，根据 PCA 特征子空间中概率分布的计算原理，认为除将 $\boldsymbol{h}$ 为 $\boldsymbol{h}_t^i$ 的子项保留，其他 $\boldsymbol{h}$ 对应的 $p\left(\boldsymbol{I}_t^i \mid \boldsymbol{h}^j, \boldsymbol{x}_t^i, \boldsymbol{h}_{t-1}\right)$ 很小，不予考虑，因此可以得出式(6.12)中的第二步推导；最后，若给定 $\boldsymbol{h}_t^i$，则 $\boldsymbol{I}_t^i$ 与 $\boldsymbol{x}_t^i$ 和 $\boldsymbol{h}_{t-1}$ 相互独立；若给定 $\boldsymbol{h}_{t-1}$，则 $\boldsymbol{h}_t^i$ 和 $\boldsymbol{x}_t^i$ 相互独立，可以得出式(6.12)中的第三步推导。

$$
\begin{aligned}
p\left(\boldsymbol{I}_t^i \mid \boldsymbol{x}_t^i, \boldsymbol{h}_{t-1}\right) &= \sum_j p\left(\boldsymbol{I}_t^i \mid \boldsymbol{h}^j, \boldsymbol{x}_t^i, \boldsymbol{h}_{t-1}\right) p\left(\boldsymbol{h}^j \mid \boldsymbol{x}_t^i, \boldsymbol{h}_{t-1}\right) \\
&\cong p\left(\boldsymbol{I}_t^i \mid \boldsymbol{h}_t^i, \boldsymbol{x}_t^i, \boldsymbol{h}_{t-1}\right) p\left(\boldsymbol{h}_t^i \mid \boldsymbol{x}_t^i, \boldsymbol{h}_{t-1}\right) \\
&= p\left(\boldsymbol{I}_t^i \mid \boldsymbol{h}_t^i\right) p\left(\boldsymbol{h}_t^i \mid \boldsymbol{h}_{t-1}\right)
\end{aligned}
\tag{6.12}
$$

$$
\begin{cases}
\boldsymbol{h}_{t-1} = \boldsymbol{U}^{\mathrm{T}} \left(\underset{\boldsymbol{I}_{t-1}^i}{\arg\max}\, p\left(\boldsymbol{x}_{t-1}^i \mid \boldsymbol{I}_{t-1}^i\right) - \boldsymbol{\mu} \right), \quad i = 1, 2, \cdots, n \\
\boldsymbol{h}_t^i = \boldsymbol{U}^{\mathrm{T}} \left(\boldsymbol{I}_t^i - \boldsymbol{\mu} \right)
\end{cases}
\tag{6.13}
$$

IVT 算法中式(6.9)对应的观测模型 $p\left(\boldsymbol{I}_t \mid \boldsymbol{x}_t\right)$ 只包含式(6.12)对应的观测模型的第一子项部分 $p\left(\boldsymbol{I}_t^i \mid \boldsymbol{h}_t^i\right)$，然而目标外观的先验概率分布被简单设置为 1，即式(6.12)的第二子项部分 $p\left(\boldsymbol{h}_t^i \mid \boldsymbol{h}_{t-1}\right)$。因此，一旦目标外观不符合子空间模型或者子空间模型对目标和背景的区分性很低，跟踪失败。本书的观测模型充分考虑到目标外观变化的时间连续特性，即上述的假设②，使用时间序列上相邻两帧跟踪结果在子空间模型中重构的差异作为子空间模型中目标外观的先验概率分布 $p\left(\boldsymbol{h}_t^i \mid \boldsymbol{h}_{t-1}\right)$ 的度量准则，构建更有效的观测模型。在特征子空间模型中，式(6.12)中的 $p\left(\boldsymbol{I}_t^i \mid \boldsymbol{h}_t^i\right)$ 和 $p\left(\boldsymbol{h}_t^i \mid \boldsymbol{h}_{t-1}\right)$ 可以由服从高斯分布的概率密度函数获得，如式(6.14)和式(6.15)所示：

$$p\left(\boldsymbol{I}_t^i \mid \boldsymbol{h}_t^i\right)=\exp\left(-\left\|\left(\boldsymbol{I}_t^i-\boldsymbol{\mu}\right)-\boldsymbol{U}\boldsymbol{U}^{\mathrm{T}}\left(\boldsymbol{I}_t^i-\boldsymbol{\mu}\right)\right\|^2\right) \tag{6.14}$$

$$p\left(\boldsymbol{h}_t^i \mid \boldsymbol{h}_{t-1}\right)=\exp\left(-\left\|\boldsymbol{U}\boldsymbol{h}_t^i-\boldsymbol{U}\boldsymbol{h}_{t-1}\right\|^2\right) \tag{6.15}$$

式中，μ 为特征空间中心。由于在观测模型中引入了目标外观变化的时间序列特性，因此当子空间模型与当前目标外观存在偏差时或者子空间模型对目标和背景的区分性降低时，本书的跟踪算法仍然能够凭借观测模型的时序特性保持鲁棒的跟踪。

6.1.4　特征子空间模型的更新

使用 PCA 算法进行数据分析的前提是假设数据集的分布在统计意义下具有全局线性结构，然而实际情况中很多数据集是非线性的，样本分布在一些不规则的碎片流上。仅仅依靠在观测模型中引入目标外观变化的时间序列特性(6.1.3 节)，只能在特征子空间模型还未出现较大偏差的短时间内保持稳定的跟踪。当目标外观的低维流行分布为非线性结构或者局部线性结构时，为了适应目标的外观变化，需要跟踪算法及时重新构建或者修正特征子空间模型。针对这一问题，当前 IVT 算法的一些改进算法采用将低维子空间模型构建成多个线性子空间模型，并且结合稀疏表达分类的原理进行目标跟踪[14-16]。但是，这些算法凭经验设置划分子空间的阈值，不可能满足各种目标形变和光照环境；同时非线性子空间模型增加了模型的复杂度，构建模型时容易出现过拟合。为此本书设计了一种评价子空间模型描述当前跟踪结果准确性的判决机制，通过自适应调整遗忘比例因子，平衡特征子空间模型的新旧观测数据比重，提高子空间模型对当前时刻跟踪结果的描述准确性。

在当前跟踪结果是正确的假设前提下，评价子空间模型是否准确描述当前时刻的跟踪结果，从图像观测的角度来看本质上就是评估当前跟踪结果区域（本书中指的是基于 6.1.3 节的观测模型获取的跟踪结果）和基于子空间模型相似度最大区域之间重叠部分的比例大小，重叠区域比例越大表明当前跟踪结果与模型之间的符合程度越高。因此，本书根据使用式(6.12)新的观测模型估计的目标中心位置和使用式(6.9)原有观测模型估计的目标中心位置之间的差异，判断子空间模型的可靠性。当两者中心位置之间的差异越大时，表明重叠区域比例越小，模型的可靠性越低，应该尽快更新模型抛弃旧样本的知识来适应目标和环境变化，因此给遗忘比例因子设置较大值；当两者的中心位置之间的差异越小时，表明重叠区域比例越大，模型的可靠性越高，应该尽量保存旧样本的知识来维持模型对目标外观描述的精确性，因此给遗忘比例因子设置较小值。

假设在第 t 帧图像中使用式(6.12)新的观测模型估计的目标中心位置为 $\boldsymbol{l}_t^{\mathrm{n}}=\left(u_t^{\mathrm{n}},v_t^{\mathrm{n}}\right)^{\mathrm{T}}$，使用式(6.9)原有观测模型估计的目标中心位置为 $\boldsymbol{l}_t^{\mathrm{o}}=\left(u_t^{\mathrm{o}},v_t^{\mathrm{o}}\right)^{\mathrm{T}}$，单位为像素。根据 $\boldsymbol{l}_t^{\mathrm{n}}$ 和 $\boldsymbol{l}_t^{\mathrm{o}}$ 之间最大的坐标偏差 e_t 来判断当前跟踪结果与模型之间的符合程度，并依此自适应调整遗忘比例因子 f_t，如式(6.16)和式(6.17)所示。其中，T_1 和 T_2 分别表示接受和拒绝当前子空间模型的阈值，本书中分别设置参数 $T_1=10$、$T_2=30$、$\omega_1=0.95$、$\omega_2=0.5$。

最后，根据当前跟踪结果的相似度，即式(6.9)的 $p\left(\boldsymbol{I}_t\mid\hat{\boldsymbol{x}}_t\right)$ 来判断新的观测样本的可信程度，$\hat{\boldsymbol{x}}_t$ 为 t 时刻的跟踪结果。当式(6.9)的 $p\left(\boldsymbol{I}_t\mid\hat{\boldsymbol{x}}_t\right)>\gamma$ 时，使用新的观测样本 $\hat{\boldsymbol{x}}_t$ 对子空间模型进行更新，否则不更新子空间模型，其中 γ 表示是否接受新样本更新子空间模型的阈值，本书中设置参数 $\gamma=0.9$。

$$e_t=\max\left(\left|u_t^{\mathrm{n}}-u_t^{\mathrm{o}}\right|,\left|v_t^{\mathrm{n}}-v_t^{\mathrm{o}}\right|\right) \tag{6.16}$$

$$f_t=\begin{cases}\omega_1, & e_t\leqslant T_1\\ \omega_1-\dfrac{(\omega_1-\omega_2)(e_t-T_1)}{T_2-T_1}, & T_2<e_t\leqslant T_1\\ \omega_2, & e_t>T_2\end{cases} \tag{6.17}$$

6.1.5 基于时序特性的增量 PCA 目标跟踪算法具体步骤

综合上述两节对 IVT 算法进行的改进，本节提出一种基于时序特性的增量 PCA 的目标跟踪算法，具体步骤见算法 6.3。其中，$\left\{\omega_t^i\right\}_{i=1}^n$ 为候选目标 $\left\{\boldsymbol{x}_t^i\right\}_{i=1}^n$ 的粒子权重，n 为粒子滤波的粒子个数，子空间模型 $\boldsymbol{U}$ 和子空间均值 $\boldsymbol{\mu}$ 的更新步骤见算法 6.2、式(6.10)和式(6.11)。

算法 6.3　基于时序特性的增量 PCA 的目标跟踪算法

输入：图像 $\mathrm{Im}_1,\mathrm{Im}_2,\cdots,\mathrm{Im}_T$，粒子数 n，目标的初始状态 $\boldsymbol{x}_0$。
输出：每帧图像中目标的跟踪结果 $\hat{\boldsymbol{x}}_t$。
1.根据目标的初始状态 $\boldsymbol{x}_0$ 初始化子空间模型 $\boldsymbol{U}$、样本均值 $\boldsymbol{\mu}$；
2.for t=1,2,⋯,T　do
3.　根据运动模型 $p\left(\boldsymbol{x}_t^i \mid \boldsymbol{x}_{t-1}^i\right)$ 预测当前的粒子状态，并获取 $\left\{\boldsymbol{x}_t^i\right\}_{i=1}^n$ 对应的观测值 $\left\{\boldsymbol{I}_t^i\right\}_{i=1}^n$（式(6.9)）；
4.　计算 $\left\{\boldsymbol{x}_t^i\right\}_{i=1}^n$ 的权重 $\left\{\omega_t^i\right\}_{i=1}^n$；
5.　根据式(6.17)计算遗忘比例因子 f_t;
6.　取置信值最大的粒子作为跟踪结果 $\hat{\boldsymbol{x}}_t$，并根据 f_t 和 $\hat{\boldsymbol{x}}_t$ 更新子空间模型 $\boldsymbol{U}$ 和样本均值 $\boldsymbol{\mu}$；
7.　根据 $\left\{\omega_t^i\right\}_{i=1}^n$ 对粒子进行重采样以获取新的 $\left\{\boldsymbol{x}_t^i\right\}_{i=1}^n$。
8.end for

6.2　基于多级字典稀疏表达的目标跟踪算法

本节改进基于稀疏表达的目标跟踪算法[17]，提出一种基于多级字典稀疏表达的目标跟踪算法。本节的内容结构如下：6.2.1 节介绍基于稀疏表达的目标跟踪算法的基本概念和原理；6.2.2 节提出一种基于多级字典稀疏表达的目标跟踪算法，并且对该算法的动机、基本原理和算法进行详细阐述。

6.2.1　基于稀疏表达的目标跟踪简介

通常目标外观模型的构建需要将目标的特征信息进行降维，通过将原始的高维数据映射到低维流行空间中进行学习和分析，利用低维流行空间中样本集的结构特性和分布特性对目标外观模型进行构建。这种建模方式需要大量完整的训练样本集合，而在实际问题中很难获取完整的训练样本集合。另外，基于稀疏表达的目标外观模型中，外观模型的构建非常简单，只需要简单地将训练样本加入模板字典中，因而避免了目标外观模型的学习过程，降低了目标外观模型构建的代价。

稀疏表达应用到目标跟踪的前提是假设目标图像为稀疏信号。研究人员发现，尽管稀疏表示的优化模型是从信号重建的角度来设计的，但其表示结果在模式识别中都有良好的表现，基于稀疏表达的目标跟踪算法就是建立在稀疏表达强大的分类能力之上的。

Mei 等最先将稀疏表示引入目标跟踪领域，他们提出的基于稀疏表示的目标跟踪算法以粒子滤波器为框架，结合稀疏表示技术使候选目标能够投影到尽可能少的基函数上，选择具有最小重构误差的目标候选者作为目标跟踪结果[17]。假设样本集合存在于一个低维流行中，每个测试样本可以通过同一类别的少数几个训练样本线性表示，因此一个候选目标可以通过目标模板和琐碎模板的线性组合进行表示。对于一个好的候选目标，通过目标模板就能够进行有效的表示，而系数向量中对应琐碎模板的系数将趋向于 0，因此一个好的候选目标线性表示的系数向量应该是稀疏的。在目标被遮挡或者存在噪声时，尽管一些琐碎模板的系数不为 0，但是整个系数向量保持稀疏特性。反之，坏的候选目标的系数向量是密集的，非零元素个数较多。

给定目标模板集合 $\boldsymbol{T}=\left\{\boldsymbol{t}_1,\boldsymbol{t}_2,\cdots,\boldsymbol{t}_n\right\}\in\mathbf{R}^{d\times N}$，模板集合 $\boldsymbol{T}$ 中包含 N 个目标模板，每个目标模板 $\boldsymbol{t}_i\in\mathbf{R}^d$，一个候选目标 $\boldsymbol{y}$ 的稀疏表达 T_y 可以根据式(6.18)表示。其中，训练字典 $\boldsymbol{D}=\left(\boldsymbol{T},\boldsymbol{I},-\boldsymbol{I}\right)\in\mathbf{R}^{d\times(N+2d)}$，琐碎模板集合 $\boldsymbol{I}=\left\{\boldsymbol{i}_1,\boldsymbol{i}_2,\cdots,\boldsymbol{i}_d\right\}\in\mathbf{R}^{d\times d}$ 为单位矩阵，每一列 $\boldsymbol{i}_i\in\mathbf{R}^d$ 对应一个琐碎模板，$\boldsymbol{c}=(\boldsymbol{a},\boldsymbol{e})^{\mathrm{T}}\in\mathbf{R}^{N+2d}$ 为非负的稀疏系数向量，其中 $\boldsymbol{a}\in\mathbf{R}^N$ 为目标模板对应的稀疏系数，$\boldsymbol{e}\in\mathbf{R}^{2d}$ 为琐碎模板对应的稀疏系数，λ_1 和 λ_2 为常数。

$$T_y=\min_c\left\|\boldsymbol{y}-\boldsymbol{D}\boldsymbol{c}\right\|_2^2+\lambda_1\left\|\boldsymbol{c}\right\|+\frac{\lambda_2}{2}\left\|\boldsymbol{c}\right\|_2^2 \tag{6.18}$$

在时间 t 给定粒子状态 $\left\{\boldsymbol{x}_t^i\right\}_{i=1}^N$，粒子的观测值为 $\left\{\boldsymbol{y}_t^i\right\}_{i=1}^N$，相似度为 $p\left(\boldsymbol{y}_t^i\mid\boldsymbol{x}_t^i\right)$，$N$ 为粒子数目。每个粒子 $\boldsymbol{x}_t^i$ 的相似度如下所示：

$$p\left(\boldsymbol{y}_t^i\mid\boldsymbol{x}_t^i\right)\propto\exp\left(-\left\|\boldsymbol{y}_t^i-\boldsymbol{T}\boldsymbol{a}^i\right\|_2^2\right) \tag{6.19}$$

文献[17]的具体步骤为：首先建立一个过完备字典 $\boldsymbol{D}$，然后根据式(6.18)求解 L1 范数优化问题，最后依据残差的大小计算候选目标的相似度，如式(6.19)所示。该算法通过引入琐碎模板来减小目标被部分遮挡的影响。同时，稀疏表达直接从目标模板构建目标外观模型，省去了目标外观模型的学习过程。通过稀疏表达描述目标时，不受某一个具体的目标外观模型的约束，表达形式具有更大的自由度和灵活性，能够快速适应目标外观变化。

目前基于稀疏表达的跟踪算法的扩展研究非常多，其在相似背景、严重遮挡等各种干扰因素存在的环境中都取得较好的跟踪效果[18-20]。例如，文献[18]提出一种基于组稀疏表达和特征选择的目标跟踪算法，首先使用稀疏表达原理选择区分目标和背景性能最好的若干个特征，然后根据这些特征计算图像样本的组稀疏表达系数，最后根据重构误差估计图像样本的相似度。文献[19]提出了一种基于局部稀疏表达的目标跟踪算法，首先将图像样本分割成多个子区域并计算每个子区域的稀疏表达系数，然后利用局部稀疏表达系数构建直方图，最后通过均值偏移算法搜索目标。文献[20]提出一种基于结构局部稀疏模型的目标跟踪算法，结构局部稀疏表达包含了空间布局信息和局部目标信息，能够有效提高抗遮挡的能力。

6.2.2　多级目标模板字典的更新策略

基于稀疏表达理论，目标可以通过同一类别的少数几个目标模板来线性表示，较好地解决了目标遮挡、图像受损和目标外形的非线性结构低维流行问题。但是，基于稀疏表达跟踪的精度和稳定性严重依赖目标模板字典对当前目标外观的描述能力和准确度。因此，在跟踪过程中需要对目标模板字典进行不断更新以适应目标外观的变化，为此本章提出一种基于多级字典稀疏表达的目标跟踪算法，较好地解决了模板字典中有限的模板个数和无穷的目标样本之间的矛盾。

当前的模板字典更新策略主要存在以下两个问题：①由于目标的外观一般都会发生变化，因此目标模板需要实时更新[21]。若字典的样本更新过慢，则字典将不能适应目标在图像中的形态变化，降低跟踪结果的精度。②由于稀疏表达没有蕴含目标样本分布的统计信息，缺乏准确描述目标流行结构的能力，对错误的样本很敏感，因此若字典的样本更新过快，则容易将跟踪结果的背景部分引入字典中来，使得跟踪的“drift”问题变得更加严重，降低跟踪结果的稳定性。

通常稀疏表达字典的更新策略分为两种：替换模板[17,22]和字典学习[15,16,23]。这两种更新策略各有优缺点。字典学习策略通常使用单一线性模型进行学习，当目标外观的低维流行分布为非线性结构或者局部线性结构时，学习容易出现过拟合，不能很好地保持流行中的局部线性关系。传统的替换模板算法通常采用基于固定阈值的模板更新策略，不能适应目标外观的变化。因此，为了更合理地对模板字典进行更新，本章改进了基于固定阈值的替换模板策略，提出一种多级分层的目标模板字典及相应的更新策略。

假设将目标模板字典 $\boldsymbol{T}=\left(\boldsymbol{t}_1,\boldsymbol{t}_2,\cdots,\boldsymbol{t}_N\right)\in\mathbf{R}^{d\times N}$ 分为 n 层，每层由 m 个目标模板组成，$\boldsymbol{T}=\left(\boldsymbol{t}_{1,1},\cdots,\boldsymbol{t}_{1,m},\cdots,\boldsymbol{t}_{n,1},\cdots,\boldsymbol{t}_{n,m}\right)\in\mathbf{R}^{d\times N}$，$N=n\times m$，在每一层内部目标模板按照时间的先后顺序排列。使用每一帧的跟踪结果对模板字典进行更新时，遵循“先低层再高层，先层内再层间”的模板更新原则，使得每层内部相邻目标模板之间的时间跨度随层次的升高而逐层增大。因此，在多级分层的目标模板字典中，低层目标模板的快速更新保证了目标模板字典的实时性，同时高层目标模板的缓慢更新提高了目标模板字典的稳定性、多样性。

本章目标模板的具体更新策略遵循以下规则：①更新策略每次使用当前帧的跟踪结果去替换字典中第 1 级层次中最陈旧的目标模板；②当第 $k-1$ 级的目标模板全部被循环更新过一次时，在第 $k-1$ 级目标模板中选取一个与第 k 级目标模板差异性最大的目标模板作为替换模板 $\hat{\boldsymbol{y}}$，替换第 k 级层次中最陈旧的目标模板，其中 $k=2,3,\cdots,n$；③为了避免权重最大的目标模板被替换，每次更新字典时保留权重 $\left\{w_t^i\right\}_{i=1}^N$ 最大的目标模板的一个副本，字典模板的权重计算如式(6.20)所示：

$$w_t^i = w_{t-1}^i C_t^i \tag{6.20}$$

式中，w_t^i 表示 t 时间第 i 个粒子的权重；C_t^i 表示 t 时间跟踪结果对应的稀疏系数向量的第 i 个元素。

在上述更新策略的规则②中，替换模板的选取依据是与上级模板的差异性。首先利用稀疏表达的重构误差作为差异性的度量函数，然后选取重构误差最大的样本作为替换模板，具体计算差异度和选取替换模板的过程如下所述。

首先，把第 $k-1$ 级的目标模板看成测试样本 $\boldsymbol{Y}=\left(\boldsymbol{t}_{k-1,1},\boldsymbol{t}_{k-1,2},\cdots,\boldsymbol{t}_{k-1,m}\right)\in\mathbf{R}^{d\times m}$，把第 k 级目标模板看成训练样本 $\boldsymbol{A}=\left(\boldsymbol{t}_{k,1},\boldsymbol{t}_{k,2},\cdots,\boldsymbol{t}_{k,m}\right)\in\mathbf{R}^{d\times m}$，训练字典为 $\boldsymbol{D}=\left(\boldsymbol{A},\boldsymbol{I},-\boldsymbol{I}\right)$，$\boldsymbol{I}$ 的定义同 6.2.1 节；然后，利用训练样本对测试样本进行稀疏线性表达，由式(6.21)计算 $\boldsymbol{t}_{k-1,i}$ 的稀疏系数向量 $\boldsymbol{c}_i=(\boldsymbol{a}_i,\boldsymbol{e}_i)\in\mathbf{R}^{m+2d}$，其中 $\boldsymbol{a}_i\in\mathbf{R}^m$ 为 $\left(\boldsymbol{t}_{k,1},\boldsymbol{t}_{k,2},\cdots,\boldsymbol{t}_{k,m}\right)$ 对应的稀疏系数，$\boldsymbol{e}_i\in\mathbf{R}^{2d}$ 为琐碎模板对应的稀疏系数，λ_1 和 λ_2 为常数；最后，根据重构误差越大差异性越大的假设，由式(6.22)选取稀疏表达的重构误差最大的测试样本作为替换模板 $\hat{\boldsymbol{y}}$，去替换第 k 级层次中最陈旧的目标模板。

$$\min_{c_i}\left\|\boldsymbol{t}_{k-1,i}-\boldsymbol{D}\boldsymbol{c}_i\right\|_2^2+\lambda_1\left\|\boldsymbol{c}_i\right\|+\frac{\lambda_2}{2}\left\|\boldsymbol{c}_i\right\|_2^2 \tag{6.21}$$

$$\hat{\boldsymbol{y}}=\max_{t_{k-1,i}}\left\|\boldsymbol{t}_{k-1,i}-\boldsymbol{A}\boldsymbol{a}_i\right\|_2 \tag{6.22}$$

本章提出的多级目标模板字典的更新策略如算法 6.4 所示。

算法 6.4　多级目标模板字典的更新策略

输入：新跟踪到的目标 y，帧数 t，字典的层次数目 n，每层目标模板的数目 m。

输出：更新后的目标模板字典 T。

1.保留权重最大的目标模板；

2.for k=1,2,$\cdots$,n　do

3.　　if $k=1$ then

4.　　　　$\hat{y} \leftarrow y$

5.　　　　用 $\hat{y}$ 替换第 k 级中最陈旧的目标模板。

6.　　　　break /*结束更新*/。

7.　　end if

8.　　if $\mathrm{mod}(t, m^{k-1}) = 0$　then

9.　　　　将第 $k-1$ 级的目标模板看成测试样本 $Y = \left(t_{k-1,1}, t_{k-1,2}, \cdots, t_{k-1,m} \right) \in$ $\mathbf{R}^{d \times m}$；

10.　　　将第 k 级目标模板看成训练样本 $A = \left(t_{k,1}, t_{k,2}, \cdots, t_{k,m} \right) \in \mathbf{R}^{d \times m}$；

11.　　　对每个测试样本 $t_{k-1,i}$ 通过式(6.21)计算对应的稀疏系数 a_i；

12.　　　$\hat{y} \leftarrow \max_{t_{k-1,i}} \left\| t_{k-1,i} - A a_i \right\|_2$；

13.　　　用 $\hat{y}$ 替换第 k 级中最陈旧的目标模板；

14.　　else

15.　　　　break /*结束更新*/。

16.　　end if

17.end for

由算法 6.4 可知，目标模板字典每层内部的相邻目标模板平均时间跨度为 $m^{n-1}t$，其中 m 表示每层目标模板的数目，n 为目标模板所在层的级数，t 为图像的采样间隔。例如，设有 3 级目标模板，每层目标模板的数目为 10，那么第 1 级相邻目标模板平均时间跨度为 $10^0 t = t$，第 3 级相邻目标模板平均时间跨度为 $10^2 t = 100t$。

由于每层内部的相邻目标模板平均时间跨度随层次的升高而增大，因此低层相邻目标模板之间较小的时间跨度保证了模板更新的实时性，高层相邻目标模板之间较大的时间跨度提高了目标模板字典的稳定性、多样性。相比文献[17]中的算法，本章提出的目标模板更新策略不会因为频繁地引入新样本而造成字典中样本变化过快，保证了目标模板字典结构的稳定性；也不会因为过快淘汰旧样本而降低目标模板之间的差异性，保证了目标模板的多样性；同时该策略每次都将最新的跟踪结果作为目标模板加入字典中，保证了目标模板字典在时间序列上的实时性。

使用文献[17]中的稀疏表达算法，理论上对每个测试样本计算其稀疏表示的时间复杂度为 $O\left(d^2 + dm \right)$。本章使用的多级目标模板字典更新策略(即算法 6.4)的时间复杂度为 $O\left(mn \left(d^2 + dm \right) \right)$，其中 d 为目标模板的像素个数，即模板的向量维数，m 为每层目标模板的数目，n 为字典的层次数目。

利用上述的多级目标模板字典的更新策略，本章基于粒子滤波的跟踪框架，提出一种基于多级字典稀疏表达的目标跟踪策略，具体步骤如算法 6.5 所示。

算法 6.5　基于多级字典稀疏表达的目标跟踪策略

输入：图像 $I_1, I_2, \cdots, I_T$，粒子数 N，目标的初始状态 x_0。

输出：每帧图像中目标的跟踪结果 $\hat{x}_t$。

1. 根据目标的初始状态 x_0 初始化目标模板字典 $\boldsymbol{T}$，初始化粒子状态 $\left\{\boldsymbol{x}_t^i, \omega_t^i\right\}_{i=1}^N$；
2. for t=1,2,⋯,T do
3. 根据运动模型 $p\left(\boldsymbol{x}_t^i \mid \boldsymbol{x}_{t-1}^i\right)$ 预测当前的粒子状态 $\left\{\boldsymbol{x}_t^i\right\}_{i=1}^N$，并获取观测值 $\left\{\boldsymbol{y}_t^i\right\}_{i=1}^N$；
4. 根据目标模板字典 $\boldsymbol{T}$ 计算 $\left\{\boldsymbol{y}_t^i\right\}_{i=1}^N$ 的稀疏表达系数 $\left\{c^i\right\}_{i=1}^N$（式(6.18)）；
5. 根据式(6.19)计算 $\left\{\boldsymbol{x}_t^i\right\}_{i=1}^N$ 的权重 $\left\{\omega_t^i\right\}_{i=1}^N$；
6. 取置信值最大的粒子作为跟踪结果 $\hat{x}_t$，并根据算法 6.4 更新稀疏表达的字典 $\boldsymbol{T}$;
7. 对粒子 $\left\{\boldsymbol{x}_t^i\right\}_{i=1}^N$ 进行重采样;
8. end for

6.3　基于融合多增量外观模型的目标跟踪算法

在视觉跟踪中基于生成模型的每一种外观模型，其对应的相似度函数和语义上真实的相似度函数都是有差异的，不管是 PCA 模型、稀疏表达模型、还是度量学习模型都不能做到完美地逼近真实的相似度函数，它们只是真实相似度函数某种意义上的近似表示。因此，使用单一模型会逐渐引入背景产生"漂移"现象或者容易受到与目标相似背景的干扰。基于此，本章提出一种融合多增量外观模型的目标跟踪算法，该算法在粒子滤波框架下，融合了时序特性增量 PCA、多级字典稀疏表达和增量度量学习三种外观模型进行目标跟踪。融合后的算法弥补了单个增量外观模型的各自不足，提高了跟踪的稳定性和精确度。

本节的内容结构安排如下：6.3.1 节介绍基于多实例度量学习的目标跟踪算法的基本概念、原理；6.3.2 节提出融合多增量外观模型的目标跟踪算法，并且对该算法的动机、原理和实现步骤进行详细的阐述。

6.3.1　基于多实例度量学习的目标跟踪算法简介

视觉跟踪的一个重要热点问题是选择在合适的空间中计算图像之间的相似度，解决语义空间和特征空间在距离度量上的不一致问题。也就是说，通过对颜色、纹理、灰度及分布等图像底层特征间的距离度量，获得图像的高层语义相似度。

距离度量学习就是通过训练数据，获得一种能够反映样本空间结构信息或语义约束信息的线性或非线性变换，得到一种区分性更好的度量空间，使特征空间和语义空间相一致。简单地说，距离度量学习的目标就是合适度量两个样本之间距离的函数，以提高识别率。由于线性模型的简单实用性，大多数度量学习的定义是通过对原数据的分析学习得到一种更能代表数据特征的线性变换矩阵，即度量矩阵 $\boldsymbol{M}\in\mathbf{R}^{D\times D}$ 。通过度量矩阵计算样本之间类似 Mahalanobis 距离度量，在分类时能够将原数据映射到一个更优分类空间，如下所示：

$$D_M(\boldsymbol{x}_i,\boldsymbol{x}_j)=\left(\boldsymbol{x}_i-\boldsymbol{x}_j\right)^{\mathrm{T}}\boldsymbol{M}\left(\boldsymbol{x}_i-\boldsymbol{x}_j\right) \tag{6.23}$$

式中， $\boldsymbol{x}_i\in\mathbf{R}^D$ 和 $\boldsymbol{x}_j\in\mathbf{R}^D$ 为样本； $\boldsymbol{M}$ 为半正定矩阵。令 $\boldsymbol{M}=\boldsymbol{A}^{\mathrm{T}}\boldsymbol{A}$ ，则可将 $\boldsymbol{A}\in\mathbf{R}^{d\times D}$ 看成从原始特征空间 $\mathbf{R}^D$ 到新度量空间 $\mathbf{R}^d$ 的线性变换 $d\ll D$ ，如下所示：

$$D_A(\boldsymbol{x}_i,\boldsymbol{x}_j)=\left(\boldsymbol{A}\boldsymbol{x}_i-\boldsymbol{A}\boldsymbol{x}_j\right)^{\mathrm{T}}\left(\boldsymbol{A}\boldsymbol{x}_i-\boldsymbol{A}\boldsymbol{x}_j\right) \tag{6.24}$$

文献[24]提出的基于多实例度量学习(MIML)跟踪算法的在线度量学习是使用多个实例的度量学习。该算法不再是以单个图像样本作为输入来更新度量空间，而是以带标记的包作为输入来更新度量空间。

首先，本节对 MIML 训练数据的采集机制进行说明。一旦在当前帧跟踪到目标，就从目标位置周围的一个小邻域内采集一组图像区域，并将这些图像区域的特征向量放入几个正标记的包中。同样，采集距离目标位置较远的图像区域，并将这些图像区域的特征向量放入负标记的包中。这里要注意的是，每个负标记的包中只包含一个特征向量，而每个正标记的包中包含若干个特征向量。

然后，MIML 算法根据采集的标记包为度量学习建立 3 种距离约束：①模板 $\boldsymbol{y}^o$ 和正标记的包之间的距离应该小于或等于一个小的阈值 ε ，其中 $\boldsymbol{y}^o$ 表示目标模板，即第一帧的目标初始状态；②两个正标记的包之间的距离应该小于或等于一个小的阈值 ε ；③正标记的包和负标记的包之间的距离应该大于或等于一个大的阈值δ。每个距离约束以四元式编码的形式表示，即$(\boldsymbol{U},\boldsymbol{V},d,b)$，其中$d$表示两个包$\boldsymbol{U}$和$\boldsymbol{V}$之间的距离，$b$表示两个包$\boldsymbol{U}$和$\boldsymbol{V}$的相似性。当$b=1$时，要求$\boldsymbol{U}$和$\boldsymbol{V}$之间的距离小于或等于$d$。当$b=-1$时，要求$\boldsymbol{U}$和$\boldsymbol{V}$之间的距离大于或等于$d$。两个标记包之间距离的定义是不同包中的成对实例的平均距离，如下所示：

$$D(\boldsymbol{U},\boldsymbol{V})=\frac{1}{n_1n_2}\sum_{i=1}^{n_1}\sum_{j=1}^{n_2}\left(\boldsymbol{u}_i-\boldsymbol{v}_j\right)^{\mathrm{T}}\boldsymbol{M}\left(\boldsymbol{u}_i-\boldsymbol{v}_j\right) \tag{6.25}$$

式中，$\boldsymbol{U}=\{\boldsymbol{u}_1,\boldsymbol{u}_2,\cdots,\boldsymbol{u}_{n_1}\}$和$\boldsymbol{V}=\{\boldsymbol{v}_1,\boldsymbol{v}_2,\cdots,\boldsymbol{v}_{n_2}\}$两个标记包分别包含$n_1$和$n_2$个实例。

最后，MIML 问题可以按照 LEGO 算法[25]求解，具体步骤如下。假设在某一时间获取到第τ个距离约束$(\boldsymbol{U}_\tau,\boldsymbol{V}_\tau,d_\tau,b_\tau)$，当前距离度量矩阵为$\boldsymbol{M}_\tau$。首先预测距离$\hat{d}_\tau=D_{M_\tau}(\boldsymbol{U}_\tau,\boldsymbol{V}_\tau)$，同时获取一个损失函数$\ell\left(\hat{d}_\tau,d_\tau\right)$，如下所示：

$$\ell\left(\hat{d}_\tau,d_\tau\right)=\frac{1}{2}\left(\hat{d}_\tau-d_\tau\right)^2 \tag{6.26}$$

当预测距离$\hat{d}_\tau$与b_τ的要求不相符时，更新距离度量矩阵为$\boldsymbol{M}_\tau$。因此，通过在每一步最小化一个正则化的损失函数，将当前距离度量矩阵$\boldsymbol{M}_\tau$更新为$\boldsymbol{M}_{\tau+1}$，如下所示：

$$\boldsymbol{M}_{\tau+1}=\underset{\boldsymbol{M}\succ 0}{\arg\min}\, D_{ld}(\boldsymbol{M},\boldsymbol{M}_\tau)+\eta\ell\left(D_{M_\tau}(\boldsymbol{U}_\tau,\boldsymbol{V}_\tau),d_\tau\right) \tag{6.27}$$

式中，$D_{ld}(\boldsymbol{M},\boldsymbol{M}_\tau)$为 LogDet 散度；$\eta>0$为正则化系数。通过设置$\boldsymbol{M}$的梯度为 0 可以获得式(6.27)的解，如下所示：

$$\boldsymbol{M}_{\tau+1}=M_\tau-\frac{\eta\left(\bar{d}-d_\tau\right)\boldsymbol{M}_\tau\boldsymbol{z}_\tau\boldsymbol{z}_\tau^{\mathrm{T}}\boldsymbol{M}_\tau}{1+\eta\left(\bar{d}-d_\tau\right)\boldsymbol{z}_\tau^{\mathrm{T}}\boldsymbol{M}_\tau\boldsymbol{z}_\tau} \tag{6.28}$$

式中，$\boldsymbol{z}_\tau=\frac{1}{n_1n_2}\sum_{i=1}^{n_1}\sum_{j=1}^{n_2}\left(\boldsymbol{u}_i-\boldsymbol{v}_j\right)$；$\bar{d}=\boldsymbol{z}_\tau^{\mathrm{T}}\boldsymbol{M}_{\tau+1}\boldsymbol{z}_\tau$，如下所示：

$$\bar{d}=\frac{\left(\eta d_\tau\hat{d}_\tau-1\right)+\sqrt{\left(\eta d_\tau\hat{d}_\tau-1\right)^2+4\eta\hat{d}_\tau^2}}{2\eta\hat{d}_\tau} \tag{6.29}$$

下面进行距离度量矩阵$\boldsymbol{M}$的初始化。从第一帧采集训练样本，离线执行度量学习算法来获得初始矩阵$\boldsymbol{M}_0$[26]。同时，根据经验设置距离约束条件的下限ε和上限δ分别为训练样本对之间距离分布的 5%和 95%。

基于多实例度量学习的跟踪算法使用粒子滤波框架，在 t 时刻的图像中，利用在新的度量空间中第 i 个观测值 $\boldsymbol{y}_t^i$ 与模板 $\boldsymbol{y}^o$ 的距离 $D_M\left(\boldsymbol{y}_t^i, \boldsymbol{y}^o\right)$ 来计算粒子 $\boldsymbol{x}_t^i$ 的相似度，如下所示，具体的跟踪过程参看文献[24]。

$$p\left(\boldsymbol{y}_t^i \mid \boldsymbol{x}_t^i\right) \propto \exp\left(-D_M\left(\boldsymbol{y}_t^i, \boldsymbol{y}^o\right)\right) \tag{6.30}$$

6.3.2　基于融合多增量外观模型的目标跟踪算法实现

本节提出一种融合多增量外观模型的目标跟踪算法，该算法融合了时序特性增量 PCA、多级字典稀疏表达和多实例度量学习三种外观模型进行目标跟踪。融合后的算法弥补了单个增量外观模型学习的不足，提高了跟踪的稳定性和精确度。为了阐述为何选择这三种属于生成模型的外观模型进行融合，本节首先分别对三种外观模型的优缺点进行分析。

基于 PCA 的外观模型将高维图像数据线性映射到低维子空间，从而获取数据集的总体分布特性，因此具有较好地描述数据集潜在低维流形的能力。因为这种低维流形蕴含数据集的整体几何规律及数据相关性，所以基于 PCA 的跟踪算法具有很强的跟踪精度和抗噪声能力，并且能较好地应付噪声样本，即使在训练样本数量不足的情况下，由于目标样本集具有内聚性的特点，也能较好保持跟踪性能。

然而，使用 PCA 算法进行数据分析的前提是假设数据集的分布在统计意义下具有全局线性结构。实际情况下很多数据集表现为非线性结构，样本之间非线性相关，并且彼此耦合。因为非线性结构数据集的低维流行不是特征的简单线性组合可以表示的，即高维空间的数据集合不能简单地依据单一的线性映射矩阵线性投影到低维子空间，所以当目标外观的低维流行分布为非线性结构时，基于 PCA 的跟踪算法不能对所有目标外观构建一个统一的外观模型，很难适应目标的剧烈变化。

基于稀疏表达的外观模型通过自适应选择同一类别的少数几个目标模板来线性表示测试样本，即使在非线性结构的低维流行中也能较好地对目标进行线性表示，因此具有很强的抗遮挡能力和很强的适应目标变化能力。通常复杂环境中目标和背景都表现为多态性，本质上是一个多分类问题，稀疏表达具有很强的自适应分类能力，因此适用于这种多分类问题。

稀疏表达没有蕴含统计信息，只用到了少数几个目标模板来重建目标。因为目标模板的数量不足以获取数据集的分布特性，缺乏利用目标样本的分布准确地描述目标流行结构的能力，所以抗噪声能力差，对错误样本很敏感。

基于度量学习的外观模型中，目标属于正样本，而背景属于负样本。由于背景的多变性和复杂性，负样本通常来自多个类别，因此能够获取的有效负样本的数量非常少，不足以反映真实的负样本分布。另外，非等价性约束的引入，虽然提高了异类类间的度量空间距离和语义空间距离的一致性，使得度量空间保持较高的区分能力，但是降低了目标类类内的度量空间距离和语义空间距离的一致性，削弱了描述目标的类内样本流行分布的能力。因此，MIML 算法在更新单一的线性度量空间模型时，很难通过平衡新旧观测数据的比重来适应剧烈的姿态变化和目标遮挡。

对于基于生成模型的视觉跟踪，每一种外观模型对应的相似度函数和语义上真实的相似度函数都是有差异的，不管是子空间分析模型、稀疏表达模型，还是度量学习模型，都不能做到完美地逼近真实的相似度函数。它们只是真实相似度函数某种意义上的近似表示，因此使用单一模型会逐渐引入背景产生“漂移”现象或者容易受到与目标相似背景的干扰。为了使外观模型同时具有较高的跟踪精度、抗噪声能力、适应目标变化能力、抗遮挡能力、区分目标和背景的能力，本节将时序特性增量 PCA、多级字典稀疏表达和多实例度量学习三种外观模型在粒子滤波跟踪框架下进行融合，取长补短，以弥补单个增量外观模型的不足。

当前在粒子滤波跟踪框架下，基于多种模型的融合算法多数采用乘性融合和加性融合进行简单处理[26,27]。乘性融合会使目标的概率分布变得更加尖锐，虽然在独立性假设下乘性融合估计是最优的，但是它对冲突敏感因而容易抑制分布的多峰性，当概率分布表现出强冲突时，乘性融合会使估计结果发生很大偏差[27]。加性融合采用加权求和的算法给出粒子最终的权值调整因子，虽然能够削弱噪声对系统估计的影响，但是跟踪效果的可信度没有太大的改变[28]。本节为了避免这两种融合算法的不足，提出一种基于可信度的模型选择融合算法，下面将详细对其进行介绍。

在时间 t 给定粒子状态 $\left\{\boldsymbol{x}_t^i\right\}_{i=1}^N$，它的观测值为 $\left\{\boldsymbol{y}_t^i\right\}_{i=1}^N$，粒子权重为 $\omega_t^{i,j}=p_j\left(\boldsymbol{y}_t^i \mid \boldsymbol{x}_t^i\right)(j=1,2,3)$，$N$ 为粒子数目。首先，本书的融合跟踪算法利用时序特性增量 PCA、多级字典稀疏表达和多实例度量学习三种外观模型分别计算每个粒子 $\boldsymbol{x}_t^i$ 的三种相似度，见式(6.31)～式(6.33)，分别对应式(6.12)、式(6.19)、式(6.30)。

$$
\begin{aligned}
&p_1\left(\boldsymbol{y}_t^i \mid \boldsymbol{x}_t^i\right) \propto \exp\left(-\left\|\left(\boldsymbol{y}_t^i-\boldsymbol{\mu}\right)-\boldsymbol{U}\boldsymbol{U}^{\mathrm{T}}\left(\boldsymbol{y}_t^i-\boldsymbol{\mu}\right)\right\|^2-\left\|\boldsymbol{U}\boldsymbol{h}_t^i-\boldsymbol{U}\boldsymbol{h}_{t-1}\right\|^2\right)\\
&\boldsymbol{h}_{t-1}=\boldsymbol{U}^{\mathrm{T}}\left(\underset{\boldsymbol{I}_{t-1}^i}{\arg\max}\, p\left(\boldsymbol{x}_{t-1}^i \mid \boldsymbol{y}_{t-1}^i\right)-\boldsymbol{\mu}\right)\\
&\boldsymbol{h}_t^i=\boldsymbol{U}^{\mathrm{T}}\left(\boldsymbol{y}_t^i-\boldsymbol{\mu}\right)
\end{aligned}
\tag{6.31}
$$

$$p_2\left(\boldsymbol{y}_t^i \mid \boldsymbol{x}_t^i\right) \propto \exp\left(-\left\|\boldsymbol{y}_t^i - \boldsymbol{T}\boldsymbol{a}^i\right\|_2^2\right) \tag{6.32}$$

$$p_3\left(\boldsymbol{y}_t^i \mid \boldsymbol{x}_t^i\right) \propto \exp\left(-D_M\left(\boldsymbol{y}_t^i, \boldsymbol{y}^o\right)\right) \tag{6.33}$$

式中，子权重$\left\{\omega_t^{i,j}\right\}_{i=1}^N$ $(j=1,2,3)$的均值μ_t^j和方差σ_t^j的统计信息如式(6.34)和式(6.35)所示。每种子权重的可信度$\pi_t^j\left(j=1,2,3\right)$的计算如式(6.36)所示，表达了粒子权重的离散程度，如果粒子的权重分布越离散，粒子的权重分布越接近于单峰分布，那么这种权重越不容易受到与目标相似背景的干扰，因此它的可信度也越高。

然后，根据粒子的三种子权重$\left\{\omega_t^{i,j}\right\}_{i=1}^N$ $(j=1,2,3)$的均值和方差统计信息来计算每种子权重的可信度$\pi_t^j\left(j=1,2,3\right)$[28]，如式(6.36)所示，并且选择可信度最高的一种子权重作为粒子的权重。最后，使用算法 6.2 更新 PCA 的子空间模型 $\boldsymbol{U}$ 和样本均值$\boldsymbol{\mu}$，如算法 6.2 所示；使用算法 6.4 更新稀疏表达的字典 $\boldsymbol{D}$，如算法 6.4 所示；使用文献[24]中的算法更新度量矩阵 $\boldsymbol{M}$，见 6.3.1 节的介绍。本书提出的基于融合多增量外观模型的目标跟踪算法的流程如算法 6.6 所示。

$$\mu_t^j = \frac{1}{N}\sum_{i=1}^N \omega_t^{i,j}, \quad j=1,2,3 \tag{6.34}$$

$$\sigma_t^j = \frac{1}{N}\sum_{i=1}^N \left\|\omega_t^{i,j} - \mu_t^j\right\|_2, \quad j=1,2,3 \tag{6.35}$$

$$\pi_t^j = \frac{\sigma_t^j}{\sum_{i=1}^2 \sigma_t^i}, \quad j=1,2,3 \tag{6.36}$$

算法 6.6　基于融合多增量外观模型的目标跟踪算法

输入：图像$I_1, I_2, \cdots, I_T$，粒子数N，目标的初始状态x_0。

输出：每帧图像中目标的跟踪结果$\hat{\boldsymbol{x}}_t$。

1. 根据目标的初始位置x_0初始化粒子状态$\left\{\boldsymbol{x}_t^i, \omega_t^i\right\}_{i=1}^N$，初始化稀疏表达的目标模板字典 $\boldsymbol{T}$、度量学习的度量矩阵 $\boldsymbol{M}$ 和目标模板 $\boldsymbol{y}^o$；
2. for t=1,2,⋯,T　do
3. 　　根据运动模型$p\left(\boldsymbol{x}_t^i \mid \boldsymbol{x}_{t-1}^i\right)$预测当前的粒子状态$\left\{\boldsymbol{x}_t^i\right\}_{i=1}^N$，并获取观测值$\left\{\boldsymbol{y}_t^i\right\}_{i=1}^N$；

4. 根据目标模板字典 $\boldsymbol{T}$ 计算 $\left\{\boldsymbol{y}_t^i\right\}_{i=1}^N$ 的稀疏表达系数 $\left\{\boldsymbol{a}^i\right\}_{i=1}^N$；

5. 根据度量矩阵 $\boldsymbol{M}$ 计算 $\left\{\boldsymbol{y}_t^i\right\}_{i=1}^N$ 与目标模板 $\boldsymbol{y}^o$ 的 Mahalanobis 距离 $\left\{D_M\left(\boldsymbol{y}_t^i,\boldsymbol{y}^o\right)\right\}_{i=1}^N$；

6. 根据式(6.31)～式(6.33)计算 $\left\{\boldsymbol{x}_t^i\right\}_{i=1}^N$ 的子权重 $\left\{\omega_t^{i,j}\right\}_{i=1}^N\left(j=1,2,3\right)$；

7. 根据子权重 $\left\{\omega_t^{i,j}\right\}_{i=1}^N\left(j=1,2,3\right)$ 的分布，使用式(6.34)～式(6.36)计算可信度 $\pi_t^j\left(j=1,2,3\right)$，并选择可信度高的子权重作为粒子的权重 $\left\{\omega_t^i\right\}_{i=1}^N$；

8. 取权重最大的粒子作为跟踪结果 $\hat{\boldsymbol{x}}_t$，并更新 PCA 的子空间模型 $\boldsymbol{U}$ 和样本均值 $\boldsymbol{\mu}$，稀疏表达的模板字典 $\boldsymbol{T}$ 和度量学习的度量矩阵 $\boldsymbol{M}$;

9. 对粒子 $\left\{\boldsymbol{x}_t^i\right\}_{i=1}^N$ 进行重采样；

10. end for

6.4 实验结果与分析

为了评估本书提出的基于多增量外观模型的目标跟踪算法的性能，在 14 个经典的公开测试视频序列上(视频数据来源：http://visual-tracking.net/)进行一系列实验[29]，将本书融合多增量外观模型的目标跟踪算法和三种经典的基于生成模型的增量跟踪算法(IVT[5]、L1APG[22]、MIML[24])进行比较，这四种跟踪算法都是基于粒子滤波框架的。这些视频中包含各种有挑战性的情形，包括目标遮挡、光照变化、复杂背景、相似背景、旋转变化和尺度变化等，如表 6.1 所示。

表 6.1 测试视频包含的干扰因素

测试视频的名称	帧数	干扰因素
car4	659	光照变化、复杂背景
trellis	500	光照变化、旋转变化、复杂背景
sylvester	1345	旋转变化、光照变化
girl	500	旋转变化、目标遮挡、尺度变化
tiger1	354	目标遮挡、光照变化、旋转变化
basketball	250	目标遮挡、旋转变化
cardark	393	复杂背景、光照变化
skating	400	复杂背景、光照变化、目标遮挡

在测试的所有跟踪算法中，统一将粒子数定为 200 个。通过仿射变化将目标

区域规则化，四种跟踪算法都将目标区域规则化为 32×32 像素的矩阵。IVT 算法的参数 $f = 0.95$ 、 $m = 5$ 。L1APG 算法的稀疏表达参数 $\lambda_1 = 0.01$ 、 $\lambda_2 = 0.001$，目标模板字典中的模板个数定为 30 个。本书基于多增量外观模型的目标跟踪算法的稀疏表达参数 $\lambda_1 = 0.01$ 、 $\lambda_2 = 0.001$，稀疏表达的目标模板字典中的模板个数定为 30 个，分为 3 级层次，每层 10 个模板；基于时序特性增量 PCA 外观模型的参数设置在 6.1.4 节有详细介绍；MIML 算法参数设置在 6.3.1 节有详细介绍。

6.4.1　跟踪结果的定性比较

定性分析主要指凭借人们的观察、直觉和经验，对跟踪算法进行质方面的分析。通过观察各种算法表现的优劣，分析和解释产生这种现象的深层原因和机理，找出每种算法适用的环境及相对其他算法的特性。下面分别介绍各种跟踪算法在测试视频中的表现，并且分析造成这些表现的深层原因。

对于光照变化干扰，选用 car4 视频和 trellis 视频来评价各种跟踪算法的性能。图 6.1 和图 6.2 展示了所有跟踪算法在具有光照变化干扰的视频中的代表性跟踪结

图 6.1　视频 Car4 跟踪结果比较

第 1～4 行分别对应 IVT 算法、L1APG 算法、MIML 算法、本书算法

图 6.2　视频 trellis 跟踪结果比较

第 1～4 行分别对应 IVT 算法、L1APG 算法、MIML 算法、本书算法

果。如图 6.1 所示，在 car4 视频中，因为本书算法的时序特性增量 PCA 子模块考虑了目标外观变化的时间序列连续特性，对目标能进行稳定且精确的跟踪，所以相较其他算法引入更少的背景。如图 6.2 所示，在 trellis 视频中，由于本书算法的多级字典稀疏表达子模块使用了多级分层的目标模板的更新策略，而模板字典具有较好的实时性和稳定性，因此跟踪结果表现出较好的鲁棒性。

对于旋转变化干扰，选用 sylvester 视频和 girl 视频来评价各种跟踪算法的性能。图 6.3 和图 6.4 展示了所有跟踪算法在具有旋转变化干扰的视频中的代表性跟踪结果，本书算法的跟踪效果最好，原因同上。

对于目标遮挡干扰，选用 tiger1 视频和 basketball 视频来评价各种跟踪算法的性能。图 6.5 和图 6.6 展示了所有跟踪算法在具有目标遮挡干扰的视频中的代表性跟踪结果。本书算法的跟踪效果最好，原因同上。

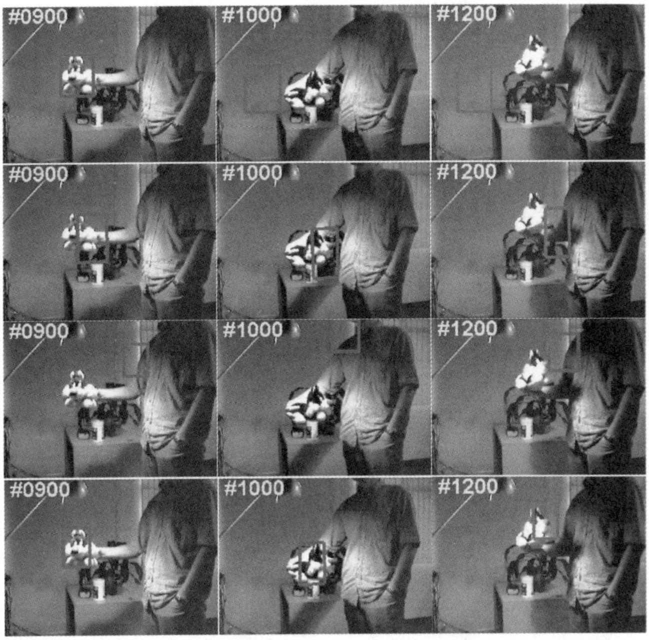

图 6.3　视频 sylvester 跟踪结果比较

第 1～4 行分别对应 IVT 算法、L1APG 算法、MIML 算法、本书算法

图 6.4　视频 girl 跟踪结果比较

第 1～4 行分别对应 IVT 算法、L1APG 算法、MIML 算法、本书算法

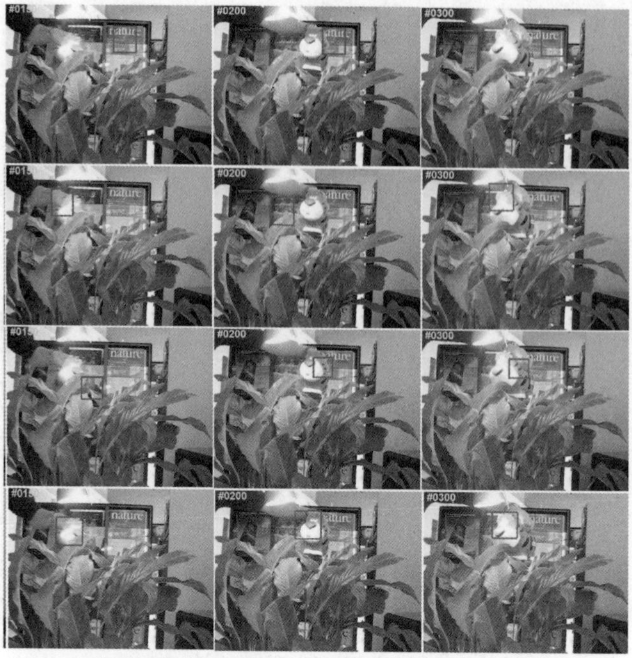

图 6.5　视频 tiger1 跟踪结果比较

第 1～4 行分别对应 IVT 算法、L1APG 算法、MIML 算法、本书算法

图 6.6　视频 basketball 跟踪结果比较

第 1～4 行分别对应 IVT 算法、L1APG 算法、MIML 算法、本书算法

对于复杂背景和尺度变化干扰，这里选用 cardark 视频和 skating 视频来评价各种跟踪算法的性能。图 6.7、图 6.8 展示了所有跟踪算法在具有复杂背景和尺度变化干扰的视频中的代表性跟踪结果。如图 6.7 所示，在 cardark 视频中，本书算法能很好地进行跟踪，因为本书算法的时序特性增量 PCA 子模块考虑了目标外观变化的时间序列连续特性，对目标能进行稳定且精确的跟踪，因此比其他算法引入更少的背景。如图 6.8 所示，在 skating 视频中，本书算法因为融合了 MIML 算法，跟踪效果很好。

图 6.7　视频 cardark 跟踪结果比较

第 1～4 行分别对应 IVT 算法、L1APG 算法、MIML 算法、本书算法

图 6.8　视频 skating 跟踪结果比较

第 1～4 行分别对应 IVT 算法、L1APG 算法、MIML 算法、本书算法

6.4.2　跟踪误差的定量比较与分析

定量分析主要是指通过跟踪误差的某种量化指标或者统计量，对跟踪算法的性质、特征和相互关系从数量上进行分析，因此定量分析更具有客观性及可观察性。为了客观评价各种跟踪算法的跟踪效果，本节使用了平均中心位置误差和平均重叠率作为定量分析的指标。

中心位置误差是指图像中跟踪结果的中心位置与实际的中心位置之间的欧氏距离，单位是像素。中心位置误差越小，表示跟踪的准确度越高。

$$\text{centerError} = \sqrt{\left(x_{\mathrm{r}} - x_{\mathrm{t}}\right)^2 + \left(y_{\mathrm{r}} - y_{\mathrm{t}}\right)^2} \tag{6.37}$$

式中，x_{r} 和 y_{r} 分别为图像中实际值中心位置的 x 坐标和 y 坐标；x_{t} 和 y_{t} 分别为图像中跟踪结果中心位置的 x 坐标和 y 坐标。

表 6.2 是不同算法在 8 个经典测试视频的平均中心位置误差。可以看出，本书算法在大部分视频中表现出好于其他算法的跟踪精度，而且误差一直稳定在一个较小的范围内，没有出现很大的波动，这表现了本书算法同时具有较好的鲁棒性。

表 6.2　比较不同算法在 8 个测试视频的平均中心位置误差　（单位：像素）

测试视频	IVT 算法	L1APG 算法	MIML 算法	本书算法
car4	16.9	63.8	5.2	7.4
trellis	131.6	56.6	78.0	27.7
sylvester	34.2	23.5	56.8	7.7
girl	24.9	4.0	46.6	4.6
tiger1	99.3	67.5	66.7	32.0
basketball	8.5	28.9	153.4	11.9
cardark	8.4	2.0	9.1	1.5
skating	230.8	63.6	15.0	15.2

重叠率是指跟踪结果的区域和目标真实值的区域之间的重叠部分所占的比率，即

$$\text{overlapRate} = \frac{R_t \cap R_g}{R_t \cup R_g} \tag{6.38}$$

式中，R_t 表示跟踪结果的区域；R_g 表示目标真实值的区域。重叠率越大表示跟踪的准确度越高。表 6.3 是不同算法在 8 个经典测试视频的平均重叠率。

表 6.3　比较不同算法在 8 个测试视频的平均重叠率　（单位：%）

测试视频	IVT 算法	L1APG 算法	MIML 算法	本书算法
car4	0.51	0.25	0.46	0.68
trellis	0.25	0.29	0.19	0.55
sylvester	0.52	0.48	0.21	0.67
girl	0.16	0.65	0.16	0.66
tiger1	0.12	0.27	0.17	0.48
basketball	0.30	0.27	0.07	0.41
cardark	0.66	0.83	0.28	0.84
skating	0.08	0.20	0.31	0.45

由表 6.2 和表 6.3 显而易见，本书算法在大部分视频中保持了较低的平均中心位置误差和较高的平均重叠率，表现出好于其他算法的跟踪精度，具有很好的鲁棒性。

参 考 文 献

[1] Li X, Hu W M, Shen C H, et al. A survey of appearance models in visual object tracking[J]. ACM Transactions on Intelligent Systems and Technology, 2013, 4(4): 58.

[2] 钟伟. 基于稀疏表示的目标追踪算法[D]. 大连: 大连理工大学, 2013.

[3] Jolliffe I T. Principal Component Analysis[M]. Berlin: Springer-Verlag, 1986.

[4] Levy A, Lindenbaum M. Sequential Karhunen-Loeve basis extraction and its application to images[J]. IEEE Transactions on Image Processing, 2000, 9(8):1371-1374.

[5] Ross D A, Lim J, Lin R S, et al. Incremental learning for robust visual tracking[J]. International Journal of Computer Vision, 2008, 77(1-3): 125-141.

[6] 钱诚, 张三元. 适用于目标跟踪的加权增量子空间学习算法[J]. 浙江大学学报(工学版), 2011, 45(12): 2240-2246.

[7] Cruz-Mota J, Bierlaire M, Thiran J. Sample and pixel weighting strategies for robust incremental visual tracking[J]. IEEE Transactions on Circuits and Systems for Video Technology, 2013, 23(5): 898-911.

[8] Xie Y, Zhang W S, Xu Y Y, et al. Discriminative subspace learning with sparse representation view-based model for robust visual tracking[J]. Pattern Recognition, 2014, 47(3): 1383-1394.

[9] Ji Z J, Wang W Q, Xu N. Robust object tracking via incremental subspace dynamic sparse model[C]//Proceedings of IEEE International Conference on Multimedia and Expo, Chengdu, 2014: 1-6.

[10] Guo Y W, Chen Y, Tang F. Object tracking using learned feature manifolds[J]. Computer Vision and Image Understanding, 2014, 118(1): 128-139.

[11] Chen W H, Cao L J, Zhang J G. An adaptive combination of multiple features for robust tracking in real scene[C]//Proceedings of IEEE International Conference on Computer Vision, Sydney, 2013: 129-136.

[12] Yang H X, Zhan S, Chen R E. An incremental PCA-HOG descriptor for robust visual hand tracking[C]//Proceedings of International Conference on Advances in Visual Computing, Berlin, 2010: 686-695.

[13] Lee K C, Ho J, Yang M H, et al. Visual tracking and recognition using probabilistic appearance manifolds[J]. Computer Vision and Image Understanding, 2005, 99(3): 303-331.

[14] Wang Q, Chen F, Xu W L, et al. Object tracking via partial least squares analysis[J]. IEEE Transactions on Image Processing, 2012, 21(10): 4454-4465.

[15] Chen F, Wang Q, Wang S, et al. Object tracking via appearance modeling and sparse representation[J]. Image and Vision Computing, 2011, 29(11): 786-796.

[16] Wang D, Lu H, Yang M H. Online object tracking with sparse prototypes[J]. IEEE Transactions on Image Processing, 2013, 22(1): 314-325.

[17] Mei X, Ling H B. Robust visual tracking and vehicle classification via sparse representation[J]. IEEE Transactions on Pattern Analysis and Machine Intelligence, 2011, 33(11): 2259-2272.

[18] Liu B Y, Yang L, Huang J Z, et al. Robust and fast collaborative tracking with two stage sparse optimization[C]//Proceedings of the 11th European Conference on Computer Vision: Part IV, Heraklion, 2010: 624-637.

[19] Liu B Y, Huang J Z, Yang L, et al. Robust tracking using local sparse appearance model and k-selection[C]//Proceedings of IEEE Conference on Computer Vision and Pattern Recognition, Washington, 2011: 1313-1320.

[20] Jia X, Lu H C, Yang M H. Visual tracking via adaptive structural local sparse appearance model[C]//Proceedings of IEEE Conference on Computer Vision and Pattern Recognition, 2012: 1822-1829.

[21] Matthews I, Ishikawa T, Baker S. The template update problem[J]. IEEE Transactions on Pattern Analysis and Machine Intelligence, 2004, 26(6): 810-815.

[22] Bao C L, Wu Y, Ling H B, et al. Real time robust l1 tracker using accelerated proximal gradient approach[C]//Proceedings of IEEE Conference on Computer Vision and Pattern Recognition, Singapore, 2012: 1830-1837.

[23] Li H X, Shen C H, Shi Q F. Real-time visual tracking using compressive sensing[C]// Proceedings of IEEE Conference on Computer Vision and Pattern Recognition, Colorado, 2011: 1305-1312.

[24] Yang M, Zhang C X, Wu Y W, et al. Robust object tracking via online multiple instance metric learning[C]//Proceedings of IEEE Conference on Multimedia and Expo Workshops, Columbus, 2013: 1-4.

[25] Jain P, Kulis B, Dhillon I S, et al. Online metric learning and fast similarity search[C]// Proceedings of the Advances in Neural Information Processing Systems, Florida, 2009: 761-768.

[26] Davis J V, Kulis B, Jain P, et al. Information-theoretic metric learning[C]//Proceedings of the 24th International Conference on Machine Learning, 2007: 209-216.

[27] Zhong W, Lu H C, Yang M H. Robust object tracking via sparsity-based collaborative model[C]//Proceedings of IEEE Conference on Computer Vision and Pattern Recognition, Rhode Island, 2012: 1838-1845.

[28] Wang Y R, Tang X T, Cui Q. Dynamic appearance model for particle filter based visual tracking[J]. Pattern Recognition, 2012, 45(12): 4510-4523.

[29] Wu Y, Lim J, Yang M H. Online object tracking: A benchmark[C]//Proceedings of IEEE Conference on Computer Vision and Pattern Recognition, Portland, 2013: 2411-2418.

第 7 章　多外传感器联合标定技术

7.1　概　　述

动态背景下的目标检测与跟踪是当前视觉跟踪的难点和热点问题之一。摄像机的运动使得传统的用于静态场景的目标检测算法失效。摄像机的运动有两种：一种是由摄像机云台控制(如 Pan、Tilt 和 Zoom 运动)引起的背景变化；另一种是摄像机固定在车载系统中，如汽车辅助驾驶系统(assistant driving system，ADS)和自适应巡航控制(adaptive cruise control，ACC)系统。对于第一种情况，有学者将其归结为静态场景；对于第二种情况，更多地结合主动传感器实现车载系统的目标定位。目前，动态背景下车辆检测方法按采用传感器的类型可分为主动传感器方法和被动传感器方法。

主动传感器包括基于雷达的(毫米波雷达)、基于激光的(激光雷达)和基于声波的传感器，这类雷达被称为主动传感器主要是因为这类传感器可直接提供目标的距离信息和方位信息而无须进行额外的计算。但是，这类传感器的共同缺点是空间分辨率低、扫描速度不高和目标识别能力低。光传感器，如相机，常被称为被动传感器，其最大的优点是价格低廉，采用 3，4 个廉价相机就可获得车载体四周的 360°视野。另外，它可以对车道线、交通标识牌和车辆等进行识别和跟踪，体现出较好的目标识别能力，因此基于视觉的车辆检测仍是当前研究热点之一。

本章的重点在于研究智能车辆外部传感器的联合标定问题。由于毫米波雷达抗干扰能力强且对前方动态目标敏感，而激光雷达具有角分辨高的特点，因此大部分车载系统采用这两种主动传感器，结合具有高辨率的摄像头进行车载辅助驾驶。本章主要讨论毫米波雷达与 CCD 摄像机之间的联合标定，以及激光雷达与摄像头之间的联合标定问题。

7.2　基于运动物体检测的毫米波雷达与 CCD 相机的标定

ACC 系统的主要任务是感知、定位和风险评估。感知的目的是检测前方所有车辆，定位的任务是确定检测目标或障碍的具体位置，风险评估主要是根据前方障碍物的位置和速度及自身的速度情况评价可能发生的碰撞。自从 Nissan(日产)公司首次推出 ACC 系统以来，许多大品牌将 ACC 系统作为首选，目前的 ACC 系统大部分采用雷达技术获取前方车辆或障碍物的距离和速度。相比其他距离雷达(如激光)，其优点在于毫米雷达即使在非常恶劣的天气下也可以获得精度相对较高的测量数据。但是，毫米雷达的水平分辨率较低，同时其水平扫描范围的限制，使得其扫描的目标有限，特别是对近距离的或从近处窜入的目标视而不见，同时这些又是非常大的安全隐患。如图 7.1 所示，位于右车道的车辆这时就会被误判为位于左车道，而位于左车道的车道由于其水平扫描范围的限制而未被检测到。另外，毫米波雷达无法区别障碍物和车辆。

图 7.1　雷达目标检测

近年来，为了提高汽车辅助驾驶系统的性能，研究者采用增加其他传感器，如相机或激光雷达，以弥补毫米波雷达的不足，在 2000 年，Gern 等[1]采用相机校正雷达的水平分辨率。同样，Fang 等[2]利用立体视觉提高雷达的水平分辨率，而在这类方法中，视觉仅用于校正雷达的不确定性，并没有实现检测和识别目标。后来，Mobileye 公司研究开发了基于单目视觉的 ACC 系统，该方法通过对自身运动的分析获取场景障碍物相对距离和目标信息，其精度相当于雷达的精度。也有将二维或三维激光雷达引入 ACC 系统的，但是这些系统都比较昂贵，不利于产品的推广。为此，在本书的系统中采用毫米波雷达与廉价的 CCD 相机结合的方式进行前方障碍物的检测与识别。

采用多传感器进行障碍检测，首先是传感器之间的标定问题。目前关于毫米波雷达与 CCD 相机的标定，大部分对两者的位置有着严格的规定[3,4]。文献[5]通过扫描空间中某一较小显著目标进行标定，认为反射强度最大的位置即对应于图像中目标区域，以此实现雷达图像与 CCD 图像的标定。该文献对反射强度如何获取和最大值如何体现并没有说明，且标定过程非常模糊。

由于雷达信号及 CCD 相机内部参数难以获取，本章提出一种基于运动检测的标定方法，该方法不需要雷达或相机的内参数，通过对空间同一运动目标的检测得到雷达平面与图像平面的映射。

7.2.1 毫米波雷达与相机平面之间的关系

假设雷达平面和图像平面如图 7.2 所示，设 $\boldsymbol{R}=(x_r, y_r, z_r)^T$ 和 (x_c, y_c, z_c) 分别为雷达坐标和相机坐标系，$\boldsymbol{p}=(u, v)^T$ 为图像平面坐标系。

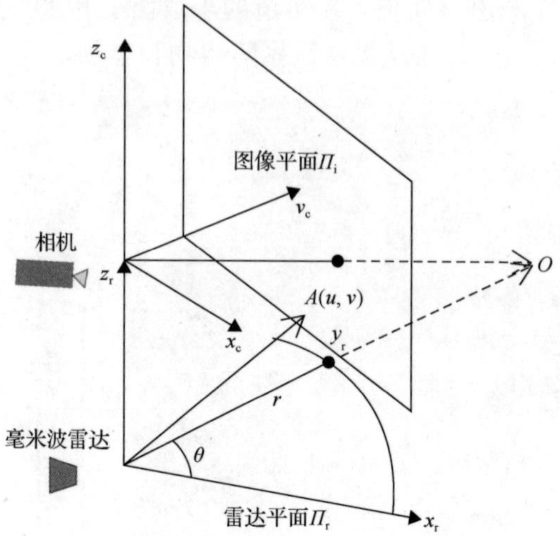

图 7.2 毫米波雷达与 CCD 相机几何结构

采用齐次笛卡儿坐标描述雷达坐标与相机坐标系之间的转换关系：

$$(\boldsymbol{p},1) \propto \lambda \boldsymbol{P}(\boldsymbol{R},1) \tag{7.1}$$

式中，$\boldsymbol{P}$ 为 3×4 的矩阵，包含传感器坐标系之间及相机内参数的旋转与平移参数；λ 为未知经验常数。一般的标定方法中，此矩阵的计算需要事先知道雷达与相机的内外参数，而此处的方法直接由雷达平面 Π_r 映射到相机平面 Π_i。若雷达扫描设在一个平面内 (z_r=0) 或在较小范围内变化，那么方程 (7.1) 转变为

$$\begin{bmatrix} u \\ v \end{bmatrix} = \boldsymbol{Q} \begin{bmatrix} x_r \\ y_r \\ 1 \end{bmatrix} \tag{7.2}$$

式中，$\boldsymbol{Q}$ 为 3×3 的单位矩阵，$\boldsymbol{Q}$ 的计算不需要知道传感器的内外参数，可采用四组以上雷达 (x_r, y_r) 与图像 (u, v) 数据对通过最小二乘方法得到。

7.2.2 基于运动检测的图像与雷达匹配数据对估计

由以上分析可知，标定的关键是寻找有效的图像与雷达数据对，本节采用一种简单且实用的方法，即通过两个传感器同时检测前方某一动态目标中心。由于现有雷达具有较强的动态目标检测能力，因此可同时获取目标的距离、方位和相

对速度信息。对于图像而言，运动目标检测较复杂。为了提高标定的精度，标定过程始于车载系统开始运动以前，即处理静态场景中出现一个运动目标，获取雷达与图像匹配数据对，以此来完成标定。静态背景下基于视觉的运动目标检测通常使用图像差分(image difference，ID)方法，但是传统的差分方法即帧间差又可称为单向图像差分(unidirectional image difference，UID)方法通常只能得到目标的部分轮廓，因此本书使用一种双向图像差分(bidirectional image difference，BID)方法检测运动目标。

设 $f(x, y, t)$ 为当前帧，BID 算法如下：

DIB 运动检测：

Obstl_img1 (x, y)=abs$(f(x, y, t)-f(x, y, t-1))$

Obstl_img2 (x, y)=abs$(f(x, y, t+1)-f(x, y, t))$

Obst_img (x, y)=Obstl_img1 (x, y) &Obstl_img2 (x, y)

其中，Obst_img (x, y) 为包含运动目标的轮廓，通过聚类中心的方法找到目标的质心 (u_c, v_c)。雷达获得该目标的数据 r、θ 和 v，通过简单的坐标变换 $y_r = r\sin\theta$ 和 $x_r = r\cos\theta$，通过连续几帧便可获得对应数据对，再采用最小二乘法得到 Q 的估计值。

通过两种传感器运动尺度比率来建立目标在图像平面的运动模型。设 $\{u_c(i),\ v_c(i)\}_{i=1,2,\cdots,t}$ 和 $\{x_r(i),\ y_r(i)\}_{i=1,2,\cdots,t}$ 为图像平面与雷达平面的匹配数据对，那么目标在两种传感器中的运动比率可定义为

$$\lambda = \frac{\sum_{i=2}^{t} \lambda_i}{t-1} \tag{7.3}$$

式中

$$\lambda_i = \frac{\sqrt{\{v_c(i)-v_c(i-1)\}^2 + \{u_c(i)-u_c(i-1)\}^2}}{\sqrt{\{x_r(i)-x_r(i-1)\}^2 + \{y_r(i)-y_r(i-1)\}^2}}$$

对于规则物体，两个传感器比较容易定位中心，取较小的使两个传感器都能够检测到的球状物体，然后利用得到的标定结果，将雷达目标映射到图像平面上。

7.2.3　实验结果与分析

所用雷达为 Delphi 分司的电子扫描雷达(electronic scanning radar，ESR)，其有两种工作模式：远程和中程，其中远程可测距离达到 174m，视角为±10°；中程工作模式可测距离为 60m，其视角可达到±45°。在中程工作模式下进行实验，实验过程中，毫米波雷达与摄像机位置固定在一个竖直线上静止不动，采用上述

方法进行标定，再将结果应用于场景中人的运动，取其中目标远离与目标靠近两种情况下的映射结果。将图像法检测到的目标与雷达检测映射的结果进行了误差比较，实验结果见图 7.3。从图中可看出，其平均误差约 5 像素，在这样一个误差范围内是可以接受的。另外，对目标图像运动尺度按式(7.3)进行了估计，其计算值 λ=12.6433。实验结果表明了，本章所提出的基于运动的多传感器之间的标定方法的可行性和有效性。

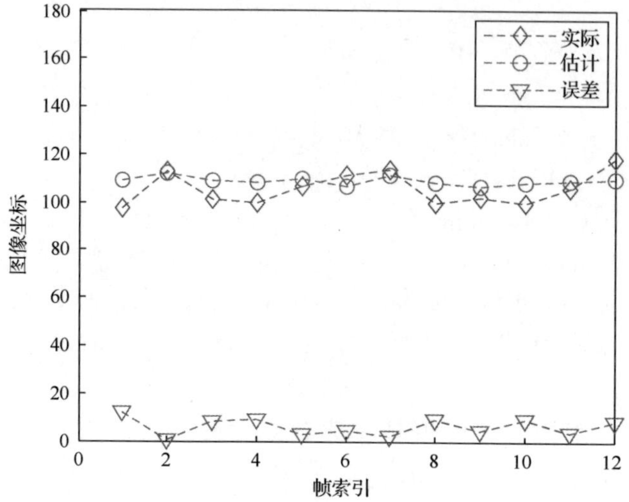

图 7.3　映射误差分析

7.3　二维激光雷达和摄像机的标定

激光雷达和摄像机是最常用的两种外部传感器，激光雷达能直接获取外部物体的深度信息，摄像机能感知环境中物体的颜色和亮度信息，融合两者的信息在目标定位、车辆导航和目标识别等领域有很好的应用前景[6-11]。为融合激光雷达和摄像机两者的信息，将激光雷达测量的深度信息与图像的像素信息对应起来，为实现目标深度信息的获取，必须首先标定这两个传感器之间的相对位置和姿态。从空间关系的角度来说，即假设三维空间的一个点 P 在摄像机坐标系 C^{c} 中为 $\boldsymbol{P}^{\mathrm{c}}$，在激光雷达坐标系 C^{l} 中为 $\boldsymbol{P}^{\mathrm{l}}$，则两个坐标系之间的坐标变换可表示为

$$\boldsymbol{P}^{\mathrm{l}} = \boldsymbol{R}\boldsymbol{P}^{\mathrm{c}} + \boldsymbol{t} \tag{7.4}$$

式中，$\boldsymbol{R}$ 和 $\boldsymbol{t}$ 分别表示摄像机坐标系和激光雷达坐标系之间的旋转矩阵和平移向量，二维激光雷达和摄像机标定的目的就是求解参数 $\boldsymbol{R}$ 和 $\boldsymbol{t}$，如图 7.4 所示。

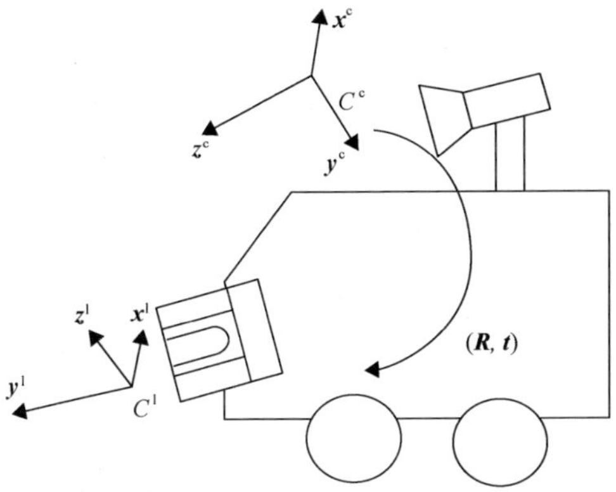

图 7.4　激光雷达坐标系和摄像机坐标系之间的转换关系

关于二维不可见激光雷达和摄像机的标定主要分为基于模板的标定方法[12-22]和自标定方法[23,24]两大类。

由于具有标定精度高、抗噪声能力强、鲁棒性强、使用方便等优点，基于棋盘格标定板的标定方法已成为主流的激光雷达和摄像机标定方法[12-19]。该类方法利用激光雷达扫描点位于棋盘格标定板所在平面的空间约束关系，对激光雷达和摄像机外部参数进行估计。

文献[12]首先提出基于棋盘格标定板的标定方法，很巧妙地利用简单而实用的棋盘格作为标定模板。该方法首先利用棋盘格在摄像机的成像计算每个棋盘格标定板在摄像机坐标系中的姿态和位置，利用激光雷达扫描点位于棋盘格标定板所在平面上的空间约束关系来构造一系列线性约束方程，实现激光雷达和摄像机外部参数的标定。基于文献[12]方法的扩展研究中，文献[17]改进标定参数的搜索算法，提出利用模拟退火算法提高对标定参数的全局最优解的搜索能力。文献[25]改进求解线性解析解的方法，提出一种基于最大似然估计求解标定参数解析解的方法。但是，文献[12]的方法及其改进的方法都不能在满足旋转矩阵正交性的约束下直接求解标定参数的解析解[12-18]，即不能保证在三维旋转群 SO(3) 中求解旋转矩阵解析解，因此容易在优化时陷入局部最优值。为此 Francisco 等[19]提出一个最小解决办法，只需要 3 个棋盘格标定板对应的图像和激光测量数据就能完成标定。该方法在对偶空间中，通过三个标定板平面和对应的激光雷达扫描直线构成的线-面空间约束关系，分别求解旋转矩阵和平移向量。此外，在对偶空间中 Francisco 标定方法的旋转矩阵求解可以看成是估计两个视图之间的相对旋转，本质上就是一个三点透视问题。Francisco 标定方法巧妙地将旋转矩阵的求解转换为对 P3P (perspective-3-pose) 问题和三点匹配估计运动问题的求解[19]。因为，对于通过三点匹配来估计两个坐标系之间的姿态问题，有很多鲁棒和可靠的算法可以使用[26]，这些算法能够保证在三维旋转群 SO(3) 中求解旋转矩阵，从而计算出更加精确的旋转矩阵。

7.3.1 基于三模板最小标定方法介绍

1. 三维空间中的问题描述

本章中的符号表示规则如下：使用四维齐次坐标来表示平面(如$\boldsymbol{\Pi} \in \mathbf{R}^4$)；使用六维普吕克坐标来表示三维空间中的直线(如$\boldsymbol{L} \in \mathbf{R}^6$)；为了和等号(=)区分开来，使用“~”表示呈比例等价关系；二范数和叉积操作分别用符号“‖ ‖”和“×”分别表示。

如图 7.5 所示，假设三维空间的一个激光点在激光雷达坐标系中为$\boldsymbol{P}_{i,j}^{\mathrm{l}}$，在摄像机坐标系中为$\boldsymbol{P}_{i,j}^{\mathrm{c}}$，在第 i 个标定板的世界坐标系中为$\boldsymbol{P}_{i,j}^{\mathrm{w}}$，那么激光雷达坐标系和摄像机坐标系之间的坐标变换关系可表示为

$$\boldsymbol{P}_{i,j}^{\mathrm{l}} = \boldsymbol{R}\boldsymbol{P}_{i,j}^{\mathrm{c}} + \boldsymbol{t} \tag{7.5}$$

同时摄像机坐标系和第 i 个标定板的世界坐标系之间的坐标变换关系可表示为

$$\boldsymbol{P}_{i,j}^{\mathrm{c}} = \boldsymbol{\Phi}_i \boldsymbol{P}_{i,j}^{\mathrm{w}} + \boldsymbol{\Delta}_i \tag{7.6}$$

式中，i 表示标定板的序号；j 表示每个标定板上激光点的序号；$\boldsymbol{R}$ 和 $\boldsymbol{t}$ 分别表示摄像机坐标系和激光雷达坐标系之间的旋转矩阵和平移向量；$\boldsymbol{\Phi}_i$ 和 $\boldsymbol{\Delta}_i$ 表示第 i 个标定板的世界坐标系到摄像机坐标系的旋转矩阵和平移向量。

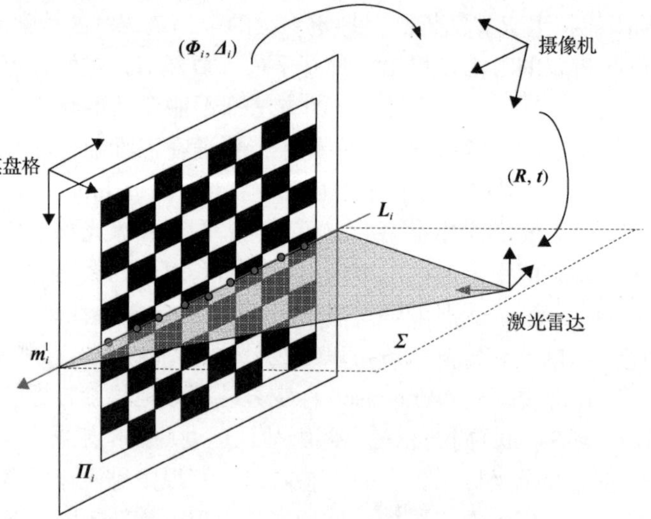

图 7.5 激光雷达坐标系和摄像机坐标系之间的转换关系

如图 7.5 所示，Francisco 标定方法使用一块棋盘格平面板作为标定模板，摆放在激光雷达和摄像机能进行观察的各种不同位置，利用激光雷达和摄像机同时采集 N 个标定模板的数据，获取多组距离-图像观测值。假定在摄像机坐标系中第 i 个棋盘格标定板的所在平面表示为 $\boldsymbol{\Pi}_i$，$\boldsymbol{\Pi}_i$ 的齐次坐标如下所示：

$$\boldsymbol{\Pi}_i = \begin{pmatrix} \boldsymbol{n}_i \\ 1 \end{pmatrix} \tag{7.7}$$

三维向量 $\boldsymbol{n}_i$ 的方向表示第 i 个标定板平面的法线方向，$\|\boldsymbol{n}_i\|^{-1}$ 表示摄像机坐标系原点到平面的距离，如下所示：

$$\boldsymbol{n}_i = \frac{\boldsymbol{\Phi}_{i,3}}{\boldsymbol{\Phi}_{i,3}^{\mathrm{T}} \boldsymbol{\Delta}_i} \tag{7.8}$$

在激光雷达坐标系中，激光雷达扫描面 $\boldsymbol{\Sigma}^1$ 和标定板平面 $\boldsymbol{\Pi}_i$ 相交于一条共面直线 $\boldsymbol{L}_i^1$，用普吕克坐标来表示直线 $\boldsymbol{L}_i^1$，如式(7.9)和式(7.10)所示，$\boldsymbol{u}_i$ 和 $\boldsymbol{v}_i$ 分别表示直线 $\boldsymbol{L}_i^1$ 的方向向量和矩向量。本章使用毫米作为长度单位，为不失一般性，设 $\boldsymbol{b} = (0,0,1)^{\mathrm{T}}$。

$$\boldsymbol{\Sigma}^1 \sim \begin{bmatrix} \boldsymbol{b} \\ 1 \end{bmatrix} \tag{7.9}$$

$$\boldsymbol{L}_i^1 \sim \begin{bmatrix} \boldsymbol{u}_i \\ \boldsymbol{v}_i \end{bmatrix} \tag{7.10}$$

Francisco 标定方法的思路是通过棋盘格标定板平面 $\boldsymbol{\Pi}_i$ 和共面直线 $\boldsymbol{L}_i^1$ 对应的线-面空间关系，建立包含标定参数 $\boldsymbol{R}$ 和 $\boldsymbol{t}$ 的约束方程，实现激光雷达和摄像机之间的标定。标定板平面 $\boldsymbol{\Pi}_i$ 在激光雷达坐标系中表示为 $\boldsymbol{\Pi}_i^1$，如下所示：

$$\boldsymbol{\Pi}_i^1 = \begin{bmatrix} \boldsymbol{R} & 0 \\ -\boldsymbol{t}^{\mathrm{T}}\boldsymbol{R} & 1 \end{bmatrix} \boldsymbol{\Pi}_i \tag{7.11}$$

因此，在理想情况下，Francisco 标定方法的目的就是求解 $\boldsymbol{R}$ 和 $\boldsymbol{t}$，使标定板平面 $\boldsymbol{\Pi}_i^1$ 通过直线 $\boldsymbol{L}_i^1$。对于有测量噪声存在的情况，就是寻找最优的 $\boldsymbol{R}$ 和 $\boldsymbol{t}$，使实际观测到的 $\boldsymbol{L}_i^1$ 和利用标定结果获取的共面直线 $\boldsymbol{L}_i^1$ 之间的误差距离最小。

2. 对偶空间中的问题描述

众所周知，在三维空间中点和平面是两个对偶实体。对于射影空间 Γ^3 中的一

个平面在对偶空间 $\boldsymbol{C}^{3*}$ 中表示为一个点，反之亦然。式(7.11)所表示的平面参数变换，在对偶空间 $\boldsymbol{C}^{3*}$ 中被看成是点 $\boldsymbol{\Pi}_i$ 到点 $\boldsymbol{\Pi}_i^1$ 之间的射影变换。若不加以说明，以下 Francisco 标定方法的公式推导和算法介绍都是在对偶空间中进行的。

对于直线而言，射影空间中的直线 $\boldsymbol{L}_i^1$ 在对偶空间中表示为 $\boldsymbol{L}_i^*$，如下所示：

$$\boldsymbol{L}_i^* \sim \begin{bmatrix} \boldsymbol{v}_i \\ \boldsymbol{u}_i \end{bmatrix} \tag{7.12}$$

$\boldsymbol{u}_i$ 和 $\boldsymbol{v}_i$ 分别表示直线 $\boldsymbol{L}_i^1$ 的方向向量和矩向量。如果对偶空间中的一个点 $\boldsymbol{\Pi}_i^1$ 落在直线 $\boldsymbol{L}_i^*$ 上，那么对应地在射影空间中表示一个平面 $\boldsymbol{\Pi}_i^1$ 通过共面直线 $\boldsymbol{L}_i^1$。此外，因为在射影空间中的直线束 $\boldsymbol{L}_i^1$ 都是位于激光雷达扫描面 $\boldsymbol{\Sigma}^1$ 中，所以在对偶空间中的直线束 $\boldsymbol{L}_i^*$ 相交于一点 $\boldsymbol{\Sigma}^1$，如图 7.6 所示。

Francisco 标定方法的本质是在对偶空间 $\boldsymbol{C}^{3*}$ 中寻找射影变换 $\boldsymbol{T}$，通过 $\boldsymbol{T}$ 将点 $\boldsymbol{\Pi}_i$ 映射到点 $\boldsymbol{\Pi}_i^1$（射影空间 Γ^3 中标定板平面在摄像机坐标系表示为 $\boldsymbol{\Pi}_i$，在激光雷达坐标系表示为 $\boldsymbol{\Pi}_i^1$），使得点 $\boldsymbol{\Pi}_i^1$ 落在直线 $\boldsymbol{L}_i^*$ 上。如图 7.6 所示，射影变换 $\boldsymbol{T}$ 可以被分解成如下两个独立的变换。

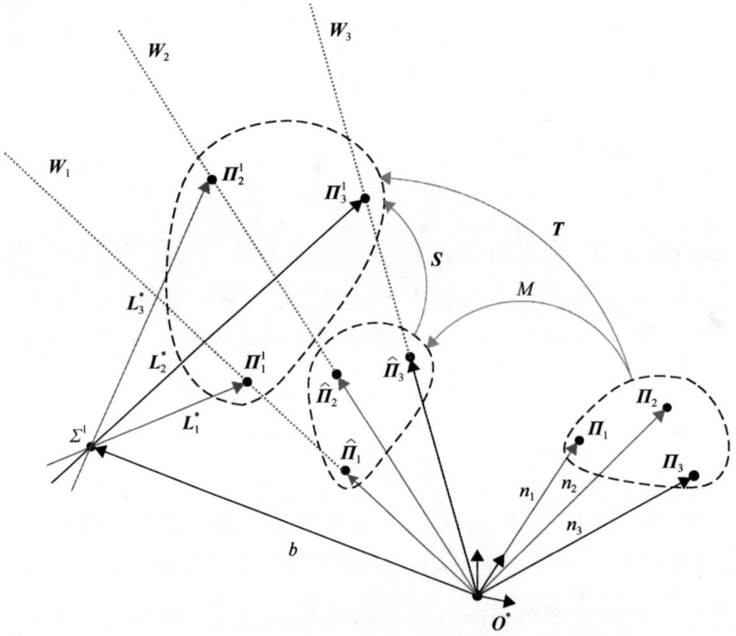

图 7.6　对偶空间中的射影变换 $\boldsymbol{T}$ 及其分解变换 $\boldsymbol{M}$ 和 $\boldsymbol{S}$

(1)一个旋转变换 $\boldsymbol{M}$，将点 $\boldsymbol{\Pi}_i$ 映射到点 $\widehat{\boldsymbol{\Pi}}_i$，如下所示：

$$\widehat{\boldsymbol{\Pi}}_i \sim \begin{bmatrix} \boldsymbol{R} & 0 \\ \boldsymbol{O}^{\mathrm{T}} & 1 \end{bmatrix} \boldsymbol{\Pi}_i \tag{7.13}$$

通过旋转变换 $\boldsymbol{M}$ 使每条直线 $\boldsymbol{W}_i$ 和对应直线 $\boldsymbol{L}_i^*$ 相交，其中直线 $\boldsymbol{W}_i$ 为一条过点 $\widehat{\boldsymbol{\Pi}}_i$ 和对偶空间的原点 $\boldsymbol{O}^*$ 的直线。

(2) 一个缩放变换 $\boldsymbol{S}$，将点 $\widehat{\boldsymbol{\Pi}}_i$ 沿直线 $\boldsymbol{W}_i$ 移动到 $\boldsymbol{\Pi}_i^1$ 点，如下所示：

$$\boldsymbol{\Pi}_i^1 \sim \begin{bmatrix} \boldsymbol{I}_{3\times 3} & \boldsymbol{0}_3 \\ -\boldsymbol{t}^{\mathrm{T}} & 1 \end{bmatrix} \widehat{\boldsymbol{\Pi}}_i \tag{7.14}$$

式中，$\boldsymbol{I}_{3\times 3}$ 为一个 3×3 的单位矩阵。

下面详细介绍当 $N=3$ 时，如何利用标定板平面 $\boldsymbol{\Pi}_i$ 和共面直线 $\boldsymbol{L}_i^*$ 来计算 $\boldsymbol{M}$ 和 $\boldsymbol{S}$。

3. 求解旋转变换

如图 7.6 所示，可以考虑存在两个分别以点 $\boldsymbol{\Sigma}^1$ 和点 $\boldsymbol{O}^*$ 为射影中心的针孔摄像机。如何计算旋转矩阵 $\boldsymbol{R}$ 使得直线 $\boldsymbol{W}_i$ 和直线 $\boldsymbol{L}_i^*$ 相交，等价于在两个摄像机之间基线(即平移向量)已知的情况下来估计两个视图之间的相对方向，如图 7.7 所示。

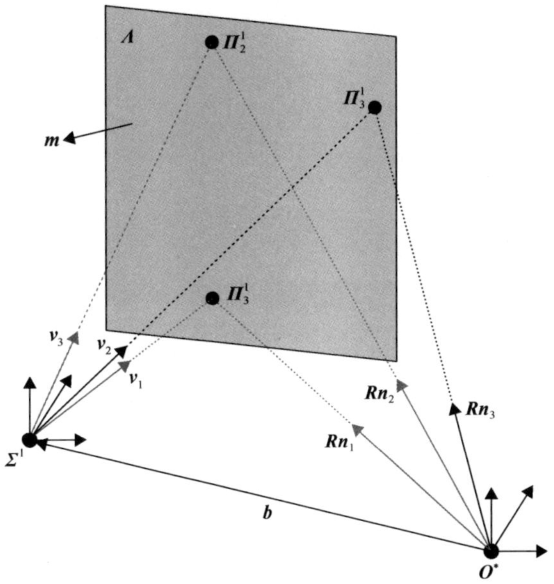

图 7.7　计算旋转矩阵 $\boldsymbol{R}$ 等价于估计两个视图之间的相对方向

在以 $\boldsymbol{O}^*$ 为原点的视图中，图像点的射影坐标由向量 $\boldsymbol{n}_i$ 给出，$\boldsymbol{n}_i$ 的方向表示标定板平面 $\boldsymbol{\Pi}_i$ 的法线方向。同样，在以 $\boldsymbol{\Sigma}^1$ 为原点的视图中，图像点的射影坐标由向量 $\boldsymbol{v}_i$ 给出，$\boldsymbol{v}_i$ 表示直线 $\boldsymbol{L}_i^1$ 的矩向量。两个摄像机之间的基线由激光雷达的扫描面 $\boldsymbol{\Sigma}^1$ 射影坐标给出，如式(7.9)所示。在对偶空间中求解旋转矩阵 $\boldsymbol{R}$ 的几何结构如图 7.7 所示，以点 $\boldsymbol{\Sigma}^1$ 为中心的参照坐标系和以点 $\boldsymbol{O}^*$ 为原点的世界坐标系是相互平行的。

通过三组对应的 $\boldsymbol{n}_i$ 和 $\boldsymbol{v}_i$（本质上就是基线为 $\boldsymbol{b}$ 的两个视图中的对应图像点），Francisco 标定方法巧妙地将旋转矩阵 $\boldsymbol{R}$ 的求解转换为对 P3P 问题和三点匹配估计运动问题的求解。

如图 7.8 所示，$\boldsymbol{R}\boldsymbol{n}_i$ 的射影直线和 $\boldsymbol{v}_i$ 的射影直线应该相交于一点 $\boldsymbol{\Pi}_i^1$。利用三组这样的对应关系获取 3 个点，从而确定一个平面 $\boldsymbol{\Lambda}$。平面 $\boldsymbol{\Lambda}$ 在以点 $\boldsymbol{O}^*$ 为原点的世界坐标系中表示为

$$\boldsymbol{\Lambda} \sim \begin{bmatrix} \boldsymbol{m} \\ 1 \end{bmatrix} \tag{7.15}$$

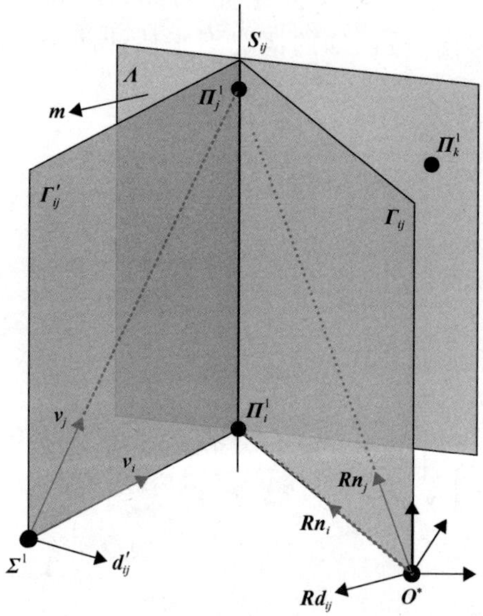

图 7.8　旋转矩阵 $\boldsymbol{R}$ 的求解问题转换为 P3P 求解问题

如图 7.8 所示，考虑两个点 $\boldsymbol{\Pi}_i^1$ 和 $\boldsymbol{\Pi}_j^1$ 决定一个三维直线 $\boldsymbol{S}_{ij}$。定义 $\boldsymbol{\Gamma}_{ij}$ 为一个平面，它包含直线 $\boldsymbol{S}_{ij}$ 和原点 $\boldsymbol{O}^*$，显然平面 $\boldsymbol{\Gamma}_{ij}$ 的法线方向为 $\boldsymbol{R}\boldsymbol{d}_{ij}$。

$$\boldsymbol{d}_{ij} \sim \boldsymbol{n}_i \times \boldsymbol{n}_j \tag{7.16}$$

由于平面 $\boldsymbol{\Gamma}_{ij}$ 包含原点 $\boldsymbol{O}^*$，因此它在世界坐标系中的射影表示为

$$\boldsymbol{\Gamma}_{ij} \sim \begin{bmatrix} \boldsymbol{R}\boldsymbol{d}_{ij} \\ \boldsymbol{0} \end{bmatrix} \tag{7.17}$$

同理，定义 $\boldsymbol{\Gamma}'_{ij}$ 为一个平面，它包含了直线 $\boldsymbol{S}_{ij}$ 和点 $\boldsymbol{\Sigma}^1$，那么显然平面 $\boldsymbol{\Gamma}'_{ij}$ 的法线方向为 $\boldsymbol{d}'_{ij}$：

$$\boldsymbol{d}'_{ij} \sim \boldsymbol{v}_i \times \boldsymbol{v}_j \tag{7.18}$$

由于平面 $\boldsymbol{\Gamma}'_{ij}$ 包含了点 $\boldsymbol{\Sigma}^1$，因此它在世界坐标系中的射影表示为

$$\boldsymbol{\Gamma}'_{ij} \sim \begin{bmatrix} \boldsymbol{d}'_{ij} \\ -\boldsymbol{b}^{\mathrm{T}}\boldsymbol{d}'_{ij} \end{bmatrix} \tag{7.19}$$

因为直线 $\boldsymbol{S}_{ij}$ 定义了一个平面束，这个平面束包含了平面 $\boldsymbol{\Gamma}_{ij}$、$\boldsymbol{\Gamma}'_{ij}$ 和 $\boldsymbol{\Lambda}$，所以可以用平面 $\boldsymbol{\Gamma}_{ij}$ 和 $\boldsymbol{\Gamma}'_{ij}$ 的线性组合表示平面 $\boldsymbol{\Lambda}$，如下所示：

$$\boldsymbol{\Lambda} \sim \alpha_{ij}\boldsymbol{\Gamma}_{ij} + \beta_{ij}\boldsymbol{\Gamma}'_{ij} \tag{7.20}$$

式中，α_{ij} 和 β_{ij} 为系数。

将式(7.15)、式(7.17)和式(7.19)的结果代入式(7.20)可得

$$\begin{bmatrix} \boldsymbol{m} \\ 1 \end{bmatrix} \sim \begin{bmatrix} \alpha_{ij}\boldsymbol{R}\boldsymbol{d}_{ij} + \beta_{ij}\boldsymbol{d}'_{ij} \\ -\beta_{ij}\boldsymbol{b}^{\mathrm{T}}\boldsymbol{d}'_{ij} \end{bmatrix} \tag{7.21}$$

通过固定比例因子，使得

$$\beta_{ij} = -\frac{1}{\boldsymbol{b}^{\mathrm{T}}\boldsymbol{d}'_{ij}} \tag{7.22}$$

将式(7.22)的结果代入式(7.21)，推出以下等式：

$$\boldsymbol{m} = -\frac{1}{\boldsymbol{b}^{\mathrm{T}}\boldsymbol{d}'_{ij}}\boldsymbol{d}'_{ij} + \alpha_{ij}\boldsymbol{R}\boldsymbol{d}_{ij} \tag{7.23}$$

将式(7.23)重写为

$$\alpha_{ij}\boldsymbol{d}_{ij} = \boldsymbol{R}^{\mathrm{T}}\left(\frac{1}{\boldsymbol{b}^{\mathrm{T}}\boldsymbol{d}'_{ij}}\boldsymbol{d}'_{ij} + \boldsymbol{m}\right) \tag{7.24}$$

通过三组对应的 $\boldsymbol{n}_i$ 和 $\boldsymbol{v}_i$，引出三个不同的方程式，进而获取如下方程组：

$$\begin{cases} \alpha_{12}\boldsymbol{d}_{12} = \boldsymbol{R}^{\mathrm{T}}\left(\boldsymbol{P}_{12} + \boldsymbol{m}\right) \\ \alpha_{13}\boldsymbol{d}_{13} = \boldsymbol{R}^{\mathrm{T}}\left(\boldsymbol{P}_{13} + \boldsymbol{m}\right) \\ \alpha_{23}\boldsymbol{d}_{23} = \boldsymbol{R}^{\mathrm{T}}\left(\boldsymbol{P}_{23} + \boldsymbol{m}\right) \end{cases} \tag{7.25}$$

其中，$\boldsymbol{P}_{ij}$ (ij=12，13，23)如下所示：

$$\boldsymbol{P}_{ij} = \frac{\boldsymbol{d}'_{ij}}{\boldsymbol{b}^{\mathrm{T}}\boldsymbol{d}'_{ij}} \tag{7.26}$$

对式(7.25)进行分析，可知旋转矩阵 $\boldsymbol{R}$ 的求解可以转换为两个著名的 P3P 问题和三点匹配估计运动问题。首先，通过将式(7.25)看成一个 P3P 问题，可以求解出系数 α_{12}、α_{13} 和 α_{23} 的值。然后，将 $\alpha_{ij}\boldsymbol{d}_{ij}$ 和 $\boldsymbol{P}_{ij}$ 看成两个参照坐标中对应的点坐标，求解两个参照坐标之间的旋转矩阵 $\boldsymbol{R}$ 和平移向量 $\boldsymbol{m}$。下面给出具体步骤。首先重新对式(7.25)进行排列，消除变量 $\boldsymbol{R}$ 和 $\boldsymbol{m}$，如下所示：

$$\begin{cases} \left\|\alpha_{12}\boldsymbol{d}_{12} - \alpha_{13}\boldsymbol{d}_{13}\right\| = \left\|\boldsymbol{P}_{12} - \boldsymbol{P}_{13}\right\| \\ \left\|\alpha_{12}\boldsymbol{d}_{12} - \alpha_{23}\boldsymbol{d}_{23}\right\| = \left\|\boldsymbol{P}_{12} - \boldsymbol{P}_{23}\right\| \\ \left\|\alpha_{13}\boldsymbol{d}_{13} - \alpha_{23}\boldsymbol{d}_{23}\right\| = \left\|\boldsymbol{P}_{13} - \boldsymbol{P}_{23}\right\| \end{cases} \tag{7.27}$$

然后利用余弦定理获得 P3P 问题的经典方程，如下所示：

$$\begin{cases} \alpha_{12}^2 + \alpha_{13}^2 - \alpha_{12}\alpha_{13}\boldsymbol{d}_{12}^{\mathrm{T}}\boldsymbol{d}_{13} = \left\|\boldsymbol{P}_{12} - \boldsymbol{P}_{13}\right\|^2 \\ \alpha_{12}^2 + \alpha_{23}^2 - \alpha_{12}\alpha_{23}\boldsymbol{d}_{12}^{\mathrm{T}}\boldsymbol{d}_{23} = \left\|\boldsymbol{P}_{12} - \boldsymbol{P}_{23}\right\|^2 \\ \alpha_{13}^2 + \alpha_{23}^2 - \alpha_{13}\alpha_{23}\boldsymbol{d}_{13}^{\mathrm{T}}\boldsymbol{d}_{23} = \left\|\boldsymbol{P}_{13} - \boldsymbol{P}_{23}\right\|^2 \end{cases} \tag{7.28}$$

如图 7.9 所示，利用文献[26]中的任何一种算法都可以计算出代表深度值的系数 α_{12}、α_{13} 和 α_{23}。通过将深度值 α_{12}、α_{13} 和 α_{23} 代回式(7.25)，产生一个由不同参照坐标系中对应的三点所构成的方程。因此，两个坐标系之间的欧氏变换 $\boldsymbol{R}$ 和 $\boldsymbol{m}$ 可以利用文献[27]中单独的姿态估计方法直接计算出来。

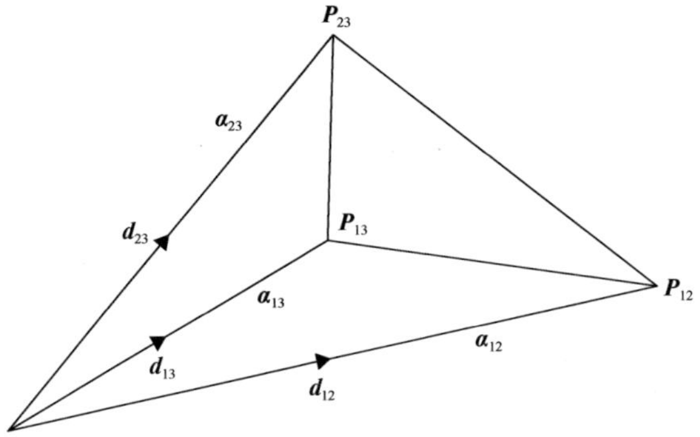

图 7.9　标准的 P3P 问题

4. 求解缩放变换

针对每一组方程，得到 8 个旋转变换后的 $\boldsymbol{M}$。如图 7.6 所示，对于每一个可能的 $\boldsymbol{M}$，根据式(7.13)在对偶空间中将点 $\boldsymbol{\Pi}_i$ 映射到点 $\widehat{\boldsymbol{\Pi}}_i$，然后连接点 $\widehat{\boldsymbol{\Pi}}_i$ 和原点 $\boldsymbol{O}^*$ 确定一条直线 $\boldsymbol{W}_i$。通过对应的直线 $\boldsymbol{W}_i$ 和直线 $\boldsymbol{L}_i^*$ 的相交点，确定标定板平面在激光雷达坐标系中的表示 $\boldsymbol{\Pi}_i^1$。缩放变换 $\boldsymbol{S}$ 将点 $\widehat{\boldsymbol{\Pi}}_i$ 沿直线 $\boldsymbol{W}_i$ 映射到 $\boldsymbol{\Pi}_i^1$ 点，下面通过计算缩放变换 $\boldsymbol{S}$，唯一确定两个传感器之间的平移向量。为了计算缩放变换，将 7.3.1 节得到的 $\boldsymbol{\Pi}_i^1$ 和 $\widehat{\boldsymbol{\Pi}}_i$ 代入式(7.14)，如下所示：

$$\mu_i \begin{bmatrix} \boldsymbol{n}_i' \\ 1 \end{bmatrix} \sim \begin{bmatrix} \boldsymbol{I}_{3\times3} & \boldsymbol{0}_3 \\ -\boldsymbol{t}^{\mathrm{T}} & 1 \end{bmatrix} \begin{bmatrix} \boldsymbol{R}\boldsymbol{n}_i \\ 1 \end{bmatrix} \tag{7.29}$$

式中，$\boldsymbol{n}_i'$ 的方向表示标定板平面 $\boldsymbol{\Pi}_i^1$ 的法线方向；μ_i 表示一个未知的比例因子。通过式(7.29)可以构造 4 个等式，由前三个等式可得

$$\mu_i = \frac{\boldsymbol{n}_i'^{\mathrm{T}} \boldsymbol{R}\boldsymbol{n}_i}{\boldsymbol{n}_i'^{\mathrm{T}} \boldsymbol{n}_i'} \tag{7.30}$$

将 μ_i 代入第 4 个等式可得

$$\boldsymbol{n}_i'^{\mathrm{T}} \boldsymbol{n}_i' \boldsymbol{n}_i^{\mathrm{T}} \boldsymbol{R}^{\mathrm{T}} \boldsymbol{t} - \boldsymbol{n}_i'^{\mathrm{T}} \boldsymbol{n}_i' + \boldsymbol{n}_i'^{\mathrm{T}} \boldsymbol{R}\boldsymbol{n}_i = 0 \tag{7.31}$$

因此，每一个标定板产生一个含有向量 $\boldsymbol{t}$ 的线性约束，平移向量 $\boldsymbol{t}$ 可以按以下方式计算：

$$\boldsymbol{t} = \boldsymbol{A}^{-1}\boldsymbol{b} \tag{7.32}$$

$$A = \begin{bmatrix} \boldsymbol{n}_1'^{\mathrm{T}} \boldsymbol{n}_1' \boldsymbol{n}_1^{\mathrm{T}} \\ \boldsymbol{n}_2'^{\mathrm{T}} \boldsymbol{n}_2' \boldsymbol{n}_2^{\mathrm{T}} \\ \boldsymbol{n}_3'^{\mathrm{T}} \boldsymbol{n}_3' \boldsymbol{n}_3^{\mathrm{T}} \end{bmatrix} \boldsymbol{R}^{\mathrm{T}} \tag{7.33}$$

$$\boldsymbol{b} = \begin{bmatrix} \boldsymbol{n}_1'^{\mathrm{T}} \boldsymbol{n}_1' - \boldsymbol{n}_1'^{\mathrm{T}} \boldsymbol{R} \boldsymbol{n}_1 \\ \boldsymbol{n}_2'^{\mathrm{T}} \boldsymbol{n}_2' - \boldsymbol{n}_2'^{\mathrm{T}} \boldsymbol{R} \boldsymbol{n}_2 \\ \boldsymbol{n}_3'^{\mathrm{T}} \boldsymbol{n}_3' - \boldsymbol{n}_3'^{\mathrm{T}} \boldsymbol{R} \boldsymbol{n}_3 \end{bmatrix} \tag{7.34}$$

综上所述，对于满足式(7.25)的一个旋转矩阵 $\boldsymbol{R}$，通过式(7.32)确定一个对应的平移向量 $\boldsymbol{t}$。

5. Francisco 标定方法

当采集的标定板个数 $N=3$ 时，基于三个标定板 $\boldsymbol{\Pi}_i$ 和对应的共面直线 $\boldsymbol{L}_i^{\mathrm{l}}$ 计算射影变换解 $\boldsymbol{T}$ 的具体流程如算法 7.1 所示。

算法 7.1　$N=3$ 时求解射影变换解 $\boldsymbol{T}$

输入：三个标定板 $\boldsymbol{\Pi}_i$ 和对应的共面直线 $\boldsymbol{L}_i^{\mathrm{l}}$。

输出：旋转矩阵 $\boldsymbol{R}$ 和平移向量 $\boldsymbol{t}$。

1. 对于每两个标定板 $\boldsymbol{\Pi}_i$ 和 $\boldsymbol{\Pi}_j$，交叉相乘它们的法线确定 $\boldsymbol{d}_{ij}$［式(7.16)］；
2. 对于每两条共面直线 $\boldsymbol{L}_i^{\mathrm{l}}$ 和 $\boldsymbol{L}_j^{\mathrm{l}}$，交叉相乘它们的矩向量确定 $\boldsymbol{d}_{ij}'$［式(7.18)］；
3. 确定激光雷达扫描面 $\boldsymbol{\Sigma}^{\mathrm{l}}$ 的法线方向 $\boldsymbol{b}$［式(7.9)］；
4. 根据 $\boldsymbol{b}$、$\boldsymbol{d}_{ij}$ 和 $\boldsymbol{d}_{ij}'$ $(ij=12,13,23)$ 构造 P3P 问题［式(7.25)］；
5. 利用文献[27]中的算法，对相应的 P3P 问题进行计算，求解旋转矩阵 $\boldsymbol{R}$，存在 $M(M<8)$ 个解；
6. 对于每一个可能的 $\boldsymbol{R}$，通过使直线 $\boldsymbol{W}_i$ 和直线 $\boldsymbol{L}_i^*$ 的相交计算 $\boldsymbol{\Pi}_i^{\mathrm{l}}$；
7. 根据 $\boldsymbol{R}$、$\boldsymbol{\Pi}_i$ 和 $\boldsymbol{\Pi}_i^{\mathrm{l}}$ $(ij=12,13,23)$ 求解平移向量 $\boldsymbol{t}$［式(7.32)］。

算法 7.1 为旋转矩阵 $\boldsymbol{R}$ 和平移向量 $\boldsymbol{t}$ 给出了一个闭合形式算法。当采集的棋盘格标定板个数 $N=3$ 时，Francisco 标定方法提供了 $M(M<8)$ 个射影变换解 $\boldsymbol{T}^{(m)}(m=1,2,\cdots,M)$，但是在没有其他更多信息时不能确定激光雷达坐标系和摄像机坐标系之间的变换关系。当采集的棋盘格标定板的个数 $N>3$ 时，由每 3 个对应的线-面空间约束关系产生一组解，而正确的相对位姿 $\boldsymbol{T}$ 可以使用假设检验框架获得。$N>3$ 时 Francisco 标定算法具体流程如算法 7.2 所示。

算法 7.2　$N>3$ 时 Francisco 标定算法

输入：N 个标定板 $\boldsymbol{\Pi}_i$ 和对应的共面直线 $\boldsymbol{L}_i^1$。

输出：旋转矩阵 $\boldsymbol{R}$ 和平移向量 $\boldsymbol{t}$。

1. 构造一个集合 $K=\{k_1,k_2,\cdots,k_T\}\left(T=C_N^3\right)$，其中 $k_i\in\mathbf{Z}^3$ 表示从 $1,2,\cdots,N$ 中选取 3 个数的一种可能组合，K 表示所有的可能组合；
2. 当 t=1,2,⋯, T 时，执行步骤 3～步骤 6；否则，转步骤 8。
3. 选择和 k_t 各元素对应的 3 个标定板 $\boldsymbol{\Pi}_{k_{t,1}}$、$\boldsymbol{\Pi}_{k_{t,2}}$ 和 $\boldsymbol{\Pi}_{k_{t,3}}$ 及对应的共面直线 $\boldsymbol{L}_{k_{t,1}}^1$、$\boldsymbol{L}_{k_{t,2}}^1$ 和 $\boldsymbol{L}_{k_{t,3}}^1$，使用算法 7.1 计算对应的一组解 $\boldsymbol{T}^{(m)}\left(m=1,2,\cdots,M\right)$，$M<8$；
4. 对于每一个 $\boldsymbol{T}^{(m)}$，首先计算其他 $N-3$ 个标定板平面在激光雷达坐标系中的表示 $\boldsymbol{\Pi}_i^{1(m)}$，然后计算在对偶空间中 $\boldsymbol{\Pi}_i^{1(m)}$ 和 $\boldsymbol{L}_i^{1(m)}$ 之间的欧氏距离 $d_i^{(m)}$；
5. 对于每一个 $\boldsymbol{T}^{(m)}$，通过赋予一个评分 $\operatorname{rank}\left(\boldsymbol{T}^{(m)}\right)=\sum_{i=1}^{N}d_i^{(m)}$ 进行排序；
6. 对于每一个 $\boldsymbol{T}^{(m)}$，若 $\operatorname{rank}(\boldsymbol{T})>\operatorname{rank}\left(\boldsymbol{T}^{(m)}\right)$，则赋值 $\boldsymbol{T}=\boldsymbol{T}^{(m)}$；
7. 转向步骤 2。
8. 输出 $\boldsymbol{T}$ 包含的旋转矩阵 $\boldsymbol{R}$ 和平移向量 $\boldsymbol{t}$ 作为标定结果。

当标定板个数 $N<20$ 时，Francisco 标定方法穷举搜索所有可能的基于三个标定板的线-面组合的计算结果，从中选择最优，即评分 $\operatorname{rank}\left(\boldsymbol{T}^{(m)}\right)$ 最高的作为标定结果。当 N 很大时，假设检验采用随机抽样一致性方法保证计算复杂度的可行性[28]。

7.3.2　基于系数矩阵二范数和多约束误差函数的激光雷达-摄像机标定法

虽然 Francisco 标定方法已经能较准确地获取标定参数的解析解，但是存在计算复杂度高和评价最优解析解的误差函数不准确的问题。首先，因为小样本抗噪声能力较差，所以如果仅随机地依据一组三个标定板的观测数据进行标定，那么标定结果的误差会较大。为了减小噪声对结果的影响，Francisco 标定方法穷尽计算所有三个标定板组合对应的 P3P 问题和三点匹配估计运动问题的解并且从中选择一个最优值，因此计算复杂度很高。其次，Francisco 标定方法利用对偶三维空间中的误差函数评价出解析解集合中的一个最优值，但是这个误差函数没能客观地反映原有欧氏空间中的实际参数误差，不准确。

本章标定方法是在 Francisco 标定方法的基础上进行两点改进，不但降低了

Francisco 标定方法的计算复杂度，而且提高了标定精度。针对 Francisco 标定方法的第一个不足，首先根据所有三个标定板组合对应的线-面约束方程组，计算这些方程组系数矩阵的逆阵的二范数，然后根据二范数的大小选取一组抗噪声能力最强的组合并且求解其对应的 P3P 问题和三点匹配估计运动问题。因为只需要对一组三个标定板的观测数据进行求解来获取解析解集合，所以大大降低了本章标定方法的计算复杂度。针对 Francisco 标定方法的第二个不足，改进了评价最优解析解的误差函数模型。从激光点和标定板平面之间的空间约束关系及激光点和标定板区域之间的空间约束关系两个方面进行考虑，提出了一种新的误差函数模型。误差函数模型更客观地反映了实际观测数据和标定参数下的测量数据的误差，因此能更准确、更鲁棒地从多个候选解析解中选取最优解析解。实验结果表明，该方法能有效提高标定结果的精确度和鲁棒性。

1. 基于二范数的解析解计算

小样本拟合的抗噪声能力较差，主要是由样本拟合的约束方程组的病态程度造成的，不是由随机噪声的大小造成的。当约束方程组存在严重的病态时微小的观测噪声也会使计算结果产生很大的误差，称为病态扰动。因为即使选择观测噪声最小的三个标定板的观测数据进行求解也避免不了病态扰动，所以 Francisco 标定方法采用穷尽计算所有三个标定板组合并选择最优解析解的方法，从而避免单一组合存在病态扰动的情况，但是为此付出了极高的计算代价，并且没有对激光雷达的观测噪声和标定参数误差之间的关系进行分析。

为了便于分析 Francisco 标定方法中 $\boldsymbol{R}$ 估计值的误差和观测噪声的关系，假设求解式(7.25)时暂不考虑 $\boldsymbol{R}$ 正交性这一前提约束条件，如式(7.35)所示。因此，式(7.25)就可以简化成三个独立的线性方程组，如式(7.36)～式(7.38)所示，其中 $P_{ij,k}$ 表示向量 $\boldsymbol{P}_{ij}$ 的第 k 个元素，m_k 表示向量 $\boldsymbol{m}$ 的第 k 个元素。本节仅以式(7.36)为例对 $\boldsymbol{r}_1$ 的误差和观测噪声的关系进行分析($\boldsymbol{r}_2$ 和 $\boldsymbol{r}_3$ 的误差分析与此相同)，式(7.36)可以简化成式(7.39)。

$$\boldsymbol{R}=\begin{bmatrix}\boldsymbol{r}_1^{\mathrm{T}}\\ \boldsymbol{r}_2^{\mathrm{T}}\\ \boldsymbol{r}_3^{\mathrm{T}}\end{bmatrix}=\begin{bmatrix}r_{11} & r_{12} & r_{13}\\ r_{21} & r_{22} & r_{23}\\ r_{31} & r_{32} & r_{33}\end{bmatrix} \tag{7.35}$$

$$\begin{cases}\alpha_{12}\boldsymbol{r}_1^{\mathrm{T}}\boldsymbol{d}_{12}=P_{12,1}+m_1\\ \alpha_{13}\boldsymbol{r}_1^{\mathrm{T}}\boldsymbol{d}_{13}=P_{13,1}+m_2\\ \alpha_{23}\boldsymbol{r}_1^{\mathrm{T}}\boldsymbol{d}_{23}=P_{23,1}+m_3\end{cases} \tag{7.36}$$

$$\begin{cases} \alpha_{12}\boldsymbol{r}_2^{\mathrm{T}}\boldsymbol{d}_{12} = P_{12,1} + m_1 \\ \alpha_{13}\boldsymbol{r}_2^{\mathrm{T}}\boldsymbol{d}_{13} = P_{13,2} + m_2 \\ \alpha_{23}\boldsymbol{r}_2^{\mathrm{T}}\boldsymbol{d}_{23} = P_{23,2} + m_3 \end{cases} \tag{7.37}$$

$$\begin{cases} \alpha_{12}\boldsymbol{r}_3^{\mathrm{T}}\boldsymbol{d}_{12} = P_{12,3} + m_1 \\ \alpha_{13}\boldsymbol{r}_3^{\mathrm{T}}\boldsymbol{d}_{13} = P_{13,3} + m_2 \\ \alpha_{23}\boldsymbol{r}_3^{\mathrm{T}}\boldsymbol{d}_{23} = P_{23,3} + m_3 \end{cases} \tag{7.38}$$

$$\boldsymbol{A}\boldsymbol{r}_1 = \boldsymbol{b} \tag{7.39}$$

$$\boldsymbol{A} = \begin{bmatrix} \boldsymbol{d}_{12}^{\mathrm{T}} \\ \boldsymbol{d}_{13}^{\mathrm{T}} \\ \boldsymbol{d}_{23}^{\mathrm{T}} \end{bmatrix} \quad \boldsymbol{b} = \begin{bmatrix} \dfrac{P_{12,1} + m_1}{\alpha_{12}} \\ \dfrac{P_{13,1} + m_2}{\alpha_{13}} \\ \dfrac{P_{23,1} + m_3}{\alpha_{23}} \end{bmatrix}$$

假设式(7.39)中观测值 $\boldsymbol{b}$ 有观测噪声 $\delta\boldsymbol{b}$，那么对应 $\boldsymbol{A}\boldsymbol{r}_1 = \boldsymbol{b} + \delta\boldsymbol{b}$ 的解为 $\tilde{\boldsymbol{r}}_1 = \boldsymbol{r}_1 + \delta\boldsymbol{r}_1$，如下所示：

$$\boldsymbol{A}\left(\boldsymbol{r}_1 + \delta\boldsymbol{r}_1\right) = \boldsymbol{b} + \delta\boldsymbol{b} \tag{7.40}$$

由式(7.39)和式(7.40)可以得出 $\delta\boldsymbol{r}_1 = \boldsymbol{A}^{-1}\delta\boldsymbol{b}$，根据矩阵二范数的乘法不等式规则得出式(7.41)成立，因此$\left\|\boldsymbol{A}^{-1}\right\|$反映了方程组 $\boldsymbol{A}\boldsymbol{r}_1 = \boldsymbol{b}$ 的解 $\delta\boldsymbol{r}_1^{\mathrm{T}}$ 对噪声扰动 $\delta\boldsymbol{b}$ 的灵敏度。

$$\left\|\delta\boldsymbol{r}_1\right\| \leqslant \left\|\boldsymbol{A}^{-1}\right\|\left\|\delta\boldsymbol{b}\right\| \tag{7.41}$$

令 $\delta\boldsymbol{R} = (\delta\boldsymbol{r}_1, \delta\boldsymbol{r}_2, \delta\boldsymbol{r}_3)^{\mathrm{T}}$，$\Delta\boldsymbol{R}$ 表示 $\boldsymbol{R}$ 的标定误差，$\delta\boldsymbol{R}$ 和 $\Delta\boldsymbol{R}$ 的关系如式(7.42)所示。因为 $\boldsymbol{r}_1^{\mathrm{T}}$ 和 $\boldsymbol{r}_1^{\mathrm{T}} + \delta\boldsymbol{r}_1^{\mathrm{T}}$ 都是单位向量，$\left\|\delta\boldsymbol{r}_1^{\mathrm{T}}\right\|$ 的大小反映了 $\Delta\boldsymbol{R}$ 的 Rodrigues 表达形式的角度分量的大小，如式(7.42)所示，所以$\left\|\boldsymbol{A}^{-1}\right\|$也反映了 $\Delta\boldsymbol{R}$ 对扰动 $\delta\boldsymbol{b}$ 的灵敏度。

$$\boldsymbol{R}\Delta\boldsymbol{R} = \boldsymbol{R} + \delta\boldsymbol{R} \tag{7.42}$$

根据以上原理，基于系数矩阵的二范数对 Francisco 标定方法进行了改进，利

用方程组(7.39)的$\left\|A^{-1}\right\|$找出一组对噪声扰动最不敏感的三个标定板来计算标定参数的解析解，使噪声扰动对结果的影响限定在较低的程度，从而降低算法的计算复杂度。为了实现这一目的，本章构建所有三个标定板组合对应的方程组(7.39)，选取$\left\|A^{-1}\right\|$最小的一组三个标定板作为最优的三个标定板组合，同时求解其对应的P3P 问题和三点匹配估计运动问题来获取标定参数的解析解。因为只需要对一组三个标定板组合进行求解，从而避免了穷尽计算所有组合对应的 P3P 问题和三点匹配估计运动问题，所以大大降低了该方法的计算复杂度。例如，共有 10 个标定板，按照 Francisco 标定方法需要计算 $C_{10}^{3}=120$ 组三个标定板组合对应的 P3P 问题和三点匹配估计运动问题，而该方法只需要计算其中$\left\|A^{-1}\right\|$最小的一组三个标定板组合对应的 P3P 问题和三点匹配估计运动问题。

2. 改进的评价最优解析解的误差函数模型(多约束误差函数)

Francisco 标定方法中使用对偶三维空间中标定板平面$\boldsymbol{\Pi}_i^{\mathrm{l}}$(对偶空间中为一个点)到相交直线$\boldsymbol{L}_i^*$的距离$d\left(\boldsymbol{\Pi}_i^{\mathrm{l}},\boldsymbol{L}_i^*\right)$作为误差函数模型，并根据误差函数模型从$\boldsymbol{R}$和$\boldsymbol{t}$的解析解集合中选择最优解析解，如算法 7.2 所示，其中$\boldsymbol{\Pi}_i^{\mathrm{l}}$和$\boldsymbol{L}_i^*$的定义如式(7.43)和式(7.44)所示(参看 7.3.1 节)。但是，这个误差函数在原欧氏空间没有任何的物理含义，它既不表示估计的激光数据和实际激光测量数据之间的误差，也不表示估计的相交直线和实际相交直线之间的误差，因此使用它评价解析解的好坏很不可靠、不准确。可分别从激光点和标定板平面之间的空间约束关系及激光点和标定板区域之间的空间约束关系这两个方面出发，对 Francisco 标定方法中评价最优解析解的误差函数模型进行改进。

$$\boldsymbol{\Pi}_i^{\mathrm{l}}=\begin{bmatrix}\boldsymbol{R} & 0\\ -\boldsymbol{t}^{\mathrm{T}}\boldsymbol{R} & 1\end{bmatrix}\boldsymbol{\Pi}_i \tag{7.43}$$

$$\boldsymbol{L}_i^*\sim\begin{bmatrix}\boldsymbol{v}_i\\ \boldsymbol{u}_i\end{bmatrix} \tag{7.44}$$

首先，激光点和标定板平面之间存在空间约束关系，即激光点应该在棋盘格标定板的平面上，因此在误差函数模型中融入激光点和标定板平面之间的距离误差约束。这里的激光点和标定板平面之间的距离误差是指激光点实际观测值与标定参数$\boldsymbol{R}$和$\boldsymbol{t}$为标定结果时的激光点理论值之间的距离误差。

如图 7.10 所示，激光点和标定板平面之间的距离误差是激光雷达坐标系下点$\boldsymbol{P}_{ij}^{\mathrm{l}}$和点$\tilde{\boldsymbol{P}}_{ij}^{\mathrm{l}}$之间的距离$\left\|\tilde{\boldsymbol{P}}_{ij}^{\mathrm{l}}-\boldsymbol{P}_{ij}^{\mathrm{l}}\right\|$，其中点$\tilde{\boldsymbol{P}}_{ij}^{\mathrm{l}}$为激光点$\boldsymbol{P}_{ij}^{\mathrm{l}}$和激光雷达坐标原点$\boldsymbol{O}^{\mathrm{l}}$的连线与标定板平面的交点，下面对$\left\|\tilde{\boldsymbol{P}}_{ij}^{\mathrm{l}}-\boldsymbol{P}_{ij}^{\mathrm{l}}\right\|$的计算公式进行推导。

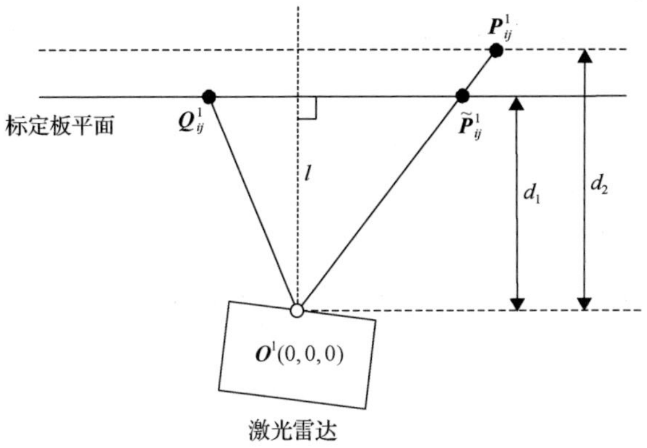

图 7.10　激光测距射线与标定板平面的交点示意图

设标定板平面上存在一点 $\boldsymbol{Q}_{ij}$ 在摄像机坐标下位置为 $\boldsymbol{Q}_{ij}^{\mathrm{c}}=\boldsymbol{N}_i=\boldsymbol{n}_i/\|\boldsymbol{n}_i\|$，在激光雷达坐标下位置为 $\boldsymbol{Q}_{ij}^{1}=\boldsymbol{R}\boldsymbol{N}_i+\boldsymbol{t}$，其中 $\boldsymbol{n}_i$ 的定义参见 8.3.1 节。通过激光雷达坐标原点 $\boldsymbol{O}^1$ 做标定板平面的垂线 l，$\boldsymbol{Q}_{ij}^1$ 在 l 的投影为 d_1，$\boldsymbol{P}_{ij}^1$ 在 l 的投影为 d_2。

由于单位向量 $\boldsymbol{R}\boldsymbol{N}_i$ 的方向为垂线 l 的方向，因此有

$$d_1=(\boldsymbol{R}\boldsymbol{N}_i)\cdot(\boldsymbol{R}\boldsymbol{N}_i+\boldsymbol{t})$$

$$d_2=(\boldsymbol{R}\boldsymbol{N}_i)\cdot\boldsymbol{P}_{ij}^1$$

由图 7.10 可知，点 $\tilde{\boldsymbol{P}}_{ij}^1$ 和点 $\boldsymbol{P}_{ij}^1$ 的关系如下所示：

$$\tilde{\boldsymbol{P}}_{ij}^1=t\boldsymbol{P}_{ij}^1=\frac{d_1}{d_2}\boldsymbol{P}_{ij}^1 \tag{7.45}$$

将 d_1 和 d_2 代入式(7.45)，可得

$$\tilde{\boldsymbol{P}}_{ij}^1=\frac{(\boldsymbol{R}\boldsymbol{N}_i)\cdot(\boldsymbol{R}\boldsymbol{N}_i+\boldsymbol{t})}{(\boldsymbol{R}\boldsymbol{N}_i)\cdot\boldsymbol{P}_{ij}^1}\boldsymbol{P}_{ij}^1 \tag{7.46}$$

将式(7.46)变形后取范数，于是可得距离 $\left\|\tilde{\boldsymbol{P}}_{ij}^1-\boldsymbol{P}_{ij}^1\right\|$ 的推导公式如下：

$$\begin{aligned}\left\|\tilde{\boldsymbol{P}}_{ij}^1-\boldsymbol{P}_{ij}^1\right\|&=\left\|\left(\frac{(\boldsymbol{R}\boldsymbol{N}_i)\cdot(\boldsymbol{R}\boldsymbol{N}_i+\boldsymbol{t})}{(\boldsymbol{R}\boldsymbol{N}_i)\cdot\boldsymbol{P}_{ij}^1}-1\right)\boldsymbol{P}_{ij}^1\right\|\\&=\left\|\left(\frac{(\boldsymbol{R}\boldsymbol{n}_i)\cdot(\boldsymbol{R}\boldsymbol{n}_i+\|\boldsymbol{n}_i\|\boldsymbol{t})}{\|\boldsymbol{n}_i\|(\boldsymbol{R}\boldsymbol{n}_i)\cdot\boldsymbol{P}_{ij}^1}-1\right)\boldsymbol{P}_{ij}^1\right\|\end{aligned}$$

根据上述推导结论，将所有激光点和标定板平面之间的距离误差进行求和，

可以得出误差函数模型的第一个误差函数项，如式(7.45)所示，其反映了激光点和标定板平面之间的空间约束关系：

$$C_1=\sum_i\sum_j\left\|\left(\frac{(\boldsymbol{R}\boldsymbol{n}_i)\cdot(\boldsymbol{R}\boldsymbol{n}_i+\|\boldsymbol{n}_i\|\boldsymbol{t})}{\|\boldsymbol{n}_i\|(\boldsymbol{R}\boldsymbol{n}_i)\cdot\boldsymbol{P}_{ij}^{\mathrm{l}}}-1\right)\boldsymbol{P}_{ij}^{\mathrm{l}}\right\|^2 \tag{7.47}$$

其次，激光点和标定板的区域也存在约束关系，即激光点应该都落在棋盘格标定板的方形区域中。如果激光点的观测值不满足激光点和标定板区域之间的约束条件，那么激光点会偏离标定板区域，标定参数 $\boldsymbol{R}$ 和 $\boldsymbol{t}$ 与真实值之间可能存在较大的误差，因此本章提出在误差函数模型中融入激光点和标定板的区域之间的距离误差约束。

设正方形棋盘格标定板的 4 个顶点在标定板世界坐标系的坐标分别为 $\boldsymbol{P}_1$、$\boldsymbol{P}_2$、$\boldsymbol{P}_3$ 和 $\boldsymbol{P}_4$，$\boldsymbol{P}_1=(0,0,0)^{\mathrm{T}},\boldsymbol{P}_2=(l,0,0)^{\mathrm{T}},\boldsymbol{P}_3=(l,l,0)^{\mathrm{T}},\boldsymbol{P}_4=(0,l,0)^{\mathrm{T}}$，其中 l 表示正方形的棋盘格标定板的边长。设激光坐标系中给定一个激光点 $\boldsymbol{P}_{i,j}^{\mathrm{l}}$，它在第 i 个标定板世界坐标系下的坐标为 $\boldsymbol{P}_{i,j}^{\mathrm{w}}$，如式(7.48)所示，其中 $\boldsymbol{\Phi}_i$ 和 $\boldsymbol{\varDelta}_i$ 表示第 i 个标定板的世界坐标系到摄像机坐标系的旋转矩阵和平移向量。

$$\boldsymbol{P}_{i,j}^{\mathrm{w}}=\boldsymbol{\Phi}_i^{\mathrm{T}}\boldsymbol{R}^{\mathrm{T}}\boldsymbol{P}_{i,j}^{\mathrm{l}}-\boldsymbol{\Phi}_i^{\mathrm{T}}\boldsymbol{\varDelta}_i-\boldsymbol{\Phi}_i^{\mathrm{T}}\boldsymbol{R}^{\mathrm{T}}\boldsymbol{t} \tag{7.48}$$

因为激光点 $\boldsymbol{P}_{i,j}^{\mathrm{w}}$ 位于标定板的区域内，所以 $\boldsymbol{P}_{i,j}^{\mathrm{w}}$ 到正方形棋盘格标定板的四条边的距离之和应该等于标定板周长的一半，即 $2l$。如图 7.11 所示，对于任意给定一个点 $\boldsymbol{P}^{\mathrm{w}}$ 到标定板两个顶点 $\boldsymbol{P}_i$ 和 $\boldsymbol{P}_j$ 构成的向量 $\overline{\boldsymbol{P}_i\boldsymbol{P}_j}$ 所代表的直线距离 d 可以表示为

$$d=\frac{\left|(\boldsymbol{P}^{\mathrm{w}}-\boldsymbol{P}_i)\times(\boldsymbol{P}_j-\boldsymbol{P}_i)\right|}{\left|\boldsymbol{P}_j-\boldsymbol{P}_i\right|} \tag{7.49}$$

式(7.49)的具体推导过程如下。

由 $d=\left|\boldsymbol{P}^{\mathrm{w}}-\boldsymbol{P}_i\right|\sin\theta$（见图 7.11）及向量积的定义可得

$$\left|(\boldsymbol{P}^{\mathrm{w}}-\boldsymbol{P}_i)\times(\boldsymbol{P}_j-\boldsymbol{P}_i)\right|=\left|\boldsymbol{P}^{\mathrm{w}}-\boldsymbol{P}_i\right|\left|\boldsymbol{P}_j-\boldsymbol{P}_i\right|\sin\theta$$

综合上述两个公式，显然可得距离 d 的表达式：

$$d=\frac{\left|(\boldsymbol{P}^{\mathrm{w}}-\boldsymbol{P}_i)\times(\boldsymbol{P}_j-\boldsymbol{P}_i)\right|}{\left|\boldsymbol{P}_j-\boldsymbol{P}_i\right|}$$

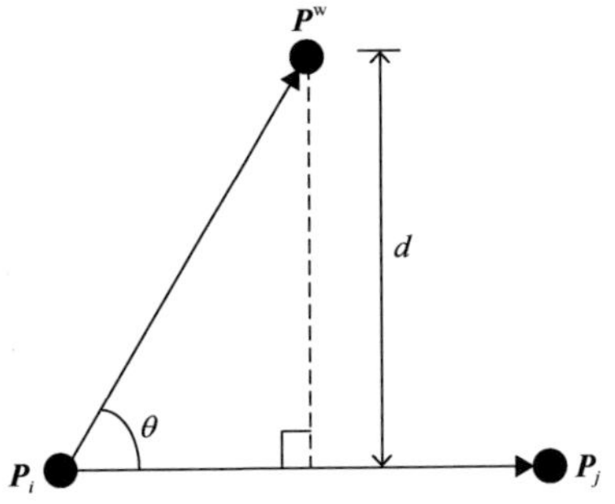

图 7.11　点到直线的距离

根据式(7.49)，对所有激光点到棋盘格方形区域的距离误差进行求和，可以得出式(7.50)作为误差函数模型的第二个误差函数项，其反映激光点和标定板区域之间的空间约束关系：

$$C_2 = \sum_i \sum_j \left(\sum_{m=1}^{4} \frac{\left| \left(\boldsymbol{P}_{i,j}^{\mathrm{w}} - \boldsymbol{P}_m \right) \times \left(\boldsymbol{P}_{(m+1)\bmod 4} - \boldsymbol{P}_m \right) \right|}{\left| \boldsymbol{P}_{(m+1)\bmod 4} - \boldsymbol{P}_m \right|} - 2l \right)^2 \tag{7.50}$$

综合式(7.47)和式(7.50)，提出了一种更客观反映激光雷达的实际测量数据和标定参数下测量数据之间差异的误差函数模型 M，如式(7.49)所示，因此能更准确、更可靠地从多个解析解中选取最优解析解。

$$M = \sum_i \frac{1}{k_i} \sum_j \left\| \left(M = \frac{(\boldsymbol{R}\boldsymbol{n}_i)\cdot(\boldsymbol{R}\boldsymbol{n}_i + \|\boldsymbol{n}_i\| \boldsymbol{t})}{\|\boldsymbol{n}_i\| (\boldsymbol{R}\boldsymbol{n}_i)\cdot \boldsymbol{P}_{ij}^{l}} - 1 \right) \boldsymbol{P}_{ij}^{l} \right\|^2 + \sum_i \frac{1}{k_i} \sum_j \left(\sum_{m=1}^{4} \frac{\left| \left(\boldsymbol{P}_{i,j}^{\mathrm{w}} - \boldsymbol{P}_m \right)\left(\boldsymbol{P}_{(m+1)\bmod 4} - \boldsymbol{P}_m \right) \right|}{\left| \boldsymbol{P}_{(m+1)\bmod 4} - \boldsymbol{P}_m \right|} - 2l \right)^2 \tag{7.51}$$

式中，k_i 表示第 i 个标定板上的激光点个数。

3. 一种新的激光雷达-摄像机标定方法

这里综合前面两部分内容，提出一种基于系数矩阵二范数和多约束误差函数的二维激光雷达-摄像机标定方法。该标定方法在 Francisco 标定方法的基础上进行如下改进：①基于二范数选取一组抗噪声能力最强的三个标定板组合并且求解其对应的 P3P 问题和三点匹配估计运动问题，降低了 Francisco 标定方法的计算复杂度；②改进了评价最优解析解的误差函数，使其更客观地反映实际测量数据和估计标定参数下测量数据的误差。具体流程如算法 7.3 所示。

算法 7.3 基于系数矩阵二范数和多约束误差函数的标定算法

输入：N 个标定板 $\boldsymbol{\Pi}_i$ 平面和对应的共面直线 $\boldsymbol{L}_i^1$。

输出：旋转矩阵 $\boldsymbol{R}$ 和平移向量 $\boldsymbol{t}$。

1. 构造一个集合 $K=\{k_1,k_2,\cdots,k_T\}\left(T=C_N^3\right)$，其中 $k_i\in\mathbf{Z}^3$ 表示从 $1,2,\cdots,N$ 中选取 3 个数的一种可能组合，K 表示所有的可能组合；
2. for t=1,2,⋯,T do
3. 选择和 k_t 各元素对应的三个标定板平面 $\boldsymbol{\Pi}_{k_{t,1}}$、$\boldsymbol{\Pi}_{k_{t,2}}$ 和 $\boldsymbol{\Pi}_{k_{t,3}}$ 及对应的共面直线 $\boldsymbol{L}_{k_{t,1}}^1$、$\boldsymbol{L}_{k_{t,2}}^1$ 和 $\boldsymbol{L}_{k_{t,3}}^1$，首先根据式(7.39)构造系数矩阵 $\boldsymbol{A}_t$，然后计算对应的 $\left\|\boldsymbol{A}_t^{-1}\right\|$；
4. 如果 $\left\|\boldsymbol{A}^{-1}\right\|>\left\|\boldsymbol{A}_t^{-1}\right\|$，那么 $\boldsymbol{A}=\boldsymbol{A}_t$，$k_{\text{opt}}=k_t$；
5. end for
6. 根据 k_{opt} 对应的标定板平面和共面直线，使用算法 7.1 计算一组解 $\boldsymbol{T}^{(m)}\left(m=1,2,\cdots,M\right)$，$M<8$；
7. 根据式(7.51)计算每一个 $\boldsymbol{T}^{(m)}$ 的标定误差 err;
8. 选择 err 最小的 $\boldsymbol{T}^{(m)}$ 所包含的旋转矩阵 $\boldsymbol{R}$ 和平移向量 $\boldsymbol{t}$ 作为标定结果。

7.3.3 实验结果与分析

1. 仿真实验

仿真实验中，设摄像机模型为理想的针孔模型，采集图像的大小为 1280×960 像素，焦距 f 为 540mm，激光雷达角分辨率为 0.25°，扫描范围为–20°~+20°。设棋盘格标靶上共有 8×8 个黑白相间的方块，每个方块的边长为 120mm，在距离激光雷达 3～6m 的范围内随机摆放棋盘格标定板。

给图像加上均值为 0、标准差为 1 像素的高斯噪声，激光测量距离加上 50mm 的均匀噪声。将旋转矩阵和平移向量的估计值 $\boldsymbol{R}$ 和 $\boldsymbol{t}$ 与真实值 $\boldsymbol{R}_{\text{r}}$ 和 $\boldsymbol{t}_{\text{r}}$ 比较，用 $\boldsymbol{R}^{\text{T}}\boldsymbol{R}_{\text{r}}$ 的 Rodrigues 表达形式的角度分量的误差来评估姿态误差，用 $\left\|\boldsymbol{t}-\boldsymbol{t}_{\text{r}}\right\|$ 来评估平移向量误差。

1）仿真实验定性分析

设置标定板的个数为 6，取 100 次相互独立的实验数据，比较每次实验的标定误差值。分别在没有改进误差函数和改进误差函数两种情况下将所提出的基于二范数的标定方法和 Francisco 标定方法进行比较。由图 7.12 可知，在没有改进误差函数的情况下本节标定方法在姿态标定和位置标定的每次实验的误差非常接近 Francisco 标定方法；由图 7.13 可知，在改进误差函数的情况下本节标定方法在姿态标定和位置标定的每次实验的误差都明显小于 Francisco 标定方法。

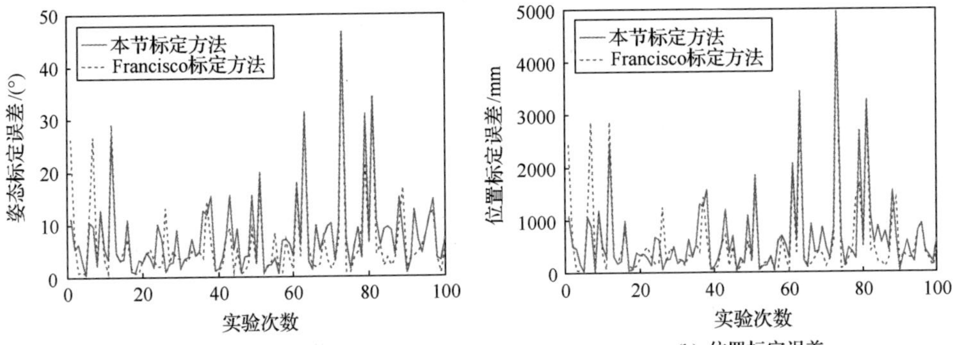

(a) 姿态标定误差　(b) 位置标定误差

图 7.12　没有改进误差函数的情况下每次实验误差的比较

设置标定板的个数为 4～10，各取 100 次相互独立的实验，比较标定误差值的统计分布。由图 7.14 可知，在改进误差函数的情况下本节标定方法在姿态标定和位置标定的误差值的分布都明显好于 Francisco 标定方法，并且明显优于选择估计噪声最小的三个标定板组合计算的标定结果(minNoise 标定方法)，这同时说明病态扰动对标定结果的影响远远高于观测噪声对标定结果带来的影响。

本节标定算法的计算复杂度约为 Francisco 标定方法的 $1/C_N^3$（标定板的个数 $N \geqslant 3$），定性分析的实验结果表明本节标定方法在提高运算速度的同时保证了更好的精确度和稳定性。

2) 仿真实验定量分析

为了对本节标定方法的精度和运算速度进行定量分析，设置标定板的个数为 4～10，各取 100 次相互独立的实验标定误差的均值进行误差分析，将本节标定方法和 Francisco 标定方法进行比较。由图 7.15 可知，本节标定方法在姿态标定精

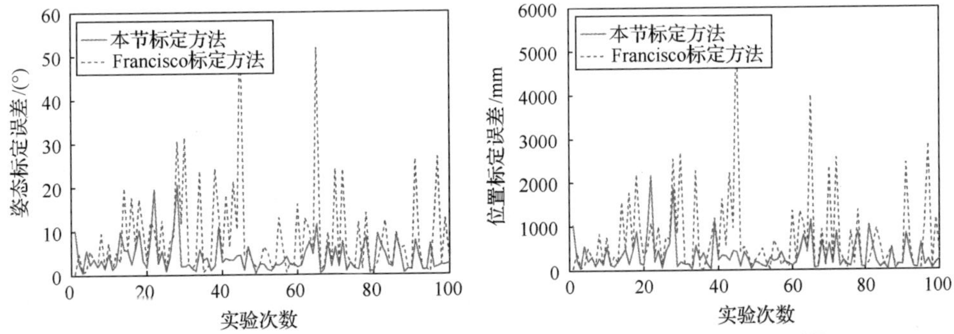

(a) 姿态标定误差　(b) 位置标定误差

图 7.13　改进误差函数的情况下每次实验误差的比较

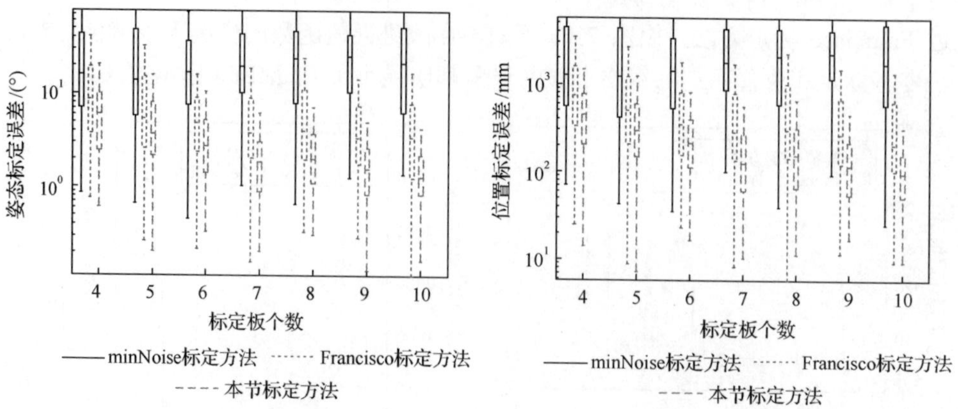

(a) 姿态标定误差的分布状态　　　　(b) 位置标定误差的分布状态

图 7.14　比较三种方法标定误差值的分布

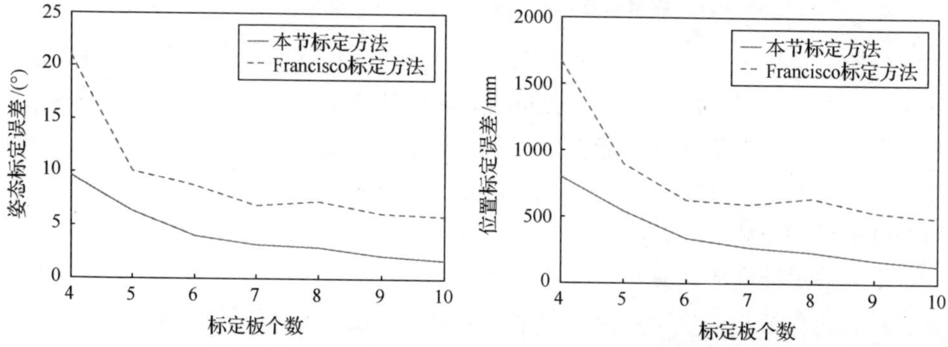

(a) 姿态标定误差　　　　(b) 位置标定误差

图 7.15　标定误差均值的定量分析

度和位置标定精度上都要好于 Francisco 标定方法，并且随着标定板个数的增加，两者的精确度都逐渐提高。同时由表 7.1 可知，随着标定板个数的增加，本节标定方法的计算时间越来越小于 Francisco 标定方法。

表 7.1　MATLAB 环境中运算时间的比较

标定板个数	6	7	8	9	10	11	12	13	14	15
本节标定方法的运算时间/s	0.67	0.73	0.85	0.95	0.96	1.15	1.34	1.59	1.68	1.76
Francisco 标定方法的运算时间/s	0.72	1.24	1.63	2.31	2.56	3.69	4.76	6.91	9.31	11.88

2. 真实实验(和 Francisco 标定方法的对比)

在实际场景实验中，固定一个激光雷达和摄像机，通过在两个传感器前方移动棋盘格标定板获取 4 个标定板数据。图 7.16 显示图像和距离信息融合的结果，“*”

标记是 Francisco 标定方法标定结果下的融合，“○”标记是本节标定方法标定结果下的融合。从激光雷达和摄像机的信息融合的直观效果看，本节标定结果要比 Francisco 标定方法更接近真实值，图 7.16(a) 中代表 Francisco 标定方法的“*”标记明显错误地投影到门上，图 7.16(b) 中标定板右侧几个“*”标记明显错误地投影到地板上。

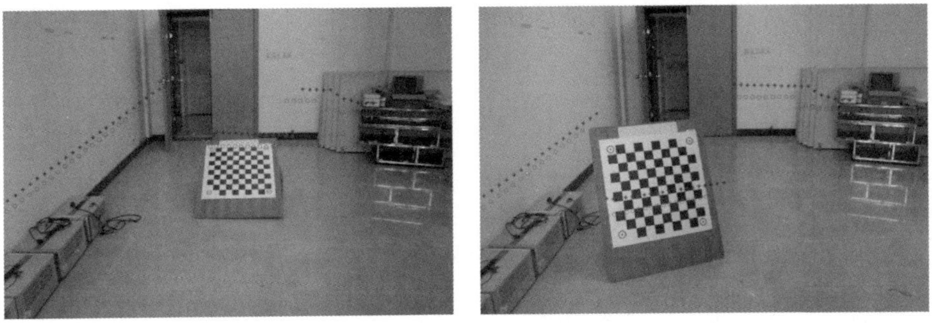

(a)　(b)

图 7.16　本节标定方法和 Francisco 标定方法的图像和距离信息融合结果对比(见彩图)

由于无法精确地直接测量实际传感器外参数的真实值，通过分析标定结果的分布状态(标定板个数为 4～10，每组 10 个独立实验)，可以间接地对标定结果进行评价。如图 7.17 所示，本节标定方法在旋转矩阵的角度分布和平移向量的大小分布，都相对于 Francisco 标定方法和 minNoise 标定方法更集中、方差更小。这间接显示本节标定方法得到的结果要比 Francisco 标定方法和 minNoise 标定方法更接近真实值，异常值更少。

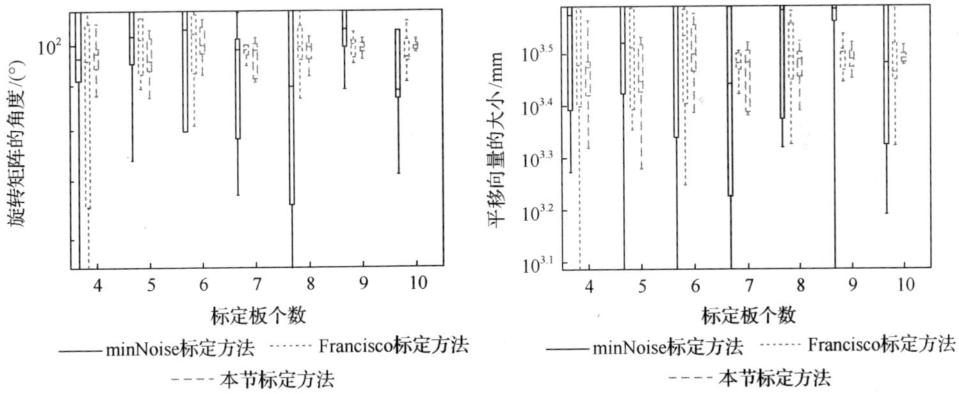

(a) 姿态标定的分布状态　(b) 位置标定的分布状态

图 7.17　真实实验中旋转矩阵的角度分布和平移向量的大小分布示意图

参考文献

[1] Gern A, Franke U, Levi P. Advanced lane recognition: Fusing vision and radar[C]//Proceedings of IEEE Intelligent Vehicles Symposium, Dearborn, 2000: 45-51.

[2] Fang Y, Masaki I, Horn B. Depth-based target segmentation for intelligent vehicles: Fusion of the radar and binocular stereo[J]. IEEE Transactions on Intelligent Transportation Systems, 2002, 3(3): 196-202.

[3] Sugimoto S, Tateda H, Takahashi H, et al. Obstacle detection using millimeter-wave radar and its visualization on image sequence[C]//Proceedings of the 17th International Conference on Pattern Recognition, Cambridge, 2004: 342-345.

[4] Aufrere R, Mertz C, Thorpe C. Multiple sensor fusion for detecting location of urbs, walls, and barriers[C]//Proceedings of IEEE Intelligent Vehicle Symposium, Columbus, 2003: 126-131.

[5] Mockel S, Scherer F, Schuster P F. Multi-sensor obstacle detection on railway tracks[C]//Proceedings of IEEE Intelligent Vehicle Symposium, Columbus, 2003: 42-46.

[6] Song X, Zhao H J, Cui J S, et al. Fusion of laser and vision for multiple targets tracking via on-line learning[C]//Proceedings of IEEE International Conference on Robotics and Automation, Alaska, 2010: 406-411.

[7] Hong T H, Rasmussen C, Chang T, et al. Fusing ladar and color image information for mobile robot feature detection and tracking[C]//Proceedings of the 7th International Conference on Intelligent Autonomous Systems, Los Angeles, 2002: 124-133.

[8] Cui J S, Zha H B, Zhao H J, et al. Multi-modal tracking of people using laser scanners and video camera[J]. Image and Vision Computing, 2008, 26(2): 240-252.

[9] Weigel H, Lindner P, Wanielik G. Vehicle tracking with lane assignment by camera and LIDAR sensor fusion[C]//Proceedings of 2009 IEEE Intelligent Vehicles Symposium, Xi'an, 2009: 513-520.

[10] Nashashibi F, Khammari A, Laurgeau C. Vehicle recognition and tracking using a generic multisensor and multialgorithm fusion approach[J]. International Journal of Vehicle Autonomous Systems, 2008, 6(1): 134-154.

[11] Maehlisch M, Ritter W, Dietmayer K. De-cluttering with integrated probabilistic data association for multisensor multitarget ACC vehicle tracking[C]//Proceedings of IEEE Intelligent Vehicles Symposium, Istanbul, 2007: 177-183.

[12] Zhang Q L, Pless R. Extrinsic calibration of a camera and laser range finder(improves camera calibration)[C]//Proceedings of IEEE International Conference on Intelligent Robots and Systems, Sendai, 2004: 2301-2306.

[13] Pandey G, McBride J, Savarese S, et al. Extrinsic calibration of a 3D laser scanner and an omnidirectional camera[C]//Proceedings of the 7th IFAC Symposium on Intelligent Autonomous Vehicles, Lecce, 2010: 336-341.

[14] Geiger A, Moosmann F, Car O, et al. Automatic camera and range sensor calibration using a single shot[C]//Proceedings of IEEE International Conference on Robotics and Automation, Saint Paul, 2012: 3936-3943.

[15] Huang L, Barth M. A novel multi-planar LIDAR and computer vision calibration procedure using 2D patterns for automated navigation[C]//Proceedings of IEEE International Conference on Intelligent Vehicles Symposium, Xi'an, 2010: 117-122.

[16] Tulsuk P, Srestasathiern P, Ruchanurucks M, et al. A novel method for extrinsic parameters estimation between a single-line scan LiDAR and a camera[C]//Proceedings of IEEE International Conference on Intelligent Vehicles Symposium, Dearborn, 2014: 781-786.

[17] Zhong T W, Dai B, Da X L. The research of direct calibration of camera and laser range finder[C]//Proceedings of Chinese Conference on Pattern Recognition, Chongqing, 2010: 273-279.

[18] Zhou L P, Deng Z D. Extrinsic calibration of a camera and a LIDAR based on decoupling the rotation from the translation[C]//Proceedings of IEEE International Conference on Intelligent Vehicles Symposium, Piscataway, 2012: 642-648.

[19] Francisco V, Joao P B, Urbano N. A minimal solution for the extrinsic calibration of a camera and a laser-range finder[J]. IEEE Transactions on Pattern Analysis and Machine Intelligence, 2012, 34(11): 2097-2107.

[20] Hoang V D, Hernández D C, Jo K H. Simple and efficient method for calibration of a camera and 2D laser rangefinder[C]//Proceedings of the 6th Asian Conference on Intelligent Information and Database Systems, Bangkok, 2014: 561-570.

[21] Zhou L P, Deng Z D. A new algorithm for the establishing data association between a camera and a 2-D LIDAR[J]. Tsinghua Science and Technology, 2014, 19(3): 314-322.

[22] Naroditsky O. Automatic alignment of a camera with a line scan LIDAR system[C]// Proceedings of IEEE International Conference on Robotics and Automation, San Francisco, 2011: 3429-3434.

[23] Scaramuzza D, Harati A, Siegwart R. Extrinsic self calibration of a camera and a 3D laser range[C]//Proceedings of IEEE International Conference on Intelligent Robots and Systems, San Diego, 2007: 4164-4169.

[24] Zhang Q L, Pless R. Constraints for heterogeneous sensor auto-calibration[C]//IEEE Computer Society Conference on Computer Vision and Pattern Recognition Workshops, Sendai, 2004: 37-43.

[25] 温景阳, 杨建, 付梦印, 等. 一种摄像机和 3 维激光雷达外部参数最大似然估计的标定算法[J]. 机器人, 2011, 33(1): 102-106.

[26] Haralick B M, Lee C N, Ottenberg K, et al. Review and analysis of solutions of the three point perspective pose estimation problem[J]. International Journal of Computer Vision, 1994, 13(3): 331-356.

[27] Horn B K P, Hilden H M, Negahdaripour S. Closed-form solution of absolute orientation using orthonormal matrices[J]. Journal of the Optical Society of America A, 1988, 5(7): 1127-1135.

[28] Fischler M A, Bolles R C. Random sample consensus: A paradigm for model fitting with applications to image analysis and automated cartography[J]. Communications of the ACM, 1981, 24(6): 381-395.

第 8 章　惯性导航传感器异常诊断方法

8.1　GPS/INS 组合定位技术研究

车载导航系统需要提供给载体车辆精确的位置信息，使其能够了解自身所处方位，进而自主行驶。可将其分解为两个问题：一是车辆自身经纬度信息的获取，二是车辆在电子地图中的位置匹配，即本章所探讨的车辆无缝导航及地图匹配问题。

8.1.1　组合方式与状态方程

GPS 的定位和测速精度高，但易受地形、遮挡等影响，可能导致信号丢失。惯性导航器件的抗干扰能力强，能全天候工作，但其误差易随时间累积。两者互补效果突出，组合应用时能够克服各自的缺点，其效果远优于单一工作的子系统。

通常使用卡尔曼滤波对两者的数据进行融合与修正，根据应用场合的不同，同时受硬件设施的影响，组合深度各有不同，国内的研究大体上可分为松耦合模式和紧耦合模式。松耦合模式中，GPS 接收机与惯性导航系统各自独立运行，仅使用 GPS 数据对惯性导航数据进行修正，使其输出逐渐趋近于 GPS 的位置和速度。该方法应用起来比较简单，但 GPS 易受干扰的情况不能很好解决，卫星失锁时存在系统性能恶化的风险。紧耦合模式及国外提出的超紧耦合模式是深层次的组合，其中紧耦合模式将伪距及伪距率作为测量值对移动单元进行校正[1, 2]，其定位精度与稳定性均优于松耦合模式。

考虑到基础硬件设施条件，本章使用 GPS 和 INS 的位置和速度组合的导航模式，同时采用间接估计法与反馈校正方式。

据此，确定系统误差状态方程如下：

$$\dot{\boldsymbol{X}}_{\mathrm{I}}(t)=\boldsymbol{F}_{\mathrm{I}}(t)\boldsymbol{X}_{\mathrm{I}}(t)+\boldsymbol{G}_{\mathrm{I}}(t)\boldsymbol{W}_{\mathrm{I}}(t) \tag{8.1}$$

式中，$\boldsymbol{X}_{\mathrm{I}}$ 为状态变量，共包含 18 个误差状态变量：

$$\begin{aligned}\boldsymbol{X}_{\mathrm{I}}=[&\delta B\quad \delta L\quad \delta H\quad \delta v_{\mathrm{e}}\quad \delta v_{\mathrm{n}}\quad \delta v_{\mathrm{u}}\quad \varphi_{\mathrm{e}}\quad \varphi_{\mathrm{n}}\quad \varphi_{\mathrm{u}}\\ &\varepsilon_{\mathrm{b}x}\quad \varepsilon_{\mathrm{b}y}\quad \varepsilon_{\mathrm{b}z}\quad \varepsilon_{\mathrm{r}x}\quad \varepsilon_{\mathrm{r}y}\quad \varepsilon_{\mathrm{r}z}\quad \nabla_x\quad \nabla_y\quad \nabla_z]^{\mathrm{T}}_{18\times 1}\end{aligned} \tag{8.2}$$

式中，δB、δL、δH 分别为纬度、经度、高度的定位误差；φ_{e}、φ_{n}、φ_{u} 为平台

误差角；δv_e、δv_n、δv_u 分别表示沿东北天三个方向的速度误差分量；ε_{bx}、ε_{by}、ε_{bz}、ε_{rx}、ε_{ry}、ε_{rz} 为陀螺仪的漂移数据，ε_{bx}、ε_{by}、ε_{bz} 为随机常值漂移，ε_{rx}、ε_{ry}、ε_{rz} 为慢变漂移；∇_x、∇_y、∇_z 为加速度计偏置误差；F_i 和 G_i 分别表示系统动态矩阵和噪声动态矩阵，见文献[3]。

此外，系统噪声用 $\boldsymbol{W}_{\mathrm{I}}$ 表示，其由陀螺仪随机噪声、白噪声、加速度计随机噪声组成，表达式如下：

$$\boldsymbol{W}_{\mathrm{I}}(t)=\begin{bmatrix}\omega_{gx} & \omega_{gy} & \omega_{gz} & \omega_{rx} & \omega_{ry} & \omega_{rz} & \omega_{ax} & \omega_{ay} & \omega_{az}\end{bmatrix}_{9\times1}^{\mathrm{T}} \tag{8.3}$$

8.1.2 组合系统量测方程

在确定系统的组合方式后，选取惯性导航数据中的位置和速度信息与 GPS 获取的位置和速度信息差值，作为 GPS/INS 组合导航系统的量测方程。将整个量测方程分为位置数据差值与速度数据差值这两部分进行讨论。

惯性导航部分的量测信息如下：

$$\begin{bmatrix} B_{\mathrm{INS}} \\ L_{\mathrm{INS}} \\ H_{\mathrm{INS}} \end{bmatrix}=\begin{bmatrix} B+\delta B \\ L+\delta L \\ H+\delta H \end{bmatrix} \tag{8.4}$$

式中，B、L、H 为惯性导航数据的真实位置测量值；δB、δL、δH 为惯性导航获取位置信息的误差。综合以上信息，得出惯性导航的观测值分别为 B_{INS}、L_{INS}、H_{INS}。

GPS 的量测信息如下：

$$\begin{bmatrix} B_{\mathrm{GPS}} \\ L_{\mathrm{GPS}} \\ H_{\mathrm{GPS}} \end{bmatrix}=\begin{bmatrix} B-\dfrac{N_n}{R_m} \\ L-\dfrac{N_e}{R_n\cos B} \\ H-N_u \end{bmatrix} \tag{8.5}$$

式中，B_{GPS}、L_{GPS}、H_{GPS} 分别表示 GPS 的测量值(纬度、经度、高度)；N_e、N_n、N_u 为 GPS 沿东北天方向的位置误差；R_n 为卯酉圈曲率半径；R_m 为子午面曲率半径。

由此，可得出组合导航系统的位置量测向量如下：

$$\boldsymbol{Z}_{\mathrm{p}}(t)=\begin{bmatrix} B_{\mathrm{INS}}-B_{\mathrm{GPS}} \\ L_{\mathrm{INS}}-L_{\mathrm{GPS}} \\ H_{\mathrm{INS}}-H_{\mathrm{GPS}} \end{bmatrix}=\begin{bmatrix} \delta B+\dfrac{N_{\mathrm{n}}}{R_{\mathrm{m}}} \\ \delta L+\dfrac{N_{\mathrm{e}}}{R_{\mathrm{n}}\cos B} \\ \delta H+N_{\mathrm{u}} \end{bmatrix} \tag{8.6}$$

将其改写成 $\boldsymbol{Z}_{\mathrm{p}}(t)=\boldsymbol{H}_{\mathrm{p}}(t)X(t)+\boldsymbol{V}_{\mathrm{p}}(t)$ 的形式：

$$\boldsymbol{H}_{\mathrm{p}}=[\boldsymbol{I}_{3\times 3} \vdots \boldsymbol{0}_{3\times 15}]_{3\times 18} \tag{8.7}$$

$$\boldsymbol{V}_{\mathrm{p}}=\begin{bmatrix} \dfrac{N_{\mathrm{n}}}{R_{\mathrm{m}}} & \dfrac{N_{\mathrm{e}}}{R_{\mathrm{n}}\cos B} & N_{\mathrm{u}} \end{bmatrix}^{\mathrm{T}} \tag{8.8}$$

同理可推导出速度量测向量如下：

$$\boldsymbol{Z}_{\mathrm{v}}(t)=\begin{bmatrix} v_{\mathrm{INS\text{-}e}}-v_{\mathrm{GPS\text{-}e}} \\ v_{\mathrm{INS\text{-}n}}-v_{\mathrm{GPS\text{-}n}} \\ v_{\mathrm{INS\text{-}u}}-v_{\mathrm{GPS\text{-}u}} \end{bmatrix}=\begin{bmatrix} \delta v_{\mathrm{e}}+M_{\mathrm{e}} \\ \delta v_{\mathrm{n}}+M_{\mathrm{n}} \\ \delta v_{\mathrm{u}}+M_{\mathrm{u}} \end{bmatrix} \tag{8.9}$$

式中，δv_{e}、δv_{n}、δv_{u} 分别表示惯性导航在东北天方向的速度误差分量；M_{n}、M_{e}、M_{u} 为 GPS 沿北东天方向的速度误差分量。

其同样可被改写为 $\boldsymbol{Z}_{\mathrm{v}}(t)=\boldsymbol{H}_{\mathrm{v}}(t)\boldsymbol{X}(t)+\boldsymbol{V}_{\mathrm{v}}(t)$ 的形式，其中

$$\boldsymbol{H}_{\mathrm{v}}=[\boldsymbol{0}_{3\times 3} \vdots \boldsymbol{I}_{3\times 3} \vdots \boldsymbol{0}_{3\times 12}]_{3\times 18} \tag{8.10}$$

$$\boldsymbol{V}_{\mathrm{v}}=\begin{bmatrix} M_{\mathrm{e}} & M_{\mathrm{n}} & M_{\mathrm{u}} \end{bmatrix}^{\mathrm{T}} \tag{8.11}$$

组合系统的量测方程可通过合并位置及速度向量得到如下表达式：

$$\boldsymbol{Z}(t)=\begin{bmatrix} H_{\mathrm{p}} \\ H_{\mathrm{v}} \end{bmatrix}\boldsymbol{X}(t)+\begin{bmatrix} V_{\mathrm{p}}(t) \\ V_{\mathrm{v}}(t) \end{bmatrix}=\boldsymbol{H}(t)\boldsymbol{X}(t)+\boldsymbol{V}(t) \tag{8.12}$$

式中

$$\boldsymbol{H}(t)=[\boldsymbol{I}_{6\times 6} \vdots \boldsymbol{0}_{6\times 12}]_{6\times 18} \tag{8.13}$$

$$\boldsymbol{V}(t)=\begin{bmatrix} \dfrac{N_{\mathrm{n}}}{R_{\mathrm{m}}} & \dfrac{N_{\mathrm{e}}}{R_{\mathrm{n}}\cos B} & N_{\mathrm{u}} & M_{\mathrm{e}} & M_{\mathrm{n}} & M_{\mathrm{u}} \end{bmatrix}^{\mathrm{T}} \tag{8.14}$$

8.1.3 GPS 失效状态下的补偿算法

1. 航迹推算基本原理

航迹推算是一种目前常用的智能车辆定位技术[4]，航迹推算通过传感器获取旋转角速率、速度和加速度等信息，解算出下一刻载体的行驶航迹，从而实现智能车辆的自主定位。航迹推算存在一个显著缺点，即定位误差会随时间快速积累。

假定载体车辆的行驶过程满足非完整性约束条件[5](即行进过程紧贴地面，无侧滑或弹跳情况)，若已获取初始时刻载体车辆的位置信息(包括经度、纬度和高度)及东北天向速度矢量 $\boldsymbol{v}_{\mathrm{e}}$ 、 $\boldsymbol{v}_{\mathrm{n}}$ 、 $\boldsymbol{v}_{\mathrm{u}}$ ，则根据这些信息可推算出载体相对于起始点的位置。载体车辆经度 L 、纬度 B 和高度 H 从 $(k-1)T$ 时刻到 kT 时刻的递推方程分别为

$$\boldsymbol{L}(k)=\boldsymbol{L}(k-1)+\frac{\boldsymbol{v}_{\mathrm{e}}(k-1)}{[R_{\mathrm{m}}(k-1)+H(k-1)]\cos B(k-1)}\cdot T \tag{8.15}$$

$$\boldsymbol{B}(k)=\boldsymbol{B}(k-1)+\frac{\boldsymbol{v}_{\mathrm{n}}(k-1)}{R_{\mathrm{n}}(k-1)+H(k-1)}\cdot T \tag{8.16}$$

$$\boldsymbol{H}(k)=\boldsymbol{H}(k-1)+\boldsymbol{v}_{\mathrm{u}}(k-1)\cdot T \tag{8.17}$$

式中，卯酉圈曲率半径 $R_{\mathrm{n}}=R_{\mathrm{e}}(1+f\sin^2 L)$ ，即所在地与子午线垂直的法线平面上的曲率半径，R_{e} 为椭球赤道平面半径；子午面曲率半径 $R_{\mathrm{m}}=R_{\mathrm{e}}(1-2f+3f\sin^2 L)$ ，即所在地参考椭球子午线曲率半径； f 为椭圆度，又称为扁率，其值为 1/298.257222101； T 为采样周期值。

2. GPS 数据异常情况检测

GPS 为全球用户提供了全天候的定位信息，然而城市环境复杂，高楼林立，夏季道路两旁树木繁茂，同时还存在隧道等特殊环境，这些均会影响 GPS 信号的接收。在这些遮挡干扰情况下，GPS 接收机捕获到的卫星星数少，信号质量较差，因而会影响定位精度，甚至出现导航信号丢失的情况。考虑到硬件条件，使用 GPS/INS 的松耦合结构，此种方法简单易行，组合后的测速与定位精度优于单个子系统的工作效果。但是，使用 GPS 与 INS 的速度、位置误差估计值进行反馈校正，GPS 失效时引入的粗大误差，仍会造成系统性能的下降，因此本节主要研究 GPS 失效下的检测与补偿算法。

图 8.1 显示了 2011 年 4 月 23 日在中南大学铁道校区进行的一次 GPS 数据采集实验，整个过程中 GPS 接收机天线可用卫星星数如图 8.2 所示。

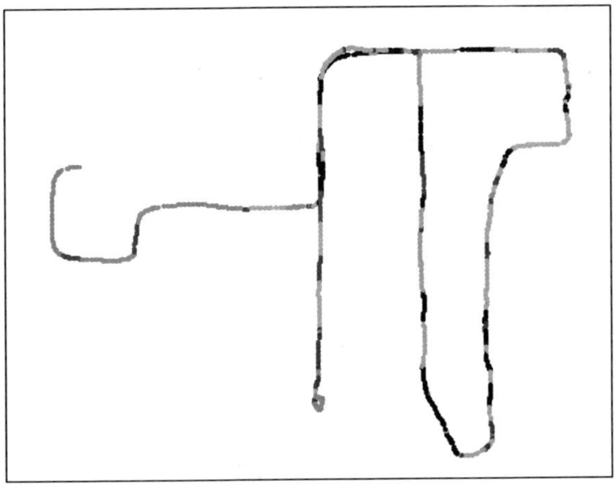

图 8.1　实验行进路线图

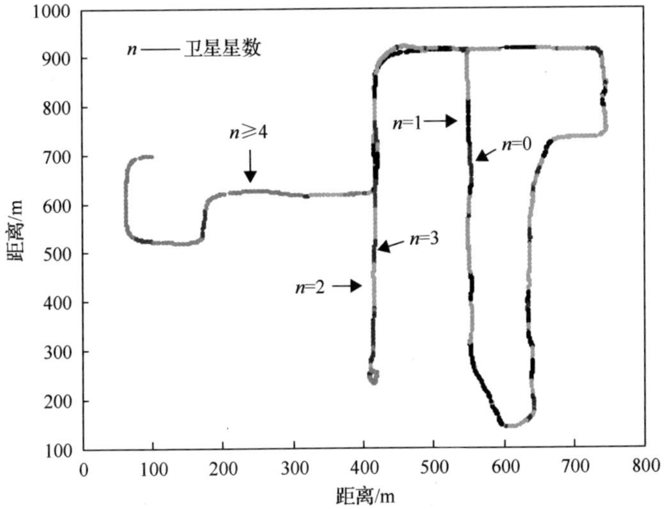

图 8.2　实验沿途接收卫星星数(见彩图)

除了接收的卫星星数对定位精度有影响，几何精度因子(dilution of precision，DOP)也与 GPS 定位误差成正比，其主要分为四种：位置精度因子(position dilution of precision，PDOP)、水平分量精度因子(horizontal dilution of precision，HDOP)、垂直分量精度因子(vertical dilution of precision，VDOP)和钟差精度因子(time dilution of precision，TDOP)，显示的数字越小，表明 GPS 卫星几何分布越理想，因而定位准确度越高。

$$\mathrm{PDOP}^2=\mathrm{VDOP}^2+\mathrm{HDOP}^2 \tag{8.18}$$

根据 DOP 做出的信号质量评估表 8.1 可知，当 DOP≤7 时，此时卫星信号质量可接受。在本章实验过程中，部分路段的 DOP 值大于 7，如图 8.3 所示，此时的 GPS 信号若是作为观测值输入滤波器内，将会造成更大的误差。

表 8.1　DOP 与信号质量评估

DOP	信号质量评估
<2	非常好
2～4	好
4～7	可接受
>7	较差

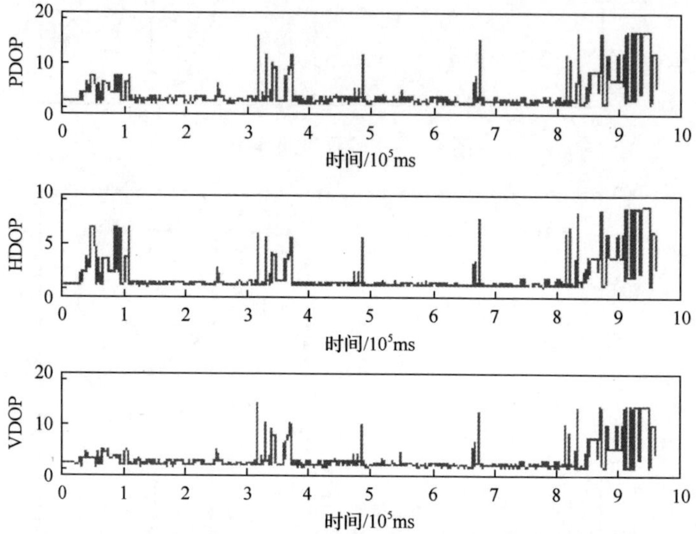

图 8.3　沿途 GPS 接收信号卫星的 DOP

检测思想如下：令 GPS 接收机获取的 GPS 数据为(B_g,L_g,H_g)，通过航迹推算可以得到另一组 GPS 数据，令其为(B_d,L_d,H_d)，将其分别通过坐标转换得到局部切平面下相对车辆初始位置的北天向距离(E_g,N_g,U_g)和(E_d,N_d,U_d)。通过对两者间的距离误差设定阈值(此处仅讨论北向距离阈值 t_1 和东向距离阈值 t_2)，从而检测 GPS 失效情况。

$$\begin{cases}\Delta N = N_g - N_d \\ \Delta E = E_g - E_d\end{cases} \tag{8.19}$$

$$\text{flag} = \begin{cases}0, & |\Delta N| > t_1 \,\|\, |\Delta E| > t_2 \\ 1, & |\Delta N| < t_1 \,\&\, |\Delta E| < t_2\end{cases} \tag{8.20}$$

式中，flag 为标志位，当误差值大于阈值时，令 flag 为 0，表明 GPS 数据失效，需使用补偿算法；当 flag 为 1 时，表明此时 GPS 信号可信。由经纬高度坐标(B,L,H)

至北东天向坐标 (N,E,U) 的转换，可根据式(2.1)和式(2.3)推导如下：

$$\begin{bmatrix} N \\ E \\ U \end{bmatrix} = \begin{bmatrix} -\sin B_0 \cos L_0 & -\sin B_0 \sin L_0 & \cos B_0 \\ -\sin L_0 & \cos L_0 & 0 \\ \cos B_0 \cos L_0 & \cos B_0 \sin L_0 & \sin B_0 \end{bmatrix} \cdot \begin{bmatrix} (R_n + H_1)\cos B_1 \cos L_1 - (R_n + H_0)\cos B_0 \cos L_0 \\ (R_n + H_1)\cos B_1 \sin L_1 - (R_n + H_0)\cos B_0 \sin L_0 \\ [(R_n + H_1) - e^2 R_n]\sin B_1 - [(R_n + H_1) - e^2 R_n]\sin B_1 \end{bmatrix} \tag{8.21}$$

式中，R_n 为卯酉圈曲率半径；(B_0, L_0, H_0) 为车辆初始位置的经纬高度坐标；(B_1, L_1, H_1) 为过程点的经纬高度坐标。

3. 引入航迹推算的补偿算法

通过设定北向、东向距离误差阈值，检测出 GPS 失效的异常情况。一旦检测到 GPS 数据失效，则记住最后一次 GPS 可信时采样所得的车辆位置 B_A、L_A、H_A，同时切换至航迹推算模式，通过式(8.15)～式(8.17)来计算并填充 GPS 数据的缺失值。通过向卡尔曼滤波器引入 GPS 异常情况检测算法，来完成系统的改进，其设计结构图见图 8.4，当 GPS 数据可信时，使用 GPS 的经纬高度、北东天速度信息与惯性导航数据之间的估计误差值对惯性导航内部进行校正，否则用航迹推算得到的经纬高度数据替代 GPS 获取的位置信息。

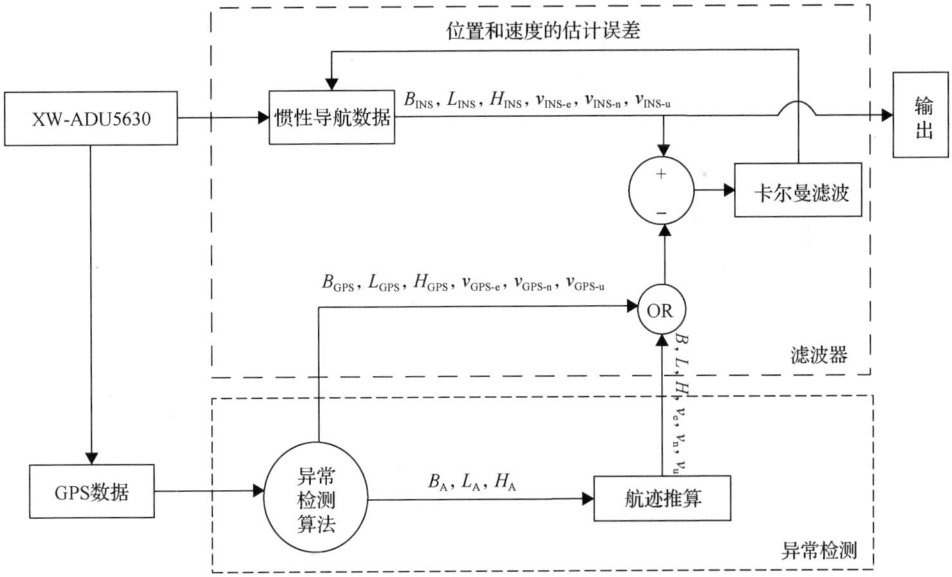

图 8.4　引入故障检测算法的卡尔曼滤波器结构图

在发生故障期间，通过此算法使用航迹推算的数据填充缺失值，从而达到 GPS 失效时，依旧可以实现无缝导航的目的。

4. 算法测试实验与分析

在实际应用中，车辆行驶路况复杂，常常因为树木或高楼的遮挡而导致 GPS 信号失效，以前面提到的 2011 年 4 月 23 日在中南大学铁道校区进行的一次实验为例(图 8.1)，其行进路线为：由铁道校区西大门操场出发，经图书馆、学生宿舍，最后止于一斜坡路段。在行进路线途中，既有开阔的操场，也有高楼和繁茂的林荫大道，GPS 接收信号在某些路段遮挡严重。图 8.5 显示了根据未经处理的 GPS 数据绘制出的车辆轨迹，可以看出，在很多路段 GPS 信号有所缺失。其中，正北方向 330～345m 距离位置的车辆轨迹放大显示，对比卫星图 2.1 可知，此时卫星星数只有 2 颗，实际采集的 GPS 数据丢失严重，有约 10m 的距离都没有获取 GPS 定位信号，整个实验路段符合测试无缝导航补偿算法的条件。

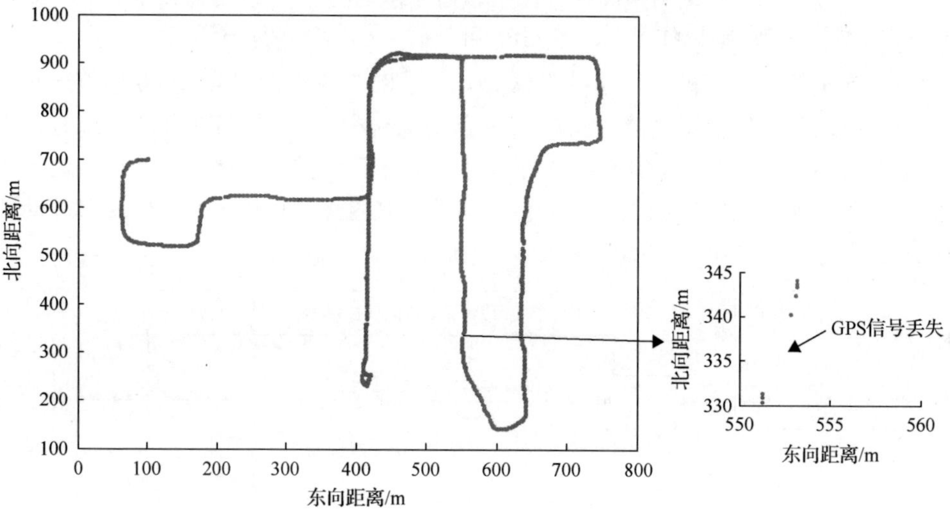

图 8.5　GPS 原始数据轨迹

对获取的原始 GPS 定位信息、速度信息和航迹推算所得的位置信息分别进行解算，将位置从地心坐标系转换至地理坐标系，从而得到两组数据在局部切平面内的北向、天向距离。接下来获取两组数据的差值作为评价误差，设距离阈值 $t_1 = t_2 = 3\text{m}$，如图 8.6 所示，可以得到待补偿的路段。实验中，为了方便直观地显示这些待补偿路段，将存在异常情况的点映射至车辆轨迹中，如图 8.7 所示。在实际应用中，一旦检测到这种失效情况，则使用 3.2.3 中的补偿算法，使用异常情况前最后一次采样所得的车辆位置信息(经度、纬度、高度)，使用航迹推算对这段缺失或存在粗大误差的路段进行 GPS 数据补偿，其补偿结果如图 8.8 所示。

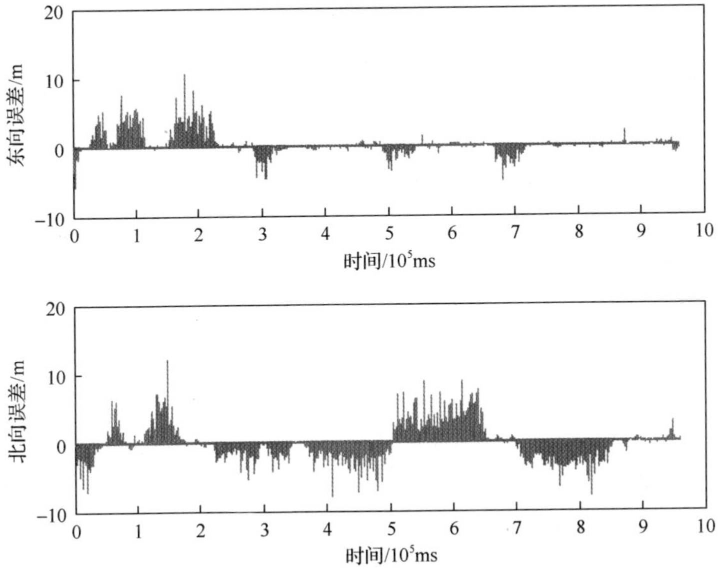

图 8.6　北向距离与东向距离误差

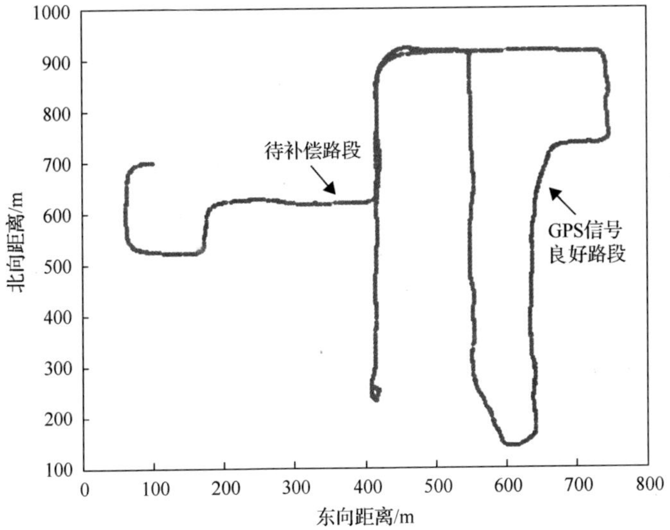

图 8.7　GPS 失效路段检测(见彩图)

图 8.8 不仅显示了经过异常算法检测后的补偿轨迹结果，同时将纯粹的航迹推算结果进行了对比显示。可以看出，单纯依靠航迹推算所得的车辆轨迹存在累积误差，不能有效解决车辆 GPS 数据失效问题，而在检测出异常状况后切换至航迹推算的模式能有效地填充缺失值，实现无缝导航。

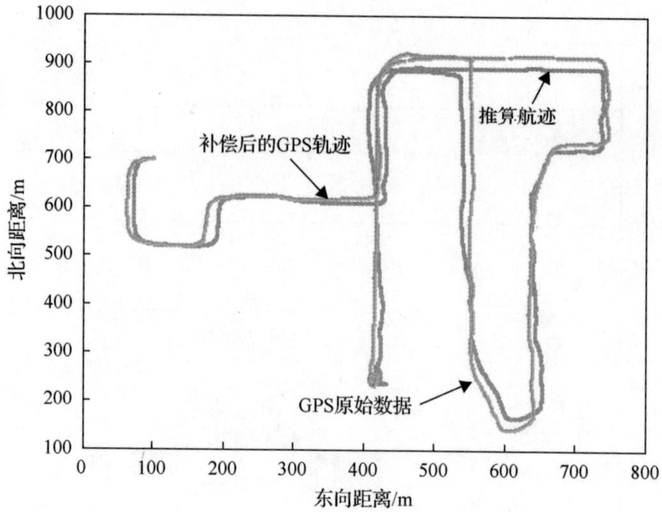

图 8.8　检测算法补偿结果与纯航迹推算对比图(见彩图)

8.1.4　车辆定位数据的地图匹配

单一的定位技术存在局限性，因此这里引入航迹推算方法，在 GPS 数据失效的情况下切换至航迹推算模式。采用结合航迹推算补偿的 GPS/INS 组合导航方法，有效实现车辆的无缝导航，但所设计的 GPS 异常情况检测算法较为简单，而且组合方式上使用的是层次较浅的松耦合，所获取的车辆实际位置仍会存在一定偏差。因此，在获取了车辆当前的经纬度等定位信息后，进一步通过地图匹配方法将车辆定位数据与电子地图中道路层数据进行匹配，对车辆位置进行实时修正，该方法能有效消除定位误差在车辆行进方向上的横向分量，从而更精确地定位车辆位置，并准确显示其在路网中的行进轨迹。

使用地图匹配方法不用增加额外的车载硬件设备，仅仅通过软件的方法即可提高车辆的定位精度，降低了导航系统的成本，但该算法的应用需要满足以下两个条件：

(1) 车辆始终行驶在路网中的道路上；

(2) 地图数据误差小于 GPS 定位误差。

城市道路内的车辆导航，采用商用电子地图作为导航地图。商用电子地图有着完备的城市道路数据库，而且一般使用专业车辆采集、航空摄影测量、步行测量等综合采集方法来获取地图数据，因此商用电子地图的道路数据精度高于普通车载导航系统的定位精度。基于以上两个条件，本章进一步研究地图匹配方法，据此提高车辆的定位精度。

1. 地图匹配算法分析

地图匹配广泛应用于车载导航系统，从原理上可分为三个步骤：①通过车辆定位信息(即 GPS 数据)，找到路网中可能被匹配的备选道路；②通过一定的算法确定车辆当前所处道路；③最终将 GPS 定位点投影到该道路上。

随着对地图匹配算法的研究不断深入，人们提出了许多算法，根据其识别过程中样本的类型可分为点匹配和曲线轨迹匹配两大类。后者在复杂路段的匹配正确率虽然比前者高，但通常算法复杂度大，难以满足导航系统的实时性要求。因此，本章主要对点匹配算法进行研究，常见的点匹配算法有直接投影法、概率统计法和基于拓扑关系的匹配法等[6]。

1) 直接投影法

直接投影法主要通过比较定位点与附近道路间的垂距，寻找到垂距最小的路段，将其判定为车辆当前所行驶的道路，同时将投影点视作车辆正确位置。

简单的直接投影法适合平行道路上的车辆定位，但在较复杂的交叉路段，直接投影法易得到错误的道路匹配。如图 8.9(a)所示，采用 GPS 定位点为 P，对该点使用直接投影法向路段 L_1、L_2 与 L_3 做垂线，根据直接投影法的原理，垂距 PP_2 距离最小，因而将车辆行驶位置匹配至路段 L_2，但显而易见路段 L_1 才是应该被匹配的道路。针对此种情况，本章对直接投影法进行了改进，改进后的方法示意图如图 8.9(b)所示。在计算车辆位置 P 与路段 L_1 之间的距离时，判断垂距 P' 是否处于路段 L_1 上，若满足该条件，则直接取垂距 PP' 作为两者之间的距离；若 P' 处于待匹配路段的延长线上，则取位置点到路段两端点间较小的距离作为垂距，即取 PA 与 PB 之间的较小值。此时再看(a)中位置点 P 与路段 L_2 之间距离，运用改进后的方法可知，两者之间距离 $PP_2' > PP_1$，从而能将车辆正确匹配至路段 L_1。

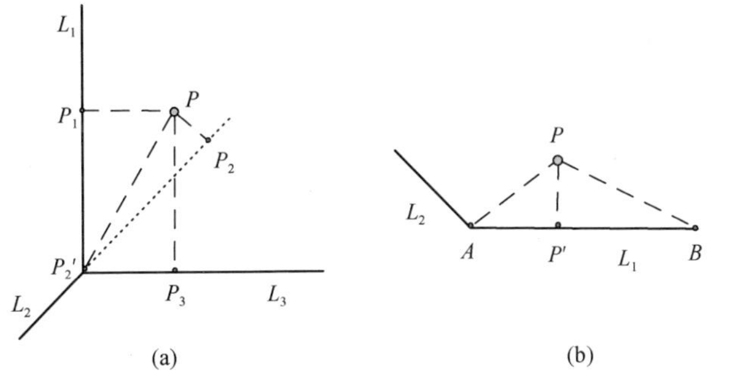

图 8.9　直接投影法及其改进

直接投影法简单，运算速度快，能很好地满足导航系统的实时性要求，但城市道路拓扑结构复杂，且 GPS 数据有时偏差较大，此时单纯依据最短距离来进行路段匹配效果不佳，易发生匹配错误。因此，直接投影法仅适用于简单路段，复杂情况下将其与其他算法配合使用。

2）概率统计法

概率统计法依据数理统计与概率论原理，接收到 GPS 数据后，对车辆位置设置了一个置信区域，该区域以一定概率包括车辆所处的实际位置。此后，根据已获取的匹配结果判断车辆在该置信区域内的匹配路段，从而解算出匹配点。置信区域(即误差区域)通常采用椭圆模型，车辆处于该椭圆中心，模型描述如下：

$$a=\hat{\sigma}_0\sqrt{\frac{1}{2\left[\sigma_x^2+\sigma_y^2+\sqrt{\left(\sigma_x^2-\sigma_y^2\right)^2+4\sigma_{xy}^2}\right]}} \tag{8.22}$$

$$b=\hat{\sigma}_0\sqrt{\frac{1}{2\left[\sigma_x^2+\sigma_y^2-\sqrt{\left(\sigma_x^2-\sigma_y^2\right)^2+4\sigma_{xy}^2}\right]}} \tag{8.23}$$

$$\theta=\frac{\pi}{2}-\frac{1}{2}\arctan\frac{2\sigma_{xy}}{\sigma_x^2-\sigma_y^2} \tag{8.24}$$

式中，a 和 b 分别为置信区域椭圆模型的长半轴及短半轴；θ 为正北方与长半轴之间的夹角；$\hat{\sigma}_0$ 为扩展因子，即单位权值的后验方差，调节该值可改变置信度。

概率统计法考虑了城市道路的特征，在交叉点与并行路段同时存在的情况下可以有效解决误匹配问题。但是，该方法仍存在定位误差累积问题，车辆与待匹配的路段偏离越远，其估算位置越不准确，匹配位置误差也相应增大，难以满足城市复杂路网的定位要求。

3）基于拓扑关系的匹配法

基于拓扑关系的匹配法基于路网拓扑关系实现，拓扑关系描述了路网中道路间的位置与连接方式，通常由节点与节点、节点与弧度、弧度与弧度间的关系组成。若车辆始终行驶在路网中，则可以根据其前一次匹配的路段与当前行驶方向，按照拓扑关系搜索得出目前车辆可能所处的路段，从而缩小匹配范围。该方法对解决并行路段误匹配问题具有很好的效果。

然而，该算法是基于前一次匹配结果正确的前提，因而匹配的稳定性难以保证，同时该拓扑关系仅依据物理上的连通就作为搜索待匹配道路的条件，并未将交通规则纳入考虑之列，这也是该算法的一大缺陷。

2. 基于搜索圆的分类地图匹配算法

上述算法仅对特定的路段效果良好，城市路网复杂，使用单一的匹配方法可靠性低，易出现道路匹配错误。许多改进的匹配方法虽然实现了高的匹配精度，但由于其算法复杂，往往不能满足实际应用中实时性的要求。另外，这些算法也未能解决 GPS 盲区情况下的地图匹配。航迹推算补偿 GPS 信号的方法实现了无缝导航，解决了 GPS 盲区问题，所以本章以此为基础，设计了一种基于搜索圆的分类地图匹配算法，以进一步提高定位精度。

若以道路的地理位置作为匹配标准，会导致匹配信息单一，在车辆行进至复杂的交叉路口时，非常容易出现匹配错误，从而无法得到正确的匹配点。这种简单的位置匹配算法只适合于简单路况，而对于复杂情况下的车辆位置匹配，系统需考虑车辆的航向及道路的拓扑结构信息。此外，根据路况复杂度不同而使用不同的匹配算法，也大大节省了计算时间，提高了匹配速度与准确度，能更好满足导航系统的要求。

其中，路况的复杂度通过一个搜索圆完成，该搜索圆以车辆当前位置，即获取的 GPS 定位点为中心，圆半径为大于 GPS 定位数据误差值的经验值。通过搜索圆范围内的道路数，以及判断是否有道路交叉点存在，来判断车辆所处路段的复杂度，进而根据不同的复杂度，使用相应的匹配方法。如图 8.10 所示，使用搜索圆找到了四条当前定位数据可待匹配的路段，分别为 L_1、L_2、L_3 与 L_4。

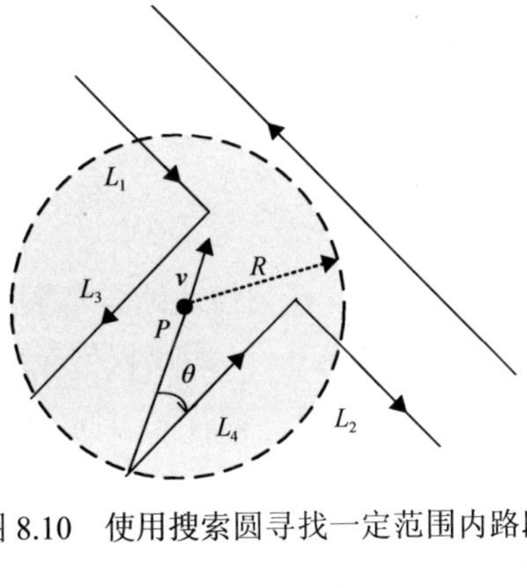

图 8.10　使用搜索圆寻找一定范围内路段

1) 算法的实现

(1) 初始点的地图匹配。

针对初始点，使用直接投影法将车辆投影至道路中，记录下道路 ID 号。

(2) 其他点的地图匹配——基于搜索圆的分类匹配法。

步骤 1：获取车辆当前的位置信息、行驶方向。前者由组合导航数据中的 GPS 数据解算得到，后者通过惯性导航系统提供的航向角信息得到。

步骤 2：使用一个搜索圆来对 GPS 数据进行待匹配路径寻找，该搜索圆的半径 R 使用经验值，需大于 GPS 定位误差，可选取 $R=10\text{m}$。

步骤 3：判断搜索圆范围内道路的数量，计算并判断是否存在交叉点；判断与处理流程如步骤 4 和步骤 5 所示。

步骤 4：若没有道路，则匹配失败，GPS 数据做失效处理，结束此次匹配；若存在，则转向步骤 5。

步骤 5：搜索圆范围内不存在交叉点，由于汽车在路段上连续行驶，GPS 信号亦是连续采集，因此判定该定位点与前一点处于同一道路上，读取上一个点的道路 ID 号，并使用直接投影法找到目前车辆在此道路上的匹配点，成功匹配后跳至步骤 7；否则转向步骤 6。

步骤 6：搜索圆范围内存在交叉点，判断其道路数目，具体过程如下。

① 若只有一条路段，则使用改进的直接投影法找到车辆匹配点，记录下所匹配道路 ID 号，跳至步骤 7。

② 若待匹配路段有 2，3 条，则分别对这些路段计算角度权值和距离权值，最后选择综合权值最小的道路作为目标道路，继而将 GPS 定位数据匹配至该路段，并记录当前道路 ID 号，跳至步骤 7。其中，角度权值的计算分为最佳路段与车辆行驶方向夹角。距离权值通过改进的直接投影法获得。其权值计算方法如式(8.25)所示：

$$W_i = w_\theta \frac{\theta_i}{\sum_{i=1}^{k}\theta_i} + w_d \frac{d_i}{\sum_{i=1}^{k} d_i} \tag{8.25}$$

式中，W_i 为第 i 条道路的综合权值；θ_i 为该道路与车辆行驶方向的夹角；d_i 为车辆离该路段的距离。取角度权值 $w_\theta=0.6$、距离权值 $w_d=0.4$。在图 8.10 中，虽然车辆所处位置 P 离 L_3 路段最近，但车辆行驶方向与路段 L_4 的角度最小，因而该点会被正确匹配至路段 L_4。

③ 若搜索圆内的路段数量大于 3 条，则引入拓扑关系，调用上一个点所在的匹配路段，根据拓扑关系排除不合理的路段，此时再转至路段判断，重复①或②中的步骤。

步骤 7：将匹配点显示至电子地图中，并更新车辆所处道路 ID 号，完成此次匹配。

整个匹配的流程图如图 8.11 所示。

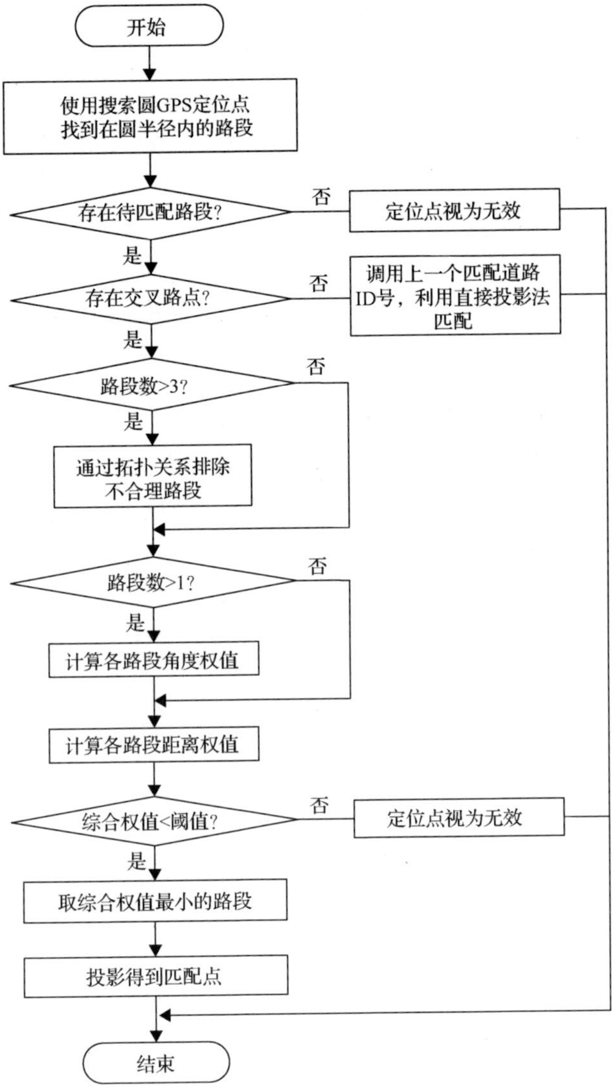

图 8.11　改进的地图匹配算法流程图

2) 掉头时的道路匹配

对于可掉头的路段，此时车辆掉头转弯，其行驶方向与车道路段往往不能很好地匹配。如图 8.12(a)中所示，车辆从 P_0 位置行驶至 P_1 位置时，其行驶方向与路段 L_2 夹角最小，在这种情况下，很容易导致匹配至路段 L_2，从而发生匹配错误。为了解决这个问题，根据交通规则在可供掉头的两个路点间引入虚拟边，如图 8.12(b)所示，此时夹角最小的路段为虚拟边 L_3，从而有效解决了角度匹配问题，使得车辆匹配结果更为准确。

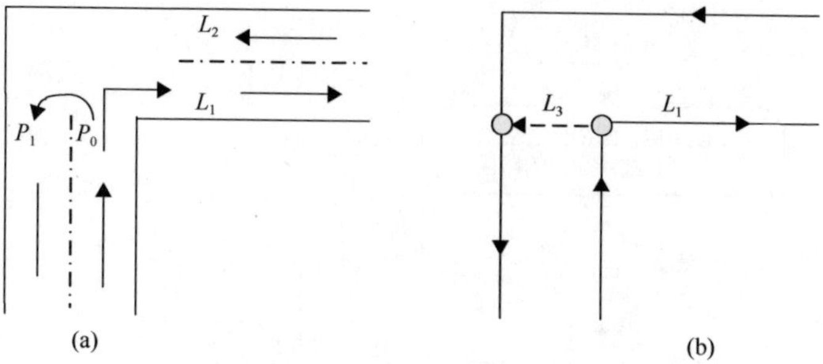

图 8.12　对掉头路段建立虚拟边进行匹配

3）地图匹配算法对比测试

选取简单路段和带有复杂交通条件的路段各 50 条，每条测试匹配点 20 组，对前面提到的几种点匹配算法及准确率较高的曲线拟合法，与基于搜索圆的分类地图匹配算法进行了对比测试，分别就匹配正确率与匹配时间进行了统计，统计结果如表 8.2 所示。

表 8.2　各种匹配算法的匹配准确率与匹配时间对比

匹配算法	匹配准确率/%	匹配时间/ms
概率统计法	92.4	29.50
基于拓扑关系的匹配法	95.7	37.34
曲线轨迹匹配法	99.7	42.31
基于搜索圆的分类地图匹配算法	97.6	35.23

概率统计法存在定位误差累积问题，车辆与待匹配的路段偏离越远，其匹配位置误差越大，其在几种方法中匹配准确率最低。基于拓扑关系的匹配法未考虑交通规则，且点的正确匹配完全依赖于前一次的匹配结果，易导致匹配错误累积，匹配准确率受此影响也较低。曲线轨迹匹配法使用了历史轨迹信息，匹配准确率最高，但由于其复杂度较大，实时性会受影响。基于搜索圆的分类地图匹配算法具有较好的匹配精度和运算时间。该算法在一定程度上克服了单一算法适应度低的缺点，以及纯粹依据历史匹配结果导致错误连锁反应的弊端。其不足在于，当 GPS 定位误差较大时，在复杂路段仅依靠距离和角度综合权值进行匹配仍易出错，导致该算法精度没有曲线轨迹匹配法高，但由于所设计的算法复杂度较低，因而具有良好的实时性。

8.2　冗余传感器的故障检测与诊断

传感器作为信息获取的主要装置，是控制系统可靠、安全、稳定工作的基础，在自动化控制领域具有非常重要的作用。当传感器性能降低、出现故障或失效时，会给系统监测、控制等带来严重影响，甚至造成不可估量的损失[7]。因此，传感器的故障诊断就显得尤为重要。本节主要对冗余传感器的故障检测与诊断进行研究，通过对智能车辆中的加速度计及 GPS 组合导航的采集数据来检测传感器是否发生故障，为准确估计智能车辆的行驶状态提供保障。

8.2.1 硬件冗余传感器的故障诊断

传感器诊断技术是通过各种数据处理的方法实时分离出传感器的故障信息并迅速报警，以便在传感器即将失效或已失效的情况下，帮助工作人员查找故障源进行排除。实际中传感器诊断方法通常分为硬件冗余法和软件冗余法。

(1) 硬件冗余法：使用多个(通常 3 个以上)同类传感器测量同一个系统参数，以多数表决原则识别故障传感器。硬件冗余法原理简单，不依赖数学模型，检测速度快，但是需要 3 个以上同类型传感器测量同一个点，所需设备多，使得成本、重量、维护费用变高。

(2) 软件冗余法：利用传感器自身与测量对象无关的冗余信息，建立其数学模型，提供与传感器自身无关的输出信息与被测对象之间的解析关系(包括系统不同输出之间的解析关系，不同时间序列的传感器输出冗余信息)来检测故障。该方法的解析关系可以由软件实现，使用方便。但是，必须建立系统的数学模型，它对模型可靠性和精度要求都很高，而在复杂系统中这种模型通常很难得到，实现有较大困难。

为了提高惯性导航系统的精度和稳定性，人们早已针对惯性传感器的硬件冗余展开研究，截至目前已经提出了许多硬件冗余技术，大致可以分为基于概率统计的故障诊断方法、奇偶向量法和智能诊断方法。

1. 基于概率统计的故障诊断方法

基于概率统计的故障诊断方法建立在传感器测量数据的统计模型上，通过定义各传感器之间的某种测度进行故障诊断。当这种测度大于某个值时，就认为传感器发生故障。故障诊断法主要包括一致性关系矩阵法[8]、均值故障诊断法[9]等。

1) 一致性关系矩阵法

一致性关系矩阵法通过传感器的统计模型建立各传感器之间的关系矩阵，通过关系矩阵来判断传感器是否发生故障及哪个传感器发生了故障。这里求取一致性关系矩阵采用 2σ 信任度函数法[10]，该方法计算简单，实时性较好，其表达式为

$$d_{ij} = \exp\left[-\frac{1}{2}\frac{(x_j - x_i)^2}{(2\sigma_i)^2}\right] \tag{8.26}$$

式中，x_i、x_j 分别表示第 i、j 个传感器的测量值；σ_i 为 x_i 的标准不确定度；d_{ij} 表示 x_i 对 x_j 的支持程度。设定阈值 ε，若 $d_{ij} > \varepsilon$，则认为传感器 i 的测量结果支持传感器 j 的测量结果；若 $d_{ij} > \varepsilon$ 且 $d_{ji} > \varepsilon$，则认为两个传感器结果测量一致。在信任度矩阵中，满足测量一致性条件的元素定义为 1，而不满足测量一致性条件的元素设为 0，可得一致性关系矩阵为

$$\boldsymbol{R} = \begin{bmatrix} r_{11} & r_{12} & \cdots & r_{1n} \\ r_{21} & r_{22} & \cdots & r_{2n} \\ \vdots & \vdots & & \vdots \\ r_{n1} & r_{n2} & \cdots & r_{nn} \end{bmatrix} \tag{8.27}$$

式中

$$r_{ij} = \begin{cases} 1, & d_{ij} > \varepsilon \text{且} d_{ji} > \varepsilon \\ 0, & \text{其他} \end{cases}$$

获得一致性关系矩阵后，可以得到最大一致性传感器组。其方法是把一致性关系矩阵看成一个图论问题：一致性关系矩阵 $\boldsymbol{R}$ 对应一幅图，其中节点是各个传感器，节点 i、j 连通时 $r_{ij}=1$，不连通时 $r_{ij}=0$。寻找这幅图中的最大全通图，也就找到了最大一致性传感器组，完成传感器的故障诊断。

2）均值故障诊断法

均值故障诊断法的冗余传感器集由测量同一物理变量的 $m(m \geqslant 2)$ 个同样的传感器组成[10-12]。它使用 $m-1$ 个传感器的均值作为检测器，其构造方式为

$$d_m = \begin{cases} x_1 - \dfrac{x_2 + x_3 + \cdots + x_m}{m-1} \\ x_2 - \dfrac{x_1 + x_3 + \cdots + x_m}{m-1} \\ \vdots \\ x_n - \dfrac{x_1 + x_2 + \cdots + x_{m-1}}{m-1} \end{cases} \tag{8.28}$$

式中，x_i 为第 i 个传感器的测量值。在没有故障时，计算检测器 d_m 的数学期望和方差：

$$E\left(d_m(i)\right) = 0 \tag{8.29}$$

$$\operatorname{Var}\left(d_m(i)\right) = \frac{m}{m-1}\sigma^2 \tag{8.30}$$

当第 i 个传感器发生故障时，假设故障大小为 e_i，那么可以求得检测器中第 i 个元素的数学期望为 $E\left(d_m(i)\right)=e_i$。同样，可以按照式(8.30)计算第 i 个元素的方差。其他元素 $k(k\neq i)$ 的数学期望计算方法与此元素不同，其计算公式为

$$E\left(d_m(k)\right)=\frac{m}{m-1}e_i$$

由此，可推断检测器 d_m 的第 i 个元素对第 i 个传感器的故障检测最灵敏，从而检测出故障。

2. 奇偶向量法

对由 m 个同等精度的传感器构成的冗余量测系统建立奇偶方程 $\boldsymbol{p}=\boldsymbol{VZ}$，则奇偶向量 $\boldsymbol{p}$ 独立于待测状态而仅与噪声或可能的故障有关[13,14]。实际上，当传感器无故障时，奇偶向量 $\boldsymbol{p}$ 是噪声的函数，而传感器发生故障时，奇偶向量不仅是噪声的函数，而且是故障的函数。构造不同的故障检测函数，可产生不同的方法，主要有广义似然比测试(generalized likelihood test，GLT)法[15]，最佳奇偶校验法[16](optimal parity technique，OPT)，奇异值分解法[17]等。

1) 广义似然比测试法

用 $\boldsymbol{p}$ 构造故障判决函数：

$$\mathrm{FD_{GLT}}=\frac{1}{\sigma^2}(\boldsymbol{p}^{\mathrm{T}}\boldsymbol{p}) \tag{8.31}$$

显然，$\mathrm{FD_{GLT}}$ 服从 χ^2 分布，给定置信概率 α，得检测门限 $T=\chi_\alpha^2(m-n)$，则故障判决准则为

$$\begin{cases}\mathrm{FD_{GLT}}<T, & \text{无故障}\\ \mathrm{FD_{GLT}}\geqslant T, & \text{有故障}\end{cases}$$

因此故障判决函数改写为

$$\mathrm{FI_{GLT}}(i)=\frac{(\boldsymbol{p}^{\mathrm{T}}\boldsymbol{V}_i)^2}{\boldsymbol{V}_i^{\mathrm{T}}\boldsymbol{V}_i} \tag{8.32}$$

式中，$\boldsymbol{V}_i$ 为矩阵 $\boldsymbol{V}$ 的第 i 列。若

$$\mathrm{FI_{GLT}}(k)=\max_{1\leqslant i\leqslant m}\left\{\mathrm{FI_{GLT}}(i)\right\} \tag{8.33}$$

则表明第 k 个传感器可能出现故障。

2）最佳奇偶校验法

最佳奇偶校验法在进行故障检测和判决前，先求最优奇偶向量，接下来的步骤与广义似然比测试法类似，在确定检测门限时，先给定一个虚警率值 α，再由单个传感器的最优奇偶残差确定检测门限。

3）奇异值分解法

奇异值分解法是对观测矩阵进行奇异值分解，由奇偶向量根据不同的原则构造故障检测和隔离函数，它既可以诊断一个传感器故障，也可以诊断多个传感器故障。

3. 智能诊断方法

智能诊断方法采用人工智能技术，对故障传感器进行诊断。智能诊断方法包括故障树方法、基于神经网络的故障诊断法[18,19]等。图 8.13 是基于神经网络的硬件冗余结构图。

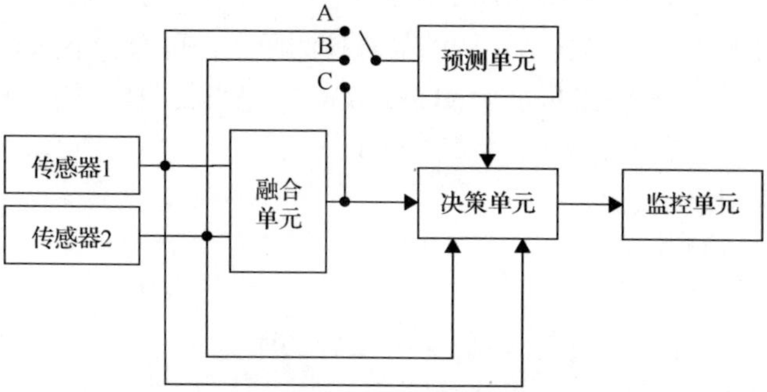

图 8.13　基于神经网络的硬件冗余结构图

从图 8.13 中可以看出，系统包括融合单元、决策单元、预测单元和监控单元[18]。融合单元利用神经网络融合传感器数据；预测单元通过 Elman 递推网络预测传感器数据或融合数据，预测出的结果作为决策单元传感器故障诊断标准；决策单元根据当前系统各部分状态做出决策，同时为监控单元提供输入信号。该方法融合了递归神经网络的串并联模型和硬件冗余技术，构造了一个智能传感器诊断系统，既有硬件冗余快速响应的特点，又能保证对系统的输出进行准确预测。

以上介绍的这些方法大多数都要求传感器是同类型或性能相当，当冗余传感器精度不一致时，特别是精度相差较大时，其故障诊断性能将显著降低。虽然基于神经网络的故障诊断方法具备对不同精度冗余传感器的诊断功能，但是其在动态系统中难以训练，且需要更高精度的传感器作为训练过程的期望输出值，实现过程复杂。

8.2.2　不同精度冗余传感器故障诊断

由于硬件冗余与软件冗余各有优缺点，因此为了结合两者的优点，提出一种不同精度冗余传感器故障诊断方法[20]，通过采用高精度和低精度两种传感器进行冗余，降低冗余硬件成本，然后采用数字处理方法处理冗余数据，进行故障诊断。相对原有硬件冗余，该方法降低了成本，相对于软件冗余，该方法简化了系统数学建模的难度。

有研究者对不同精度冗余数据的融合进行了研究，通过扩展加权平均法有效提高了原始数据的精度[21]。传感器故障诊断采用的主要原则是：使动态模型不确定性影响最小化，而使故障影响最大化。不同精度冗余传感器由于精度不同，其稳态误差不一致，数据冗余中各个传感器的不确定性也不一致，如何消除这种不一致，将故障进行放大，是故障诊断的关键。

因此，需要在故障诊断之前，对原始数据进行预处理，减少传感器的不确定性。

1. 低精度传感器数据预处理

低精度传感器的缺点是精度低，如何减少其不确定性，是数据预处理的主要任务。传感器的方差通常从器件手册中获得，可以通过数据去噪处理来减少其不确定性，卡尔曼滤波对信号去噪、精度提高有非常好的效果。首先构造卡尔曼滤波去噪的系统方程：

$$\begin{cases}\hat{\boldsymbol{y}}(t+1)=\boldsymbol{A}\hat{\boldsymbol{y}}(t)+\boldsymbol{w}(t)\\ \boldsymbol{s}(t)=\boldsymbol{C}\hat{\boldsymbol{y}}(t)+\boldsymbol{v}(t)\end{cases}\tag{8.34}$$

式中，$\boldsymbol{s}$ 为传感器观测数据；$\hat{\boldsymbol{y}}(t)$、$\boldsymbol{w}(t)$、$\boldsymbol{v}(t)$ 为状态噪声和测量噪声；$\boldsymbol{A}$、$\boldsymbol{C}$ 为对角单位矩阵。$E\left\{\boldsymbol{w}(t)\right\}=0$；$\operatorname{cov}\left\{\boldsymbol{w}(t),\boldsymbol{w}(l)\right\}=\boldsymbol{Q}\delta_{tl}$，$t,l>0$；$E\left\{\boldsymbol{v}(t)\right\}=0$；$\operatorname{cov}\left\{\boldsymbol{v}(t),\boldsymbol{v}(l)\right\}=\boldsymbol{R}\delta_{tl}$，$t,l>0$。

系统随机噪声序列和观测随机噪声序列满足以下等式：

$$E\left\{\boldsymbol{V}(j,t)\boldsymbol{W}^{\mathrm{T}}(j,l)\right\}=0,\quad t>0,l>0$$

构造如下卡尔曼滤波器：

$$\hat{\boldsymbol{y}}(t+1\,|\,t)=\boldsymbol{A}\hat{\boldsymbol{y}}(t\,|\,t)\tag{8.35a}$$

$$\boldsymbol{P}(t+1)=\boldsymbol{A}\left[\boldsymbol{I}-\boldsymbol{K}(t)\boldsymbol{C}\right]\boldsymbol{P}(t)\boldsymbol{A}+\boldsymbol{Q}(t)\tag{8.35b}$$

$$\boldsymbol{K}(t)=\boldsymbol{P}(t)\boldsymbol{C}^{\mathrm{T}}\left[\boldsymbol{C}\boldsymbol{P}(t)\boldsymbol{C}^{\mathrm{T}}+\boldsymbol{R}(t)\right]^{-1}\tag{8.35c}$$

$$\boldsymbol{r}(t)=\boldsymbol{s}(t)-\boldsymbol{C}\hat{\boldsymbol{y}}(t\,|\,t-1)\tag{8.35d}$$

$$\hat{\boldsymbol{y}}(t+1\,|\,t+1)=\hat{\boldsymbol{y}}(t+1\,|\,t)+\boldsymbol{K}(t+1)\boldsymbol{r}(t+1)\tag{8.35e}$$

式中，$\hat{\boldsymbol{y}}(t+1|t)$ 为传感器测量值 **s** 在 t 时刻的一步预测；$\hat{\boldsymbol{y}}(t|t)$ 为测量值 **s** 的滤波估计值；$\boldsymbol{r}$ 为滤波器在 t 时刻的估计残差；$\boldsymbol{K}$ 为卡尔曼滤波增益矩阵；$\boldsymbol{P}$ 为进一步预估误差方差矩阵。

2. 不同精度冗余传感器故障诊断

当完成了传感器数据的预处理后，对 m 个传感器数据设计 m 个卡尔曼滤波器，分别用不同的传感器测量信号作为输入信号。假设用 $\hat{y}_i$ 来驱动，则可将 $\hat{y}_{i+1}$ 作为观测值，当 i=m 时，将 $\hat{y}_1$ 作为观测值，这样构建一个循环卡尔曼滤波器组，该方法建模简单易行。式(8.34)可写成：

$$\begin{cases}\hat{y}_i(t+1)=\hat{y}_i(t)+w_i(t)\\ \hat{y}_{i+1}(t)=\hat{y}_i(t)+v_i(t)\end{cases} \tag{8.36}$$

现在设第 i 个传感器发生故障，则 $\hat{y}_i(t)=\hat{y}_i^*(t)+y_i^{\mathrm{F}}(t)$，其中 $\hat{y}_i^*$ 为无故障时测量值，y_i^{F} 为传感器的故障信息。显然，当传感器正常时，$y_i^{\mathrm{F}}(t)=0$；发生故障时，y_i^{F} 为一个非零函数。假设系统中某一传感器 i 发生了故障，则有

$$r_{ij}^{\mathrm{F}}(t)=\hat{y}_j(t)-\hat{y}_i^{\mathrm{F}}(t)-v_i(t)-\hat{y}_i^*(t|t) \tag{8.37}$$

$$E\left[r_{ij}^{\mathrm{F}}(t)\right]=E\left[\hat{y}_i^{\mathrm{F}}(t)\right]+E\left[r_{ij}(t)\right]=E\left[\hat{y}_i^{\mathrm{F}}(t)\right]\neq 0 \tag{8.38}$$

式中，$r_{ij}^{\mathrm{F}}(t)$ 为传感器 i 作为输入、传感器 j 作为输出时卡尔曼滤波得到的故障信息预测。当传感器发生故障时，新息不再为 0，因此可以得到检测规则：$E[\hat{y}_{i+1}(t)-\hat{y}_i(t|t)]=0$，无故障发生；$E\left[\hat{y}_{i+1}(t)-\hat{y}_i(t|t)\right]\neq 0$，有故障发生。为了定位故障位置，需要进行故障决策，即从 m 滤波器中取出 $r_{ij}(t)$，通过故障估计进行决策，从而判断哪个传感器发生了故障。假设 m=3，那么定义三个故障决策函数：

$$\begin{cases}f_1=\left|\hat{r}_{12}\hat{r}_{31}\right|\\ f_2=\left|\hat{r}_{23}\hat{r}_{12}\right|\\ f_3=\left|\hat{r}_{31}\hat{r}_{23}\right|\end{cases} \tag{8.39a}$$

式中，$\hat{r}_{ij}$ 表示第 i 个滤波器的新息。当系统处于正常状态时，f_1、f_2、f_3 决策函数的值在零值附近波动。当其中某一个传感器发生故障时，假设传感器 1 发生故障，可知 $\hat{r}_{12}\gg\hat{r}_{23}$，$\hat{r}_{31}\gg\hat{r}_{23}$，则

$$\begin{aligned}f_1=\left|\hat{r}_{12}\hat{r}_{31}\right|\gg\left|\hat{r}_{23}\hat{r}_{12}\right|=f_2\\ f_1=\left|\hat{r}_{12}\hat{r}_{31}\right|\gg\left|\hat{r}_{31}\hat{r}_{23}\right|=f_3\end{aligned} \tag{8.39b}$$

从而可以判断第一个传感器失效。同理，如果传感器 2 发生故障，那么 f_2 的值比 f_1、f_3 大很多，从而可以判断出传感器 2 失效；如果传感器 3 发生故障，那么 $\hat{r}_{23}$、$\hat{r}_{13}$ 的值会增大，使得 f_3 的值比 f_1、f_2 大很多，从而可以判断出传感器 3 失效。由于该算法中有两次卡尔曼滤波处理，因此称为两阶段卡尔曼滤波(two stages Kalman filter，TSKF)故障诊断算法，其在时刻 t 的处理步骤如算法 8.1 所示。

算法 8.1　TSKF 故障诊断算法

1. 利用式(8.35)对低精度传感器进行信号预处理，减少不确定性；
2. 利用式(8.36)建立循环卡尔曼滤波器组，对传感器数据进行滤波，产生新息；
3. 按式(8.39)对新息序列进行处理，完成故障诊断。

图 8.14 为 TSKF 故障诊断算法流程示意图。

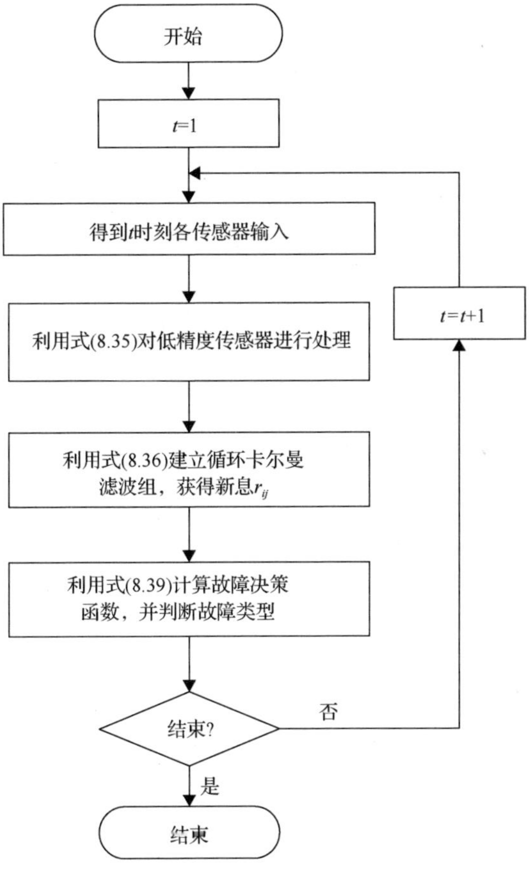

图 8.14　TSKF 故障诊断算法流程示意图

3. 强背景噪声下的传感器故障诊断

低精度传感器随着环境变化，其噪声强度变化比较大，为此在数据预处理阶段，添加噪声估计算法，以提供有效的测量噪声方差 $R(t)$，进而提出了一种强背景噪声下传感器故障诊断方法。采用 Donoho 等提出的在小波域中噪声标准方差的估计方法[22]，通过小波变换后，在尺度大的低频子带集中了信号的主要能量，而尺度小的高频子带则集中了幅度较小、能量较低的信号。因此，当外界噪声比较大时，最高频率子带的系数可以被看成是噪声，并通过这些系数估计噪声的标准方差[23]：

$$\delta^2=\left(\frac{m_{\text{mad}}}{0.627}\right)^2 \tag{8.40}$$

式中，m_{mad} 为高频子带小波系数幅度的中值。为了满足实时跟踪测量误差变化，对过去 N 个时刻测量数据进行小波变换，这里采用 Haar 小波变换，且 N=64。为了保证噪声估计的自适应性，采用式(8.41)进行迭代更新 $R(t)$，$R_i(t)$ 表示第 i 个传感器的噪声方差，即

$$R_i(t)=\begin{cases}\sigma_i^2, & 0\leqslant t<N \\ 0.9R_i(t-1)+0.1\delta_i(t), & \text{其他}\end{cases} \tag{8.41}$$

式中，σ_i^2 为第 i 个传感器的零位偏差。该算法在 TSKF 算法中加入了基于小波噪声估计的步骤，因此称为基于小波的 TSKF（wavelet-based TSKF，WB-TSKF）故障诊断算法，具体步骤如算法 8.2 所示。图 8.15 是该算法流程示意图。

算法 8.2　WB-TSKF 故障诊断算法

1. 按照式(8.41)计算 $R(t)$；
2. 利用式(8.35)对低精度传感器进行信号预处理，减少不确定性；
3. 利用式(8.36)建立循环卡尔曼滤波器组，对传感器数据进行滤波，产生新息；
4. 按式(8.39)对新息序列进行处理，完成故障诊断。

4. 实验结果及讨论

为了验证本节所提方法，通过一个高精度加速度计和两个低精度加速度计在中南大学自主改装的智能车辆上进行测试。实验主要针对相对较难检测的斜坡变换、阶跃变化两种软故障进行讨论，并对强背景噪声下的两种软故障使用 WB-TSKF 故障诊断算法进行分析。软故障类型如表 8.3 所示[24]。

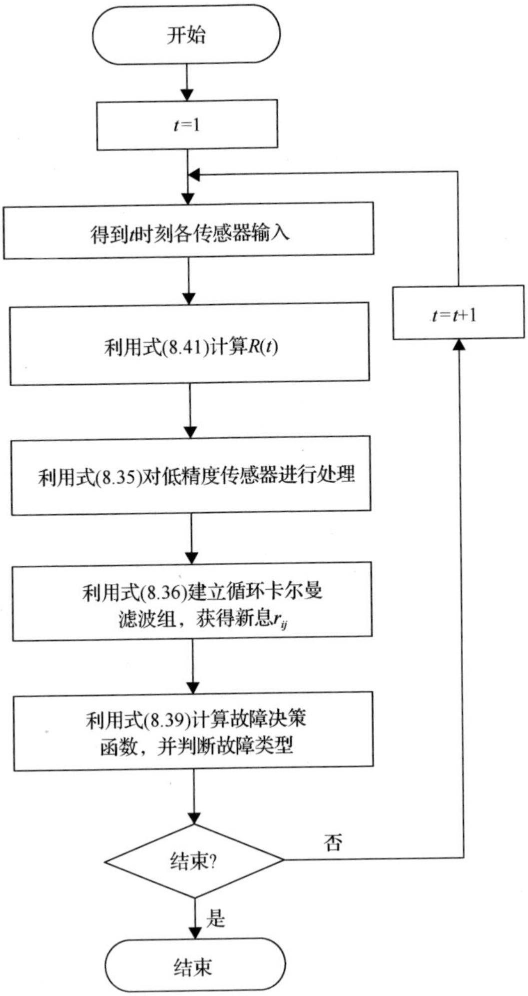

图 8.15　WB-TSKF 故障诊断算法示意图

表 8.3　软故障类型

软故障类型	传感器输出	时间
斜坡变化	$y_i^{\mathrm{f}} = y_i + \lambda_i \Delta t$	$t_{\mathrm{f}} \leqslant t \leqslant t_{\mathrm{f}} + \Delta t$
阶跃偏置	$y_i^{\mathrm{f}} = y_i + b_i$	$t_{\mathrm{f}} \leqslant t \leqslant t_{\mathrm{f}} + \Delta t$

注：t、t_{f}、Δt 分别为当前时间、故障发生时间和故障持续时间。

1）斜坡变化故障实验

当低精度加速计 s_1、s_2 数据正常、高精度加速计 s_3 在 $t \in (20\mathrm{s}, 40\mathrm{s})$ 时间段内发生了软故障的斜坡变换时，其中 λ 分别为 0.1 和−0.1，实际采集数据如图 8.16 所示。对采集数据分别使用普通卡尔曼滤波方法、抗野值卡尔曼滤波方法和本节所提出的方法进行诊断，结果分别如图 8.17～图 8.19 所示。图 8.17 为普通卡尔曼滤波诊断结果，由于低精度传感器噪声较大，其检测结果干扰也较大，在 t=60s、t=75s、t=90s 附近，故障决策函数的值受到干扰，变换很大，严重影响诊断结果的准确性。图 8.18 为抗野值卡尔曼滤波诊断结果，相对普通卡尔曼滤波处理结果而言，

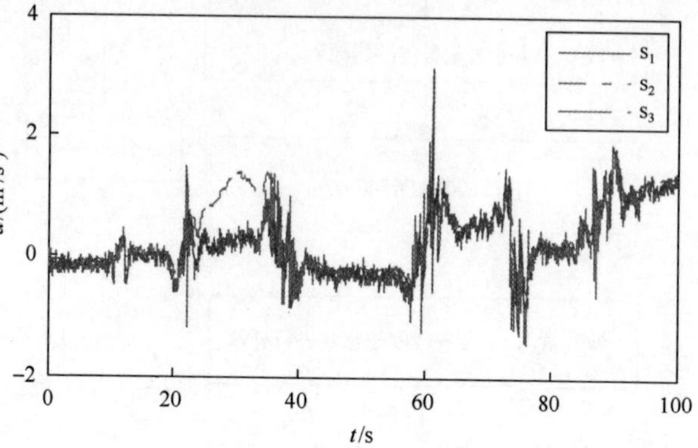

图 8.16　三个传感器采集数据(斜坡故障，s_3 发生故障)

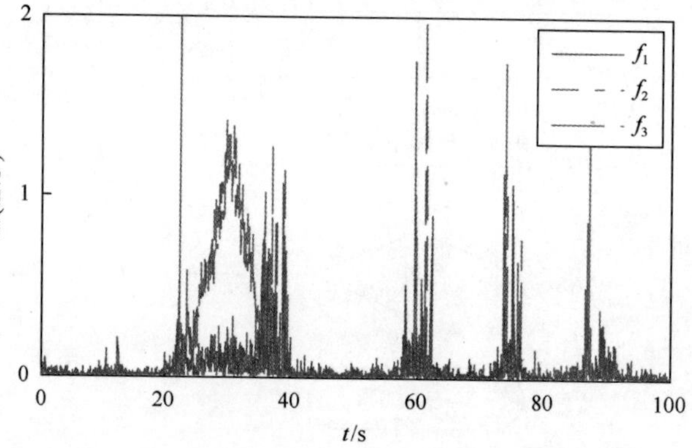

图 8.17　普通卡尔曼滤波诊断结果(斜坡故障)

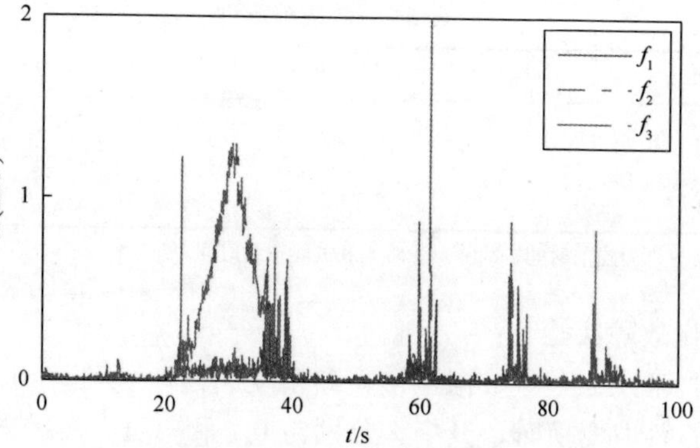

图 8.18　抗野值卡尔曼滤波诊断结果(斜坡故障)

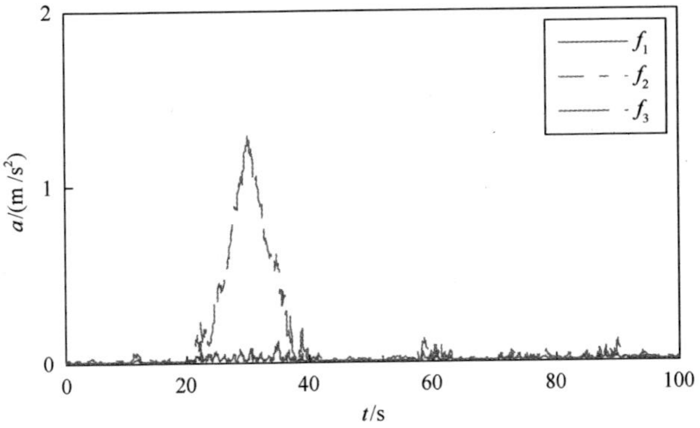

图 8.19　TSKF 诊断结果图(斜坡故障)

在 t=60s、t=75s、t=90s 附近的干扰有所下降，该方法抑制干扰能力有所提高，但是干扰幅值依然较大，影响故障诊断结果。图 8.19 为本节所提方法的诊断结果，显然，在 t=60s、t=75s、t=90s 附近的干扰得到了较好的抑制，在 $t\in$ (20s,40s) 时间段内诊断结果正确。

2) 阶跃偏置故障实验

当低精度加速计 s_1 和高精度加速计 s_3 数据正常、低精度加速度计 s_2 在 $t\in$ (27s,37s) 时间段内发生了软故障的阶跃变换时，其中 b=0.8，实际采集数据如图 8.20 所示。对采集数据分别使用普通卡尔曼滤波方法、抗野值卡尔曼滤波方法和本书所提出的方法进行处理，结果分别如图 8.21～图 8.23 所示。

图 8.21 为普通卡尔曼滤波诊断结果，由于受到低精度传感器噪声影响，在 t=8s、t=22s、t=50s、t=60s 附近时，故障决策函数的变换很大，严重影响诊断结果的准确性。图 8.22 为抗野值卡尔曼滤波诊断结果，相对普通卡尔曼滤波方法，其抑制干扰能力有所提高，但干扰幅值依然较大。图 8.23 为本节所提出方法的处理结果，显然，在 t=8s、t=22s、t=50s、t=60s 附近的干扰基本得到抑制，在 $t\in$ (27s,37s) 时间段内诊断结果正确。

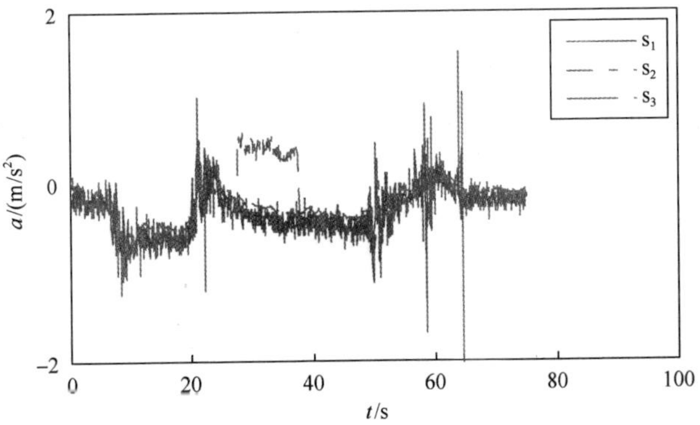

图 8.20　三个传感器采集数据(阶跃故障，s_2 发生故障)

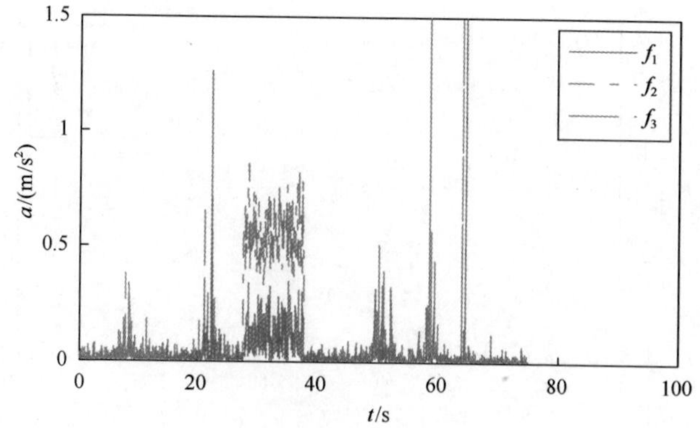

图 8.21　普通卡尔曼滤波诊断结果(阶跃故障)

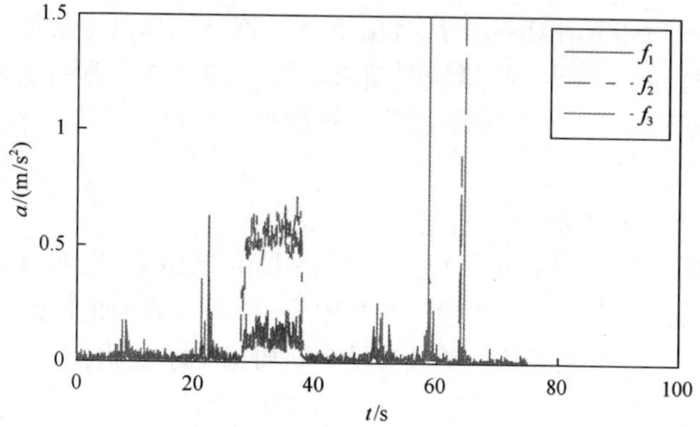

图 8.22　抗野值卡尔曼滤波诊断结果(阶跃故障)

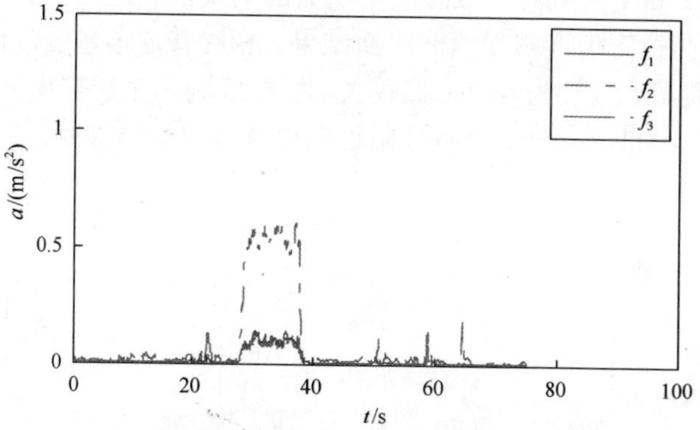

图 8.23　TSKF 诊断结果(阶跃故障)

3) 强背景噪声变化下的故障诊断

实验分为连续两个阶段：第一阶段[$t\in(0,70\text{s})$]，车辆运行时自身振动很小；第二阶段[$t\in(70\text{s},150\text{s})$]，车辆处于强烈振动状态，传感器测量数据波动很大。其中，低精度加速计 s_1、s_2 数据正常，高精度加速计 s_3 在这两个阶段中发生故障，

第一阶段中 s_3 在 $t\in(20\text{s},30\text{s})$ 时间段发生阶跃故障，在 $t\in(30\text{s},50\text{s})$ 时间段发生斜坡变换；第二阶段中，s_3 在 $t\in(110\text{s},120\text{s})$ 时间段发生阶跃故障，在 $t\in(120\text{s},140\text{s})$ 时间段发生斜坡变换，其中 b=1，$\lambda=-0.05$，数据如图 8.24 所示。

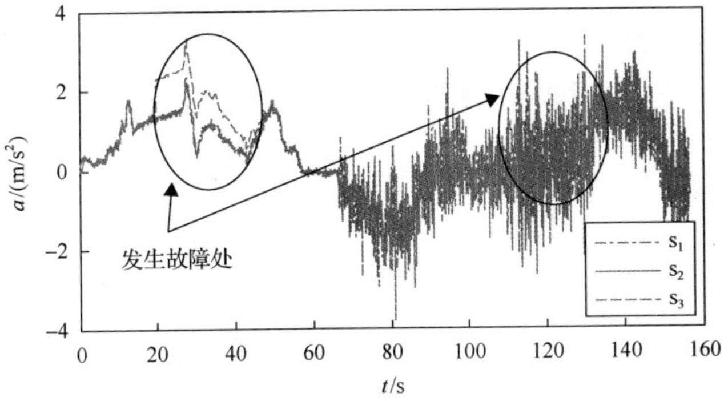

图 8.24 三个传感器采集数据(强背景噪声，s_3 发生故障)

图 8.25 为普通卡尔曼滤波诊断结果。在第一阶段中由于车辆振动很小，能有效检测出故障，但是在第二阶段中，由于车辆振动很大，检测结果无法区分正常状态和故障状态。图 8.26 为 WB-TSKF 故障诊断算法的处理结果，显然该方法

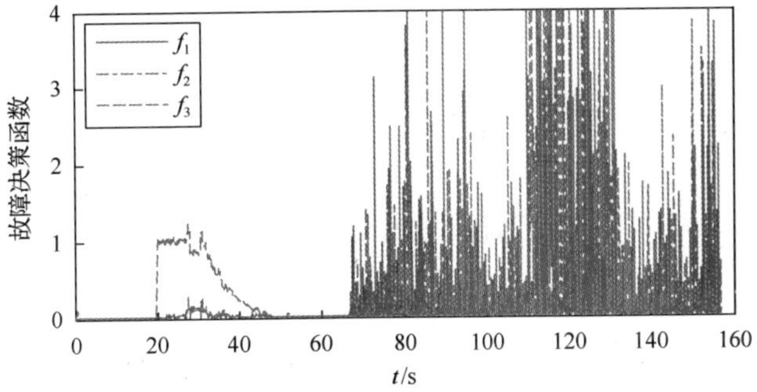

图 8.25 普通卡尔曼滤波诊断结果(强背景噪声)

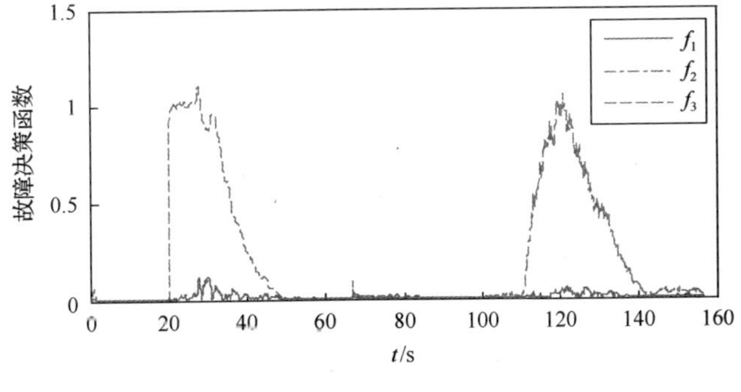

图 8.26 WB-TSKF 诊断结果(强背景噪声)

在 $t\in(20\text{s},50\text{s})$ 时间段内对故障诊断正确，在 $t\in(110\text{s},150\text{s})$ 时间段中，车辆振动很厉害，但由于正确估计了方差，较好地滤除了环境噪声的干扰，从而抑制了低精度传感器的不确定性，对故障诊断正确。

为了验证本节所提方法的有效性，以斜坡故障实验为例，通过改变低精度的干扰噪声强度来检验故障诊断的误检率，其中误检率定义为 $\eta=(\varepsilon-D)/\varepsilon$，$\varepsilon\in\{$检测到的所有故障$\}$，$D\in\{$正确检测到的斜坡故障$\}$，为了计算方便，采用检测到故障的时间作为参考。实验过程中背景噪声强度从 0.1 变到 2，分别计算两种方法的误检率。实验重复 30 次后取平均值，其实验结果如图 8.27 所示。由图 8.27 可得，普通卡尔曼滤波方法的误检率很大，而 WB-TSKF 故障检测算法误检率较小。特别是在干扰噪声大于 1.2 时，前者误检率大于 50%。

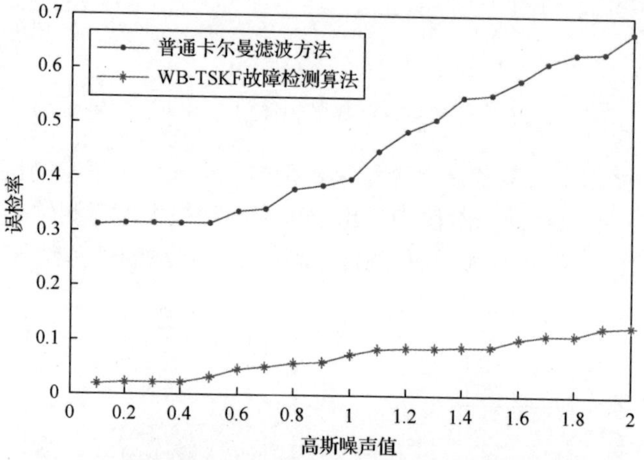

图 8.27　两种方法的误检率随噪声变换图

由以上实验可知，本节所提的不同精度冗余传感器故障诊断方法，降低了成本并且建模简单，能有效检测和诊断阶跃故障、斜坡故障等软故障，特别是添加了小波去噪及噪声估计步骤后，在强噪声背景下，该方法依然具有较强的检测诊断能力，在实际应用中具有较好的经济实用性。

8.2.3　基于多尺度卡尔曼滤波的故障诊断

在实际应用中，当采用多个同质异类型传感器获得数据时，例如，加速度计可以得到加速度，GPS 可以得到位置信息，陀螺仪可以得到偏航角信息等，显然，这三种传感器可以得到位姿信息，但是它们的采样速率是不一致的，如加速度计的采样速率可以为 1kHz，陀螺仪也可以达到几百赫兹，而 GPS 的采样速率却为 6Hz。面对这种采样速率不一致的系统，如何有效提高故障检测和诊断的准确性已成为重要的研究课题。针对这种不同精度、多速率的传感器系统，本章提出多尺度卡尔曼滤波的故障诊断方法。

1. 传感器的多尺度动态模型

多尺度动态模型传感器动态系统可以用数学公式描述为[25]

$$\boldsymbol{x}(N,k+1)=\boldsymbol{A}(N)\boldsymbol{x}(N,k)+\boldsymbol{w}(N,k) \tag{8.42a}$$

$$\boldsymbol{z}_j(j,k)=\boldsymbol{C}_j(j)\boldsymbol{x}(j,k)+\boldsymbol{v}_j(j,k) \tag{8.42b}$$

式中，j=1,2,…,N 表示尺度，N 表示最细尺度，j=1 表示最粗尺度；下标 j 表示尺度 j 上的传感器；状态 $\boldsymbol{x}(N,k)\in\mathbf{R}^{n\times1}$；$\boldsymbol{z}_j(j,k)\in\mathbf{R}^{p_j\times1}$ 为尺度 j 上传感器对状态 $\boldsymbol{x}(j,k)$ 的观测值；$\boldsymbol{A}(N)\in\mathbf{R}^{n\times n}$ 为系统矩阵；$\boldsymbol{C}_j(j)\in\mathbf{R}^{p_j\times n}$ 是尺度 j 上传感器的观测矩阵。其中，系统噪声和观测噪声均为白噪声序列，满足：

$$E\{\boldsymbol{w}(N,k)\}=0,\quad E\{\boldsymbol{v}_j(j,k)\}=0 \tag{8.43a}$$

$$E\{\boldsymbol{w}(N,k)\boldsymbol{w}^{\mathrm{T}}(N,l)\}=\boldsymbol{Q}(N)\delta_{kl} \tag{8.43b}$$

$$E\{\boldsymbol{v}_j(j,k)\boldsymbol{v}_j^{\mathrm{T}}(j,l)\}=\boldsymbol{R}_j(j)\delta_{kl} \tag{8.43c}$$

$$E\{\boldsymbol{w}(N,k)\boldsymbol{v}_N^{\mathrm{T}}(N,l)\}=\boldsymbol{S}_N(N)\delta_{kl},\quad k,l>0 \tag{8.43d}$$

假设传感器采样速率之间是两倍关系，则 $\boldsymbol{x}(j,k)=\boldsymbol{x}(N,2^{N-j}k)$。

2. 基于多尺度卡尔曼滤波的故障诊断方法

在多尺度卡尔曼滤波过程中，$\boldsymbol{e}(j,k)=\boldsymbol{z}(j,k)-\boldsymbol{C}(j)\hat{\boldsymbol{x}}(j,k\,|\,k-1)$ 表示在尺度 j 和时刻 k 时出现的新息情况，当出现故障时，$\boldsymbol{e}(j,k)$ 表示了尺度 j 下的故障信息，可以通过该值定位到故障是在哪个尺度出现的，从而可以判断出哪个传感器出现故障[25]。

如图 8.28 所示，假设 s_{1j} 是四倍速率传感器，s_{2j} 是两倍速率传感器，s_{3j} 是一倍速率传感器，那么 s_{ij} 表示传感器 i 的第 j 层尺度数据。其中黑点表示使用的数据，白点表示抽取后不使用的数据。显然，在尺度 0 时只有 s_1 的数据，而在尺度 1 时，就可以有 s_1 和 s_2 的数据进行比较，在尺度 2 时就可以对 3 个传感器同时进行比较。

另外，小波变换后会产生高频信息和低频信息，高频信息包含传感器信号中变换剧烈的过程，因此在各个尺度上，同样可以比较各传感器对应尺度下的高频数据，若其变换规律不一致，则表明传感器出现了异常。

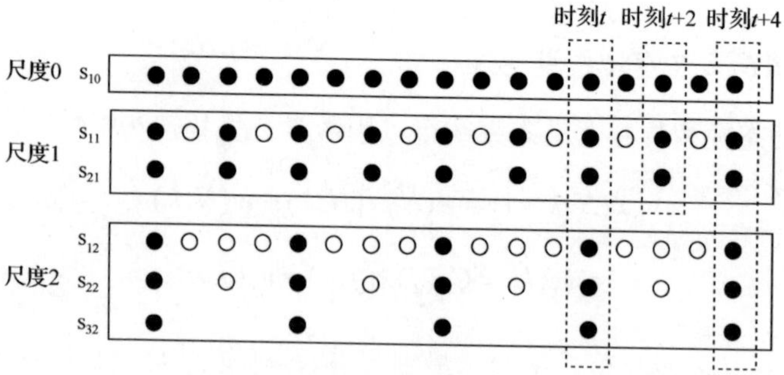

图 8.28　多尺度多传感器分层示意图

这里设计了多尺度新息故障决策策略，假设传感器 i 的新息为 $\boldsymbol{e}_i(j,k)$，其中 j、k 分别表示尺度和时刻，因此图 8.16 所示三个传感器得到的各尺度下新息为 $\boldsymbol{e}_1(0,k)$、$\boldsymbol{e}_1(1,2k)$、$\boldsymbol{e}_1(2,4k)$、$\boldsymbol{e}_2(1,2k)$、$\boldsymbol{e}_2(2,4k)$、$\boldsymbol{e}_3(2,4k)$，同时得到各传感器的性能指标并建立故障阈值 Th_1、Th_2、Th_3，那么故障决策策略步骤如下所示。

步骤 1：在尺度 0 上比较，若 $|\boldsymbol{e}_1(0,k)| \leqslant \mathrm{Th}_1$，则 f_1=0，否则 f_1=1。

步骤 2：在尺度 1 上比较，若 $|\boldsymbol{e}_1(1,2k)-\boldsymbol{e}_2(1,2k)| \leqslant \mathrm{Th}_2$，则 f_2=0，否则 f_2=1。

步骤 3：在尺度 2 上比较，若 $|\boldsymbol{e}_1(2,4k)-\boldsymbol{e}_2(2,4k)| \leqslant \mathrm{Th}_3$、$|\boldsymbol{e}_1(2,4k)-\boldsymbol{e}_3(2,4k)| \leqslant \mathrm{Th}_3$ 且 $|\boldsymbol{e}_2(2,4k)-\boldsymbol{e}_3(2,4k)| \leqslant \mathrm{Th}_3$，则 f_3=0，否则 f_3=1。

步骤 4：若 f_1=0，f_2=0，f_3=0，则没有发生故障；否则，若 f_1=1，f_2=1，f_3=1，则 s_1 故障；若 f_1=0，f_2=1，f_3=1，则 s_2 故障；若 f_1=0，f_2=0，f_3=1，则 s_3 故障；其他情况下发生故障，暂不能定位是哪个传感器故障。其中 f_1，f_2，f_3 等于 0 表示无故障，等于 1 表示对应的传感器有故障。

图 8.29 是多尺度卡尔曼滤波故障诊断结构图。

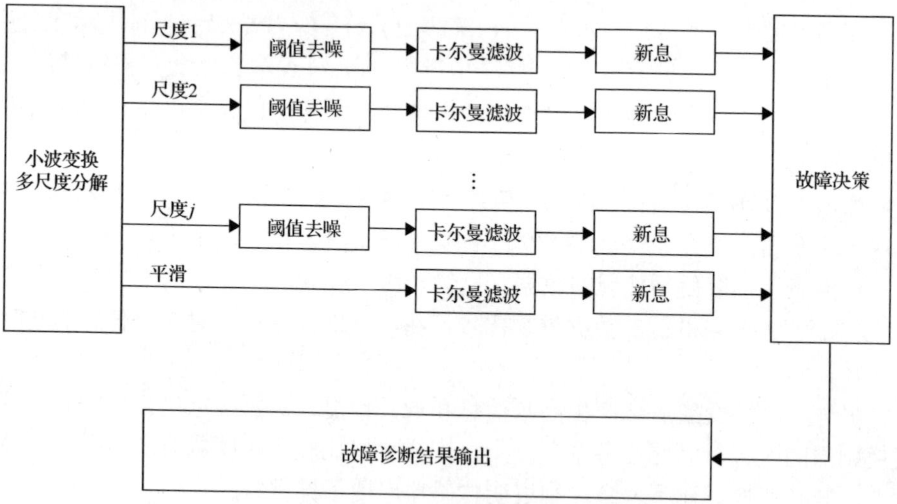

图 8.29　多尺度卡尔曼滤波故障诊断方法结构图

3. 实验结果及讨论

为了验证多尺度卡尔曼滤波故障诊断方法的有效性，对四倍速率、二倍速率、一倍速率的三个传感器进行采样测试，按表 8.3 设计斜坡故障进行实验，同时与通常最小公倍数方法进行比较。

最小公倍数方法是指使用多个不同采样速率的传感器，利用各传感器采样周期的最小公倍数进行数据采样，保证采样时刻基本对齐，然后进行故障判断。如图 8.30(a)中采样数据出现振荡采样后，如果使用最小公倍数方法两倍数进行抽取，那么在奇数时刻抽取的数据与实际数据一直存在差距，如图 8.30(b)所示；而在偶数时刻抽取的数据与实际数据重合，如图 8.30(c)所示。因此，采样时刻的不同直接影响检测的准确性。这种方法虽然处理简单，但是容易出现错误，故障检测的准确性不高。

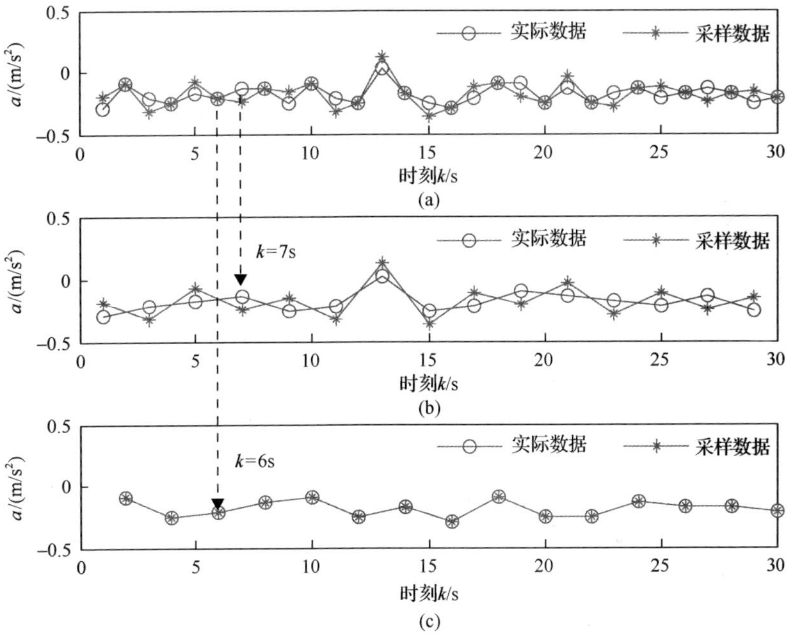

图 8.30　最小公倍数方法两倍数采样示意图

图 8.31 是不同采样速率传感器的采样数据，其中 s_1 是四倍速率，s_2 是二倍速率，s_3 是一倍速率。假设 s_1 的四倍速率为最细尺度，经过多尺度分解后，第 1、2 尺度下的三传感器数据如图 8.32 和图 8.33 所示。经过多尺度分解后，各个采样速率下的传感器可以有效地进行时间步对应，为故障检测提供有效的支撑。图 8.34 是在第 2 尺度下进行的故障诊断，能有效诊断出在 60s 附近的故障。采用最小公倍数进行时间同步后，奇数采样时对 k=93s 时刻的诊断出现了误判断，而偶数采样时结果与之不同，因此采用最小公倍数法稳定性不好，如图 8.35 和图 8.36 所示。

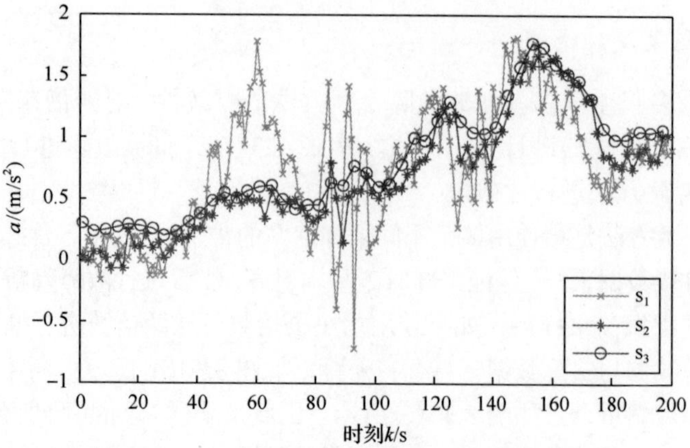

图 8.31　三个不同采样速率传感器的采样数据

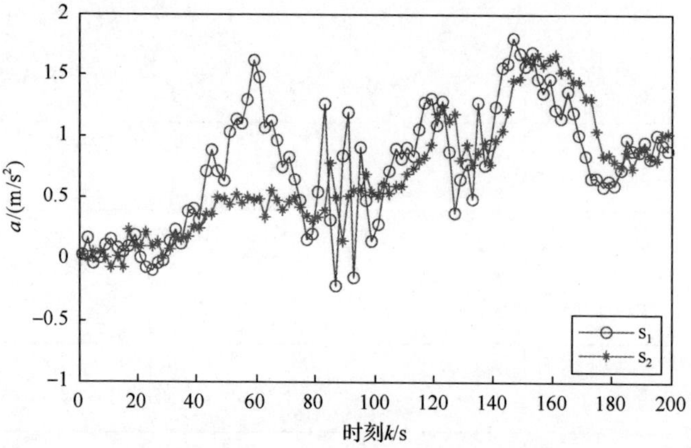

图 8.32　在第 1 尺度下的两个传感器数据

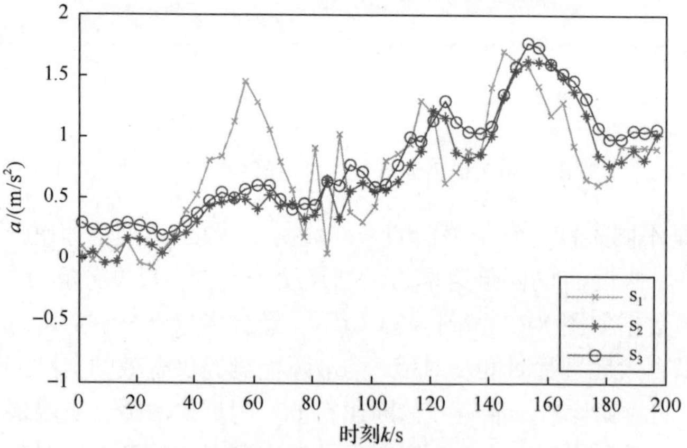

图 8.33　在第 2 尺度下的三个传感器数据

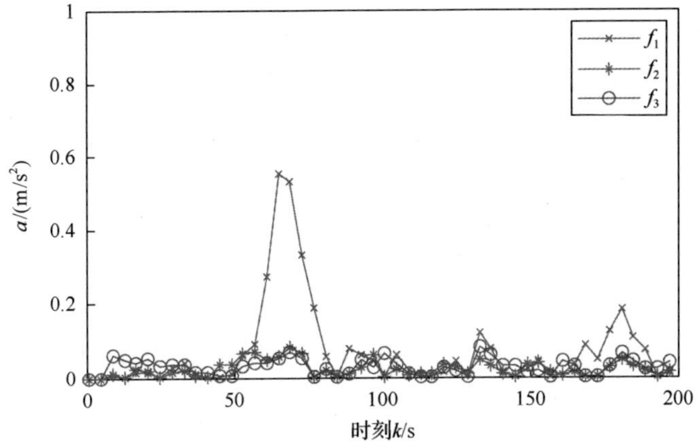

图 8.34　第 2 尺度上得到的故障决策函数

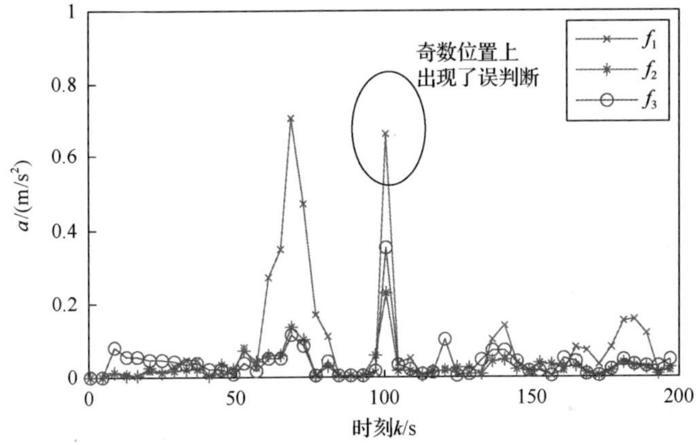

图 8.35　奇数采样时故障决策函数(最小公倍数方法)

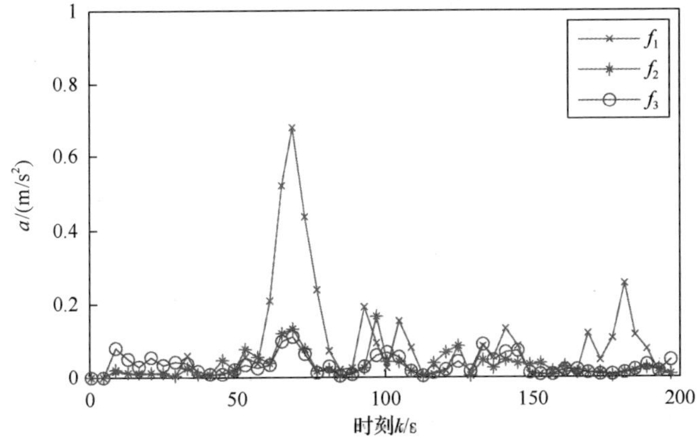

图 8.36　偶数采样时故障决策函数(最小公倍数方法)

8.2.4 组合导航的故障检测

导航系统有很多种类，除了惯性导航系统外，还有多普勒导航系统、无线电导航系统、卫星导航系统、天文导航系统等，组合导航方式能够将各种导航系统取长补短，不仅提高了导航精度，而且使整个导航系统具备了容错能力，提高了导航系统的可靠性。

惯性导航系统容易受到误差的影响，比较适合短期测量位置和速度的变化；GPS 可以提供精确的位置和速度信息，但是容易受到干扰影响，特别是在城市环境中受到高楼的影响而产生多径反射，其性能将明显降低。INS/GPS 组合导航系统结合了两种系统的优点，并提供了精确的导航信息，这是两种导航系统无法独立完成的。现有的 INS/GPS 组合导航系统通常有两种组合方式，包括松耦合系统和紧耦合系统，如图 8.37 和图 8.38 所示。

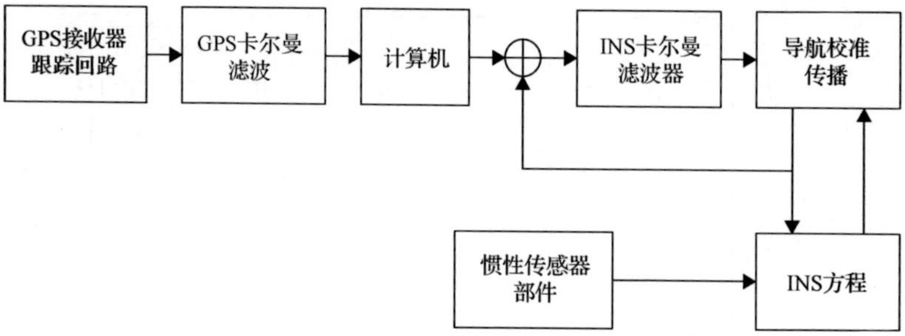

图 8.37　INS/GPS 松耦合系统框图

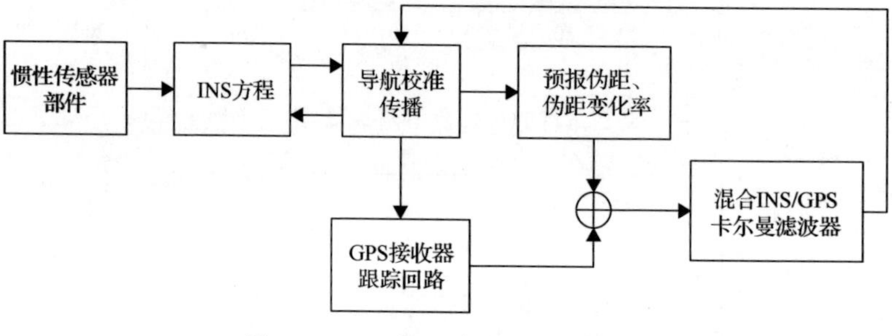

图 8.38　INS/GPS 紧耦合系统框图

在松耦合系统中，GPS 接收机的卡尔曼滤波器提供位置和速度，它们与惯性系统给出的位置速度相减，差值进入 INS/GPS 组合卡尔曼滤波器中，使得惯性导航系统的误差受到抑制，并对惯性导航系统进行校准。惯性导航系统的位置和速度也有可能送到 GPS 接收机中，以辅助搜索、跟踪和捕获信号。在紧耦合方案中，GPS 测量的伪距和伪距变化率，以及卫星星历表都送到单一 INS/GPS 组合卡尔曼滤波器中，一起估计所有可观测的系统误差。滤波器的输出用来修正惯性导航系统，惯性导航系统的输出又送到 GPS 接收机，以辅助跟踪和捕获信号。

1. 组合导航系统模型和测量模型

通常情况下，描述组合导航系统的误差采用 18 个状态的误差模型。状态变量为

$$\boldsymbol{x}^{\mathrm{T}}=(r_{\mathrm{E}},r_{\mathrm{N}},r_{\mathrm{U}},v_{\mathrm{E}},v_{\mathrm{N}},v_{\mathrm{U}},\varphi_{\mathrm{E}},\varphi_{\mathrm{N}},\varphi_{\mathrm{U}},\nabla_x,\nabla_y,\nabla_z,\varepsilon_x,\varepsilon_y,\varepsilon_z,\delta_{\mathrm{E}},\delta_{\mathrm{N}},\delta_{\mathrm{U}}) \tag{8.44}$$

式中，r_{E}、r_{N}、r_{U} 为位置误差；v_{E}、v_{N}、v_{U} 为速度误差；φ_{E}、φ_{N}、φ_{U} 为平台误差；∇_x、∇_y、∇_z 为加速度偏置；ε_x、ε_y、ε_z 为陀螺仪随机误差；δ_{E}、δ_{N}、δ_{U} 为 GPS 的随机误差。系统方程写为

$$\dot{\boldsymbol{x}}=\boldsymbol{F}\boldsymbol{x}+\boldsymbol{G}\boldsymbol{w} \tag{8.45}$$

式中

$$\boldsymbol{F}_{18\times18}=\begin{bmatrix} & 0 & 0 & 0\\ \boldsymbol{F}_9 & \boldsymbol{D} & 0 & 0\\ & 0 & \boldsymbol{D} & 0\\ & 0 & 0 & 0\\ \boldsymbol{0}_{9\times9} & 0 & \boldsymbol{T}_{\mathrm{e}} & 0\\ & 0 & 0 & \boldsymbol{T}_{\mathrm{G}} \end{bmatrix} \tag{8.46}$$

式中，$\boldsymbol{F}_9$ 为典型的 9×9 惯性导航系统误差矩阵，其表达式为

$$\boldsymbol{F}_9=\begin{bmatrix}
0 & \dot{\lambda}\sin\varphi & -\dot{\lambda}\cos\varphi & 1 & 0 & 0 & 0 & 0 & 0\\
-\dot{\lambda}\sin\varphi & 0 & -\dot{\varphi} & 0 & 1 & 0 & 0 & 0 & 0\\
-\dot{\lambda}\cos\varphi & \dot{\varphi} & 0 & 0 & 0 & 1 & 0 & 0 & 0\\
\dfrac{f_{\mathrm{u}}-g-f_{\mathrm{n}}\tan\varphi}{R_{\mathrm{e}}} & 0 & 0 & 0 & (2\omega_{\mathrm{ie}}+\dot{\lambda})\sin\varphi & -(2\omega_{\mathrm{ie}}+\dot{\lambda})\cos\varphi & 0 & -f_{\mathrm{u}} & f_{\mathrm{n}}\\
\dfrac{f_{\mathrm{e}}\tan\varphi}{R_{\mathrm{e}}} & \dfrac{f_{\mathrm{u}}-g}{R_{\mathrm{e}}} & 0 & -(2\omega_{\mathrm{ie}}+\dot{\lambda})\sin\varphi & 0 & -\dot{\varphi} & f_{\mathrm{u}} & 0 & -f_{\mathrm{e}}\\
-\dfrac{f_{\mathrm{e}}}{R_{\mathrm{e}}} & \dfrac{f_{\mathrm{n}}}{R_{\mathrm{e}}} & \dfrac{2g}{R_{\mathrm{e}}} & (2\omega_{\mathrm{ie}}+\dot{\lambda})\cos\varphi & \dot{\varphi} & 0 & -f_{\mathrm{n}} & f_{\mathrm{e}} & 0\\
\dfrac{\dot{\lambda}\sin\varphi}{R_{\mathrm{e}}} & \dfrac{v_{\mathrm{u}}}{R_{\mathrm{e}}^2} & \dfrac{\dot{\varphi}}{R_{\mathrm{e}}} & 0 & -\dfrac{1}{R_{\mathrm{e}}} & 0 & 0 & (\omega_{\mathrm{ie}}+\dot{\lambda})\sin\varphi & -(\omega_{\mathrm{ie}}+\dot{\lambda})\cos\varphi\\
\dfrac{v_{\mathrm{u}}}{R_{\mathrm{e}}^2}+\dfrac{\dot{\varphi}\tan\varphi}{R_{\mathrm{e}}} & -\dfrac{\omega_{\mathrm{ie}}\sin\varphi}{R_{\mathrm{e}}} & -\dfrac{\dot{\lambda}\cos\varphi}{R_{\mathrm{e}}} & \dfrac{1}{R_{\mathrm{e}}} & 0 & 0 & -(\omega_{\mathrm{ie}}+\dot{\lambda})\sin\varphi & 0 & -\dot{\varphi}\\
\dfrac{\tan\varphi}{R_{\mathrm{e}}}\left(\dot{\varphi}\tan\varphi-\dfrac{v_{\mathrm{u}}}{R_{\mathrm{e}}}\right) & \dfrac{\omega_{\mathrm{ie}}\cos\varphi}{R_{\mathrm{e}}}+\dfrac{\dot{\lambda}}{R_{\mathrm{e}}\cos\varphi} & -\dfrac{\dot{\lambda}\sin\varphi}{R_{\mathrm{e}}} & \dfrac{\tan\varphi}{R_{\mathrm{e}}} & 0 & 0 & (\omega_{\mathrm{ie}}+\dot{\lambda})\cos\varphi & \dot{\varphi} & 0
\end{bmatrix} \tag{8.47}$$

式中，λ 为经度；φ 为维度；f_{u}、f_{e}、f_{n} 为比力；R_{e} 为地球平均半径；ω_{ie} 为地球自转角速度；g 为重力加速度。式(8.45)中，$\boldsymbol{w}$ 为白噪声矢量，其表达式为

$$\boldsymbol{w}^{\mathrm{T}}=(0,0,0,\omega_{\nabla_x},\omega_{\nabla_y},\omega_{\nabla_z},\omega_{\varepsilon_x},\omega_{\varepsilon_y},\omega_{\varepsilon_z},0,0,0,\omega'_{\varepsilon_x},\omega'_{\varepsilon_y},\omega'_{\varepsilon_z},\omega_{\delta_{\mathrm{E}}},\omega_{\delta_{\mathrm{N}}},\omega_{\delta_{\mathrm{N}}}) \tag{8.48}$$

式中，ω_{∇_x}、ω_{∇_y}、ω_{∇_z} 为加速度计白噪声；ω_{ε_x}、ω_{ε_y}、ω_{ε_z} 为陀螺仪白噪声；ω'_{ε_x}、ω'_{ε_y}、ω'_{ε_z} 为驱动陀螺仪白噪声；$\omega_{\delta_{\mathrm{E}}}$、$\omega_{\delta_{\mathrm{N}}}$、$\omega_{\delta_{\mathrm{N}}}$ 为 GPS 白噪声；$\boldsymbol{T}_\varepsilon$ 和 $\boldsymbol{T}_{\mathrm{G}}$ 为对角矩阵，其表达式为

$$\boldsymbol{T}_\varepsilon=\begin{bmatrix}-\dfrac{1}{r_\varepsilon} & 0 & 0\\ 0 & -\dfrac{1}{r_\varepsilon} & 0\\ 0 & 0 & -\dfrac{1}{r_\varepsilon}\end{bmatrix} \tag{8.49}$$

$$\boldsymbol{T}_{\mathrm{G}}=\begin{bmatrix}-\dfrac{1}{r_{\mathrm{G}}} & 0 & 0\\ 0 & -\dfrac{1}{r_{\mathrm{G}}} & 0\\ 0 & 0 & -\dfrac{1}{r_{\mathrm{G}}}\end{bmatrix} \tag{8.50}$$

矩阵 $\boldsymbol{G}$ 将白噪声项从机体坐标系转换到东北天导航坐标系，因此有

$$\boldsymbol{G}=\begin{bmatrix}\mathbf{0}_{3\times3} & \mathbf{0}_{3\times3} & \mathbf{0}_{3\times3} & \mathbf{0}_{3\times3} & \mathbf{0}_{3\times3} & \mathbf{0}_{3\times3}\\ \mathbf{0}_{3\times3} & \boldsymbol{D}_{3\times3} & \mathbf{0}_{3\times3} & \mathbf{0}_{3\times3} & \mathbf{0}_{3\times3} & \mathbf{0}_{3\times3}\\ \mathbf{0}_{3\times3} & \mathbf{0}_{3\times3} & \boldsymbol{D}_{3\times3} & \mathbf{0}_{3\times3} & \mathbf{0}_{3\times3} & \mathbf{0}_{3\times3}\\ \mathbf{0}_{3\times3} & \mathbf{0}_{3\times3} & \mathbf{0}_{3\times3} & \mathbf{0}_{3\times3} & \mathbf{0}_{3\times3} & \mathbf{0}_{3\times3}\\ \mathbf{0}_{3\times3} & \mathbf{0}_{3\times3} & \mathbf{0}_{3\times3} & \mathbf{0}_{3\times3} & \boldsymbol{D}_{3\times3} & \mathbf{0}_{3\times3}\\ \mathbf{0}_{3\times3} & \mathbf{0}_{3\times3} & \mathbf{0}_{3\times3} & \mathbf{0}_{3\times3} & \mathbf{0}_{3\times3} & \mathbf{I}_{3\times3}\end{bmatrix} \tag{8.51}$$

式中，$\boldsymbol{D}$ 为机体坐标系到东北天导航坐标系的转换矩阵。测量方程分别为

$$\boldsymbol{z}=\boldsymbol{H}\boldsymbol{x}+\boldsymbol{n} \tag{8.52}$$

$$\boldsymbol{H}=\begin{bmatrix}\boldsymbol{I}_{3\times3} & \mathbf{0}_{3\times12} & -\boldsymbol{I}_{3\times3}\end{bmatrix} \tag{8.53}$$

$$\boldsymbol{z}^{\mathrm{T}}=\begin{bmatrix}z_1 & z_2 & z_3\end{bmatrix} \tag{8.54}$$

$$\boldsymbol{n}^{\mathrm{T}}=\begin{bmatrix}-n_{\mathrm{e}} & -n_{\mathrm{n}} & -n_{\mathrm{u}}\end{bmatrix} \tag{8.55}$$

式中

$$
\begin{aligned}
z_1 &= r_{\mathrm{E}} - \delta_{\mathrm{E}} - n_{\mathrm{E}} \\
z_2 &= r_{\mathrm{N}} - \delta_{\mathrm{N}} - n_{\mathrm{N}} \\
z_3 &= r_{\mathrm{U}} - \delta_{\mathrm{U}} - n_{\mathrm{U}}
\end{aligned} \tag{8.56}
$$

以上，给出了 GPS/INS 组合导航系统的系统模型和测量模型。

2. 组合导航系统的故障检测方法

组合导航系统的故障检测方法通过大数定律对新息序列的稳定性进行检验，以达到检测故障、分离故障和估计故障的目的。首先介绍切比雪夫大数定律。

设 $\{\xi_n\}$ 是相互独立的随机变量序列，并且它们具有相同的有限数学期望和方差，则对于任意 $\varepsilon > 0$，有

$$
\lim_{n\to\infty} P\left\{\left|\frac{1}{n}\sum_{k=1}^{n}\xi_k - \frac{1}{n}\sum_{k=1}^{n}E\xi_k\right| < \varepsilon\right\} = 1 \tag{8.57}
$$

通过切比雪夫大数定律可以得到关于随机序列方差的推论，假设 $\{\xi_n\}$ 为独立同分布的随机变量序列，并且它们满足数学期望为 0、方差为 σ^2 的条件，则

$$
\lim_{n\to\infty}\frac{1}{n}\sum_{k=1}^{n}\xi_k^2 \xrightarrow{P} \sigma^2 \tag{8.58}
$$

证明：由于 ξ_k 是零均值正态分布，因此特征函数为

$$
f(t) = \exp\left(\frac{1}{2}\sigma^2 t^2\right) \tag{8.59}
$$

令 $\varXi_k = \xi_k^2$，由随机变量 n 阶矩阵与特征函数的关系 $f^{(0)}(0) = i^n E\xi_k^2$ 可得(过程略)

$$
\sigma_{\varXi_k}^2 = E\varXi_k^2 - \left(E\varXi_k\right)^2 = E\xi_k^4 - \left(E\xi_k^2\right)^2 = 2\sigma^4 \tag{8.60a}
$$

显而易见，$\sigma_{\varXi_k}^2$ 是有界的。

$$
\frac{1}{n}\sum_{k=1}^{n}E\varXi_k = \frac{1}{n}\sum_{k=1}^{n}E\xi_k^2 = \frac{1}{n}n\sigma^2 = \sigma^2 \tag{8.60b}
$$

通过切比雪夫大数定律很容易证明推论成立。大数定律解释了稳定性是自然界中许多随机现象都具有的特性，动态系统中同样也具有稳定性，不过这种稳定

性是相对的，如果动态系统出现异常或不稳定，就可以通过大数定律判断，即可以用来解决故障检测问题。考虑如下系统：

$$\begin{cases} \boldsymbol{x}(k) = \boldsymbol{A}\boldsymbol{x}(k-1) + \boldsymbol{w}(k-1) \\ \boldsymbol{y}(k) = \boldsymbol{H}x(k) + \boldsymbol{v}(k) \end{cases} \tag{8.61}$$

显然当系统处于稳定状态时，新息序列满足独立同分布条件。假设新息序列为 $e_{i,k}$，下标 i 表示新息序列的第 i 个测量值，下标 k 表示处于 t_k 时刻，由推论可得

$$\lim_{n\to\infty}\frac{1}{n}\sum_{k=1}^{n} e_{i,k}^2 \xrightarrow{P} \sigma_i^2 \tag{8.62}$$

在传感器出现故障时，新息序列的统计特性就会出现异常，即对应的方差会产生变化，通过式(8.62)反映出来，因此可以对故障进行检测估计。假定故障出现在 t_n 时刻，故障大小为 $b_{i,\mathrm{f}}$，则此时刻的观测值为

$$y'_{i,n} = y_{i,n} + b_{i,\mathrm{f}} \tag{8.63}$$

式中，下标 i 表示第 i 个测量值；n 表示 t_n 时刻；f 表示故障。此时，故障发生时刻的新息序列可以表示为

$$e'_{i,n} = y'_{i,n} - \boldsymbol{H}\hat{\boldsymbol{x}}_{n|n-1} = y_{i,n} - \boldsymbol{H}\hat{\boldsymbol{x}}_{n|n-1} + b_{i,\mathrm{f}} = e_{i,n} + b_{i,\mathrm{f}} \tag{8.64}$$

式中，$e_{i,n}$ 表示无故障时刻的新息序列；$\hat{\boldsymbol{x}}_{n|n-1}$ 表示系统状态的预测值，则有

$$\frac{1}{k}\sum_{j=1}^{k-1} e_{i,n-k+j}^2 + \frac{1}{k}e_{i,n}'^2 = \frac{1}{k}\sum_{j=1}^{k} e_{i,n-k+j}^2 + \frac{1}{k}e_{i,n}'^2 - \frac{1}{k}e_{i,n}^2 \tag{8.65}$$

由式(8.62)可知

$$\lim_{n\to\infty}\frac{1}{k}\sum_{j=1}^{k} e_{i,n-k+j}^2 \xrightarrow{P} \sigma_i^2, \quad \lim_{n\to\infty}\frac{1}{k}\sum_{j=1}^{k} e_{i,m-k+j}^2 \xrightarrow{P} \sigma_i^2 \tag{8.66}$$

以 $\frac{1}{k}\sum_{j=1}^{k} e_{i,m-k+j}^2$ 代替 $\frac{1}{k}\sum_{j=1}^{k} e_{i,n-k+j}^2$ 其中 $m \leqslant n-1$，由式(8.66)可得

$$\hat{e}_{i,n} = \pm\sqrt{\sum_{j=1}^{k} e_{i,m-k+j}^2 - \sum_{j=1}^{k-1} e_{i,n-k+j}^2} \tag{8.67}$$

显然需要对 $\hat{e}_{i,n}$ 的符号进行确定，由式(8.57)可知

$$\lim_{n\to\infty} P\left\{\left|\frac{1}{k}\sum_{j=1}^{k} e_{i,n-k+j}^{2}\right| < \varepsilon\right\} = 1 \tag{8.68}$$

令

$$T_1 = \left|\frac{1}{k}\sum_{j=1}^{k-1} e_{i,n-k+j} - \hat{e}_{i,n}\right| \tag{8.69}$$

$$T_2 = \left|\frac{1}{k}\sum_{j=1}^{k-1} e_{i,n-k+j} + \hat{e}_{i,n}\right| \tag{8.70}$$

若 $T_1 < T_2$，则说明 $\hat{e}_{i,n}$ 取正值时，新息序列均值为零的可能性比取负值时的可能性大，此时的新息序列取正值，否则新息序列取负值。确定了新息序列的符号后，便可以得到故障幅值的估计：

$$\hat{b}_{i,\mathrm{f}} = e'_{i,n} - \hat{e}_{i,n} \tag{8.71}$$

还需要设定一个检验阈值来判断 $\hat{b}_{i,\mathrm{f}}$ 是否为故障，假定 $\gamma\hat{\sigma}_i$ 为检验阈值，其中 $\hat{\sigma}_i$ 为新息序列方差，由大数定律估计得到，那么判别式为

$$\begin{cases} \left|e'_{i,n}\right| \leqslant \gamma\hat{\sigma}_i, & \hat{b}_{i,\mathrm{f}}\text{不是故障} \\ \left|e'_{i,n}\right| > \gamma\hat{\sigma}, & \hat{b}_{i,\mathrm{f}}\text{是故障} \end{cases} \tag{8.72}$$

对新息序列取绝对值，如果该值超过其方差估计值的 γ 倍（$\gamma > 1$），那么认为此时发生了故障。这里采用置信度来确定 γ，例如如果取置信度为 0.99，那么 γ 为 3，而在其他情况下，可以根据正态分布进行确定。

由卡尔曼滤波公式可知，残差由于受错误的测量值的影响，会降低滤波器的精度。因此，如果修正了错误时刻的残差，就可以减少故障对滤波估计精度的影响，从而提高滤波精度。首先通过大数定律估计故障值 $\hat{b}_{i,\mathrm{f}}$，然后通过式(8.72)判别 $\hat{b}_{i,\mathrm{f}}$ 是不是故障，此时故障状态下的卡尔曼滤波可以改写为

$$\begin{cases} \hat{\boldsymbol{x}}(n\mid n) = \hat{\boldsymbol{x}}(n\mid n-1) + \boldsymbol{K}(n)\hat{\boldsymbol{e}}(n) \\ \overline{\boldsymbol{e}}(n) = \boldsymbol{e}'(n) - \hat{\boldsymbol{b}}_{\mathrm{f}} \\ \boldsymbol{P}(n\mid n-1) = \boldsymbol{A}\boldsymbol{P}(n-1\mid n-1)\boldsymbol{A}^{\mathrm{T}} + \boldsymbol{Q} \\ \hat{\boldsymbol{x}}(n\mid n-1) = \boldsymbol{A}\hat{\boldsymbol{x}}(n-1\mid n-1) \\ \boldsymbol{P}(n\mid n) = (\boldsymbol{I} - \boldsymbol{K}(n)\boldsymbol{H})\boldsymbol{P}(n\mid n-1) \\ \boldsymbol{K}(n) = \boldsymbol{P}(n\mid n-1)\boldsymbol{H}^{\mathrm{T}}(\boldsymbol{H}\boldsymbol{P}(n\mid n-1)\boldsymbol{H}^{\mathrm{T}} + \boldsymbol{R})^{-1} \end{cases} \tag{8.73}$$

以上推导出了在定常系统条件下的故障检测方法，当然该方法也能检测慢时变系统的故障。应用上述故障检测、故障估计方法便可对 INS/GPS 组合导航系统的故障进行检测。

3. 实验结果及讨论

为了验证卡尔曼滤波的故障检测方法，在中南大学自主改装的 2 号智能车上进行实验，该智能车上包括激光雷达、毫米波雷达、若干视频摄像头、组合导航系统及 3 台工控机和 3 台液晶显示器，如图 8.39 所示。实验在中南大学铁道校区内进行，通过工控机记录组合导航采集的数据。

(a) 中南大学自主改装智能车　(b) 车顶摄像头　(c) 组合导航系统

(d) 车内显示器和计算机　(e) 组合导航天线　(f) 激光雷达和毫米波雷达

图 8.39　中南大学自主改装 2 号智能车说明图片

图 8.40(a)是中南大学铁道校区的卫星俯视图，其中的白线是 2 号智能车的运行轨迹。图 8.40(b)是图 8.40(a)中左上角的部分放大图，显然可以看到轨迹中出现了间断，其原因是这条路径周边有高楼及大树遮挡，GPS 定位出现了跳跃，从而使得轨迹变得不平滑，出现了间断。另外，图 8.40(b)灰白色方框是高楼的俯视图，可以看出部分轨迹竟然跑到了高楼里面。

图 8.41 是这段路径的 GPS 采样数据，可以看出经度、纬度和高度在时间步 t=65 时发生了较大变化，出现了阶跃，特别是高度值非常明显。

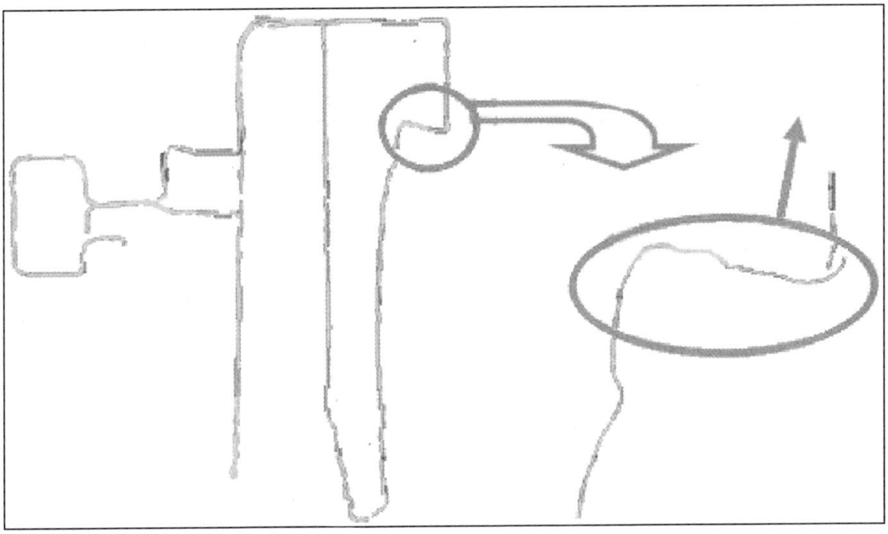

(a) 俯视图及轨迹　　(b) 俯视图放大

图 8.40　中南大学铁道校区的卫星俯视图及智能车运行轨迹

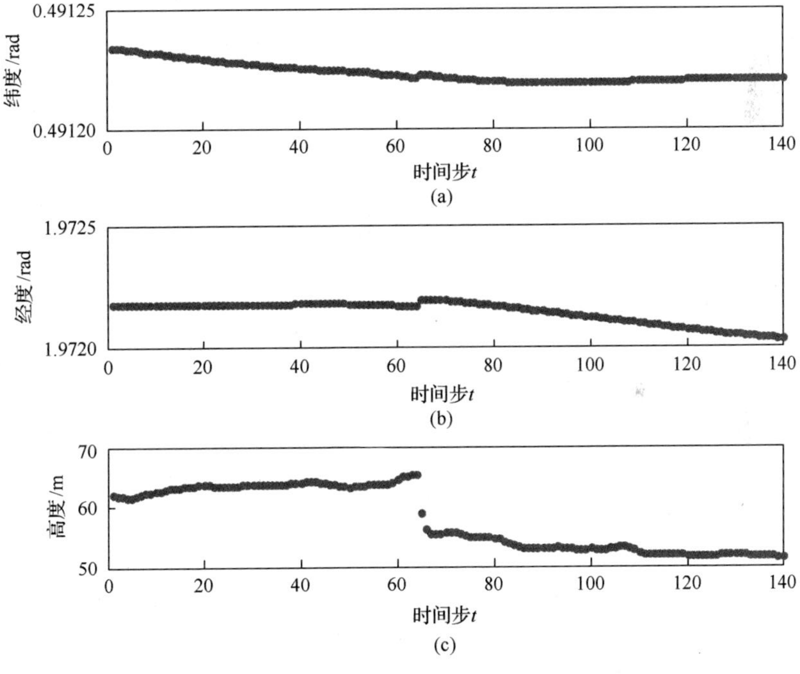

图 8.41　GPS 采样得到的纬度、经度和高度数据

图 8.42 是采用卡尔曼滤波进行估值检测的结果图，从图中可以看出其新息值在时间步 t=65 时出现了极大值，通过设定阈值可以检测该点出现了故障。

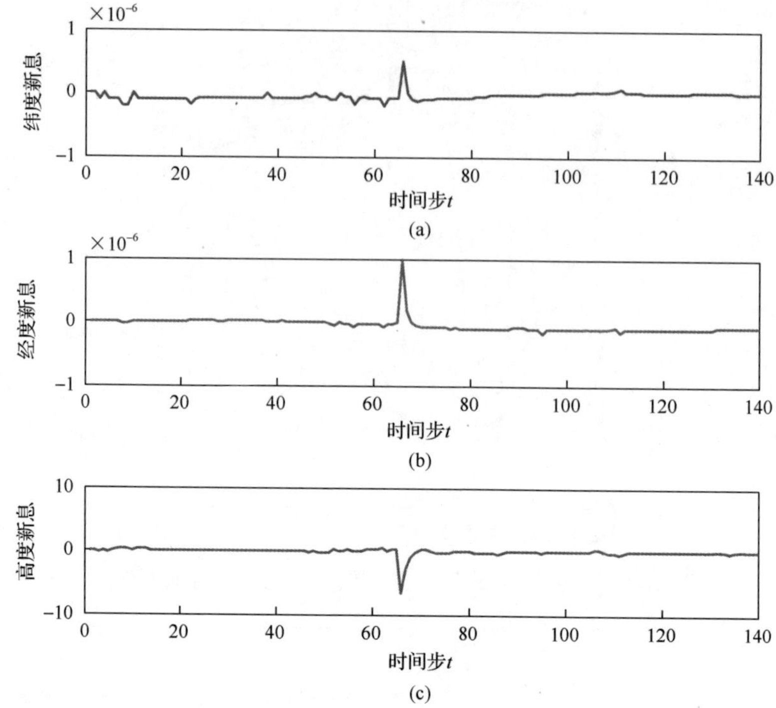

图 8.42　卡尔曼滤波后得到的新息

8.3　变点检测及其在组合导航系统中的应用

随着导航技术和控制理论的发展，组合导航系统本身已经组成了一个多传感器信息系统。信息处理方法也由围绕着单一传感器数据集合而进行的单一系统信息处理，向着多传感器多数据集的信息处理方向发展。为了对综合系统的可靠性做出切实的保障，必须采用有效的故障检测手段检测异常，并及时采取隔离措施，完成系统级重构。

传感器 GPS 和惯性导航系统都可能出现异常数据和阶跃点。例如，使用 GPS 时由于障碍物阻碍或反射作用，信号被遮挡或产生多路径效应，定位误差常常会达到几十米甚至几百米的距离，这已不属于噪声而是故障数据。第 5 章的仿真实验表明，在出现故障数据时，将数据仍旧输入滤波器中时，单纯的卡尔曼滤波校正对组合导航系统的精度降低和数据深度污染没有任何作用。因此，本章设计的组合导航系统应具有一定的容错能力，即具有故障检测、故障隔离和系统重构功能。

本节首先介绍传统传感器故障检测的方法，即 χ^2 检验法；接着提出基于变长扫描模型的故障检测算法，用于检测 GPS 观测信息中发生的异常，避免该异常对滤波器造成深度污染；进一步将检测算法运用到滤波器的残差检测，用于改善直接检测 GPS 观测信息时的漏检情况；最后通过试验对比分析了检测算法的有效性。

8.3.1　传感器故障诊断与故障检测

1. 传感器的故障诊断概述

传感器的故障诊断主要包括故障检测、故障辨识、故障诊断和故障重构。故障检测就是确定故障是否发生，并快速准确地检测出故障发生的位置和程度，这有利于及早地采取有效措施，从而避免严重后果。故障辨识是找到发生故障的传感器，以便有效及时地消除故障所带来的不良影响。故障诊断是确定发生故障的类型和导致故障的原因。故障重构是暂时去除故障所带来的影响。由此可见，故障检测是传感器故障诊断的第一步。

当系统发生异常时，系统中的各种数据(包括可观测部分和不可观测部分)均会表现出与正常状态不同的特征，这种差异性包含了丰富的故障信息，如何找到这种可以描述故障的特征，并且通过这个故障特征来进行故障的检测和隔离，就是故障诊断的任务。因此，可以看出故障诊断还包括特征提取、分离和估计，以及评价和决策三部分内容。

(1) 特征提取：通过测量和特定的信息处理获取反映系统故障的特征。

(2) 分离和估计：根据检测的故障特征确定系统是否出现故障及故障的程度。

(3) 评价和决策：对故障的危害及严重程度做出评价和相应的决策。

上述过程划分较细，但是在实际故障诊断过程中，这三部分没有明显的区分。例如，在文献[26]中，作者将 INS 和 GPS 数据进行了小波多分辨率处理，根据小波变换提取发生故障前后的传感器信号能量变化率作为特征向量，然后利用神经网络直接进行传感器故障诊断[27]。

故障特征的提取往往要用到小波分析理论，而分离和估计可能采用人工智能方法，包括神经网络[28]等。可见，传感器的故障诊断是一项综合性很强的工作，包含如信息论、方法论、模糊数学、离散数学等许多理论和技术。本书主要专注于如何对 GPS/INS 组合导航系统进行故障检测。

2. 组合导航系统中的故障检测

故障检测即针对组合导航的滤波数据进行实时检测，以一定的检测方法来判断滤波器是否有异常。因此，故障检测方法是故障隔离和系统重构的前提。目前，动态系统故障检测系统通常采用基于卡尔曼滤波器，比较常用的方法如 χ^2 检验法，它又包括状态 χ^2 检验法、残差 χ^2 检验法。

1) 状态 χ^2 检验法

一般离散动态系统模型为

$$\boldsymbol{X}(t+1)=\boldsymbol{F}(t)\boldsymbol{X}(t)+\boldsymbol{G}(t)\boldsymbol{W}(t) \tag{8.74}$$

$$\boldsymbol{Z}(t+1)=\boldsymbol{H}(t+1)\boldsymbol{X}(t+1)+\boldsymbol{V}(t+1)+\boldsymbol{\gamma}\rho(t+1,k) \tag{8.75}$$

式(8.74)称为动态系统的状态转移方程。式中，$\boldsymbol{X}(t+1)$ 为系统 $t+1$ 时刻的状态向量（n 维）；$\boldsymbol{F}(t)$ 为系统的状态转移矩阵（$n\times n$）；$\boldsymbol{G}(t)$ 为系统的噪声矩阵（$n\times r$ 阶）；$\boldsymbol{W}(t)$ 为系统噪声向量（r 维）。

式(8.75)称为量测方程。式中，$\boldsymbol{Z}(t+1)$ 为系统 $t+1$ 时刻观测向量（m 维）；$\boldsymbol{H}(t+1)$ 为系统的量测矩阵（$m\times n$）；$\boldsymbol{V}(t+1)$ 为量测噪声向量（m 维）。

此外，与式(2.36)相比，式(8.75)多了一项故障项 $\boldsymbol{\gamma}\rho(t+1,k)$，$\boldsymbol{\gamma}$ 为一随机向量，表示故障发生的大小，而 $\rho(t+1,k)$ 为一分段函数：

$$\rho(t+1,k)=\begin{cases}1, & t+1\geqslant k\\ 0, & t+1<k\end{cases} \tag{8.76}$$

式中，k 为故障发生的时间。

随着时间的更新和量测更新，利用卡尔曼滤波可以得到一个滤波估计值 $\hat{\boldsymbol{x}}_{\mathrm{K}}(t)$。由于这个值和观测值有关，因此会受到系统故障的影响；此外，若不通过观测值，而是通过系统状态方程(8.74)，也可以递推得到下一时刻的预测值 $\hat{\boldsymbol{x}}_{\mathrm{S}}(t)$。由于该值仅由前一时刻的最优估计值通过系统状态方程递推计算得到，与量测信息无关，因此不受系统发生故障的影响。

$$\boldsymbol{X}(t+1)=\boldsymbol{F}(t)\boldsymbol{X}(t) \tag{8.77}$$

注意，若没有量测值输入卡尔曼滤波器，则滤波协方差阵[见式(2.47)]的求解需进行一些改进：

$$\hat{\boldsymbol{x}}_{\mathrm{S}}(t+1)=\boldsymbol{F}(t)\hat{\boldsymbol{x}}_{\mathrm{S}}(t) \tag{8.78}$$

$$\boldsymbol{P}_{\mathrm{S}}\left(t+\frac{1}{t}+1\right)=\boldsymbol{F}(t)\boldsymbol{P}_{\mathrm{S}}\left(t+\frac{1}{t}\right)\boldsymbol{F}(t)^{\mathrm{T}}+\boldsymbol{G}(t)\boldsymbol{Q}(t)\boldsymbol{G}(t)^{\mathrm{T}} \tag{8.79}$$

由于初始值 $\boldsymbol{X}(0)$ 为高斯随机向量，因此 $\boldsymbol{x}(0)$、$\hat{\boldsymbol{x}}_{\mathrm{K}}(t)$ 和 $\hat{\boldsymbol{x}}_{\mathrm{S}}(t)$ 均为高斯随机向量。定义估计误差 $\boldsymbol{e}_{\mathrm{K}}(t)$ 和 $\boldsymbol{e}_{\mathrm{S}}(t)$：

$$\boldsymbol{e}_{\mathrm{K}}(t)=\hat{\boldsymbol{x}}_{\mathrm{K}}(t)-\boldsymbol{x}(t) \tag{8.80}$$

$$e_{\mathrm{S}}(t)=\hat{x}_{\mathrm{S}}(t)-x(t) \tag{8.81}$$

并定义

$$\beta(t)=e_{\mathrm{K}}(t)-e_{\mathrm{S}}(t)=\hat{x}_{\mathrm{K}}(t)-\hat{x}_{\mathrm{S}}(t) \tag{8.82}$$

当系统无故障时，两个估计值 $\hat{x}_{\mathrm{K}}(t)$ 和 $\hat{x}_{\mathrm{S}}(t)$ 均为线性无偏，因此有

$$E\{\beta(t)\}=E\{e_{\mathrm{K}}(t)-e_{\mathrm{S}}(t)\}=0 \tag{8.83}$$

而其方差为

$$\begin{aligned}T(t)=E\{\beta(t)\beta(t)^{\mathrm{T}}\}&=E\{e_{\mathrm{S}}(t)e_{\mathrm{S}}(t)^{\mathrm{T}}-e_{\mathrm{S}}(t)e_{\mathrm{K}}(t)^{\mathrm{T}}-e_{\mathrm{K}}(t)e_{\mathrm{S}}(t)^{\mathrm{T}}+e_{\mathrm{K}}(t)e_{\mathrm{K}}(t)^{\mathrm{T}}\}\\&=P_{\mathrm{S}}(t)+P_{\mathrm{K}}(t)-P_{\mathrm{KS}}(t)-P_{\mathrm{KS}}(t)^{\mathrm{T}}\end{aligned} \tag{8.84}$$

式中，$P_{\mathrm{K}}(t)$ 和 $P_{\mathrm{S}}(t)$ 分别为估计误差 $e_{\mathrm{K}}(t)$ 和 $e_{\mathrm{S}}(t)$ 的方差矩阵；$P_{\mathrm{KS}}(t)$ 为估计误差 $e_{\mathrm{K}}(t)$ 和 $e_{\mathrm{S}}(t)$ 的相关协方差矩阵。由于两个状态估计值 $\hat{x}_{\mathrm{K}}(t)$ 和 $\hat{x}_{\mathrm{S}}(t)$ 具有相同的初始条件，并且收到同样的系统噪声误差的干扰，因此该相关协方差阵一般不为零。

由式(8.80)和式(8.81)可得以下估计误差的动态模型：

$$e_{\mathrm{K}}(t)=[I-K(t)H(t)]F(t)e_{\mathrm{K}}(t-1)-[I-K(t)H(t)]G(t-1)W(t-1)+K(t)Z(t) \tag{8.85}$$

$$e_{\mathrm{S}}(t)=F(t)e_{\mathrm{S}}(t-1)-G(t-1)W(t-1) \tag{8.86}$$

进而可得

$$\begin{aligned}P_{\mathrm{KS}}(t)&=E\{e_{\mathrm{K}}(t)e_{\mathrm{S}}(t)^{\mathrm{T}}\}\\&=[I-K(t)H(t)]F(t)E\{e_{\mathrm{K}}(t-1)e_{\mathrm{S}}(t-1)^{\mathrm{T}}\}F(t)^{\mathrm{T}}\\&\quad-[I-K(t)H(t)]G(t-1)E\{W(t-1)W(t-1)^{\mathrm{T}}\}G(t-1)^{\mathrm{T}}\end{aligned} \tag{8.87}$$

又由 $e_{\mathrm{K}}(t-1)e_{\mathrm{S}}(t-1)^{\mathrm{T}}=P_{\mathrm{KS}}(t-1)$ 和 $W(t-1)W(t-1)^{\mathrm{T}}=Q(t-1)$ 可得

$$P_{\mathrm{K}}(t)=[I-K(t)H(t)]F(t)P_{\mathrm{K}}(t-1)F(t)^{\mathrm{T}}-[I-K(t)H(t)]G(t-1)Q(t-1)G(t-1)^{\mathrm{T}} \tag{8.88}$$

可以证明 $P_{\mathrm{K}}(t)$ 和 $P_{\mathrm{KS}}(t)$ 方程的形式一致，且只要两者取相同初值，即

$$P_{\mathrm{K}}(0)=P_{\mathrm{KS}}(0)=P(0) \tag{8.89}$$

就有

$$P_{\mathrm{KS}}(t)=P_{\mathrm{K}}(t) \tag{8.90}$$

将式(8.90)代入式(8.84)中，可得

$$T(t)=P_{\mathrm{S}}(t)-P_{\mathrm{K}}(t) \tag{8.91}$$

当系统发生故障时，由于估计 $\hat{\boldsymbol{x}}_{\mathrm{S}}(t)$ 与量测值无关，它仍是无偏估计，即 $E\{\boldsymbol{e}_{\mathrm{S}}(t)\}=0$；而估计 $\hat{\boldsymbol{x}}_{\mathrm{K}}(k)$ 因受故障影响变成了有偏估计，即 $E\{\boldsymbol{e}_{\mathrm{K}}(t)\}\neq 0$。因此可知，$E\{\boldsymbol{\beta}(t)\}\neq 0$，即 $\boldsymbol{\beta}(t)$ 的均值不为 0。

不妨做如下假设。

H_0：无故障

$$E\{\boldsymbol{\beta}(t)\}=0 \text{ 且 } E\{\boldsymbol{\beta}(t)\boldsymbol{\beta}(t)^{\mathrm{T}}\}=T(t) \tag{8.92}$$

H_1：有故障

$$E\{\boldsymbol{\beta}(\mathrm{t})\}=0 \text{ 且 } E\{[\boldsymbol{\beta}(t)-\mu_\beta][\boldsymbol{\beta}(t)-\mu_\beta]^{\mathrm{T}}\}=\boldsymbol{T}(t) \tag{8.93}$$

如前所述，$\boldsymbol{\beta}(t)$ 为高斯随机向量，服从高斯分布，故有以下条件概率密度函数：

$$\rho(\boldsymbol{\beta}/\boldsymbol{H}_0)=\frac{1}{\sqrt{2\pi}\boldsymbol{T}(t)^{\frac{1}{2}}}\exp\left[-\frac{1}{2}\boldsymbol{\beta}(t)^{\mathrm{T}}\boldsymbol{T}(t)^{-1}\boldsymbol{\beta}(t)\right] \tag{8.94}$$

$$\rho(\boldsymbol{\beta}/\boldsymbol{H}_1)=\frac{1}{\sqrt{2\pi}\boldsymbol{T}(t)^{\frac{1}{2}}}\exp\left\{-\frac{1}{2}[\boldsymbol{\beta}(t)-\mu_\beta]^{\mathrm{T}}\boldsymbol{T}(t)^{-1}[\boldsymbol{\beta}(t)-\mu_\beta]\right\} \tag{8.95}$$

根据数理统计中假设检验的理论，用 $\boldsymbol{\beta}(t)$ 构造检验统计量：

$$\lambda(t)=\boldsymbol{\beta}(t)^{\mathrm{T}}\boldsymbol{T}(t)^{-1}\boldsymbol{\beta}(t) \tag{8.96}$$

则系统正常情况下，$\lambda(t)$ 服从自由度为 n 的 χ^2 分布，即 $\lambda(t)\sim\chi^2(n)$，利用选定的置信度 α（也称误警率）和 χ^2 的分布函数表，可查出 α 对应的值 χ_α^2（也称检测门限值），使得 $P[\lambda(t)\geqslant\chi_\alpha^2]=\alpha$ 成立。由此得如下故障判断准则：

(1) 当 $\lambda(t)\leqslant\chi_\alpha^2$ 时，系统正常工作；

(2) 当 $\lambda(t)>\chi_\alpha^2$ 时，系统出现故障。

以上给出了状态 χ^2 检验法，其基本原理是利用两个估计值之间的差异来确定组合导航系统是否发生故障。因此，状态 χ^2 检验法是通过比较卡尔曼滤波状态估计值和每一步的预测值来判断系统是否有故障。

2) 残差 χ^2 检验法

残差 χ^2 检验法基本原理如下所述。

若 $t-1$ 时刻之前系统均无故障发生，则由卡尔曼滤波器得到的 $t-1$ 时刻的估计值 $\hat{\boldsymbol{x}}(t-1|t-1)$ 是正确的，可以得到 t 时刻的状态递推值 $\hat{\boldsymbol{x}}(t|t-1)$：

$$\hat{\boldsymbol{x}}(t|t-1)=\boldsymbol{F}(t)\hat{\boldsymbol{x}}(t-1|t-1) \tag{8.97}$$

进而可求得 t 时刻系统量测值的预测值 $\hat{\boldsymbol{Z}}(t/t-1)$ 为

$$\hat{\boldsymbol{Z}}(t/t-1)=\boldsymbol{H}(t)\hat{\boldsymbol{x}}(t/t-1) \tag{8.98}$$

卡尔曼滤波器中的残差 $\boldsymbol{\gamma}(k)$ 计算公式如下：

$$\boldsymbol{\gamma}(t)=\boldsymbol{Z}(t)-\boldsymbol{H}(t)\hat{\boldsymbol{x}}(t|t-1)=\boldsymbol{Z}(t)-\boldsymbol{H}(t)\boldsymbol{F}(t)\hat{\boldsymbol{x}}(t-1|t-1) \tag{8.99}$$

其方差为

$$\boldsymbol{S}(t)=\boldsymbol{H}(t)\boldsymbol{P}(t|t-1)\boldsymbol{H}(t)^{\mathrm{T}}+\boldsymbol{R}(t) \tag{8.100}$$

此时，若 t 时刻系统实际量测值 $\boldsymbol{Z}(t)$ 是正确的，则 $\boldsymbol{\gamma}(t)$ 应服从 0 均值的高斯分布；当系统发生故障时，残差 $\boldsymbol{\gamma}(t)$ 不再是均值为 0 的高斯白噪声序列。因此，通过对残差 $\boldsymbol{\gamma}(t)$ 的均值的检验可确定系统是否发生故障。

同样构造统计量 $\boldsymbol{\lambda}(t)$：

$$\boldsymbol{\lambda}(t)=\boldsymbol{\gamma}(t)^{\mathrm{T}}\boldsymbol{S}(t)^{-1}\boldsymbol{\gamma}(t) \tag{8.101}$$

系统正常工作时，$\boldsymbol{\lambda}(t)$ 服从自由度为 $\boldsymbol{m}$ 的 χ^2 分布，$\boldsymbol{m}$ 为测量值 $\boldsymbol{Z}(t)$ 的维数。因此得如下故障判断准则：

(1) 当 $\lambda(t)\leqslant\chi_{\alpha}^2$ 时，系统正常工作；

(2) 当 $\lambda(t)>\chi_{\alpha}^2$ 时，系统出现故障。

3) 状态 χ^2 检验法与残差 χ^2 检验法的比较

相对残差 χ^2 检验法来说，状态 χ^2 检验法检测软故障更灵敏一些，然而状态 χ^2 检验法要求比较准确地了解系统状态的先验统计知识，否则会因初值设置不当而造成故障检测结果发生错误。此外，初始误差、系统噪声和建模误差随着量测更新而得到一定抑制，估计误差方差逐渐减小，估计精度随着滤波的推移而提高，相反，仅靠递推计算的估计值没有量测更新，其误差将会越来越大，此时 $\boldsymbol{\beta}(t)$ 和方差 $\boldsymbol{T}(t)$ 也越来越大，因而导致精度下降。

残差 χ^2 检验法计算简单，对观测量所引入的故障较为敏感；若故障异常是通过状态变量影响系统，则残差 χ^2 检验法对这种故障敏感程度低，效果差，容易造成漏检。其对硬故障检测效果比较好，对变化较缓的软故障很难检测。

8.3.2　基于变长扫描模型的变点检测

1. 带有异常点的观测模型

统计分析在数据处理和故障诊断方面具有广泛的应用[29]，从过滤复杂信号到对动态系统整体输出的故障分析和检测都会应用统计分析。通过对输出信号的检测，可以严密监控信号的变化情况，因而故障的检测和提前预警可以使复杂系统避免进入更大的故障情况。在一个时间序列中，利用已有信息判断下一秒是否为异常点并给出合理的估计和警报的类型，是现代故障检测和故障容错领域的热点研究问题。段琢华[30]提出了变点检测(change point detection)模型用于检测和避免时间序列中突发的变化，并在随后的研究中提出用该模型进行导航系统的可靠性检测[31]。在跟踪该学者的研究境况时，并没有发现他将该方法真正用到了导航系统的应用中。

假设存在一个离散的时间系统：

$$Z_t = \mathcal{F}(X_t, \kappa(t), \xi_t, t) \tag{8.102}$$

式中，Z_t 为时间系统 $\mathcal{F}$ 的输出；$\kappa \in \mathbf{R}^r$ 为引起系统突变的参数；X_t 为系统变量；ξ_t 为系统噪声且有 $\xi_t \sim N(0,1)$。这个系统随着时间的推移有不同的观测值，例如，在第 n 个时刻，$Z_1, Z_2, \cdots, Z_n$ 均为已知。假设在一个未知的时刻 τ，有 $\kappa(t) = \kappa_0$；而到下一个时刻 $\tau+1$，有 $\kappa(t) = \kappa_l$（其中 $1 \leqslant l \leqslant K$）。式(8.102)描述了带有异常点时间系统的一般模型，κ_0 表示对系统 $\mathcal{F}$ 而言正常的状态，而 κ_l 表示一系列非正常状态 l（不同的故障）。假设系统 $\mathcal{F}$ 的输出值表示为 $Z_t(t \geqslant 1)$。故障检测即检测和尽量避免 $\kappa(t)$ 的非正常变化，如从 κ_0 状态变为 κ_l（$1 \leqslant l \leqslant K$）状态。

根据上述离散时间系统的一般模型，讨论的有异常点观测模型可表示为 $Z(t) = Hx(t) + \xi(t) + \kappa(t)$，其中在某未知时刻 $\tau+1$ 时发生的故障 $\kappa(t)$ 简化为

$$\kappa(t) = \begin{cases} 0, & t \leqslant \tau \\ \kappa_1, & t \geqslant \tau+1 \end{cases} \tag{8.103}$$

2. 观测序列的变长扫描模型及故障检测算法

设观测模型 $\mathcal{F}$ 的所有观测值 $Z_t(1 \leqslant t \leqslant T)$ 为一个总体，而 $Z_i, Z_{i+1}, \cdots, Z_{i+\varsigma}$ 为 $\varsigma+1$ 长度的观测值序列。定义变量 $\chi_i = Z_i - Z_{i-1}(2 \leqslant i \leqslant T)$。经过相邻观测值的差减操作，$\chi_i$ 的值仅反映了噪声 ξ 和异常点 $\kappa(t)$，对于直接在 $Z_t(1 \leqslant t \leqslant T)$ 序列中检测具有更高的精确性。χ_i 的计算过程如图 8.43 所示。

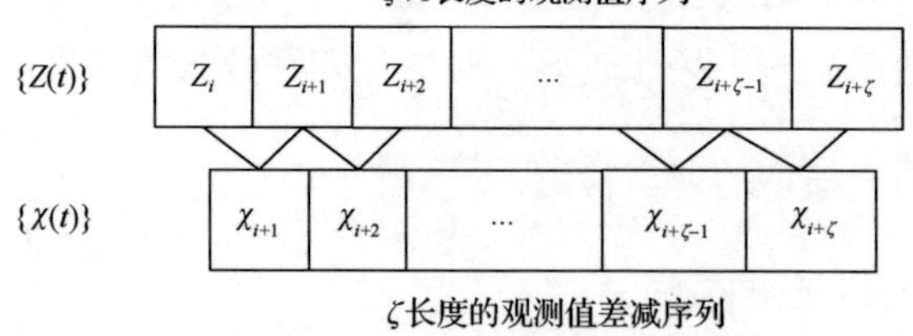

图 8.43　差减序列 χ_i 的计算过程

由式(8.103)可知，$t \leqslant \tau$ 时 $\{\chi_t\}$ 都是均值为 0 的白噪声过程，而当 $t \geqslant \tau+1$ 时由于 $\{\chi_t\}$ 中的某个值 χ_i 包含了异常数据，导致该差减序列发生了明显跳变，而不再符合 $\xi \sim N(0,1)$ 所描述的分布。

考虑到时间序列随着时间的推移样本不断增加的情况，不可能采用最大长度进行抽样。针对窗口长度为 ς 时，$\{\chi_t \mid t \in [i,j]\}$ 序列的一般情况，样本长度 $\varsigma = j-i+1$ 且有 $1 \leqslant i < j \leqslant T$。令 σ 为差减序列 $\{\chi_t\}$ 的均方差，μ 为差减序列 $\{\chi_t\}$ 的均值：

$$\sigma = \sqrt{\frac{1}{\varsigma}\sum_{t=i}^{j}(\chi_t - \mu)^2}\,,\quad \mu = \frac{1}{\varsigma}\sum_{t=i}^{j}\chi_t \tag{8.104}$$

因此，可以得出差减序列 $\left\{\dfrac{\chi_t - \mu}{\sigma}\right\} \sim N(0,1)$。

定义 η 为两个序列 $\{\chi_t \mid i \leqslant t \leqslant j\}$ 和 $\{\chi_k \mid i+1 \leqslant k \leqslant j+1\}$ 的相关系数，其表达式为

$$\eta = \frac{\sum\limits_{t=i,k=i+1}^{j,j+1}(\chi_t - \overline{\chi}_t)(\chi_k - \overline{\chi}_k)}{\sqrt{\sum\limits_{t=i}^{j}(\chi_t - \overline{\chi}_t)^2 \sum\limits_{k=i+1}^{j+1}(\chi_k - \overline{\chi}_k)^2}} \tag{8.105}$$

式中

$$\overline{\chi}_t = \frac{1}{\varsigma}\sum_{t=i}^{j}\chi_t\,,\quad \overline{\chi}_k = \frac{1}{\varsigma}\sum_{k=i+1}^{j+1}\chi_k \tag{8.106}$$

参数 η 反映了两个相邻差减序列的线性依赖关系，$|\eta|$ 越大，表明两个相邻差减序列越线性相关（$\eta < 0$ 时表示负相关），因此给出如下假设。

假设：对于两个相邻的相同长度的差减序列 $\{\chi_t \mid i \leqslant t \leqslant j\}$ 和 $\{\chi_k \mid i+1 \leqslant k \leqslant j+1\}$，如果没有跳跃点的存在，那么在很小的时间间隔时，有理由相信 $\{\chi_k\}$ 和其“1 距离的差减序列”$\{\chi_t\}$ 具有同样的分布，即 $\{\chi_k\} \sim N(\mu,\sigma^2)$。

令 α 为 τ 时刻的显著性水平（$0 < \alpha < 1$），根据当前差减序列 $\{\chi_t \mid t \in [\tau+1-\varsigma,\tau]\}$ 的分布情况可以估计出下一时刻 $\tau+1$ 时 χ 的取值区间为 $[a,b]$，即

$$\begin{cases} b = \mu + K_\alpha \sigma \\ a = \mu - K_\alpha \sigma \end{cases} \tag{8.107}$$

式中，K_α 可由表 8.4 查得，如 α 为 0.05 时，K_α 为 1.645。

表 8.4 概率积分表

参数	数值									
置信度 α	0.1	0.09	0.08	0.07	0.06	0.05	0.04	0.03	0.02	0.01
K_α	1.282	1.341	1.405	1.476	1.555	1.645	1.751	1.881	2.054	2.326
可信概率/%	90	91	92	93	94	95	96	97	98	99

当下一时刻$\tau+1$来临时，$\chi_{\tau+1}$位于区间$[a,b]$内，则$\chi_{\tau+1}$为正常值的概率为95%。否则，$\chi_{\tau+1}$为异常值，$\tau+1$为跳跃点。

图 8.44 为基于变长扫描模型的故障检测算法示意图。不妨令$\{\chi_{t=i}\}$的长度用$l_\chi^{t=i}$表示。在初始时刻$t=2$时，由于$l_\chi^{t=i}<\varsigma$，检测算法用$l_\chi^{t=i}$长度的差减序列计算当前样本的μ和σ，进而估计下一时刻χ的区间。直到$l_\chi^{t=i}\geqslant\varsigma$时，有足够的历史差减序列供检测算法进行回溯抽样。例如，取ς为 4，当$t=2$时，$l_\chi^{t=2}=2$，没有足够的历史序列进行回溯抽样，因此使用$\{\chi_t\,|\,t=1,2\}$为下一时刻的χ_3估计$[a,b]$；直到$t=2$时，$l_\chi^{t=4}=\varsigma=4$，有足够的历史序列使用$\{\chi_t\,|\,t=1,2,3,4\}$估计χ_5的范围；$t=5$时，用$\{\chi_t\,|\,t=2,3,4,5\}$估计χ_6的范围。

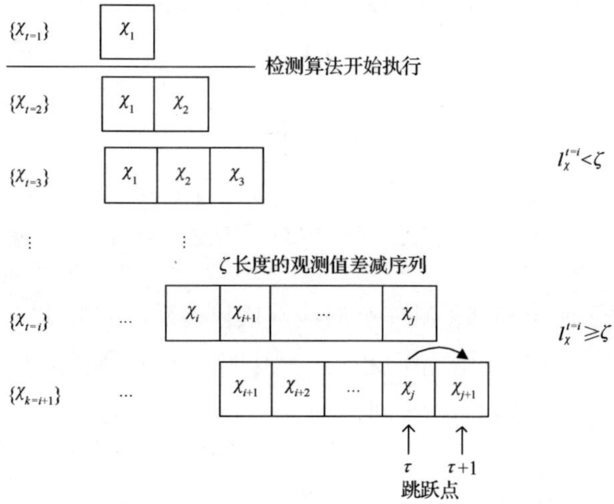

图 8.44 基于变长扫描模型的故障检测算法示意图

8.3.3 变点检测算法性能测试

1. 初始条件设置及仿真

为了测试变长扫描模型在异常点检测中的性能，这里结合第 5 章中的组合导航仿真系统，对变点检测算法进行仿真试验。假设 GPS 观测序列中有三种故障类型发生。

(1) 突变故障：在原有误差的基础上，纬度和经度测量误差突变 0.05°，高度位置测量误差突变 100m，速度误差突变 50m/s。

(2) 慢变故障在 GPS 仿真时已经设置，见式(5-41)。仿真时长设为 5000s，慢变故障取五个区间：[500s,800s]、[1500s,2000s]、[3000s,3200s]、[3500s,3800s]、[4500s,4700s]。突变故障分别发生在 15 个时间点：200s、500s、1000s、1500s、2000s、2500s、3000s、3500s、3800s、4000s、4200s、4400s、4600s、4800s、4900s。

(3) 单独设置一个区间[2200s,2400s]发生长时间突变故障。

仿真过程中的 GPS 位置及速度数据如图 8.45(a)和(b)所示，图 8.46(a)和(b)分别为设定的故障数据。

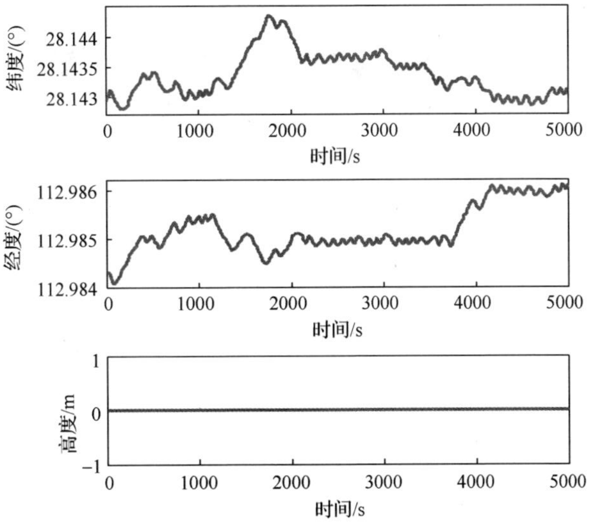

(a) GPS位置数据

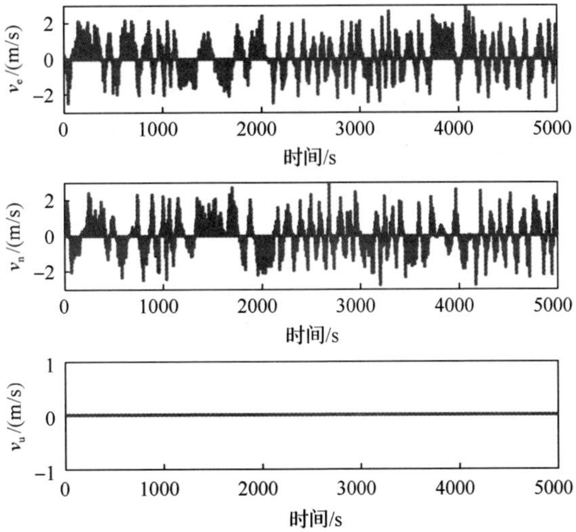

(b) GPS速度数据

图 8.45　仿真过程中 GPS 位置及速度数据

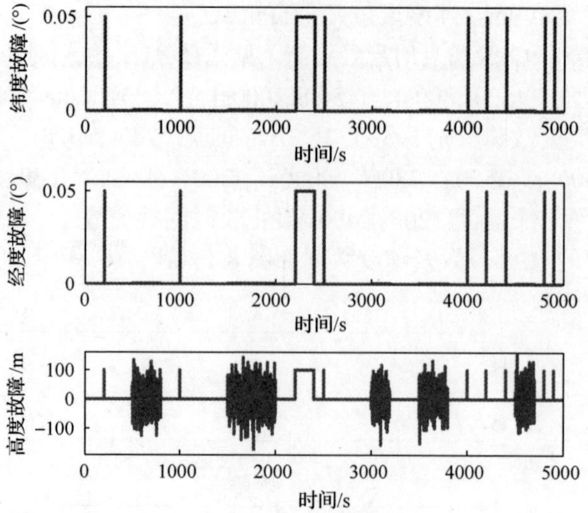

(a) GPS位置故障数据

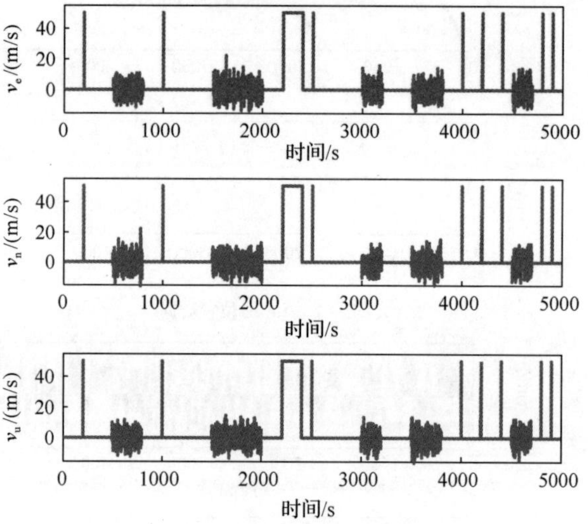

(b) GPS速度故障数据

图 8.46　仿真过程中设定的 GPS 位置及速度故障数据

2. 变长扫描模型对突变故障和缓变故障的检测

1）变长扫描模型对突变故障的检测

前面对仿真过程中 GPS 位置数据和速度数据上人为添加了故障，这里对其进行测试检测。测试窗口选择为 100，K_α 选择为 1.645，即可信度为 95%。

图 8.47 为检测结果图，(a)～(f) 分别为纬度、经度、高度、东向速度、北向速度、天向速度的检测结果。图的上半幅为差减序列和检测结果的示意图，下半幅

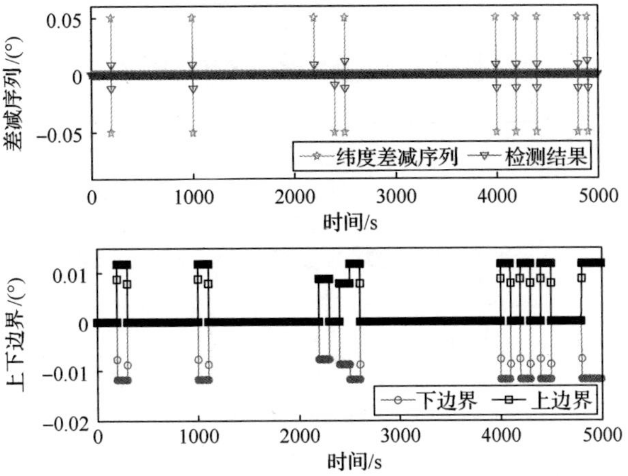

(a) 纬度数据故障检测结果

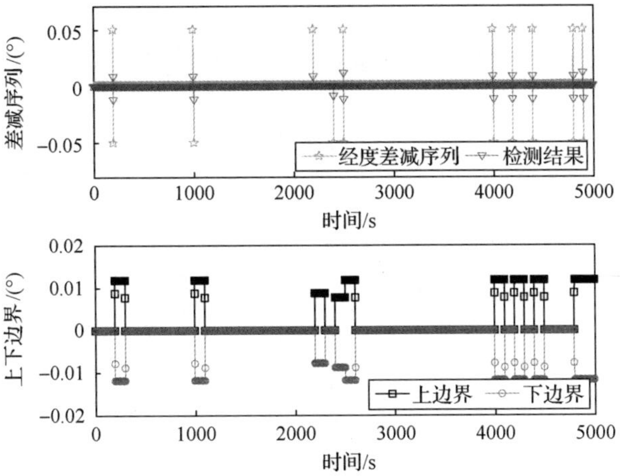

(b) 经度数据故障检测结果

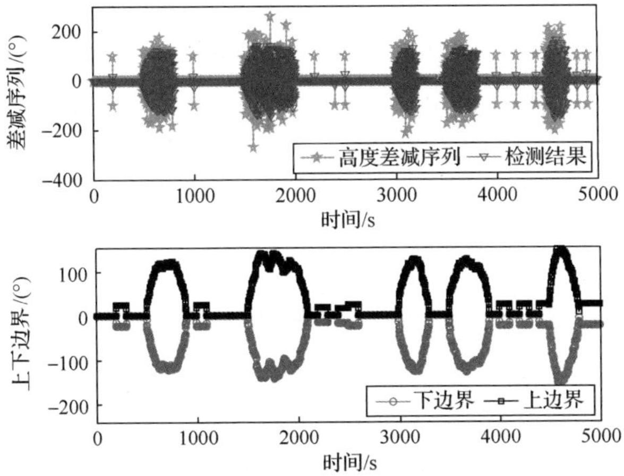

(c) 高度数据故障检测结果

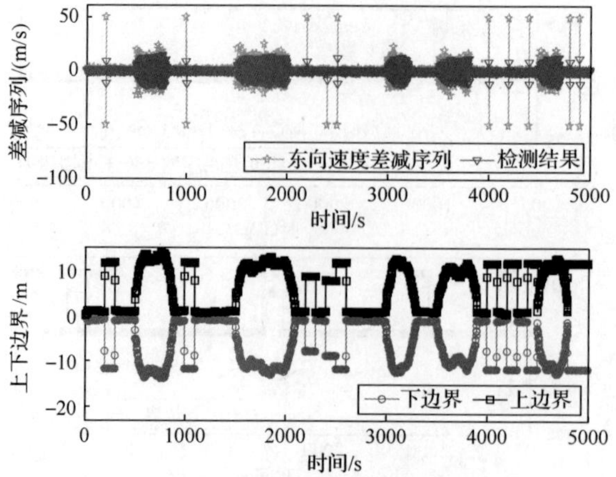

(d) 东向速度数据故障检测结果

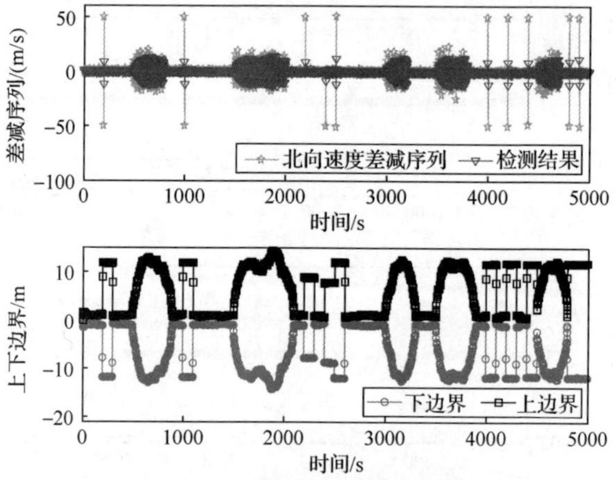

(e) 北向速度数据故障检测结果

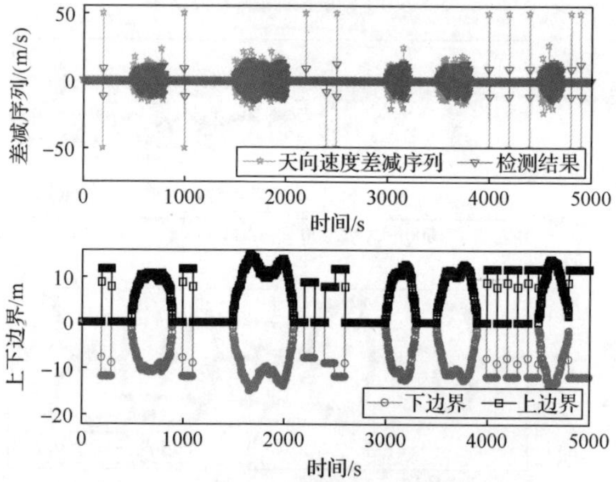

(f) 天向速度数据故障检测结果

图 8.47　变长扫描模型对突变故障的检测结果

为检测算法在执行过程中求得的上下边界。超过该边界便为故障数据，而在区间内认为没有发生故障。

采用变点检测算法对突变故障的检测结果进行统计，统计结果见表 8.5～表 8.7。在仿真时设定 15 个故障时刻。上边界和下边界仍为算法估计的故障分界线。差减值是对待检测数据进行差减操作(见图 8.43)而形成的中间数据序列。算法在该序列中进行循环检测，差减值超过上/下边界为有故障，检测结果中标识为“有”，差减值在上/下边界内为无故障，检测结果标识为“无”，检测结果中的“未检出”表示检测失败。

表 8.5　突变故障仿真数据及检测结果统计(一)

故障时刻/s	纬度				经度			
	下边界/(°)	上边界/(°)	差减值/(°)	检测结果	下边界/(°)	上边界/(°)	差减值/(°)	检测结果
200	-1.17×10^{-2}	1.17×10^{-2}	-5×10^{-2}	有	-1.17×10^{-2}	1.17×10^{-2}	-5×10^{-2}	有
500	-8.89×10^{-6}	8.74×10^{-6}	-1.90×10^{-5}	有	-1.01×10^{-5}	9.40×10^{-6}	6.43×10^{-6}	未检出
1000	-1.17×10^{-2}	1.17×10^{-2}	-5×10^{-2}	有	-1.17×10^{-2}	1.17×10^{-2}	-5×10^{-2}	有
1500	-8.33×10^{-6}	7.96×10^{-6}	-1.21×10^{-5}	有	-7.76×10^{-6}	1.01×10^{-5}	1.85×10^{-5}	有
2000	-1.60×10^{-5}	2.22×10^{-5}	8.19×10^{-6}	未检出	-2.32×10^{-5}	1.95×10^{-5}	-3.62×10^{-6}	未检出
2500	-1.17×10^{-2}	1.17×10^{-2}	-5×10^{-2}	有	-1.17×10^{-2}	1.17×10^{-2}	-5×10^{-2}	有
3000	-8.20×10^{-6}	8.93×10^{-6}	2.20×10^{-5}	有	-9.89×10^{-6}	8.65×10^{-6}	-9.45×10^{-6}	未检出
3500	-8.65×10^{-6}	9.92×10^{-6}	-1.27×10^{-5}	有	-9.08×10^{-6}	7.98×10^{-6}	-3.25×10^{-6}	未检出
3800	-2.01×10^{-5}	1.93×10^{-5}	4.14×10^{-6}	未检出	-2.00×10^{-5}	1.97×10^{-5}	-1.86×10^{-5}	未检出
4000	-1.17×10^{-2}	1.17×10^{-2}	-5×10^{-2}	有	-1.17×10^{-2}	1.17×10^{-2}	-5×10^{-2}	有
4200	-1.17×10^{-2}	1.17×10^{-2}	-5×10^{-2}	有	-1.17×10^{-2}	1.17×10^{-2}	-5×10^{-2}	有
4400	-1.17×10^{-2}	1.17×10^{-2}	-5×10^{-2}	有	-1.17×10^{-2}	1.17×10^{-2}	-5×10^{-2}	有
4600	-2.02×10^{-5}	1.97×10^{-5}	-4.43×10^{-6}	未检出	-2.26×10^{-5}	2.20×10^{-5}	1.85×10^{-6}	未检出
4800	-1.17×10^{-2}	1.17×10^{-2}	-5×10^{-2}	有	-1.17×10^{-2}	1.17×10^{-2}	-5×10^{-2}	有
4900	-1.17×10^{-2}	1.17×10^{-2}	-5×10^{-2}	有	-1.17×10^{-2}	1.17×10^{-2}	-5×10^{-2}	有
检测率	80%				60%			

注：表中故障为仿真过程中实际加的故障，前后时刻差减值为待检测序列 t 时刻和 t–1 时刻之间的差值。差减值在区间内表示无故障，未检出表示检测失败，下同。

表 8.6　突变故障仿真数据及检测结果统计(二)

故障时刻/s	高度				东向速度			
	下边界/m	上边界/m	差减值/m	检测结果	下边界/(m/s)	上边界/(m/s)	差减值/(m/s)	检测结果
200	−23.3810	23.3810	−100	有	−11.7180	11.7180	−50	有
500	−20.5984	22.0419	121.6555	有	−5.0644	4.9415	19.2517	有
1000	−23.3810	23.3810	−100	有	−11.7459	11.7422	−50	有
1500	−3.3926	3.6554	20.0697	有	−4.0402	4.2114	−13.1872	有
2000	−104.8760	106.5598	16.8699	未检出	−11.4191	11.4046	−3.9889	未检出
2500	−23.3810	23.3810	−100	有	−11.7358	11.7330	−50.1915	有
3000	−24.4773	23.0166	79.9955	有	−2.3229	2.3830	11.1433	有
3500	−10.7258	12.1961	64.1611	有	−2.1413	2.1730	4.8245	有
3800	−108.1500	107.8333	−78.8852	未检出	−11.7158	11.8117	−9.4631	未检出
4000	−23.3810	23.3810	−100	有	−11.6852	11.6864	−49.8382	有
4200	−23.3810	23.3810	−100	有	−11.6984	11.7066	−50	有
4400	−23.3810	23.3810	−100	有	−11.7505	11.7505	−50.1679	有
4600	−157.3790	158.4685	−57.2292	未检出	−11.6326	11.3531	−9.3849	未检出
4800	−23.3810	23.3810	−100	有	−11.7393	11.7455	−50.1813	有
4900	−23.3810	23.3810	−100	有	−11.7296	11.7274	−50	有
检测率	80%				80%			

表 8.7　突变故障仿真数据及检测结果统计(三)

故障时刻/s	北向速度				天向速度			
	下边界/(m/s)	上边界/(m/s)	差减值/(m/s)	检测结果	下边界/(m/s)	上边界/(m/s)	差减值/(m/s)	检测结果
200	−11.7406	11.7406	−50	有	−11.6905	11.6905	−50	有
500	−2.0186	2.1238	1.9545	有	−1.1229	1.3019	7.2919	有
1000	−11.7569	11.7463	−50	有	−11.6905	11.6905	−50	有
1500	−3.4067	3.4798	16.0352	有	−1.0552	0.9118	−3.4801	有
2000	−9.8277	9.9059	9.1409	未检出	−13.4129	13.2489	4.0299	未检出
2500	−11.9465	11.9496	−50.9353	有	−11.6905	11.6905	−50	有
3000	−1.9575	2.0837	−4.3225	有	−1.4033	1.4179	0.7110	未检出
3500	−1.8392	1.8998	−6.6439	有	−1.0502	1.0352	−5.3443	有
3800	−10.4516	10.4150	2.5835	未检出	−11.7364	11.7537	1.4071	未检出
4000	−11.6980	11.6974	−49.7882	有	−11.6905	11.6905	−50	有
4200	−11.7461	11.7337	−50	有	−11.6905	11.6905	−50	有
4400	−11.5821	11.5821	−48.6396	有	−11.6905	11.6905	−50	有
4600	−11.0193	10.9283	1.9473	未检出	−12.9580	12.7327	−8.7555	未检出
4800	−11.6981	11.7079	−49.5456	有	−11.6905	11.6905	−50	有
4900	−11.7210	11.7272	−50	有	−11.6905	11.6905	−50	有
检测率	80%				73.3%			

此外，由于突变故障和区间缓变故障同时发生，某些突变故障在仿真过程中没有发生作用，因此检测结果为无故障。经统计，六种数据的检测率分别为 80%、60%、80%、80%、80%、73.3%。

2) 变长扫描模型对区间缓变故障的检测

在对突变故障类型的检测中，有如下 6 个时刻点的故障没有检测到，分别为 500s、1500s、2000s、3000s、3500s、3800s，检测失效的时刻点均为有区间缓变类型故障发生的时刻，影响了对突变故障的检测率。表 8.8 为区间缓变故障检测结果，例如，对于区间(500,800]，纬度数据检测出 50 个故障点，经度数据检测出 35 个故障点。

表 8.8　区间缓变故障检测结果统计

区间/s	故障检测数					
	纬度/(°)	经度/(°)	高度/m	东向速度/(m/s)	北向速度/(m/s)	天向速度/(m/s)
(500,800]	50	35	48	40	43	51
(1500,2000)	58	71	77	61	73	76
[2200,2400]	8	17	1	17	8	1
(3000,3200]	41	32	37	39	41	42
(3500,3800)	40	39	41	53	42	56
[4500,4700]	27	29	34	43	37	40

图 8.48 分别为对各数据区间缓变故障的检测结果，星号“*”为检测出的故障点，而实心线由区间内的差减序列绘制所得，故障点多发生在峰值点，因为该

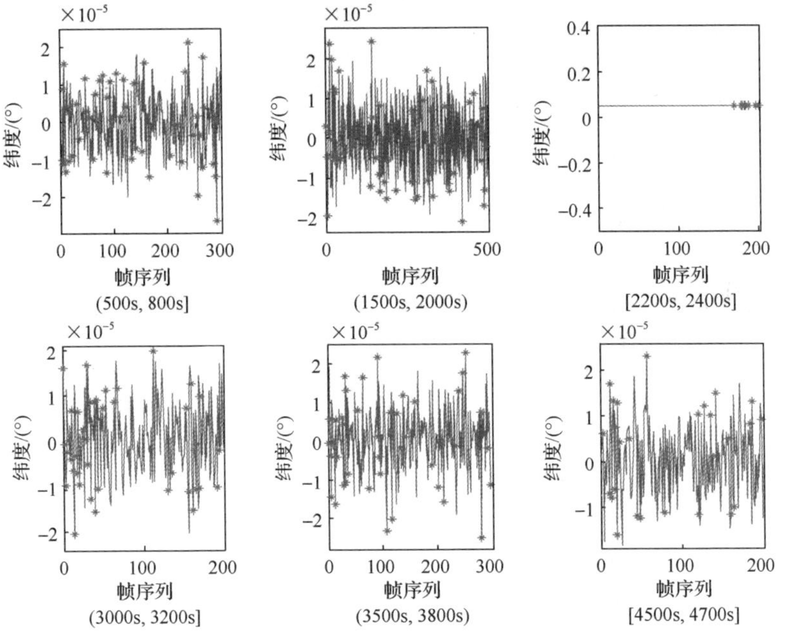

(a) 纬度区间缓变故障检测结果

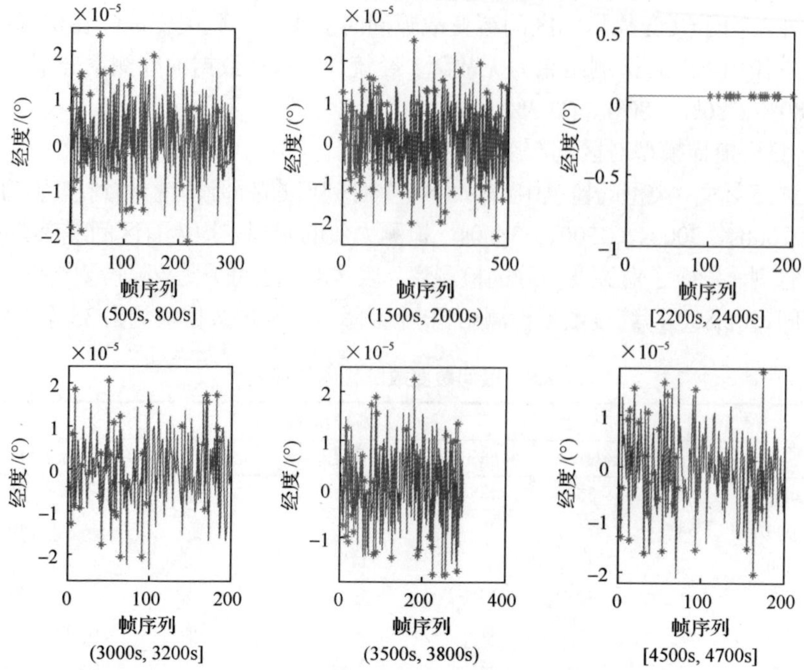

(b) 经度区间缓变故障检测结果

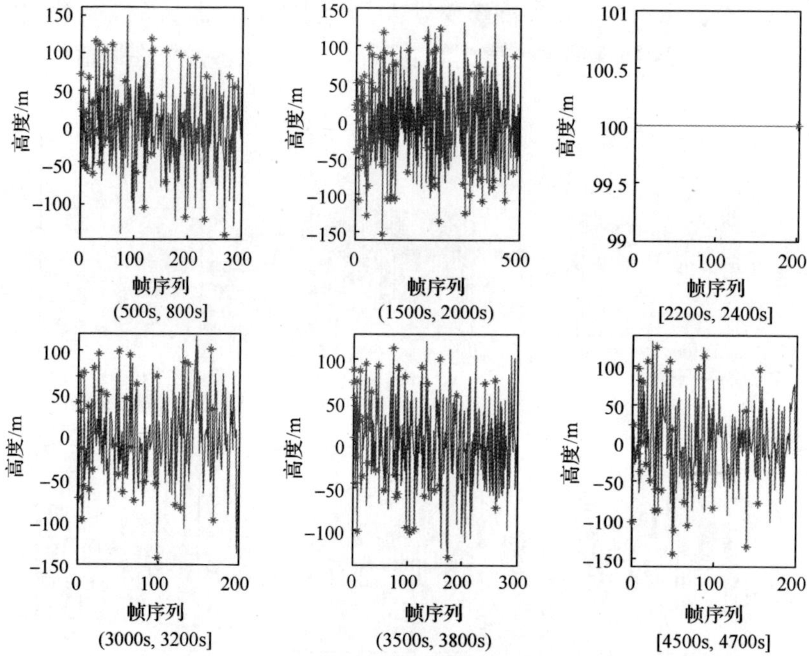

(c) 高度区间缓变故障检测结果

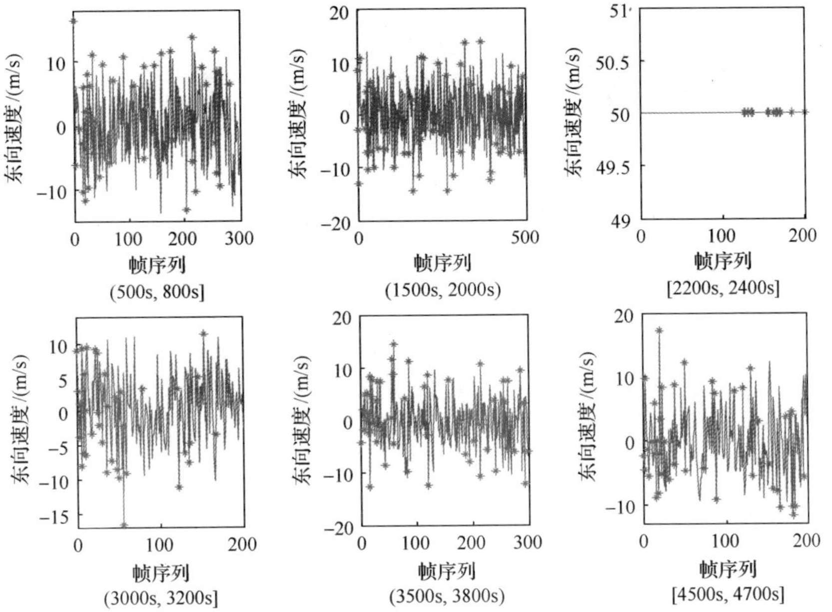

(d) 东向速度区间缓变故障检测结果

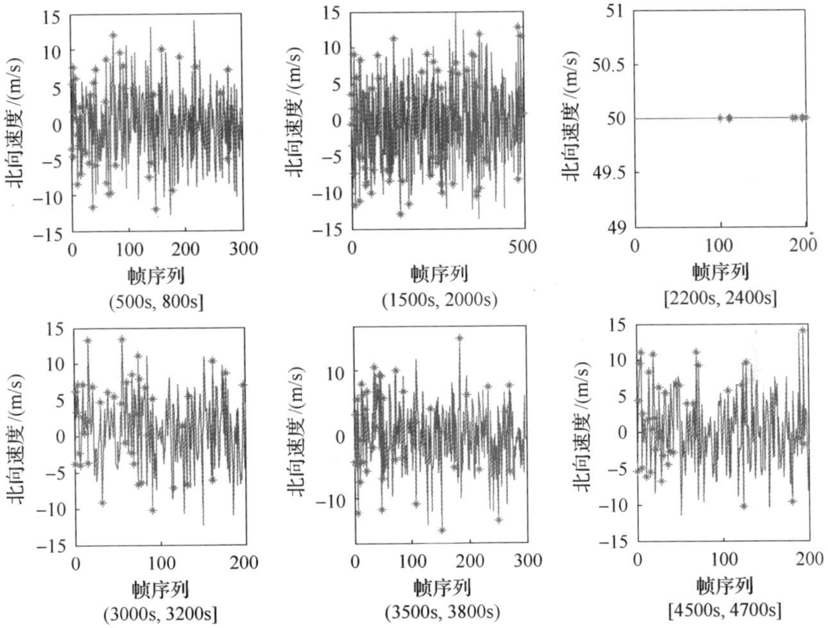

(e) 北向速度区间缓变故障检测结果

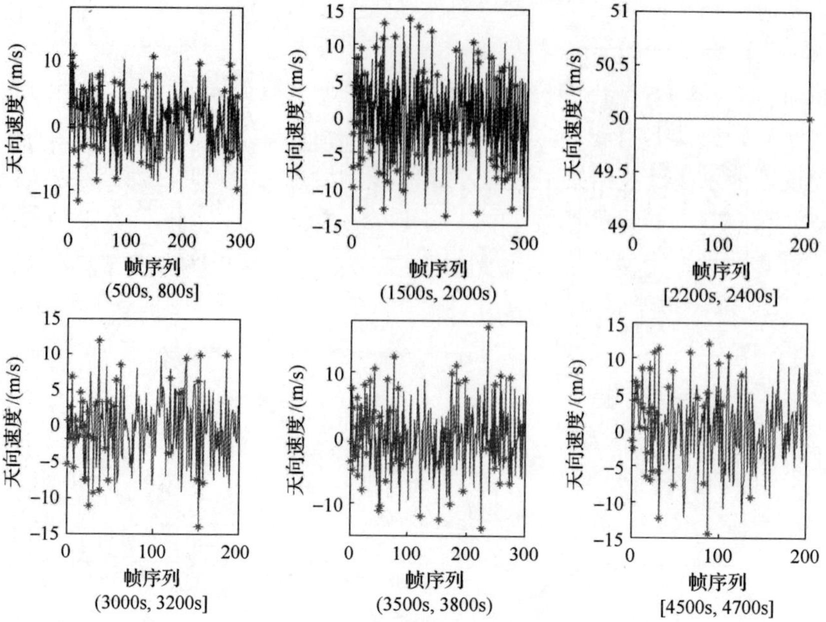

(f) 天向速度区间缓变故障检测结果

图 8.48 变长扫描模型对区间缓变故障的检测结果

点处的统计特性发生变化最为明显，所以可以检测出突变，而对长时间缓变类型故障则很难检测出来，如对[2200s,2400s]区间的直线序列，检测均不成功。可见该算法对缓变类型故障较难处理，需要在输入滤波器后进行检测。

检测出故障点后，对故障时刻的数据采取何种措施也是需要考虑的问题。可以采取丢弃样本的方法，用前后值来填充缺失值。在检测到显著的故障时，用航迹推算的方式对缺失值进行补充。设 τ 时刻的位置信息为 B_A、L_A、H_A，则 $\tau+1$ 时刻的位置推算公式为

$$B(\tau+1)=B_A+\frac{V_N(\tau)}{R_n(\tau)+H_A}\cdot T_{int} \tag{8.108a}$$

$$L(\tau+1)=L_A+\frac{V_E(\tau)}{[R_m(\tau)+H_A]\cos B_A}\cdot T_{int} \tag{8.108b}$$

$$H(\tau+1)=H_A+V_U(\tau)\cdot T_{int} \tag{8.108c}$$

式中，T_{int} 为采样周期。

3. χ^2 检验法对滤波器故障的检测

组合导航系统中，INS 借助 GPS 的信息进行滤波和误差纠正。该类组合导航

系统选取的状态变量 X_t 各有不同，如仅选取速度、位置等信息代入滤波器进行滤波；也有将陀螺仪和加速度计的误差信息增加到 X_t 中。

然而，由于 GPS 输出的位置信息在一定时期会有很大的误差，以至于完全不能直接输入到滤波器中进行滤波计算，因此采用上述仿真试验进行说明。图 8.49 中为无反馈卡尔曼滤波结果，左列为 GPS 观测信息无故障时的滤波结果，右列为 GPS 观测信息有故障时的滤波结果。对于观测信息无故障的情况，滤波器的滤波精度比较高，估计误差可以有效地跟踪实际误差；对于含有突变故障和缓变故障的 GPS 观测信息，滤波器无法起作用，滤波估计的误差仍然含有观测数据的故障，可见观测信息“污染”了滤波器，造成了滤波器精度下降。

图 8.49(a)为位置数据的滤波对比，右侧为图 8.46(a)所示的故障数据的滤波结果。图 8.49(b)为速度数据的滤波对比，并对右侧的数据图进行了局部放大，东向速度 v_e 在[600s,1000s]发生了明显的故障跳变，北向速度 v_n 在[2200s,2400s]发生了明显的故障跳变，天向速度 v_u 在[3100s,3200s]、[3500s,3600s]发生了明显的故障跳变。因此，对于此类故障，可以考虑采用变点检测算法在输入滤波器之后对残差进行检测。

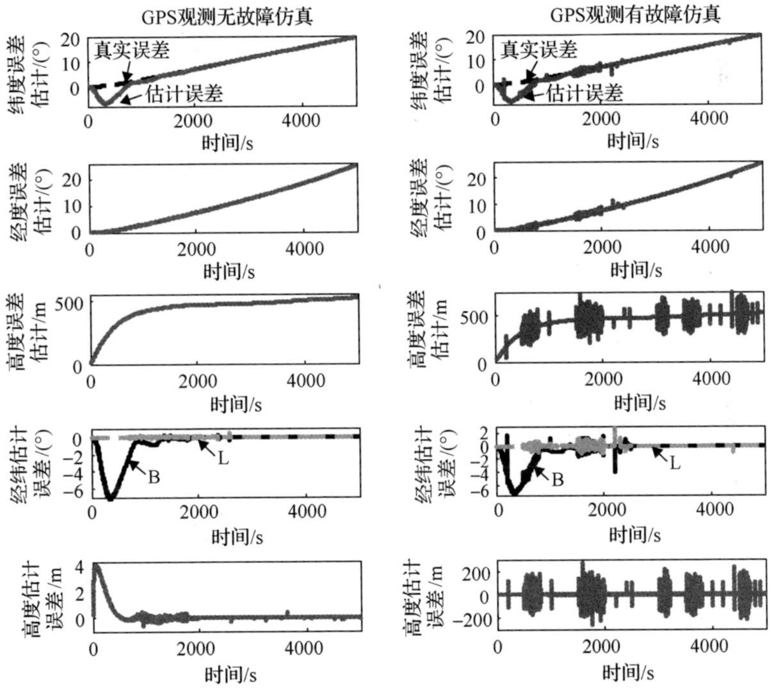

(a) GPS观测信息对位置数据滤波精度的影响

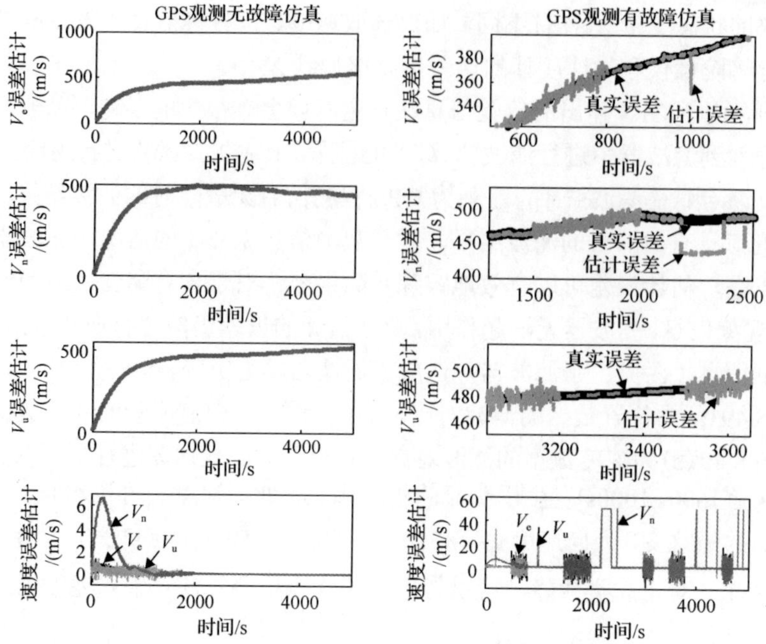

(b) GPS观测信息对速度数据滤波精度的影响

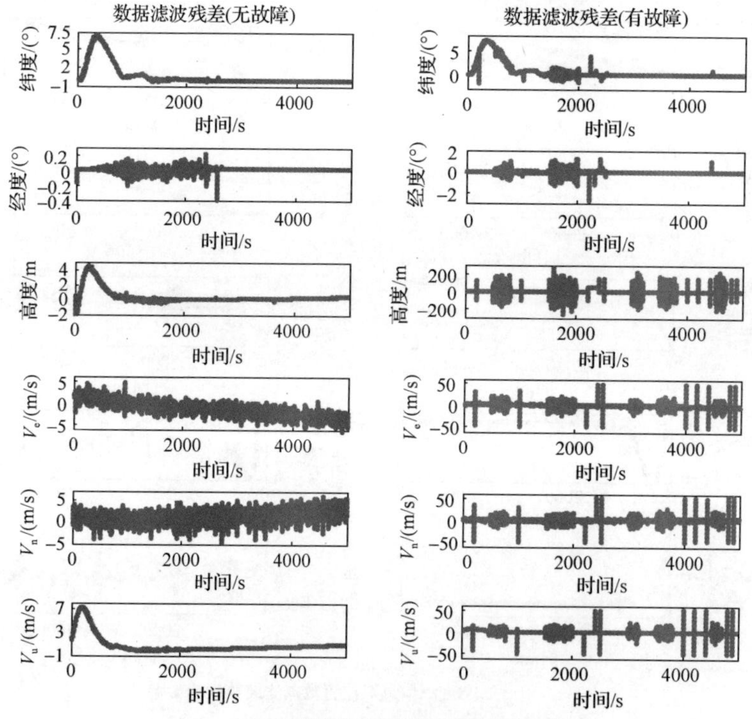

(c) GPS观测信息对数据滤波残差的影响

图 8.49　GPS 观测信息对数据滤波精度及残差的影响

图 8.49(c)为采用卡尔曼滤波后残差的对比结果，左侧为 GPS 观测无故障仿真，右侧为 GPS 观测有故障仿真，从图中可以看出残差均成收敛趋势，但是含故障的观测信息对残差的稳定性和收敛性有很大的干扰，对此，采用状态 χ^2 检验法和残差 χ^2 检验法对其进行了检测，对于几种不同的置信度 α 均做了测试，结果见图 8.50。不妨取 α =0.95 时的检测结果进行统计，结果见表 8.9。

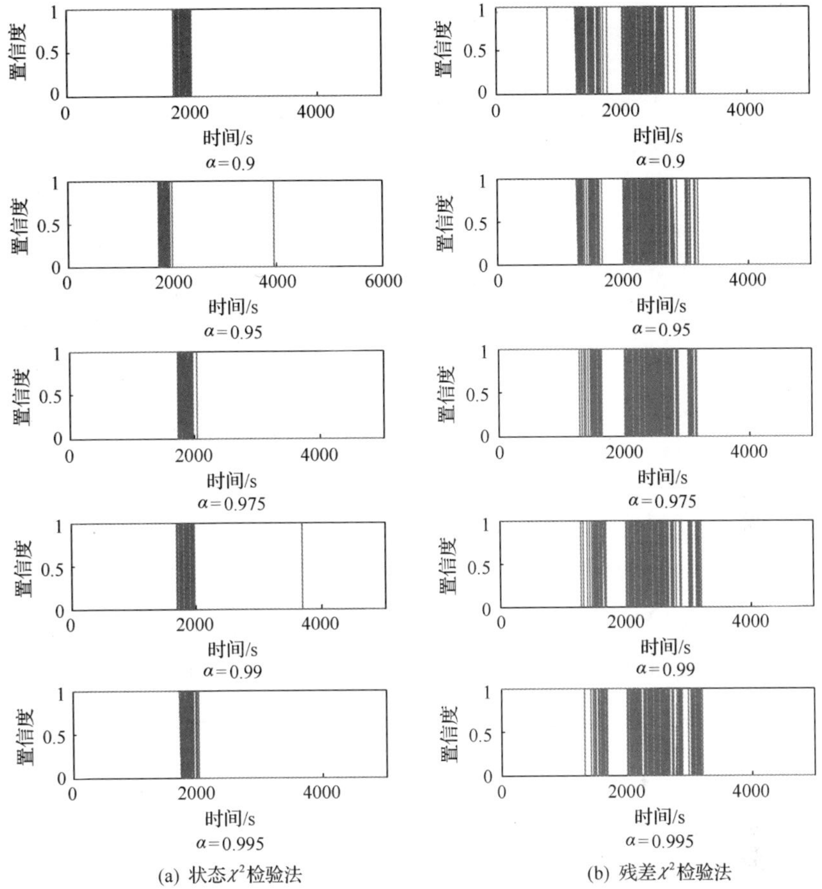

图 8.50　状态 χ^2 检验法和残差 χ^2 检验法故障检测结果

表 8.9　$\alpha=0.95$ 时的 χ^2 检验法检测结果统计(突变故障)

故障时刻/s	状态 χ^2 检测		残差 χ^2 检测	
	检测结果	统计量	检测结果	统计量
200	有	2.83×10^4	有	1.85×10^4
500	有	2.61×10^4	有	1.22×10^4
1000	有	6.16×10^4	有	3.91×10^4

续表

故障时刻/s	状态 χ^2 检测		残差 χ^2 检测	
	检测结果	统计量	检测结果	统计量
1500	有	3.50×10^{3}	有	2.02×10^{4}
2000	无	6.59	有	3.92×10^{3}
2500	无	1.83×10^{-4}	有	5.90×10^{2}
3000	无	1.92×10^{-4}	无	-2.71×10^{-1}
3500	无	5.21×10^{-5}	无	5.00×10^{-3}
3800	无	1.41×10^{-4}	无	3.68×10^{-7}
4000	无	2.33×10^{-4}	无	1.39×10^{-9}
4200	无	1.63×10^{-4}	无	-1.04×10^{-7}
4400	无	1.74×10^{-3}	无	-2.35×10^{-9}
4600	无	2.65×10^{-4}	无	-5.84×10^{-12}
4800	无	2.10×10^{-4}	无	-3.75×10^{-14}
4900	无	1.24×10^{-4}	无	-4.70×10^{-13}

分别采用状态 χ^2 检验法和残差 χ^2 检验法对引入 GPS 故障的滤波器异常进行了检测，χ^2 检验法对图 8.49(c)右侧的残差故障检测结果见表 8.9，在 2500s 以前，χ^2 检验法检测突变故障还能正常工作，但是在 2500s 之后便不能有效地工作。再来看该检验法对区间故障的检测情况，统计结果见表 8.10。3000s 之后，区间故障便无法检出，而由图 8.49(c)右侧的滤波残差可以明显地看出仍有异常存在。

表 8.10　$\alpha=0.95$ 时的 χ^2 检验法检测结果统计(区间故障)

区间/s	状态检验	残差检验
(500,800]	300	300
(1500,2000)	364	486
[2200,2400]	0	142
(3000,3200]	0	14
(3500,3800)	0	0
[4500,4700]	0	0

4. 变长扫描模型对滤波器突变故障和缓变故障的检测

1) 变长扫描模型对滤波器突变故障的检测

注意到 χ^2 检验法对滤波器整体是否存在异常进行检测，无法对每种滤波数据的残差进行检测，此外，在计算统计量 $\boldsymbol{\beta}(t)^{\mathrm{T}}\boldsymbol{T}(t)^{-1}\boldsymbol{\beta}(t)$ 和 $\boldsymbol{\gamma}(t)^{\mathrm{T}}\boldsymbol{S}(t)^{-1}\boldsymbol{\gamma}(t)$ 时，常常会有对矩阵 $\boldsymbol{T}(t)$ 和 $\boldsymbol{S}(t)$ 求逆的操作，若矩阵不可逆，则计算结果的准确性将会得不到保证。

利用变长扫描模型对滤波残差进行变点检测，检测结果如图 8.51 所示。表 8.11 中左侧为对纬度的检测结果，2000s、3800s 和 4600s 时检测失败，经滤波残差检测仍没有检出，此处用“N”标识；500s 和 3500s 处的故障，经滤波后消除，因此用“S”标识；其余各时刻点在输入滤波器之前有故障发生，而经滤波后仍有异常，需要进一步补偿，此处用“F”标识。字母前面的“有”代表滤波残差检测有异常，“无”代表无异常。由此可以得出纬度检测的综合检测率为 80%。表 8.11 中右侧为经度的检测结果，在 500s、2000s、3000s、3500s、3800s、4600s 处检测失败，经滤波残差检测后，分别检测出 500s 和 3000s 仍有异常，标识为“F”，综合检测率提升至 73.3%；滤波消除故障为 1000s 处，标识为“S”；其余均有异常，标识为“F”。

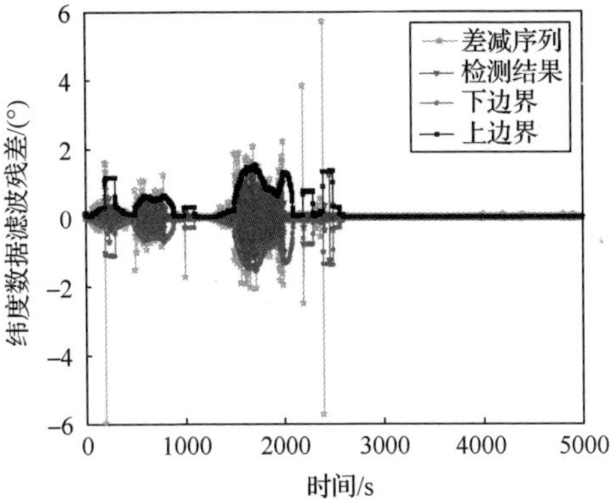

(a) 纬度数据滤波残差故障检测结果

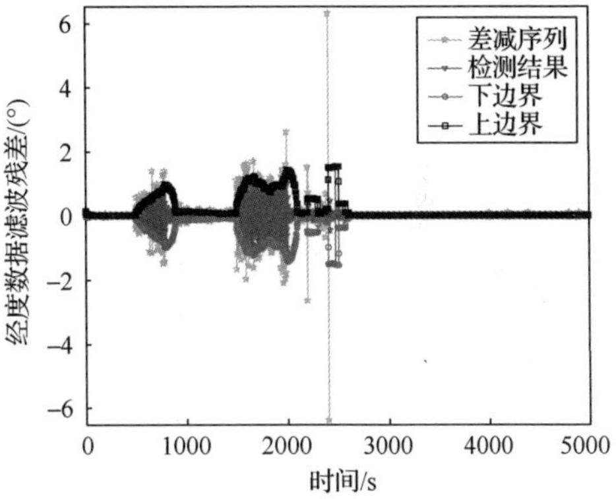

(b) 经度数据滤波残差故障检测结果

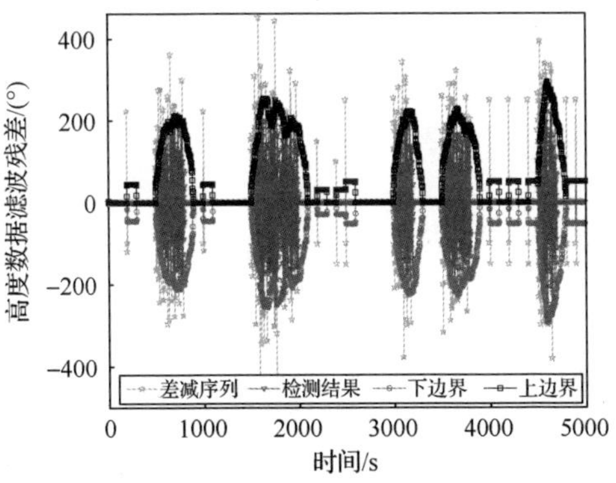

(c) 高度数据滤波残差故障检测结果

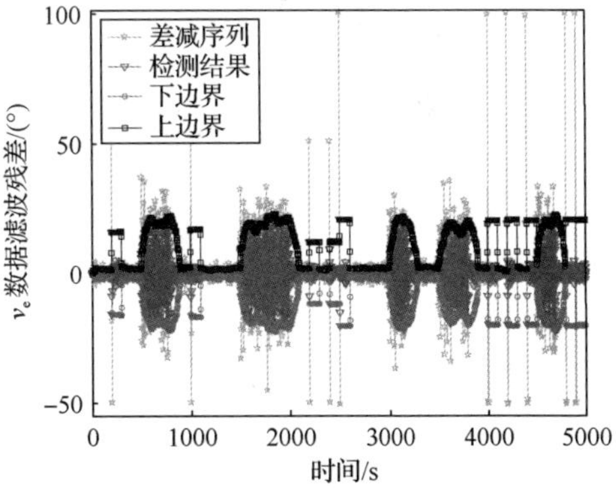

(d) 东向速度数据滤波残差故障检测结果

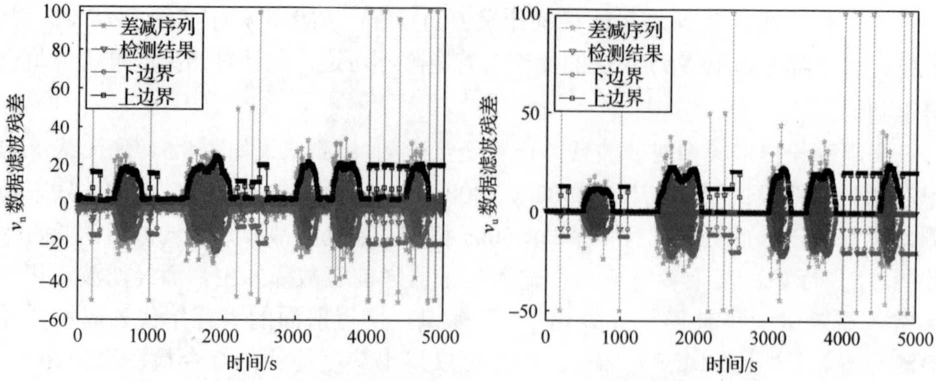

(e) 北向速度数据滤波残差故障检测结果　　(f) 天向速度数据滤波残差故障检测结果

图 8.51　变长扫描模型对滤波器突变故障的检测结果

表 8.11　滤波残差故障检测结果(一)

故障时刻/s	纬度				经度			
	下边界/(°)	上边界/(°)	差减值/(°)	检测结果	下边界/(°)	上边界/(°)	差减值/(°)	检测结果
200	−1.06690	1.04710	−5.97690	有 F	−0.01352	0.01451	0.05762	有 F
500	−0.11520	0.09040	0.07140	无 S	−0.07367	0.06693	0.06245	有 F
1000	−0.30820	0.28130	−1.74210	有 F	−0.14097	0.13835	−0.02396	无 S
1500	−0.26220	0.24720	−0.95110	有 F	−0.20500	0.21642	−0.48718	有 F
2000	−1.31500	1.29850	0.42720	无 N	−1.40285	1.39546	0.56908	无 N
2500	−0.18320	0.21190	0.50000	有 F	−0.21575	0.18509	−0.33592	有 F
3000	−0.00012	0.00012	0.00017	有 F	−0.00009	0.00009	0.00026	有 F
3500	−0.00015	0.00016	0.00003	无 S	−0.00012	0.00013	−0.00008	无 N
3800	−0.00067	0.00067	0.00006	无 N	−0.00083	0.00084	0.00007	无 N
4000	−0.01989	0.01989	0.09830	有 F	−0.01985	0.01986	0.09805	有 F
4200	−0.01989	0.01989	0.09830	有 F	−0.01985	0.01986	0.09811	有 F
4400	−0.12341	0.14027	0.09810	有 F	−0.14291	0.16230	0.09795	有 F
4600	−0.00121	0.00134	−0.00042	无 N	−0.00128	0.00142	−0.00048	无 N
4800	−0.01959	0.01959	0.09671	有 F	−0.01964	0.01964	0.09694	有 F
4900	−0.01983	0.01983	0.09812	有 F	−0.01974	0.01976	0.09771	有 F
综合检测率	80%				73.3%			

对比表 8.6 和表 8.12 可知，对于高度数据的检测，2000s、3800s 和 4600s 检测失败，综合检测率没有改变。

表 8.12　滤波残差故障检测结果(二)

故障时刻/s	高度				东向速度			
	下边界/m	上边界/m	差减值/m	检测结果	下边界/(m/s)	上边界/(m/s)	差减值/(m/s)	检测结果
200	–45.0499	45.1722	223.5855	有 F	–15.7094	15.9307	79.2027	有 F
500	–35.2488	35.3850	–164.4556	有 F	–7.0803	7.4549	–20.8879	有 F
1000	–44.7593	44.8918	223.3834	有 F	–16.6136	16.8194	83.4051	有 F
1500	–5.7934	5.9470	–20.7296	有 F	–6.3328	5.9261	12.9669	有 F
2000	–186.5669	185.1470	11.7370	无 N	–20.2827	20.1624	4.7245	无 N
2500	–50.9543	50.9516	249.9574	有 F	–20.4883	20.4625	100.6351	有 F
3000	–37.7000	39.8000	–126.6283	有 F	–4.0300	4.1600	–13.2231	有 F
3500	–14.0962	14.3044	–39.1000	有 F	–2.9027	2.8173	–1.2300	有 F
3800	–183.6989	185.4551	179.0000	无 N	–20.2239	20.1114	24.1000	有 F
4000	–50.9591	50.9593	250.0037	有 F	–20.2587	20.2516	99.5424	有 F
4200	–50.9563	50.9562	249.9854	有 F	–20.2834	20.2844	100.0078	有 F
4400	–67.0085	64.1748	250.0082	有 F	–19.6274	19.7529	99.2728	有 F
4600	–291.715	288.9646	49.8440	无 N	–20.0338	20.3009	7.8898	无 N
4800	–51.0287	51.0297	250.3353	有 F	–20.3888	20.3755	100.2646	有 F
4900	–50.9795	50.9769	250.0407	有 F	–20.3355	20.3396	100.0065	有 F
综合检测率	80%				86.7%			

东向速度检测失败时刻分别为 2000s、3800s 和 4600s 处，滤波残差检测出 3800s 处异常，标识为“F”，其余两处为“N”，综合检测率为 86.7%。

比较表 8.7 和表 8.13，北向速度之前的检测率为 80%，未检出点为 2000s、3800s 和 4600s，现在的综合检测率为 86.7%，3800s 和 4600s 处仍发生漏检现象。天向速度之前有四个时刻点未检出，而此时综合检测率提升至 80%，第 3000s 处检测成功。

表 8.13　滤波残差故障检测结果(三)

故障时刻/s	北向速度				天向速度			
	下边界/(m/s)	上边界/(m/s)	差减值/(m/s)	检测结果	下边界/(m/s)	上边界/(m/s)	差减值/(m/s)	检测结果
200	–16.2708	16.5045	82.3071	有 F	–12.46752	12.5903	56.8999	有 F
500	–3.4963	3.26501	–5.6330	有 F	–1.36077	1.15344	–7.5199	有 F
1000	–15.6563	15.9265	78.5813	有 F	–12.4167	12.5210	56.4577	有 F
1500	–6.6413	6.62006	–29.4448	有 F	–0.91604	1.0512	3.0733	有 F
2000	–16.2384	16.3497	–20.6007	有 F	–21.2711	21.3688	–6.3745	无 N

续表

故障时刻/s	北向速度				天向速度			
	下边界/(m/s)	上边界/(m/s)	差减值/(m/s)	检测结果	下边界/(m/s)	上边界/(m/s)	差减值/(m/s)	检测结果
2500	−20.3224	20.2532	99.2984	有 F	−20.2463	20.2440	99.9743	有 F
3000	−3.8600	3.6600	4.9146	有 F	−1.7900	1.6700	−6.7137	有 F
3500	−3.7670	3.65448	1.0800	有 F	−1.84268	1.7859	7.0800	有 F
3800	−18.1518	18.2966	−3.6500	无 N	−20.6367	20.6041	−3.1900	无 N
4000	−20.4239	20.4373	99.8369	有 F	−20.2520	20.2526	100.0189	有 F
4200	−20.6054	20.6282	99.9723	有 F	−20.2518	20.2524	100.0177	有 F
4400	−20.2971	20.1598	95.8055	有 F	−20.5321	20.4614	100.0065	有 F
4600	−18.8643	18.9481	0.1743	无 N	−22.5657	22.7823	19.5957	无 N
4800	−20.6182	20.6291	100.6799	有 F	−20.2531	20.2538	100.0246	有 F
4900	−20.3652	20.3785	99.9722	有 F	−20.2518	20.2526	100.0184	有 F
综合检测率	86.7%				80%			

2) 变长扫描模型对滤波器缓变故障的检测

采用变长扫描模型检测方法对滤波残差进行检测，主要检测区间缓变类型的故障，检测结果如图 8.52 所示。以图 8.52(a)为例，图中实线代表纬度数据经滤波后的残差差减序列，对其进行变点检测，“*”代表新扫描出的故障时刻，而“○”代表在 6.3.2 节中曾经找到过的故障时刻，对应图 8.48(a)中的检测结果。在(500, 800]内曾经检测出 50 个故障时刻(见表 8.8 中第一行第二列数值)，本次检测出 39 个故障时刻(见表 8.14 中第一行第二列“残差检测”数值)，而 39 个故障中有 38 个是先前检测所没有的(见表 8.14 中第一行第三列“新检测数”数值)。

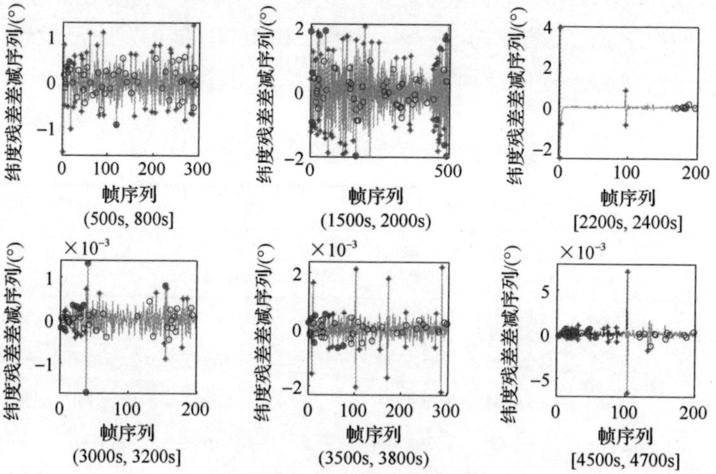

(a) 纬度残差区间缓变故障检测结果

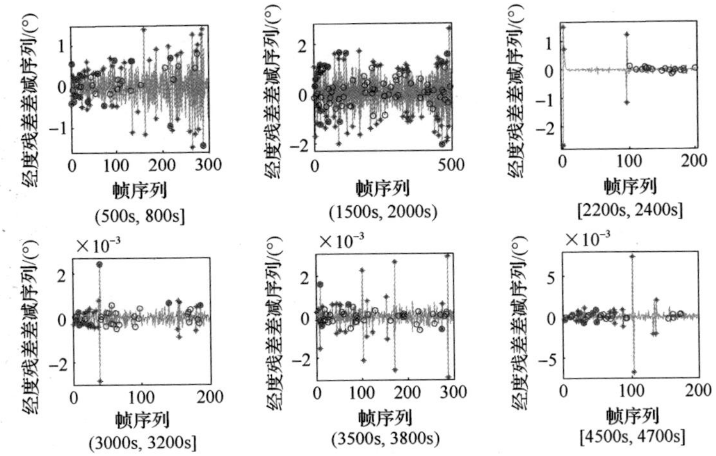

(b) 经度残差区间缓变故障检测结果

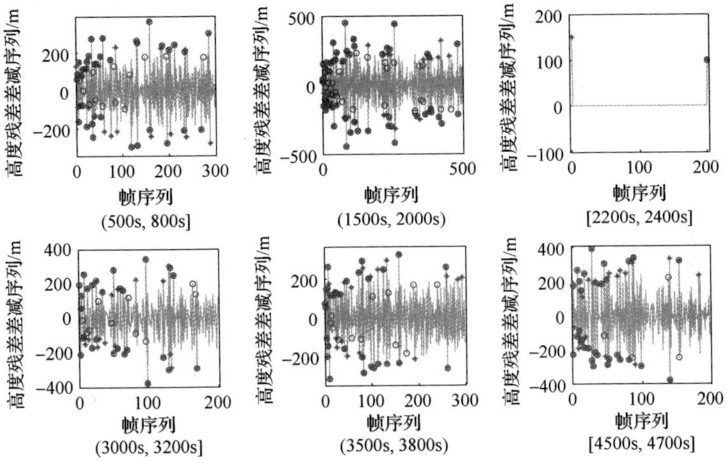

(c) 高度残差区间缓变故障检测

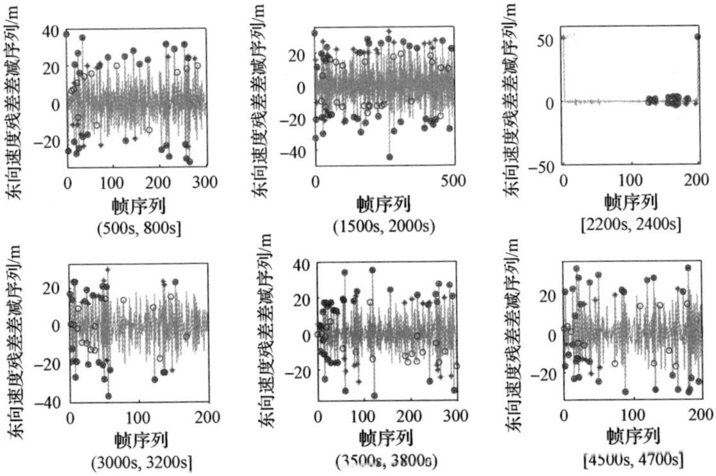

(d) 东向速度残差区间缓变故障检测

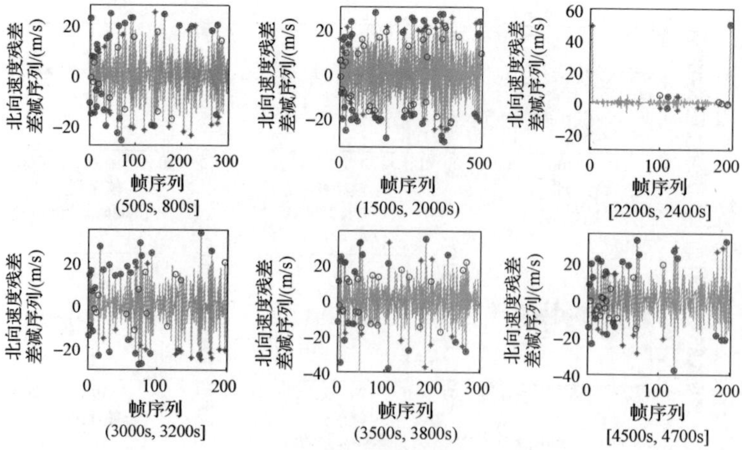

(e) 北向速度残差区间缓变故障检测

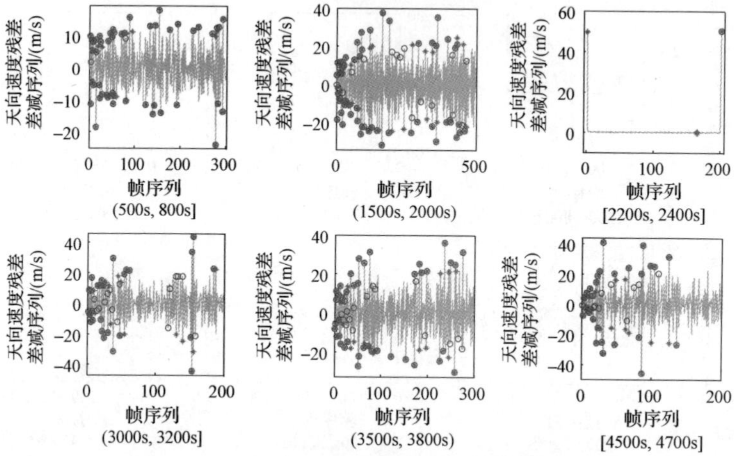

(f) 天向速度残差区间缓变故障检测

图 8.52　变长扫描模型对滤波器缓变故障的检测结果

表 8.14　滤波残差缓变故障区间检测结果

区间/s	故障检测数											
	纬度		经度		高度		东向速度		北向速度		天向速度	
	残差检测	新检测数	残差检测	新检测数	残差检测	新检测数	残差检测	新检测数	残差检测	新检测数	残差检测	新检测数
(500,800]	39	38	62	55	52	39	42	29	48	34	57	35
(1500,2000)	70	64	78	72	79	54	61	40	69	47	78	46
[2200,2400]	5	5	5	5	2	2	23	18	10	9	5	5
(3000,3200]	29	26	29	24	40	26	34	21	45	33	40	28
(3500,3800)	30	24	29	28	47	34	53	43	36	26	57	37
[4500,4700]	27	23	23	20	48	30	41	24	37	26	41	27

依次对比其他时刻各数据的检测情况，可以看出 GPS 原始数据在经异常检测后，可以有效地识别出较多故障，采用该检测算法对输入滤波器后的数据再进行检测，可以识别大多数的异常情况。结合一定的故障缺失值填充算法，数据精度可以有很大提高。由此可见，通过对 GPS 数据输入滤波器之前进行故障检测，可以提高卡尔曼滤波器的精度，避免了突发的故障(或称为误差)对滤波器系统的深度污染。

8.3.4　变点检测在 GPS/INS 组合导航系统中的应用

1. 试验环境和参数设置

实验环境选定在中南大学铁道校区内(2010 年 4 月 16 日 10 时)，如图 8.53 所示。起点在一个山坡上，沿途有很多树木和高楼，这对 GPS 信号的接收有较大影响。图 8.53 显示了沿途 GPS 信号接收的情况，用 DOP 来评判。DOP 由 PDOP、HDOP、VDOP 等因素构成，其值越小，表示准确度越高。图 8.54 给出了沿途 GPS 精度因子变化情况。由表 8.15 可以看出，接收信号可以接受的情况为 DOP≤5，实验当中 DOP 大多数为 5～10，有些时间段达到了 20 以上，这种信号是完全不能作为观测值输入滤波器内的，否则会造成更大的误差。

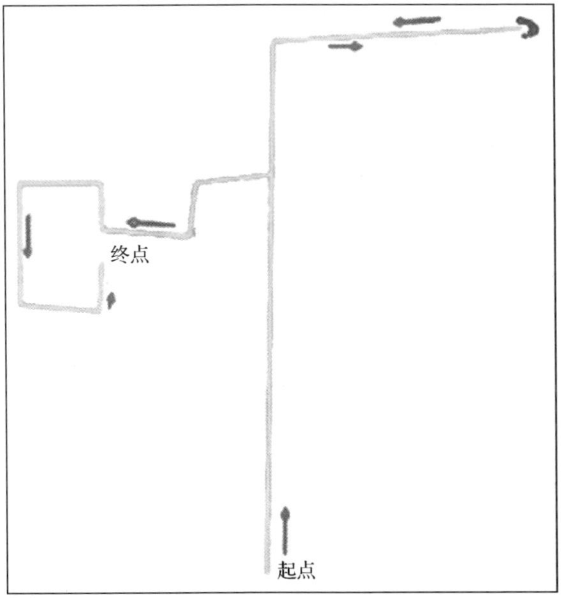

图 8.53　车辆实验行走路线图

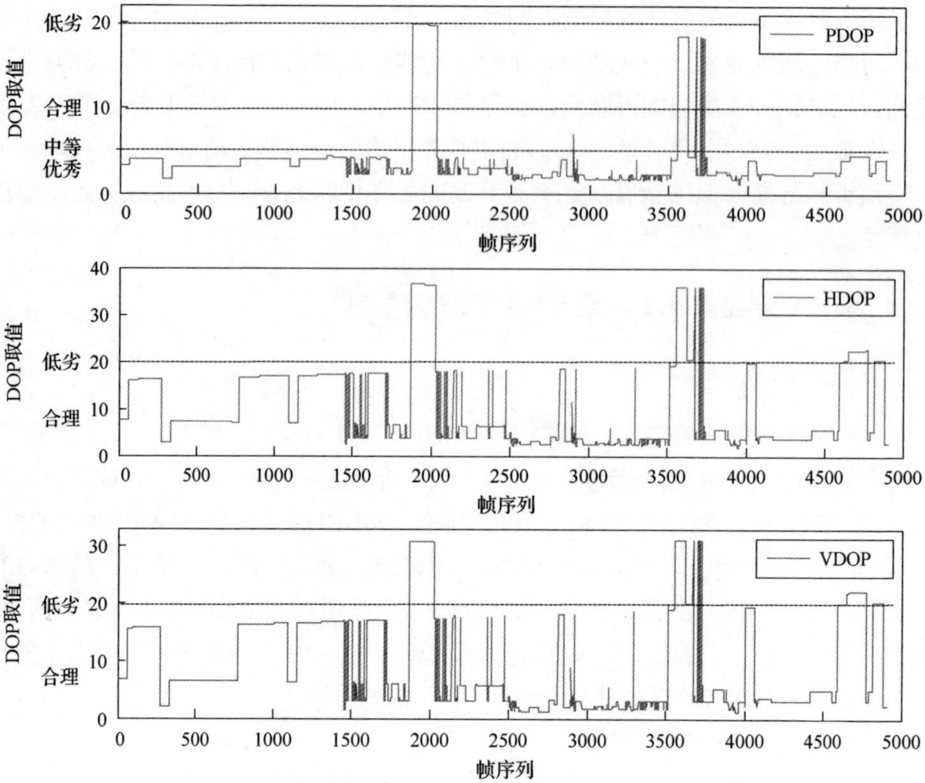

图 8.54　沿途 GPS 精度因子变化情况

表 8.15　DOP 取值及数据评价表

DOP	数据评价
1	理想
1～2	卓越
2～5	优秀
5～10	中等
10～20	合理
＞20	低劣

2. 模型中差减序列长度和置信度参数的选择

选取 α =0.05（即 K_α =1.645），然而差减序列的长度 ς 和置信度 α 是变长扫描模型中两个重要的参数。该模型在实际运行中，首先需要通过选取不同 ς 和 α 来做多次独立的试验，接着通过比较不同 ς 和 α 对故障检测算法的影响，来选择合适的 ς 和 α 。

仿真测试时，选取α分别为 0.1、0.09、0.08、0.07、0.06、0.05、0.04、0.03、0.02、0.01；ς为$2T_{\text{int}}$至$500T_{\text{int}}$。GPS 接收机的工作频率为 10Hz，T_{int}为 100ms，因此ς在 0.2～50s 的范围内取值。

1）纬度、经度、高度检测参数的选择

图 8.55 中横坐标为时间窗口长度，单位为 100ms；纵坐标为仿真实验长度，单位也为 100ms。通过图 8.55 三个子图中的仿真实验，得出参数ς和α对检测结果的影响。

参数α关系到检测区间$[a,b]$的大小，过小的α虽然具有更高的可行度，然而会使区间变大，从而有可能发生跳跃点漏检；相反，过大的α带来了较大的不确

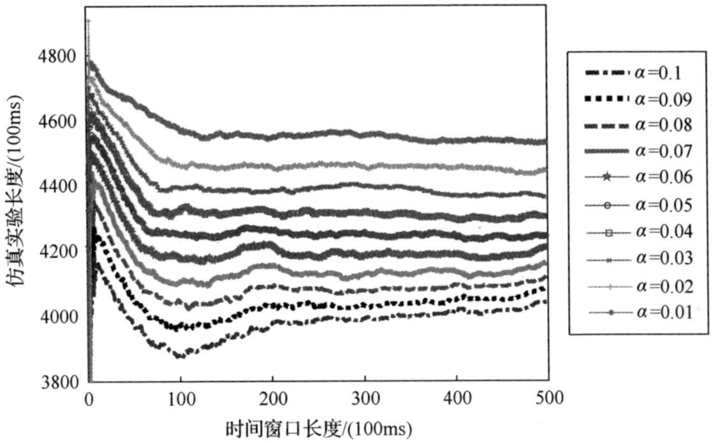

(a) 不同ς、α时纬度经故障检测后的正常值

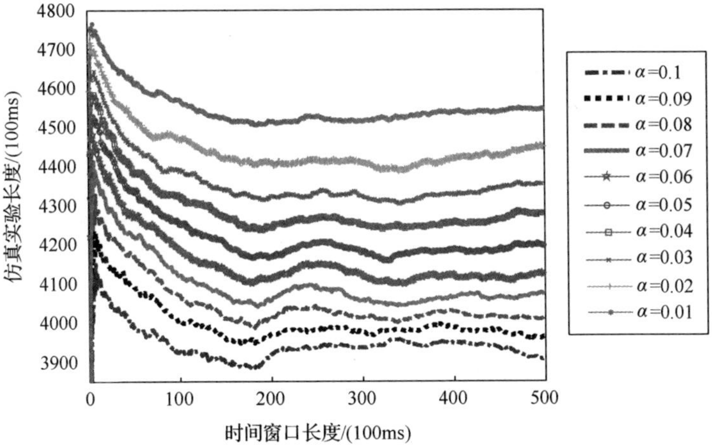

(b) 不同ς、α时经度经故障检测后的正常值

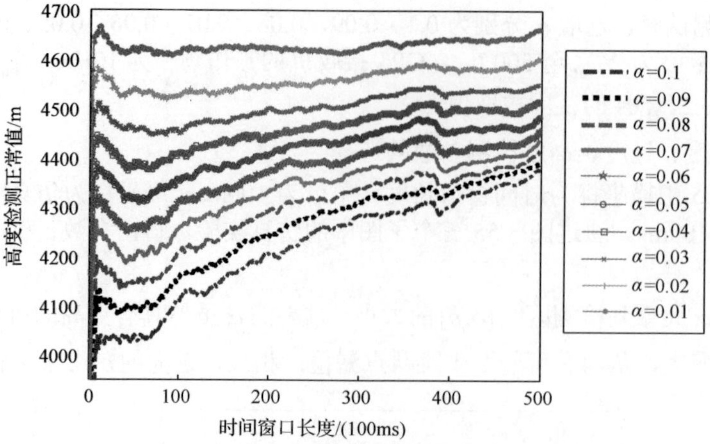

(c) 不同ς、α时高度经故障检测后的正常值

图 8.55 不同ς、α时 GPS 位置数据经故障检测后的正常值(见彩图)

定性。图 8.55(a)中显示各种α检测结果均较平稳，ς过小会影响检测结果，因此在以下实验中α取 0.04、ς取 100，用于检测纬度数据；图 8.55(b)中α较大时，检测抖动严重，α为 0.03 时情况较好，窗口长度取 200ms；图 8.55(c)中α较大时也呈现抖动的现象，故α选较小的值 0.01，窗口值同样取 100ms。

2) 东向速度、北向速度、天向速度检测参数的选择

图 8.56(a)～(c)分别为不同ς、α时速度数据经故障检测后的正常值。参数值的选取同图8.55。图8.56(a)中α取0.02、ς取200，用于检测东向速度；图8.56(b)中α取 0.03、ς取 250，用于检测北向速度；图 8.56(c)中α取 0.03、ς取 300，用于检测天向速度。

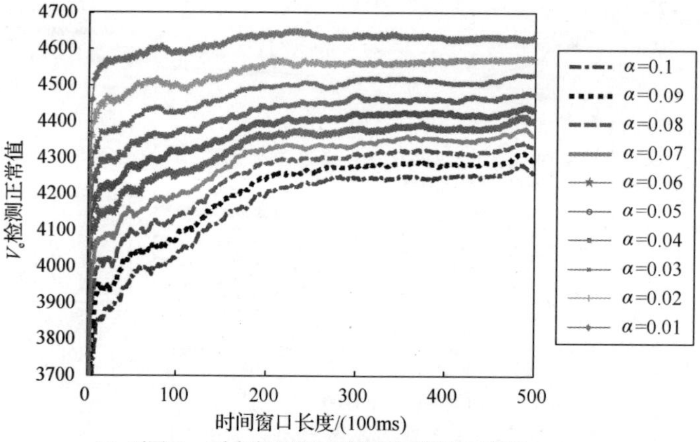

(a) 不同ς、α时东向速度V_e经故障检测后的正常值

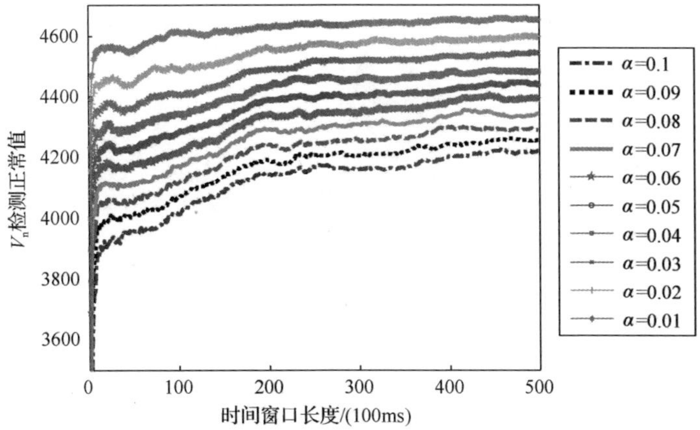

(b) 不同ς、α时北向速度V_n经故障检测后的正常值

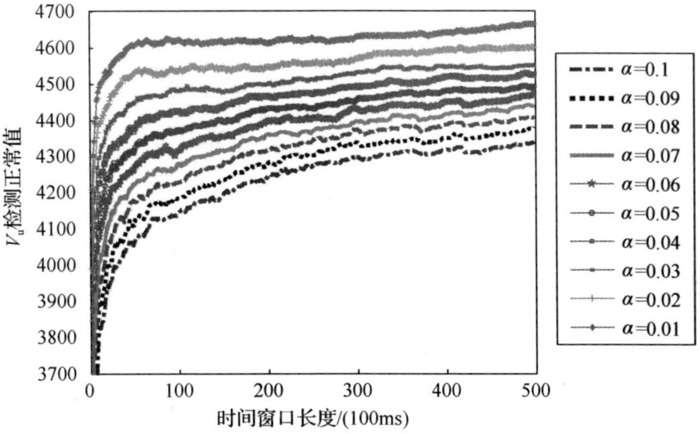

(c) 不同ς、α时天向速度V_u经故障检测后的正常值

图 8.56　不同ς、α时速度数据经故障检测后的正常值(见彩图)

3. 变点检测算法在组合导航系统中的性能

确定检测位置数据的重要参数α分别取 0.04、0.03、0.01，ς分别取 100、200、100。图 8.57 为位置数据经过故障检测后的结果。可以看出，该故障检测算法在检测故障方面具有较好的效果，可以将跳跃点处的误差限制在一个区间内。

此外，确定检测速度数据的重要参数α分别取 0.02、0.03、0.03，ς分别取 200、250、300。图 8.58 速度数据经过故障检测后的结果。

图 8.59 为数据检测前后的x、y和z方向误差。为了方便，转换到车辆在导航坐标系中x、y和z三个方向的方向误差(以 m 为单位)。表 8.16 为 GPS 数据检测前后精度比较。

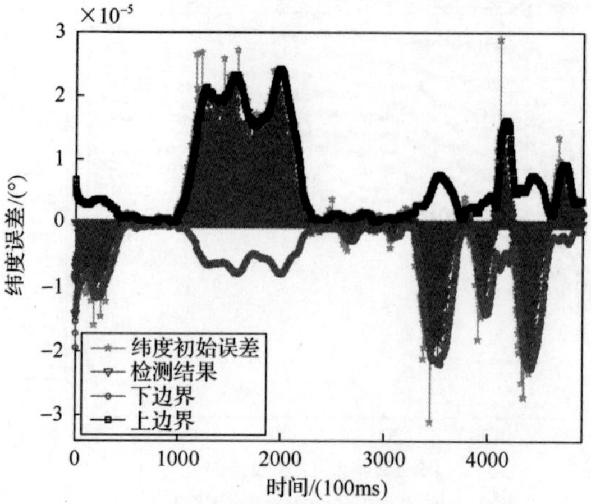

(a) 纬度数据故障检测结果(ς=100,α=0.04)

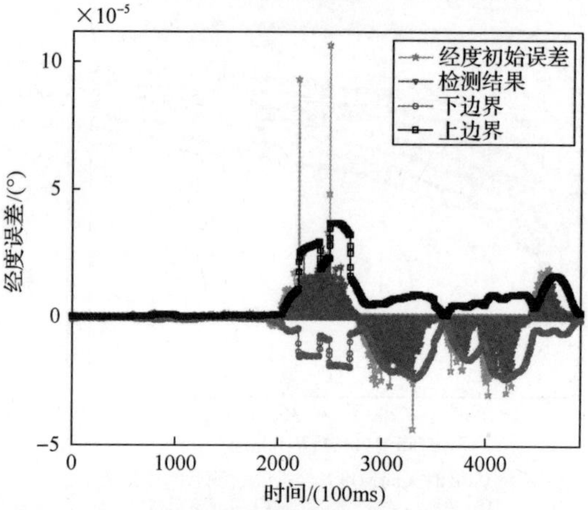

(b) 经度数据故障检测结果(ς=200,α=0.03)

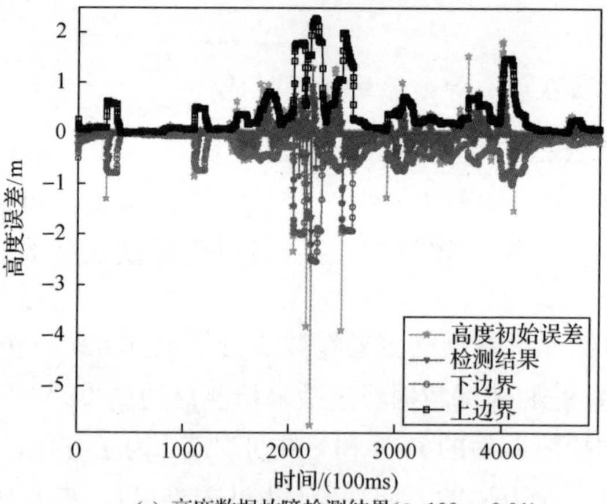

(c) 高度数据故障检测结果(ς=100,α=0.01)

图 8.57　位置数据经过故障检测结果(见彩图)

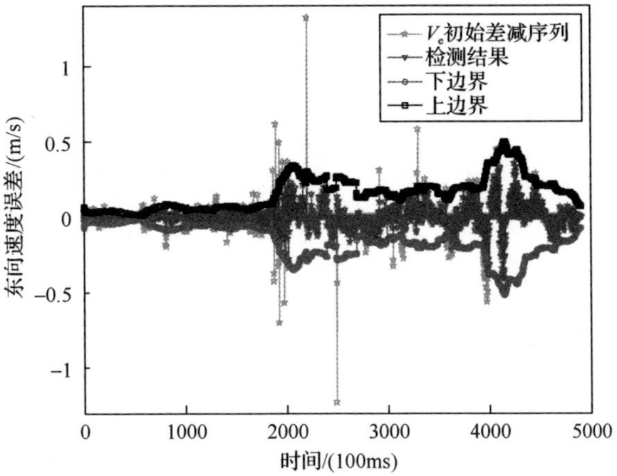

(a) 东向速度故障检测结果(ς=200,α=0.02)

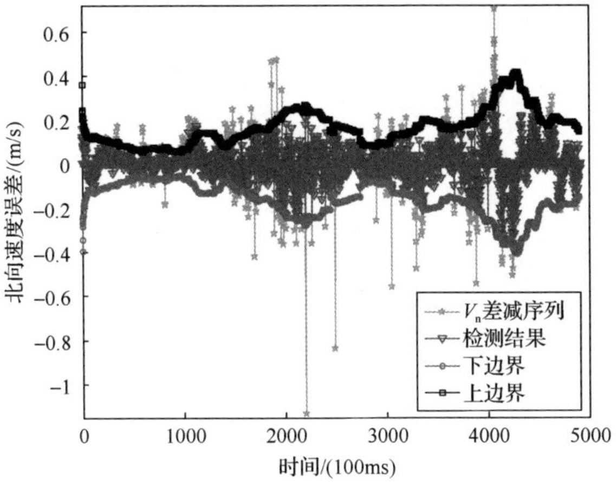

(b) 北向速度故障检测结果(ς=250,α=0.03)

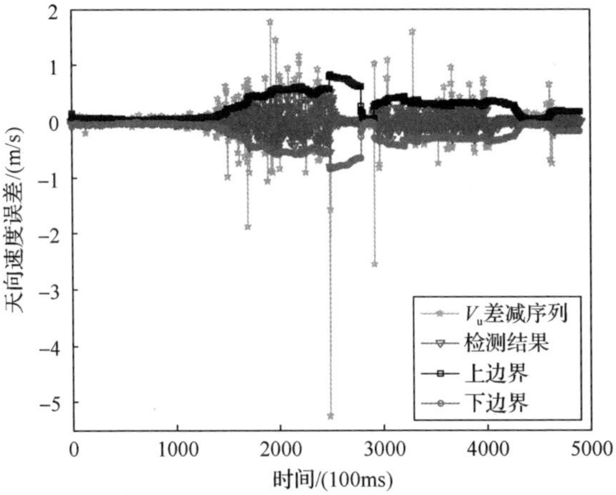

(c) 天向速度故障检测结果(ς=300,α=0.03)

图 8.58　速度数据经故障检测结果(见彩图)

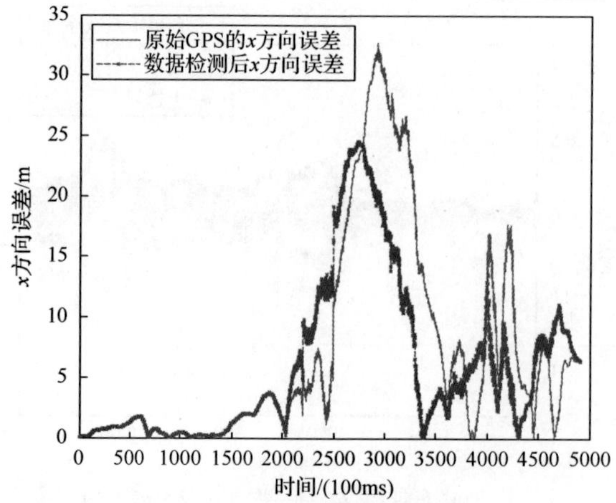

(a) x方向误差对比

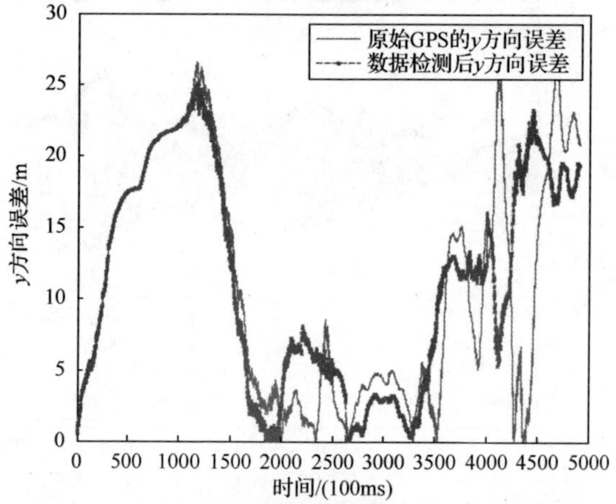

(b) y方向误差对比

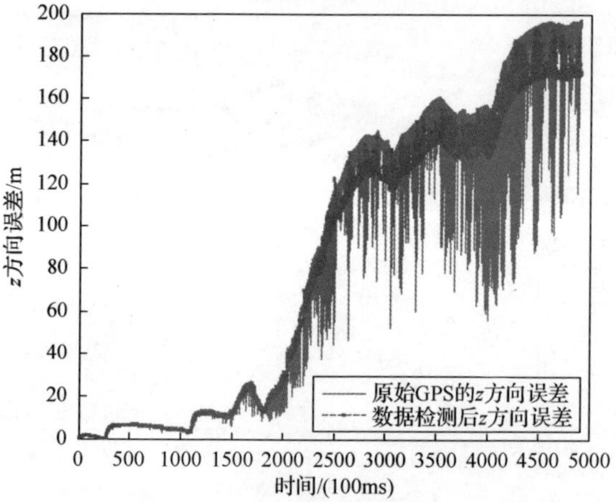

(c) z方向误差对比

图 8.59　数据检测前后的 x、y 和 z 方向误差(见彩图)

表 8.16　GPS 数据检测前后精度比较

检测参数	最小值	最大值	均值	均方差
x 方向检测前	0.0006	32.7134	7.0499	8.5983
x 方向检测后	0.0020	24.5485	6.0130	6.6082
y 方向检测前	0.0026	26.5792	11.7503	8.2170
y 方向检测后	0.0014	25.0808	11.0663	7.5808
z 方向检测前	0.0027	197.7710	82.0770	68.8568
z 方向检测后	0.0005	192.9418	81.7631	66.4509

参 考 文 献

[1] 徐田来, 崔平远, 崔祜涛. 车载多传感器组合导航系统设计与实现[J]. 系统工程与电子技术, 2008, 30(4): 686-691.

[2] Hiliuta A, Landry R Jr, Gagnon F. Fuzzy corrections in a GPS/INS hybrid navigation system[J]. IEEE Transactions on Aerospace and Electronic Systems, 2004, 40(2): 591-599.

[3] 何晓峰, 胡小平, 唐康华. 无缝GPS/INS组合导航系统的设计与实现[J]. 国防科技大学学报, 2008, 20(1): 83-88.

[4] Mitschke B. Improvement possibility of vehicle driving performance through integrated control system[J]. Automobile Technical Magazine, 2001, 103(1): 38-43.

[5] Dial R B, Glover F, Karney D, et al. A computational analysis of alternative algorithms and labeling techniques for finding shortest path trees[J]. Network, 1979, 9: 215-248.

[6] 周鹏, 张骏, 史忠科. 分段路径寻优算法研究及实现[J]. 计算机应用研究, 2005, (12): 241-243.

[7] 张娅玲, 陈伟民, 章鹏, 等. 传感器故障诊断技术概述[J]. 传感器与微系统, 2009, 28(1): 4-6.

[8] 赵志刚, 赵伟. 基于动态不确定度理论的多传感器系统传感器失效检测方法[J]. 传感技术学报, 2006, 12(6): 2723-2726.

[9] 颜东, 张洪钺. 均值检验方法及其在冗余惯性导航系统中的应用[J]. 航空学报, 1997, 18(4): 417-42.

[10] 车录锋, 周晓军, 程耀东. 考虑传感器失效的多传感器加权数据融合算法[J]. 工程设计, 1999, (1): 38-40.

[11] 黎梨苗, 陆绮荣, 徐永杰. 基于硬件冗余的传感器故障诊断研究[J]. 微计算机信息, 2008, 24(7): 211-212.

[12] 张玲霞, 陈明, 刘翠萍. 冗余传感器故障诊断的最优奇偶向量法与广义似然比检验法的等效性[J]. 西北工业大学学报, 2005, 23(4): 266-270.

[13] 贾鹏, 张洪钺. 基于奇异值分解的冗余惯导系统故障诊断[J]. 宇航学报, 2006, 27(5): 1076-1080.

[14] Daly K C, Gai E, Harrision J V. Generalized likelihood test for FDI in redundant sensor configuration[J]. Journal of Guidance and Control, 1979, 2(1): 9-17.

[15] Jin H, Zhang H Y. Optimal parity vector sensitive to designated sensor fault[J]. IEEE Transactions on Aerospace and Electronic System, 1999, 35(4): 1122-1128.

[16] Shim D S, Yang C K. Geometric FDI based on SVD for redundant inertial sensor systems[C]// Proceedings of 2004 Asian Control Conference, Melbourne, 2004: 1094-1100.

[17] 杨国胜, 谢东亮, 侯朝桢. 基于神经网络的传感器冗余方法研究[J]. 传感技术学报, 2001, (1): 33-38.

[18] 李冬辉, 周巍巍. 基于小波神经网络的传感器故障诊断方法研究[J]. 电工技术学报, 2005, 20(5): 49-52.

[19] 谭平, 蔡自兴, 余伶俐. 不同精度的冗余传感器故障诊断研究[J]. 控制与决策, 2011, 26(12): 1909-1912.

[20] 唐珽, 张闻捷, 高琰, 等. 不同精度冗余数据的融合[J]. 自动化学报, 2005, 31(6): 934-942.

[21] Donoho D L. Denoising by soft thresholding[J]. IEEE Transactions on Information Theory, 1995, 41(3): 613-627.

[22] Donoho D L, Johnstone I. Ideal spatial adaptation by wavelet shrinkage[J]. Biometrika, 1994, 81(3): 425-455.

[23] 闻新, 张洪钺. 控制系统的故障诊断与容错控制[M]. 北京: 机械工业出版社, 1998.

[24] 文成林. 多传感器单模型动态系统多尺度数据融合[J]. 电子学报, 2001, 29(3): 341-345.

[25] 周雪梅. 基于多尺度估计理论的组合导航系统研究[D]. 哈尔滨: 哈尔滨工程大学, 2006.

[26] Noureldin R, Sharaf R, Osman A, et al. INS/GPS data fusion technique utilizing radial basis functions neural networks[C]//Proceedings of Position Location and Navigation Symposium, Monterey, 2004: 280-284.

[27] 徐涛, 王祁. 基于小波包神经网络的传感器故障诊断方法[J]. 传感技术学报, 2006, 19(4): 1060-1064.

[28] 高为广, 杨元喜. 神经网络辅助的 GPS/INS 组合导航故障检测算法[J]. 测绘学报, 2008, 37(4): 403-409.

[29] Fox D. KLD-sampling: Adaptive particle filters[C]//Proceedings of Neural Information Processing Systems, Vancouver, 2001.

[30] 段琢华. 基于自适应粒子滤波器的移动机器人故障诊断理论与方法研究[D]. 长沙: 中南大学, 2007.

[31] Kotecha J H, Djuric P M. Gaussian particle filtering[J]. IEEE Transactions on Signal Processing, 2003, 51(10): 2592-2601.

中英文对照表

D

单匹配最近邻(individual compatibility nearest neighbor，ICNN)
独立分量分析(independent components analysis，ICA)

E

二维独立分量分析(two-dimensions independent component analysis，2DICA)
二元树复小波变换(dual-tree complex wavelet transform，DT-CWT)

F

防抱死刹车系统(anti-lock brake system，ABS)
分枝限界联合匹配(joint compatibility branch and bound，JCBB)

G

惯性导航系统(inertial navigation system，INS)

J

几何精度因子(dilution of precision，DOP)

L

联合概率数据关联滤波器(joint probabilistic data association filter，JPDAF)
两阶段卡尔曼滤波(two stages Kalman filter，TSKF)

P

碰撞预警系统(collision warning system，CWS)

Q

全球定位系统(global positioning system，GPS)

T

同时定位与建图(simultaneous localization and mapping，SLAM)

Z

支持向量机(support vector machine，SVM)
智能车辆(intelligent vehicle，IV)
智能车辆系统(intelligent vehicle system，IVS)
智能交通系统(intelligent transportation system，ITS)

中南移动 1 号(mobile robot Ⅰ made in Central South University，MORCS-1)
中南移动 2 号(mobile robot Ⅱ made in Central South University，MORCS-2)
主成分分析(principal component analysis，PCA)
自由度(degree of freedom，DOF)
组合导航系统(integrated navigation system，INS)

彩　　图

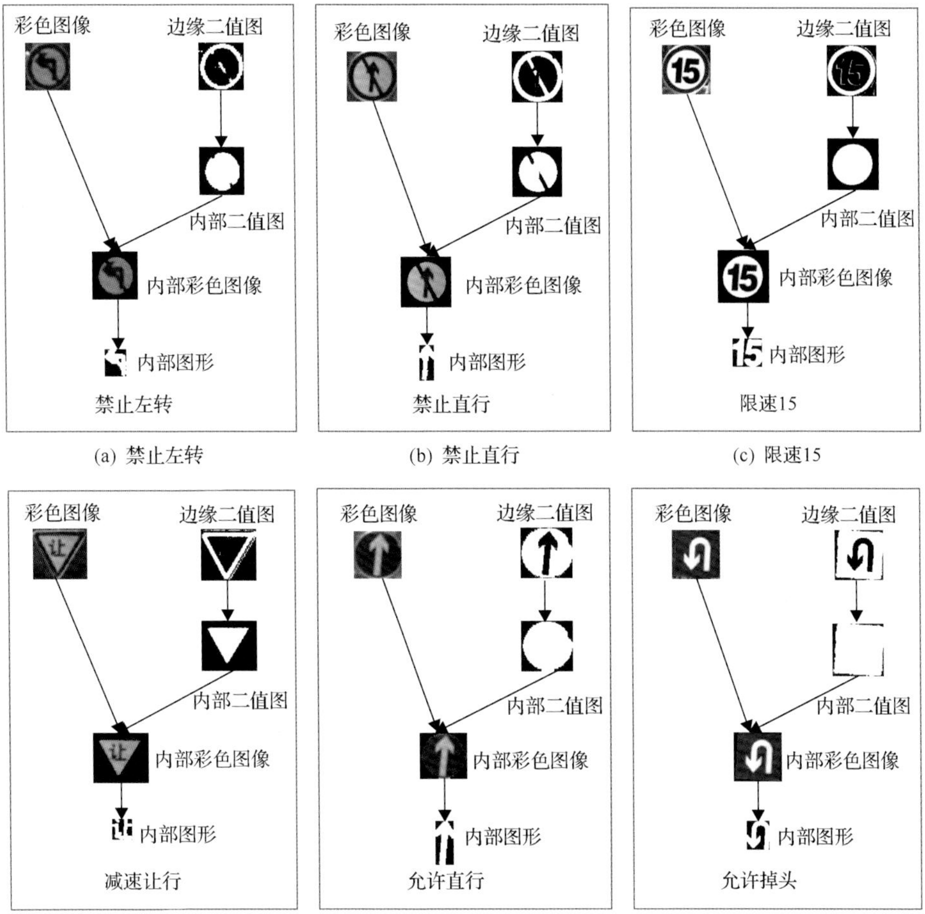

(a) 禁止左转　(b) 禁止直行　(c) 限速15

(d) 减速让行　(e) 允许直行　(f) 允许掉头

图 2.13　交通标志候选区域内部图形提取过程

图 2.15　蓝色圆形交通标志的测试库图例

(a) 水平上升边缘集hE_{up}

(b) 水平下降边缘集hE_{down}

(c) 拟合线段集hL_{up}(绿色线段)、hL_{down}(黄色线段)及匹配结果StopL(紫红色线段)

图 2.40　停止线检测过程

(a) CCI好，CNI差

(b) CNI好，CCI差

(c) CNI和CCI均好

图 3.26　人眼视觉感知与评价指标 CNI 和 CCI 的对应结果

(a)

(b)

(c)

(d)

图 3.36　有雾图像与去雾图像的车道线特征提取结果对比

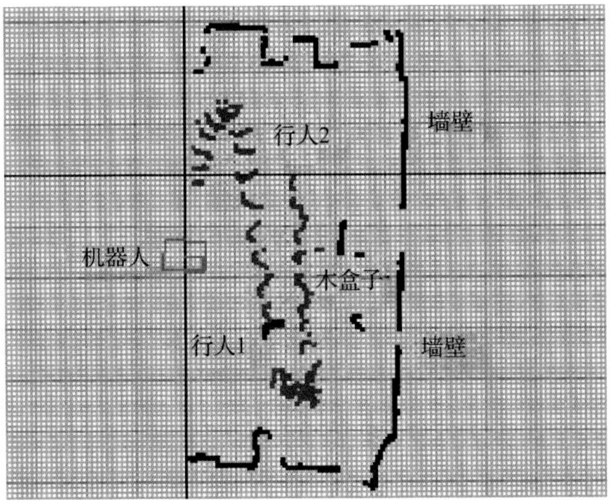

图 4.9　机器人静止时动态目标的实时检测

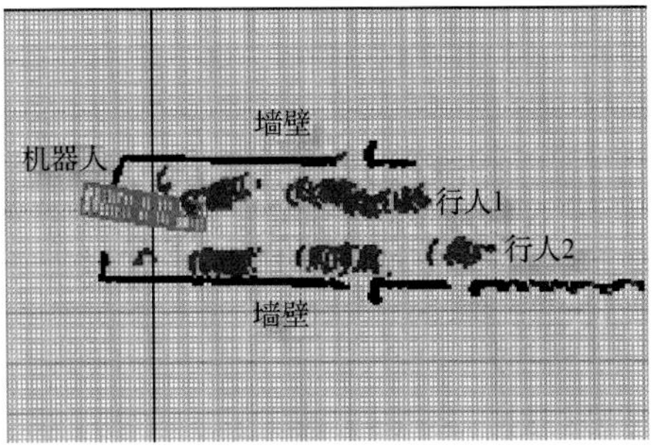

(a) 走廊

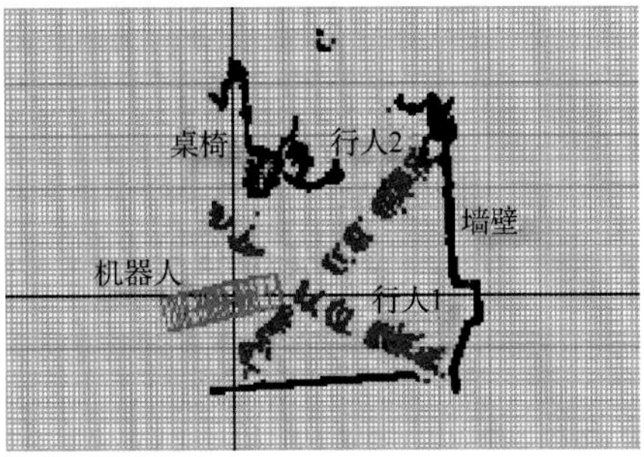

(b) 室内

图 4.10　机器人运动时动态目标的实时检测

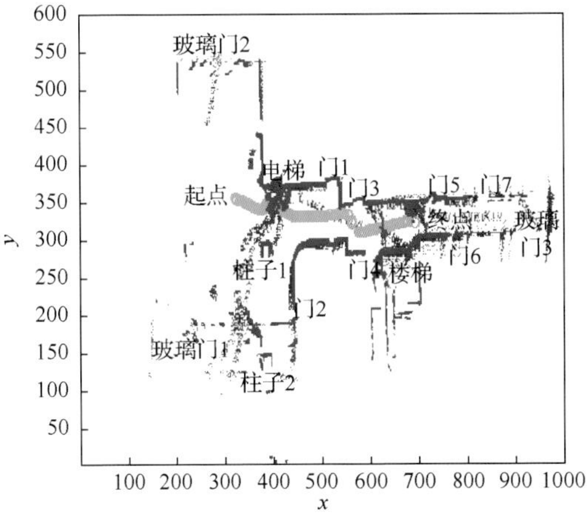

图 4.23　复杂环境实验结果

绿色为移动机器人轨迹估计，蓝色为静态地图，红色为动态地图

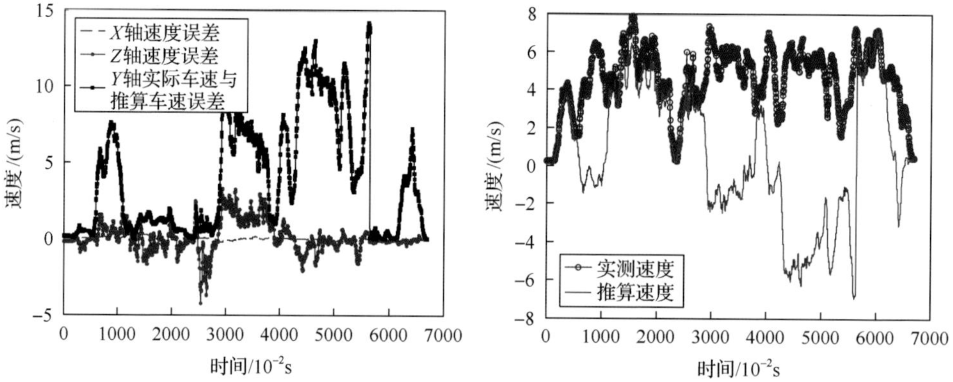

(c) 三轴速度误差对比　　(d) 实际车速与推算车速对比

图 4.37　试验一中车辆加速度及车轮侧偏角

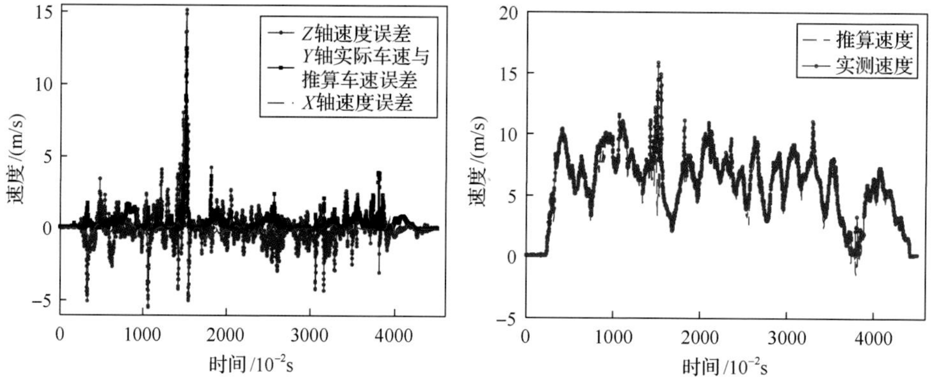

(c) 三轴速度误差对比　　(d) 实际车速与推算车速对比

图 4.40　试验二中车辆加速度及车轮侧偏角

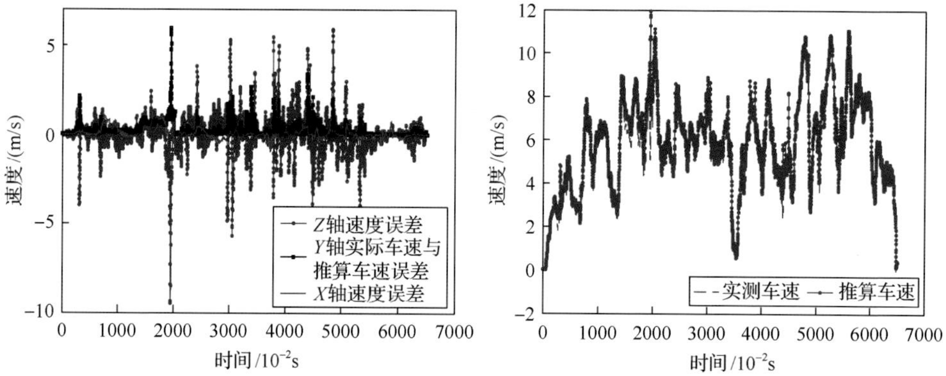

(c) 三轴速度误差对比　　(d) 实际车速与推算车速对比

图 4.43　试验三中车辆加速度及车轮侧偏角

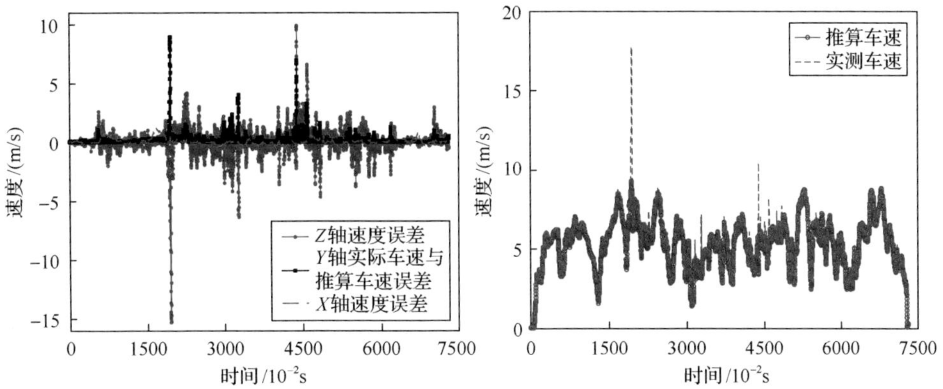

(c) 三轴速度误差对比　　(d) 实际车速与推算车速对比

图 4.46　试验四中车辆加速度及车轮侧偏角

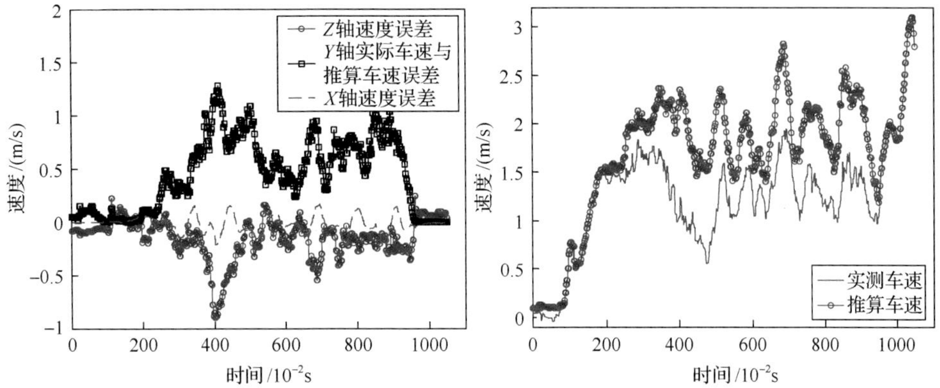

(c) 三轴速度误差对比　　(d) 实际车速与推算车速对比

图 4.49　试验一中车辆加速度及车轮侧偏角(泥泞场地)

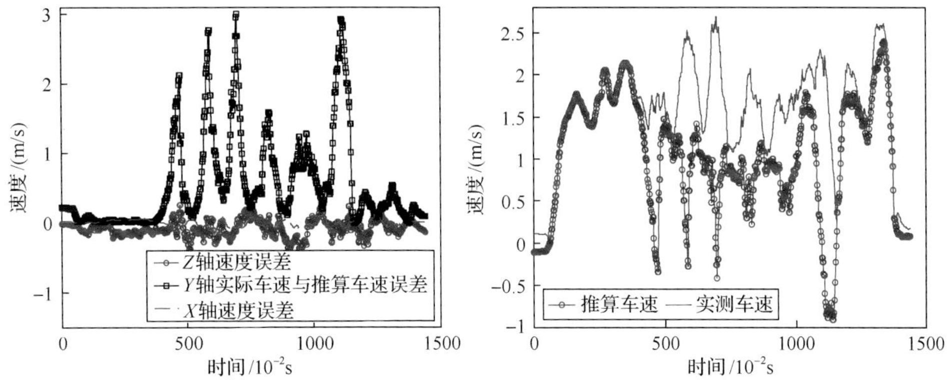

(c) 三轴速度误差对比　　(d) 实际车速与推算车速对比

图 4.52　试验二中车辆加速度及车轮侧偏角(泥泞场地)

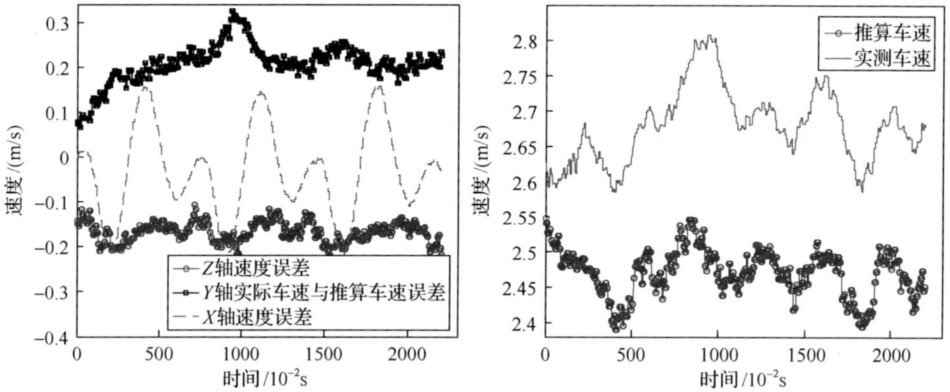

(c) 三轴速度误差对比　　　　(d) 实际车速与推算车速对比

图 4.55　试验三中车辆加速度及车轮侧偏角(操场场地)

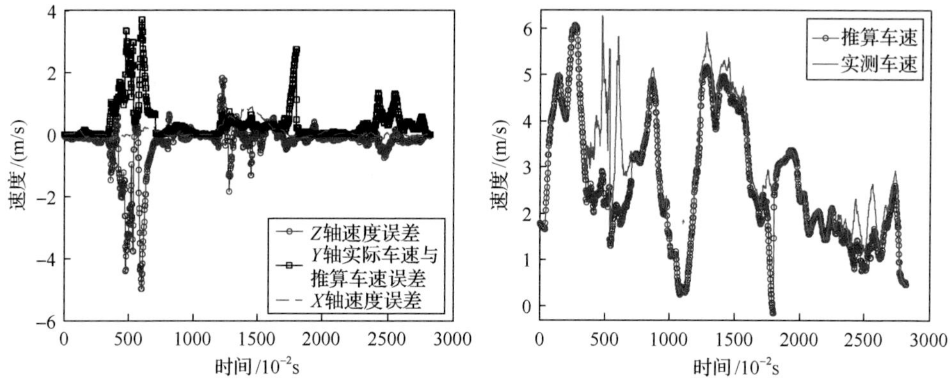

(c) 三轴速度误差对比　　　　(d) 实际车速与推算车速对比

图 4.58　试验四中车辆加速度及车轮侧偏角(校园内场地)

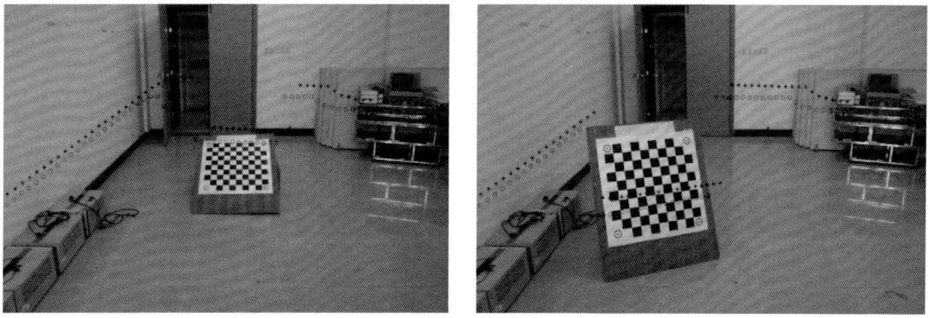

(a)　　　　(b)

图 7.16　本节标定方法和 Francisco 标定方法的图像和距离信息融合结果对比

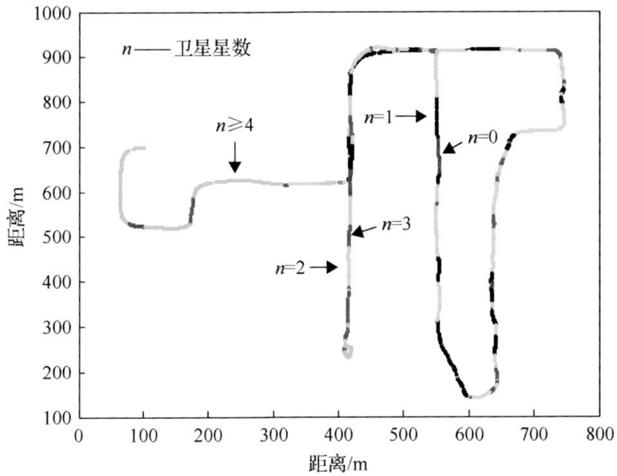

图 8.2　实验沿途接收卫星星数

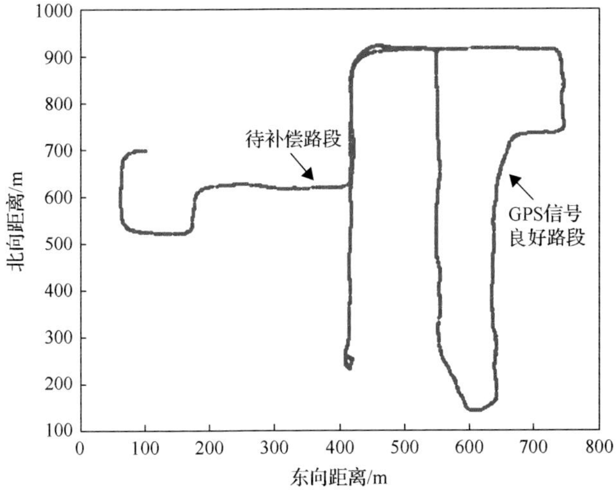

图 8.7　GPS 失效路段检测

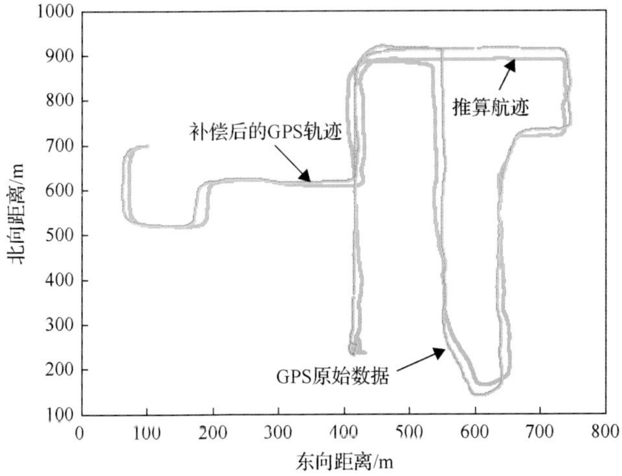

图 8.8　检测算法补偿结果与纯航迹推算对比图

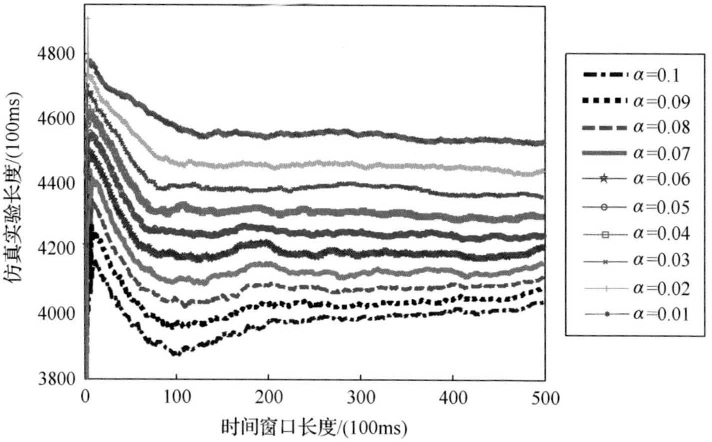

(a) 不同ς、α时纬度经故障检测后的正常值

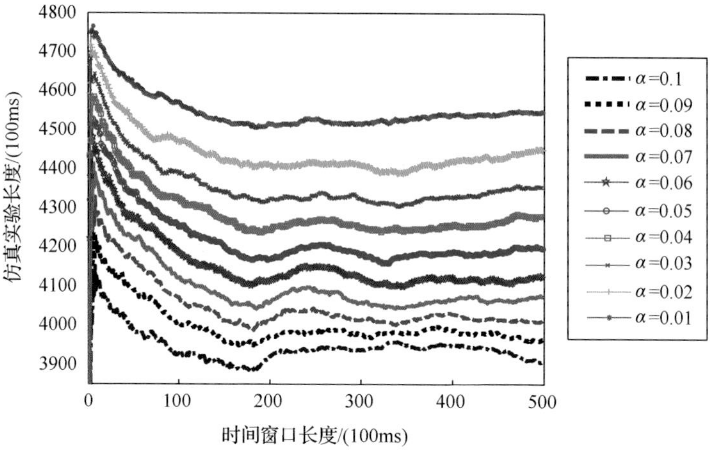

(b) 不同ς、α时经度经故障检测后的正常值

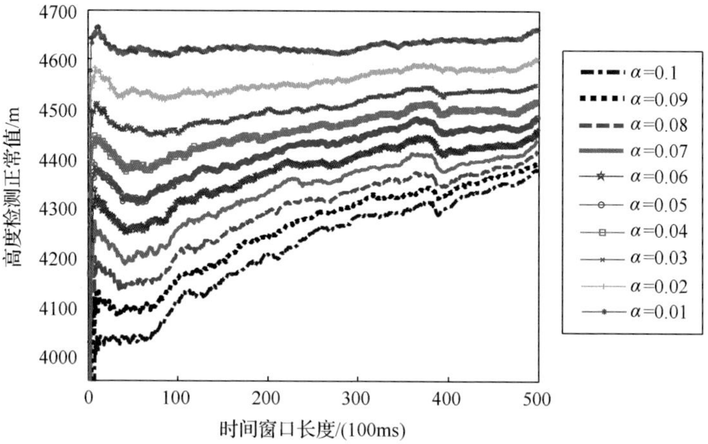

(c) 不同ς、α时高度经故障检测后的正常值

图 8.55　不同ς、α时 GPS 位置数据经故障检测后的正常值

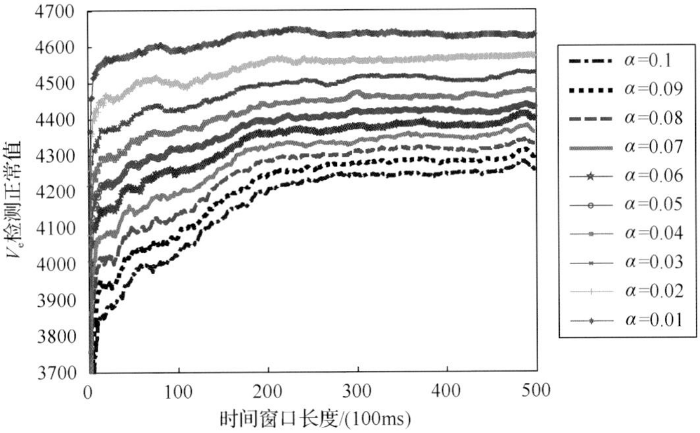

(a) 不同ς、α时东向速度V_e经故障检测后的正常值

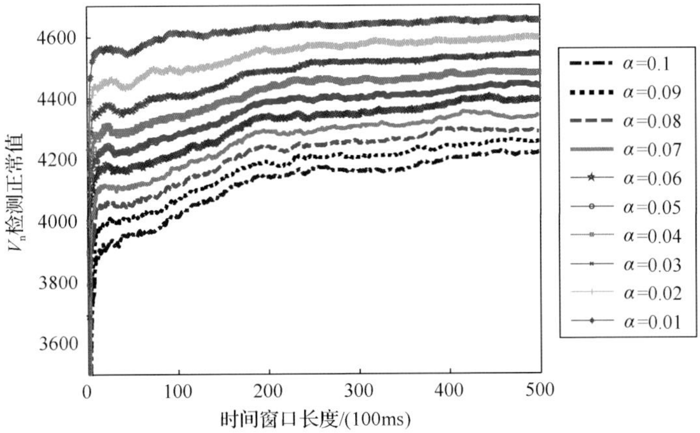

(b) 不同ς、α时北向速度V_n经故障检测后的正常值

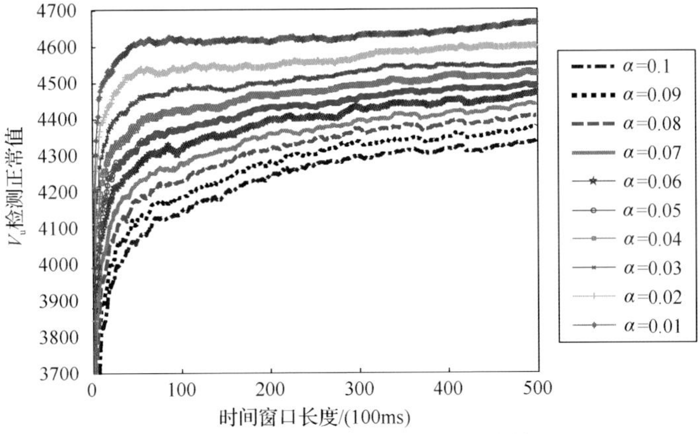

(c) 不同ς、α时天向速度V_u经故障检测后的正常值

图 8.56　不同ς、α时速度数据经故障检测后的正常值

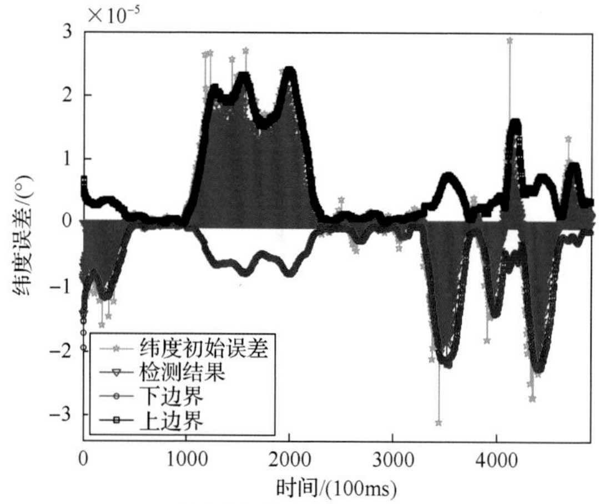

(a) 纬度数据故障检测结果(ς=100,α=0.04)

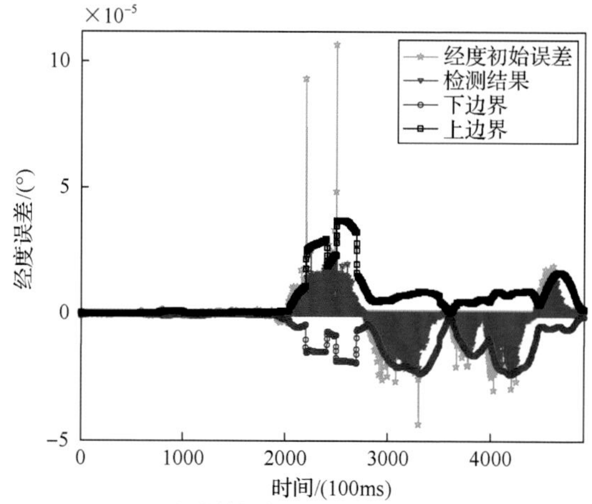

(b) 经度数据故障检测结果(ς=200,α=0.03)

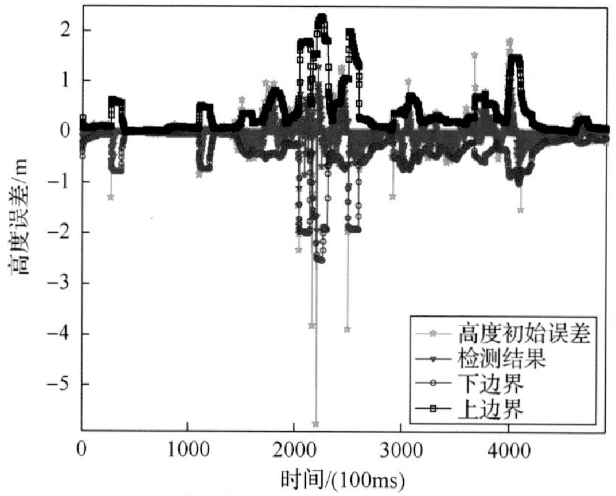

(c) 高度数据故障检测结果(ς=100,α=0.01)

图 8.57　位置数据经过故障检测结果

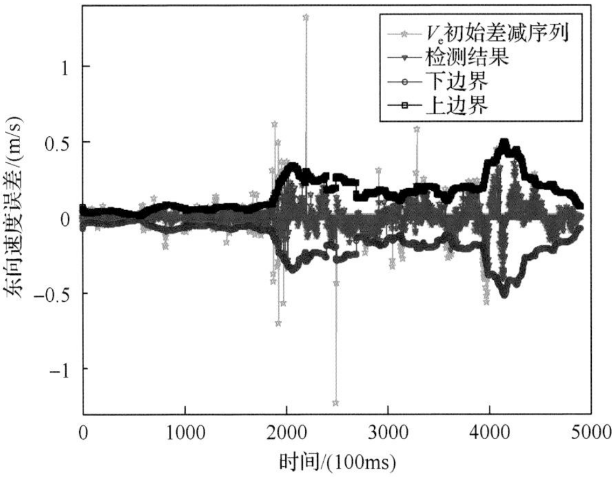

(a) 东向速度故障检测结果(ς=200,α=0.02)

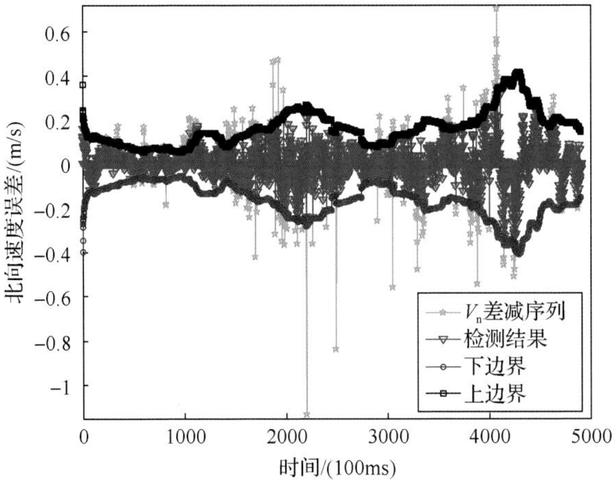

(b) 北向速度故障检测结果(ς=250,α=0.03)

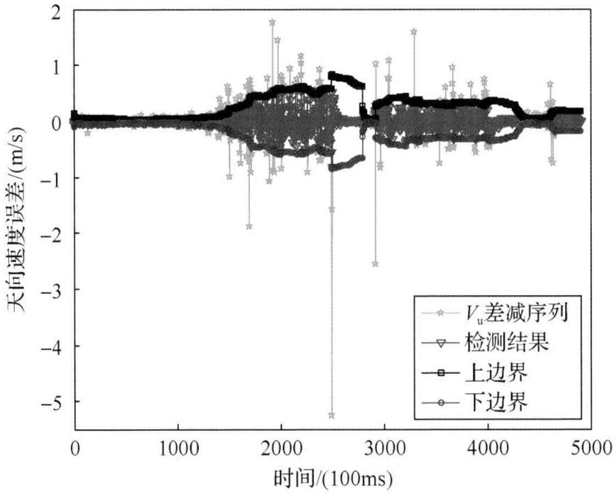

(c) 天向速度故障检测结果(ς=300,α=0.03)

图 8.58　速度数据经故障检测结果

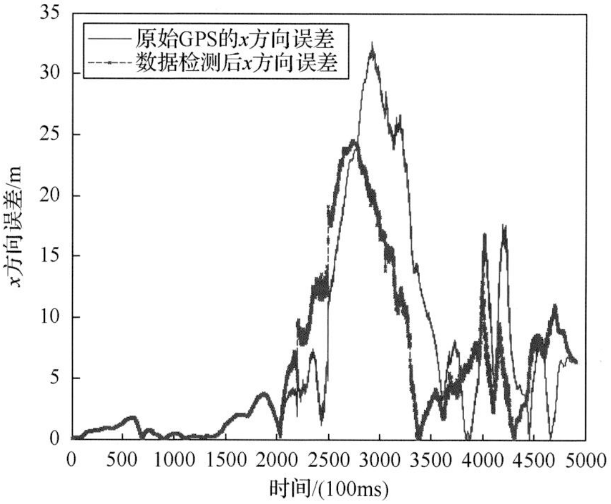

(a) *x*方向误差对比

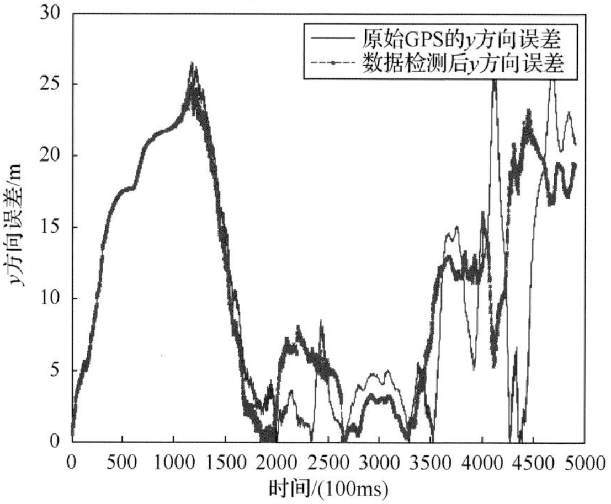

(b) *y*方向误差对比

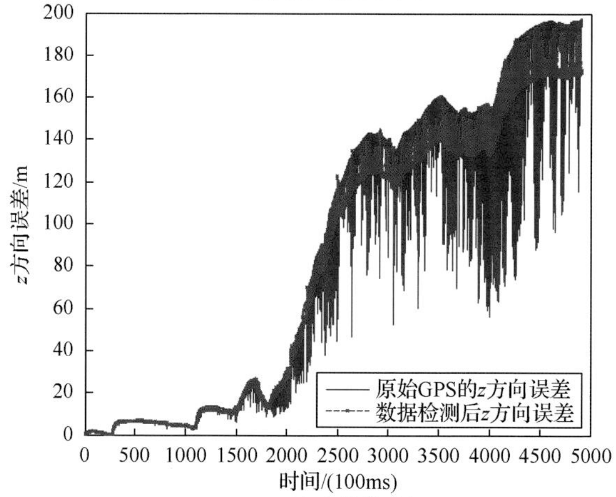

(c) *z*方向误差对比

图 8.59　数据检测前后的 *x*、*y* 和 *z* 方向误差